高职高专电子类专业"十二五"规划教材

模拟电子技术

MONIDIANZIJISHU

GAOZHIGAOZHUANDIANZILEIZHUANYESHIERWUGUIHUAJIAOCAI

主　编　汤光华　龙　剑
副主编　柴霞君　成治平　董学义　刘一兵

中南大学出版社
www.csupress.com.cn

图书在版编目（CIP）数据

模拟电子技术（含学习指导书）/汤光华,龙剑主编. —长沙：
中南大学出版社,2007.7
ISBN 978-7-81105-539-9

Ⅰ.模… Ⅱ.①汤…②龙… Ⅲ.模拟电路—电子技术
Ⅳ.TN710

中国版本图书馆 CIP 数据核字（2007）第 107870 号

模拟电子技术

（含《模拟电子技术学习指导》）

主编 汤光华 龙 剑

□责任编辑 陈应征
□责任印制 易红卫
□出版发行 中南大学出版社

社址：长沙市麓山南路 邮编：410083
发行科电话：0731-88876770 传真：0731-88710482

□印 装 长沙市宏发印刷有限公司

□开 本 787×1092 1/16 □印张 26 □字数 653 千字
□版 次 2014 年 12 月第 2 版 □2014 年 12 月第 1 次印刷
□书 号 ISBN 978-7-81105-539-9
□定 价 40.00 元

图书出现印装问题,请与经销商调换

前　言

为了满足全国高等职业技术院校电类专业的教学需要,加快我国高技能人才培养的步伐,中南大学出版社组织策划、出版了电类专业课程系列规划教材。本书即为该系列规划教材之一。

本教材立足于高职高专人才培养目标,充分考虑高职高专学生的特点,遵循理论够用、内容实用、学以致用、突出能力培养的原则,对教学内容进行了精选,对书中的章节作了合理安排。全书概念叙述清楚,通俗易懂,深浅合适,理论联系实际。其特点主要有下面几个方面。

1. 加强针对性

本教材主要针对高职高专电类专业学生而编写,在内容的编排上,尽可能满足学生学习专业课和从事实践工作之需要。同时在内容的深浅度方面,尽量降低理论分析、公式推导和计算难度,加大"应用实例"的篇幅。对某些问题,直接给出结论,忽略推导过程,重点介绍结论的实践意义和应用。

2. 突出先进性

本教材中的图形符号和文字符号均采用新颁布的国家标准,同时突出集成器件及其应用电路和新型半导体器件的介绍。

3. 增强实用性

坚持理论与实践相结合的原则,特别增加"趣味电子制作"和"模拟电子电路读图练习"等教学内容,以达到提高学生学习兴趣和培养学生专业技能的目的。

4. 注重科学性

(1)淡化器件内部结构分析,重点介绍器件的符号、特性、功能及应用。

(2)突出基本概念、基本原理和基本分析方法,采用较多的图表来代替文字描述和进行归纳、对比。

(3)内容由浅入深,由易到难,循序渐进。

(4)各章后面均附有一定数量的自测题与习题;书中自测题参考答案和习题详解见配套教材《模拟电子技术学习指导》一书。

(5)书中带 * 号的内容可根据学时数的多少和专业需要进行选讲。

参加本书编写的有:刘一兵(第 1 章)、成治平(第 3 章)、黄新民(第 4 章)、柴霞君(第 5章)、刘国联(第 6 章)、黄荻(第 7 章)、董寒冰(第 8 章)、李合军(第 10 章)、汤光华、龙剑(第 2、9 章及全书的其余部分)。汤光华、龙剑任主编,汤光华负责全书的统稿。

本书由刘任庆主审。主审对书稿进行了认真的审阅,并提出了很多好的意见和建议。

在本书的编、审、出版过程中,得到了湖南省电子教学研究会、中南大学出版社和部分高职学院的大力支持、指导和帮助,编者在此表示衷心感谢。

由于编者水平有限,书中难免存在问题和错误,敬请各位读者批评指正。

编者

2014 年 12 月

目 录

第1章 半导体二极管、三极管

以半导体二极管、三极管为主的半导体器件是构成电子线路的基本部件，由于它具有体积小、重量轻、使用寿命长、耗电省、可靠性强等优点，在现代电子学领域得到了广泛的应用，并由此带来了微电子技术的迅速发展，使得电子技术成为与现代生活息息相关的高新技术。

1.1 半导体基础知识

半导体器件所用的材料是由导电性能介于导体与绝缘体之间的半导体材料制造的，因此有必要介绍半导体的基本知识。

1.1.1 本征半导体

本征半导体是一种完全纯净的、结构完整的半导体晶体。

1. 什么是半导体

按物质导电能力的强弱可分为导体、绝缘体和半导体三类。具有良好导电性能的物质称为导体，如铜、铁、铝等金属。导电能力很差或不导电的物质称为绝缘体，如橡胶、塑料、陶瓷等。导电能力介于导体和绝缘体之间的物质叫半导体，如锗、硅、砷化镓、氮化镓等。其中，硅被称为第一代半导体材料，砷化镓为第二代半导体材料，氮化镓为第三代半导体材料。多数电子器件都是由半导体材料制造的。

半导体之所以作为制造电子器件的主要材料，在于它自身存在三个主要的特性。

(1)杂敏性：在纯净的半导体(即本征半导体)中掺入极其微量的杂质元素可使它的导电性能大大提高。如在纯净的硅单晶中只要掺入百万分之一的杂质硼，则它的电阻率就会从 $214\,000\ \Omega\cdot cm$ 下降到 $0.4\ \Omega\cdot cm$(变化约50万倍)，这也是提高半导体导电性能的最有效的方法。

(2)热敏性：温度升高会使半导体的导电能力大大增强，如：温度每升高8℃，纯净硅的电阻率就会降低一半左右(而金属每升高10℃，电阻率只改变4%左右)，利用这种特性，可制造常用于自动控制中的热敏电阻及其他热敏元件。

(3)光敏性：当半导体材料受到光照时，其导电能力会随光照强度变化。利用半导体这种对光敏感的特性可制造成光敏元件如光敏电阻、光电二极管、光电三极管等。

为什么半导体会具有这些特性？这与半导体的结构有关，下面就常用的硅和锗材料来讨论。

2. 本征半导体的共价键结构

纯净的硅和锗都是四价元素，在最外层原子轨道上具有四个电子，称为价电子，半导体的导电性能与价电子有关，我们可以将硅和锗的原子结构用图1-1的简化模型表示(由于整个原子呈现电中性，因此原子核用带圆圈的+4符号表示)。

半导体具有晶体结构，相邻的两个原子间的距离很小，这样，两相邻原子之间会有一对共用电子，形成共价键结构，如图1-2所示。由于价电子不易挣脱原子核束缚而成为自由电子，因此本征半导体的导电能力较差。

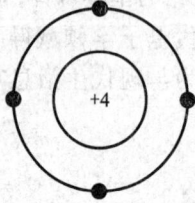

图1-1 硅和锗的结构简化模型

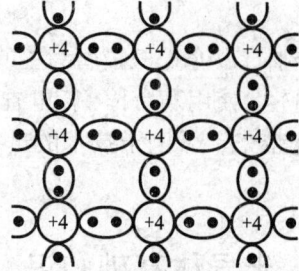

图1-2 本征半导体硅的共价键结构

3. 本征半导体中的两种载流子及导电作用

图1-2结构是在热力学温度 $T=0$ K 和没有外界激发时的情况。实际上，半导体受共价键束缚的价电子不像绝缘体中束缚的那样紧，在温度升高时，某些价电子在随机热振动中获得足够的能量或从外界获得一定的能量会挣脱共价键的束缚而成为自由电子，这时在共价键中就会留下一个空位，或称为"空穴"。在本征半导体中，自由电子和空穴是成对出现的，如图1-3所示。如果在本征半导体两端外加电场，这时自由电子向电场正极定向移动，而空穴向负极定向移动而形成

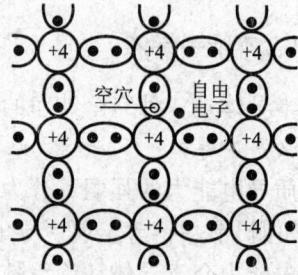

图1-3 本征激发时的自由电子和空穴

电流，可见自由电子和空穴都参与导电，而运载电荷的粒子称为载流子。因此，本征半导体有两种载流子，即自由电子和空穴，而导体只有一种载流子，即自由电子，这是半导体与导体的主要不同之处。

将半导体在热激发下产生电子和空穴对的现象称为本征激发。在本征半导体中，由于本征激发产生的自由电子和空穴总是成对出现，称为电子-空穴对。因此，任何时候其自由电子和空穴数总是相等。

当温度升高或光照增强时，半导体内更多的价电子能获得能量挣脱共价键的束缚而成为自由电子并产生相同数目的空穴，从而使半导体的导电性能增强，这就是半导体具有光敏性和热敏性的原因。

1.1.2 杂质半导体

在本征半导体中，两种载流子的浓度很低，因而导电性能差，我们可向晶体中有控制地掺进特定的杂质来改变它的导电性，这种半导体被称为杂质半导体。根据掺入杂质的性质不同，杂质半导体可分为空穴型(或P型)半导体和电子型(或N型)半导体。

1. P 型半导体

P 型半导体是在本征半导体硅（或锗）中掺入微量的三价元素（如硼、铟等）形成的。当三价元素如硼等杂质掺进纯净的硅晶体中，晶体中的某些原子被杂质原子代替，而杂质原子的最外层中有三个价电子，当它们与周围的硅原子形成共价键时，势必多出一个空位（空位为电中性），这时与之相邻的共价键上的电子由于热振动或其他激发而获得能量时，就会填补这个空位，而硼原子在晶格上又接受了一个电子，从而变为不能动的负离子。原来硅原子的共价键上中因缺少一个电子形成了空穴，整个半导体仍是电中性，如图 1-4。在产生空穴的过程中，并不产生新的自由电子，只有晶体本身由于本征激发产生的少量的空穴-电子对，使得半导体中空穴的数量远多于自由电子的数量，故称空穴为多数载流子（简称多子）。自由电子为少数载流子（简称少子），而杂质原子接受了一个电子，故称受主杂质。

这种半导体参与导电的主要是空穴，称为空穴型半导体或 P 型半导体（P 取 positive 的第一个字母，由于空穴带正电，故此得名）。控制掺入杂质的多少，便可控制空穴数量，从而控制 P 型半导体的导电性。

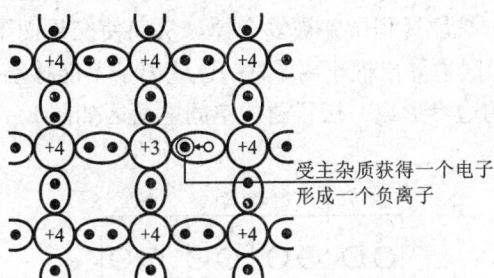

图 1-4 P 型半导体的共价键结构

受主杂质获得一个电子
形成一个负离子

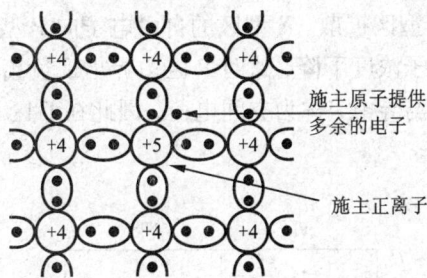

图 1-5 N 型半导体的共价键结构

施主原子提供
多余的电子

施主正离子

2. N 型半导体

N 型半导体是在本征半导体硅（或锗）中掺入微量的五价元素（如磷、砷、锑）形成的。当五价元素如磷等杂质掺入纯净的硅晶体时就会取代晶体中硅原子的位置，由于杂质原子的最外层有五个价电子，在与周围硅原子形成共价键外，还多出了一个电子。这个多余的电子易受热激发而成为自由电子，当它移开后，杂质原子由于结构的关系，又缺少一个电子，变为不能移动的正离子，这样使得整个半导体仍呈电中性，如图 1-5。与 P 型半导体一样，在产生自由电子的过程中，不产生新的空穴，内部只有由于本征激发而产生的空穴—电子对。使得自由电子的数量远远多于空穴的数量，称自由电子为多子，空穴为少子，而杂质原子由于施舍一个电子，故称为施主杂质，这种半导体参与导电的主要是电子，称电子型半导体或 N 型半导体（N 为 negative 的第一个字母，由于电子带负电而得名）。

从以上分析可知，本征半导体掺入的每个受主杂质都能产生一个空穴，或者掺入的每个施主杂质都能产生一个自由电子。尽管掺杂含量甚微，但使得载流子的数目大大地增加，从而提高了半导体的导电能力。因此，半导体掺杂是提高其导电性能的最有效的方法。利用半导体的这种掺杂性，通过掺入不同种类和数量的杂质，形成不同的掺杂半导体，可以制造出晶体二极管、三极管、场效应管、晶闸管和集成电路等半导体元、器件。

1.1.3 PN 结的形成及单向导电性

在同一块本征半导体中采用不同的掺杂工艺，可同时形成 P 型和 N 型半导体，在它们的交界面会形成空间电荷区，称为 PN 结，这种 PN 结具有单向导电性，它是构成半导体器件的基础。

1. PN 结的形成

从上节可知，P 型半导体的受主杂质在高温下电离为带正电的空穴和带负电的受主离子，N 型半导体中的施主杂质在高温下电离为带负电的电子和带正电的施主离子。由于它们的正负电荷同时存在，使得整个半导体呈现电中性，另外，还含有少数由于本征激发的电子和空穴，但比掺杂所产生的载流子少得多，同时，由于受主离子和施主离子结构上的关系，不能移动，即不能参与导电，因此，P 型半导体和 N 型半导体可用图 1－6 表示。

当 P 型半导体和 N 型半导体结合在一起时，在其交界处就存在浓度差，即 P 型区的空穴远多于 N 型区的空穴，而 N 型区的自由电子远多于 P 型区的自由电子。物质总是从浓度高的地方向浓度低的地方运动，这种由于浓度差而产生的运动称为扩散运动，即 P 型区的空穴向 N 型区扩散，N 型区的自由电子向 P 型区扩散，扩散过程中并被复合掉。从而使交界面附近多子浓度下降，这时 P 区边界出现负离子区，N 区边界出现正离子区，这些离子不能移动，不参与导电，称为空间电荷，因此在 P 区和 N 区的边界形成一层很薄的空间电荷区如图 1－7所示。

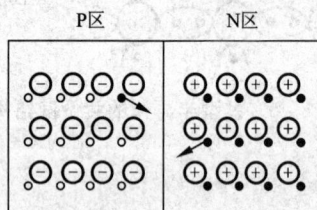

图 1－6 载流子的扩散

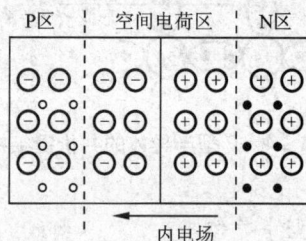

图 1－7 PN 结的形成

从图 1－7 可看出，在空间电荷区内，由于 N 区为正离子区，P 区为负离子区，它们之间的相互作用就形成了一个内电场，其方向为从 N 区指向 P 区。这个内电场一方面由于方向与载流子扩散运动的方向相反，阻碍扩散的进行；另一方面，它又促使 N 区的少子空穴进入 P区，P 区的少子自由电子进入 N 区，这种在内电场力的作用下，少子的运动称为漂移运动。这时从 N 区漂称到 P 区的空穴补充了原来交界面上 P 区失去的空穴，而从 P 区漂移到 N 区的自由电子同样补充了原来交界面上 N 区失去的电子，使得空间电荷减少，即漂移运动与扩散运动的作用正好相反。当参与扩散运动的多子数目与参与漂移运动的少子数目相等时，这两种运动达到动态平衡，这时的空间电荷区也基本稳定，这个空间电荷称为 PN 结。在这个区域中，由于多子已扩散到对方被消耗尽了，因此又称为耗尽层，它的电阻率很高，即 PN结的结电阻很大，半导体本身的体电阻与它相比通常很小可以忽略。

2. PN 结的单向导电性

在 PN 结两端加不同极性的电压，可以破坏它原来的平衡，从而使它呈现出单向导电性。

（1）PN 结加正向电压时处于导通状态

如图 1-8 所示，当 PN 结加上外加电源 U，电源的正极接在 PN 结的 P 区，电源的负极接在 PN 结的 N 区，称 PN 结加正向电压或正向偏置，这时外加电压的方向与内电场方向相反，使 P 区的多子空穴和 N 区的多子电子都推向空间电荷区，使 PN 结耗尽层变窄，相当于削弱了内电场，从而打破了 PN 结原来的平衡状态，扩散运动加剧，而漂移运动减弱，由于电源 U 的作用，P 区空穴不断扩散到 N 区，N 区的自由电子也不断扩散到 P 区，从而形成了从 P 区流入 N 区的电流，称为正向电流，此时 PN 结呈现的正向电阻很小，称为处于正向导通状态。由于 PN 结导通时的结电压很小，因此在回路上加一个限流电阻以防止 PN 结因正向电流过大而遭损坏。

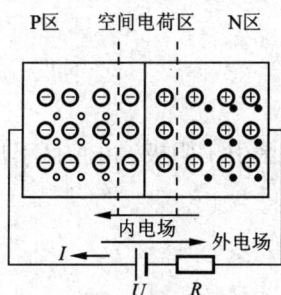

图 1-8　外加正向电压时的 PN 结　　　　图 1-9　外加反向电压时的 PN 结

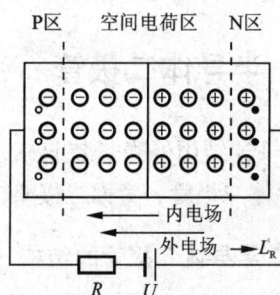

（2）PN 结外加反向电压时处于截止状态

如图 1-9 所示，外加电源的正极接在 PN 结的 N 区，电源的负极接在 PN 结的 P 区，称 PN 结加反向电压，或称反向偏置。这时外加电压的方向与内电场方向相同，使得 P 区的空穴和 N 区的电子进一步离开 PN 结，使耗尽层变宽，呈现出一个很大的电阻以阻止扩散运动的进行。同时由于内电场的增强，有利于少子做漂移运动，从而形成反向电流 I_R，由于少子的浓度很小，I_R 值很小，一般为微安级，同时在一定温度下，少子的数量也是基本恒定的，电流值趋于恒定，这时称反向电流为反向饱和电流，用 I_S 表示，值得注意的是，当环境温度升高时，由于热激发使得半导体内部少子的浓度增加，使 I_S 增加，即 I_S 受温度的影响较大，将造成半导体器件在工作时不稳定，这是在实际应用中要注意的问题。此时 PN 结由于呈现出很大的电阻，可认为它基本不导电，称为反向截止。

综上所述，PN 结的单向导电性表现在：PN 结正向偏置时处于导通状态，正向电阻很小，反向偏置时处于截止状态，反向电阻很大，主要是由于耗尽区的宽度随外加电压而变化反映出这一特征。

3. PN 结的电容效应

PN 结在一定条件下具有电容效应，这种电容效应可分为势垒电容和扩散电容。

（1）势垒电容 C_B

当 PN 结外加电压值变化时，会引起空间电荷区的宽度也跟着变化，相当于电子和空穴分别流入或流出 PN 结，即 PN 结的电荷量随外加电压而发生变化，这种现象与电容器的充放电过程相似，即形成电容效应，用势垒电容 C_B 来描述，这种空间电荷区的电荷随着电压变化而产生的电容效应，它一般在反向偏置时起主要作用，尤其在高频时影响更大，可以利用这一特性制成变容二极管。

（2）扩散电容 C_D

当 PN 结正向偏置时，多子在扩散过程中会引起电荷积累，且这种积累会随外加电压变化而变化，这与电容器的充放电过程相似，将这种电容效应等效为扩散电容 C_D，用来反映在外加电压作用下载流子在扩散过程中的积累情况，它一般在 PN 结正向偏置时起作用。

由此可见，PN 结的结电容 C_j 是势垒电容和扩散电容之和，即 $C_J = C_B + C_D$。由于 C_B 和 C_D 都很小，对于低频信号呈现为很大的容抗，可不考虑这种电容效应，当信号频率较高时才考虑这种电容作用。当 PN 结处于正向偏置时，C_D 起主要作用，$C_j \approx C_D$；当 PN 结处反向偏置时，C_D 起主要作用，$C_j \approx C_B$。

1.2　半导体二极管

将一个 PN 结用外壳封装起来，并引入两个电极，由 P 区引出阳极，由 N 区引出阴极，就构成了半导体二极管，简称二极管。

1.2.1　半导体二极管的结构、符号和外形

1. 半导体二极管的结构

半导体二极管常见的结构有三种，即点接触型、面接触型和平面型，如图 1 - 10 所示。

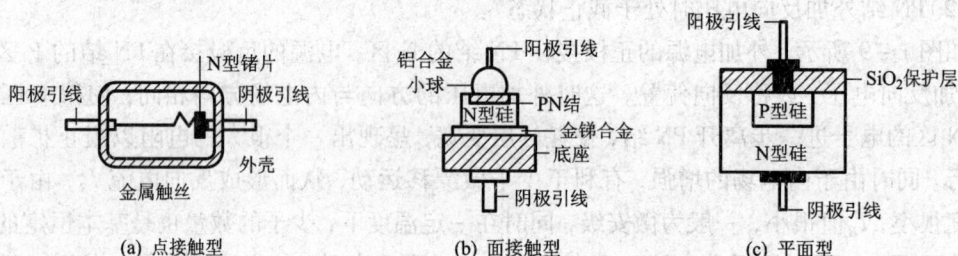

(a) 点接触型　　　　　　　(b) 面接触型　　　　　　　(c) 平面型

图 1 - 10　二极管的几种常见结构

图 1 - 10(a) 所示的点接触型二极管由一根金属触丝(如铝)与一块半导体(如 N 型锗)进行表面接触，然后从三价金属触丝流进很大的瞬时电流，使触丝与半导体熔合在一起，这时三价触丝与 N 型锗的熔合体构成 PN 结。引出相应的电极引线并用外壳封装而成。这种结构的二极管的特点是：PN 结面积小，因而结电结小，但不能承受大电流和高反向电压，一般用于高频检波和小电流整流。

图 1 - 10(b) 所示的面接触型二极管是采用合金法工艺制成的，它的特点是结面积大，允许通过较大的电流。但结电容也大，一般用于整流，而不应用于高频电路中。

图 1 - 10(c) 所示的平面型二极管是采用扩散工艺制成的，集成电路的二极管常用这种形式。

2. 半导体二极管的符号

画电路图中不需画出二极管结构，可采用约定的电路符号及文字符号表示，如图 1 - 11 所示，通常用文字符号 VD 代表二极管。

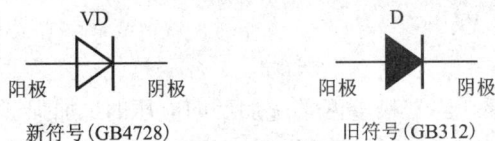

图 1 - 11　二极管的符号

3. 半导体二极管的分类

半导体二极管种类很多，按材料分有：锗二极管、硅二极管、砷化镓二极管等；按结构分有：点接触型、面接触型、平面型等；按工作原理分有：隧道二极管、雪崩二极管、变容二极管等；按用途分有：检波二极管、整流二极管和开关二极管等，至于二极管的型号命名方法可参考本章附录 1。

4. 半导体二极管的外形

二极管的封装形式主要有玻璃封装、塑料封装和金属封装，常见的外形如图 1 - 12。

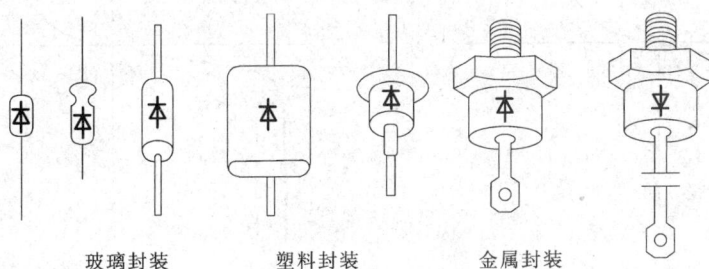

图 1 - 12　常见二极管外形图

1.2.2　二极管的伏安特性

由于二极管的核心是 PN 结，因此二极管的特性与 PN 结相似，呈现单向导电性，为了更准确更全面地理解二极管的单向导电性，可形象地用曲线来描述。加在二极管两端的电压 U 与流过二极管的电流 I 的关系曲线称为伏安特性曲线。

1. 二极管的伏安特性

按制造材料不同，二极管主要分为两大类，即硅管和锗管。可利用晶体管图示仪很方便地测出二极管的正、反向特性。曲线如图 1 - 13 所示。

（1）正向特性

a. OA 段：不导电区或称死区。在这一区间内，虽然加有正向电压，但由于正向电压值很小，外电场不能完全抵消 PN 结的内电场，这时还存在有空间电荷区，二极管呈现一个大电阻，使得正向电流几乎为零，好像设有一个门槛一样，把 A 点对应的正向电压值称为门槛电压，也称死区电压，其值与管子材料有关，一般硅管约为 0.5 V，锗管约为 0.1 V。

b. AB 段：正向导通区，当正向电压超过死区电压时，内电场大为削弱，这时二极管呈现很小的电阻，电流随之迅速增大，二极管正向导通，这时二极管两端的电压值相对恒定几乎不随电流的增大而变化。这个电压称为正向压降（或管压降），其值也与材料有关，一般硅管约为 0.7 V，锗管约为 0.3 V。

（2）反向特性

a. OC 段：反向截止区。当二极管两端施加反向电压时，加强了 PN 结的内电场，使二极管呈现很大的电阻，此时由于少子的漂移作用，形成反向饱和电流，用 I_S 表示，但由于少子的数目很少，因此反向电流很小。一般硅管的反向电流为几微安以下，而锗管达几十至几百微安。

b. CD 段：反向击穿区。当反向电压增大到超过某值时，反向电流急剧增加，这种现象叫做反向击穿。反向击穿时所对应的反向电压值称为反向击穿电压，用 U_{BR} 表示，发生击穿后由于电流过大会使 PN 结结温升高，如不加以控制会引起热击穿而损坏二极管。

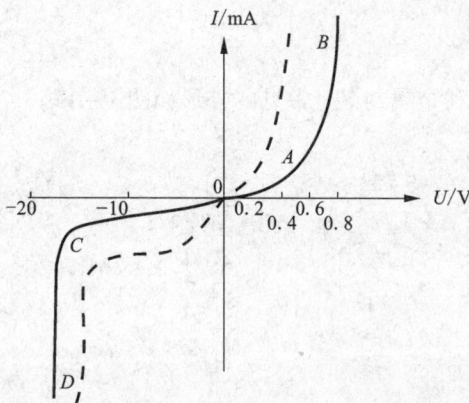

图 1-13　二极管 $U-I$ 特性　　　　图 1-14　温度对二极管特性的影响

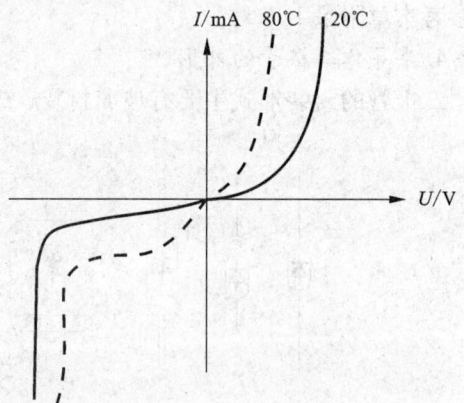

2. 温度对二极管伏安特性的影响

由于半导体材料的热敏性，使得温度对二极管伏安特性的影响表现在三个方面，如图1-14。

a. 环境温度升高时，其正向特性曲线左移；

b. 温度升高时，反向饱和电流增大，即反向特性曲线下移；

c. 温度升高时，反向击穿电压减少；

因此，在使用二极管时，对环境温度的变化要引起重视。

3. 硅管和锗管的区别

硅二极管和锗二极管虽然它们的特性曲线形状相似，但其特性存在一定的差异，使得在应用过程使用二极管时要按使用要求选择，它们的差异主要表现如下。

a. 锗管内部一般用点接触型结构，允许的最高结温 T_{jm} 为 90℃ 左右，而硅管一般为面接触型或平面型结构，允许的最高结温 T_{jm} 为 150℃ 左右。

硅管的死区电压约为 0.5 V，正向压降为 0.7 V；锗管死区电压约为 0.1 V，正向压降为 0.3 V。因此，在高频小信号的检波电路中为提高检波的灵敏度一般应选用锗管。

b. 硅管的反向饱和电流较小，受温度的影响小，在几微安以下；而锗管的反向饱和电流为几十至几百微安，且受温度影响大，造成器件工作不稳定；因此在工程实践中，普遍使用的是硅管，很少使用锗管。

例 1 - 1　二极管电路如图 1 - 15 所示，已知直流电源电压为 6 V，二极管为硅管，求：①流过二极管的直流电流；②二极管的直流电阻 R_D。

解：① 流过二极管的直流电流即为该回路电流，而二极管加的是正向电压，使二极管处于导通状态，两端电压降 $U_D = 0.7$ V，即

$$I_D = \frac{6 - 0.7}{100} A = 53 \text{ mA}$$

② 二极管直流电阻

$$R_D = \frac{U_D}{I_D} = \frac{0.7 \text{ V}}{53 \text{ mA}} = 13.2 \text{ } \Omega$$

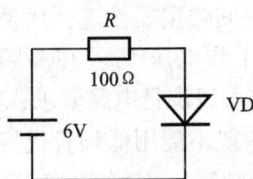

图 1 - 15

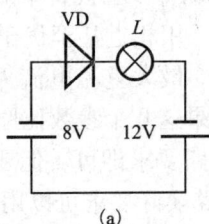

(a)

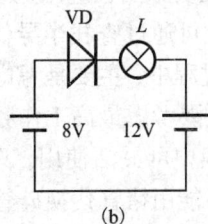

(b)

图 1 - 16

例 1 - 2　在如图 1 - 16 电路中，试判断小灯泡是否会发亮？

解：从图 1 - 16(a)可知，二极管两端加正向电压，处于导通状态，灯泡发亮。

从图 1 - 16(b)可知，二极管处于截止状态，没有电流流过，灯泡不亮。

1.2.3　整流二极管的主要参数及选用依据

1. 二极管的主要参数

二极管有很多功能参数用于描述其各种特性，了解这些参数对于选用器件和设计电路是有用的。在实际应用中最主要的参数为：

(1)最大整流电流 I_F　它是指管子长期使用时允许通过的最大正向平均电流，它的值与 PN 结结面积和外部散热条件有关。如果电路中流过二极管的正向电流超过了此值，引起管子过程发热，使得 PN 结结温超过允许的最高结温（对硅管 $T_{jm} = 150℃$，锗管 $T_{jm} = 90℃$），造成 PN 结烧坏。对于一些通过大电流的二极管，要求使用散热片使其能安全工作。

(2)最高反向工作电压 U_{RM}　它是指为了保证二极管不至于反向击穿而允许外加的最大反向电压。超过此值时，二极管就可能反向击穿而损坏。为了保证二极管能安全工作，一般规定 U_{RM} 值为反向击穿电压的一半。

(3)反向饱和电流 I_R　它是指二极管未击穿时的反向电流，此值越小，表示该管的单向导电性越好。值得注意的是 I_R 对温度很敏感，温度升高会使反向电流急剧增大而使 PN 结结

温升高，超过允许的最高结温会造成热击穿，因此使用二极管时要注意温度的影响。

（4）最高工作频率 f_M　它是指保证管子正常工作的上限频率。越过此值，由于 PN 结具有结电容，使得结电容的充放电加剧而影响 PN 结的单向导电性。

二极管的这些主要参数可通过半导体器件手册查阅，使用时一定要注意每个参数的测试条件，测试条件不一样，参数也会发生变化。具体参数可参考附录 3。

2．二极管的选用

二极管的种类很多，选用时要注意如下几方面。

①二极管工作时的电流、电压值及环境温度不允许超过半导体器件手册中所规定的极限值；

②连接二极管时极性不能接反；

③一些大电流的二极管要求使用散热片；

④高频小信号的检波电路一般选用点接触型的锗管，而在电源整流及电工设备中一般选用面接触型硅管。

3．普通二极管的代换

在实际工程应用（如设备的维修）中，当设备中的二极管损坏而又无法找到同型号的备件时，就可通过查找半导体器件手册，用相近甚至优于原器件参数的同类型器件进行代换。在代换过程中，主要是考虑两个参数，最大整流电流 I_F 和最高反向工作电压 U_R。在高频电路中，还要考虑最高工作频率 f_M。如果这几个参数比原管都大，一定可以满足电路要求，当然，在代换中可灵活使用，只需满足电路要求即可。但要注意的是，一般不能用低频管代换高频管，不能用锗管代换硅管，根据电路实际要求可以用高频管代换低频管，用硅管代换锗管。

4．二极管的质量鉴别

可用万用表来判别二极管的极性和检查其质量。将万用表选挡至欧姆挡的 $R \times 100$ 或 $R \times 1k$ 挡，用红黑表笔分别接触二极管的两只管脚，测量其阻值，然后对调表笔，再测量其阻值，指针偏转较小即阻值较大的一次，黑表笔接触的为二极管负极，红表笔接触的为二极管正极，或测量指针偏转较大即阻值较小的那次，黑表笔接触的为二极管正极，红表笔接触为二极管的负极。

如果两次测量指针偏转均很小，即阻值很大，则该二极管内部断线；若两次测量指针偏转均很大，即阻值均很小，则该二极管内部短路或被击穿。若两次测量时阻值有差异但差异不大，说明该二极管能用但性能不太好，性能较好的二极管应是电阻大的一次约为几百千欧。电阻小的应低于几千欧。

1.2.4　应用实例

二极管主要用于整流、检波、限幅、箝位等，也可在数字电路中作为开关元件使用。

1．整流

利用二极管单向导电性，可以把交替变化的交流电变换成脉动的直的流电，单相半波整流电路及波形如图 1－17 所示。

这种电路由变压器、整流二极管 VD 和负载 R_L 组成。变压器件将 220 V 市电变换为所需的电压 u_2。假设 $u_2 = \sqrt{2}U_2\sin\omega t (V)$，（为简单起见，把二极管理想化，即正向电阻为零，反向电阻无穷大，忽略正向压降）。在 0～π 区间内，u_2 上正下负，二极管 VD 导通，则 $u_0 = u_2 =$

$\sqrt{2}U_2\sin\omega t(\text{V})$。在 $\pi \sim 2\pi$ 区间内，u_2 瞬时下正上负，二极管截止。$u_0 = 0$，由于输出为单方向的脉动直流电，故起到整流作用。

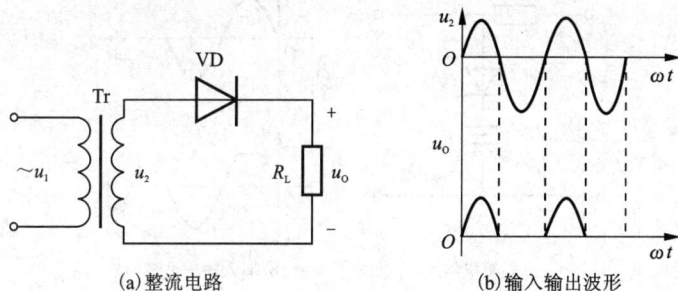

(a)整流电路　　　　　　(b)输入输出波形

图 1－17　单相半波整流电路

2. 检波

图 1－18 为一超外差收音机检波电路。

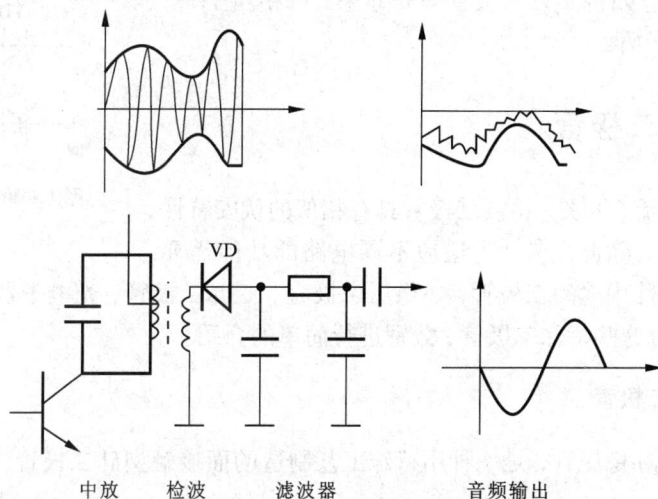

中放　　检波　　滤波器　　　　音频输出

图 1－18　超外差收音机检波电路

第二级中放输出的中频调幅波加到二极管负极，其负半周通过二极管，正半周截止，再由 RC 滤波器滤除其中的高频成分，输出的就是调制在载波上的音频信号，这个过程称为检波。

检波二极管一般选用点接触型锗二极管如 2AP 系列，它的结电容小。

3. 限幅

在电子线路中，常用二极管限幅电路对各种信号进行处理，其作用是让信号在预置的电平范围内，有选择性地传输一部分，如图 1－19 所示。

4. 开关电路

二极管在正向电压作用下，处于导通状态，电阻很小，相当于一只接通的开关，在反向电压作用下处于截止状态，电阻很大，相当于一只断开的开关。利用二极管的这种开关特性，可以组成各种逻辑电路，图 1－20 所示就是一个与逻辑电路。

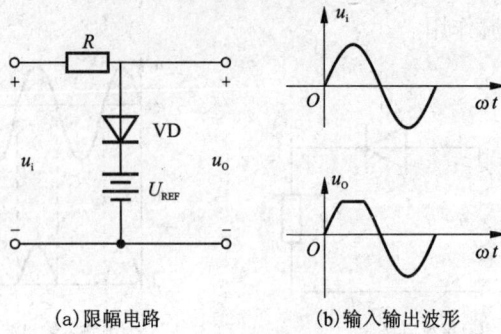

(a)限幅电路　　　　　(b)输入输出波形

图 1－19　限幅电路与波形

5.低电压稳压

利用硅二极管正向压降基本恒定在 0.7 V 的特点，可以组成低电压稳压电路，如将 3 只二极管串联起来，可相当于一只约为 2V 的稳压二极管。

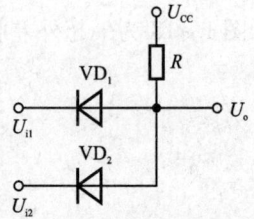

图 1－20　与逻辑电路

1.3　特殊二极管

前面介绍的整流、开关、检波二极管具有相似的伏安特性，属于普通型二极管，除此之外，为适应不同电路的功能需要，诞生了很多具有特殊用途的二极管，如稳压二极管、变容二极管、光电子器件(发光、光电、激光二极管)等，对这些特殊二极管，分别进行简单的介绍。

1.3.1　稳压二极管

稳压二极管简称稳压管，是一种用特殊工艺制造的面接触型硅二极管，它的电路符号如图 1－21(a)所示。

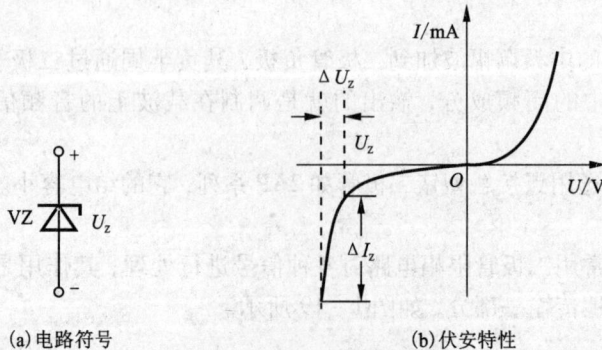

(a)电路符号　　　　　(b)伏安特性

图 1－21　稳压管的电路符号与 $U-A$ 特性

1. 稳压特性

稳压管的伏安特性如图 1 – 21(b)所示，由图可看出，它的正向特性与普通二极管相似，而反向特性曲线更陡，几乎与纵轴平行，表现出很好的稳压特性，即当反向电压小于击穿电压时，反向电流很小，当反向电压临近 U_Z 处时反向电流急剧增大，由于这种稳压管的特殊工艺性，发生齐纳击穿，这时电流在很大范围内改变时，管子两端电压基本保持不变，起到了稳压的作用。曲线越陡，动态电阻 $r_Z = \dfrac{\Delta U_Z}{\Delta I_Z}$ 越小，说明稳压管的稳压性能越好。必须注意的是，稳压管在电路中应用时一定要串联限流电阻，不能使二极管击穿后电流无限增长，否则会由于 PN 结过热而引起热击穿将 PN 结烧毁。

2. 稳压管的主要参数

(1)稳定电压 U_Z　它是指在规定的电流下稳压管的反向工作电压值。由于受到半导体制造工艺的制约，同一型号的稳压管 U_2 值有一定的离散性，如型号为 2CW15 的 U_Z 值在 7.0 ~ 8.5，但每一个稳压管有一个确定的稳压值。

(2)稳定电流 I_Z　它是指压管工作在稳压状态时的参考电流，电流低于此值时就不起稳压作用，因此，常把 I_Z 记为 I_{Zmin}。

(3)最大稳定电流 I_{ZM}　它是指稳压管反向击穿时通过的最大允许工作电流。超过此值，稳压管将由于过热引起热击穿而损坏。这也是为什么在应用电路中稳压管必须加限流电阻的原因。

(4)耗散功率 P_{ZM}　它指管子不致因热击穿而损坏的最大耗散功率，其数值等于稳压管的稳定电压 U_Z 与最大稳定电流 I_{ZM} 的乘积。

(5)动态电阻 r_Z　它指稳压管工作在稳压区时，该电压变化量 ΔU_Z 与其反向电流变化量 ΔI_Z 之比，即 $r_Z = \dfrac{\Delta U_Z}{\Delta I_Z}$ 反映稳压管的稳压性能。动态电阻值越小，说明该稳压管的稳压性能越好。

稳压管最重要的参数是稳定电压值 U_Z。可用晶体管特性图示仪直接测量。如没有图示仪可用一只万用表和一个可调直流稳压电源的方法测得。测量线路接线图如图 1 – 22 所示，测量时慢慢调节可调直流稳压源的输出电压，当电压表指示的电压值不再随可调稳压电源输出电压变化时，电压表上所指示的电压值即为稳压管的稳压值。

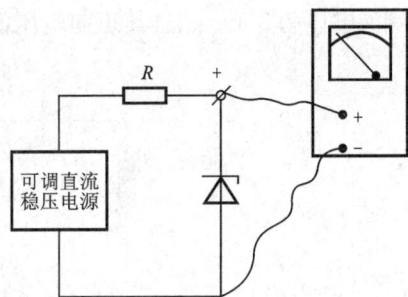

图 1 – 22　测量稳压管稳定电压的接线图

在使用稳压二极管时应注意以下几点：

a. 稳压管用于稳压时必须接反向电压，这与普通二极管在工作方式上正好相反；

b. 为保证稳压管正常工作，必须串接合适的限流电阻；

c. 几只稳压管可以串联使用，串联后的稳压值为各管稳压值之和。稳压管不能并联使用。因为每只稳压管稳压值不同，并联后会使电流分配不均匀，可能使某只稳压管因分流多、电流过大而损坏。

1.3.2 发光二极管

发光二极管（LED）是用半导体化合物材料制成的特殊二极管，它的功能是将电能转换为光能。当二端加上正向电压，半导体中的载流子发生复合，放出过剩的能量，而引起光子发射产生可见光，不同材料制成的发光二极管可发出红光、蓝光、绿光等。其外形主要为方形和圆形。外形及电路符号如图 1-23 所示（一般根据管脚长短判断发光二极管正负极，管脚引线较长者为正极，较短者为负极）。

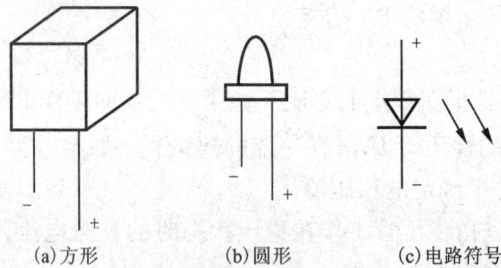

(a)方形   (b)圆形   (c)电路符号

图 1-23   发光二极管外形及电路符号

发光二极管由于具有功耗低，体积小，可靠性高，寿命长和反应快的优点，广泛应用于仪器仪表、计算机、汽车、电子玩具、通讯、显示屏、景观照明、自动控制等领域。尤其是高亮度发光二极管（HB-LED）已成为 21 世纪最有发展前途的产业之一，被誉为节能环保照明之星。

发光二极管的工作电流，一般为几毫安至几十毫安，正向电压多在 1.5~2.5 V 之间，它的质量好坏也可用万用表判断：用万用表的 $R \times 10k$ 挡（此时内电池多为 6 V 或 9 V）测其正向及反向电阻值，当正向电阻值小于 $50k\Omega$，反向电阻值大于 200 $k\Omega$ 时均为正常。若万用表没有 $R \times 10k$ 挡，可以用 $R \times 100$ 或 $R \times 1k$ 挡再串一个 1.5 V 电池，如图 1-24，此时，万用表笔两端的电压为 3 V。超过其正向电压值，可使发光二极管正向导通而发亮。

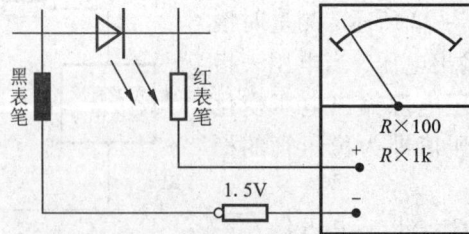

图 1-24   用万用表检测发光二极管方法

值得注意的是，由于发光二极管属电流控制型器件，不能用电池（或电源）直接点亮，一定要在电路中串接电阻限流而保护发光二极管。

1.3.3　光电二极管

光电二极管又称光敏二极管，它的功能是将光能转换为电能。它的工作原理是光电二极管施加反向电压，当光线通过管壳上的一个玻璃窗口照射在 PN 结上时，能吸收光能且管子中的反向电流随光线照射强度增加而增加，光线越强反向电流越大。其外形、电路符号与特性曲线如图 1－25 所示。

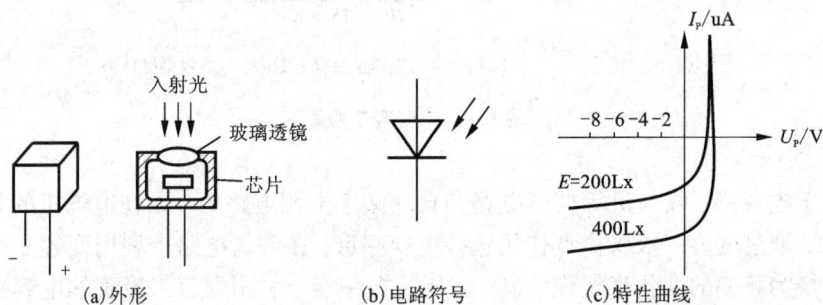

(a) 外形　　　　　　　(b) 电路符号　　　　　　　(c) 特性曲线

图 1－25　光电二极管

光电二极管的主要参数如下：

(1) 光电流：光电二极管在光照射下的反向电流；

(2) 暗电流：光电二极管无光照射时的反向电流；

(3) 灵敏度：指在给定波的入射光时，每接收单位光功率时输出的光电流，单位为 $\mu A/\mu W$；

(4) 光谱范围：指光电二极管反映最佳的光谱范围。锗管的光谱范围比硅管宽；

(5) 峰值波长：指光电二极管有最佳响应的峰值波长。锗管的峰值波长为 14 650 Å，硅管为 9 000 Å。

用万用表可以检测光电二极管的质量。用万用表电阻档 $R \times 1k$ 档，先盖住光电二极管进光面，测量反向电阻应为∞；然后在自然光照射下测量反向电阻值仅为几千欧，再将受光面朝向灯光或太阳光照射，电阻值将进一步减小，在 1 kΩ 以下；若对光照无反应说明管子已坏。

光电二极管广泛用于受控、报警及光电传感器之中。使用时应注意的是必须施加反向电压，同时由于光电二极管的光电流较小，用于测量及控制电路时，应先进行放大和处理。

1.3.4　变容二极管

变容二极管是利用 PN 结空间电荷区具有势垒电容效应的原理制成的特殊二极管。它的电路符号和特性曲线如图 1－26 所示。

变容二极管的特点是结电容与加到管子上的反向电压大小成反比，即在一定范围内，反向电压越低，结电容越大；反向电压越高，结电容越小，可利用这种特性作为可变电容器使用。

变容二极管采用硅或砷化镓材料制成，陶瓷或环氧树脂封装。一般长引脚为变容二极管

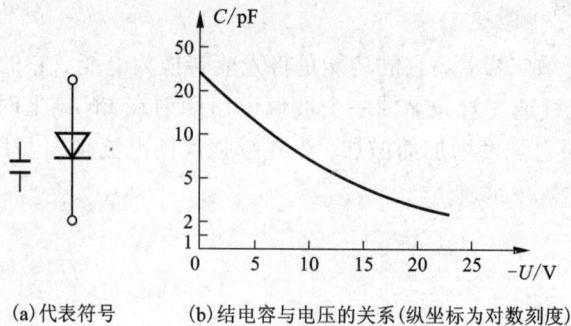

(a)代表符号   (b)结电容与电压的关系(纵坐标为对数刻度)

图 1 - 26   变容二极管

正极。常用于电视机、收录机等调谐电路和自动频率微调电路中,如在电视机的频道选择器(高频头)中,通过变容二极管微调作用选择电视频道;在调谐电路中利用变容二极管将调制信号电压转换为频率的变化来实现调制,在压控振荡器中利用变容二极管的电容变化实现电压对振荡频率的控制。

其基本应用电路如图 1 - 27,图中 C 为调整电容,L 为调谐电感,当外加调谐电压变化时,通过变容二极管电容的变化完成调谐作用。

1.3.5　激光二极管

激光二极管是用于产生相干的单色光信号的器件,它的物理结构是在发光二极管的结间安置一层具有光活性的半导体,垂直于 PN 结的一对平行面经抛光后构成法布里——珀罗谐振腔,具有部分反射功能,其余两侧相对粗糙,用以消除主方向外其他方向的激光作用。

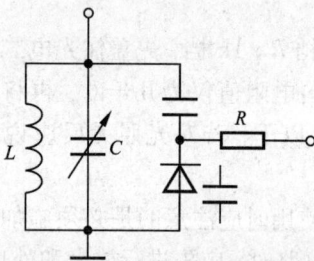

图 1 - 27   变容二极管应用电路

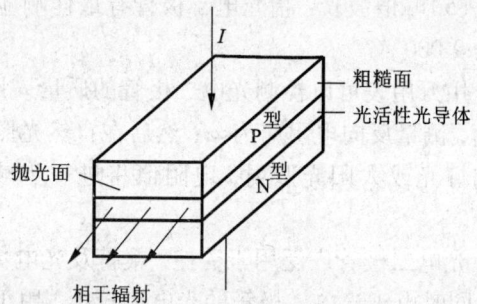

图 1 - 28   激光二极管的结构

激光二极管的工作原理是:半导体中的光发射通常源于载流子的复合。当 PN 结加正向电压时,会削弱 PN 结的内电场,使得电子从 N 区注入 P 区。空穴从 P 区注入 N 区,这些电子和空穴会发生复合,从而发射出一定波长的光子。这种由于电子和空穴的自发复合而发光的现象称为自发辐射,当自发辐射所产生的光子经过已发射的电子 - 空穴对附近,就会激励两者复合,产生新光子。这种光子诱使已激发的载流子复合而产生新光子的现象称为受热辐射。如果注入电流足够大,则会形成和热平衡状态相反的载流子分布,即粒子数反转,当光活性半导体层内的载流子在大量反转情况下，少量自发辐射产生的光子由于谐振腔两端往复反射而产生感应辐射，造成选频谐振正反馈，或者说对某一频率具有增益，当增益大于吸收损耗时，就可从 PN 结发出具有良好谱线的相干光——激光。

激光二极管工作时发射的主要是红外线，广泛用于激光条码阅读器、激光打印机、音频光盘（CD）、视频光盘（VCD）及激光测量等设备上，具有体积小、寿命长、电压低、耗电省等优点，其电路符号如图1－29所示。从图中可看出：激光二极管由两部分组成，即激光发射部分 LD 和激光接收部分 PD。LD 和 PD 又有公共端点 b，公共端一般与管子的金属外壳相连，即激光二极管有三只脚 a、b、c。

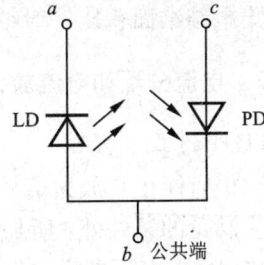

图1－29　电路符号

1.4　半导体三极管

半导体三极管是由两个用一定工艺做在一起且相互影响的 PN 结加上相应的电极引线封装而成，又称为晶体三极管，简称晶体管或三极管，它具有电流放大作用，是组成放大电路的核心部件。

1.4.1　半导体三极管的结构与符号

半导体三极管是电子元器件中种类繁多、外形各异的一类器件。按使用材料分硅管、锗管两大类；按功率分大功率管、中功率管、小功率管；按工作频率分低频管、高频管、超高频管；按用途分放大管、开关管、低噪声管、达林顿管等；按结构分 PNP 型管和 NPN 型管等。其封装形式主要有金属封装和塑料封装。

三极管按结构不同，分为两大类型，即 NPN 型和 PNP 型，图1－30为结构示意图和它的符号。有关三极管的命名方法，可参考附录1。

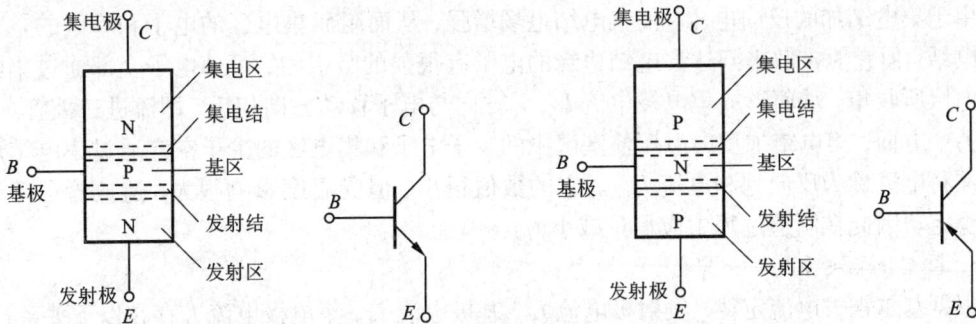

图1－30　三极管的结构与符号

由图可看出，三极管分为三个区，分别称为发射区、基区和集电区。由三个区各自引出三个电极，对应地称为发射极 E、基极 B、集电极 C。有两个 PN 结：发射区与基区交界处的 PN 结称为发射结，集电区与基区交界处的 PN 结称为集电结。

为使三极管具有电流放大作用，在制造工艺中要具备以下内部条件。

（1）发射区高掺杂。其掺杂浓度要远大于基区掺杂浓度，能发射足够的载流子；

（2）基区做得很薄且掺杂浓度低，以减小载流子在基区的复合机会；

（3）集电结结面积比发射结大，便于收集发射区发射来的载流子及利于散热。

1.4.2　电流分配和电流放大作用

1. 三极管的工作电压

为使三极管能正常放大信号，让发射区发射电子，集电区收集电子，三极管除在工艺制造上内部应满足的条件外，所加的工作电压必须满足的条件是发射结加正向电压，即正向偏置，集电结加反向电压即反向偏置。而三极管分 NPN 和 PNP 两种，它们极性不同，工作时所加的电源电压极性也不同。下面对 NPN 型三极管进行讨论。

2. 三极管内部载流子的传输过程

（1）发射区向基区发射电子

由于发射结外加正向电压，使得发射结内电场减弱，这时发射区的多数载流子电子不断通过发射结扩散到基区，形成发射极电流 I_E（如图 1 – 31 所示），I_E 的方向与电子流动方向相反，即流出三极管。基区的空穴也会向发射区扩散，但基区杂质浓度很低，空穴形成的电流很小，一般忽略不计。

（2）电子在基区中扩散与复合

由于基区很薄且杂质浓度低，同时集电结加的是反向电压，因此从发射区发射到基区的电子与基区内的空穴复合的机会小，只有极小部分与空穴复合，形成基极电流 I_B 且 I_B 值很小。绝大部分电子都会扩散到集电结。

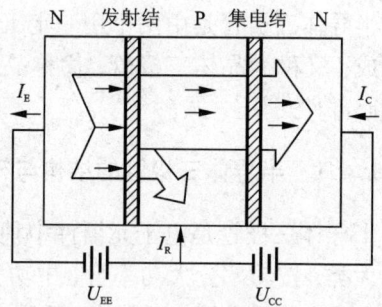

图 1 – 31　三极管载流子传输过程

（3）集电区收集扩散的电子

由于集电结加的反向电压，使集电结电场增强，从而阻碍集电区的电子和基区的空穴通过集电结，但它对扩散来到达集电结边缘的电子有很强的吸引力，可使电子全部通过集电结为集电区所收集，从而形成集电极电流 I_C，I_C 方向与电子移动方向相反，即流进三极管。

另一方面，集电结加反向电压使基区中的少子电子和集电区的少子空穴通过集电结形成反向漂移电流称为反向饱和电流 I_{CBO}。它的数值很小，但受温度影响很大，造成管子工作性能不稳定。因此在制造过程中应尽量减小 I_{CBO}。

3. 电流分配关系

根据基尔霍夫电流定律，发射极电流 I_E、基极电流 I_B、集电极电流 I_C 存在以下关系：

$$I_E = I_C + I_B$$

由以上分析可知，I_B 值很小，因此有 $I_E \approx I_C$。这就是三极管电流分配关系。

4. 电流放大作用

为观察三极管电流放大作用，将 NPN 型三极管接成如图 1 – 32 所示测试电路。通过调节电位器 R_P 改变基极电流 I_B，从而改变相应的 I_C 值，通过实验发现，当 I_B 有较小的变化会引起

I_C较大的变化，这就是三极管的电流放大作用。

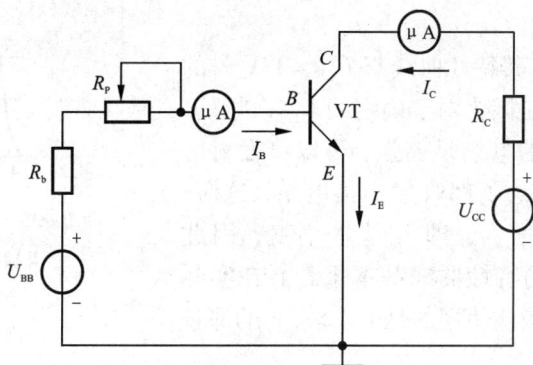

图 1 – 32　三极管电流放大测试电路

将输入电流 I_B 与输出电流 I_C 之比定义为共发射极直流电流放大系数 $\bar{\beta}$，定义式为 $\bar{\beta} = \dfrac{I_C}{I_B}$，

将输入电流变化量 Δi_b 与输出电流相应的变化量 Δi_c 之比定义为共发射极交流电流放大系数 β 定义式为 $\beta = \dfrac{\Delta i_c}{\Delta i_b}$。

一般情况下，$\beta \approx \bar{\beta}$，可以通用，而 β 一般在几十至几百之间，这说明了微弱的基极电流 I_B 可控制较大的集电极电流 I_C。同时也说明用改变基极电流的方法可控制集电极电流，因此三极管是电流控制电流的器件。

综上所述，三极管在同时满足内部和外部条件时，具有电流放大作用，且电流分配关系为：$I_E = I_C + I_B \approx I_C$，$I_B \ll I_C$。由于三极管存在两种载流子导电，因此三极管又称为双极型半导体器件。

1.4.3　三极管的特性曲线

三极管的特性曲线是描述各电极电流和电压之间的关系曲线。由于三极管有三个电极，在使用时用它组成输入回路和输出回路，因此有输入特性曲线和输出特性曲线之分，这两组曲线可用晶体管图示仪显示或通过实验获得。下面就最常用的 NPN 型三极管共射极特性曲线来进行讨论。

1. 输入特性曲线

输入特性是反映三极管输入回路中电流和电压之间的关系曲线，即当集电极与发射极间电压 U_{CE} 为常数时，基极电流 i_B 与发射结电压 U_{BE} 之间的关系曲线，表达式为 $i_B = f(U_{BE})\big|_{U_{CE} = 常数}$，如图 1 – 33 所示。

从输入特性曲线可看出：

a. 当 $U_{CE} = 0$ 时，相当于发射极与集电极短接，此时发射结与集电结并联。输入特性与 PN 结的伏安特性相似。

b. 当 $U_{CE} = 1\ \mathrm{V}$ 时，其特性曲线向右移。这是由于当 $U_{CE} = 1\ \mathrm{V}$ 时，在集电结施加了反向电压，增强了集电结内电场，使集电结吸引电子的能力增强，从发射区进入基区的电子更多地被集电结吸引过来而减少在基区与空穴复合的机会。因此对于相同的 U_{BE} 值, 基极的电流 i_B 减小了, 特性曲线相应向右移动。

c. 当 $U_{CE} > 1$ V 时, 其特性曲线与 $U_{CE} = 1$ V 时的特性曲线基本重合。这是因为对于确定的 U_{CE}, 当 U_{CE} 增大到 1 V 后, 集电结的电场足够强, 可以将发射区注入到基区的绝大部分电子都收集到集电结, 这时, 再增大 U_{CE}, i_C 也不会增大, 即 i_B 基本不变, 因此 $U_{CE} > 1$ V 与 $U_{CE} = 1$ V 的特性曲线基本重合。在实际中, U_{CE} 总会大于 1 V, 因此使用的是 $U_{CE} > 1$ V 的那条曲线。

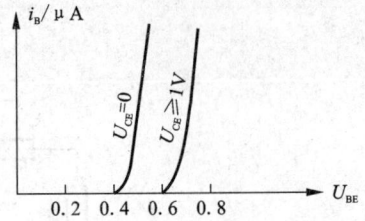

图 1 – 33 NPN 型硅管共射极
输入特性曲线

从三极管输入特性曲线还可看出, 三极管输入特性曲线与 PN 结正向特性曲线相似, 即当输入电压很小时, 存在一段死区, 其死区电压: 硅管为 0.5 V, 锗管为 0.1 V。只有当外加输入电压超过死区电压时, 这时三极管才开始导通, 正常工作时, 发射结的管压降: 硅管为 0.7 V, 锗管为 0.3 V。

2. 输出特性曲线

输出特性曲线是反映三极管输出回路中电流和电压之间的关系曲线, 即当基极电流 I_B 为常数时, 集电极电流 i_C 与集电极、发射极间电压 U_{CE} 之间的关系曲线。表达式为 $i_C = f(U_{CE}) \mid_{i_B = 常数}$, 如图 1 – 34 所示。

从图中可看出, 改变基极电流 I_B, 可得到一组间隔基本均匀, 比较平坦的平行直线, 严格来说, 由于基区宽度调制效应, 特性曲线会向上倾斜。输出特性曲线一般分为三个区域, 即截止区、放大区、饱和区。

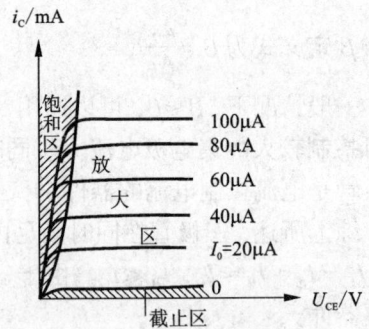

图 1 – 34 NPN 型硅管共射极
输出特性曲线

①截止区: $I_B = 0$ 对应的曲线以下的区域, 处于此区域时, 三极管发射结处于反向偏置状态或零偏, 集电结处反向偏置状态, 这种情况相当于三极管内部各电极开路, 在 $I_B = 0$ 时有很小的集电极电流 I_C, 即有集电极—发射极反向饱和电流 I_{CEO} 流过, 但一般忽略不计。

②放大区: 在这个区域内, 发射结处正向偏置状态, 集电结处反向偏置状态, 此时 I_C 受 I_B 控制, 即具有电流放大作用。由于 I_C 与 U_{CE} 无关, 特性曲线平坦, 呈现恒流特性, 当 I_B 按等差变化时, 输出特性近似为一族与横轴平行的等距离直线。

③饱和区: 输出特性曲线上升到弯曲部分称为饱和区, 此时, 集电结和发射结均处于正向偏置状态, 集电极电流 I_C 处于饱和状态而不受 I_B 控制, 即三极管失去电流放大作用。三极管处于饱和状态时对应的管压降称为饱和压降, 用 U_{CES} 表示, 对于小功率硅管, 其值 $U_{CES} \approx$ 0.3 V, 对锗管 $U_{CES} \approx 0.1$ V, 这时管子的集电极与发射极间呈现低电阻, 相当于开关闭合。

输出特性曲线三个工作区域的特性如表 1 – 1 所示。

表1-1 三个工作区域的特性

区域	各结偏置状态		条件(对NPN管)	三极管特性	特 点
	发射结	集电结			
截止区	零偏或反偏	反偏	$U_B < U_E$ $U_R < U_C$	相当于开关断开	$I_B = 0$, $I_C = I_{CEO}$(穿透电流)
放大区	正偏	反偏	$U_C > U_B > U_E$	放大作用	$I_C = \beta I_B$, 具恒流特性, 曲线平坦
饱和区	正偏	正偏	$U_B > U_E$ $U_B > U_C$	相当于开关闭合	$U_{CE} = U_{CES}$, I_C基本不受I_B控制

由以上讨论可知,三极管具有"开关"和"放大"两大功能,当三极管工作在饱和和截止区时,具有"开关"特性,可应用于数字电路中;当三极管工作在放大区时,具有放大作用,可应用于模拟电路中。

例1-3 测得某放大电路中三极管的三个电极 A、B、C 的对地电位分别为 $U_A = -8$ V,$U_B = -5$ V,$U_C = -5.3$ V,试分析 A、B、C 端分别属何电极及三极管的类型?

解: 由 $U_B = -5$ V,$U_C = -5.3$ V 相差 0.3 V,故必有一为基极,一为发射极,且该管为锗管。于是 A 是集电极。由于 $U_A = -8$ V,即 U_B、U_C 均高于 U_A 则说明该管为 PNP 管,从而可判断 C 为基极,B 为发射极。

因此可判断该管为 PNP 型锗管且 A 为集电极,B 为发射极,C 为基极。

例1-4 电路如图 1-35 所示。输入信号为幅值 $U_{im} = 3$ V 的方波。若 $R_b = 100$ kΩ,$R_c = 5.1$ kΩ 时,晶体管工作在何种状态? 如果将图中的 R_c 改成 3 kΩ,其余数据不变,$u_i = 3$ V 时,晶体管又工作在何种状态?

解: 当 $u_i = 0$ 时,$U_B = U_E = 0$。所以,$I_B = 0$,$I_C = \beta I_B \approx 0$。则 $U_C \approx U_{CC} = 12$ V,说明晶体管处于截止状态。

当 $u_i = 3$ V 时,取 U_{BE},则

基极电流 $I_B = \dfrac{u_i - U_{BE}}{R_b} = \dfrac{3 - 0.7}{100 \times 10^3}A = 23$ μA

集电极电流 $I_C = \beta I_B = 100 \times 23 \mu A = 2.3 mA$

发射极电压 $U_{CE} = U_{CC} - I_C R_c = 0.27$ V

$U_{CE} < U_{CES}$晶体管工作在饱和状态。

当 R_c 由 5.1 kΩ 减小为 3 kΩ,其余参数不变时,$u_i = 3$ V,I_B、I_C 与前面分析相同,即 $I_B = 23$ μA,$I_C = 2.3$ mA。

$$U_{CE} = U_{CC} - I_C R_c = 5.1 \text{ V}$$

由 $U_{CC} > U_{CE} > U_{CES}$,可知晶体管工作在放大状态。

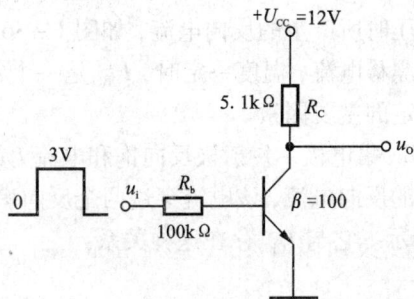

图 1-35 例1-4 图

1.4.4　三极管的主要参数及选用依据

1. 三极管的主要参数

表征三极管特性的参数很多，这些参数都是从不同侧面反映三极管的不同特性，也是正确使用和合理选择器件以及进行电路设计时的重要依据。

（1）电流放大系数——反映三极管放大能力的强弱

一般讨论的是共发射极接法的电流放大系数。根据工作状态的不同，分直流和交流两种。

①共发射极直流电流放大系数 $\bar{\beta}(h_{FE})$：指在没有交流信号输入时，共发射极电路输出的集电极直流电流与基极输入的直流电流之比，即 $\bar{\beta}=\dfrac{I_C}{I_B}$。

②共发射极交流电流放大系数 $\beta(h_{fe})$：指共发射极电路集电极电流的变化量与基极电流的变化量之比，

即
$$\beta=\frac{\Delta i_c}{\Delta i_b}$$

当三极管工作在放大区小信号状态时，$\beta\approx\bar{\beta}$，因此以后不再区分 β 和 $\bar{\beta}$，一律用 β 表示。

电流放大系数是三极管一个重要的参数。在制造过程中，离散性较大，为便于选择三极管，金属封装的三极管采用色点来表示 β 的大小，而塑料封装的三极管一般在型号后加英文字母表示 β 值，具体表示方法见附录4。

（2）极间反向电流

a. 集电极–基极反向饱和电流 I_{CBO}：指发射极开路，在集电极与基极之间加上一定的反向电压时所产生的反向电流，如图 1–36 所示，实际上它就是集电结的反向饱和电流，即少子的漂移电流，温度一定时，I_{CBO} 是一个常量。温度升高，I_{CBO} 将增大，它是造成三极管工作不稳定的主要因素。

b. 集电极–发射极反向饱和电流 I_{CEO}：指基极开路，集电极与发射极之间加一定反向电压时的反向电流，该电流穿过两个反向串联的 PN 结，故称穿透电流。它的测量电路如图 1–37 所示。它与 I_{CBO} 存在这种关系：

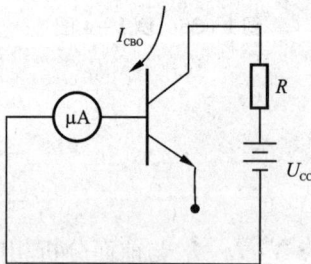

图 1–36　I_{CBO} 的测量　　　　　　图 1–37　I_{CEO} 的测量

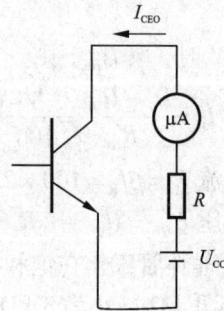

$$I_{CEO}=(1+\beta)I_{CBO}$$

该式说明 I_{CEO} 比 I_{CBO} 要大得多，即测量起来容易些，因此一般用 I_{CEO} 来衡量三极管热稳定性的好坏。

选用三极管时，一般希望反向电流越小越好，而在相同的环境温度下，硅管的反向电流比锗管小得多，因此，目前使用的三极管大多采用的是硅管。

（3）极限参数

①集电极最大允许电流 I_{CM}：三极管正常工作时 β 值基本不变，但当 I_C 很大时，β 值会逐渐下降。一般规定，在 β 下降到额定值的 2/3（或 1/2）时所对应的集电极电流即为 I_{CM}，当 $I_C > I_{CM}$ 时，虽然不一定会损坏管子，但 β 值明显下降，因此在应用中，I_C 不允许超过 I_{CM}。

②集电极最大允许耗散功率 P_{CM}：是指三极管集电结受热而引起其参数的变化，在不超过所规定的允许值时，集电极消耗的最大功率，即 $P_{CM} = I_C \cdot U_{CE}$，超过此值会使集电结温度升高，三极管过热而烧毁。因此 P_{CM} 值决定于三极管的结温，而硅管的最高结温为 150℃，锗管的最高结温为 90℃，超过此结温时，管子特性会明显变坏，直至热击穿而烧毁，对于大功率管，为提高 P_{CM}，要加装规定尺寸的散热装置。

③极间反向击穿电压：晶体管的某一电极开路时，另外两电极间所允许加的最高反向电压称为极间反向击穿电压，这种击穿电压不仅与管子本身的特性有关，而且与外部电路的接法有关。主要包括以下几种：

a. $U_{(BR)EBO}$：指集电极开路时发射极与基极之间的反向击穿电压，实际上就是发射结所允许加的最高反向电压，一般只有几伏甚至低于 1 V。

b. $U_{(BR)CBO}$：指发射极开路时集电极与基极之间的反向击穿电压，实际上就是集电结所允许加的最高反向电压，其数值较大。

c. $U_{(BR)CEO}$：指基极开路时集电极与发射极之间的反向击穿电压，一般取 $U_{(BR)CBO}$ 的一半左右比较安全。

为保证三极管能可靠地工作，由极限参数 I_{CM}、$U_{(BR)CEO}$ 及 P_{CM} 可标出三极管的安全工作区如图 1 – 38 所示。

（4）频率参数：是反映三极管电流放大能力与工作频率关系的参数，用于表达三极管的频率适用范围。

①共发射极截止频率 f_β：三极管 β 值是频率的函数，在中频段时 $\beta = \beta_0$，几乎与频率无关，但随着频率升高，β 值下降，当 β 值下降到中频段 β_0 的 $1/\sqrt{2}$ 倍时，所对应的频率称为共发射极截止频率 f_β。

②特征频率 f_T：当三极管 β 值下降到 $\beta = 1$ 时所对应的频率称为特征频率。当工作频率 $f > f_T$ 时，三极管就失去了放大作用。

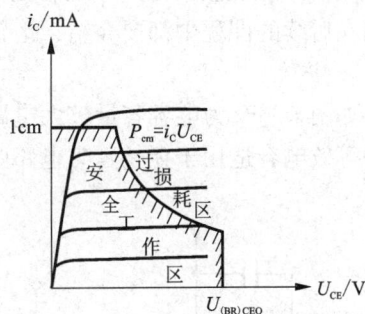

图 1 – 38　三极管的安全工作区

具体参数可参考附录 4。

2. 三极管的简单测试

没有专门的测试仪器（如晶体管图示仪）时，可以用万用表对三极管进行简单的测试。

（1）三极管管脚极性的判别

对三极管首先要判断是 NPN 管还是 PNP 型管，然后区别管脚的排列。

将万用表置于电阻 $R \times 100$ 或 $R \times 1k$ 挡，先任意假设三极管的一脚为基极，将红表笔接假定"基极",黑表笔分别去接触另外两个管脚,如果两次测得的电阻值都很小,则红表笔所接触的管脚为基极,且该管为 PNP 型三极管;如果两次测得的电阻值都很大,则红表笔接触的管脚也为基极,该管为 NPN 型三极管;如果两次测量阻值相差很大,则说明假设"基极"不是实际的基极,可另假定其余管脚为"基极",重复上述测量步骤,直到满足上述条件,这样可判断出管子类型与基极。

然后判定集电极和发射极,若确定三极管型为 PNP 型和基极 b 后,在剩下的两个管脚中先假设一个脚为集电极,另一个脚为发射极,将红表笔接集电极,黑表笔接发射极,并在基极和集电极之间接一个电阻(也可用手握住基极和集电极,但两个管脚不能接触,这样用手指代替电阻),观察万用表指针的偏转位置,然后对调红黑表笔再测一次,观察指针偏转并读数,两次测量中指针偏转大(即电阻值小)的那次假设是正确的。若为 NPN 型管,先假设集电极和发射极,将黑表笔接集电极,红表笔接发射极,操作和判断的方法与 PNP 型管的方法一样。

(2)估测穿透电流 I_{CEO}

对 NPN 型管,将红表笔与发射极接触,黑表笔与集电极接触,这时对锗管测出的阻值在几十千欧姆以上,硅管测出在几百千欧姆以上时,表示 I_{CEO} 不太大。如果测出的阻值小且指针缓慢地向低阻区移动,说明 I_{CEO} 大且稳定性差,若阻值接近于零说明三极管已被击穿损坏,如果阻值为无穷大,则说明内部已开路。

1.4.5　应用实例

三极管最基本的特性就是电流放大作用,根据这一特性可以组成各种放大电路,把微弱的电信号变成一定幅度的信号。当然,这种转换也要遵守能量守恒定律,只是把电源的能量转换成信号的能量而已。三极管还可以作电子开关,也可以配合其他元件构成振荡器,这些应用在后续的课程中都要介绍,此节介绍它的一些特殊应用。

1. 扩流

如图 1-39 为电容容量扩大电路,利用三极管电流放大作用,将电容容量扩大若干倍,这种等效电容适用于在长延时电路中作定时电容。

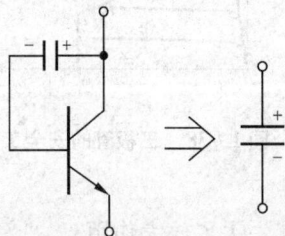

图 1-39　用三极管扩大电容容量等效电路　　　　　　图 1-40　稳压二极管的扩展

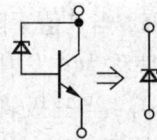

用稳压二极管构成的稳压电路虽具有电路简单,使用元件少的优点,但由于稳压管的稳定电流一般只有几十毫安,这就限定了它只能用于负载电流不太大的场合。图 1-40 电路可使稳压管的稳定电流及动态电阻范围得到较大的扩展并使其稳定性能得到较好的改善。

2. 代换

如图 1 – 41 所示，用两个三极管串联可直接代换调光台灯中的双向触发二极管。

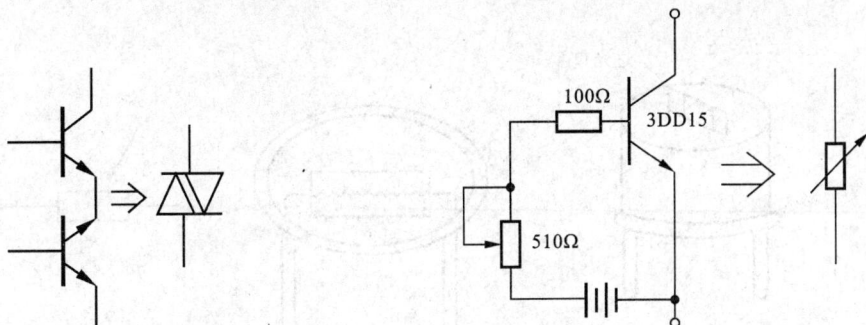

图 1 – 41 用三极管代换双向触发二极管

图 1 – 42 模拟可调电阻电路

3. 模拟

用三极管构成的电路，可以模拟其他元器件，如大功率可调电阻价格贵并且很难找到，用图 1 – 42 所示电路可作模拟品，调节 510 Ω 电阻的阻值即可调节大功率三极管 C、E 极之间的阻值，此阻值变化即可代替大功率可调电阻使用。

如图 1 – 43 所示可用三极管模拟稳压管。其稳压原理是：当 U_{AB} 上升时，经 R_1、R_2 组成的分压电路分压后，使 R_2 两端压降上升，由于三极管的 B – E 结压降基本不变约为 0.7 V，故经过 R_2 的电流上升，三极管发射结正偏增强，其导通性也增强，C、E 间呈现的等效电阻减小，压降降低，从而使 U_{AB} 基本保持恒定。调节 R_2 即可调节此模拟稳压管的稳压值。

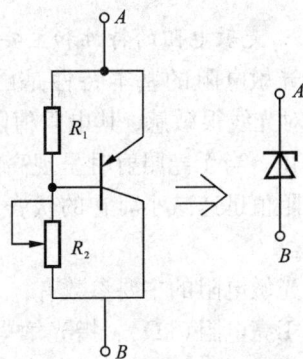

图 1 – 43 模拟稳压二极管电路

1.5 特种半导体元器件简介

1.5.1 光敏电阻

光敏电阻是利用半导体的电阻值受光线照射而改变的现象制成的元件。它的灵敏度很高且可以用不同的半导体材料做成对不同的光线灵敏的电阻。

1. 光敏电阻的分类、结构和符号

光敏电阻按制作材料分：硫化镉（CdS）光敏电阻、硒化镉（CdSe）光敏电阻、硫化铅（PbS）光敏电阻、硒化铬（PbSe）光敏电阻、锑化铟（InSb）光敏电阻等，其中以硫化镉（CdS）光敏电阻用途最广。

按光谱特性可分为：可见光光敏电阻器（主要用于各种光电自动控制系统、电子照相机等），紫外光光敏电阻器（主要用于紫外线探测仪），红外光光敏电阻器（主要用于天文、军事

等领域的自动控制系统)。

它的结构通常由光敏层、玻璃基层(或树脂防潮膜)和电极等组成。

它的外形结构及电路符号如图 1-44 所示。

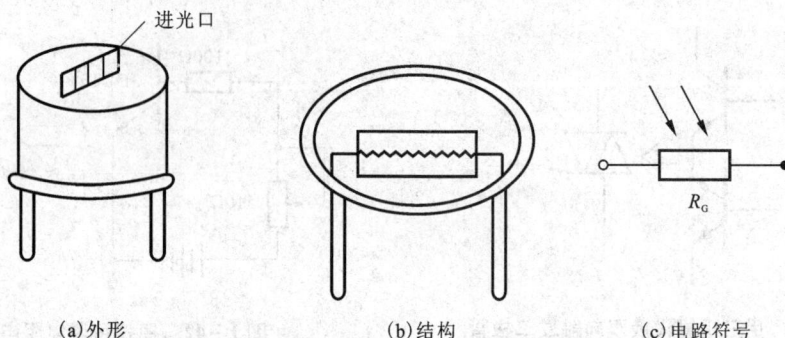

(a)外形　　　　　　　(b)结构　　　　　　　(c)电路符号

图 1-44　光敏电阻的外形及电路符号

2. 光敏电阻的特性和主要参数

光敏电阻的基本特性是由于半导体光电导效应,对光线很敏感,其电阻值随外界光照强弱变化而变化。当无光照射时呈现高阻状态,有光照射时其电阻值迅速减小。它的伏安特性曲线如图 1-45 所示。

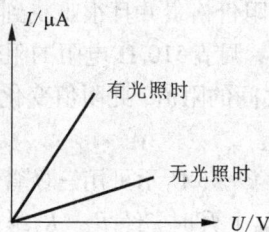

图 1-45　光敏电阻的伏安特性曲线

光敏电阻的主要参数有:

①亮电阻(kΩ):指光敏电阻受到光照射时的电阻值;

②暗电阻(MΩ):指光敏电阻在无光照射(即黑暗环境)时的电阻值;

③最高工作电压(U):指光敏电阻在额定功率下所允许承受的最高电压;

④亮电流:指光敏电阻在规定的外加电压下受到光照射时所通过的电流;

⑤暗电流:指在无光照射时,光敏电阻在规定的外加电压下通过的电流;

⑥光电流:亮电流与暗电流之差称为光电流;

⑦灵敏度:指光敏电阻在有光照射和无光照射时电阻值的相对变化。

光敏电阻的暗电阻越大,亮电阻越小则性能越好。大多数光敏电阻暗电阻超过 1 MΩ,而亮电阻可降到 1 kΩ 以下,说明光敏电阻的灵敏度很高。

光敏电阻具有生产成本低,性能稳定,体积小,重量轻,抗干扰能力强等优点,它的缺点是响应时间较慢,因此不宜在高频下使用。它主要用于各种光电自动控制系统(如自动报警系统、自动照明灯控制电路),家用电器(如电视机中的亮度自动调节、照相机的自动曝光控制等)及各种测量电路中。

1.5.2　热敏电阻

热敏电阻是一种特殊的半导体器件,它的阻值随温度变化有比较明显的改变,它的灵敏度很高,常可探测到1℃以下的温度变化。它的体积可做得很小,用来测量小范围内或迅速变化的温度,在实际中得到广泛的应用。

1. 热敏电阻的分类及符号

热敏电阻按温度系数的不同可分为正温度系数热敏电阻(简称 PTC)和负温度系数热敏电阻(简称 NTC)。正温度系数热敏电阻是具有温度敏感性的半导体电阻,超过一定的温度(居里温度)时,它的电阻值随着温度的升高呈现阶跃性的增高。这种 PTC 热敏电阻按材质可分为陶瓷 PTC 热敏电阻和有机高分子 PTC 热敏电阻;按用途可分为自动消磁型、延时启动型、恒温加热型、过流保护型、过热保护型、传感器型 PTC 热敏电阻。

负温度系数热敏电阻是以锰、钴、镍等金属氧化物为它的主要材料,采用陶瓷工艺制造而成。这些金属氧化物材料都具有半导体性质,温度低时,这些氧化物材料的载流子数目少,故电阻值较高,当温度升高时,载流子数目相应增加,所以电阻值降低,NTC 热敏电阻按用途可分为功率型、补偿型、测温型 NTC 热敏电阻。

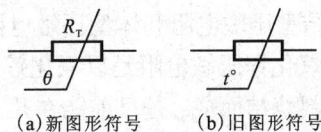

图 1 – 46　热敏电阻的图形符号

(a)新图形符号　　(b)旧图形符号

热敏电阻的电阻使用半导体粉料挤压烧结而成,外形有片状、杆状及垫圈状等多种,电路符号如图 1 – 46 所示。

2. 热敏电阻的伏安特性和主要参数

热敏电阻是非线性元件,这种非线性体现在:①电阻与温度不是线性关系而是指数关系;②通过电阻的电压、电流不是线性关系,不再服从欧姆定律。这是由于电流通过热敏电阻时使温度上升,电阻成指数变化造成的。

热敏电阻的伏安特性曲线如图 1 – 47 所示,以负温度系数热敏电阻加以说明,当电流很小时,产生的热量小,不会引起热敏电阻发热,元件的温度基本上即是环境温度。此时的热敏电阻相当于一个固定电阻,$I \sim U$ 特性近似一条直线,热敏电阻温度升高使阻值下降,这时相应的电压增加将逐渐缓慢,直至达到电压最大值。若电流继续增加,这时热敏电阻的阻值迅速减小,电压迅速下降,当电流超过允许值时,热敏电阻将被烧坏。

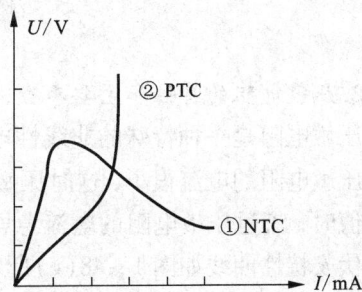

图 1 – 47　热敏电阻的伏安特性

热敏电阻的主要参数有:

(1)标称阻值 R_t:一般指在室温(20℃)时的电阻值,其大小取决于热敏电阻的材料和几何尺寸;

(2)电阻温度系数 α:指温度每变化1℃时阻值的变化率,单位是%/℃;

(3)额定功率 P_E:指在标准大气压和最高环境温度下,热敏电阻长期连续工作所允许的耗散功率,在实际应用时热敏电阻所消耗的功率不允许超过此值,否则热敏电阻有烧坏的可能。

(4)时间常数 τ:指温度变化后电阻达到稳定值的时间,是表述热敏电阻热惯性的参数。时间常数要求越小越好。

热敏电阻在电子线路中应用非常广泛。PTC 热敏电阻常用于温度控制、温度测量电路,同时还广泛应用于彩电消磁电路、电冰箱、电驱蚊器、电熨斗等家用电器中；NTC 热敏电阻则广泛应用于家电类温度控制、温度测量、测量补偿等电路中。

1.5.3　压敏电阻

压敏电阻是对电压变化很敏感的非线性电阻，在自动控制系统电路中经常使用。

1. 压敏电阻的分类、结构和符号

压敏电阻的品种很多，按使用材料可分为硅压敏电阻、锗压敏电阻、碳化硅压敏电阻、氧化锌压敏电阻、硫化镉压敏电阻等。其中氧化锌（ZnO）电阻应用最为广泛，按其伏安特性可分为无极性（对称型）压敏电阻和有极性（非对称型）压敏电阻，按结构可分为膜状压敏电阻、结型压敏电阻和体型压敏电阻等。

氧化锌压敏电阻是以氧化锌为主要材料，加入少量的氧化铋、氧化锑、氧化锰、氧化钴等材料烧结而成，是目前能在几万伏高压电路中作稳压和过压保护的惟一固体元件，其结构和电路符号如图 1-48(a)、(b)所示。

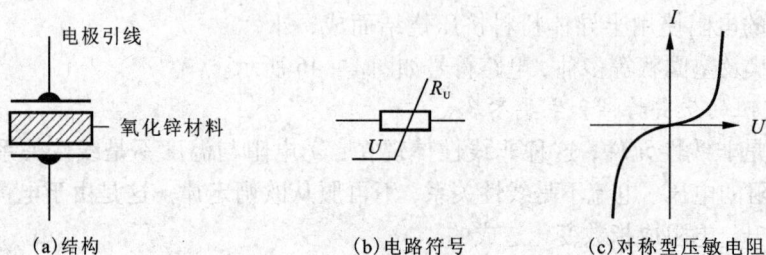

图 1-48　氧化锌压敏电阻

2. 压敏电阻的特性和主要参数

压敏电阻是一种特殊的非线性电阻，当加在压敏电阻两端的电压低于其标称电压值时，流过压敏电阻的电流很小，这时压敏电阻呈现出高阻状态，当压敏电阻两端电压略大于标称电压值时，流过压敏电阻的电流急剧增加，阻值很快下降，呈现出低阻状态，对称型压敏电阻的伏安特性曲线如图 1-48(c)所示，对正负电压具有相同特性。

压敏电阻的主要参数如下：

① 标称电压：指在通过 1 mA 直流电流时，压敏电阻两端的电压值；

② 电压比：指流过压敏电阻的电流为 1 mA 时产生的电压值与流过压敏电阻的电流为 0.1 mA 时产生的电压值之比；

③ 最大抑制电压：指压敏电阻两端所能承受的最高电压值；

④ 残压：指流过压敏电阻的电流为某一值时，在它两端所产生的电压称为这一电流值的残压；

⑤ 残压比：指某一电流的残压与标称电压之比；

⑥ 通流容量（通流量）：指在规定条件（以规定的时间间隔和次数，施加标准的冲击电流）下，允许通过压敏电阻上的最大脉冲（峰值）电流值；

⑦ 漏电流（等待电流）：指规定的温度和最大直流电压下流过压敏电阻的电流。

压敏电阻广泛应用在家电及其他电子产品中，起过电压保护、防雷击、抑制浪涌电流、吸收尖脉冲、保护半导体元器件等作用。在电视机的行输出变压器电路中起过压保护作用，防止因打火产生的过电压击穿行输出管，在消磁电路中也用到具有负阻特性的压敏电阻。

1.5.4　太阳能电池

太阳能电池也称光电池，目前使用的太阳能电池多以硅半导体材料制作的，因此也称硅光电池。

1. 太阳能电池的结构及符号

太阳能电池的结构和符号如图 1 - 49 所示。

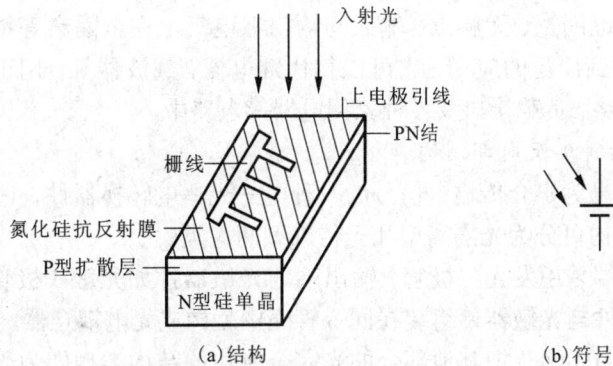

图 1 - 49　太阳能电池的结构及符号

在 N 型硅单晶衬底材料上，利用扩散法形成极薄的 P 型层，即形成 PN 结，再在硅片上下各引出电极，在受光面上，蒸发一层很薄的抗光反射的二氧化硅（SiO_2）反射膜表面层。它的作用是使光线的反射系数由 30% 降到 7% 左右，从而大大提高了太阳能电池的性能。为了提高太阳能电池的输出功率，有的产品在表面层上加了一排栅线（有的产品没有加栅线）。这样就制成了一个单体太阳能电池。实际上，太阳能电池是一个大面积的 PN 结，它的外形有圆形、方形、环形等。

2. 太阳能电池的工作原理及主要参数

当阳光照射在太阳能电池表面时，光子使硅原子中的电子获得能量变为自由电子离开原来的位置，相应地原来的位置形成空穴。在 PN 结的内电场作用下，运动到 PN 结附近的自由电子被拉向 N 区，空穴被拉向 P 区，这时在 N 区和 P 区形成了电子和空穴的堆积，而由于电子带负电，空穴带正电，使得在 N 区和 P 区两端产生电动势，这种现象称为光生伏特效应。太阳能电池就是利用光生伏特效应而产生电能做成的清洁能源。

太阳能电池的主要参数：

① 开路电压 U_{oc}：指在光照射下，将高内阻的直流毫伏表接在太阳能电池两极上，这时测得的电压值就是开路电压，一般范围为 450 ~ 600 mV；

② 短路电流 I_{SR}：指在光照射下，将低内阻的电流表接在太阳能电池两极，这时测得的电流值就是短路电流，其数值与光的照度、电池面积和受光面积成正比；

③ 转换效率 η：背景单位面积太阳能电池的最大输出功率与垂直入射到光电池表面上的

入射光功率之比，一般为 6% ~10%；

④ 响应速度：指太阳能电池对突变光照的反应速度；

⑤ 输出特性：指太阳能电池的输出电压，输出电流和输出功率随负载变化而变化的特性。

太阳能电池广泛用于计算器、照相机、无人灯塔的照明和人造卫星上，也用于光电检测元件、光机自动化设备中，大面积的多个太阳能电池组可作为太阳能电源，目前已做成以太阳能电池为动力的太阳能汽车。

1.5.5 光电耦合器

光电耦合器是近几年发展起来的一种半导体光电器件，具有体积小、使用寿命长、抗干扰能力强、工作温度范围宽、无触点、输入与输出在电气上完全隔离等特点，在电子技术及工业自动控制领域得到广泛的应用，它可以替代继电器，载波器等，用于隔离电路、开关电路、数模转换逻辑电路、负载接口及各种家用电器等电路中。

1. 光电耦合器的种类及内部结构

光电耦合器是以光为媒介传输电信号的一种电—光—电转换器件，它由发光源和受光器两部分组成。根据结构可分为光隔离型和光传感型两大类。

光隔离型：输入端采用发光二极管，输出端为光敏器件如光敏二极管、光敏三极管、光敏电阻等，将发光器件与光敏器件组装在同一管壳中就构成光电耦合器。在管壳中除发光器件和光敏器件的光路部分外，把其他部分的光完全遮住的结构类型即为光隔离型，具有可靠性高、使用灵活、响应速度快、无噪声、低功耗、频率范围宽等特点，同时还有体积小、重量轻、耐冲击的优点，从而使它的使用范围不断扩大，有替代继电器的趋势，普遍适用于计算机系统，作为终端负载和接口电路。

光传感器：也由发光器件和光敏器件组成，它们的距离据测试对象和应用场合而定。可分透过型和反射型两种。用于计算机终端设备中读取纸带、卡片及在自动售货机中检测硬币数目，在传真机、复印机和民用电器等电路中得到广泛应用。

光电耦合器的内部电路可分为四引脚和六引脚两种，如图 1–50 所示。

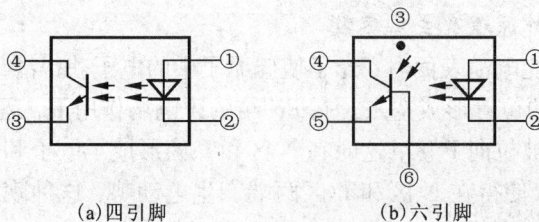

(a)四引脚　　　　(b)六引脚

图 1–50 光耦合器内部电路

四引脚的光电耦合器管脚排列为：①脚为发光二极管阳极，②脚为发光二极管阴极，③脚为光敏三极管的集电极，④脚为光敏三极管的发射极；六引脚光电耦合器的输入端极性与四引脚相同，③脚为空脚，④脚为光敏三极管的集电极，⑤脚为发射极，⑥脚为基极。

2. 光电耦合器的工作原理及主要参数

光电耦合器的工作原理为：在光电耦合器输入端加电信号使发光源发光，发光的强度取决于激励电流的大小，此光照射到封装在一起的受光器后，因光电效应而产生光电流，由受光器输出端输出来，这样就实现了电—光—电的转换。

光电耦合器的主要参数为：

(1) 输入参数：指光电耦合器输入端发光器件的主要参数，即发光二极管的参数如正向电压、发光强度及最大工作电流等。

(2) 输出参数：指光电耦合器输出端受光器件的主要参数。如果用光敏二极管、三极管作受光器件时，则参数有光电流、暗电流、饱和压降、最高工作电压、响应时间及光电灵敏度等。

(3) 传输参数：

① 极间耐压：指光电耦合器输入端与输出端之间的绝缘耐压值。当发光源与受光器件的距离较宽时其值就高，反之则低。

② 极间电容：指光电耦合器输入端与输出端之间的分布电容，一般为几皮法。

③ 隔离阻抗：指光电耦合器输入端与输出端之间的绝缘电阻值，可达 $1 \times 10^{12} \Omega$ 以上。

④ 电流传输比：指光电耦合器传输信号能力强弱的一个参数，它的定义为：当输出端工作电压为一个定值时，输出电流与输入端发光二极管正向工作电流之比。

⑤ 响应时间：包括光电耦合器的延迟时间、上升时间和下降时间等。

本章小结

● 半导体具有热敏性、光敏性和掺杂性。半导体的导电能力主要取决于其内部空穴和自由电子这两种载流子数目的多少。提高半导体导电能力最有效的方法是对半导体掺入微量的杂质。根据掺入的杂质不同分为 N 型半导体和 P 型半导体。当 N 型半导体与 P 型半导体结合在一起时，在某交界面形成一个空间电荷区或耗尽层，称为 PN 结，它是制造半导体器件的基本部件。当 PN 结正向偏置时，耗尽层变窄，有电流流过，处于导通状态；当 PN 结反向偏置时，耗尽层变宽，几乎没有电流流过，处于截止状态，这就是 PN 结的特性即单向导电性。

● 由一个 PN 结经封装并引出电极后就构成二极管，二极管的基本特性为单向导电性，并可形象地用特性曲线来描述。二极管的主要参数有最大整流电流 I_F，最高反向工作电压 U_{RM}，反向饱和电流 I_R，在高频电路中，还要考虑最高工作频率 f_m。二极管的选用主要考虑 I_F 和 U_{RM} 这两个参数，主要用于整流、检波、限幅等电路中。

● 特殊二极管与普通二极管一样，具有单向导电性，但又具有自身特殊性能。稳压管是利用它在反向击穿状态下的恒压特性来构成稳压电路，发光二极管的功能是将电能转换为光能，而光电二极管的功能是将光能转换为电能，变容二极管的特点是空间电荷区的势垒电容与加在管子上的反向电压大小成反比，激光二极管用于产生相干的单色光信号。

● 由两个相互影响的 PN 结构成的三极管，分 NPN 和 PNP 两种类型。它有三个电极，即发射极 E、基极 B、集电极 C，两个 PN 结分别称为发射结和集电结，它的基本特性是具有电流放大作用。可用输入特性和输出特性表征三极管的性能，其中输出特性用得较多。从输出特性可看出三极管有三个工作区域。当发射结正偏，集电结反偏时，处放大区域。当发射结、集电结均正偏时，处饱和区域，当发射结、集电结均反偏时，处于截止区域。常用的主要参数有电流放大系数 β、穿透电流 I_{CEO}，集电极最大允许电流 I_{CM}，集电极最大允许耗散功率 P_{CM} 及击穿电压 $U_{(BR)CEO}$。在实际使用时要掌握三极管的选用及代用原则。

● 对于几种特殊的半导体器件，了解它的电路符号、结构及工作原理对于正确地使用它们是必要的。光敏电阻是由于半导体的光敏性，其电阻值随外界光照强弱变化而变化，主要用于光电自动控制系统。热敏电阻是根据半导体的热敏性，其阻值随温度变化而发生明显的改变，它又分为正温度系数(PTC)热敏电阻和负温度系数(NTC)热敏电阻两种，主要用于温度测量和控制。压敏电阻是对电压变化很敏感的非线性电阻，主要用于电路的过压保护和稳压。太阳能电池是利用光生伏特效应产生电能的原理制成的。光电耦合器是以光为媒介传输电信号的一种电—光—电转换器件。

自测题

1-1 填空题(每小题5分，共60分)

(1)半导体材料的主要特性为＿＿＿＿、＿＿＿＿＿、＿＿＿＿＿。

(2)二极管的主要特性是＿＿＿＿。

(3)N型半导体中多子是＿＿＿＿，P型半导体中多子是＿＿＿＿。

(4)半导体二极管进行代换时主要考虑的两个参数是＿＿＿＿和＿＿＿＿。

(5)发光二极管的主要功能是＿＿＿＿，光电二极管的主要功能是＿＿＿＿。

(6)工作在放大区的某三极管，当基极电流从 12 μA 增大到 22 μA 时，集电极电流从 1 mA 变为 2 mA，那么该三极管放大倍数约为＿＿＿＿。

(7)三极管的电流分配关系式为＿＿＿＿。

(8)从三极管输出特性上，可划分三个工作区域，分别为＿＿＿＿、＿＿＿＿和＿＿＿＿。

(9)已知一个三极管的 I_{CEO} 为 400 μA，当基极电流为 20 μA 时，集电极电流为 1 mA，则该管的 I_{CBO} 为＿＿＿＿。

(10)光照射在光敏电阻表面时，它的电阻值会＿＿＿＿。

(11)太阳能电池是利用＿＿＿＿效应产生电能的。

(12)光电耦合器是以光为媒介传输电信号实现＿＿＿＿转换的器件。

1-2 选择题(每小题4分，共20分)

(1)PN结加反向电压时，空间电荷区将＿＿＿＿。

A. 变窄　　　　　B. 不变　　　　　C. 变宽　　　　　D. 无法确定

(2)用万用表 $R \times 1$ kΩ 挡测量二极管，若测出二极管正向电阻为 1 kΩ，反向电阻为 5 kΩ，则这只二极管的情况是＿＿＿＿。

A. 内部已断路　　B. 内部已短路　　C. 没有坏但性能不好　　D. 性能良好

(3)处于放大状态时，硅三极管的发射结正向压降为＿＿＿＿。

A. 0.1~0.3 V　　B. 0.3~0.6V　　C. 0.6~0.8V　　D. 0.8~1.0V

(4)NPN三极管工作在放大状态时，两个结的偏压为＿＿＿＿。

A. $U_{BE} > 0$，$U_{BE} < U_{CE}$　　　　　　　　B. $U_{BE} < 0$，$U_{BE} < U_{CE}$

C. $U_{BE} > 0$，$U_{BE} > U_{CE}$　　　　　　　　D. $U_{BE} < 0$，$U_{BE} > U_{CE}$

(5)光敏电阻对光线很敏感，其阻值随外界光照强度而变。当无光照时呈现_____状态，有光照时其阻值迅速_____。

A.高阻　减小　　　　　B.高阻　增大　　　　　C.低阻　减小　　　　　D.低阻　增大

1-3　判断题(每小题4分，共20分)

(1)二极管的反向饱和电流越小，说明其单向导电性越好。　　　　　　　(　　)

(2)三极管的输出特性是描述 I_B 与 U_{CE} 之间的关系。　　　　　　　(　　)

(3)P 型半导体内，空穴远大于自由电子，因此它带正电。　　　　　　　(　　)

(4)NTC 热敏电阻在一定工作温度范围内电阻值随温度增加而增加。　　(　　)

(5)稳压二极管用于稳压时必须接正向电压。　　　　　　　　　　　　　(　　)

习 题

1-1　试判断图 1-51 中二极管是导通的还是截止的？为什么？

1-2　某放大电路中三极管三个电极 X、Y、Z 的电流如图 1-52 所示，用万用表测得 I_X = -2 mA，I_Y = -0.04 mA，I_Z = +2.04 mA，试分析 X、Y、Z 各代表三极管哪个极，并说明此管是 NPN 型还是 PNP 型，它的放大倍数是多少？

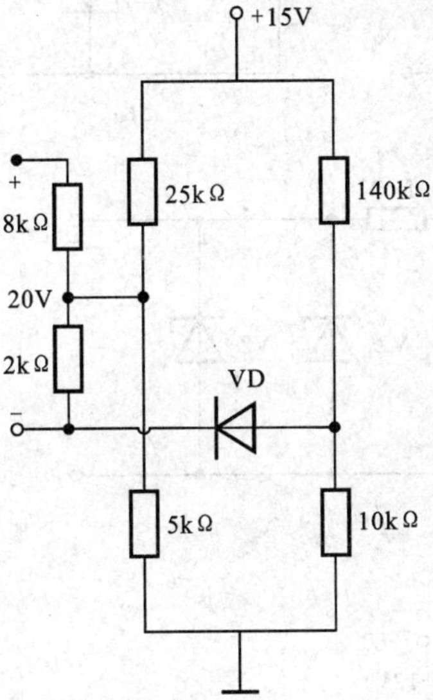

图 1-51　题 1-1 图

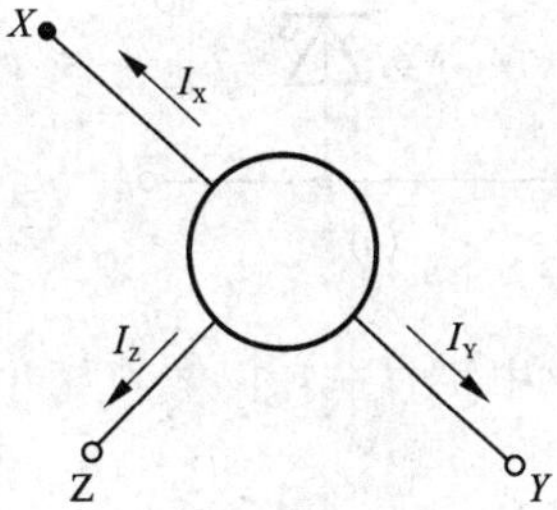

图 1-52　题 1-2 图

1-3　电路如图 1-53 所示，稳压管 VZ 的稳定电压 $U_Z = 6$ V，限流电阻 $R = 3$ kΩ，设 u_i = $10\sin\omega t$(V)，试画出 u_0 的波形。

1-4　有两只半导体三极管，一只管子的 $\beta = 100$，$I_{CEO} = 200$ μA，另一只管子的 $\beta = 50$，$I_{CEO} = 10$ μA，其他参数大致相同，你认为应该选用哪一只可靠？

1-5　图 1-54 所示各电路中稳压管 VZ_1 和 VZ_2 的稳压值分别为 6 V 和 6.3 V，稳定电流

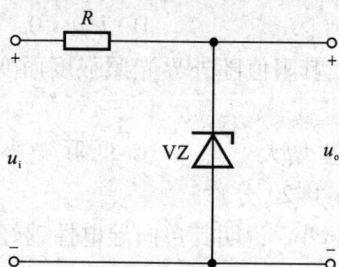

图 1 - 53　题 1 - 3 图

均为 10 mA，最大稳定电流均大于 30 mA，正向压降均为 0.7 V，试求各电路输出电压 U_0 的大小。

　　1 - 6　半导体三极管所组成的简单电路如图 1 - 55 所示，试求集电极电流 I_C。设图中所用的三极管是硅管，其 U_{BE} 约为 0.7 V。其他电路参数如图所示。

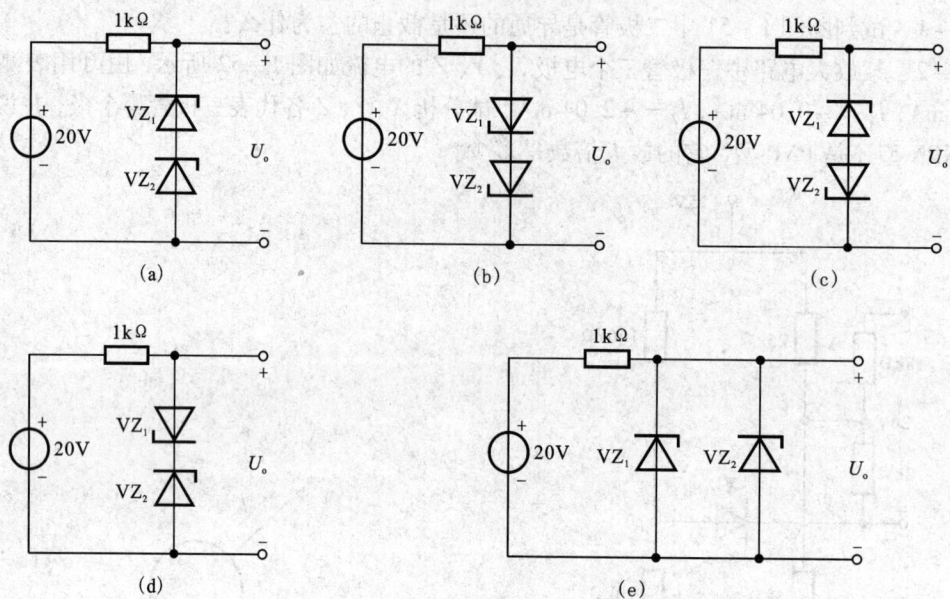

图 1 - 54　题 1 - 5 图

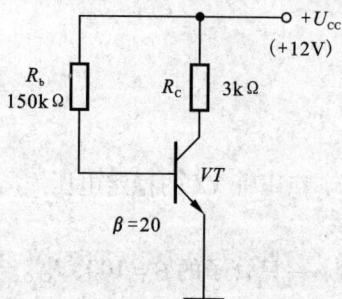

图 1 - 55　题 1 - 6 图

第 2 章　基本放大电路

半导体三极管、场效应管的主要用途之一是利用其放大作用组成各种放大电路。在日常生活和生产实践中，往往要对微弱的电信号进行放大，以便控制和推动较大功率的负载。例如，日常所用的收音机和电视机，需要将天线接收到的微弱电信号放大到一定程度，使扬声器发出声音，或使电视屏幕显示出图像。又如，在某些自动控制系统中，需要将控制信号放大到一定的输出功率来驱动电磁铁、电动机、液压机构等执行部件。此外，许多检测仪表利用传感器将温度、压力、流量、液位、转速等非电量转变成微弱的电信号，再通过放大去驱动显示仪表显示被测量的大小，或者用来驱动执行机构，以实现自动控制。可见，放大电路的用途十分广泛。

本章立足于基本放大电路，介绍基本放大电路的一般结构、工作原理、分析方法以及主要性能指标的定义及其估算。最后结合实际，初步介绍放大电路的应用实例。

2.1　放大电路概述

2.1.1　放大电路的概念

放大电路是由三极管（或场效应管）、电阻器、电容器及电源等一些元件组成的。放大电路的功能是通过电能转换把微弱的电信号增强到所要求的电压、电流或功率值，即利用三极管（或场效应管）的放大和控制作用，把电源的能量转换为变化的输出量，而这些输出量的变化是与输入量的变化成比例的。因此，放大作用实质上就是一种能量的控制作用，而放大电路则是一种能量的控制装置。

三极管有三个电极，其中一个电极作为信号输入端，一个电极作为输出端，另一个电极作为输入、输出回路的共同端。根据共同端的不同，可以有三种基本连接方式，即三种组态。对半导体三极管而言有共射、共集和共基三种组态。对场效应管也有共源、共漏和共栅三种组态。

2.1.2　放大电路的主要性能指标

为了衡量一个放大电路的性能，规定了若干技术指标。对于低频放大电路来讲，经常以输入端加入不同频率的正弦电压来对电路进行分析。在本书中，当不考虑放大电路和负载中电抗元件的影响时，正弦交流量均以有效值表示。若考虑电抗元件所引起的相移时，正弦交流量以相量表示。在放大电路规定的性能指标中，最主要的有以下几项。它们的含义可用图 2 - 1 来说明。

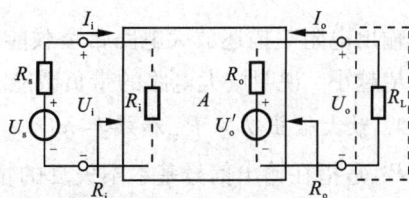

图 2 - 1　放大电路的框图

1. 放大倍数

放大倍数(也称增益)是表示放大能力的一项重要指标。常用的有以下两种。

(1)电压放大倍数 A_u

$$A_u = \frac{U_o}{U_i} \qquad (2-1)$$

电压放大倍数表示放大电路放大信号电压的能力,式中 U_o 和 U_i 分别表示输出电压和输入电压。

(2)电流放大倍数 A_i

$$A_i = \frac{I_o}{I_i} \qquad (2-2)$$

电流放大倍数表示放大电路放大信号电流的能力,式中 I_o 和 I_i 分别为输出电流和输入电流。

2. 输入电阻 R_i

由图 2-1 可知,当输入信号电压加到放大电路的输入端时,在其输入端产生一个相应的电流,从输入端往里看进去有一个等效的电阻。这个等效电阻就是放大电路的输入电阻。定义为外加正弦输入电压有效值与相应的输入电流有效值之比,即

$$R_i = \frac{U_i}{I_i} \qquad (2-3)$$

它是衡量放大电路对信号源影响程度的一个指标。其值越大,放大电路从信号源索取的电流就越小,对信号源影响就越小。

3. 输出电阻 R_o

在放大电路的输入端加入信号,如果改变接在输出端的负载电阻,则输出电压也会随着改变,从输出端看进去有一个等效的具有内阻 R_o 的电压源 U_o',如图 2-1 所示。通常把 R_o 称为放大电路的输出电阻。输出电阻可以这样分析:在输入端加入一个固定的交流信号 U_i,先测出负载开路时的输出电压 U_o',再测出接上负载电阻 R_L 后的输出电压 U_o,由于输出电阻 R_o 的影响,使输出电压下降。由图 2-1 可得

$$U_o = U_o' \frac{R_L}{R_o + R_L}$$

所以输出电阻

$$R_o = \left(\frac{U_o'}{U_o} - 1 \right) R_L \qquad (2-4)$$

输出电阻是描述放大电路带负载能力的一项技术指标。通常放大电路的输出电阻越小越好。R_o 越小,说明放大电路的带负载能力越强。

4. 最大输出功率 P_{om} 和效率 η

P_{om} 是指在输出信号基本不失真的情况下能输出的最大功率。效率 η 为 P_{om} 与直流电源提供的功率 P_s 之比,即

$$\eta = \frac{P_{om}}{P_s} \qquad (2-5)$$

5. 最大输出幅度 U_{OM}(或 I_{OM})

表示在输出波形没有明显失真的情况下，放大电路能够提供给负载的最大输出电压(或最大输出电流)。

此外，还有通频带、非线性失真系数、信号噪声比等性能指标。对于这些指标的定义，后面用到时再进行介绍。

2.2　基本放大电路的工作原理

2.2.1　电路组成及各元件的作用

放大电路有三种基本组态。下面以应用最多的共射电路为例，介绍放大电路的组成、各元件的作用及电路的习惯画法。

1. 放大电路的组成

图 2-2(a)是共射接法的基本放大电路，整个电路分为输入回路和输出回路两部分。AO 端为放大电路的输入端，用来接收待放的信号。BO 端为输出端，用来输出放大后的信号。图中"⊥"表示公共端，也称为"地"，并非真正接大地，而是表示接机壳或接底板。必须指出，"⊥"表示电路中的参考零电位，电路中的其他各点电位都是相对"⊥"而言。为了分析方便，通常规定：电压的正方向是以公共端为负端，其他各点为正端。图中标出的"+"、"-"分别表示各电压的参考极性，电流的参考方向如图中的箭头所示。

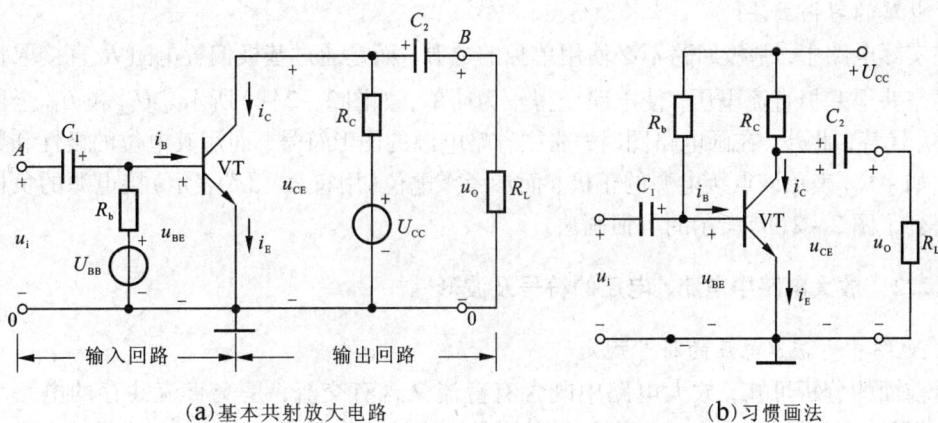

(a)基本共射放大电路　　　　(b)习惯画法

图 2-2　基本共射放大电路

2. 放大电路中各元件的作用

(1)三极管 VT

图中采用的是 NPN 型硅管，具有电流放大作用，是放大电路中的核心元件。

(2)集电极直流电源 U_{CC}

U_{CC} 的正极通过 R_c 接三极管的集电极，负极接三极管的发射极。其作用是使发射结获得正向偏置，集电结获得反向偏置，为三极管创造放大条件。U_{CC} 一般为几伏到几十伏。

（3）基极直流电源 U_{BB}

U_{BB} 的作用是使发射结处于正向偏置，提供基极偏置电流。

（4）集电极负载电阻 R_c

R_c 又称集电极电阻，它的作用主要是将集电极电流的变化转换成电压的变化，以实现电压放大功能。另一方面，电源 U_{CC} 可通过 R_c 加到三极管上，使三极管获得正常的工作电压，所以 R_c 也起直流负载的作用。R_c 的阻值一般为几千欧到几十千欧。

（5）基极偏置电阻 R_b

R_b 又称偏置电阻，它的作用是向三极管的基极提供合适的偏置电流，并使发射结获得必须的正向偏置电压。改变 R_b 的大小可使三极管获得合适的静态工作点，R_b 的阻值一般取几十千欧到几百千欧。

（6）耦合电容 C_1 和 C_2

C_1 和 C_2 又称隔直电容。它们分别接在放大电路的输入端和输出端。一方面它们起着隔离直流的作用，即 C_1 用来隔断放大电路与信号源之间的直流通路；C_2 用来隔断放大电路与负载之间的直流通路。另一方面又起着交流耦合作用，保证交流信号畅通无阻地通过放大电路，沟通信号源、放大电路和负载三者之间的联系。即概括为"隔离直流，传递交流"。因此，电容量一般较大，通常为几微法到几十微法，一般用电解电容，连接时电容的正极接高电位，负极接低电位。

（7）负载电阻 R_L

R_L 是放大电路的外接负载，它可以是耳机、扬声器或其他执行机构，也可以是后级放大电路的输入电阻。

3. 电路的习惯画法

在实际电路中，基极回路不必使用单独的电源，而是通过基极偏置电阻 R_b 直接取自集电极电源来获得基极直流电压，使电路变得较为简单，如图 2 – 2（b）所示。U_{CC} 和 U_{BB} 全用一个电源 U_{CC} 代替，此外，在画电路图时，往往省略电源的图形符号，而用其电位的极性和数值来表示。如 + U_{CC} 表示该点接电源的正极，而参考零电位（用符号"⊥"表示）接电源的负极。这样就得到了图 2 – 2（b）所示的习惯画法。

2.2.2　放大电路中电流、电压的符号及波形

1. 电路中电流、电压的符号规定

从前面的分析可知，放大电路中既含有直流又含有交流，是交直流共存的电路。直流（又称偏置）为放大建立条件；交流是需要放大的信号。为了便于讨论，对电路中电流、电压的符号统一规定，如表 2 – 1 中。

2. 电路中电流、电压的波形

在图 2 – 2（b）中，当无信号输入时，电路中只存在直流电流和直流电压，此时放大电路的工作状态称之为静态。

当交流信号电压 u_i 通过耦合电容 C_1 加到放大电路的基极和发射极之间时，即在基极直流电压 U_{BE} 的基础上迭加了一个交流电压 u_i，使得基极—发射极之间总电压变为 $u_{BE} = U_{BE} + u_i$。

由于 $i_c = \beta i_b$，所以 i_c 随 i_b 变化，i_b 对 i_c 进行控制，因此有

$$i_C = \beta i_B = \beta(I_B + i_b) = \beta I_B + \beta i_b = I_C + i_c$$

表 2 – 1　放大电路中的电流、电压符号

名　称	总电流或总电压	直流量（静态值）	交流量		基 本 关 系 式
			瞬时值	有效值	
基极电流	i_B	I_B	i_b	I_b	$i_B = I_B + i_b$
集电极电流	i_C	I_C	i_c	I_c	$i_C = I_c + i_c$
基 – 射电压	u_{BE}	U_{BE}	u_{be}	U_{be}	$u_{BE} = U_{BE} + u_{be}$
集 – 射电压	u_{CE}	U_{CE}	u_{ce}	U_{ce}	$u_{CE} = U_{CE} + u_{ce}$

可见，集电极总电流 i_C 也是静态的集电极电流 I_c 和交变的信号电流 i_c 的叠加。

同样，集电极总电压也是由静态电压 U_{CE} 和交流电压 u_{ce} 迭加而成。由电压关系式 $u_{CE} = U_{CC} - i_C R_c$ 可知，当 i_C 增大时，u_{CE} 反而减小；当 i_C 减小时，u_{CE} 反而增大，所以 u_{CE} 的波形是在直流 U_{CE} 上叠加了一个与 i_C 变化方向相反的交流电压 u_{ce}。

由以上分析可知：

（1）放大电路工作在动态时，u_{BE}、i_B、u_{CE} 和 i_C 都是由直流分量和交流分量组成，其波形也是由两种分量合成的结果。

（2）在共发射极电路中，输入信号电压 u_i，基极信号电流 i_b 和集电极信号电流 i_c 相位相同。而输出电压 u_o 与输入信号 u_i 相位相反，这在放大电路中称之为"反相"。

（3）如果参数选择恰当，u_o 的幅值就远大于 u_i 的幅值，即将直流电能转化为交流电能输出。这就是通常所说的放大作用。电路中各极电流、电压的波形如图 2 – 3 所示。

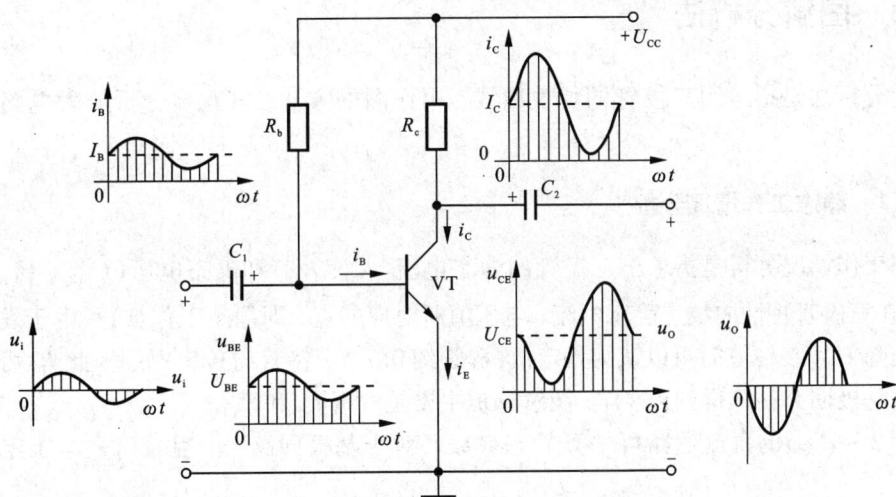

图 2 – 3　共射放大电路中的电压、电流波形

3. 放大电路中的直流通路与交流通路

（1）直流通路

直流通路是指放大电路中直流电流通过的路径。计算放大电路的静态工作点（如 I_{BQ}、

I_{CQ}、U_{CEQ} 等)时用直流通路。画直流通路时，电容视为开路，电感视为短路，其他不变。如图 2 - 4(b)所示。

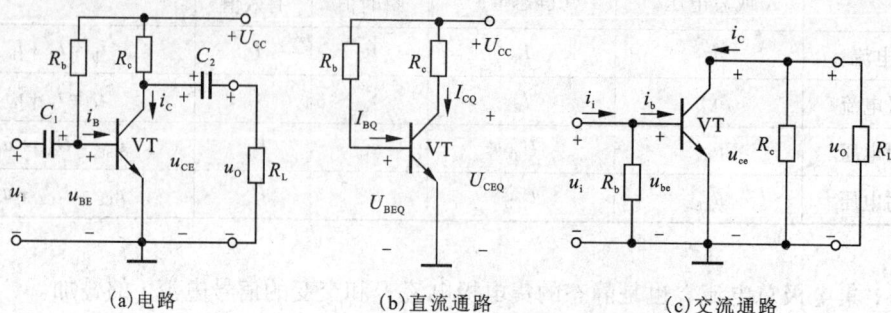

(a)电路   (b)直流通路   (c)交流通路

图 2 - 4   基本共射放大电路的交、直流通路

（2）交流通路

交流通路是指放大电路中交流电流通过的路径。计算放大电路的放大倍数、输入电阻、输出电阻时用交流通路。由于容抗小的电容以及内阻小的直流电源，其交流压降很小，可以看作短路，因此其交流通路如图 2 - 4(c)所示。

如果已经给定了三极管的有关参数和特性曲线，以及电路中元件和电源电压等数值，就可根据放大电路的直流通路和交流通路来分析放大电路。常用的分析方法有图解分析法和微变等效电路分析法。

2.3   图解分析法

图解分析法是指运用三极管的特性曲线，用作图的方法，直观地分析放大电路性能的方法。

2.3.1   静态工作情况分析

静态工作情况分析是指求出三极管的静态电流(I_{BQ}、I_{CQ})和静态电压(U_{BEQ}、U_{CEQ})的值(Q 表示在三极管特性曲线上静态电流、电压值所对应的点，即静态工作点)。由于发射结导通直流压降 U_{BEQ} 在估算时可以认为是定值(硅管约 0.7 V，锗管约 0.3 V)，因此 I_{BQ} 可通过直流通路的基极回路估算得到，这样，图解分析主要是分析 I_{CQ} 和 U_{CEQ}。

由图 2 - 4(b)的直流通路可估算静态参数。对于基极回路，由克希荷夫电压定律可得

$I_{BQ}R_b + U_{BEQ} = U_{CC}$，$I_{BQ} = \dfrac{U_{CC} - U_{BEQ}}{R_b} \approx \dfrac{U_{CC}}{R_b}$，若 $R_b = 500 \text{ k}\Omega$，$R_c = 6.8 \text{ k}\Omega$，$U_{CC} = 20 \text{ V}$，则 $I_{BQ} \approx$

$\dfrac{20 \text{ V}}{500 \text{ k}\Omega} = 40 \text{ }\mu\text{A}$。

从集电极回路来看，可以把电路分成三极管和 U_{CC}、R_c 构成的外电路两部分，然后分别画出这两部分的伏安特性，如图 2 - 5(a)、(b)所示，由它们的交点便可确定接口处的静态电压和电流的大小。

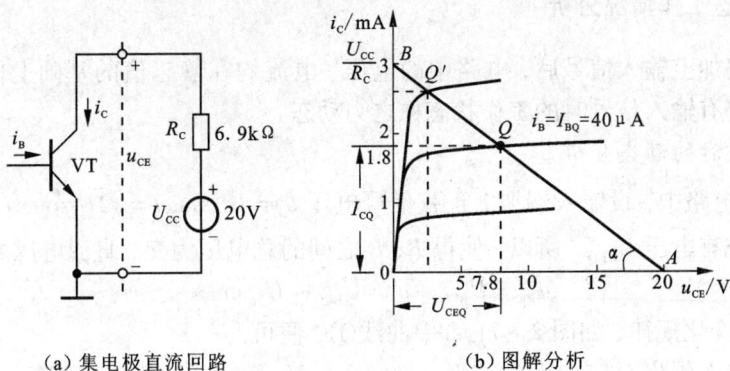

（a）集电极直流回路　　　　　（b）图解分析

图 2 - 5　基本共射电路输出回路的静态分析

图 2 - 5（a）虚线左边是三极管，输出电压 u_{CE} 和电流 i_c 的关系，按三极管输出特性曲线所描述的规律变化，如图 2 - 5（b）。虚线右边是由 R_c 和 U_{CC} 构成的外电路，其伏安关系为：

$$u_{CE} = U_{CC} - i_c R_c$$

对于一个给定的放大电路来讲，U_{CC} 和 R_c 是定值，所以上式是一个直线方程。由该直线方程在三极管的输出特性曲线上作出的直线称为直流负载线。

作直流负载线大致分为两步。

第一步：先找出直线与横轴、纵轴相交的两个特殊点。

a. 令 $u_{CE} = 0$，则 $i_c = \dfrac{U_{CC}}{R_c}$（纵轴截距，对应图中 B 点）

b. 令 $i_c = 0$，则 $u_{CE} = U_{CC}$（横轴截距，对应图中 A 点）

第二步：连接 A、B 两点得一直线即为直流负载线。

由于这里讨论的是静态工作情况，电路中只存在直流分量。而直线 AB 的斜率为 $\mathrm{tg}\alpha = \dfrac{OB}{OA} = \dfrac{1}{R_c}$，是由集电极负载电阻确定的，故称直线 AB 为放大器的直流负载线。

实际上，U_{CC}、R_c 支路是与三极管连接在一起的，因此直流负载线与三极管 $i_B = I_{BQ} = 40$ μA 一条输出特性曲线的交点 Q，才是同时满足左、右两边电路特性的工作点。Q 点称为静态工作点，它反映了管子的直流工作状态，由 Q 点可方便地从图上找出相应的 U_{CEQ} 和 I_{CQ} 值。必须指出，由于三极管的输出特性表现为一组曲线，对应于不同的静态基极电流 I_{BQ}，静态工作点的位置不相同，所对应的 U_{CEQ}、I_{CQ} 的值也不相同，如图中 Q' 所示。

从以上分析可知：$I_{BQ} \approx 40$ μA，直流负载线在纵轴上的截距为 $\dfrac{U_{CC}}{R_c} = \dfrac{20}{6.8} \approx 3$ mA，在横轴上的截距为 $U_{CC} = 20$ V，图解法求得的 $I_{CQ} = 1.8$ mA，$U_{CEQ} = 7.8$ V。

由此，可以归纳出图解法求静态工作点的步骤如下：

（1）按直流通路求得基极电流 I_{BQ}；

（2）确定 I_{BQ} 对应的输出特性曲线；

（3）在给定的输出特性坐标系中作直流负载线；

（4）由交点得静态工作点 Q，并找出静态值 I_{CQ}、U_{CEQ}。

2.3.2 动态工作情况分析

当放大电路加上输入信号后，电路中的电压、电流均在静态值的基础上作相应的变化，通常把放大电路有输入信号时的工作状态称之为动态。

1. 不带负载时的动态分析

在图 2 - 6 电路中，设输入端加上正弦信号电压 $u_i = U_{im}\sin\omega t = \sqrt{2}U_i\sin\omega t$（V），由于电容 C_1 在静态时已充有电压 U_{BEQ}，所以，使得 B、E 之间的总电压为交、直流电压之和，即

$$u_{BE} = U_{BEQ} + u_i = U_{BEQ} + U_{im}\sin\omega t$$

根据 u_{BE} 的变化规律，如图 2 - 7(a) 中曲线①，便可从输入特性曲线上画出对应的 i_B 的波形，如图 2 - 7(a) 中曲线②。如果输入电压的最大值 U_{im} 为 0.02 V，从图中可以看到 i_B 将在 60 μA 到 20 μA 之间变动。在小信号工作条件下，Q 点附近的曲线可看作为直线段。因此，i_B 将在 I_{BQ} 的基础上按正弦规律变化，即

图 2 - 6 基本共射放大电路

$$i_B = I_{BQ} + I_{bm}\sin\omega t \quad (\mu A)$$

从放大电路输出回路的情况来看，其电量关系式为 $u_{CE} = U_{CC} - i_C R_c$。若分别令 $i_C = 0$ 和 $u_{CE} = 0$，则可分别得到 $u_{CE} = U_{CC}$ 和 $i_C = U_{CC}/R_c$，由此连接成的直线与前面讨论的直流负载线重合。所以，仍可利用直流负载线来分析这种不带负载的放大电路。当 i_B 在 I_{BQ} 的基础上作正弦规律变化时，直流负载线与输出特性曲线的交点也会随之改变（分别变化到图中的 Q_1 和 Q_2 点）。如果输出特性曲线在工作范围内的间隔是均匀的，则 i_C 和 u_{CE} 将分别在 I_{CQ} 和 U_{CEQ} 的基础上按正弦规律变化，即

$$i_C = I_{CQ} + I_{cm}\sin\omega t \, (mA)$$
$$u_{CE} = U_{CEQ} + U_{cem}\sin(\omega t - \pi) \, (V)$$

这样，就可以在坐标平面上画出相应的 i_C 和 u_{CE} 的波形，并可求出它们的值，分别见图 2 - 7(b) 中曲线③、④。

图中 u_{CE} 中的交流分量 u_{ce} 的波形就是输出电压 u_o 的波形，且 u_o 与 u_i 相位相反。结合前面的静态分析，由图 2 - 7 可以得到

$$u_{BE} = 0.7 + 0.02\sin\omega t \, (V)$$
$$i_B = 40 + 20\sin\omega t \, (\mu A)$$
$$i_C = 1.8 + 0.9\sin\omega t \, (mA)$$
$$u_{CE} = 7.8 + 6\text{Sin}(\omega t - \pi) \, (V)$$

2. 带负载时的动态分析

放大电路的输出端总是要带负载的，接上负载电阻 R_L 时的交流通路见图 2 - 8(a)。通常把 R_L 与 R_c 并联后的等效负载称为放大电路的交流负载，用 R'_L 表示，即

$$R'_L = R_c /\!/ R_L$$

从前面的讨论可知，用图解法分析放大电路的静态工作情况时，是根据直流负载电阻 R_c 作出直流负载线，它的斜率是 $1/R_c$。那么，用图解法分析放大电路带负载电阻 R_L 的动态工作

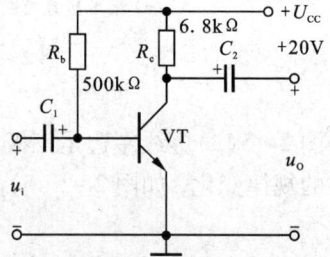

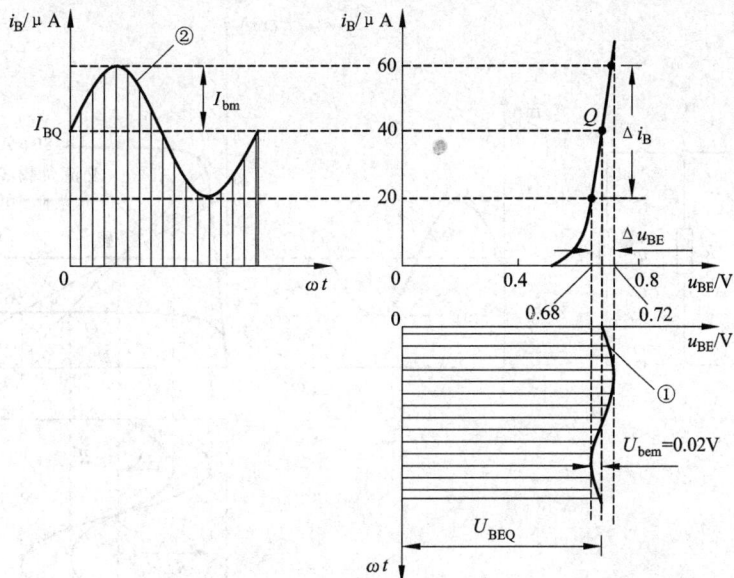

(a)动态时输入回路情况

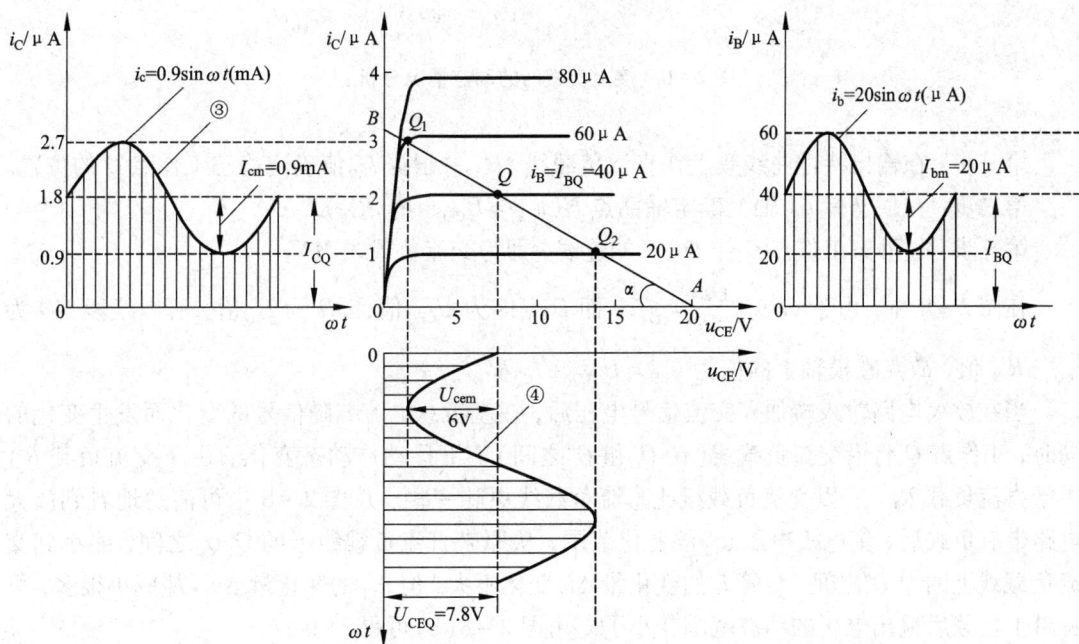

(b)动态时输出回路情况

图 2 - 7　不接负载时的动态工作情况

情况时，也可根据交流等效负载电阻 R'_L 来作交流负载线，它的斜率为 $1/R'_L$。由于在动态时，u_{CE} 和 i_C 的值在静态工作点附近移动，当输入信号变到零（$u_i = 0$）时，u_{CE} 和 i_C 的值变为 U_{CEQ} 和 I_{CQ}，可见交流负载线必通过静态工作点 Q。关于交流负载线的作法，可归纳如下。

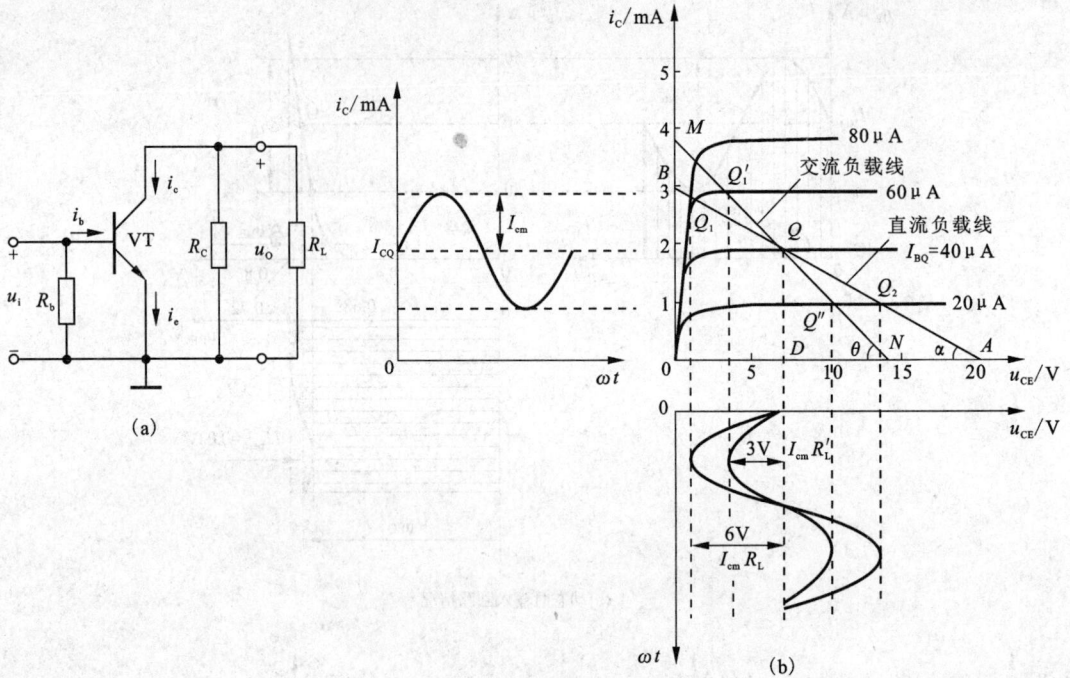

图 2-8 接上负载时的动态情况分析

第一步：在输出特性曲线簇上作直流负载线 AB，并根据 I_{BQ} 值确定静态工作点 Q 的位置。

第二步：在横坐标 u_{CE} 轴上确定辅助点 $N(u_{CE} = U_{CEQ} + I_{CQ}R'_L)$。

第三步：过静态工作点 Q 作 Q、N 的连线，即为交流负载线 MN。

在图 2-8 中，由于 $\tan\theta = \dfrac{QD}{ND} = \dfrac{1}{R'_L}$，而 D 点即为 U_{CEQ} 值，QD 为 I_{CQ} 值，所以线段 ND 为 $I_{CQ} \cdot R'_L$ 值，故点在横轴上的值为 $u_{CE} = U_{CEQ} + I_{CQ}R'_L$。

当在放大电路输入端加入交流信号电压后，在基极总电流 i_B 随信号的变化而发生变化的同时，工作点 Q 将沿交流负载线(在 Q' 和 Q'' 之间)上下移动作动态变化。由于交流负载 R'_L 小于直流负载 R_L，所以交流负载线比直流负载线更陡一些。从图 2-8 中可清楚地看到放大电路带有负载后，集电极电压 u_{CE} 的变化范围，从原来直流负载线上的 $Q_1 Q_2$ 之间，缩小到交流负载线上的 $Q' Q''$ 之间，尽管 i_C 的变化量 Δi_C 变化不大，但 u_{CE} 的变化量 Δu_{CE} 却减小很多，可见带上负载后输出电压的动态范围变小了。由图 2-8(b)可得

$$u_{CE} = 7.8 + 3\sin(\omega t - \pi)(V)$$

2.3.3 静态工作点与波形失真的关系

波形失真是指输出波形不能很好地重现输入波形的形状，即输出波形相对于输入波形发生了变形。对一个放大电路来说，要求输出波形的失真尽可能小。但是，当静态工作点位置选择不当时，将出现严重的非线性失真。在图 2-9 中，设正常情况下静态工作点位于 Q 点，则可以得到失真很小的 i_C 和 u_{CE} 波形。如果静态工作点的位置定得太低或太高，这都将使输

出波形产生严重失真。

当 Q 点位置选得太高，接近饱和区时，见图 2-9 中的 Q_1 点，这时尽管 i_B 的波形完好，但 i_C 的正半周和 u_{CE} 的负半周都出现了畸变，这种由于动态工作点进入饱和区而引起的失真，称为"饱和"失真。

当 Q 点位置选得太低，接近截止区时，见图 2-9 中的 Q_2 点，这时由于在输入信号的负半周，动态工作点进入管子的截止区，使 i_C 的负半周和 u_{CE} 的正半周波形产生畸变，这种因工作点进入截止区而产生的失真称为"截止"失真。

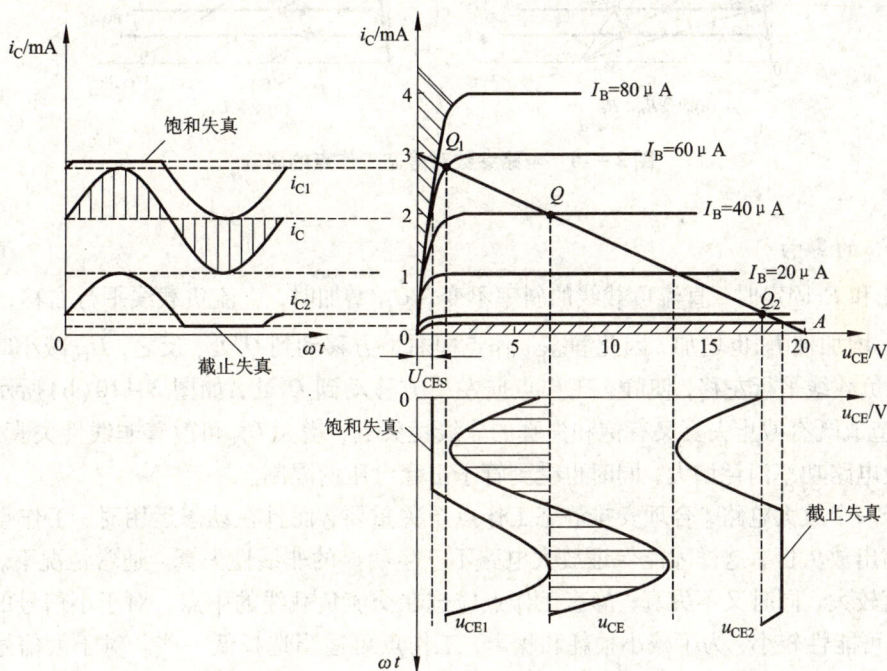

图 2-9　静态工作点与波形失真的关系

饱和失真和截止失真都是由于三极管工作在特性曲线的非线性区域所引起的，因此都叫做非线性失真。

2.3.4　电路参数对静态工作点的影响

1. R_b 的影响

当 U_{CC}、R_c 不变时，输出回路直流负载线不变。这时增大 R_b，I_{BQ} 将减小，静态工作点沿直流负载线下移，由 Q 点移向 Q_1 点，见图 2-10(a)。反之，减小 R_b，I_{BQ} 将增大，静态工作点沿直流负载线上移，由 Q 点移向 Q_2 点。可见，调节 R_b 能改变 I_{BQ}、I_{CQ} 和 U_{CEQ} 的大小，亦即改变静态工作点的位置。这是最常用的调整静态工作点的方法。

2. R_c 的影响

当 U_{CC}、R_b 不变时，I_{BQ} 也不变。改变 R_c 即改变了直流负载线的斜率，静态工作点也将随之改变。R_c 增加，直流负载线变得平坦，静态工作点由 Q 点移向 Q_3 点；反之，当 R_c 减小时，直流负载线变陡，静态工作点移向 Q_4 点，如图 2-10(a)所示。R_c 太大，Q_3 点左移太多，U_{CEQ} 减小，易引起饱和失真；R_c 太小，交流负载电阻减小，交流负载线变陡，使输出电压幅度随之减小。

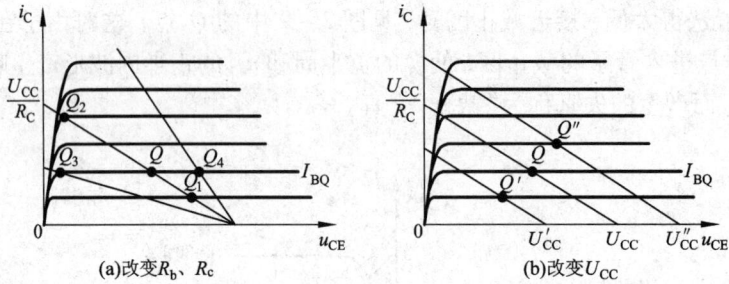

图 2-10 电路参数对静态工作点的影响

3. U_{CC} 的影响

当 R_c 和 R_b 固定时，直流负载线的斜率不变。U_{CC} 增加时，直流负载线平行右移，因为 R_b 不变，U_{CC} 增加使 I_{BQ} 也增加，因此静态工作点向右上方移动到 Q'' 处；反之，U_{CC} 减小时，I_{BQ} 减小，直流负载线平行左移，使静态工作点向左下方移动到 Q' 处，如图 2-10(b)所示。减小 U_{CC} 容易造成既有截止失真又有饱和失真的非线性失真；增大 U_{CC} 可改善非线性失真，但 U_{CC} 增大会使电路功率消耗增大，同时也受到管子击穿电压的限制。

对于一个放大电路，合理安排静态工作点至关重要，而且在动态运用时，工作点的移动还不能超出放大区，这样才能保证放大电路不产生明显的非线性失真。通常情况下，为了使输出幅值较大，同时又不失真，静态工作点应选在交流负载线的中点。对于小信号的放大电路，失真可能性较小，为了减小损耗和噪声，工作点可适当选择低一些。对于大信号的放大电路，为了保证输出有较大的动态范围，并且不失真，工作点可适当选高一些。总之，工作点的选择应该视具体情况而定。

2.4 微变等效电路分析法

虽然图解法能从图上直观地了解到放大电路的工作情况，并求出输出电压的幅度和动态范围，但是图解法必须知道三极管的特性曲线，而且作图比较烦琐，加上又不够准确，特别是当输入的交流信号很小时，根本无法作图，因此，图解法主要用于分析放大电路在输入大信号时的工作状态。下面结合图 2-4(a)，介绍微变等效电路分析法。

2.4.1 静态工作点的估算

静态值可以通过直流通路求得。由图 2-4(b)可知：

$$I_{BQ} = \frac{U_{CC} - U_{BEQ}}{R_b} \approx \frac{U_{CC}}{R_b} \tag{2-6}$$

$$I_{CQ} \approx \beta I_{BQ} \tag{2-7}$$

$$U_{CEQ} = U_{CC} - I_{CQ}R_c \qquad (2-8)$$

式中各量的下标 Q 表示它们是静态值。三极管的 U_{BEQ} 很小，对于硅管取 0.7 V，对锗管取 0.3 V，与电源 U_{CC} 相比可忽略不计。

例 2-1　在图 2-6 中，已知 $U_{CC} = 20$ V，$R_c = 6.8$ kΩ，$R_b = 500$ kΩ，三极管为 3DG100，$\beta = 45$。试求放大电路的静态工作点，并与图解法进行比较。

解： $I_{BQ} = \dfrac{U_{CC} - U_{BEQ}}{R_b} \approx \dfrac{U_{CC}}{R_b} = \dfrac{20}{500} = 0.04$ mA $= 40$ μA

$I_{CQ} = \beta I_{BQ} = 45 \times 0.04 = 1.8$ mA

$U_{CEQ} = U_{CC} - I_{CQ}R_c = 20 - 1.8 \times 6.8 = 7.8$ V

与图解法求得的静态值一样。

2.4.2　微变等效电路与动态分析

1. 三极管的简化微变等效电路

由于放大电路中含有非线性元件——三极管，通常不能用计算线性电路的方法来计算含有非线性元件的放大电路。但是，当输入、输出都是小信号时，信号只是在静态工作点附近的小范围内变动，三极管的特性曲线可以近似地看成是线性的，此时，三极管可以用一个等效的线性电路来代替，这样就可以用计算线性电路的方法来分析放大电路了。

(1) 三极管输入回路等效电路

由图 2-7(a) 输入特性可以看出，当输入信号较小时，可以把 Q 点附近的一段曲线看成直线，这样三极管 B、E 间就相当于一个线性电阻 r_{be}，如图 2-11 所示。结合输入特性曲线，则三极管的输入电阻可定义为

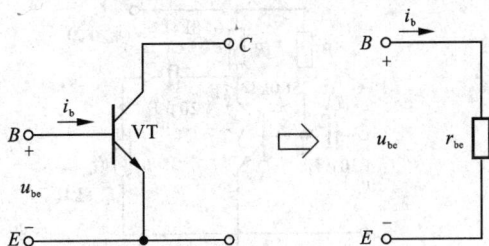

图 2-11　三极管的输入等效电路

$$r_{be} = \frac{\Delta U_{BE}}{\Delta I_B} = \frac{u_{be}}{i_b}$$

r_{be}（手册中通常用 h_{ie} 表示）叫三极管的输入电阻。它是从三极管的输入端（B、E 端）看进去的交流等效电阻，显然 r_{be} 的大小与静态工作点的位置有关，通常 r_{be} 的值在几百欧到几千欧之间，对于小功率管，当 $I_E = 1 \sim 2$ mA 时，r_{be} 为 1 kΩ 左右。在 0.1 mA $< I_E <$ 5 mA 范围内，工程上常用下式来估算。

$$r_{be} = r'_{bb} + (1+\beta)\frac{26\text{ mV}}{I_E\text{mA}} = r'_{bb} + \frac{26\text{ mV}}{I_B\text{mA}} \qquad (2-9)$$

式中 r'_{bb} 叫三极管的基区体电阻，对于低频小功率管，通常取 300 Ω 为估算值。

(2) 三极管输出回路的等效电路

从图 2-7 的图解分析中可以看出，三极管在输入信号电流 i_b 作用下，相应地产生输出信号电流 i_c，并且有 $i_c = \beta i_b$，即集电极电流只受基极电流控制。因此，从输出端 C、E 间看三极管是一个受控电流源，由于三极管的输出电阻 r_{ce} 极大（输出恒流特性），所以在画微变等效电路时并不画出。

为此，可画出三极管的简化微变等效电路如图 2-12(b) 所示。

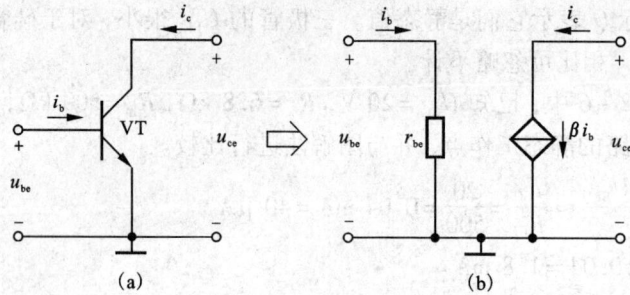

图 2 – 12　三极管的微变等效电路

2. 动态分析

（1）共射放大电路的简化微变等效电路

共射放大电路仍以图 2 –4(a)进行分析,并将其重画于图 2 –13(a)中。先画出共射放大电路的交流通路,再用三极管的微变等效电路去替换交流通路中的三极管,即为简化微变等效电路。由于放大电路的输入信号是采用正弦波信号,因此图中的各量均应用相量表示。为了表示的方便,这里正弦交流量均以有效值表示,如图 2 –13(b)所示。

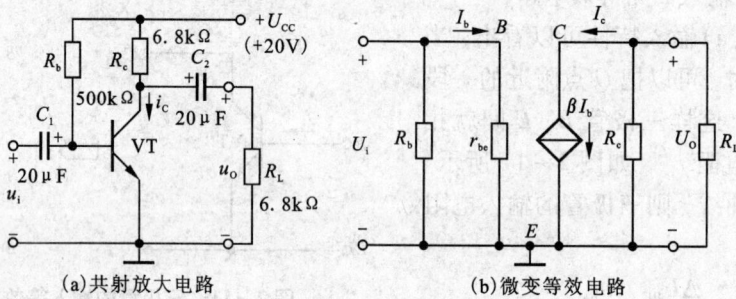

图 2 –13　共射放大电路的微变等效电路

（2）电压放大倍数 A_u

A_u定义为放大电路输出电压 U_o 与输入电压 U_i 之比,是衡量放大电路电压放大能力的指标,即

$$A_u = \frac{U_o}{U_i} \tag{2-10}$$

由图 2 –13(b)可知, $U_i = I_b r_{be}$, $I_c = \beta I_b$,放大电路的交流负载 $R'_L = R_c /\!/ R_L$,按照图中所标注的电流和电压正方向有 $U_o = -I_c R'_L = -\beta I_b R'_L$,所以

$$A_u = \frac{U_o}{U_i} = -\frac{I_c R'_L}{I_b r_{be}} = -\beta \frac{R'_L}{r_{be}} \tag{2-11}$$

A_u 为负值,表示输出电压与输入电压的相位相反。

如果放大电路不带负载,则电压放大倍数

$$A_u = -\beta \frac{R_c}{r_{be}} \qquad (2-12)$$

由于 $R'_L = R_c /\!/ R_L$，其值比 R_c 小，所以不接负载时放大倍数 A_u 较大，接上负载时放大倍数 A_u 下降。

（3）放大电路的输入电阻 R_i

放大电路的输入电阻 R_i 是从其输入端看进去的等效电阻，如图 2-14(a)所示。如果把一个内阻为 R_s 的信号源 u_S 加到放大电路的输入端时，放大电路的输入电阻 R_i 就相当于信号源的负载电阻，由图可知

$$R_i = \frac{U_i}{I_i} \qquad (2-13)$$

R_i 的大小反映了放大电路对信号源的影响程度，R_i 愈大，放大电路从信号源吸取的电流愈小，即对信号源的影响愈小。特别是测量仪器中用的前置放大器，输入电阻愈高，其测量精度愈高。

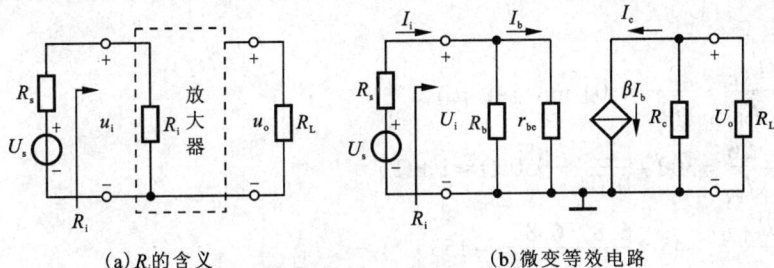

(a) R_i 的含义　　　　　　(b) 微变等效电路

图 2-14　基本共射电路的输入电阻

由图 2-14(b)可求得放大电路的输入电阻

$$R_i = R_b /\!/ r_{be} \qquad (2-14)$$

在共射极放大电路中，通常 $R_b \gg r_{be}$，因此有

$$R_i \approx r_{be} \qquad (2-15)$$

（4）放大电路的输出电阻 R_o

从前面分析可知，放大电路接上负载 R_L 以后，输出电压 u_o 下降，所以从放大电路的输出端（不包括负载电阻 R_L）看进去，放大电路相当于一个具有等效电阻 R_o 和等效电动势为 u'_o 的电压源，如图 2-15(a)所示。这个等效电源的内阻 R_o 就是放大电路的输出电阻。

求输出电阻的常用方法是，先将图 2-15(a)输入端信号源 u_S 短接，并保留信号源内阻 R_s，再将输出端的负载 R_L 拿掉，然后在输出端加入探察电压 U_P，在 U_P 的作用下，输出端将产生一相应的探察电流 I_P，则输出电阻为

$$R_o = \frac{U_P}{I_P} \qquad (2-16)$$

按照求 R_o 的分析方法，可画出求 R_o 的等效电路，如图 2-15(b)所示。在该电路中，当 $U_s = 0$ 时，$I_b = 0$，$I_c = 0$（电流源开路），由 $U_P = I_P R_o$ 可知

$$R_o = R_c \qquad (2-17)$$

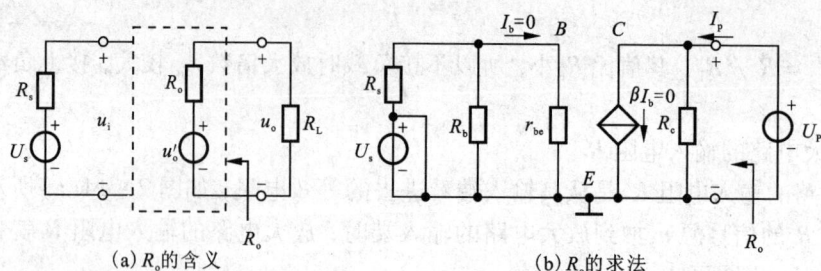

(a) R_o的含义 (b) R_o的求法

图 2 – 15 放大电路的输出电阻

R_o的大小反映了放大电路受负载影响的程度。R_o愈小，当负载R_L变化时，放大电路输出电压变化也愈小，因而放大电路带负载的能力愈强。从上面的分析看出，共射放大电路的输出电阻并不小($R_o = R_c$约有几千欧)，这说明共射放大电路带负载的能力不强。

例 2 – 2 放大电路如图 2 – 13(a)所示，已知三极管的$\beta = 45$，其他参数见图，试求A_u、R_i和R_o的值。

解： $I_{BQ} \approx \dfrac{U_{CC}}{R_b} = \dfrac{20}{500} = 0.04 \ \text{mA} = 40 \ \mu\text{A}$

$r_{be} = 300 + \dfrac{26}{I_{BQ}} = 300 + \dfrac{26}{0.04} = 950 \ \Omega \approx 1 \ \text{k}\Omega$

$A_u = -\beta \dfrac{R'_L}{r_{be}} = -45 \times \dfrac{6.8 // 6.8}{1} = -153$

$R_i = R_b // r_{be} \approx 1 \ \text{k}\Omega$

$R_o = R_c = 6.8 \ \text{k}\Omega$

2.5 静态工作点稳定电路

前面讨论的基本放大电路，当基极偏置电阻R_b确定后，基极偏置电流I_{BQ}($I_{BQ} = U_{CC}/R_b$)也就固定了，这种电路叫固定偏置放大电路。它具有元器件少，电路简单和放大倍数高等优点，但它的最大缺点就是稳定性差，因此只能在要求不高的电路中使用。那么，是哪些因素影响到它的稳定性呢？能不能采取一定的措施使它工作稳定呢？下面就来讨论这些问题。

2.5.1 温度变化对静态工作点的影响

为了使放大电路能对输入信号进行不失真的放大，必须给放大电路设置合适的静态工作点。但是，理论和实践都证明，即使设置了合适的静态工作点，由于周围环境温度的变化、电源电压的波动和更换不同β值的三极管等，都可能引起静态工作点的变化，特别是温度的变化对静态工作点影响最大。当温度变化时，三极管的电流放大系数β、集电结反向饱和电流I_{CBO}、穿透电流I_{CEO}以及发射结压降U_{BE}等都会随之发生改变，从而使静态工作点发生变动。例如，当温度升高时，三极管的U_{BE}降低、而β、I_{CBO}和I_{CEO}增大，输出特性曲线上移，如图 2 – 16 所示，对于同样的I_{BQ}(如 40 μA)在温度由 25℃上升至 75℃时，输出特性曲线上移

（见图中虚线），静态工作点由 Q 点移至 Q' 点，严重时，将使三极管进入饱和区而失去放大能力；又如，当更换 β 值不相同的管子时，由于 I_{BQ} 固定，则 I_{CQ} 会随 β 的改变而改变。为了使放大电路能减小温度的影响，通常采用改变偏置的方式或者利用热敏器件补偿等办法来稳定静态工作点。下面介绍三种常用的稳定静态工作点的偏置电路。

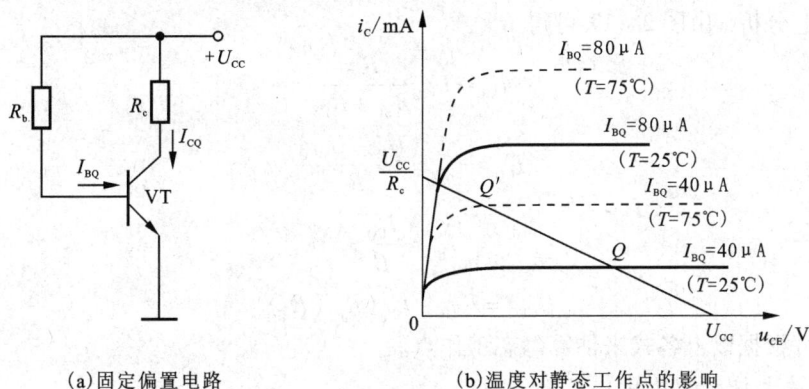

（a）固定偏置电路　　　　　（b）温度对静态工作点的影响

图 2-16　固定偏置电路中温度对静态工作点的影响

2.5.2　分压式偏置稳定电路

1. 电路的特点和工作原理

电路如图 2-17 所示，该电路具有如下特点：

（1）利用基极偏置电阻 R_{b1} 和 R_{b2} 分压来稳定基极电位。设流过电阻 R_{b1} 和 R_{b2} 的电流分别为 I_1 和 I_2，并且 $I_1 = I_2 + I_{BQ}$，一般 I_{BQ} 很小，$I_2 \gg I_{BQ}$，所以近似认为 $I_1 \approx I_2$。这样，基极电位 U_B 就完全取决 R_{b2} 上的分压，即

$$U_B \approx U_{CC} \frac{R_{b2}}{R_{b1} + R_{b2}} \qquad (2-18)$$

从上式看出，在 $I_2 \gg I_{BQ}$ 的条件下，基极电位 U_B 由电源 U_{CC} 经 R_{b1} 和 R_{b2} 分压所决定，其值不受温度影响，且与三极管参数无关。

（2）利用发射极电阻 R_e 来获得反映电流 I_{EQ} 变化的信号，反馈到输入端，自动调节 I_{BQ} 的大小，实现工作点稳定。其过程可表示为

$$T(\text{℃}) \uparrow \to I_{CQ} \uparrow \to I_{EQ} \uparrow \to U_{EQ} \uparrow \to U_{BEQ} \downarrow \to I_{BQ} \downarrow \to I_{CQ} \downarrow$$

上述过程中的符号 ↑ 表示增大，↓ 表示减小，→ 表示引起后面的变化。

如果 $U_{BQ} \gg U_{BEQ}$，则发射极电流为

$$I_{EQ} = \frac{U_{BQ} - U_{BEQ}}{R_e} \approx \frac{U_{BQ}}{R_e} = \frac{R_{b2} U_{CC}}{(R_{b1} + R_{b2}) R_e} \qquad (2-19)$$

从上面分析来看，静态工作点稳定是在满足 $I_1 \gg I_{BQ}$ 和 $U_{BQ} \gg U_{BEQ}$ 两式的条件下获得的。I_1 和 U_{BQ} 越大，则工作点稳定性越好。但是 I_1 也不能太大，因为一方面 I_1 太大使电阻 R_{b1} 和 R_{b2} 上的能量消耗太大；另一方面 I_1 太大，要求 R_{b1} 很小，这样对信号源的分流作用加大了，当信号源有内阻时，使信号源内部压降增大，有效输入信号减小，降低了放大电路的放大倍数。

同样 U_{BQ} 也不能太大,如果 U_{BQ} 太大,必然 U_E 太大,导致 U_{CEQ} 减小,甚至影响放大电路的正常工作。在工程上,通常这样考虑:

对于硅管: $I_1 = (5 \sim 10)I_{BQ}$ 　　　$U_{BQ} = (3 \sim 5)\text{V}$ 　　　　　　　　(2-20)

对于锗管: $I_1 = (10 \sim 20)I_{BQ}$ 　　$U_{BQ} = (1 \sim 3)\text{V}$ 　　　　　　　　(2-21)

2. 静态工作点的近似估算

根据以上分析,由图 2-17 可得

$$U_B \approx U_{CC}\frac{R_{b2}}{R_{b1}+R_{b2}}$$

$$I_{CQ} \approx I_{EQ} = \frac{U_B - U_{BEQ}}{R_e} \qquad\qquad (2-22)$$

$$I_{BQ} \approx \frac{I_{CQ}}{\beta} \qquad\qquad (2-23)$$

$$U_{CEQ} = U_{CC} - I_{CQ}(R_c + R_e) \qquad\qquad (2-24)$$

这样就可根据以上各式来估算静态工作点。

3. 电压放大倍数的估算

图 2-17 的微变等效电路如图 2-18 所示。

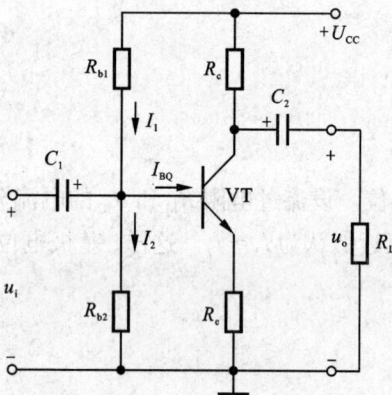

图 2-17　分压式偏置稳定电路　　　　　图 2-18　分压式偏置稳定电路的微变等效电路

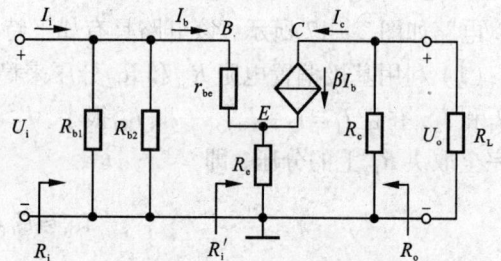

由图可以得到

$$U_o = -\beta I_b R'_L$$

其中 $R'_L = R_c \mathbin{/\mkern-5mu/} R_L$

$$U_i = I_b r_{be} + I_e R_e = I_b[r_{be} + (1+\beta)R_e]$$

$$A_u = \frac{U_o}{U_i} = -\frac{\beta I_b R'_L}{I_b[r_{be} + (1+\beta)R_e]} = -\frac{\beta R'_L}{r_{be} + (1+\beta)R_e}$$

即

$$A_u = -\frac{\beta R'_L}{r_{be} + (1+\beta)R_e} \qquad\qquad (2-25)$$

由式(2-25)可知,由于 R_e 的接入,虽然给稳定静态工作点带来了好处,但却使放大倍数明显下降,并且 R_e 越大,下降越多。为了解决这个问题,通常在 R_e 上并联一个大容量的电容(大约几十到几百微法);对交流来讲,C_e 的接入可看成是发射极直接接地,故称 C_e 为射极交流旁路电容。加入旁路电容后,电压放大倍数 A_u 和式(2-11)完全相同了。这样既稳定了静态工作点,又没有降低电压放大倍数。

4.输入电阻和输出电阻的估算

由图 2-18 可得

$$U_i = I_b r_{be} + I_e R_e = I_b r_{be} + (1+\beta) I_b R_e$$

$$R'_i = \frac{U_i}{I_b} = r_{be} + (1+\beta) R_e$$

则输入电阻为

$$R_i = R'_i /\!/ R_b \tag{2-26}$$

通常 $R_b(R_b = R_{b1} /\!/ R_{b2})$ 较大,如果不考虑 R_b 的影响,则输入电阻为

$$R_i = R'_i = r_{be} + (1+\beta) R_e \tag{2-27}$$

式(2-27)表明,加入 R_e 后,输入电阻提高了很多。如果电路中接入了发射极旁路电容 C_e,则输入电阻 R_i 的表达式与式(2-15)就没有区别了。

按照前面求输出电阻的方法,由图 2-18 可求得输出电阻为

$$R_o \approx R_c$$

和式(2-17)完全相同。

例 2-3 电路如图 2-19 所示,已知三极管的 $\beta=40$,$U_{CC}=12$ V,$R_L=4$ kΩ,$R_c=2$ kΩ,$R_e=2$ kΩ,$R_{b1}=20$ kΩ,$R_{b2}=10$ kΩ,C_e 足够大。试求:

(1) 静态值 I_{CQ} 和 U_{CEQ};

(2) 电压放大倍数;

(3) 输入、输出电阻。

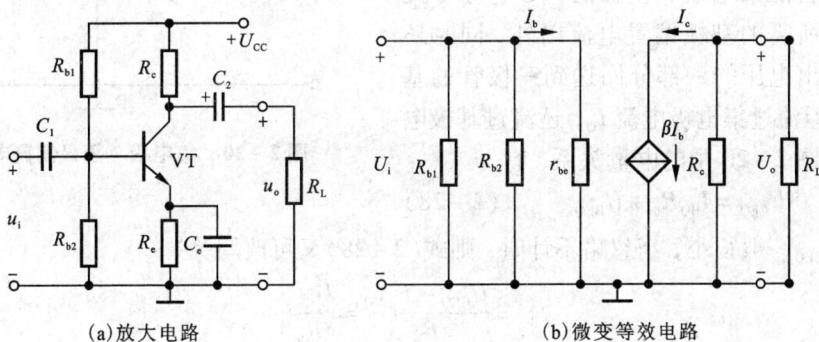

(a)放大电路　　　　　(b)微变等效电路

图 2-19　例 2-3 图

解:(1)估算静态值 I_{CQ} 和 U_{CEQ}

$$U_B \approx \frac{R_{b2}}{R_{b1}+R_{b2}} U_{CC} = \frac{10}{10+20} \times 12 = 4 \text{ V}$$

$$I_{CQ} \approx I_{EQ} = \frac{U_B - U_{BEQ}}{R_e} = 1.65 \text{ mA}$$

$$U_{CEQ} \approx U_{CC} - I_{CQ}(R_c + R_e) = 12 - 1.65 \times (2+2) = 5.4 \text{ V}$$

（2）估算电压放大倍数

因为

$$r_{be} = 300 + (1+\beta)\frac{26\ mV}{I_{EQ}\ mA} = 300 + 41 \times \frac{26}{1.65} = 946\ \Omega \approx 0.95\ k\Omega$$

$$R'_L = R_c /\!/ R_L = \frac{2 \times 4}{2 + 4} = 1.33\ k\Omega$$

所以

$$A_u = -\beta\frac{R'_L}{r_{be}} = -40 \times \frac{1.33}{0.95} = -56$$

如果不接旁路电容 C_e，则

$$A_u = -\beta\frac{R'_L}{r_{be} + (1+\beta)R_e} = -40 \times \frac{1.33}{0.95 + 41 \times 2} = -0.64$$

可见电压放大倍数下降很多。

（3）估算输入电阻和输出电阻

由图 2-19 的等效电路可以看出，输入电阻为

$$R_i = r_{be} /\!/ R_{b1} /\!/ R_{b2} = 0.83\ k\Omega$$

输出电阻为

$$R_o \approx R_e = 2\ k\Omega$$

2.5.3 集电极-基极偏置电路

图 2-20 所示的集电极-基极偏置电路，是另一种具有稳定静态工作点的偏置电路。这个电路的特点是，基极偏置电阻的接法和作用都不同于固定偏置电路中的基极偏置电阻。R_b 跨接在三极管的集电极和基极之间，它除了提供给三极管所需的基极偏置电流以外，同时还把集电极输出电压的一部分回送到三极管的基极，R_c 上不但流过集电极电流 I_C，还流过基极电流 I_B。分析图 2-20 中的电量关系，有

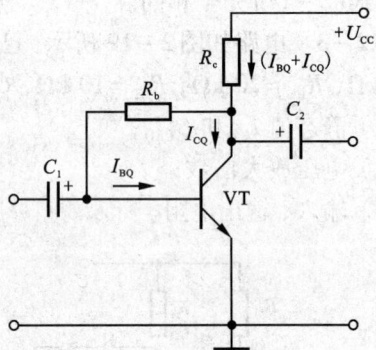

图 2-20 集电极-基极偏置电路

$$U_{CEQ} = I_{BQ}R_b + U_{BEQ} \qquad (2-28)$$

由于 U_{BEQ} 一般很小，当忽略不计时，则式（2-28）又可改写为

$$I_{BQ} = \frac{U_{CEQ} - U_{BEQ}}{R_b} \approx \frac{U_{CEQ}}{R_b} \qquad (2-29)$$

此外，U_{CEQ} 还满足下列关系

$$U_{CEQ} = U_{CC} - (I_{CQ} + I_{BQ})R_c \qquad (2-30)$$

稳定静态工作点的工作原理如下：式（2-29）可知，当 R_b 选定后，I_{BQ} 与 U_{CEQ} 成正比，当环境温度升高使集电极电流 I_{CQ} 增加时，则在集电极电阻 R_c 上的电压降 $I_{CQ}R_c$ 也增大，由于电源 U_{CC} 是不变的，因此从式（2-30）可知 U_{CEQ} 就要降低，使 I_{BQ} 相应减小，从而牵制了 I_{CQ} 的增加。

显然，这个电路稳定静态工作点的实质是，利用 U_{CEQ} 的变化通过 R_b 回送到三极管的输入端，由 I_{BQ} 来抑制 I_{CQ} 的变化。它的稳定效果与 R_c 和 R_b 的阻值大小有关。R_c 阻值越大，同样的

I_{CQ} 变化引起 U_{CEQ} 的变化就越大，稳定性能就越好；R_b 的阻值越小，同样的 U_{CEQ} 变化引起 I_{BQ} 的变化就越大，稳定性能也越好。当然，R_b 的选择不单要考虑稳定性方面，还要兼顾到保证正常的偏流 I_{BQ}，以获得合适的工作点，一般取 $R_b = (20 \sim 100) R_e$。

2.5.4　温度补偿电路

以上讨论的两种偏置电路，都是利用集电极电流 I_{CQ} 的变化反映到输入回路的方法来稳定静态工作点的。它们并不能完全消除温度对静态工作点的影响。对于稳定性要求较高的放大电路，常利用热敏电阻(或二极管)等对温度敏感的元器件，来补偿三极管参数随温度变化而带来的影响，从而使静态工作点保持稳定，这种偏置电路通常称为温度补偿电路。

热敏电阻具有负的温度系数特性时，温度升高，阻值减小。图 2—21 是一种利用负温度系数热敏电阻进行温度补偿的电路。其补偿过程和工作原理是：当温度升高使 I_{CQ} 增大时，热敏电阻 R_T 的阻值减小，$R_{b2}//R_T$ 的并联值也减小，使得三极管的基极电位 U_{BQ} 下降，导致基极偏置电流 I_{BQ} 减小，从而使集电极电流 I_{CQ} 也减小，抵消了集电极电流 I_{CQ} 因温度升高而增大的变化，其补偿过程可表示为

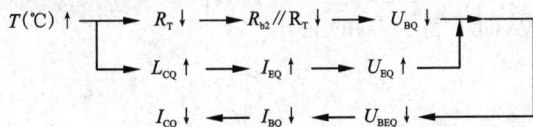

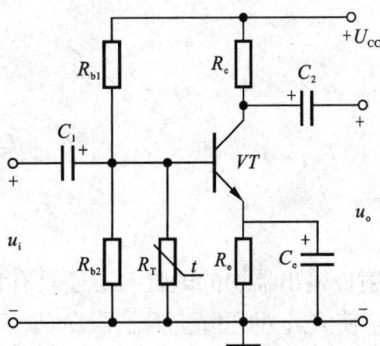

图 2－21　热敏电阻温度补偿电路

这种偏置电路，只要热敏电阻 R_T 参数选择合适，可以使温度在较大范围内变化时，I_{CQ} 基本保持不变。当用二极管作温度补偿时，是在图 2－21 中的下偏置电阻 R_{b2} 支路中串入温度补偿器件二极管实现的，它是利用二极管的正向压降和正向电阻随温度升高而减小，反向电流随温度升高而增大的特性实现补偿的，其补偿原理留给读者自行分析。

2.6　共集放大电路和共基放大电路

2.6.1　共集放大电路

1. 电路构成

共集电极放大电路如图 2－22(a)所示。它是由基极输入信号，发射极输出信号。从交流通路(见图 2－22b)来看，集电极是输入回路与输出回路的共同端，故称共集电路。又因为信号是从发射极输出，所以又叫射极输出器。

2. 射极输出器的特点

(1)静态工作点比较稳定

射极输出器的直流通路如图 2－23 所示。由图可知

$$U_{CC} = I_{BQ}R_b + U_{BEQ} + I_{EQ}R_e, \quad I_{BQ} = \frac{I_{EQ}}{1+\beta}$$

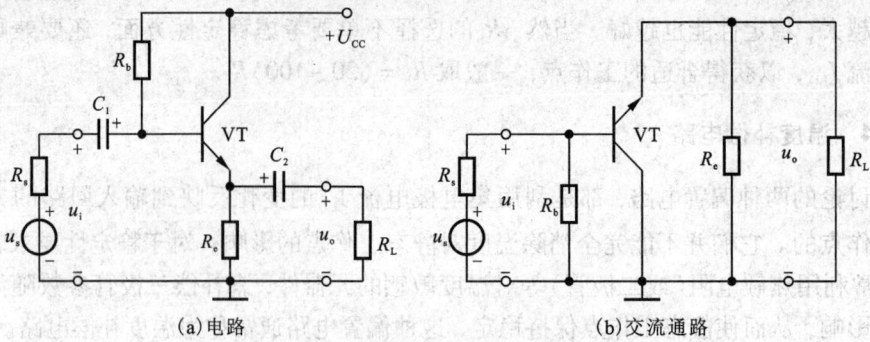

(a)电路　　　　　　　　　　　(b)交流通路

图 2 – 22　共集放大电路

于是有

$$I_{CQ} \approx I_{EQ} = \frac{U_{CC} - U_{BEQ}}{R_e + \dfrac{R_b}{1 + \beta}} \tag{2-31}$$

$$U_{CEQ} \approx U_{CC} - I_{CQ}R_e \tag{2-32}$$

　　射极输出器中的电阻 R_e，还具有稳定静态工作点的作用。例如，当温度升高时，由于 I_{CQ} 增大，使 R_e 上的压降上升，导致 U_{BEQ} 下降，从而牵制了 I_{CQ} 的上升。

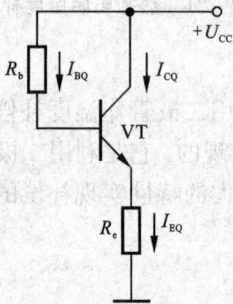

图 2 – 23　共集电路的直流通路

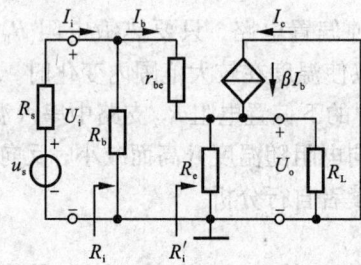

图 2 – 24　共集电路的微变等效电路

　　(2)电压放大倍数小于1(近似为1)

　　画出图 2 – 22(a)对应的微变等效电路如图 2 – 24 所示。由等效电路可知：

$$U_o = (1 + \beta)I_o R'_L$$

式中 $R'_L = R_e /\!/ R_L$

$$U_i = I_b \left[r_{be} + (1 + \beta)R'_L \right]$$

于是可得

$$A_u = \frac{U_o}{U_i} = \frac{(1 + \beta)R'_L}{r_{be} + (1 + \beta)R'_L} \tag{2-33}$$

　　在式(2 – 33)中，一般有 $(1 + \beta)R'_L \gg r_{be}$，所以射极输出器的电压放大倍数小于1(接近1)，正因为输出电压接近输入电压，两者的相位又相同，故射极输出器又称为射极跟随器。

应当指出，尽管射极输出器的电压放大倍数小于 1，但射极电流 I_e 是基极电流 I_b 的 $(1+\beta)$ 倍，仍然能够将输入电流加以放大。在图 2-24 中，为了估算的方便，若忽略 R_b 的分流影响，则 $I_i = I_b$，$I_o = I_e$，由此可得电流放大倍数 A_I 为

$$A_I = \frac{I_o}{I_i} \approx \frac{I_e}{I_b} = 1+\beta \qquad (2-34)$$

所以说，射极输出器虽然没有电压放大，但具有电流放大和功率放大作用。

（3）输入电阻高

由图 2-24 可知

$$R'_i = r_{be} + (1+\beta)R'_L$$
$$R_i = R_b // R'_i = R_b // [r_{be} + (1+\beta)R'_L] \qquad (2-35)$$

可见，射极输出器的输入电阻是由偏置电阻 R_b 和基极回路电阻 $[r_{be}+(1+\beta)R'_L]$ 并联而成的。因 R'_L 上流过的电流比 I_b 大 $(1+\beta)$ 倍，故把 R'_L 折算到基极回路应扩大 $(1+\beta)$ 倍。通常 R_b 的值较大（几十至几百千欧），同时 $[r_{be}+(1+\beta)R'_L]$ 也比 r_{be} 大得多，因此，射极输出器的输入电阻可高达几十千欧到几百千欧。

（4）输出电阻低

根据求输出电阻的方法，将图 2-24 中的 u_s 短路，拿掉 R_L，再加上探察电压 U_p，这样可得到求输出电阻的等效电路如图 2-25 所示。

从图中可以看出，由输出端看进去，有三条支路并联：即发射极支路、基极支路和受控源支路。而发射极支路电阻为 R_e；基极支路电阻为 $r_{be}+R'_s$，其中 $R'_s = R_s // R_b$；受控源支路的电流是基极电流的 β 倍，所以此支路的等效电阻应为基极支路电阻的 $1/\beta$ 倍，即 $\dfrac{r_{be}+R'_s}{\beta}$。于是这个电路的输出电阻为

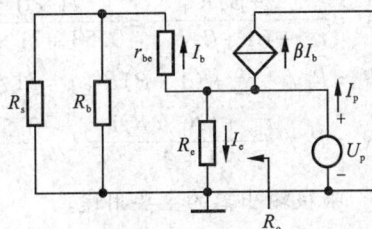

图 2-25　共集电路输出电阻的求法

$$R_o = \frac{U_P}{I_P} = R_e // \frac{r_{be}+R'_s}{1+\beta} = R_e // \frac{r_{be}+(R_b//R_s)}{1+\beta} \qquad (2-36)$$

若不计信号源内阻 $(R_s = 0)$，则有

$$R_o = R_e // \frac{r_{be}}{1+\beta}$$

这就是说，射极输出器的输出电阻是两个电阻的并联，一个是 R_e，另一个是 $[r_{be}+(R_s//R_b)]/(1+\beta)$，$r_{be}+(R_s//R_b)$ 是基极回路的总电阻。由于射极输出器的输出电阻是从发射极看进去的，发射极电流是基极电流的 $(1+\beta)$，所以将基极回路的总电阻 $[r_{be}+(R_s//R_b)]$ 折算到发射极回路来时须除以 $(1+\beta)$。

一般情况下 $R_e \gg \dfrac{r_{be}+(R_s//R_b)}{1+\beta}$

所以

$$R_o \approx \frac{r_{be}+(R_s//R_b)}{1+\beta} \qquad (2-37)$$

从以上分析可知，射极输出器具有很小的输出电阻（一般为几欧至几百欧），为了进一步

降低输出电阻，还可选用 β 值较大的管子。

例 2-4   共集放大电路如图 2-22(a)所示，其中 $R_b = 51$ kΩ，$R_e = 1$ kΩ，$U_{CC} = 12$ V，$R_L = 1$ kΩ，$R_s = 1$ kΩ，$\beta = 70$，$U_{BE} = 0.7$ V。试估算：(1)静态工作点；(2)电压放大倍数 A_u、输入电阻 R_i 和输出电阻 R_o。

解：(1)估算静态工作点

$$I_{CQ} \approx I_{EQ} = \frac{U_{CC} - U_{BEQ}}{R_e + \dfrac{R_b}{1+\beta}} = \frac{12 - 0.7}{1 + \dfrac{51}{1+70}} = 6.5 \text{ mA}$$

$$I_{BQ} = \frac{6.5 \text{ mA}}{70} = 0.093 \text{ mA}$$

$$U_{CEQ} \approx U_{CC} - I_{CQ}R_e = 12 - 6.5 \times 1 = 5.5 \text{ V}$$

(2)估算 A_u、R_i 和 R_o

$$r_{be} = 300 + (1+\beta)\frac{26 \text{ mV}}{I_{EQ} \text{ mA}} = 300 + 71 \times \frac{26}{6.5 + 0.093} = 0.58 \text{ k}\Omega$$

$$R'_L = R_c // R_L = 0.5 \text{ k}\Omega$$

$$A_u = \frac{(1+\beta)R'_L}{r_{be} + (1+\beta)R'_L} = \frac{71 \times 0.5}{0.58 + 71 \times 0.5} = 0.984 \approx 1$$

$$R_i = R_b // [r_{be} + (1+\beta)R'_L] = 51 // [0.58 + (1+70) \times 0.5] = 21.1 \text{ k}\Omega$$

$$R_o = R_e // \frac{r_{be} + (R_b // R_s)}{1+\beta} = 1 // \frac{0.58 + 51 // 1}{1 + 70} = 22 \ \Omega$$

3. 射极输出器的主要用途

由于射极输出器有输入电阻高和输出电阻低的特点，所以它在电子电路中的应用很广泛。常用来作为多级放大电路的输入级、中间隔离级和输出级。

(1)用作高输入电阻的输入级

在要求输入电阻较高的放大电路中，经常采用射极输出器作为输入级。利用它输入电阻高的特点，使流过信号源的电流减小，从而使信号源内阻上的压降减小，使大部分信号电压能传送到放大电路的输入端。对测量仪器中的放大器来讲，其放大器的输入电阻越高，对被测电路的影响也就越小，测量精度也就越高。

(2)用作低输出电阻的输出级

由于射极输出器输出电阻低，当负载电流变动较大时，其输出电压变化较小，因此带负载能力强。即当放大电路接入负载或负载变化时，对放大电路的影响小，有利于输出电压的稳定。

(3)用作中间隔离级

在多级放大电路中，将射极输出器接在两级共射电路之间，利用其输入电阻高的特点，以提高前一级的电压放大倍数；利用其输出电阻低的特点，以减小后一级信号源内阻，从而提高了前后两级的电压放大倍数，隔离了两级耦合时的不良影响。这种插在中间的隔离级又称为缓冲级。

*2.6.2 共基放大电路

共基放大电路如图 2-26(a)所示。它是由发射极输入信号，集电极输出信号。从交流通路(见图 2 –26c)来看,基极是输入回路和输出回路的公共端,所以称为共基极放大电路。下面简要分析其静态和动态参数。

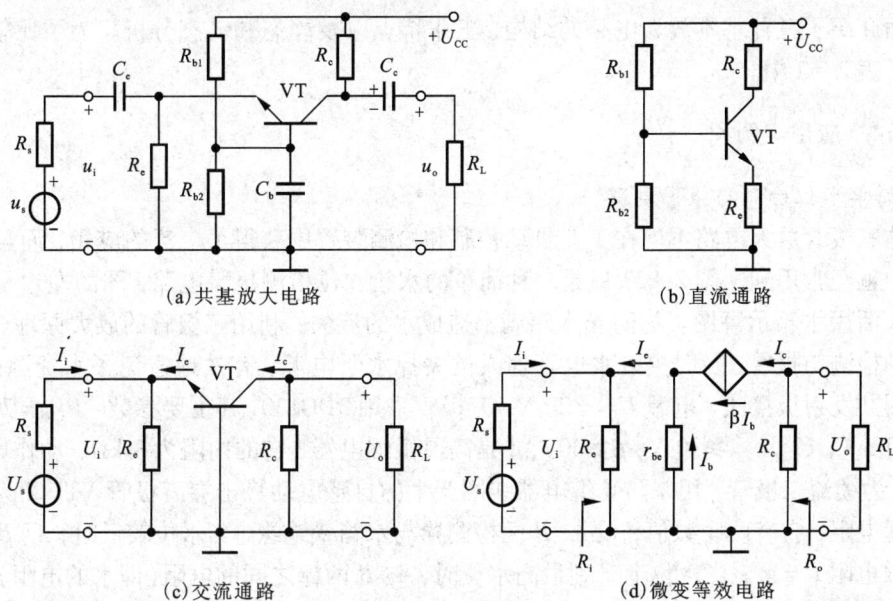

(a)共基放大电路　　　　　　　　　　　　　　(b)直流通路

(c)交流通路　　　　　　　　　　　　　　(d)微变等效电路

图 2 –26　共基极放大电路

1. 静态工作点

由图 2 –26(b)直流通路可知,该图与共发射极接法的分压式偏置电路的直流通路完全相同,所以静态工作点的估算方法也完全一样,这里就不再赘述。

2. 电压放大倍数

由图 2 –26(d)等效电路可以看出

$$U_o = -I_c R'_L = -\beta I_b R'_L$$

式中 $R'_L = -\dfrac{R_c R_L}{R_c + R_L}$,又因 $U_i = -I_b r_{be}$

所以

$$A_u = \frac{U_o}{U_i} = \frac{-\beta I_b R'_L}{-I_b r_{be}} = \beta \frac{R'_L}{r_{be}} \tag{2-38}$$

式(2 –38)表明,共基放大电路的电压放大倍数与共射放大电路大小相同,符号相反。

3. 输入电阻

在图 2 –26(d)中,从输入端看进去有三条支路并联:即 R_e 支路、r_{be} 支路和受控源的等效电阻支路。受控源电流是基极电流 I_b 的 β 倍,所以受控源的等效电阻为 r_{be} 的 $1/\beta$ 倍。这样放大电路的输入电阻为

$$R_i = \frac{U_i}{I_i} = R_e /\!/ r_{be} /\!/ \frac{r_{be}}{\beta} = R_e /\!/ \frac{r_{be}}{1+\beta} \tag{2-39}$$

4. 输出电阻

当 $U_i = 0$ 时,$I_b = 0$,受控源 $\beta I_b = 0$,所以输出电阻近似为

$$R_\text{o} \approx R_\text{c} \qquad\qquad (2-40)$$

2.6.3　放大电路三种组态的比较

前面介绍了三种基本放大电路的结构、工作特点以及静态和动态分析。为了比较,现将它们列于表 2-2 中。

2.6.4　应用实例

1. 简单水位检测与报警电路

晶体三极管放大电路不但在工业自动控制和检测装置中获得了广泛的应用,而且在日常生活当中也经常用到。图 2-27 就是一种简单的水箱水位检测报警电路,图的左边是一常见的屋顶生活用水箱示意图。为防止水箱满水造成水的流失,利用三极管的放大原理,实现水位的自动检测与报警,及时提醒水电管理人员关掉水泵电源,有效地避免了水资源的浪费。电路采用共发射极接法,电源 $U_\text{CC} = 20\text{ V}$,三极管采用 3DG130(其主要参数:$P_\text{CM} = 700\text{ mW}$,$L_\text{CM} = 300\text{ mA}$,$U_{\text{(BR)CEQ}} \geqslant 30\text{ V}$,$\beta \geqslant 30$),J 是高灵敏继电器,它的内阻为 3 kΩ,动作电流为 6 mA;VD 为续流二极管,用来防止继电器线圈产生的自感电动势击穿三极管 VT;R 为等效的基极偏置电阻,它有两个数值,设 A、B 两检测棒与水箱壁绝缘,当水位较低时,A、B 两棒之间的等效电阻 $R = \infty$;当水位上升到最高水位时,A、B 两棒之间的电阻(即水的电阻)约为 40 kΩ。如果没有三极管的电流放大作用,就不能利用水的等效电阻来进行声光报警。当 U_CC、J、R(水满时的等效电阻)直接联成回路时,流过继电器的电流 $I \approx \dfrac{20\text{ V}}{40\text{ k}\Omega} = 0.5\text{ mA}$,远小于继电器的动作电流(6 mA),因此继电器不动作。有了晶体三极管 VT(若 $\beta = 30$)以后,水满时,基极电流 I_B 被放大,集电极电流 $I_\text{C} = \beta I_\text{B} \approx 15\text{ mA}$,足以使继电器 J 动作,将其触点接通,以便进行报警和控制。这种电路靠晶体三极管的放大作用,把水箱中水的等效电阻所引起的微小基极电流变化,放大到足以使继电器动作所需的电流,从而实现以小控大,以弱控强,最终达到水位检测与报警的目的。

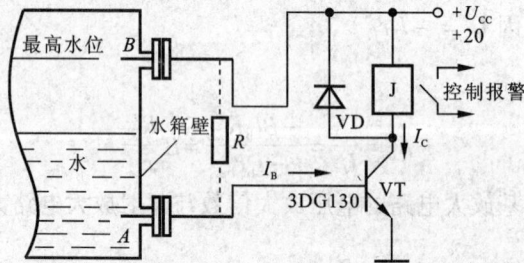

图 2-27　液位检测报警电路

2. 扩音机输入电路

图 2-28 所示是一个 25 W 扩音机的输入级电路。由于射极输出器输入电阻高,所以可以和内阻较高的话筒相匹配,使话筒的输入信号能得到有效的放大。图中电位器 R_P 的阻值为 22 kΩ,可用来调节输入信号的强度,以控制音量的大小。

表2-2 放大电路三种组态的比较

	共基极放大电路	共集电极放大电路	共射极放大电路
电路图	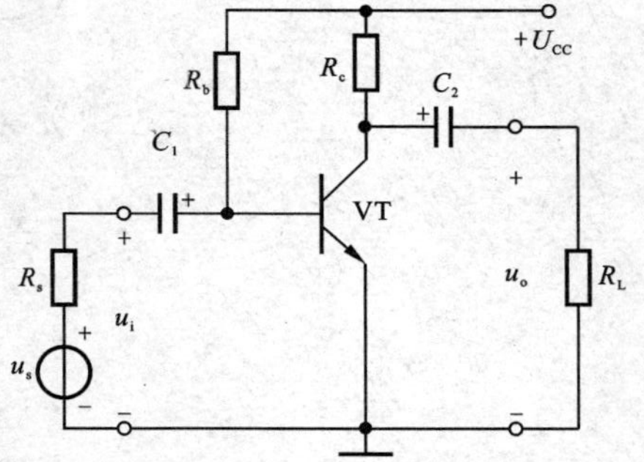	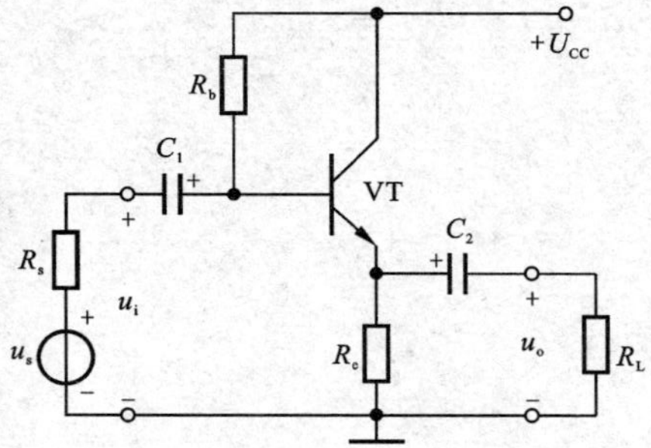	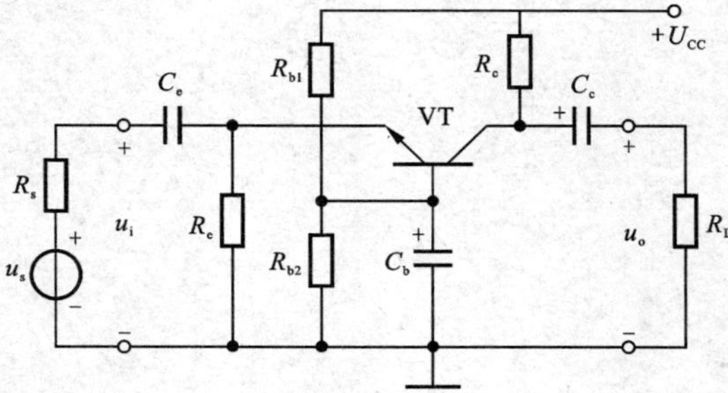
静态工作点	$U_{BQ} \approx \dfrac{U_{CC}}{R_{b1}+R_{b2}}R_{b2}$ $I_{CQ} \approx I_{EQ} \approx \dfrac{U_B}{R_e}$ $I_{BQ}=\dfrac{I_{CQ}}{\beta}$ $U_{CEQ} \approx U_{CC}-I_{CQ}(R_c+R_e)$	$I_{BQ} \approx \dfrac{U_{CC}}{R_b+(1+\beta)R_e}$ $I_{CQ}=\beta I_{BQ}$ $U_{CEQ} \approx U_{CC}-I_{CQ}R_e$	$I_{BQ} \approx \dfrac{U_{CC}}{R_b}$ $I_{CQ}=\beta I_{BQ}$ $U_{CEQ}=U_{CC}-I_{CQ}R_c$
微变等效电路	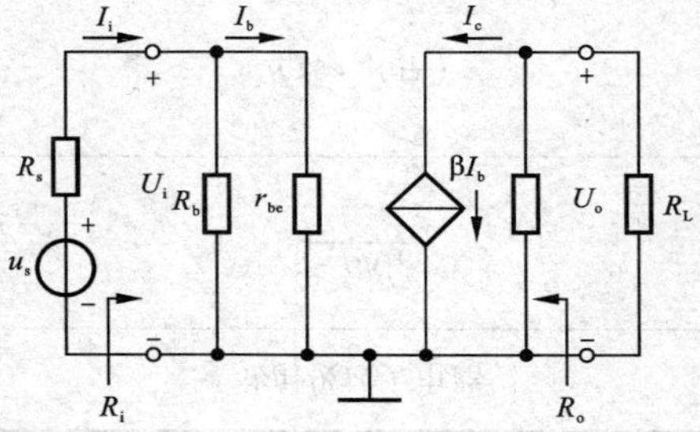	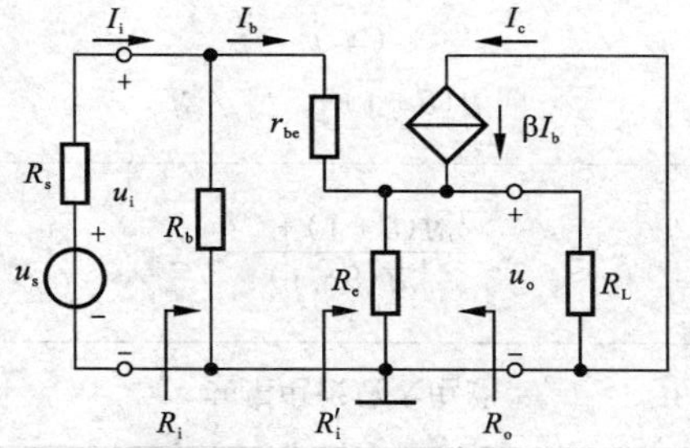	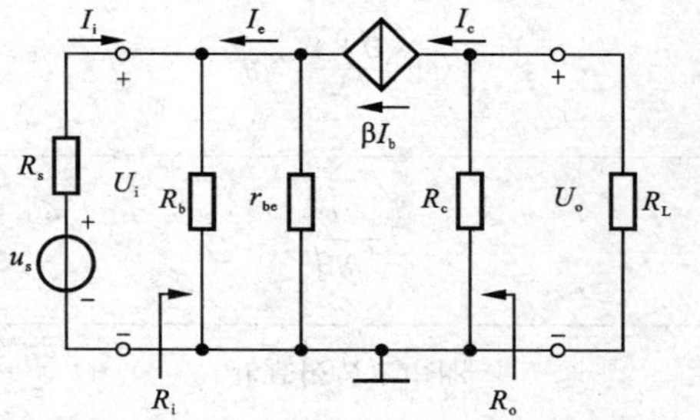

续表

	共射极放大电路	共集电极放大电路	共基极放大电路
A_u	$-\dfrac{\beta R'_L}{r_{be}}$	$\dfrac{(1+\beta)R'_L}{r_{be}+(1+\beta)R'_L}$ （大）	$\dfrac{\beta R'_L}{r_{be}}$
R_i	$R_b // r_{be}$ （中）	$R_b // [r_{be}+(1+\beta)R'_L]$ （大）	$R_e // \dfrac{r_{be}}{1+\beta}$ （小）
R_o	R_c	$R_e // \dfrac{r_{be}+R'_s}{1+\beta}$, $R'_s = R_S // R_b$	R_c
用途	多级放大器的中间级	输入、输出或缓冲级	高频或宽频带放大电路

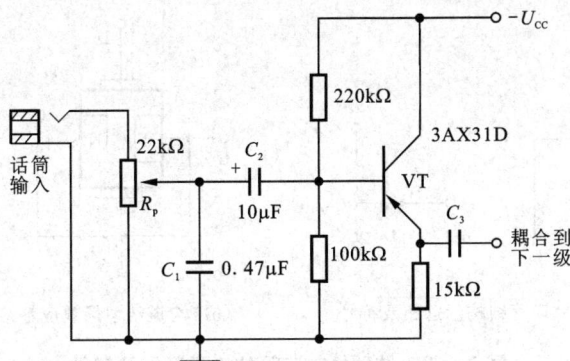

图 2 –28 扩音机输入级电路

2.7 场效应管及其放大电路

场效应管是一种电压控制型半导体器件。这种器件不仅兼有半导体三极管体积小,耗电省,寿命长等特点,而且具有输入电阻高(10 MΩ 以上)、噪声低、热稳定好、抗辐射能力强等优点,因此在近代微电子学中得到了广泛应用。场效应管分为两大类,即结型场效应管和绝缘栅场效应管。

2.7.1 结型场效应管

1. 结构

结型场效应管的结构及符号如图 2 – 29 所示。在一块 N 型半导体两侧做出两个高掺杂的 P 区,从而形成了两个 PN 结。两侧 P 区相接后引出的电极称为栅极(G),在 N 型半导体两端分别引出的两个电极称为源极(S)和漏极(D)。由于 N 型区结构对称,因此漏极和源极可以互换使用。两个 PN 结中间的 N 型区域称为导电沟道。具有这种结构的结型场效应管称为 N 沟道结型场效应管。图中电路符号的箭头方向是由 P 指向 N。结型场效应管有 N 沟道和 P 沟道(图 b)两种类型,两者结构不同,但工作原理完全相同。下面以 N 沟道结型场效应管为例进行讨论。

2. 工作原理

图 2 –30 所示的是 N 沟道结型场效应管工作原理示意图。在漏源电压 U_{DS} 的作用下,产生沟道电流 I_D,为了保证高输入电阻,通常栅极与源极之间加反向偏置电压 U_{GS},当输入电压 U_{GS} 改变时,PN 结的反偏电压也随之改变,引起沟道两侧耗尽层的宽度改变;这将导致 N 型导电沟道的宽度发生变化,也就是沟道电阻发生了变化;沟道电阻的变化又将引起沟道电流 I_D 的变化。由此可见,栅极电压 U_{GS} 起着控制漏极电流 I_D 大小的作用,可以看作是一种由电压控制的电流源。

由于 I_D 通过沟道时产生自漏极到源极的电压降,使沟道上各点电位不同,靠近漏极处电位最高,PN 结上的反偏电压最高,耗尽层最宽;而沟道上靠近源极的地方,PN 结上反偏电压最低,耗尽层最窄。所以漏源电压 U_{DS} 使导电沟道产生不等宽性,靠近漏极处沟道最窄,靠

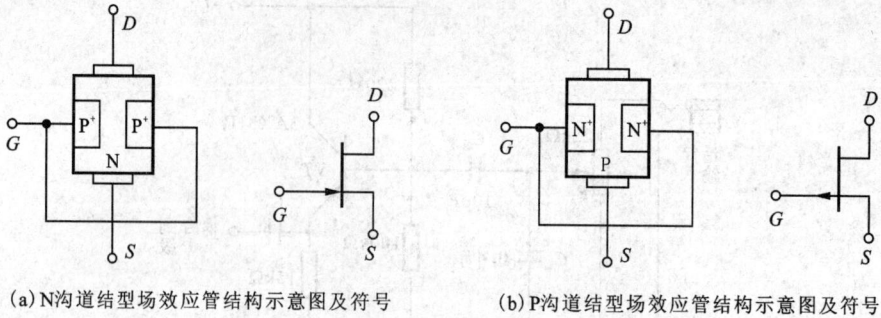

(a) N沟道结型场效应管结构示意图及符号　　　　(b) P沟道结型场效应管结构示意图及符号

图2-29　结型场效应管结构示意图及符号

近源极处沟道最宽,沟道形状呈楔型。若改变 U_{GS} 或 U_{DS},使靠近漏极处两侧耗尽层相遇时,称为预夹断。预夹断后漏极电流 I_D 将基本不随 U_{DS} 的增大而增大,趋近于饱和而呈现恒流特性。场效应管用于放大时,就工作在恒流区(放大区)。如果在预夹断后,继续增加 U_{GS} 的负值到一定程度时,两边耗尽层合拢,导电沟道完全夹断, $I_D \approx 0$,称场效应管处于夹断状态。

　3．输出特性曲线

输出特性是指在 U_{GS} 一定时, I_D 与 U_{DS} 之间的

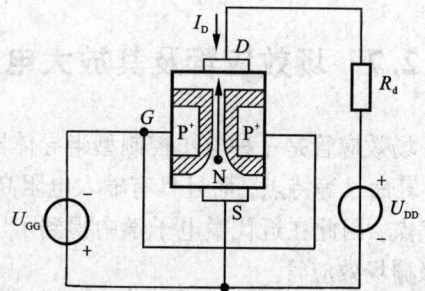

图2-30　N沟道结型场效应管工作原理示意图

关系。图2-31为某N沟道结型场效应管的输出特性曲线。由图可以看出,特性曲线可分为三个区域:

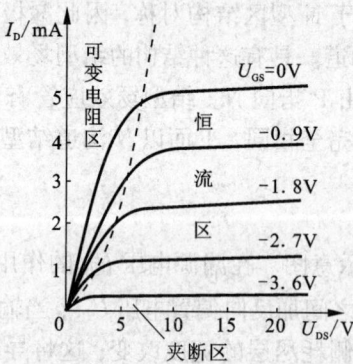

图2-31　N沟道结型场效应管的输出特性

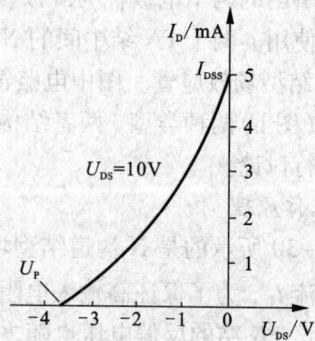

图2-32　N沟道结型场效应管的转移特性

（1）可变电阻区

曲线呈上升趋势,基本上可看做通过原点的一条直线,管子的漏-源之间可等效为一个电阻,此电阻的大小随 U_{GS} 而变,故称为可变电阻区。

（2）恒流区

随着 U_{DS} 增大, 曲线趋于平坦(曲线由上升变为平坦时的转折点即为预夹断点), I_D 不再随 U_{DS} 的增大而增大, 故称为恒流区。此时 I_D 的大小只受 U_{GS} 控制, 这正体现了场效应管电压控制电流的放大作用。

(3) 夹断区

当 $U_{GS} < U_P$ 时, 场效应管的沟道被两个 PN 结夹断, 等效电阻极大, $I_D \approx 0$。

4. 转移特性曲线

所谓转移特性是指在一定的 U_{DS} 下, U_{GS} 对 I_D 的控制特性。为了进一步了解栅源电压对漏极电流的控制作用, 图 2-32 给出了 N 沟道结型场效应管的转移特性曲线。由图可知, 当 $U_{GS} = 0$ 时, I_D 最大, 称为饱和漏电流, 用 I_{DSS} 表示。随着 $|U_{GS}|$ 的增大, I_D 变小, 当 I_D 接近于零时所对应的 $|U_{GS}|$ 称为夹断电压, 用 U_P 表示。实验证明, 在场效应管工作于正常的恒流区时, 漏极电流 I_D 与栅极电压 U_{GS} 的关系, 近似为下式:

$$I_D = I_{DSS} \left(1 - \frac{U_{GS}}{U_P}\right)^2 \tag{2-41}$$

此式可用于场效应管放大电路的静态分析。

由以上分析可知, 结型场效应管可以通过栅源极电压的变化来控制漏极电流的变化, 这就是场效应管放大作用的实质。

2.7.2 绝缘栅场效应管

结型场效应的输入电阻一般在 $10^7 \Omega$ 以上, 此电阻是 PN 结的反偏电阻, 很难进一步提高。绝缘栅场效应管和结型场效应管的不同点在于它是利用感应电荷的多少来改变导电沟道的宽度。由于绝缘栅场效应管的栅极与沟道是绝缘的, 因此, 它的输入电阻高达 $10^9 \Omega$ 以上。绝缘栅场效应管是一种金属—氧化物—半导体结构的场效应管, 简称 MOS 管。

绝缘栅场效应管也有 N 沟道和 P 沟道两类, 其中每类又有增强型和耗尽型之分。下面以 N 沟道 MOS 管为例来说明绝缘栅场效应管的工作原理。

1. N 沟道增强型 NMOS 管

(1) 结构

图 2-33 为 N 沟道增强型 MOS 管的结构和符号。在一块 P 型硅片(衬底)上, 扩散形成两个 N 区作为漏极和源极, 两个 N 区中间的半导体表面上有一层二氧化硅薄层, 氧化层上的金属电极称为栅极(G)。由于栅极与其他两个电极是绝缘的, 故称为绝缘栅。图中符号的箭头方向表示衬底与沟道间是由 P 指向 N, 据此可识别该管为 N 沟道。

(2) 工作原理

在图 2-33 中, 当 $U_{GS} = 0$ 时, 漏极、源极之间形成两个反向串联的 PN 结, 没有导电沟道, 基本上没有电流通过。若 $U_{GS} > 0$ 时, 栅极与衬底间以 SiO_2 为介质构成的电容器被充电, 产生垂直于半导体表面的电场。此电场吸引 P 型衬底的电子并排斥空穴, 当 U_{GS} 到达 U_T(称为开启电压)时, 在栅极附近形成一个 N 型薄层, 称为"反型层"或"感生沟道"。与结型场效应管类似, 漏源电压 U_{DS} 将使感生沟道产生不等宽性。

显然, U_{GS} 越高, 电场就越强, 感生沟道越宽, 沟道电阻也就越小, 漏极电流 I_D 就越大。因此可以通过改变 U_{GS} 电压高低来控制 I_D 的大小。

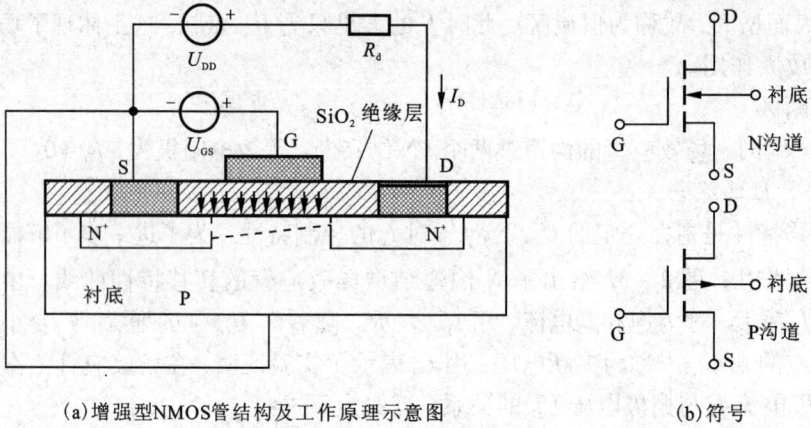

(a)增强型NMOS管结构及工作原理示意图　　　　(b)符号

图 2 – 33　增强型 MOS 管

2. N 沟道耗尽型 MOS 管

如果在制造 MOS 管的过程中, 在二氧化硅绝缘层中掺入大量的正离子, 即使在 $U_{GS} = 0$ 时, 半导体表面也有垂直电场作用, 并形成 N 型导电沟道。这种管子有原始导电沟道, 故称之为耗尽型 MOS 管。MOS 管一旦制成, 原始沟道的宽度也就固定了。图 2 – 34 为耗尽型 MOS 管的符号, 图中箭头的方向表示由 P 指向 N。

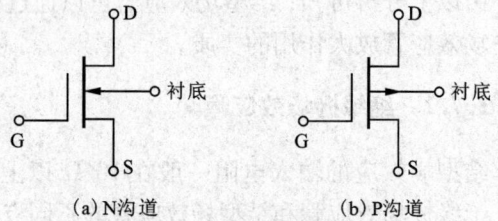

(a)N沟道　　　(b)P沟道

图 2 – 34　耗尽型 MOS 管符号

绝缘栅场效应管特性曲线与结型管类似, 此处不再赘述。应该指出的是, 由于耗尽型绝缘栅场效应管有原始导电沟道, 因此可以在正、负及零栅源电压下工作, 灵活性较大。

2.7.3　场效应管的主要参数

1. 夹断电压 U_P

在 U_{DS} 为一定的条件下, 使 I_D 等于一个微弱电流(如 50 μA)时, 栅源之间所加电压称为夹断电压 U_P。此参数适用于结型场效应管和耗尽型 MOS 管。

2. 开启电压 U_T

在 U_{DS} 为某一定值的条件下, 产生导电沟道所需的 U_{GS} 的最小值就是开启电压 U_T。它适用于增强型 MOS 管。

3. 饱和漏电流 I_{DSS}

在 $U_{GS} = 0$ 的条件下, 当 $U_{DS} > | U_P |$ 时的漏极电流称为饱和漏电流 I_{DSS}。它适用于结型场效应管和耗尽型 MOS 管。

4. 低频跨导 g_m

在 U_{DS} 一定时, 漏极电流 I_D 与栅源电压 U_{GS} 的微变量之比定义为跨导, 即

$$g_{\mathrm{m}} = \frac{\mathrm{d}I_{\mathrm{D}}}{\mathrm{d}U_{\mathrm{GS}}}\bigg|_{U_{\mathrm{DS}}=\text{常数}} \tag{2-42}$$

g_{m} 是表征场效应管放大能力的重要参数(相当于三极管的电流放大系数 β),其数值可通过在转移特性曲线上求取工作点处切线的斜率而得到,也可以在输出特性曲线上求得,单位为 mS(毫西门子)。g_{m} 的大小与管子工作点的位置有关。

对于工作于恒流区的结型场效应管和耗尽型 MOS 管,g_{m} 值也可根据式(2-43)计算

$$g_{\mathrm{m}} = \frac{\mathrm{d}\left[I_{\mathrm{DSS}}\left(1 - \dfrac{U_{\mathrm{GS}}}{U_{\mathrm{P}}}\right)^{2}\right]}{\mathrm{d}U_{\mathrm{GS}}} = -\frac{2I_{\mathrm{DSS}}}{U_{\mathrm{P}}}\left(1 - \frac{U_{\mathrm{GS}}}{U_{\mathrm{P}}}\right) = -\frac{2}{U_{\mathrm{P}}}\sqrt{I_{\mathrm{DSS}}I_{\mathrm{D}}} \tag{2-43}$$

5. 直流输入电阻 R_{GS}

栅源极之间的电压与栅极电流之比定义为直流输入电阻 R_{GS}。绝缘栅场效应管的 R_{GS} 比结型场效应管大,可达 $10^{9}\,\Omega$ 以上。

6. 栅源击穿电压 $U_{\mathrm{(BR)GS}}$

对于结型场效应管,反向饱和电流急剧增加时的 U_{GS} 即为栅源击穿电压 $U_{\mathrm{(BR)GS}}$。对于绝缘栅场效应管,$U_{\mathrm{(BR)}}$ 是使二氧化硅绝缘层击穿的电压,击穿会造成管子损坏。

2.7.4　场效应管的特性比较及主要特点

1. 特性比较

前面以 N 沟道管为例,分别对结型场效应管和 MOS 型场效应管的结构、符号、工作原理及特性曲线进行了介绍。对于 P 沟道管,其工作原理与 N 沟道管类似,但各极电压和电源电压的极性与 N 沟道管有差异。为了便于对比,将各种场效应管的特性列于表 2-3 中,供参考使用。

表 2-3　各种场效应管的符号、电压极性及特性曲线

种类	工作方式	符号及电流方向	电源极性		转移特性	输出特性
			U_{GS}	U_{DS}		
N 沟道结型场效应管	耗尽型		-	+		
P 沟道结型场效应管	耗尽型		+	-		

种类	工作方式	符号及电流方向	电源极性		转移特性	输出特性
			U_{GS}	U_{DS}		
N 沟道 MOS 场效应管	耗尽型	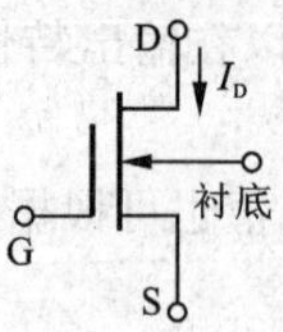	− +	+	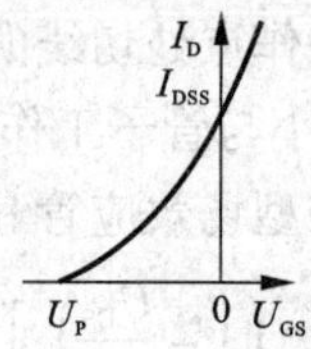	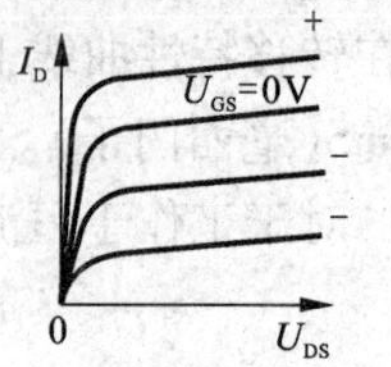
	增强型	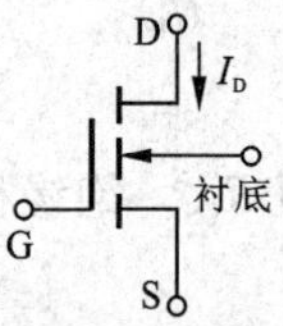	+	+	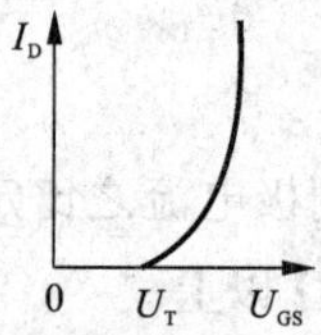	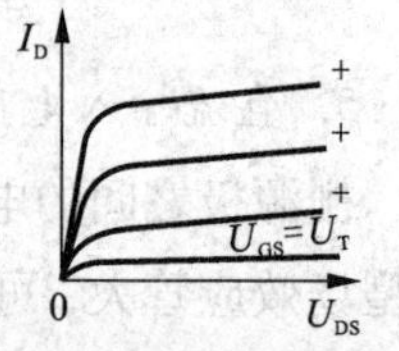
P 沟道 MOS 场效应管	耗尽型	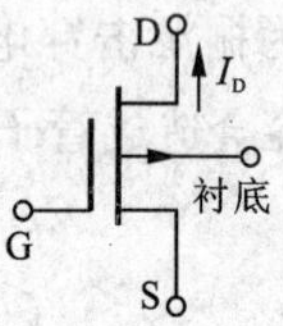	+	−	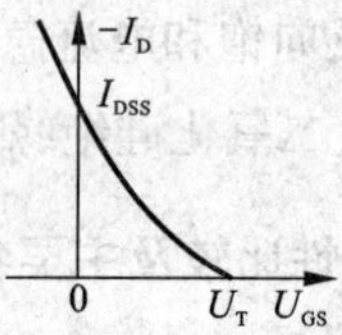	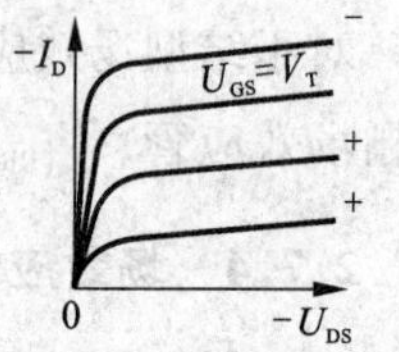
	增强型	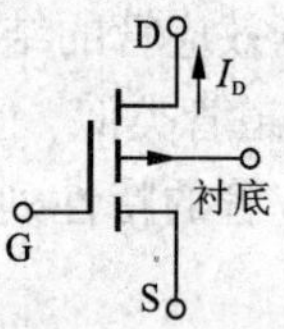	−	−	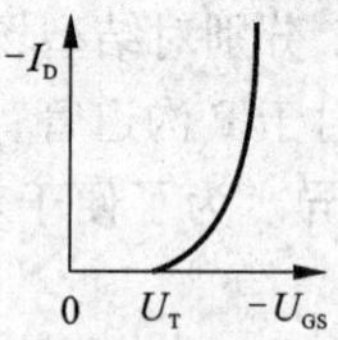	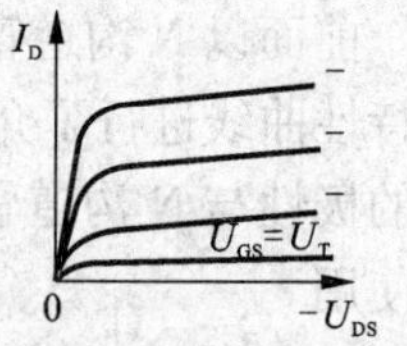

2. 主要特点

(1)场效应管是一种电压控制器件,栅极几乎不取电流,所以其直流输入电阻和交流输入电阻极高。

(2)场效应管是单极型器件,即只由一种多数载流子(如 N 沟道的自由电子)导电,不易受温度和辐射的影响。

2.7.5　场效应管基本放大电路

1. 场效应管的直流偏置电路和静态分析

为了不失真地放大变化信号,场效应管放大电路与双极型三极管放大电路一样,要建立合适的静态工作点。场效应管是电压控制器件,没有偏置电流,关键是要有合适的栅偏压 U_{GS}。在实际应用中,常用的偏置电路有两种形式。

(1)自偏压电路

图 2-35 为 N 沟道耗尽型绝缘栅场效应管组成的单管放大电路。静态时其栅源电压 U_{GS} 为栅极电位 U_G 与源极电位 U_S 之差,即

$$U_{\mathrm{GS}} = U_{\mathrm{G}} - U_{\mathrm{S}} \qquad\qquad (2-44)$$

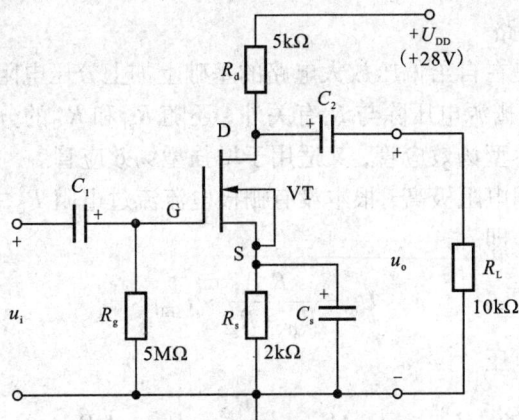

图 2-35　自偏压电路

由于栅极 G 经电阻 R_{g} 接地，而 R_{g} 中又无直流电流通过，所以 $U_{\mathrm{G}}=0$。由于静态漏极电流 I_{D} 通过源极电阻 R_{S}，使源极 S 对地的电压为

$$U_{\mathrm{S}} = I_{\mathrm{D}}R_{\mathrm{S}}$$

故栅源偏压为

$$U_{\mathrm{GS}} = U_{\mathrm{G}} - U_{\mathrm{S}} = 0 - U_{\mathrm{S}} = -I_{\mathrm{D}}R_{\mathrm{S}} \qquad\qquad (2-45)$$

利用静态漏极电流 I_{D} 在源极电阻 R_{s} 上产生电压降作为栅源偏置电压的方式，称为自给偏压。显然，只要选择合适的源极电阻 R_{s}，就可获得合适的偏置电压和静态工作点了。

在求解静态工作点时，可通过下列关系式求得工作点上的电流和电压。

$$I_{\mathrm{D}} = I_{\mathrm{DSS}}\left(1 - \frac{U_{\mathrm{GS}}}{U_{\mathrm{P}}}\right)^2 \qquad\qquad (2-46)$$

$$I_{\mathrm{D}} = -\frac{U_{\mathrm{GS}}}{R_{\mathrm{S}}} \qquad\qquad (2-47)$$

联立求解式(2-46)和式(2-47)，可求得 I_{D} 和 U_{GS}，并由此得到

$$U_{\mathrm{DS}} = U_{\mathrm{DD}} - I_{\mathrm{D}}(R_{\mathrm{d}} + R_{\mathrm{S}}) \qquad\qquad (2-48)$$

图 2-35 的自偏压电路不适用于增强型场效应管，因为静态时该电路不能使管子开启，即 $I_{\mathrm{D}}=0$，不能产生自偏压。

例 2-5　在图 2-35 中，已知耗尽型场效应管的漏极饱和电流 $I_{\mathrm{DSS}}=4\ \mathrm{mA}$，夹断电压 $U_{\mathrm{P}}=-4\ \mathrm{V}$，电容足够大，求静态参数 I_{D}、U_{GS} 和 U_{DS}。

解：根据式(2-46)和式(2-47)可得

$$\begin{cases} U_{\mathrm{GS}} = -2I_{\mathrm{D}} \\ I_{\mathrm{D}} = 4 \times \left(1 - \dfrac{U_{\mathrm{GS}}}{-4}\right)^2 \end{cases}$$

解方程组可得两组解，即 $I_{\mathrm{D}}=4\ \mathrm{mA}$、$U_{\mathrm{GS}}=-8\ \mathrm{V}$ 和 $I_{\mathrm{D}}=1\ \mathrm{mA}$、$U_{\mathrm{GS}}=-2\ \mathrm{V}$。第一组解中，$U_{\mathrm{GS}}=-8\ \mathrm{V} < U_{\mathrm{P}}$。所以此解不成立，其结果应为 $I_{\mathrm{D}}=1\ \mathrm{mA}$，$U_{\mathrm{GS}}=-2\ \mathrm{V}$。又根据式

(2-48)可得

$$U_{DS} = U_{DD} - I_D(R_d + R_s) = 28 - 1 \times (5 + 2) = 21 \text{ V}$$

（2）分压式自偏压电路

分压式自偏压电路是在自给偏压放大电路的基础上加上分压电阻 R_{g1} 和 R_{g2} 构成的，如图 2-36 所示。这个电路的栅源电压除与 R_s 有关外，还随 R_{g1} 和 R_{g2} 的分压比而改变，因此适应性较大。它既适用于耗尽型场效应管，又适用于增强型场效应管。

由于场效应管栅源间电阻极高，根本没有栅极电流流过电阻 R_g，所以，栅极电位为电源 U_{DD} 在 R_{g1}、R_{g2} 上的分压，即

$$U_G = \frac{R_{g2}}{R_{g1} + R_{g2}} \times U_{DD} \tag{2-49}$$

而场效应管的栅源电压

$$U_{GS} = U_G - U_S = \frac{R_{g2}}{R_{g1} + R_{g2}} U_{DD} - I_D R_S \tag{2-50}$$

从上式可知，只要适当选择 R_{g1}、R_{g2} 的阻值，就可获得正、负及零三种偏压。R_g 用来减小 R_{g1}、R_{g2} 对信号的分流作用，保持场效应管放大电路输入电阻高的优点。

对于图 2-36 分压式自偏压电路，静态工作点可用下面两式联立求解。

$$\begin{cases} I_D = I_{DSS} \times (1 - \frac{U_{GS}}{U_P})^2 \\ U_{GS} = \frac{R_{g2}}{R_{g1} + R_{g2}} \times U_{DD} - I_D R_S \end{cases}$$

得到 U_{GS} 和 I_D，再根据式(2-48)可求得 U_{DS} 值。

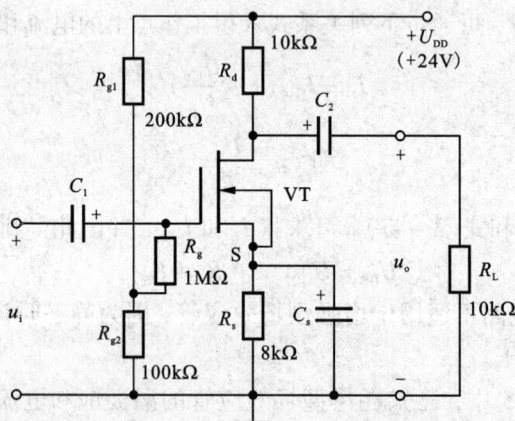

图 2-36　分压式自偏压电路

例 2-6　在图 2-36 中，已知：$U_P = -2$ V，$I_{DSS} = 1$ mA，试确定静态参数 I_D、U_{GS} 和 U_{DS}。

解：根据式(2-46)和式(2-50)有

$$\begin{cases} I_D = 1 \times (1 + \dfrac{U_{GS}}{2})^2 \\ U_{GS} = \dfrac{100}{200+100} \times 24 - 8 \times I_D \end{cases}$$

将上式中 I_D 的表达式代入 U_{GS} 表达式得

$$U_{GS} = 8 - 8 \times (1 + \frac{U_{GS}}{2})^2$$

由此可得两组解，即 $U_{GS} = 0$ V、$I_D = 1$ mA 及 $U_{GS} = -3.5$ V、$I_D = 1.56$ mA。第二组解 $U_{GS} = -3.5$ V $< U_P$，所以此解不成立。其结果为 $U_{GS} = 0$ V，$I_D = 1$ mA。

根据式(2-48)可求得 $U_{DS} = U_{DD} - I_D(R_d + R_s) = 24 - 1 \times (10 + 8) = 6$ V

从计算结果来看，图 2-36 所示电路中的耗尽型场效应管正好工作在零偏压状态下。

2. 场效应管放大电路的微变等效电路分析法

(1)场效应管微变等效电路

由于场效应管基本没有栅流，输入电阻 R_{gs} 极大，所以场效应管栅源之间可视为开路。又根据场效应管输出回路的恒流特性，场效应管的输出电阻 r_{ds} 可视为无穷大，因此，输出回路可等效为一个受 U_{gs} 控制的电流源，即 $I_d = g_m U_{gs}$。图 2-37 是场效应管的微变等效电路，它与晶体三极管的微变等效电路相比更为简单。

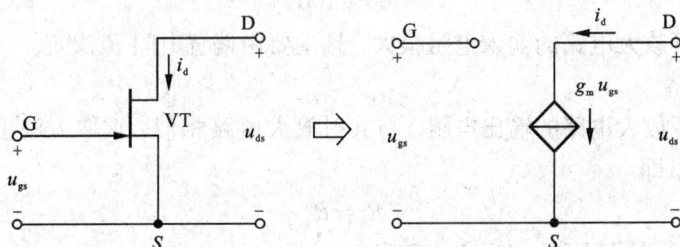

图 2-37　场效应管微变等效电路

(2)场效应管共源放大电路

场效应管共源放大电路和晶体三极管共发射极放大电路相对应。前面介绍的图 2-36 分压式自偏压电路就是一种共源极放大电路。它的微变等效电路如图 2-38 所示。

从图中不难求出放大电路的 A_u、R_i 及 R_o 三个动态指标。

①电压放大倍数 A_u

由图 2-38 可推导出电压放大倍数的表达式为

$$A_u = \frac{U_o}{U_i} = \frac{-I_D R'_L}{U_{GS}} = \frac{-g_m U_{GS} R'_L}{U_{GS}} = -g_m R'_L \tag{2-51}$$

式中 $R'_L = R_d /\!/ R_L$。

式(2-51)表明，场效应管共源极放大电路的电压放大倍数与跨导成正比，且输出电压与输入电压反相。

由于场效应管跨导不大，因此单级共源放大电路的电压放大倍数要比三极管的单级共射放大电路的电压放大倍数小。在例 2-6 中，当 $R_d = R_L = 10$ kΩ，$g_m = 1.0$ ms 时，$A_u = -g_m$

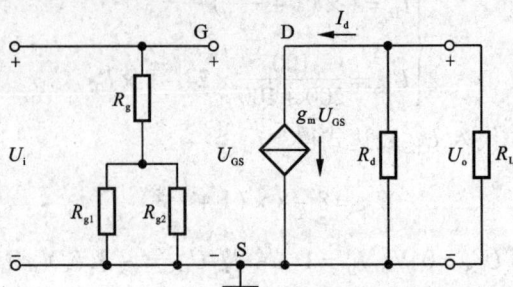

图 2 – 38　图 2 – 36 的微变等效电路

$R'_L = -1.0 \times 5 = -5$。

②输入电阻 R_i

由图 2 – 38 可得

$$R_i = R_g + \frac{R_{g1} R_{g2}}{R_{g1} + R_{g2}} \qquad (2-52)$$

将例 2 – 6 中数据代入上式，则输入电阻

$$R_i = 1000 + \frac{200 \times 100}{200 + 100} = 1.066 \text{ M}\Omega$$

可见场效应管放大电路的输入电阻很大，且主要由偏置电阻 R_g 决定。

③输出电阻 R_o

场效应管共源放大电路的输出电阻，与共射放大电路相似，求取方法也相同，其大小由漏极电阻 R_d 决定，即

$$R_o \approx R_d \qquad (2-53)$$

将例 2 – 6 中数据代入得：$R_o \approx R_d = 10 \text{ k}\Omega$

在图 2 – 36 中，与源极电阻 R_s 并联的电容 C_s，其作用与共射放大电路射极旁路电容 C_e 的作用相同。若将图 2 – 36 中的 C_s 断开，则电路变为具有交流电流负反馈的共源放大电路。仿照前面的方法，不难画出它的微变等效电路，并求得其放大倍数为

$$A_u = \frac{U_o}{U_i} = -\frac{g_m R'_L}{1 + g_m R_s} \qquad (2-54)$$

*(3)共漏极放大电路——源极输出器

与射极输出器一样，场效应管也可组成具有高输入电阻、低输出电阻的源极输出器，如图 2 – 39 所示。下面简单分析该电路的性能指标。

①电压放大倍数 A_u

由图 2 – 39(b)可知

$$A_u = \frac{U_o}{U_i} = \frac{I_D R'_L}{U_{GS} + U_o} = \frac{U_{GS} g_m R'_L}{U_{GS} + U_{GS} g_m R'_L}$$

即

$$A_u = \frac{g_m R'_L}{1 + g_m R'_L} \qquad (2-55)$$

式中　$R'_L = R_s /\!/ R_L$。

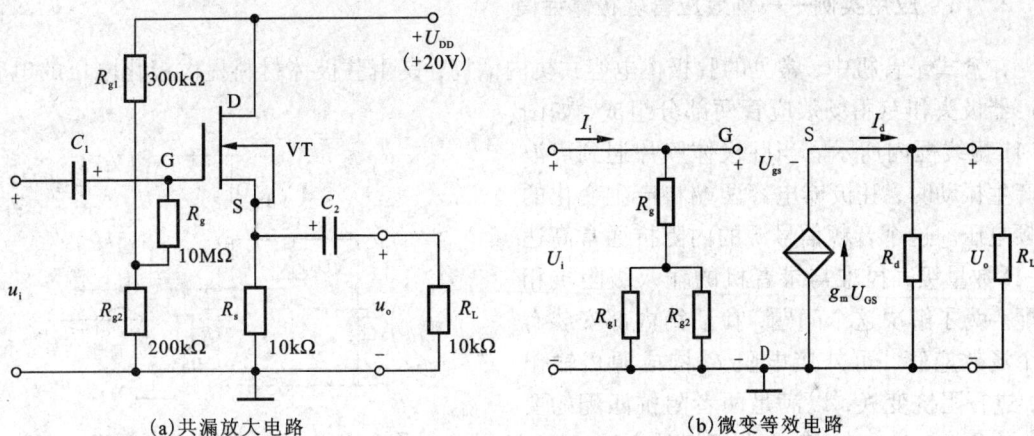

(a)共漏放大电路 (b)微变等效电路

图 2 - 39 源极输出器

设静态工作点的 $g_m = 3$ ms，将 $R_s = 10$ kΩ，$R_L = 10$ kΩ，代入上式得

$$A_u = \frac{3 \times \dfrac{10 \times 10}{10 + 10}}{1 + 3 \times \dfrac{10 \times 10}{10 + 10}} \approx 0.94$$

可见，源极输出器与射极输出器一样，其电压放大倍数小于1，输出电压与输入电压同相。

②输入电阻 R_i

由图 2 - 39(b)可得

$$R_i = R_g + (R_{g1} /\!/ R_{g2}) \approx R_g = 10 \text{ M}\Omega$$

③输出电阻 R_o

按照求输出电阻的分析方法，令图 2 - 39(b)中的 $U_i = 0$(短路)，断开 R_L，在输出端加一交流探察电压 U_p，如图 2 - 40 所示。由该等效电路即可求出输出电阻为

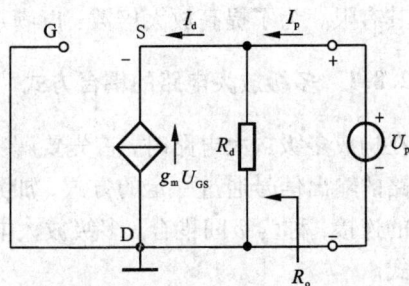

图 2 - 40 共漏电路输出电阻的求法

$$R_o = R_s /\!/ \frac{U_P}{I_D}$$

其中：$\dfrac{U_P}{I_D} = \dfrac{U_P}{-g_m U_{GS}} = \dfrac{U_P}{-g_m(-U_P)} = \dfrac{1}{g_m}$

$$R_o = \frac{U_P}{I_P} = R_s /\!/ \frac{1}{g_m} = 10 /\!/ \frac{1}{3} \approx 0.32 \text{ kΩ} \tag{2-56}$$

由此可知，源极输出器的输出电阻除了与源极电阻 R_s 有关外，还与跨导有关，跨导越大，输出电阻越小。

和双极型三极管一样，场效应管放大电路，除共源极、共漏极电路外，还有共栅极电路，它的电路形式和特点类似于双极型三极管共基极电路，这里不再讨论。

2.7.6 应用实例——场效应管驻极体话筒

在盒式录音机中，常见的驻极体电容式机内话筒，是由驻极体材料提供极化电压的电容传声器极头和专用场效应管两部分组成，如图
2-41 虚线框内所示。当驻极体膜片遇到声波而产生振动时，驻极体电容两端将产生变化的音频电压。这个音频信号源的内阻抗通常高达 $10^8\ \Omega$ 数量级，很难与录音机的输入级阻抗相匹配。为了解决这个问题，在话筒内部安装有一个场效应管，可外接电阻 R_s 构成源极输出器，进行阻抗变换，以满足两者阻抗匹配的要求。在图 2-41 中，VD 为专用场效应管 VT 复合的一只保护二极管。R_s 为源极电阻，以提供

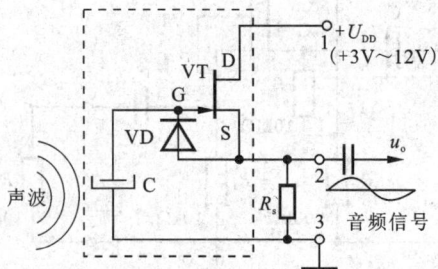

图 2-41　场效应管驻极体话筒

源极电压。驻极体电容 C 两端产生的音频电压经源极输出器阻抗变换后送至放大电路。由于源极输出器的输入电阻很高，输出电阻很低，所以有效地解决了阻抗匹配的问题。

2.8　多级放大电路

前面分析的放大电路都是由一个晶体管或场效应管组成的单级放大电路，它们的放大倍数极其有限。为了提高放大倍数，以满足实际应用的需要，通常采用多级放大电路。

2.8.1 多级放大电路的耦合方式

在构成多级放大电路时，首先要解决两级放大电路之间的连接问题。即如何把前一级放大电路的输出信号通过一定的方式，加到后一级放大电路的输入端去继续放大，这种级与级之间的连接，称为级间耦合。多级放大电路的耦合方式有阻容耦合、直接耦合和变压器耦合等方式。

1. 阻容耦合

图 2-42 为两级阻容耦合放大电路。图中两级都有各自独立的分压式偏置电路，以便稳定各级的静态工作点。前后两级之间通过电容 C_2 和后一级的输入电阻相连接，所以叫阻容耦合放大电路。阻容耦合的优点是：前后级直流通路彼此隔开，每一级的静态工作点都相互独立，互不影响，便于分析、设计和应用。缺点是：不能传递直流信号和变化缓慢的信号，信号在通过耦合电容加到下一级时会有较大衰减。在集成电路里因制造大电容很困难，所以阻容耦合只适用于分立元件电路。

2. 直接耦合

直接耦合是将前后级直接相连的一种耦合方式，如图 2-43 所示。直接耦合的优点是：所用元件少，体积小，低频特性好，既可放大和传递交流信号，也可放大和传递变化缓慢的信号或直流信号，便于集成化。其缺点是：前后级直流通路相通，各级静态工作点互相牵制、互相影响。另外还存在零点漂移现象。因此，在设计时必须解决级间电平配置和工作点漂移两个问题，以保证各级有合适的、稳定的静态工作点。

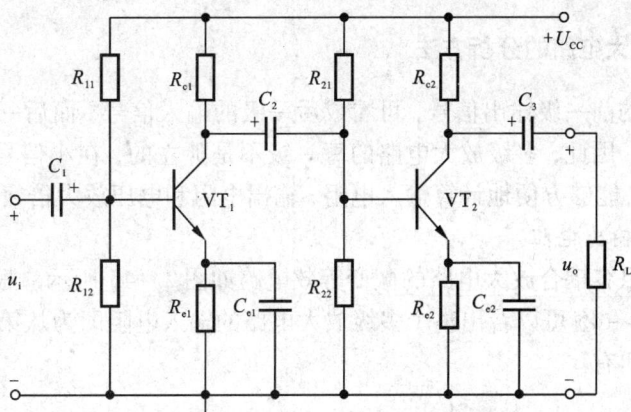

图 2-42　典型的两级阻容耦合放大电路

3. 变压器耦合

变压器耦合是用变压器将前级的输出端与后级的输入端连接起来的耦合方式。常用来传送交变信号。采用变压器耦合的一个重要目的是耦合变压器在传送信号的同时能起变换阻抗的作用。

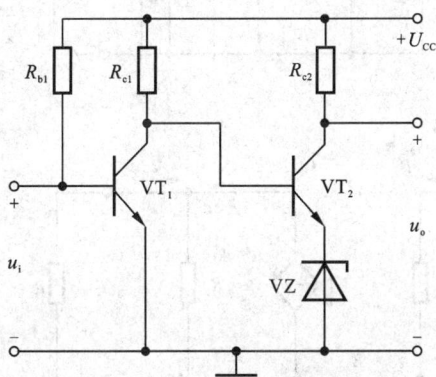

图 2-43　直接耦合两级放大电路

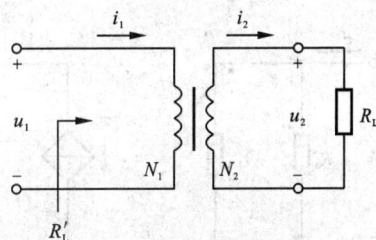

图 2-44　变压器的阻抗变换作用

变压器实现阻抗变换的作用如图 2-44 所示。图中 N_1 为原边的匝数，N_2 为副边的匝数，$k = N_1/N_2$ 称为匝数比，则有

$$\frac{u_1}{u_2} = \frac{N_1}{N_2} = k \qquad \frac{i_1}{i_2} = \frac{N_2}{N_1} = \frac{1}{k}$$

当认为变压器理想时，其副边所接的负载电阻 R_L 从原边看进去可等效为

$$R'_L = \frac{u_1}{i_1} = \frac{ku_2}{\dfrac{i_2}{k}} = k^2 \frac{u_2}{i_2} = k^2 R_L \tag{2-57}$$

由上式可知，只要改变匝数比，即可将负载变成所需的数值，达到阻抗匹配的目的。

变压器耦合的优点是：各级直流通路相互独立，能实现阻抗、电压、电流变换。其缺点是：体积大，频率特性比较差，且不易集成化，故其应用范围较窄。

2.8.2 多级放大电路的分析方法

多级放大电路的前一级输出信号，可看成后一级的输入信号，而后一级的输入电阻又是前一级的负载电阻。因此，多级放大电路的每一级不是孤立的，在小信号放大的情况下，运用微变等效电路法，能够方便地计算输入电阻、输出电阻和电压放大倍数。

1. 输入电阻和输出电阻

图 2 −42 两级阻容耦合放大电路的微变等效电路如图 2 −45 所示。根据输入电阻、输出电阻的概念，由图 2 −45 可以看出整个多级放大电路的输入电阻即为从第一级看进去的输入电阻。对于图 2 −45 有

$$R_i = \frac{U_i}{I_i} = R_{11} /\!/ R_{12} /\!/ r_{be1} = R_1 /\!/ r_{be1}$$

其中：$R_1 = R_{11} /\!/ R_{12}$ 为第一级的等效偏流电阻。

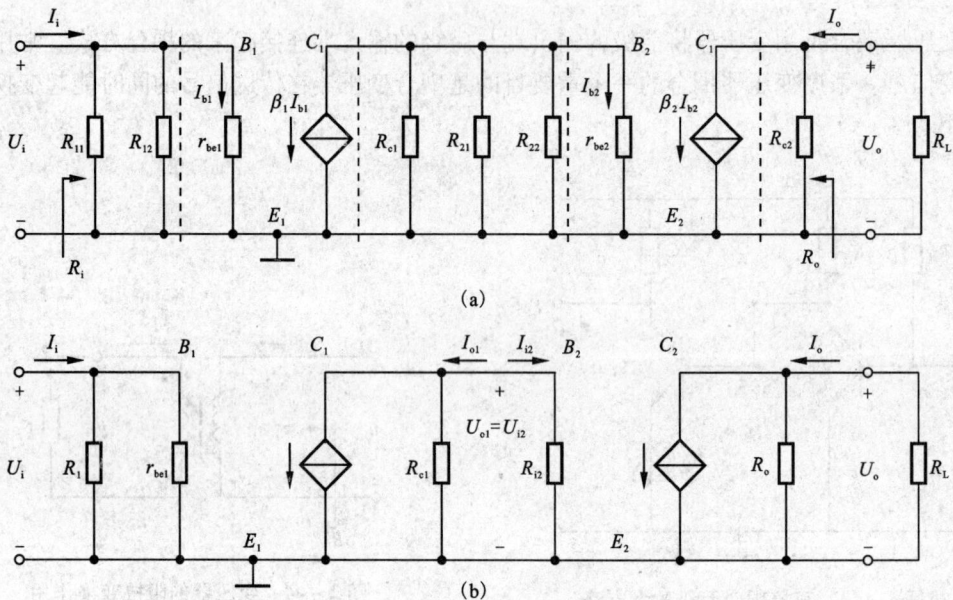

(a)

(b)

图 2 −45 两级 RC 耦合放大电路的微变等效电路

同理多级放大电路的输出电阻即为从最后一级看进去的输出电阻，对于图 2 −45 有

$$R_o = R_{o2} \approx R_{c2}$$

2. 电压放大倍数

由图 2 −45(b)可知，第一级的电压放大倍数为

$$A_{u1} = \frac{U_{o1}}{U_i}$$

第二级的电压放大倍数为

$$A_{u2} = \frac{U_o}{U_{i2}} = \frac{U_o}{U_{o1}}$$

总的电压放大倍数为

$$A_u = \frac{U_o}{U_i} = \frac{U_{o1}}{U_i} \times \frac{U_o}{U_{i2}} = A_{u1} \cdot A_{u2} \qquad (2-58)$$

推广到 n 级放大电路，总的电压放大倍数为

$$A_U = A_{u1} \cdot A_{u2} \cdots A_{um} \qquad (2-59)$$

需要强调的是，在计算每一级的电压放大倍数时，要把后一级的输入电阻视为它的负载电阻。

在式（2-58）中

$$A_{u1} = -\beta_1 \frac{R'_{L1}}{r_{be1}} \qquad (2-60)$$

其中：$R'_{L1} = R_{c1} /\!/ R_{i2}$，即 R'_{L1} 为 R_{c1}、R_{21}、R_{22} 和 r_{be2} 四个电阻并联。

$$A_{u2} = -\beta_2 \frac{R'_{L2}}{r_{be2}} \qquad (2-61)$$

其中：$R'_{L2} = R_{c2} /\!/ R_L$，所以

$$A_u = A_{u1} \cdot A_{u2} = \left(-\beta_1 \frac{R'_{L1}}{r_{be1}} \right) \cdot \left(-\beta_2 \frac{R'_{L2}}{r_{be2}} \right) \qquad (2-62)$$

在中频范围内，共发射极放大电路每级相移为 π，则 n 级放大电路的总相移为 $n\pi$。因此，对于奇数级总相移为 π，即输出电压与输入电压反相；对于偶数级总相移为零，即输出电压与输入电压同相。这样总的电压放大倍数表示式可写成

$$A_u = (-1)^n A_{u1} \cdot A_{u2} \cdots A_{um} \qquad (2-63)$$

在现代电子设备中，放大倍数往往很高，为了表示和计算的方便，常采用对数表示，称为增益。增益的单位常用"分贝"（dB）。

功率增益用"分贝"表示的定义是：

功率增益

$$A_p = 10\lg \frac{P_o}{P_i} (\text{dB}) \qquad (2-64)$$

由于在给定的电阻下，电功率与电压或电流的平方成正比，因此电压或电流的增益可表示为

电压增益

$$A_u = 20\lg \frac{U_o}{U_i} (\text{dB}) \qquad (2-65)$$

电流增益

$$A_i = 20\lg \frac{I_o}{I_i} (\text{dB}) \qquad (2-66)$$

增益采用分贝表示的最大优点在于：①可以将多级放大电路放大倍数的相乘关系转化为对数的相加关系；②读数和计算方便。

例 2-7　在图 2-46 所示的放大电路中，已知两管的 $\beta = 50$，$U_{BE} = 0.6$ V，各电容在中频段的容抗可忽略不计。

（1）试估算电路的静态工作点；

（2）画出电路的微变等效电路；

（3）试求中频时各级电压放大倍数 A_{u1}、A_{u2} 及总的电压放大倍数 A_u；

（4）试求输入电阻 R_i 及输出电阻 R_o。

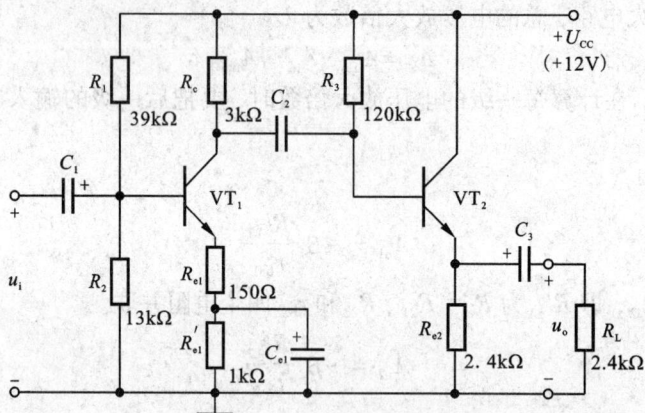

图 2-46　例 2-7 电路

解：（1）$U_{B1} = \dfrac{R_2}{R_1 + R_2} U_{CC} = \dfrac{13}{39 + 13} \times 12 = 3 \text{ V}$

$I_{CQ1} \approx I_{EQ1} = \dfrac{U_{B1} - U_{BE}}{R_{e1} + R'_{e1}} = \dfrac{3 - 0.6}{0.15 + 1} \approx 2.09 \text{ mA}$

$I_{BQ1} = I_{CQ1}/\beta = 2.09/50 \approx 42 \text{ μA}$

$U_{CEQ1} \approx U_{CC} - I_{CQ1}(R_c + R'_{e1} + R_{e1}) = 12 - 2.09 \times (3 + 0.15 + 1) \approx 4.79 \text{ V}$

$I_{BQ2} = \dfrac{U_{CC} - U_{BE}}{R_3 + (1 + \beta)R_{e2}} = \dfrac{12 - 0.6}{120 + 51 \times 2.4} \approx 47 \text{ μA}$

$I_{EQ2} = (1 + \beta)I_{BQ2} = 51 \times 47 \approx 2.4 \text{ mA}$

$U_{CEQ2} = U_{CC} - I_{EQ2}R_{e2} = 12 - 2.4 \times 2.4 \approx 6.24 \text{V}$

（2）微变等效电路如图 2-47 所示

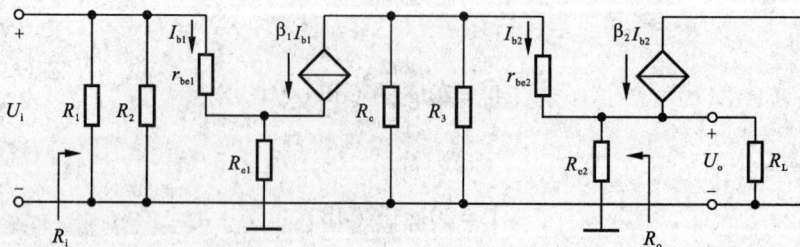

图 2-47　例 2-7 电路的微变等效电路

（3）因为 $r_{be1} = 300 + \dfrac{26}{I_{BQ1}} = 300 + \dfrac{26}{0.042} \approx 919\ \Omega$

$r_{be2} = 300 + \dfrac{26}{I_{BQ2}} = 300 + \dfrac{26}{0.047} \approx 853\ \Omega$

$R_{i2} = R_3 /\!/ [\, r_{be2} + (1+\beta)(R_{e2} /\!/ R_L)\,] = 120 /\!/ [\,0.853 + 51 \times (2.4 /\!/ 2.4)\,] \approx 40.9\ k\Omega$

$R'_{L1} = R_c /\!/ R_{i2} = 3 /\!/ 40.9 \approx 2.79\ k\Omega$

$R'_{L2} = R_{e2} /\!/ R_L = 2.4 /\!/ 2.4 \approx 1.2\ k\Omega$

所以 $A_{u1} = -\dfrac{\beta R'_{L1}}{r_{be1} + (1+\beta)R_{e1}} = -\dfrac{50 \times 2.79}{0.919 + 51 \times 0.15} \approx -16.3$

$A_{u2} = \dfrac{(1+\beta)R'_{L2}}{r_{be2} + (1+\beta)R'_{L2}} = \dfrac{51 \times 1.2}{0.853 + 51 \times 1.2} \approx 0.986$

$A_u = A_{u1} A_{u2} = -16.3 \times 0.986 \approx -16.07$

（4）$R_i = (R_1 /\!/ R_2) /\!/ [\, r_{be1} + (1+\beta)R_{e1}\,] = (39 /\!/ 13) /\!/ [\,0.919 + 51 \times 0.15\,] \approx 4.56\ k\Omega$

$R_o \approx R_{e2} /\!/ \dfrac{(R_c /\!/ R_3) + r_{be2}}{1 + \beta} = 2.4 /\!/ \dfrac{(3 /\!/ 120) + 0.853}{51} \approx 71.9\ \Omega$

2.8.3　放大电路的频率特性

1. 单级共射阻容耦合放大电路的频率特性

（1）频率特性的基本概念

①频率响应

前面讨论的低频放大电路都是以单一频率的正弦波作为输入信号的，而实际上，放大电路的输入信号并不是单一频率的正弦信号，而是在一段频率范围之内变化。例如广播中的音乐信号，其频率范围通常在 20 Hz 至 20000 Hz 之间；又如电视中的图像信号的频率范围一般在 0 至 6 MHz，其他信号也都有特定的频率范围。作为一个放大电路，一般都有电容和电感等电抗元件，由于它们在各种频率下的电抗值不相同，因而使放大电路对不同频率信号的放大效果不完全一样，通常把放大器对不同频率的正弦信号的放大效果称为频率响应。

放大电路的频率响应可直接用放大电路的电压放大倍数对频率的关系来描述，即

$$\dot{A}_u = A_u(f) \angle \varphi(f) \qquad (2-67)$$

式中 $A_u(f)$ 表示电压放大倍数的模与频率 f 的关系，称为幅频特性；而 $\varphi(f)$ 表示放大电路输出电压与输入电压之间的相位差 φ 与频率 f 的关系，称为相频特性；两者综合起来称为放大电路的频率特性。图 2-48 所示为单级阻容耦合放大电路的频率响应特性，其中图 2-48（a）是幅频特性，图 2-48（b）是相频特性。

②通频带

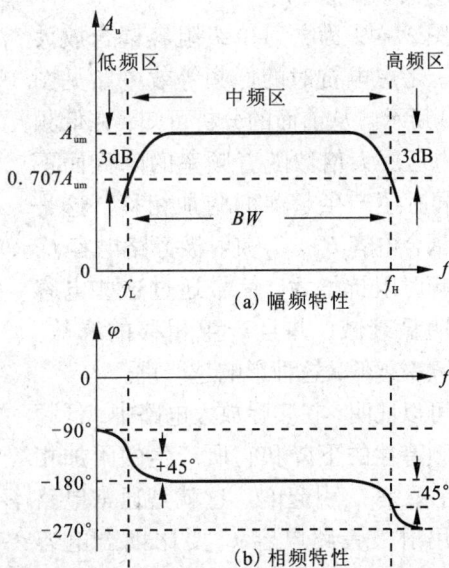

图 2-48　放大电路的频率特性

从图 2-48 中可以看到,在中间一段较宽的频率范围内,曲线比较平坦,电压放大倍数 A_{um} 基本与频率 f 无关,输出信号相对于输入信号的相位差为 $180°$,这一段频率范围称中频区。随着频率的降低或升高,电压放大倍数都要减小,同时相位也要发生变化。通常规定放大倍数下降到 $0.707\ A_{um}$ 时所对应的两个频率,分别称为下限截止频率 f_L 和上限截止频率 f_H。这两个频率之间的范围称放大电路的通频带,用 BW 表示,即

$$BW = f_H - f_L \tag{2-68}$$

通频带是放大电路频率响应的一个重要指标,通频带越宽,表示放大电路工作频率的范围越大,放大电路质量越好。

例如某放大电路,在输入信号为 $10\ \text{mV}$,5kHz 时,输出电压为 $1\ \text{V}$,放大倍数 $A_u = 100$;当输入信号仍为 $10\ \text{mV}$,而频率分别为 $20\ \text{Hz}$ 和 $20\ \text{kHz}$ 时,输出电压为 $0.707\ \text{V}$,放大倍数 $A_u = 70.7$,前者用分贝表示,即放大 $40\ \text{dB}$;后者用分贝表示,即放大 $37\ \text{dB}$。所以可以这样说,当频率 f 从 $5\ \text{kHz}$ 变化到 $20\ \text{kHz}$ 或 $20\ \text{Hz}$ 时,放大电路的电压放大倍数 A_u 从 100 下降为 $\dfrac{100}{\sqrt{2}}$(或输出电压从 $1\ \text{V}$ 下降为 $\dfrac{1}{\sqrt{2}}\text{V}$),也即衰减(或下跌)$3\ \text{dB}$,同时产生 $45°$ 的附加相移。因此前面描述通频带的下限截止频率和上限截止频率,分别是对应下端或上端的 $-3\ \text{dB}$ 点的频率。见图 2-48(a)。由通频带的定义可知,该放大电路的通频带为 $BW = f_H - f_L = 20\text{kHz} - 20\text{Hz} = 19980\text{Hz} \approx f_H$。

由前面分析发现,阻容耦合放大电路的频率特性可划分为低频区、中频区和高频区三个区域。在中频区,输入、输出耦合电容和射极旁路电容因其容量较大,均可视为短路;而三极管的集电极与基极、基极与发射极之间的极间电容和接线分布电容,因数值很小,均可视为开路,它们对放大电路的放大倍数基本上不产生影响,所以忽略不计。下面定性分析低频区和高频区的频率特性。

(2)单级共射阻容耦合放大电路的低频特性与高频特性

①低频特性

图 2-49 为共射单级阻容耦合放大电路。考虑电抗时的低频等效电路见图 2-50 所示。从前面的分析可知,在低频区,电压放大倍数随着频率的降低而下降,同时还产生超前的附加相移。这是由于耦合电容 C_1、C_2 和射极旁路电容 C_e 在低频时阻抗增大,信号通过这些电容时被明显衰减,并且产生相移的缘故。信号频率越低,这种影响越严重。

可以证明,在实际放大电路中,低频区幅频特性的下降和它所产生的附加相移,主要是 C_e 引起的。这就是通常电路中选用射极旁路电容 C_e 要比耦合电容 C_1、C_2 大得多的原因。

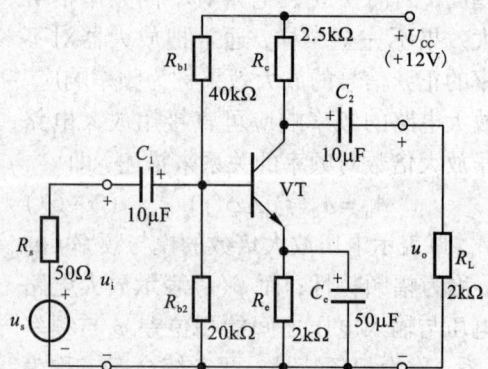

图 2-49 单级共射放大电路

根据经验,对于音频放大器一般选择 $C_1 = C_2 = 5 \sim 50\ \mu\text{F}$,$C_e = 50 \sim 500\ \mu\text{F}$。

②高频特性

在图2-49中，C_1、C_2和C_e在高频区的容抗很小，可看作短路。而晶体三极管的集电结结电容C_{BC}和发射结结电容C_{BE}以及电路的分布电容等组成了放大电路的等效输入电容C_i和等效输出电容C_o，考虑电抗时放大电路的高频等效电路如图2-51所示。

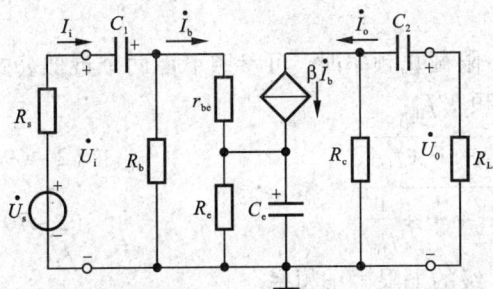

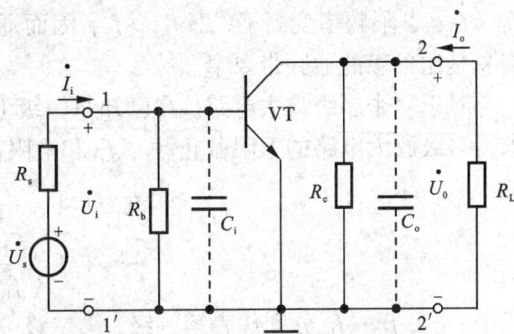

图2-50　单级共射放大电路低频段等效电路　　　图2-51　单级放大电路高频段等效电路

从图2-48中同样可以看出，在高频区，电压放大倍数随着频率的升高而下降，同时还产生滞后的附加相移。这是由于三极管的结电容和电路的分布(杂散)电容所构成的等效输入、输出电容在高频时容抗较小，对信号的分流作用增大，从而降低了电压放大倍数，同时产生相移的缘故。

在实际应用中，若发现电路的上限截止频率不满足要求时，除改善电路结构和降低杂散电容外，应考虑换用结电容小的高频三极管，或者采用负反馈措施，以扩展放大电路的通频带。

2. 多级放大电路的频率特性

多级放大电路的频率特性是以单级放大电路频率特性为基础的。图2-52(c)是两级放大电路的幅频特性。假设两级放大电路完全相同，其幅频特性也一样，如图2-52(a)、(b)所示。由于多级放大电路的电压放大倍数是各级电压放大倍数的乘积，所以对于两级放大电路有

$$\dot{A}_u = \dot{A}_{u1} \cdot \dot{A}_{u2}$$

也可写成：

$$\dot{A}_u = A_u \angle \varphi = A_{u1} \angle \varphi_1 \cdot A_{u2} \angle \varphi_2$$

则幅值为：　$A_u = A_{u1} \cdot A_{u2}$

相角为：$\varphi = \varphi_1 + \varphi_2$

可见，总电压放大倍数的幅值为两级电压放大倍数幅值的乘积，而总的相角是两级相角的代数和。因此两级放大电路中频区总电压放大倍数

$$A_{um} = A_{um1} \cdot A_{um2}$$

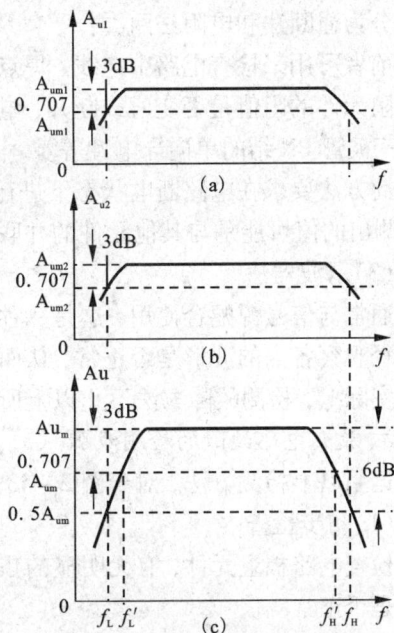

图2-52　两级放大电路频率特性

由于两个单级放大电路有相同的上限截止频率和下限截止频率，所以在它们的上、下限截止频率处，总的电压放大倍数为

$$A_u = 0.707A_{um1} \times 0.707A_{um2} \approx 0.5A_{um}$$

显然它仅为中频区电压放大倍数的 1/2，若用分贝来表示（$20\lg0.5 = -6dB$），则下降 6dB。这说明总的幅频特性在高、低两端下降更快，对应于 $0.707A_{um}$ 时的上限频率变低了，即 $f'_H < f_H$；下限频率变高了，即 $f'_L > f_L$，因而通频带变窄了。必须指出，多级放大电路的通频带总是比单级的通频带要窄。

对于一个多级放大电路，在已知每一级上、下限截止频率时，可参照下面两个近似公式求得多级放大电路的下限截止频率 f_L 和上限截止频率 f_H：

$$f_L \approx 1.1\sqrt{f_{L1}^2 + f_{L2}^2 + \cdots + f_{Ln}^2} \tag{2-69}$$

$$\frac{1}{f_H} \approx 1.1\sqrt{\frac{1}{f_{H1}^2} + \frac{1}{f_{H2}^2} + \cdots + \frac{1}{f_{Hn}^2}} \tag{2-70}$$

式中　$f_{L1}, f_{L2} \cdots f_{Ln}$ 分别代表第一级，第二级…第 n 级的下限截止频率。

$f_{H1}, f_{H2} \cdots f_{Hn}$ 分别代表第一级，第二级…第 n 级的上限截止频率。

2.8.4　放大电路的故障检测

1. 放大电路故障检测的一般方法

（1）电压表法

用电压表（万用表的交、直流挡）测量电路有关点和元件上的电压，将其结果与正常值比较，从而判断是否存在故障。此方法的特点，不必断电和脱焊元件，因此检查速度快，而且元件处于实际工作的条件下，容易把真正的故障源检测出来。

（2）欧姆表法

分为通断法和电阻法两类：

前者可用来检查电路中连线、焊点和保险丝等是否有断路和虚焊等故障。后者可用来检查电阻元件的阻值是否变值或断开，电容元件的漏电电阻及充放电特性（较大容量时），还有二、三极管 PN 结的单向导电性等。

此方法要求在电路断电状态下进行，而且一般要在断开待查电路一端的前提下进行，否则，测出的值可能是与其他元件的并联值，使判断出错。

（3）示波器法

通常与信号源配合使用，这是一种动态测试法。给待查电路注入信号，用示波器沿着信号途径观察各点的波形是否正常，从而判断故障所在。

实际上，检测故障方法不止以上所列的几种，尚需通过实践总结，灵活应用。

2. 放大电路故障的检测步骤

运用以上检测方法，对于图 2-53 所示的两级阻容耦合放大电路，其检测步骤如下：

（1）初步检查

检查电路板上元件，有无明显的焦痕、损坏等情况，电路中连线有无脱焊、断线及直流电源是否正常等。

（2）了解被检测的电路

从电路图可知，它是两级阻容耦合放大电路，当输入正弦波信号后，各级均应有放大的

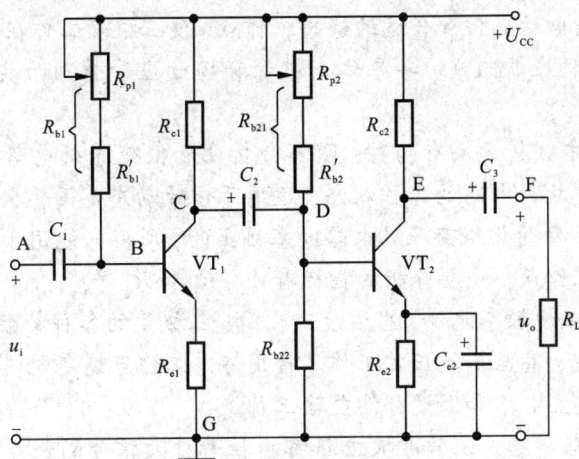

图 2 - 53　两级阻容耦合放大电路的故障检测

正弦波电压输出。在电路板上应找到各级输入、输出测试点(A、B、C、D、E、F、G 等)所在的位置和电路中各元件的位置,熟悉这些会给检测带来方便。

(3)寻找故障级

顺序测量各级的输入和输出电压和波形,对以上放大电路,若 B 点输入正弦波信号是正常的,但 C 点不正常,则第一级是可疑级。在 C 点将电容 C_2 断开后,再测 C 点电压,若仍不正常,则故障在第一级;若断开后正常了,则故障在第二级。在检测过程中,还会遇到上级输出是正常的,而相邻下级输入却不正常的现象,则故障多发生在级间耦合电路上,造成原因多为耦合电容开路、级间连线有虚焊或断开等。

(4)寻找故障所在

多级放大电路都需要有合适的静态工作点才能正常工作,因此检测要先静态,后动态。

① 静态测试

静态测试的方法是将输入端短接(即 $u_i = 0$),并给电路接上直流电源,然后用万用表检测静态工作点及有关元、器件上的电压、电流值,观察这些值是否正常,从而判断出故障所在。

② 动态检测

在电路的静态工作基本正常的情况下,进行动态检测。其方法是在故障级输入端加入交流信号,用电子电压表和示波器测量电路各点的电压和波形,观察是否正常。

排除故障后,对整机恢复工作情况进行复查、观察是否全部正常。

本章小结

● 放大电路是在直流基础上放大交流信号的电路,是交直流共存的电路。放大的实质是能量的控制和转换作用,即用小能量的输入信号控制输出信号,将直流电源提供的能量转换为交流电能输出。

● 组成放大电路的基本原则是：要有极性连接正确的直流电源和合理的元件参数，确保三极管发射结正偏、集电结反偏和合适的静态工作点，使三极管工作在放大区。

● 放大电路有三种基本组态：半导体三极管和场效应管分别为共射、共集、共基和共源、共漏、共栅几种形式。

● 放大电路的基本分析方法有两种：图解分析法和微变等效电路分析法。图解分析可以直观地、全面地了解放大电路的工作状态，适用于信号动态范围较大的场合。微变等效电路分析法是建立在晶体管简化微变等效电路的基础上的，所以只能用于分析放大电路的动态情况，不能确定静态工作点。主要分析的指标有 A_u、R_i 和 R_o 等。

● 三极管是一种温度敏感元件，当温度变化时，三极管的各种参数随之发生变化，使放大电路的工作点不稳定，甚至不能正常工作。常用静态工作点稳定电路有分压式偏置稳定电路、集电极——基极偏置电路和温度补偿电路三种。

● 三极管放大电路和场效应管放大电路都承担着放大信号的任务。二者的主要区别在于，三极管(双极型器件)是电流控制元件，而场效应管(单极型器件)是电压控制元件，且场效应管具有输入电阻高、噪声小等优点，但跨导较低。两种放大电路的工作原理和分析方法类似。

● 多级放大电路的级间耦合方式有三种：阻容耦合、直接耦合和变压器耦合。多级放大电路的电压放大倍数等于各级电压放大倍数的乘积。

● 频率响应是指放大器对不同频率的正弦信号的放大效果。多级放大器的频带比单级放大器的通频带窄。

● 本章中介绍了三个应用和检测方面的实例。这些实例对进一步理解电路工作原理，获取工程应用技术知识都具有实际意义。

自 测 题

2-1　填空题(每小题4分，共40分)

(1)三极管放大电路的三种基本组态是＿＿＿＿、＿＿＿＿和＿＿＿＿，其中＿＿＿＿组态输出电阻低、带负载能力强；＿＿＿＿组态兼有电压放大作用和电流放大作用。

(2)放大电路没有输入信号时的工作状态称为＿＿＿＿；放大电路有输入信号作用时的工作状态称为＿＿＿＿。

(3)放大电路中的直流通路是指＿＿＿＿＿＿＿＿，交流通路是指＿＿＿＿＿＿＿＿＿。

(4)在三极管放大电路中，若静态工作点偏低，容易出现＿＿＿＿失真；若静态工作点偏高，容易出现＿＿＿＿失真。

(5)在固定偏置放大电路中，当输出波形在一定范围内出现失真时，可通过调整偏置电阻 R_b 加以克服。当出现截止失真时，应将 R_b 调＿＿＿＿，使 I_{CQ}＿＿＿＿，工作点上移；当出现饱和失真时，应将 R_b 调＿＿＿＿，使 I_{CQ}＿＿＿＿，工作点下移。

(6)画三极管的简化微变等效电路时，其 B、E 两端可用一个＿＿＿＿等效代替，其 C、E 两端可用一个＿＿＿＿等效代替。

(7)射极输出器的主要特点是＿＿＿＿、＿＿＿＿和＿＿＿＿。

(8)多级放大电路的耦合方式有_____、_____和_____三种。

(9)场效应管的输出特性曲线分为_____、_____和_____三个区域,用作放大时,应工作在_____。

(10)当放大器的电压放大倍数随着频率的降低而下降到中频区的放大倍数的 0.707 倍时,所对应的频率称为_____;而当频率升高时,放大倍数下降到中频区放大倍数的 0.707 倍时,对应的频率称为_____。放大器的通频带 $BW=$_____。

2-2 选择题(每小题 3 分,共 24 分)

在图 2-54 电路中,若 R_p 减小,则

(1)基极电流 I_{BQ} 将____;

A. 增大　　　B. 减小　　　C. 不变

(2)管压降 U_{CEQ} 将____;

A. 增大　　　B. 减小　　　C. 不变

(3) Q 点将沿直流负载线____;

A. 上移　　　B. 下移　　　C. 不变

(4)三极管输入电阻 r_{be} 将____;

A. 增大　　　B. 减小　　　C. 不变

(5)电压放大倍数的数值 $|A_u|$ 将____;

A. 增大　　　B. 减小　　　C. 不变

(6)输入电阻 R_i 将____;

A. 增大　　　B. 减小　　　C. 不变

(7)输出电阻 R_o 将____;

A. 增大　　　B. 减小　　　C. 不变

(8)当 R_p 减小到一定程度时,电路将有可能产生____失真。

A. 饱和　　　B. 截止　　　C. 饱和与截止

图 2-54　自测题 2-2 图

2-3 判断题(每小题 2 分,共 20 分)

(1)要使电路中的 PNP 型三极管具有电流放大作用,三极管的各电极电位一定满足 $U_C < U_B < U_E$。　　　　　　　　　　　　　　　　　　　　　　　　　　　　(　　)

(2)在基本放大电路中,同时存在交流、直流两个量,都能同时被电路放大。(　　)

(3)为了提高放大电路的电压放大倍数,可适当提高静态工作点的位置。(　　)

(4)放大电路中三极管管压降 U_{ce} 值越大,管子越容易进入饱和工作区。(　　)

(5)因为场效应管只有多数载流子参与导电,所以其热稳定性好。(　　)

(6)场效应管和三极管都是电流控制型半导体器件。(　　)

(7)多级放大电路的通频带比组成它的各个单级放大电路的通频带要窄些。(　　)

(8)多级阻容耦合放大电路,若各级均采用共射极接法,则电路的输出电压 $\dot{U}_o$ 与输入电压 $\dot{U}_i$ 总是反相的。　　　　　　　　　　　　　　　　　　　　　　　(　　)

(9)共集放大电路的输入电阻比共射放大电路的输入电阻高。(　　)

(10)某放大电路的电压放大倍数为 1000 倍,则用分贝表示为 60dB。(　　)

2-4 问答题(每小题 8 分,共 16 分)

(1)什么是放大电路的输入电阻和输出电阻?它们的数值是小一些好,还是大一些好?

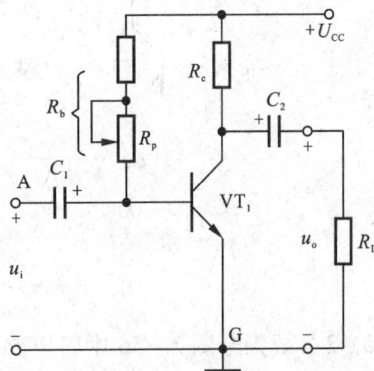

为什么?

(2)温度对静态工作点有什么影响?

习　题

2-1　在电路中测出各三极管的三个电极对地电位如图2-55所示,试判断各三极管处于何种工作状态?(设图中PNP型为锗管,NPN型为硅管)

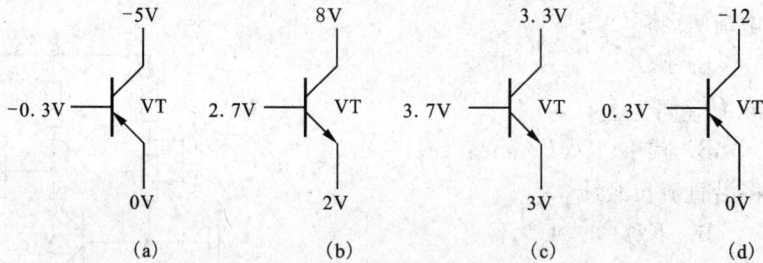

图2-55　题2-1图

2-2　试判断图2-56中各电路能否正常放大交流信号?并简述其理由。

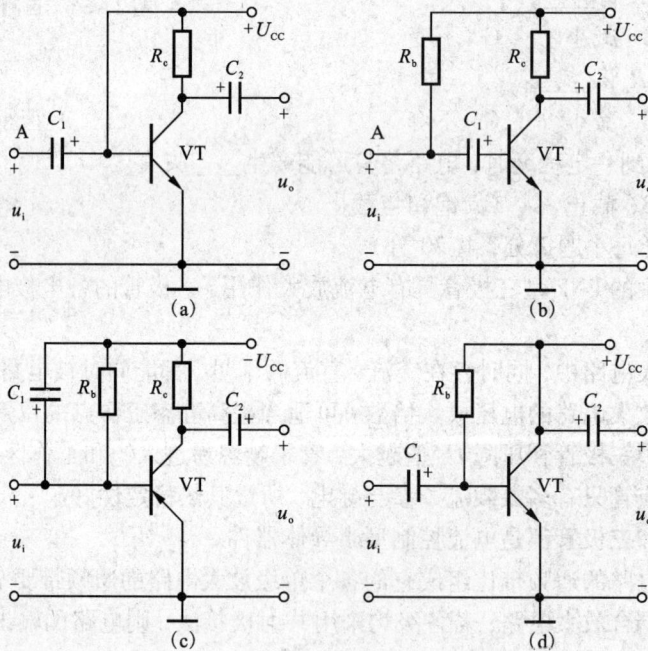

图2-56　题2-2图

2-3　电路如图2-57所示。调节 R_p 就能调节放大电路的静态工作点。试估算:

(1)如果要求 $I_{CQ} = 2$ mA, R_b 值应为多大;

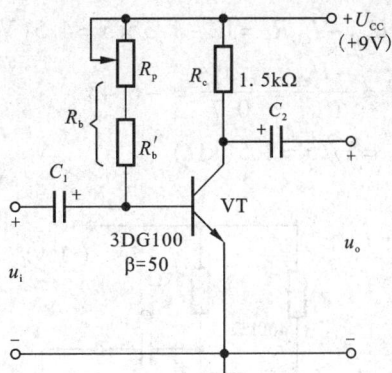

图 2 - 57 题 2 - 3 图

(2)如果要求 $U_{CEQ} = 4.5$ V, R_b 值又应为多大?

2 - 4   图 2 - 58(a)为一共射基本放大电路。

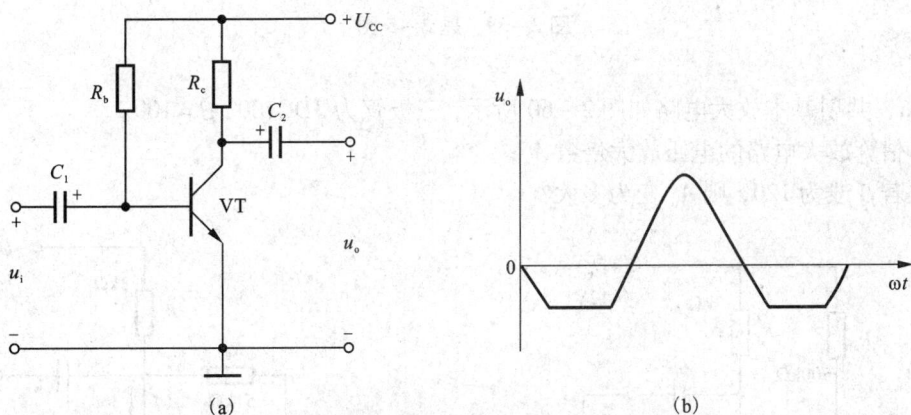

(a)

(b)

图 2 - 58 题 2 - 4 图

(1)已知 $U_{CC} = 12$ V, $R_c = 2$ kΩ, $\beta = 50$, U_{BE} 忽略不计,要使 $U_i = 0$ 时, $U_{CE} = 4$ V,此时 R_b = ?

(2)用示波器观察到 u_o 的波形如图(b)所示,这是饱和失真还是截止失真? 说明调整 R_b 是否可使波形趋向正弦波,如可以, R_b 应增大还是减小?

2 - 5   在图 2 - 59 所示的基本共射放大电路中,已知三极管导通时 $U_{BEQ} = 0.7$ V,电流放大系数 $\beta = 50$,其他电路参数如图所示。试判断下列结论是否正确,正确者打"√",否则打"×"。

(1) 静态时基极电流 $I_{BQ} = \dfrac{U_{CC} - U_{BEQ}}{R_b} \approx \dfrac{U_{CC}}{R_b} = 30(\mu A)$ (   );

(2) 三极管的输入电阻 $r_{be} = \dfrac{U_{BEQ}}{I_{BQ}} \approx 23(k\Omega)$ (   );

（3）静态时集电极电流 $I_{CQ} = \beta I_{BQ} = 50 \times 30 = 1.5(\text{mA})$ （   ）；

（4）静态时管压降 $U_{CEQ} = U_{CC} - I_{CQ}R_c = 12 - 1.5 \times 5 = 4.5(\text{V})$ （   ）；

（5）电压放大倍数 $A_u = \dfrac{U_o}{U_i} = \dfrac{-U_{CE}}{U_{BE}} = \dfrac{-4.5}{0.7} = -6.43$ （   ）；

（6）输出电阻 $R_o = R_c /\!/ R_L = 5 /\!/ 5 = 2.5(\text{k}\Omega)$ （   ）。

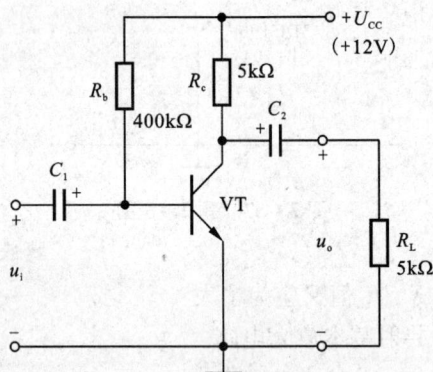

图 2 - 59　题 2 - 5 图

2 - 6　共射基本放大电路如图 2 - 60 所示，三极管为 3DG100，$\beta = 100$。

（1）估算放大电路的电压放大倍数 A_u；

（2）若 β 改为 120，则 A_u 变为多大？

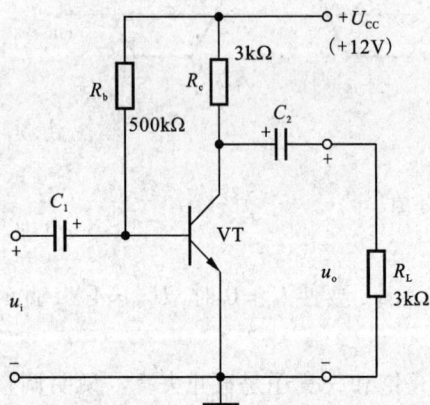

图 2 - 60　题 2 - 6 图

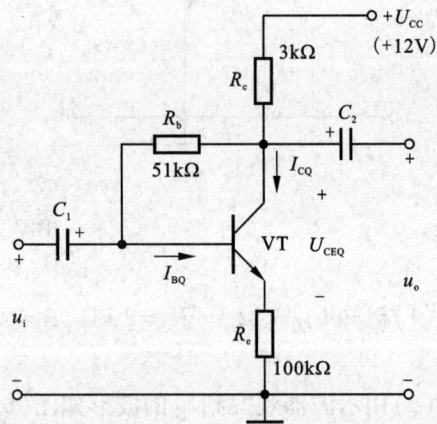

图 2 - 61　题 2 - 7 图

2 - 7　集电极 - 基极偏置电路如图 2 - 61 所示，已知三极管的 $\beta = 50$，$U_{BE} = 0.7$ V，其他参数见图，试求电路静态参数 I_{BQ}、I_{CQ} 和 U_{CEQ}。

2 - 8　放大电路及元件参数如图 2 - 62 所示，三极管选用 3DG100，$\beta = 45$，试分别计算 R_L 断开和 $R_L = 5.1$ kΩ 时的电压放大倍数 A_u。

2 - 9　分压式偏置放大电路如图 2 - 63 所示，已知三极管为 3DG100，$\beta = 40$，$U_{BE} = 0.7$

V，$U_{\mathrm{CES}}=0.4$ V。

　　（1）估算静态参数 I_{CQ} 和 U_{CEQ} 的值；

　　（2）如果 R_{b2} 开路，再估算故障时的 I_{CQ} 和 U_{CEQ} 的值。

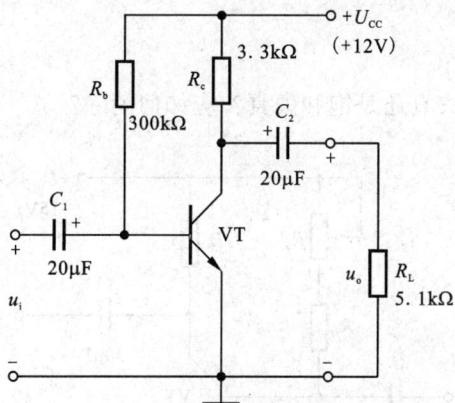
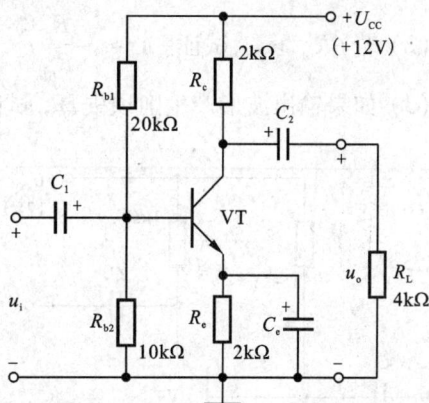

　　图 2 - 62　题 2 - 8 图　　　　　　　　　　图 2 - 63　题 2 - 9 图

　　2 - 10　共射放大电路如图 2 - 64(a)所示，图(b)是三极管的输出特性曲线。

　　（1）在输出特性曲线上画出直流负载线。如要求 $I_{\mathrm{CQ}}=1.5$ mA，确定此时的 Q 点，对应的 R_{b} 有多大？

　　（2）若 R_{b} 调至 150 kΩ，且 i_{B} 的交流分量 $i_{\mathrm{b}}=20\sin\omega t(\mu\mathrm{A})$，画出 i_{C} 和 u_{CE} 的波形，这时出现了什么失真？

　　（3）若 R_{b} 调至 600 kΩ，且 i_{B} 的交流分量 $i_{\mathrm{b}}=40\sin\omega t(\mu\mathrm{A})$，画出 i_{C} 和 u_{CE} 的波形，这时出现了什么失真？

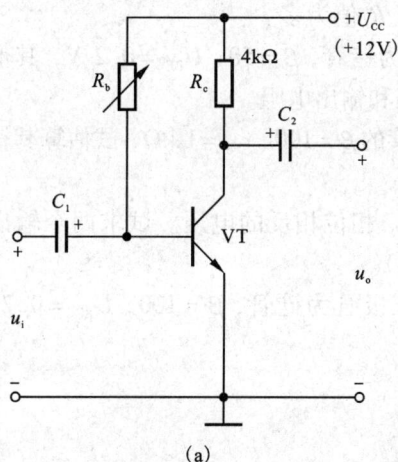
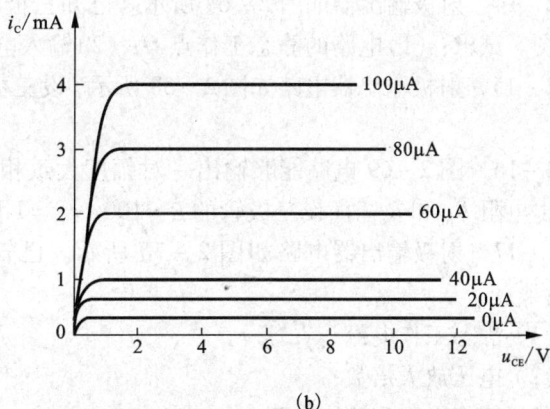

　　　　　　(a)　　　　　　　　　　　　　　　　(b)

　　图 2 - 64　题 2 - 10 图

　　2 - 11　放大电路如图 2 - 65 所示，三极管 $U_{\mathrm{BE}}=0.7$ V，$\beta=100$，试求：

　　（1）静态电流 I_{CQ}；

（2）画出微变等效电路；

（3）A_u、R_i和R_o。

2-12 放大电路如图2-66所示。

（1）画出该电路的微变等效电路；

（2）若$\beta R_{e1} \gg r_{be}$，试证：$A_u \approx -\dfrac{R_c}{R_{e1}}$；

（3）如果输出波形产生削顶失真，试问是截止失真还是饱和失真？应如何消除？

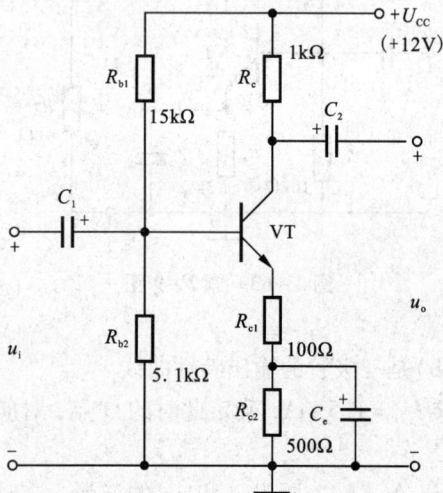

图2-65　题2-11图

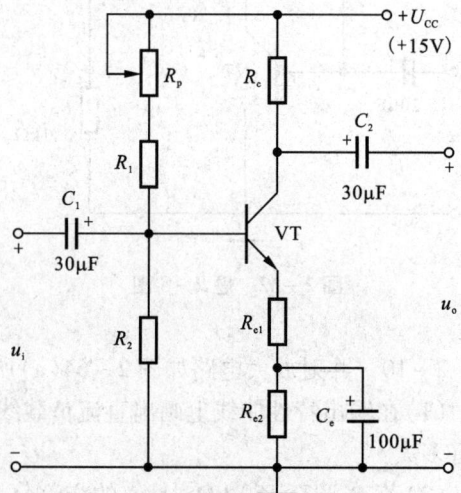

图2-66　题2-12图

2-13 某放大器不带负载时，测得其输出端开路电压$U_o' = 1.5$ V，而带上负载电阻5.1 kΩ时，测得输出电压$U_o = 1$ V，问该放大器的输出电阻R_o值为多少？

2-14 射极输出器如图2-67所示。已知三极管为锗管，$\beta = 50$，$U_{BE} = 0.2$ V，其他参数见图。试求：（1）电路的静态工作点Q；（2）输入电阻和输出电阻。

2-15 射极输出器电路如图2-68所示，设三极管的$\beta = 100$，$r_{be} = 1$ kΩ，试估算其输入电阻。

2-16 图2-69电路能够输出一对幅度大致相等、相位相反的电压。试求两个输出端的输出电阻R_{o1}和R_{o2}值（设三极管的$\beta = 100$，$r_{be} = 1$ kΩ）。

2-17 射极输出器电路如图2-70所示。已知三极管为硅管，$\beta = 100$，$U_{BE} = 0.7$ V，试求：

（1）静态工作电流I_{CQ}；

（2）电压放大倍数；

（3）输入电阻和输出电阻。

2-18 共基放大电路如图2-71所示，已知三极管$\beta = 100$，$U_{BE} = 0.7$ V，$U_{CC} = 24$V，$-U_{EE} = -6$ V，$R_e = 1$ kΩ，$R_c = 2.2$ kΩ，试求：

（1）静态工作点I_{CQ}和U_{CEQ}的值；

（2）输入电阻R_i和输出电阻R_o。

$-U_{CC}$ (-12V)

R_b 200kΩ　R_c 1kΩ

C_1

VT

C_2

R_s 1kΩ　u_i

u_s

R_e 1.2kΩ　u_o　R_L 1.8kΩ

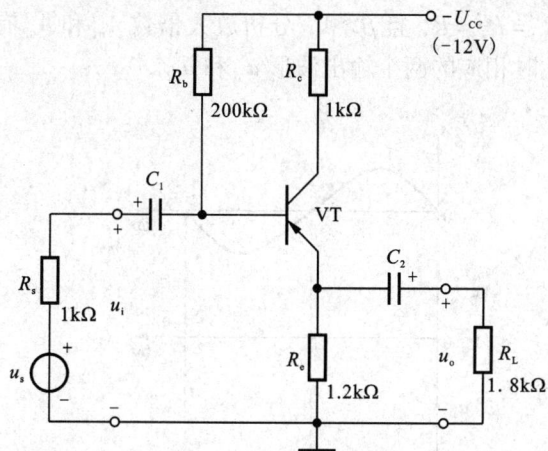

图 2-67　题 2-14 图

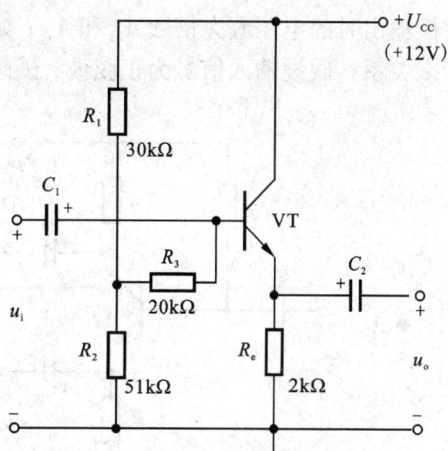

$+U_{CC}$ (+12V)

R_1 30kΩ

C_1

VT

u_i

R_3 20kΩ

C_2

u_o

R_2 51kΩ　R_e 2kΩ

图 2-68　题 2-15 图

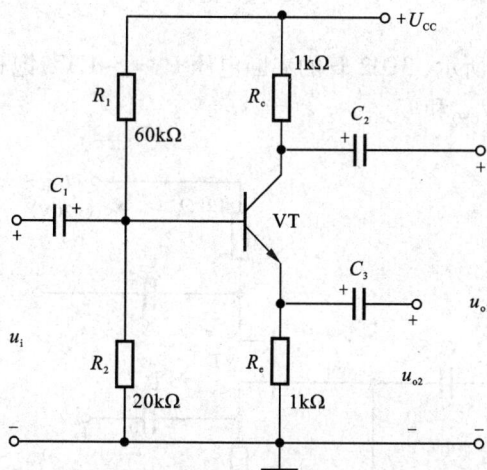

$+U_{CC}$

R_1 60kΩ　R_c 1kΩ　C_2

C_1

VT

C_3　u_{o1}

u_i

R_2 20kΩ　R_e 1kΩ　u_{o2}

图 2-69　题 2-16 图

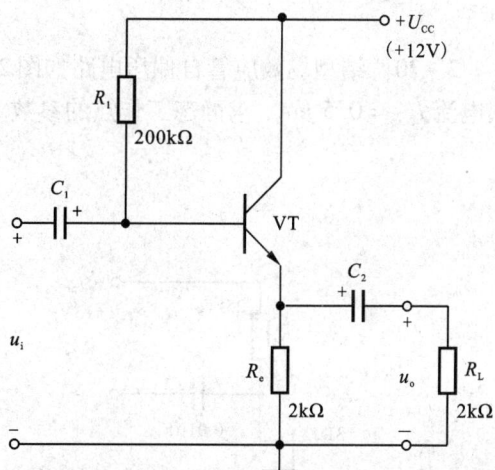

$+U_{CC}$ (+12V)

R_1 200kΩ

C_1

VT

C_2

u_i

R_e 2kΩ　u_o　R_L 2kΩ

图 2-70　题 2-17 图

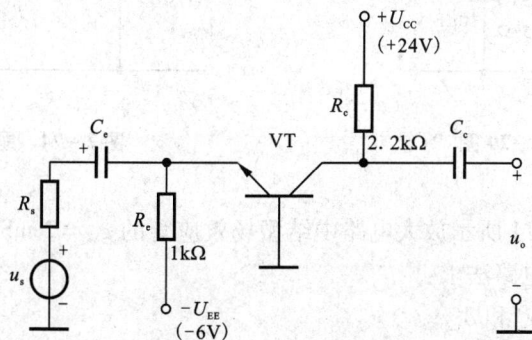

$+U_{CC}$ (+24V)

R_c 2.2kΩ　C_c

C_e

VT

R_s

R_e 1kΩ

u_o

u_s

$-U_{EE}$ (-6V)

图 2-71　题 2-18 图

2-19　试画出图2-72(a)放大电路的微变等效电路,并分别求出从集电极输出和从发射极输出时的电压放大倍数 A_{u1} 和 A_{u2} ;如果 $R_c = R_e = R$,且 $\beta \gg 1$,分析放大倍数 A_{u1} 和 A_{u2} 有什么关系?假设输入信号为正弦波,试画出此时相应的两个输出波形 u_{o1} 和 u_{o2} 。

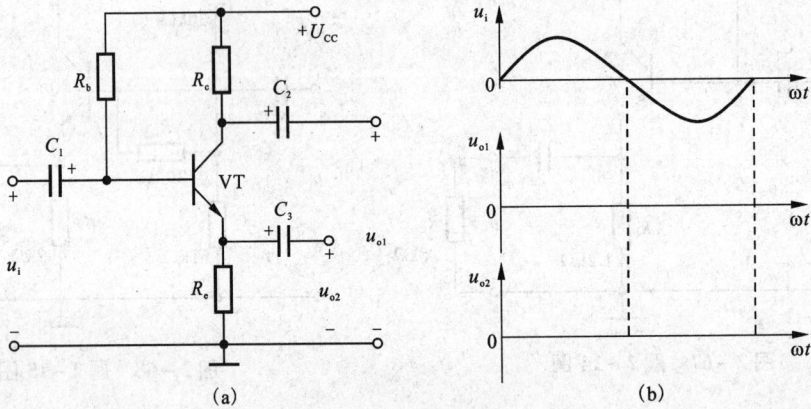

图2-72　题2-19图

2-20　结型场效应管自偏压电路如图2-73所示,3DJ2管的夹断电压 $U_P = -1$ V,饱和漏电流 $I_{DSS} = 0.5$ mA,求静态工作点的参数 I_{DQ} 、 U_{GSQ} 和 U_{DSQ} 。

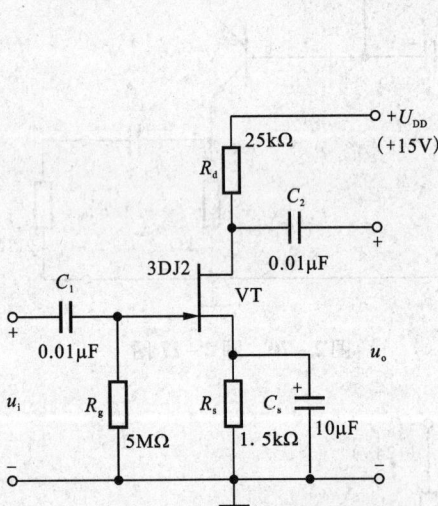

图2-73　题2-20图

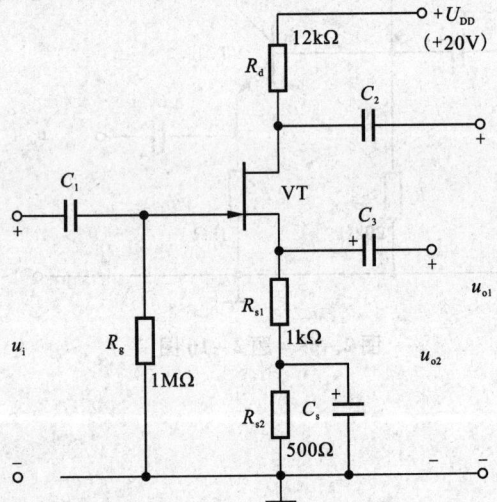

图2-74　题2-21图

2-21　已知图2-74所示放大电路中结型场效应管的 $g_m = 2$ mS, $r_{DS} \gg R_d$,其他参数标在图上,试用微变等效电路法求:

(1)电压放大倍数 A_{u1} 和 A_{u2} ;

(2)输入电阻 R_i 和输出电阻 R_{o1} 、 R_{o2} 。

2-22　已知图2-75所示电路中的沟道结型场效应管 $I_{DSS} = 16$ mA, $U_P = -4$ V,试计算

电路的静态工作点和跨导 g_m。

2－23　电路参数如图 2－76 所示，若场效应管工作点处的跨导 $g_m = 1$ mS，

（1）画出微变等效电路；

（2）估算电压放大倍数 A_u、输入电阻 R_i 及输出电阻 R_o。

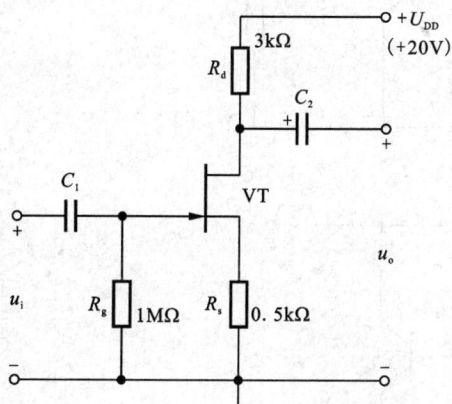

图 2－75　题 2－22 图

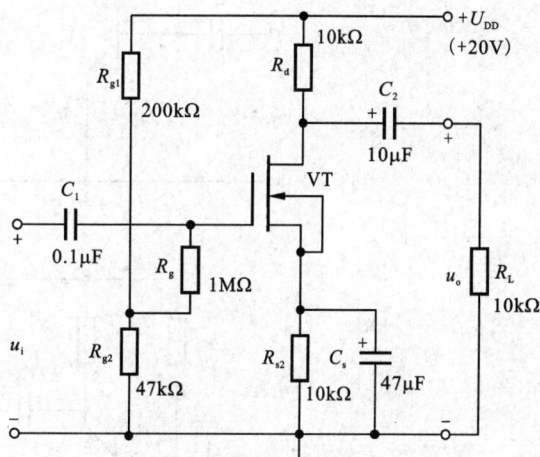

图 2－76　题 2－23 图

2－24　图 2－77 为场效应管源极输出器电路。场效应管工作点处的跨导 $g_m = 1$ mS，试求电压放大倍数 A_u、输入电阻 R_i 及输出电阻 R_o。

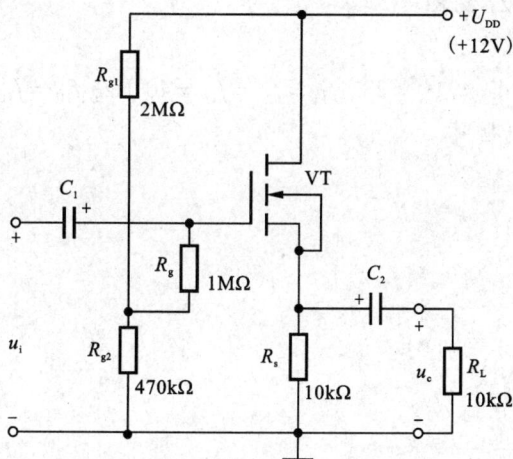

图 2－77　题 2－24 图

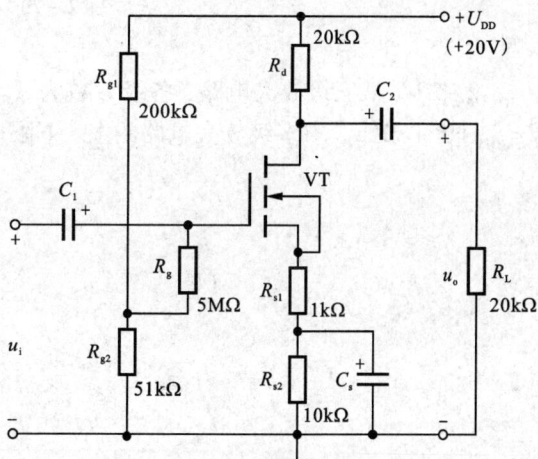

图 2－78　题 2－25 图

2－25　由 N 沟道增强型 MOS 管组成的共源放大电路如图 2－78 所示。已知 $g_m = 2$ mS，试画出微变等效电路，并求出 A_u、R_i 和 R_o。

2－26　写出图 2－79 中各电路的电压放大倍数 A_{u1}、A_{u2}、A_u 及输入电阻 R_i 和输出电阻 R_o 的计算式。

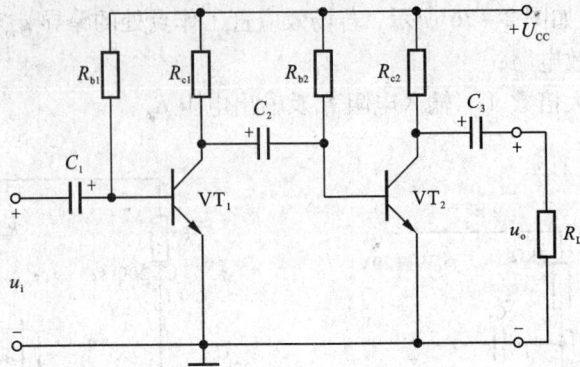

(a)

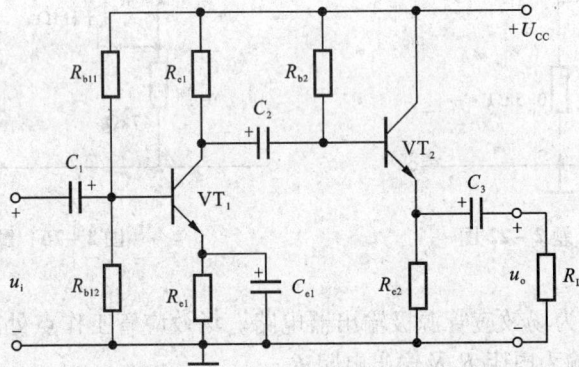

(b)

图 2-79　题 2-26 图

2-27　某三级放大电路，各级参数为 $A_{u1}=A_{u2}=A_{u3}=23$，$f_{L1}=f_{L2}=f_{L3}=40$ Hz，$f_{H1}=f_{H2}=f_{H3}=1.1$ MHz，求多级放大电路的上、下限截止频率。

第 3 章　差分放大电路与集成运算放大器

集成运算放大器(简称集成运放,以下同)是一个具有高放大倍数的多级直接耦合放大电路。在多级直接耦合放大电路中,最突出的问题是零点漂移。当放大电路在没有输入信号时,输出端也会出现缓慢的没有规律的电压变化信号,这种现象叫零点漂移或简称零漂。抑制零点漂移的方法很多,但最为有效的措施是对放大电路的输入级采用差分放大电路。

本章主要讨论差分放大电路的基本结构、工作原理及参数计算;介绍集成运放的特点、技术指标及理想运放的特点。

3.1　差分放大电路概述

差分放大电路又叫差动放大电路,就其功能来说是放大两个输入信号之差,且具有抑制零点漂移的能力。它是集成运放的主要组成单元,广泛应用于集成电路中。图 3 - 1 所表示的是一线性放大电路,它有两个输入端,分别接有输入信号电压为 u_{i1} 和 u_{i2},一个输出端,输出信号电压为 u_o。

差模输入信号 u_{id} 为两输入信号之差。即

$$u_{id} = u_{i1} - u_{i2} \qquad (3-1)$$

共模输入信号 u_{ic} 为两输入信号的算术平均值。即

$$u_{ic} = (u_{i1} + u_{i2})/2 \qquad (3-2)$$

图 3 - 1　理想差分放大电路
输出与输入关系

如果用共模信号与差模信号来表示两个输入电压时,有

$$u_{i1} = u_{ic} + u_{id}/2 \qquad (3-3)$$

$$u_{i2} = u_{ic} - u_{id}/2 \qquad (3-4)$$

在电路完全对称的理想情况下,放大电路两个共模信号对输出电压都没有影响,此时输出信号电压只与差模信号有关,可表示为

$$u_o = A_{ud}(u_{i1} - u_{i2}) \qquad (3-5)$$

式中 A_{ud} 为差模电压增益 $A_{ud} = u_{od}/u_{id}$。但在一般情况下实际输出电压不仅取决于两个输入信号的差模信号,而且与两个输入信号的共模信号有关,利用叠加定理可求出输出信号电压为

$$u_o = A_{ud}u_{id} + A_{uc}u_{ic} \qquad (3-6)$$

式中 A_{uc} 为共模电压增益 $A_{uc} = u_{oc}/u_{ic}$。由(3-6)式可知,如果有两种情况的输入信号,一种情况是 $u_{i1} = +0.1 \text{ mV}$, $u_{i2} = -0.1 \text{ mV}$,而另一种情况是 $u_{i1} = +1.1 \text{ mV}$, $u_{i2} = 0.9 \text{ mV}$。那么尽管两种情况下的差模信号相同都为 0.2 mV,但共模信号却不一致,前者为 0,后者为 1 mV。因而差分放大电路的输出电压不相同。

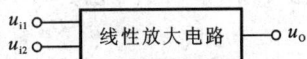

3.2　双电源供电的差分放大电路

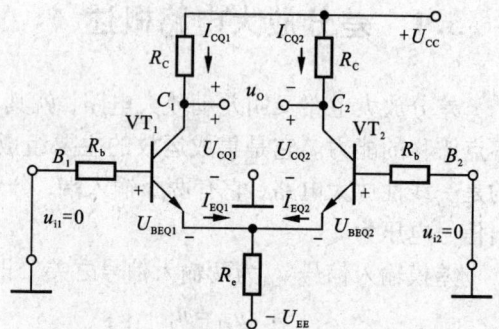

双电源供电的差分放大电路是一种基本差分放大电路，因采用双电源供电，由此而得名。下面就电路的构成、静态工作点及动态工作情况进行分析。

3.2.1　电路的构成

如图 3－2 所示为双电源供电的差分放大电路，它由两只特性完全相同的三极管 VT_1、VT_2 组成对称电路，采用双电源 U_{CC}、U_{EE} 供电。输入信号 u_{i1}、u_{i2} 从两个三极管的基极加入，称为双端输入，输出信号从两个集电极之间取出，称双端输出。R_e 为差分放大电路的公共发射极电阻，用来抑制零点漂移并决定三极管的静态工作点电流。R_c 为集电极负载电阻。

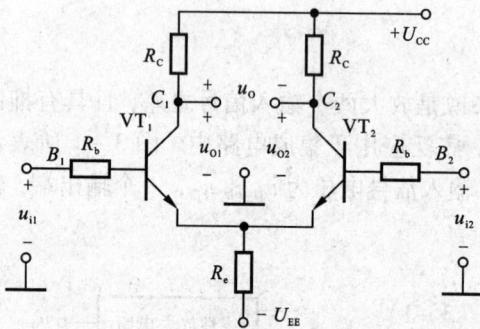

图 3－2　双电源供电的差分放大电路　　　　图 3－3　差分放大电路的直流通路

3.2.2　静态分析

当输入信号 $u_{i1} = u_{i2} = 0$ 时，放大电路处于静态，直流通路如图 3－3 所示。因为电路结构对称、元件参数相同，所以，$I_{BQ1} = I_{BQ2}$、$I_{CQ1} = I_{CQ2} = I_{CQ}$、$I_{EQ1} = I_{EQ2}$，$U_{BEQ1} = U_{BEQ2} = U_{BEQ}$，$U_{CQ1} = U_{CQ2} = U_{CQ}$，$\beta_1 = \beta_2 = \beta$，由三极管的基极回路可得电压方程为

$$I_{BQ}R_b + U_{BEQ} + 2I_{EQ}R_e = U_{EE}$$

则基极电流为

$$I_{BQ} = \frac{U_{EE} - U_{BEQ}}{R_b + 2(1+\beta)R_e} \tag{3-7}$$

静态集电极电流为

$$I_{CQ} \approx \beta I_{BQ} \tag{3-8}$$

静态基极电位为

$$U_{BQ} = -I_{BQ}R_b \text{（对地）} \tag{3-9}$$

两管集电极对地电压为

$$U_{CQ1} = U_{CC} - I_{CQ1}R_c, \quad U_{CQ2} = U_{CC} - I_{CQ2}R_c$$

此时输出电压为 $U_o = U_{CQ1} - U_{CQ2} = 0$，即静态时两管集电极之间的输出电压为零。

3.2.3　动态分析

以双端输入、双端输出为例进行分析。

1. 差模输入与差模特性

在差分放大电路输入端加入大小相等、极性相反的输入信号，称为差模输入，差模输入通路如图 3-4(a)所示。此时 $u_{i1} = -u_{i2}$ 大小相等，极性相反。差模输入电压为 $u_{id} = u_{i1} - u_{i2} = 2u_{i1}$，因为 u_{i1} 使 VT_1 管集电极电流 i_{c1} 增加，u_{i2} 使 VT_2 管集电极电流 i_{c2} 减少，在电路完全对称的情况下，i_{c1} 增加量等于 i_{c2} 的减少量，二者之和不变，即流过 R_e 的电流不变，仍等于静态电流 I_E，因此 R_e 两端电压不变。也就是说，对差模输入信号来说 R_e 等于短路，$u_e = 0$。由此画出差分放大电路的交流通路，如图 3-4(b)所示，我们把双端差模输出电压 u_{od} 与双端差模输入电压 u_{id} 之比称为差分放大电路的差模电压放大倍数。

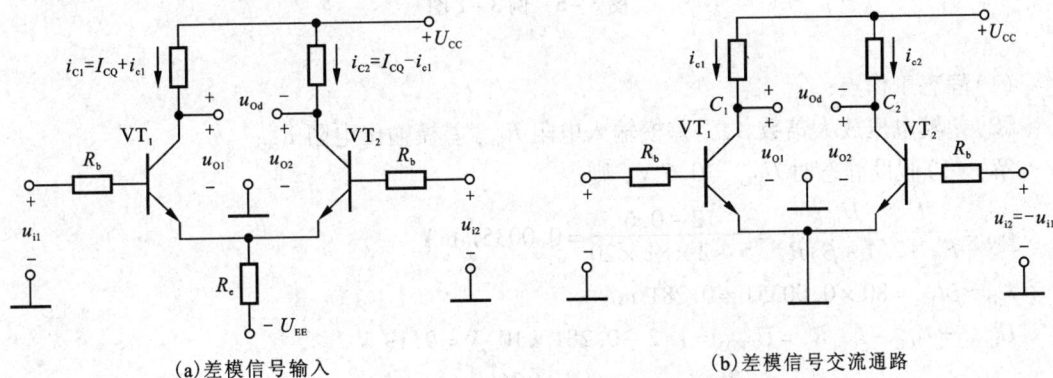

(a)差模信号输入　　　　　　　　　　　　(b)差模信号交流通路

图 3-4　差分放大电路差模信号输入

$$A_{ud} = \frac{u_{od}}{u_{id}} = \frac{u_{o1} - u_{o2}}{u_{i1} - u_{i2}} = \frac{2u_{o1}}{2u_{i1}} = -\beta \frac{R_c}{R_b + r_{be}} \qquad (3-10)$$

由上式可知，差分放大电路的差模电压放大倍数等于一只单管放大电路的电压放大倍数。当两集电极 c_1、c_2 之间接有负载电阻 R_L 时，就会使晶体管 VT_1、VT_2 的集电极电位向相反方向变化，一增一减，且变化量相等。可见负载电阻 R_L 的中点是交流零电位。因此差分输入的每边负载电阻为 $R_L/2$，交流等效负载电阻为 $R'_L = R_c /\!/ (R_L/2)$，这时差模电压放大倍数为

$$A_{ud} = -\beta \frac{R'_L}{R_b + r_{be}} \qquad (3-11)$$

差模输入电阻：从差分放大电路两个输入端看进去的等效电阻称为差模输入电阻。由图 3-4(b)可以得出差模输入电阻

$$R_{id} = 2(R_b + r_{be}) \qquad (3-12)$$

差模输出电阻：差分放大电路两管集电极之间对差模信号所呈现的电阻称为差模输出电阻。由图 3-4(b)可以得出差模输出电阻

$$R_o = 2R_c \qquad (3-13)$$

例3-1　如图3-5所示。已知:$\beta = 80$, $R_L = 20$ kΩ, $R_c = 10$ kΩ, $R_b = 5$ kΩ, $R_e = 20$ kΩ。试求:

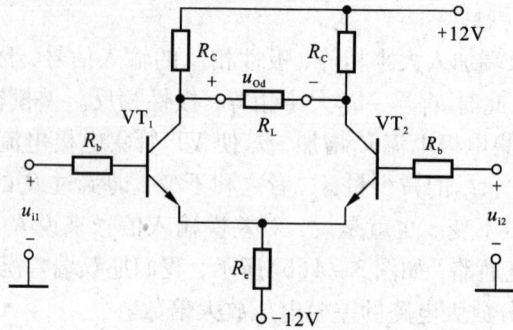

图3-5　例3-1图

(1)静态工作点;

(2)差模电压放大倍数 A_{ud}、差模输入电阻 R_{id}、差模输出电阻 R_{od}。

解:(1)假设静态时 $U_{BEQ} = 0.6$ V,则

$$I_{BQ} = \frac{U_{EE} - U_{BEQ}}{R_b + 2(1+\beta)R_e} = \frac{12 - 0.6}{5 + 2 \times 81 \times 20} = 0.00351 \text{ mA}$$

$$I_{CQ} \approx \beta I_{BQ} = 80 \times 0.00351 \approx 0.281 \text{ mA}$$

$$U_{CEQ1} = U_{CC} - I_{CQ1}R_c = U_{CEQ2} = (12 - 0.281 \times 10)\text{V} = 9.19 \text{ V}$$

(2) $r_{be} = \left[300 + (1+\beta)\dfrac{26}{I_{EQ}}\right]\Omega = 300 + \dfrac{81 \times 26}{0.281}\Omega = 7.79 \text{ kΩ}$

$$R'_L = R_c /\!/ \frac{1}{2}R_L = \frac{10 \times 10}{10 + 10} = 5 \text{ kΩ}$$

$$A_{ud} = -\beta \frac{R'_L}{R_b + r_{be}} = -80 \times \frac{5}{5 + 7.79} = -31.27$$

$$R_{id} = 2(R_b + r_{be}) = 2 \times (5 + 7.79) = 25.58 \text{ kΩ}$$

$$R_{od} = 2R_c = 20 \text{ kΩ}$$

2. 共模输入与共模特性

在差分放大电路的两个输入端加上大小相等、极性相同的信号,称为共模输入。如图 3-6(a)所示。由于电路是对称的,所以两管电流的变化量相等,同时增加或同时减少,此时流过 R_e 的电流为 $2i_{e1}$ 或 $2i_{e2}$,相当于对每只晶体管的射极接了 $2R_e$ 的电阻,其交流通路如图 3-6(b)所示。由于差分放大电路的对称性,两边集电极电位的变化量一样,共模输出电压为

$$u_{oc} = u_{c1} - u_{c2} = 0 \tag{3-14}$$

共模电压放大倍数

$$A_{uc} = \frac{u_{oc}}{u_{ic}} = 0 \tag{3-15}$$

式中 u_{oc} 为共模输出电压,u_{ic} 为共模输入电压。

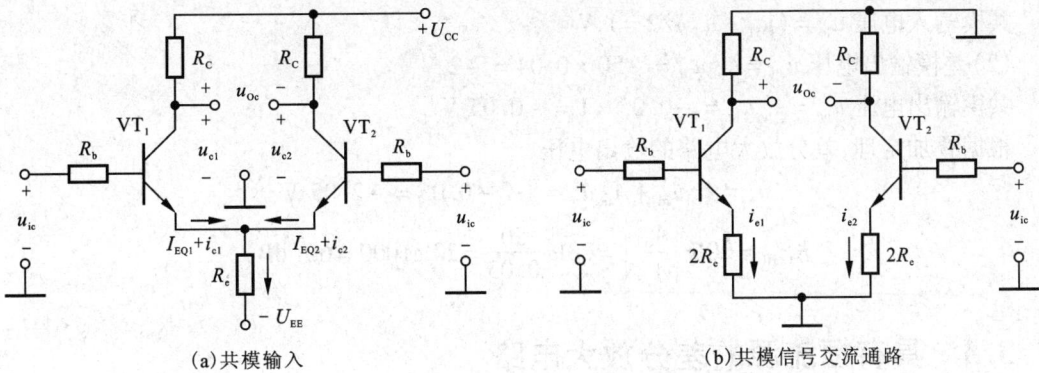

(a)共模输入　　　　　　　　　　(b)共模信号交流通路

图 3 - 6　差分放大电路共模信号输入

式(3 - 15)说明差分放大电路能抑制共模信号。在电路中,由于温度的变化或电源电压的波动引起两管集电极电流的变化是相同的,可以把它们的影响等效地看作在差分放大电路输入端加入共模信号的结果,所以差分放大电路对温度的影响具有很强的抑制作用。另外伴随输入信号一起加入的对两边输入相同的干扰信号也可以看成是共模输入信号而被抑制。所以差分放大电路特别适用于作多级直接耦合放大电路的输入级。

但在实际应用电路中,两只管子不可能完全相同,u_{oc} 也就不可能为零,共模电压放大倍数也不为零,即使是这样,这种电路抑制共模信号的能力还是很强。通常用共模抑制比 K_{CMR} 作为一项技术指标来衡量。其定义为差模电压放大倍数与共模电压放大倍数之比的绝对值,即

$$K_{CMR} = \left| \frac{A_{ud}}{A_{uc}} \right| \tag{3 - 16}$$

也可以用分贝(dB)数来表示,即

$$K_{CMR}(dB) = 20\lg \left| \frac{A_{ud}}{A_{uc}} \right| \tag{3 - 17}$$

由上可知,差模电压放大倍数越大,共模电压放大倍数越小,则 K_{CMR} 值越大,电路的共模抑制能力越强,性能越优良。当电路两边理想对称、双端输出时,K_{CMR} 可以看成是无穷大。一般差分放大电路的 K_{CMR} 为 60 ~ 120 dB。

在图 3 - 4 中,如果输出电压取自一管的集电极,则称为单端输出,此时由于只取出一管的集电极电压变化量,所以这时的差模电压放大倍数只有双端输出的一半,即 $A_{ud} = -\dfrac{\beta R_c}{2 r_{be}}$,

共模电压放大倍数 $A_{uc} = -\dfrac{\beta R_e}{r_{be} + (1 + \beta) 2 R_e}$,一般情况下,$(1 + \beta) 2 R_e \gg r_{be}$,$\beta \gg 1$,则 $A_{uc} \approx -$

$\dfrac{R_c}{2 R_e}$,共模抑制比 $K_{CMR} = \left| \dfrac{A_{ud}}{A_{uc}} \right| \approx \dfrac{\beta R_e}{r_{be}}$。由此可知,电阻 R_e 的数值越大,抑制共模信号的能力越强。

例 3 - 2　已知差分放大电路的输入信号 $u_{i1} = 1.02$ V,$u_{i2} = 0.98$ V,试求:(1)差模和共模输入电压;(2)若 $A_{ud} = -50$、$A_{uc} = -0.05$,差分放大电路的输出电压 u_o 与 K_{CMR}。

解：（1）差模输入电压 $u_{id} = u_{i1} - u_{i2} = 1.02 - 0.98 = 0.04$ V

共模输入电压 $u_{ic} = (u_{i1} + u_{i2})/2 = 1$ V

（2）差模输出电压 $u_{od} = A_{ud}u_{id} = -50 \times 0.04 = -2$ V

共模输出电压 $u_{oc} = A_{uc}u_{ic} = -0.05 \times 1 = -0.05$ V

根据叠加定理，差分放大电路的输出电压

$$u_o = A_{ud}u_{id} + A_{uc}u_{ic} = -2 - 0.05 = -2.05 \text{ V}$$

$$K_{CMR} = 20\lg\left|\frac{A_{ud}}{A_{uc}}\right| = 20\lg\frac{50}{0.05} = 20\lg 1000 = 60(\text{dB})$$

3.3 具有恒流源的差分放大电路

由前面分析可知，双电源供电的差分放大电路能比较有效地抑制温漂，而且 R_e 越大抑制能力越强。但是，R_e 的增大是有限的，一方面 R_e 过大，要保证三极管有合适的静态工作点，就必须加大负电源 U_{EE} 的值，显然不合适。另一方面当电源已选定后，R_e 太大也会使 I_C 下降太多，影响放大电路的增益。所以，靠增加 R_e 来提高共模抑制比是不现实的，为此常用恒流源代替 R_e 来提高电路的 K_{CMR}。下面先介绍几种常用的电流源，然后再介绍具有恒流源的差分放大电路。

3.3.1 电流源电路

电流源是提供恒定电流的电子线路，由于它具有直流电阻小而交流电阻很大的特点，在模拟集成电路中，广泛地使用电流源为放大电路提供稳定的偏置电路或作为放大电路的有源负载。常用的电流源及其特性如表 3 - 1 所示。

表 3 - 1 常用的电流源及其特性

名称	电路结构	电路特点
晶体管电流源	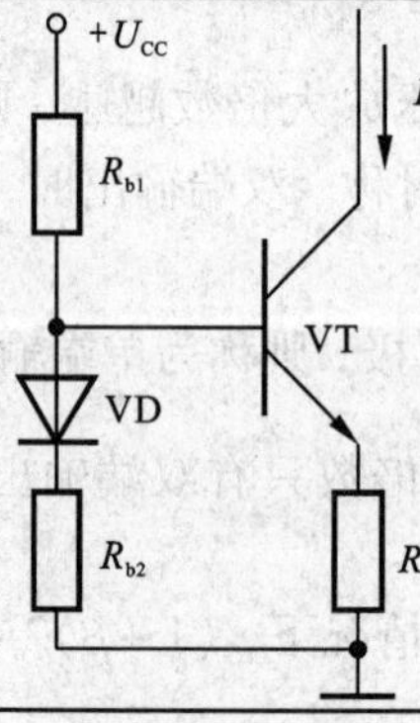	三极管工作在放大区，集电极电流 I_o 为一恒定值，图中二极管用来补偿三极管的 U_{BE} 随温度变化对输出电流的影响。

名称	电路结构	电路特点
比例型电流源	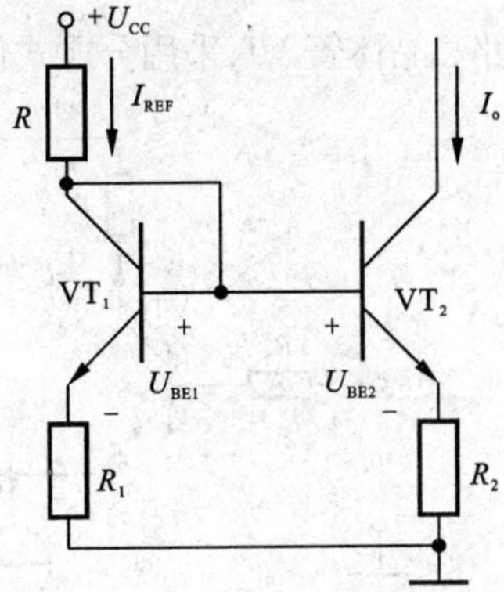	图中 I_{REF} 为基准电流，$I_{REF} \approx \dfrac{U_{CC} - U_{BE1}}{R + R_1}$，当 I_o 与 I_{REF} 差不多时，$U_{BE1} \approx U_{BE2}$，$I_{REF}R_1 \approx I_oR_2$，$I_o \approx \dfrac{R_1}{R_2}I_{REF}$，基准电流 I_{REF} 的大小主要由电阻 R 决定，改变两管发射极电阻的比值，可以调节输出电流与基准电流之间的比例。
多路电流源	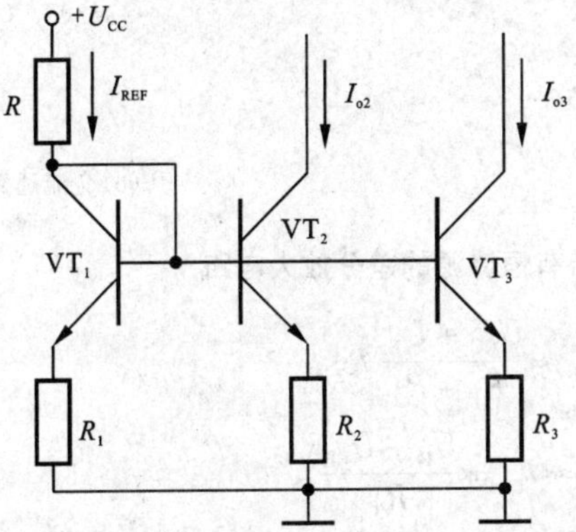	用一个基准电流来获得多个不同的电流输出。$I_{o2} \approx \dfrac{R_1}{R_2}I_{REF}$，$I_{o3} \approx \dfrac{R_1}{R_2}I_{REF}$。
镜像电流源	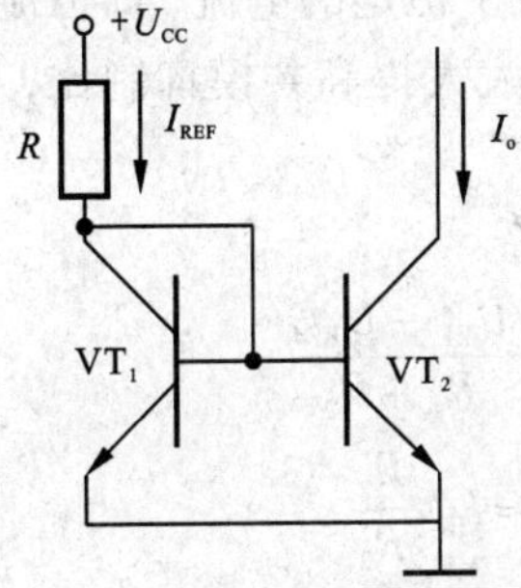	VT_1，VT_2 特性相同，基极电位也相同，集电极电流相等，当 $\beta \gg 1$ 时 $I_o = I_{REF}$，I_o 与 I_{REF} 之间成镜像关系。
微电流源	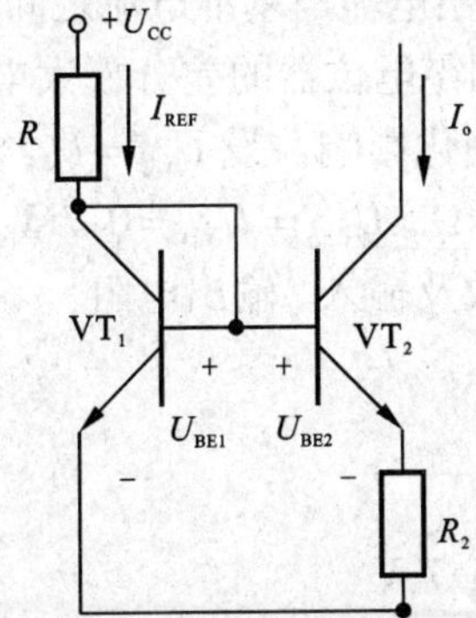	由图可知，$I_oR_2 = U_{BE1} - U_{BE2}$，$I_o = \dfrac{U_{BE1} - U_{BE2}}{R_2}$，由于 U_{BE1} 与 U_{BE2} 差别很小，故用阻值不太大的 R_2 就可以获得微小的工作电流 I_o。

3.3.2 具有恒流源的差分放大电路

图 3 - 7(a)是带有恒流源的差分放大电路，晶体管 VT$_3$ 采用分压式偏置电路。

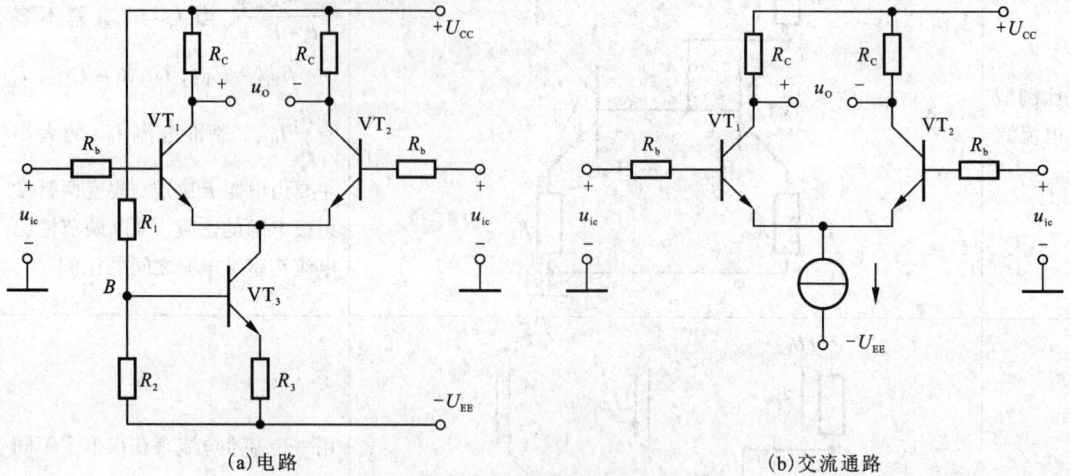

(a)电路　　　　　　　　　　　　　　(b)交流通路

图 3 - 7　带有恒流源的差分放大电路

$$U_B \approx \frac{U_{CC} + U_{EE}}{R_1 + R_2} R_2 \qquad (3-18)$$

$$I_{C3} \approx I_{E3} = \frac{U_B - U_{BE}}{R_3} \qquad (3-19)$$

当 U_{CC}、U_{EE}、R_1、R_2、R_3 一定时，I_{C3} 就是一个恒定的电流，即恒流源。由于恒流源有很大的动态电阻，故采用恒流源的差分放大电路能大大提高共模抑制比，在集成电路中得到广泛应用，图 3 -7(b)是这种电路的简化画法。

图 3 -8 是带有比例电流源的差分放大电路。

$$I_{REF} \approx I_{C4} \approx \frac{U_{EE} - U_{BE4}}{R_1 + R_2} \qquad (3-20)$$

$$I_{C3} = I_o \approx I_{REF} \frac{R_2}{R_3} \qquad (3-21)$$

改变两管发射极电阻的比值，可以调节输出电流与基准电流之间的比例。

例 3 - 3　图 3 -9(a)所示具有恒流源及调零电位器的差分放大电路，二极管 VD 的作用是温度补偿，它使电流源 I_{C3} 基本上不受温度变化影响。设 $U_{CC} = U_{EE} = 12$ V，$R_P = 200$ Ω，$R_1 = 6.8$ kΩ，$R_2 = 2.2$ kΩ，$R_3 = 33$ kΩ，$R_b = 10$ kΩ，$U_{BE3} = U_{VD} = 0.7$ V，$R_c = 100$ kΩ，各管的 β 值均为72,求静态时的 U_{C1}、差模电压放大倍数及输入、输出电阻。

解：（1）静态分析

由分压关系 $U_{R2} = \dfrac{U_{CC} + U_{EE} - U_{VD}}{R_1 + R_2} R_2 \approx 5.7$ V

$U_{R3} = U_{R2} + U_{VD} - U_{BE3} = 5.7 + 0.7 - 0.7 = 5.7$ V

所以　　$I_{C3} \approx I_{E3} = \dfrac{U_{R3}}{R_3} = \dfrac{5.7}{33} \approx 0.173$ mA $= 173$ μA

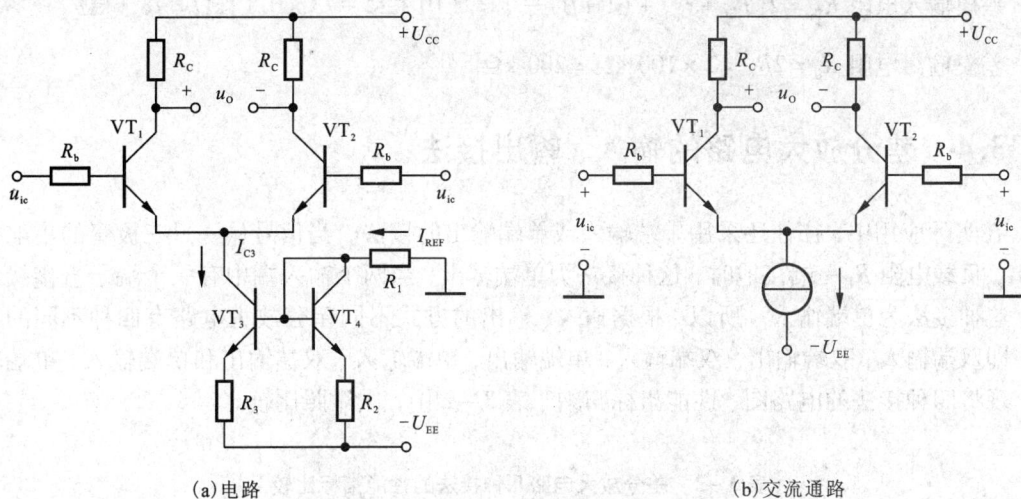

（a）电路　　　　　　　　　　　　　　　　　　（b）交流通路

图 3 - 8　带有比例型电流源的差分放大电路

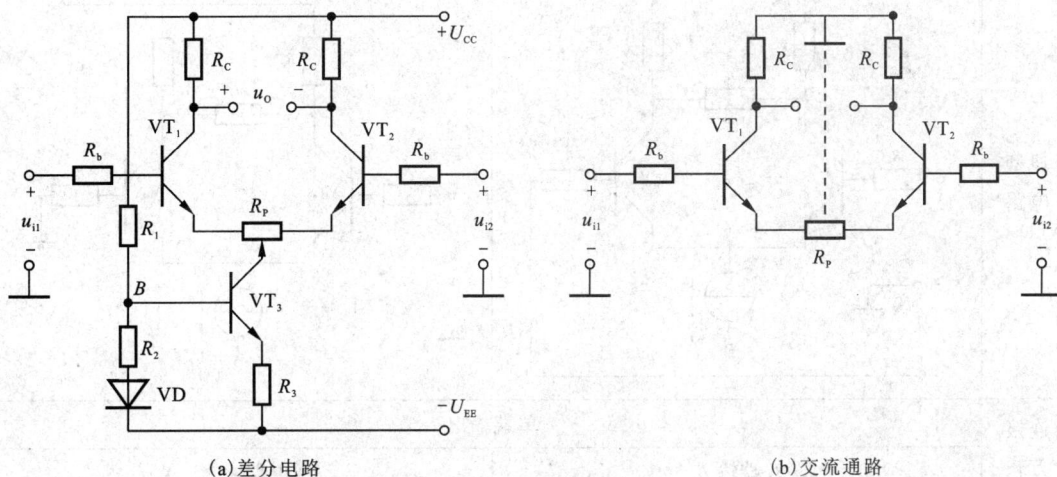

（a）差分电路　　　　　　　　　　　　　　　　　（b）交流通路

图 3 - 9　例 3 - 3 图

$$I_{C1} = I_{C2} \approx \frac{I_{C3}}{2} = \frac{173}{2} = 86.5 \ \mu A$$

$$U_{C1} = U_{CC} - I_{C1} R_c = (12 - 0.0865 \times 100) = 3.35 \ V$$

（2）差模放大倍数与输入、输出电阻

交流通路如图 3 - 9（b），图中 R_p 的中点为交流地电位。

$$r_{be1} = 300 + (1 + \beta) \frac{26}{I_{C1}} = 300 + (1 + 72) \frac{26}{0.0865} \approx 22 \ k\Omega$$

差模电压放大倍数 $A_{ud} = -\dfrac{\beta R_c}{R_b + r_{be1} + (1 + \beta) R_p / 2} = -\dfrac{72 \times 100}{10 + 22 + 73 \times 0.1} \approx -183$

差模输入电阻 $R_{id}=2[R_b+r_{be1}+(1+\beta)\frac{R_P}{2}]=2(10+22+73\times0.1)\text{k}\Omega=78.6\text{k}\Omega$

差模输出电阻 $R_o=2R_c=2\times100\ \text{k}\Omega=200\ \text{k}\Omega$

3.4　差分放大电路的输入、输出接法

在实际应用中，往往还采用单端输入或单端输出的接法。当信号从一只三极管的集电极输出，负载电阻 R_L一端接地时，这种接法为单端输出；当两个输入端中有一个端子直接接地时，这种接法为单端输入。所以，根据输入、输出的方式不同差分放大电路有四种不同的接法，即双端输入、双端输出，双端输入、单端输出，单端输入、双端输出和单端输入、单端输出，现将四种接法的电路图、性能指标归纳于表 3－2 中，供对照比较。

表 3－2　差分放大电路几种接法的性能指标比较

连接方式	双端输出	
	双端输入	单端输入
典型电路		
连接方式	单端输出	
	双端输入	单端输入
典型电路		

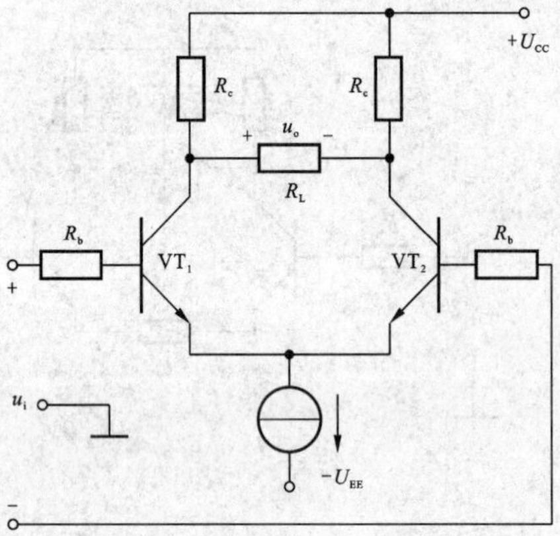

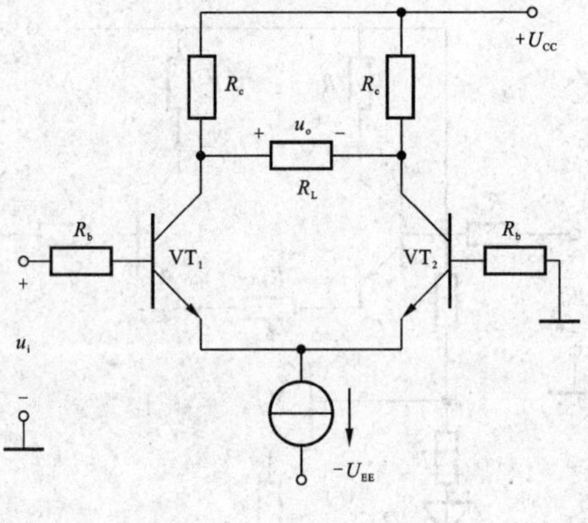

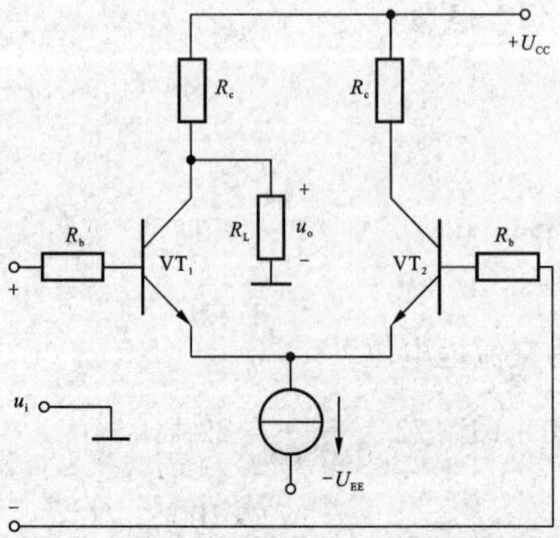

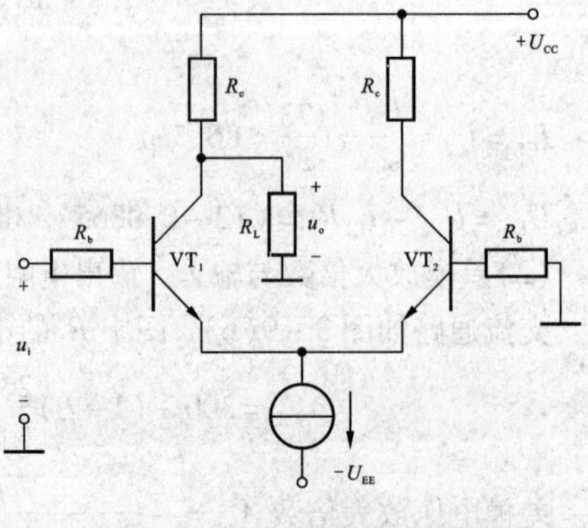

连接方式	双端输出		单端输出	
	双端输入	单端输入	双端输入	单端输入
差模电压放大倍数	$A_{ud} = \dfrac{u_{od}}{u_{id}} = -\beta\dfrac{R'_L}{R_b + r_{be}}$ $R'_L = R_c /\!/ \dfrac{R_L}{2}$		$A_{ud} = \dfrac{u_{od}}{u_{id}} = -\dfrac{1}{2}\beta\dfrac{R'_L}{R_b + r_{be}}$ $R'_L = R_c /\!/ R_L$	
共模放大倍数及共模抑制比	$A_{uc} = \dfrac{u_{oc}}{u_{ic}} \rightarrow 0$ $K_{CMR} = \left\|\dfrac{A_{ud}}{A_{uc}}\right\| \rightarrow \infty$		$A_{ud} = -\dfrac{\beta R_c}{2r_{be}}$　很小 $k_{cmr} = \left\|\dfrac{A_{ud}}{A_{uc}}\right\| \approx \dfrac{\beta R_c}{r_{be}}$　高	
差模输入电阻	$R_{id} = 2(R_b + r_{be})$			
差模输出电阻	$R_o \approx 2R_c$		$R_o \approx R_c$	
用途	适用于输入、输出都不要接地,对称输入、输出的场合	适用单端输入转为双端输出的场合	适用双端输入转为单端输出的场合	适用于输入、输出电路中需要有公共接地的场合

以上分析表明,从输入端信号的连接形式来看,单端输入和双端输入虽然形式不完全一样,但其作用是相同的,二者没有本质上的区别;从电压放大倍数和输入、输出电阻来看,其计算方法和表达式与双端输入电路也完全一样,只须区分是双端输出还是单端输出就可以了。

3.5　集成运算放大器

3.5.1　集成运算放大器简介

集成电路就是采用一定的制造工艺,将二极管、三极管、场效应管、电阻等许多元件组成的具有完整功能的电路制作在同一块半导体基片上,封装后构成特定功能的电路块。由于它的密度高(即集成度高)、体积小、功能强、功耗低、外部连线及焊点少,从而大大提高了电子设备的可靠性和灵活性,实现了元件、电路与系统的紧密结合。一块硅基片上所包含的元、器件数目称为集成度。

集成电路按集成度不同,分为小规模(SSI),中规模(MSI),大规模和超大规模(LSI 和 VLSI)。小规模集成电路一般含有十几到几十个元器件,硅片面积约有几平方毫米。中规模集成电路含有一百到几百个元器件,硅片面积约十平方毫米。大规模和超大规模集成电路含有数以千计或更多的元器件。目前的超大规模集成电路,集成度已突破1亿元器件/片。

　　集成电路按功能分为数字集成电路与模拟集成电路两类。数字集成电路是用来产生和加工各种数字信号的,这类信号在时间上和数值上都是离散的,如电报电码、计算机中各种数码信号等。模拟集成电路是用来产生、放大和处理各种模拟信号或进行模拟信号和数字信号之间相互转换的,这类信号的幅度是随时间连续变化的,如收音机接收的电信号、音响设备中的电信号。

　　模拟集成电路的种类很多,包括集成运算放大器、集成稳压器、集成功率放大器、集成模拟乘法器等。其中应用最为广泛的是集成运算放大器,它实际上是一个高电压增益、高输入电阻和低输出电阻的直接耦合放大电路。通常将集成运算放大器分为通用型与专用型两类,通用型的直流特性较好,性能上满足许多领域应用的要求,价格也便宜,用途最广。专用型运放可以满足一些特殊应用的需要,专用型有低功耗型、高输入阻抗型、高速型、高精度型及高电压型等。

3.5.2　集成运算放大器内部电路框图

　　集成运算放大器的发展速度极快,内部电路结构复杂,并有多种形式,但基本结构具有共同之处。集成运放内部电路由高电阻输入级、中间电压放大级、低电阻输出级和偏置电路四部分组成,如图3-10所示。

　　1. 高电阻输入级

　　输入级是决定集成运算放大器质量好坏的关键,对于高电压放大倍数的直接耦合放大电路,要求输入级温漂小、共模抑制比高、有极高的输入阻抗。因此,集成运算放大器的输入级都是由具有恒流源的差分放大电路组成。

图3-10　集成运放内部电路组成框图

　　2. 中间电压放大级

　　运算放大器的放大倍数主要是由中间级提供的,因此,要求中间级有较高的电压放大倍数。一般,放大倍数可达到几万倍甚至几十万倍。中间级一般采用有恒流源负载的共射放大电路。

　　3. 低电阻输出级

　　输出级应具有较大的电压输出幅度、较高的输出功率和较低的输出电阻的特点,大多采用甲乙类互补对称功率放大电路,主要用于提高集成运算放大器的负载能力,减小大信号作用下的非线性失真。

　　4. 偏置电路

　　偏置电路用来为各级放大电路提供合适的偏置电流,使之具有合适的静态工作点。一般由各种电流源组成。

　　此外,集成运算放大器还有一些辅助电路,如过流保护电路等。

3.5.3　集成运算放大器的符号及主要参数

1. 集成运算放大器的符号

如图 3 -11 所示，它有两个输入端和一个输出端。图中"−"表示反相输入端，"+"表示同相输入端。所谓同相输入，是指输出信号与该输入端所加信号相位相同；而反相输入，是指输出信号与该输入端所加信号相位相反。

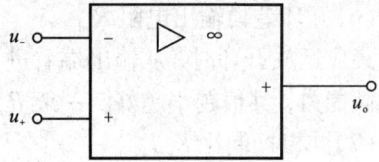

图 3 -11　集成运放的符号

2. 集成运算放大器的主要参数

（1）开环差模电压增益 A_{ud}：集成运放的开环差模电压增益是指集成运放工作在线性区，接入规定负载而无负反馈情况下直流差模电压增益。A_{ud} 与输出电压 U_o 的大小有关，通常是在规定的输出电压幅值时（如 $U_o = \pm 10$ V）测得的值。

$$A_{ud} = \frac{\Delta u_{od}}{\Delta u_{id}} = \frac{\Delta u_{od}}{\Delta(u_+ - u_-)} \tag{3-22}$$

通常也用分贝数 dB 表示，为

$$20\lg|A_{ud}| = 20\lg\left|\frac{\Delta u_{od}}{\Delta u_{id}}\right| \text{ dB} \tag{3-23}$$

通常 A_{ud} 较大，一般可达 100 dB，最高可达 140 dB 以上。A_{ud} 越大，电路性能越稳定，运算精度越高。

（2）输入失调电压 U_{Io} 及其温漂 dU_{Io}/dT

输入失调电压 U_{Io} 通常指在室温 25℃、标准电源电压下，为了使输入电压为零时输出电压为零，在输入端加的补偿电压。U_{Io} 的大小反映了运放输入级电路的不对称程度。U_{Io} 越小越好，一般为 $\pm(1 \sim 10)$ mV。

另外，U_{Io} 还受到温度的影响。通常将输入失调电压 U_{Io} 对温度的变化率称为输入电压的温度漂移（简称输入失调电压温漂）用 dU_{Io}/dT 表示，一般为 $\pm(1 \sim 20)$ μV/℃。

注意：dU_{Io}/dT 不能用外接调零装置来补偿，在要求温漂低的场合，要选用低温漂的运放。

（3）输入失调电流 I_{Io} 及其温漂 dI_{Io}/dT

输入失调电流 I_{Io} 指常温下，输入信号为零时，放大器的两个输入端的基极静态电流之差称为输入失调电流 I_{Io}，有 $I_{Io} = I_{B1} - I_{B2}$，它反映了输入级两管输入电流的不对称情况。I_{Io} 越小越好，一般为 1 nA ~ 0.1 μA。

I_{Io} 还随温度变化，I_{Io} 对温度的变化率称为输入失调电流温漂，用 dI_{Io}/dT 表示，单位为 nA/℃。

（4）输入偏置电流 I_{IB}

输入偏置电流是指集成运放输出电压为零时，两个输入端静态电流的平均值，即 $I_{IB} = (I_{B1} + I_{B2})/2$。输入偏置电流主要取决于运放差分输入级 BJT 的性能，当 β 值太小时，将引起偏置电流增加。从使用角度看，I_{IB} 越小越好，一般为 10 nA ~ 1 μA。

（5）开环差模输入电阻 R_{id}

差模输入电阻是指集成运放的两个输入端之间的动态电阻。它反映了运放输入端向差动输入信号源索取电流的大小。对于电压放大电路，其值越大越好，一般为几兆欧。MOS 集成运放 R_{id} 高达 $10^6 \mathrm{M\Omega}$ 以上。

（6）开环差模输出电阻 R_{od}

集成运放开环时，从输出端看进去的等效电阻称为输出电阻。它反映集成运放输出时的带负载能力，其值越小越好。一般 R_{od} 小于几十欧。

（7）共模抑制比 K_{CMR}

共模抑制比指运放开环差模电压增益 A_{ud} 与共模电压增益 A_{uc} 之比的绝对值，$K_{CMR} = \left| \dfrac{A_{ud}}{A_{uc}} \right|$，它综合反映了集成运放对差模信号的放大能力和对共模信号的抑制能力，其值越大越好。一般 K_{CMR} 为 $60 \sim 130 \mathrm{dB}$。

（8）最大输出电压 U_{oM}

在给定负载上，最大不失真输出电压的峰峰值称为最大输出电压。若双电源电压为 ±15 V，则 U_{oM} 可达到 ±13 V 左右。

3. 理想运算放大器的特性

所谓理想运算放大器就是将各项技术指标理想化的集成运放。在分析与应用集成运算放大器时，为了简化分析，通常把它理想化，看成是理想运算放大器。理想运算放大器的特性如下：

（1）开环差模电压放大倍数 A_{ud} 趋近于无穷大

（2）开环差模输入电阻 R_{id} 趋近于无穷大

（3）开环差模输出电阻 R_{od} 趋近于零

（4）共模抑制比 K_{CMR} 趋近于无穷大

虽然实际的集成运算放大器不可能具有以上理想特性，但在低频工作时是接近理想的。所以，在低频情况下，实际使用与分析集成运放电路时就可以把它看成是理想运算放大器。

本章小结

● 差分放大电路也是广泛使用的基本单元电路，它既能放大直流信号，又能放大交流信号；它对差模信号具有很大的放大能力，对共模信号具有很强的抑制作用，即差分放大电路可以消除温度变化、电源波动、外界干扰等具有共模特征的信号引起的输出误差电压。差分放大电路的主要性能指标有差模电压放大倍数、差模输入和输出电阻，共模抑制比等。

● 差模放大电路的输入、输出连接方式有四种，可根据输入信号源灵活运用。单端输入与双端输入方式虽然接法不同，但性能指标相同。单端输出差分放大电路差模电压放大倍数是双端输出的一半，共模抑制比也小一些。

● 电流源的特点是直流电阻小、交流电阻大、具有温度补偿作用，常用来作有源负载或用来提供偏置电流。具有电流源的差分放大电路其性能显著提高。

● 集成电路是利用半导体工艺将整个电路中的元器件制作在一块基片上的器件，模拟集成电路中应用最广泛的是集成运算放大器。

● 集成运算放大器实质上是一个高增益的直接耦合多级放大电路。它一般由高电阻输入级、中间电压放大级、低电阻输出级和偏置电路等组成。高电阻输入级一般由具有电流源的差分放大电路组成。中间级一般采用有电流源负载的共射放大电路。低电阻输出级大多采用甲乙类互补对称功率放大电路，主要用于提高集成运算放大器的负载能力，减小大信号作用下的非线性失真。偏置电路一般由各种电流源组成。

● 分析集成运算放大电路时，常常将集成运算放大器作为理想运放。理想运放的特点是开环差模电压放大倍数 A_{ud} 趋近于无穷大、开环差模输入电阻 R_{id} 趋近于无穷大、开环差模输出电阻 R_{od} 趋近于零、共模抑制比 K_{CMR} 趋近于无穷大。

自 测 题

3-1　填空题(每小题 4 分，共 36 分)

(1)差分放大电路的主要性能指标有＿＿＿＿＿、＿＿＿＿＿、＿＿＿＿＿等。

(2)差分放大电路的联接方式有＿＿＿＿＿、＿＿＿＿＿、＿＿＿＿＿、＿＿＿＿＿。

(3)理想运算放大器的特点是＿＿＿＿＿、＿＿＿＿＿、＿＿＿＿＿、＿＿＿＿＿。

(4)电流源的特点是＿＿＿＿＿＿＿＿＿＿＿＿＿＿＿。

(5)恒流源在集成电路中除作偏置电路外，还可以作为放大电路的＿＿＿＿＿，以提高电压增益。

(6)差分放大电路有＿＿＿种接线方式，其差模电压增益与＿＿＿＿＿方式有关，与＿＿＿＿＿＿方式无关。

(7)集成运算放大电路中，由于电路结构引起 $u_i = 0$，$u_o \neq 0$ 的现象称为＿＿＿＿＿，主要原因是＿＿＿＿＿＿＿＿＿＿＿造成的。

(8)公共发射极电阻 R_e 对共模信号有＿＿＿＿＿作用，对差模信号可以看作＿＿＿＿＿＿，所以它能抑制零点漂移，而不会影响对差模信号的放大。

(9)若差分放大电路双端输入信号为 u_{i1} 和 u_{i2}，则差模输入电压 u_{id} 为＿＿＿＿＿，共模输入电压 u_{ic} 为＿＿＿＿＿。

3-2　选择题(每小题 4 分，共 64 分)

(1)由于电流源中流过的电流恒定，因此等效的交流电阻＿＿＿＿＿。

A.很大；　　　　　　　B.很小；　　　　　　　C.等于零。

(2)由于电流源中流过的电流恒定，因此等效的直流电阻＿＿＿＿＿。

A.很大；　　　　　　　B.不太大；　　　　　　C.等于零。

(3)电流源常用于放大电路，并作为＿＿＿＿＿。

A.有源负载；　　　　　B.电源；　　　　　　　C.信号源。

(4)差分放大电路是为＿＿＿＿＿而设计的。

A.稳定放大倍数；　　　B.提高输入电阻；　　　C.克服温漂；　　　D.扩展频带。

(5)共模抑制比 K_{CMR} 越大，表明电路＿＿＿＿＿。

A.交流电压放大倍数越大；　　　　　B.放大倍数越稳定；

C.抑制温漂能力越强；　　　　　　　D.输入信号中差模成分越大。

(6)放大电路产生零点漂移的主要原因是＿＿＿＿＿。

A.温度变化引起参数变化；　　　　　B.采用了直接耦合方式；

C. 晶体管的噪声太大；　　　　　　　　　D. 外界存在干扰源。

（7）在差分放大电路中，用恒流源代替 R_e 是为了_____。

A. 提高差模放大倍数；　　　　　B. 提高共模放大倍数；

C. 提高共模抑制比；　　　　　　D. 提高差模输出电阻。

（8）电流源常用于放大电路，使得放大倍数_____。

A. 提高；　　　　　　　B. 稳定；　　　　　　C. 降低。

（9）差分放大电路由双端输入改为单端输入，差模电压放大倍数约_____。

A. 增加一倍；　　　　B. 为双端输入时的一半；　　　C. 不变。

（10）差分放大电路由双端输出改为单端输出，差模电压放大倍数约_____。

A. 增加一倍；　　　　B. 为双端输出时的一半；　　　C. 不变。

（11）差分放大电路，它是_____。

A. 能放大直流信号，不能放大交流信号；

B. 能放大交流信号，不能放大直流信号；

C. 既能放大交流信号，又能放大直流信号。

（12）差分放大电路中，当 $u_{i1} = 300$ mV，$u_{i2} = 200$ mV 时，分解为共模输入信号 $u_{ic} =$ _____，差模输入信号 u_{id} _____。

A. 500 mV；　　　　　B. 100 mV；　　　　　C. 250 mV；　　　　　D. 50 mV。

（13）差分放大电路中，差模输入信号与两个输入信号的_____有关，共模输入信号与两个输入信号的_____有关。

A. 差；　　　　　　B. 和；　　　　　　C. 比值；　　　　　D. 平均值。

（14）差模放大倍数 A_{ud} 是_____之比，共模放大倍数 A_{uc} 是_____之比。

A. 输出的变化量与输入的变化量；　　　　　B. 输出差模量与输入差模量；

C. 输出共模量与输入共模量；　　　　　　D. 输出直流量与输入直流量。

（15）共模抑制比 K_{CMR} 是_____之比。

A. 差模输入信号与共模输入信号；　　　　　B. 输出量中差模成分与共模成分；

C. 差模放大倍数与共模放大倍数；　　　　　D. 交流放大倍数与直流放大倍数。

（16）为了提高 R_i，减小温漂，通用型集成运算放大器的输入级大多采用_____电路；为了减小_____，输出级大多采用_____电路。

A. 共射或共源；　　　B. 共基或共漏；　　　C. 差分放大；　　　D. 互补或准互补跟随。

习　题

3-1　如图 3-12 所示电路中，$U_{CC} = U_{EE} = 12$ V，$R_c = R_e = 30$ kΩ，$R_b = 10$ kΩ，$R_L = 20$ kΩ，$\beta = 100$ 电位器电阻 $R_P = 200$ Ω，R_P 的活动触点在中点。

（1）求电路的静态工作点；

（2）画出电路的交流通路；

（3）求电路的差模电压放大倍数；

（4）求电路的输入、输出电阻。

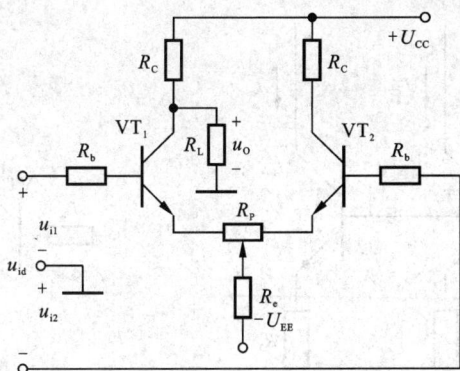

图 3 – 12　习题 3 – 1 图

3 – 2　如图 3 – 13 所示电路中，VT_1、VT_2 的特性相同，且 β 足够大，$R_1 = 2$ kΩ，$R_2 = 1$ kΩ，$U_{BE} = 0.6$ V，求 I_{C2} 和 U_{CE2} 的值。

3 – 3　电流源电路如图 3 – 14 所示，设两管的参数相同且 $\beta \gg 1$。已知 $R = 10$ kΩ，$R_1 = 1$ kΩ。试求：当 $R_2 = 1$ kΩ 和 3 kΩ 时的 I_{C2}。

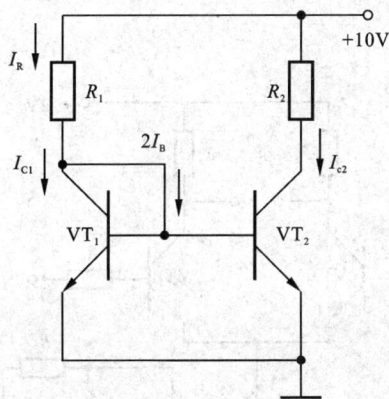

图 3 – 13　习题 3 – 2 图

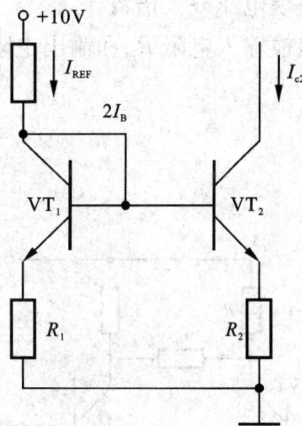

图 3 – 14　习题 3 – 3 图

3 – 4　多路输出电流源如图 3 – 15 所示，已知 $\beta \gg 1$，$R = 6.8$ kΩ，$R_1 = 500$ Ω，$R_2 = 1$ kΩ，$R_3 = 2$ kΩ，试计算 I_{O2}、I_{O3}。

3 – 5　双端输入、单端输出的差分放大电路如图 3 – 16 所示，已知 $U_{CC} = U_{EE} = 12$ V，$R_b = 5$ kΩ，$R_c = 10$ kΩ，$R_e = 11.3$ kΩ，$R_L = 10$ kΩ，$\beta = 100$，$U_{BE} = 0.7$ V，试计算：

（1）静态工作点 I_C 和 U_{CE}；

（2）差模电压放大倍数 A_{ud}；

（3）差模输入电阻 R_{id} 和输出电阻 R_{od}。

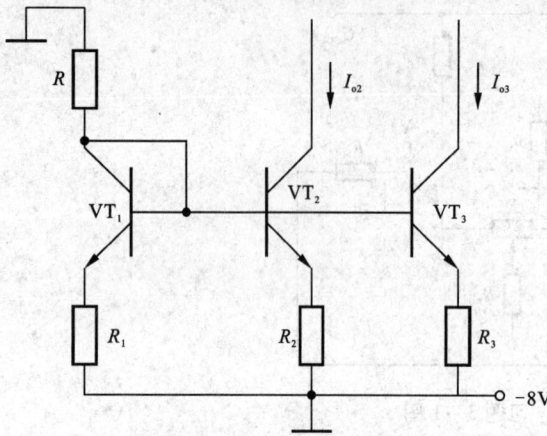

图 3 – 15   习题 3 – 4 图

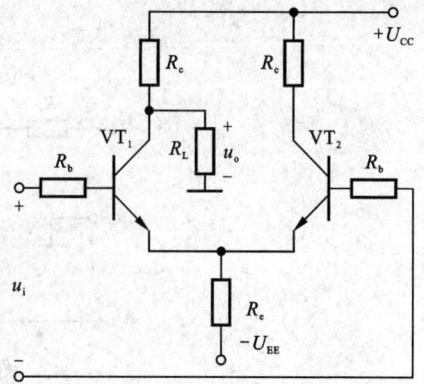

图 3 – 16   习题 3 – 5 图

3 – 6   单端输入、双端输出的差分放大电路如图 3 – 17 所示, 已知 $U_{CC} = U_{EE} = 15$ V, $R_b = 2$ kΩ, $R_c = 40$ kΩ, $R_e = 28.6$ kΩ, $R_L = 40$ kΩ, $\beta = 100$, $U_{BE} = 0.7$ V。试计算:

(1) VT$_1$ 的静态工作点 I_{C1} 和 U_{CE1};

(2) 差模电压放大倍数 A_{ud};

(3) 差模输入电阻 R_{id} 和输出电阻 R_{od}。

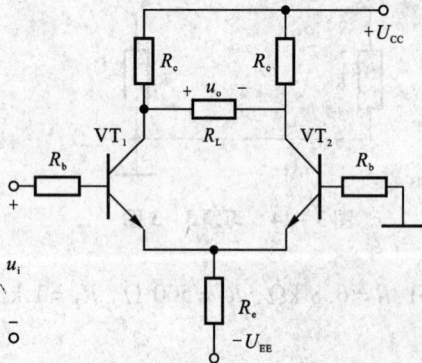

图 3 – 17   习题 3 – 6 图

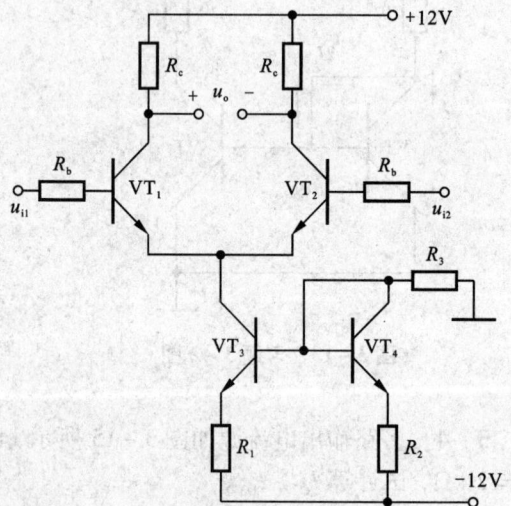

图 3 – 18   习题 3 – 7 图

3 – 7   如图 3 – 18 所示是具有电流源的差分放大电路, 已知 $U_{BEQ} = 0.7$ V, $\beta = 100$, $R_c = 12$ kΩ, $R_1 = R_2 = 1$ kΩ, $R_3 = 15$ kΩ, $R_b = 10$ kΩ 试求:

(1) VT$_1$、VT$_2$ 的静态工作点 I_{CQ}、U_{CQ};

(2) 差模电压放大倍数 A_{ud};

(3)输入电阻 R_{id} 和输出电阻 R_{od}。

3-8　差分放大电路如图 3-19 所示。已知 $\beta = 100$, $R_c = 10$ kΩ, $R_L = 10$ kΩ, $R_b = 10$ kΩ 试求:

(1)静态工作点 U_{CQ2};

(2)差模电压放大倍数 A_{ud};

(3)输入电阻 R_{id} 和输出电阻 R_{od}。

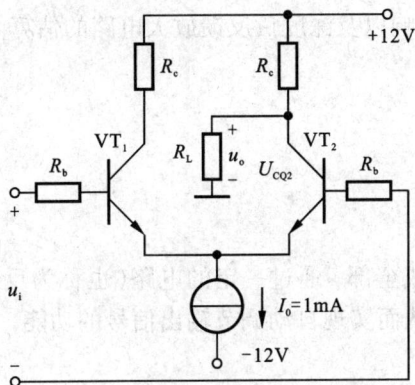

图 3-19　习题 3-8 图　　　　　　　图 3-20　习题 3-9 图

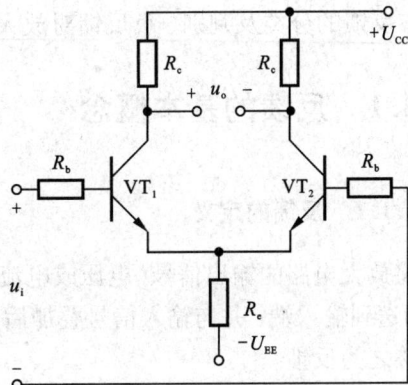

3-9　差分放大电路如图 3-20 所示。已知 $U_{CC} = U_{EE} = 9$ V, $R_b = 2$ kΩ, $R_c = 10$ kΩ, $R_e = 10$ kΩ, $\beta = 40$, $U_{BE} = 0.7$ V。试计算:

(1)静态工作点 I_B、I_C、U_{CE};

(2)差模电压放大倍数 A_{ud}。

第4章　负反馈放大电路

反馈在电子电路中应用广泛。正反馈主要应用于各种振荡电路；负反馈则用来改善放大电路的性能，因此，在实际放大电路中几乎都采取负反馈措施。本章主要介绍了反馈的基本概念、反馈的分类及判别、负反馈对放大器性能的影响以及深度负反馈放大电路的估算。

4.1　反馈的基本概念

4.1.1　反馈的定义

将放大电路的输出信号(电压或电流)的一部分或全部，通过一定的电路(也称为反馈网络)回送到输入端，并与输入信号叠加后进行放大，从而实现自动调节输出信号的功能，这一过程称之为反馈。

实现信号回送的这一部分电路称为反馈电路，它通常由一个纯电阻构成，但也可由多个无源元件通过串、并联方式构成，还可由有源电路构成，在本章中只讨论由无源元件构成的反馈电路。

4.1.2　反馈电路框图

1. 反馈放大电路的基本结构

反馈放大电路的基本结构可用图 4 - 1 方框图来表示。

通过这个方框图，不难看出反馈放大器由两部分电路组成。一部分为无反馈的放大电路，即基本放大电路，用 A 表示其增益，也称为开环放大倍数；另一部分为反馈电路(或称反馈网络)，用 F 表示反馈电路的反馈系数。反馈放大电路中的 X_i 表示输入量，X_i' 表示净输入量，X_f 表示反馈量，X_o 表示输出量，它们可以表示电压，也可以表示电流，视具体电路而定。图中的箭头指示信号

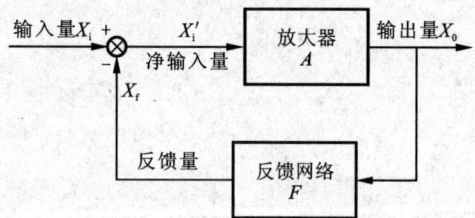

图 4 - 1　反馈放大电路方框图

的传输方向。符号"$\otimes$"表示比较环节，在此处，输入信号 X_i 与反馈信号 X_f 进行叠加，形成净输入信号 X_i'，它通过放大电路的放大作用，形成输出信号 X_o。显然，X_o 既通过输出电路作用于负载，同时又通过反馈电路形成反馈信号 X_f 回送到输入端，作用于输入信号。此时，放大电路与反馈电路形成一个闭合环路，所以，反馈放大电路又称为闭环放大电路。图中" + "、" - "表示 X_i 与 X_f 参与叠加时的相位关系。

2. 反馈存在的判定

要判断一个电路中是否存在反馈，从反馈的框图结构上可以看出，只要判断电路中是否

存在将输出信号反馈回输入回路的反馈电路即可。对于由无源元件构成的反馈电路，在许多
情况下，可以很容易找到这样的反馈电路，下面通过几个实例来分析存在反馈的几种表现
形式。

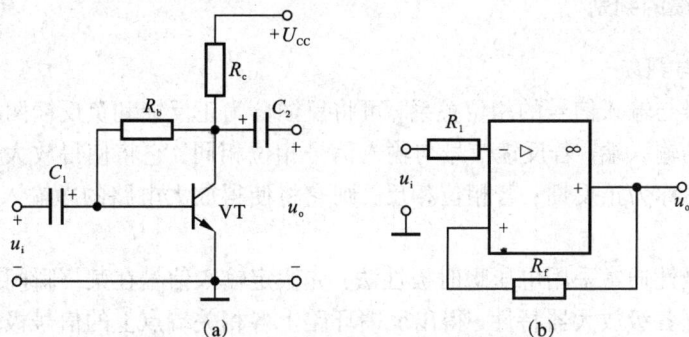

图 4 - 2　判断电路中的反馈

如图 4 - 2(a)中的 R_b 和图 4 - 2(b)中的 R_f，它们跨接在本级放大电路输出回路与输入回
路之间，这样就可实现将输出信号回送到输入端的功能，R_b 和 R_f 也就起到了反馈作用，常将
R_b 和 R_f 称为反馈电阻，这是一种典型的本级反馈形式。

在如图 4 - 3 所示的共射放大电路中，由于发射极电阻 R_e 既是组成本级放大电路输入回
路的一条支路，同时又是组成本级放大电路的输出回路的一条支路，因此，电阻 R_e 上的电压
必将对输入信号大小产生影响，其作用可理解为将输出信号反馈回输入回路，所以，发射极
电阻 R_e 也是反馈电阻，这是另一种本级反馈形式。

在图 4 - 4 所示多级放大电路中，电阻 R_6 跨接在两级放大电路之间，将后级输出与前级
输入联系起来，实现将输出信号返回到输入端的功能，所以，该电阻称为反馈电阻，这是一
种最为典型的级间反馈形式。

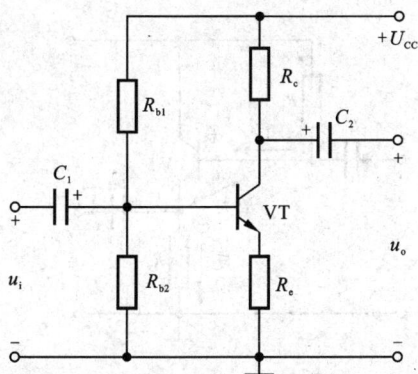

图 4 - 3　共射放大电路

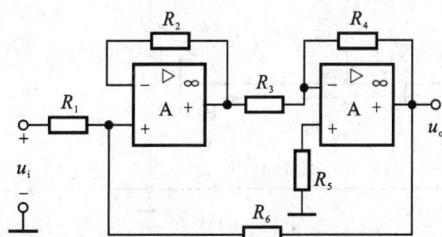

图 4 - 4　多级放大电路中的反馈

4.2 负反馈的类型

4.2.1 负反馈的判别

1. 反馈极性与判断

依据反馈信号与输入信号的相位关系,可将反馈分为正反馈和负反馈两类。

在放大电路的输入端,若反馈信号与输入信号相位相同,它将使得放大电路的净输入信号增强,这种反馈称为正反馈;若相位相反,则它将使得放大电路的净输入信号减小,这种反馈称为负反馈。

判断反馈的极性通常采用电压瞬时极性法:先假定输入信号在某一瞬间对地的电压极性为"+",然后依据各级放大器特性,得出反馈环路上各相关端点上的信号极性。即从初始输入端出发,经放大到输出端,再经反馈电路,回到输入端,依次标出信号传送通路上各点信号电压的瞬时极性。然后,在输入端比较原输入信号与反馈信号的相位关系。最后,判断反馈回来的信号是增强还是削弱净输入信号,如果是削弱净输入信号,便可以判断是负反馈,反之,则是正反馈。

例 4 – 1 在图 4 – 5 所示电路中,试利用瞬时极性法判断电路的反馈极性。

解:假设输入端瞬时极性为(+)极性,根据在第 2 章所学的知识可知,三极管集电极上的信号相位与基极的信号相位是相反的,所以,信号经放大后,在集电极上输出的信号相位为(–)极性。它经 R_b 反馈,由于电阻不改变信号相位,因此,反馈回输入端的反馈信号相位为(–)极性,即,原输入信号与反馈信号的相位相反,这样,原输入信号与反馈信号两信号叠加后的净输入信号为 $X'_i = X_i - X_f$,显然,反馈信号对电路的作用是使得净输入信号减弱。所以,该反馈为负反馈。

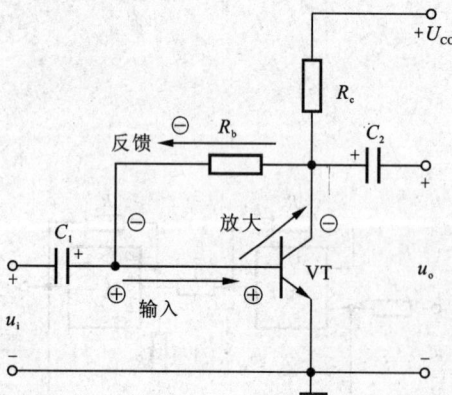

图 4 – 5 判断电路中的反馈

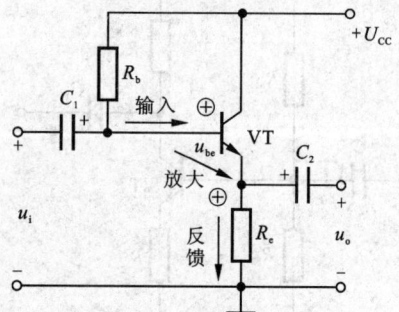

图 4 – 6 射极输出器

例 4 – 2 在图 4 – 6 所示电路中,试利用瞬时极性法判断电路的反馈极性。

解:假设输入端瞬时极性为(+)极性,由于电路是从发射极输出,而三极管的基极与其发射极的相位相同,所以,信号经放大后,在发射极上输出的信号相位为(+)极性。而在此电路中,电路的净输入信号为 $u_{be} = u_b - u_e$,显然,u_e 的变化要比 u_b 大,因此,原输入信号与反馈信号两信号叠加后将使得净输入信号减小,所以,该反馈为负反馈。

根据例 4 - 1 和例 4 - 2 分析可得到如下结论:在反馈放大电路的输入回路中,若输入信号与反馈信号都接在同一端点上,则当它们的相位为相反极性时,电路构成负反馈;而当它们的相位为相同极性时,电路构成正反馈。若输入信号与反馈信号接在输入回路的不同端点上,当它们的相位为相反极性时,电路构成正反馈;而当它们的相位为相同极性时,电路构成负反馈。依此,根据理想运放的特性,不难分析出图 4 - 7 两运算放大电路的反馈极性。

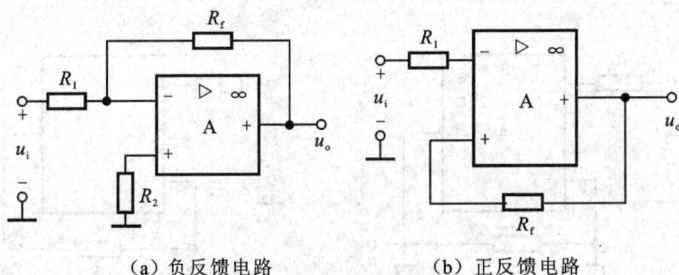

（a）负反馈电路　　　　　　　　（b）正反馈电路

图 4 - 7　运放反馈极性的判定

2. 直流反馈与交流反馈

在放大电路中,由于同时存在着直流分量和交流分量,因此,在分析电路中存在的反馈时,必须弄清反馈信号的成分。如果反馈信号只是直流分量,则电路只存在直流反馈;如果反馈信号只是交流分量,则电路只存在交流反馈;而有时则是既存在直流反馈,又同时存在交流反馈。

在图 4 - 8(a)中,由于在反馈信号的传送通路上存在一个交流旁路电容 C,则信号中的交流成分就会被旁路,反馈信号就只有直流分量,因此,电路只存在直流反馈。

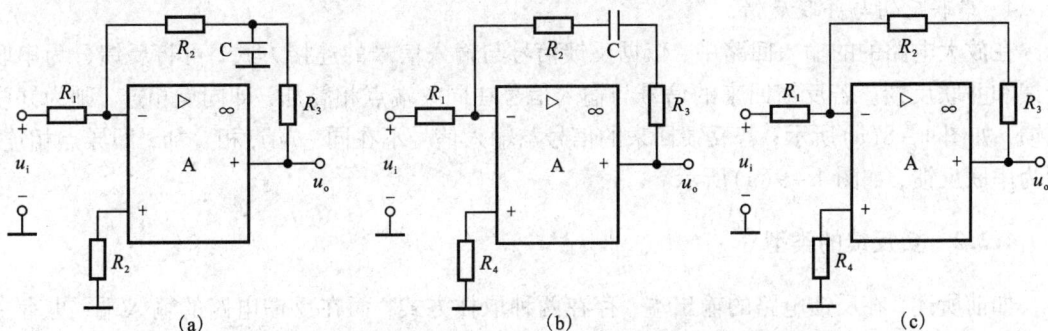

（a）　　　　　　　　　　　（b）　　　　　　　　　　　（c）

图 4 - 8　直流反馈与交流反馈

在图 4 - 8(b)中,由于在反馈信号的传送通路上存在一个隔直电容 C,信号中的直流成分不能通过,则反馈信号就只有交流分量,所以,电路只存在交流反馈。

在图 4 - 8(c)中,反馈信号的传送通路上既无旁路电容,又无隔直电容,所以,电路既存在直流反馈又存在交流反馈。

直流负反馈的作用是稳定放大电路的静态工作点，而交流负反馈则能改善放大电路的动态性能，在本章中如不做特别说明，所指的负反馈都是交流负反馈。

3. 电压反馈与电流反馈

在放大电路的输出回路上，依据反馈网络从输出回路上的取样方式，可将反馈分为电压反馈和电流反馈。若反馈信号取样为电压，即反馈信号（电压）大小与输出电压的大小成正比，这样的反馈称为电压反馈，如图 4-9(a) 所示。若反馈信号取样为电流，即反馈信号（电流）大小与输出电流的大小成正比，这样的反馈称为电流反馈，如图 4-9(b) 所示。

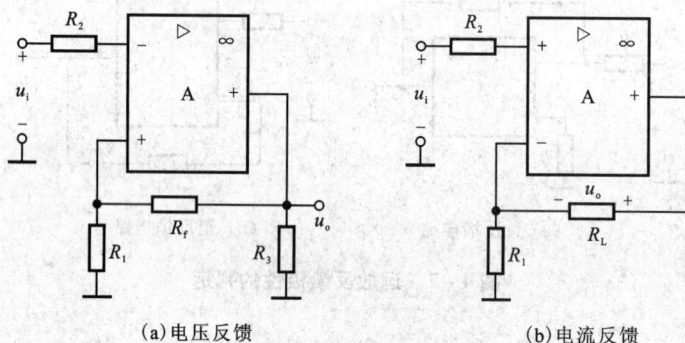

(a) 电压反馈　　　　　(b) 电流反馈

图 4-9　电压反馈与电流反馈

判断方法：依据反馈取样与输出信号之间关系可得，只要假设输出电压 $u_o = 0$，若此时反馈信号也跟着消失，则为电压反馈。若此时反馈信号仍然存在，则为电流反馈。

在图 4-9(a) 中，当假设 $u_o = 0$ 时，即此时 R_3 可视为短路，则输出信号全部对地短路，很显然，输出信号不会在 R_1 上形成电压，因此电路为电压反馈；在图 4-9(b) 中，当假设 $u_o = 0$ 时，输出信号仍将在上 R_1 形成电压，因此电路为电流反馈。

4. 串联反馈与并联反馈

在放大电路的的输入回路中，依据反馈信号与输入信号的连接方式，可将反馈分为串联反馈和并联反馈。若反馈回来的信号与输入信号在同一端点相叠加，即同点相连，则为并联反馈，如图 4-8(a) 所示；若反馈回来的信号与输入信号不在同一端点相叠加，即异点相连，则为串联反馈，如图 4-9(a) 所示。

4.2.2　负反馈的类型

如前所述，在反馈电路的输出端，存在两种取样方式；而在反馈电路的输入端，也存在两种连接方式；因此，负反馈共有四种类型，分别是电压并联负反馈、电压串联负反馈、电流并联负反馈、电流串联负反馈。

1. 电压并联负反馈

在图 4-10 所示负反馈放大电路的输出端，R_f 上的电压即反馈电压与输出电压是成正比的，若假设 $u_o = 0$，即假设 R_L 对地短路，根据前面所学的知识，不难分析出 R_f 上的电压也将消失，R_f 也就将失去反馈作用，因此，根据电压反馈的定义可以判断出电路为电压反馈。

而在电路的输入端，输入信号与反馈信号都是接在反相输入端上，因此，电路又为并联反馈。综合可得，电路为电压并联负反馈。

电压并联负反馈具有稳定输出信号电压的功能，其过程可做以下分析：如电路因某种原因导致输出电压 u_o 增大，则反馈电流 i_f 会相应上升，这将引起净输入电流 i' 减少，从而迫使输出电压 u_o 下降，起到稳定输出信号电压的作用。

电压并联负反馈电路要求高内阻信号源提供信号。因为信号源的内阻 R_s 越大，净输入电流就越小，所以，反馈电流 i_f 对 i' 的影响也越明显，负反馈作用也越强。因此，它适合与恒流源相配合。

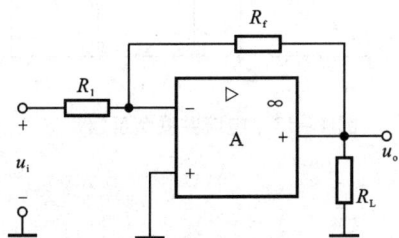

图 4 – 10　电压并联负反馈

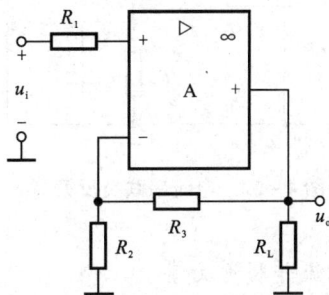

图 4 – 11　电压串联负反馈

2. 电压串联负反馈

负反馈放大电路如图 4 – 11 所示，采用同样的分析方法，当假设 R_L 短路时，则 R_3 也将失去反馈作用，因此电路也为电压反馈。

在电路的输入端，输入信号与反馈信号分别接在运放的同相端和反相端上，不接在同一端点上，因此，电路为串联反馈。综合可得，电路为电压串联负反馈。

电压串联负反馈电路也具有稳定输出信号电压的功能，其过程可做以下分析：当电路因某种原因使输出电压 u_o 下降时，则反馈电压 u_f 也会下降，从而使得净输入电压增大，因此，输出电压 u_o 将回升，从而起到稳定输出信号电压的功能。

电压串联负反馈电路要求由低内阻的信号源提供输入信号，因为信号源内阻 R_s 越低，电路的净输入电压就越高，则反馈作用越强，因此它适宜与恒压源配合。

3. 电流串联负反馈

在图 4 – 12 所示负反馈放大电路的输出端，如果假定将负载 R_L 短路，使得 $u_o = 0$，很显然，输出回路中仍然存在电流 i_o，则反馈电阻 R_{e1} 上仍会有电压存在，即反馈电压不会消失，依据前面的反馈定义可知，电路为电流反馈。

在电路的输入端，输入信号与反馈信号分别接在 b 极与 e 极上，形成串联回路，因此是串联反馈。综合可得，电路为电流串联负反馈。

电流串联负反馈电路具有稳定输出信号电流的功能，其过程可做以下分析：当电路因某种原因使输出电流 i_o 增大时，则反馈电压 u_f 也将增大，从而使得净输入电压 u_{be} 减小，造成净输入电流 i_b 减小，因此，输出电流 i_o 将减小，起到稳定输出信号电流的作用。

电流串联负反馈电路的输入电阻大，因此要求由低内阻的信号源提供输入信号，这样可增强反馈的作用。

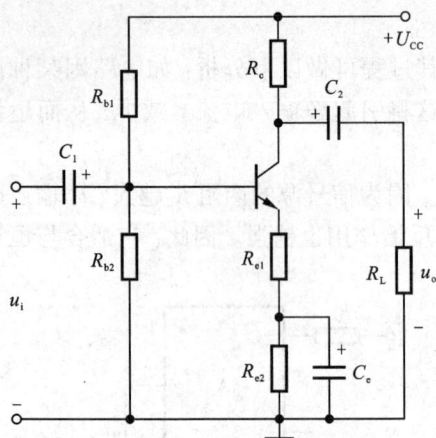

图 4 - 12　电流串联负反馈

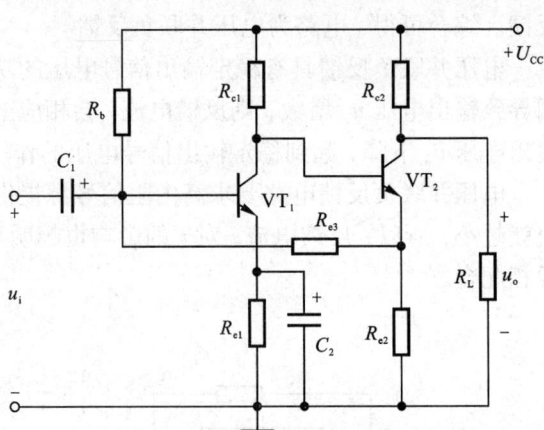

图 4 - 13　电流并联负反馈

4. 电流并联负反馈

在图 4 - 13 所示电路的输出端，若假定 R_L 短路，同样可以得到，它也不能使得输出回路中的电流 i_o 为 0，R_{e3} 上仍有电压存在，因此，电路为电流反馈。

而在电路的输入端，输入信号与反馈信号同接在 b 极，构成并联形式，因此为并联反馈。综合可得，电路为电流并联负反馈。

电流并联负反馈电路也具有稳定输出信号电流的功能，其过程可做以下分析：当电路因某种原因使得输出电流 i_o 增大，则 R_{e3} 中的反馈电流将增大，由于是负反馈，从而使得净输入电流减小，因此输出电流 i_o 减小，起到稳定输出信号电流的作用。

电流并联负反馈电路的输入电阻小，因此，要求高内阻的信号源提供输入信号。

4.3　负反馈对放大电路性能的影响

4.3.1　反馈的基本关系式

由图 4 - 14 所示的反馈电路方框图可得出反馈电路的各物理量之间的关系。在本章的讨论中，除涉及频率特性内容以外，为分析方便均认为信号频率处在放大电路的通频带内(中频段)，并假设反馈网络为纯电阻元件构成，这样，所有信号均用有效值表示，A 和 F 可用实数表示。

开环放大倍数

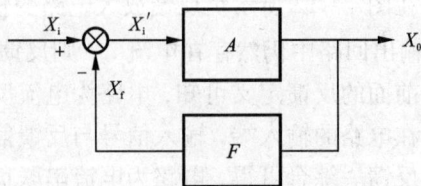

图 4 - 14　负反馈电路方框图

$$A = \frac{X_o}{X'_i} \qquad (4-1)$$

反馈系数

$$F = \frac{X_f}{X_o} \qquad\qquad (4-2)$$

净输入信号

$$X'_i = X_i - X_f = \frac{X_i}{1 + AF} \qquad\qquad (4-3)$$

闭环放大倍数

$$A_f = \frac{X_o}{X_i} \qquad\qquad (4-4)$$

从以上公式可得 $X_o = AX'_i = A(X_i - X_f) = A(X_i - FX_o) = AX_i - AFX_o$

整理可得

$$(1 + AF)X_o = AX_i \qquad\qquad (4-5)$$

将式4-5代入式4-4中，负反馈放大电路的闭环放大倍数

$$A_f = \frac{A}{1 + AF} \qquad\qquad (4-6)$$

闭环放大倍数能用来描述引入反馈后电路的放大能力，$1 + AF$ 称为反馈深度，它是一个描述反馈强弱程度的物理量，其值越大，表示反馈越深，对放大器的影响也越大。

在公式(4-6)中，若 $1 + AF > 1$，则电路为负反馈情形。可见引入负反馈后，放大电路的放大倍数将下降。

若 $0 < 1 + AF < 1$，则电路为正反馈情形。放大电路引入正反馈后，虽然能提高放大电路的放大倍数，但会对放大电路的其他性能带来许多不利影响，所以，在一般情况下要避免引入正反馈。正反馈只应用在特定的电路中。

若 $1 + AF = 0$，则 $AF = \infty$，这时电路所处的状态称为自激振荡。此时，电路即使不输入信号，也会有信号输出，这种情况将在第六章正弦波振荡电路中作详细的阐述。

若 $1 + AF = 1$，即 $AF = 0$，表示这时电路中的反馈效果为零。

例 4-3　在如图4-15所示电路中，已知运放的开环电压放大倍数 $A = 10^4$，输入信号 $u_i = 1$ mV，求电路的闭环电压放大倍数 A_f，净输入电压 u'_i 以及反馈电压 u_f 的值。

解：分析可知，电路为电压串联负反馈放大电路，由于运放反相输入端的分流极小，因此，由 R_2、R_f 构成的反馈网络可视为两者串联组成。则

$$F = \frac{u_f}{u_o} = \frac{R_2}{R_2 + R_f} = \frac{3}{3 + 270} = 0.011$$

$$A_f = \frac{A}{1 + AF} = \frac{10^4}{1 + 10^4 \times 0.011} = 90.1$$

$$u'_i = \frac{u_i}{1 + AF} = \frac{1}{1 + 10^4 \times 0.011} \text{ mV} = 0.00901 \text{ mV}$$

$$u_f = u_i - u'_i = 1 \text{ mV} - 0.00901 \text{ mV} = 0.99099 \text{ mV}$$

由此可见，引入负反馈后，电路的净输入电压远远小于它的输入电压，电路对输入信号

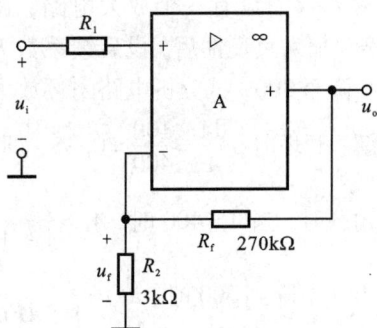

图 4-15　例 4-3 图

的放大倍数(闭环放大倍数)也远远小于其开环放大倍数。

4.3.2　负反馈对放大电路性能的影响

1. 降低了电路的放大倍数

在负反馈电路中,由于 $1 + AF > 1$,因此,由公式 $A_f = \dfrac{A}{1 + AF}$ 可知,此时电路的 $A_f < A$,即引入负反馈后放大电路的放大倍数将下降。$1 + AF$ 越大,反馈也就越深,放大倍数的下降程度也就越厉害。

2. 提高了放大倍数的稳定性

引入负反馈后,电路的放大倍数变为 $A_f = \dfrac{A}{1 + AF}$,如果在上式中对变量 A 求导,则可得

$$\frac{dA_f}{dA} = \frac{1}{(1 + AF)^2} \tag{4-7}$$

两边同乘 dA 则有,

$$dA_f = \frac{1}{(1 + AF)^2} dA \tag{4-8}$$

将上式两边同除以 A_f,可得

$$\frac{dA_f}{A_f} = \frac{dA}{(1 + AF)^2 A_f} = \frac{1}{1 + AF} \frac{dA}{A} \tag{4-9}$$

在负反馈电路中,由于 $1 + AF > 1$,所以,$\dfrac{dA_f}{A_f} < \dfrac{dA}{A}$。

式(4-9)表明,引入负反馈后,电路放大倍数的相对变化量仅是未加负反馈时的相对变化量的 $\dfrac{1}{1 + AF}$。即电路的放大倍数的稳定性提高了 $(1 + AF)$ 倍,显然,负反馈越深,电路放大倍数的稳定性越高。

例 4-4　设有一个放大电路,在未加负反馈时,因某种原因,其放大倍数从 400 降至 300 倍。加入负反馈后,设反馈系数 $F = 0.0475$,电路仍因同样原因,使其开环放大倍数 A 仍从 400 降至 300,试分析电路闭环放大倍数的稳定情况。

解: 开环时,$\dfrac{dA}{A} = \dfrac{100}{400} = 0.25$,即相对变化量为 25%。

闭环时,当 $A = 400$ 时,$A_f = \dfrac{A}{1 + AF} = \dfrac{400}{1 + 400 \times 0.0475} = 20$

当 A 下降到 300 时,$A'_f = \dfrac{A}{1 + AF} = \dfrac{300}{1 + 300 \times 0.0475} = 19.67$

若仍要达到原来 400 倍的放大倍数,则需要用两级上述放大电路进行级联放大(在此忽略前、后级之间的影响),这时,电路总的放大倍数在变化前、后分别为 $20 \times 20 = 400$ 倍及 $19.67 \times 19.67 \approx 386.9$ 倍,也就是说,其相对变化量为 $\dfrac{400 - 386.9}{400}$,即 3.275%,显然,引入负反馈后,在达到相同放大倍数的前提下,电路放大倍数的稳定性得到很大的提高。

3. 展宽通频带

在第 2 章的学习中,我们知道放大电路对不同频率的信号具有不同的放大倍数。在中频

段,放大倍数近似相等;随着信号频率的变化,频率越高或频率越低,放大倍数都将下降。在上限截止频率点和下限截止频率点上,电路的放大倍数均为中频段的 $A_H = A_L = \dfrac{1}{\sqrt{2}}A$($A$ 为中频段的放大倍数),此时,通频带宽度 $BW = f_H - f_L \approx f_H$(因为 $f_H \gg f_L$)。那么引入负反馈之后,电路的带宽将发生怎样变化呢?下面通过具体的计算来进行说明。

例 4 – 5　有一开环放大电路,中频放大倍数 $A = 400$,设其上限频率 $f_H = 3000$ Hz,现引入负反馈,反馈系数为 $F = 0.047$,试比较电路的通频带变化情况。

解:由通频带的概念可以知道,在开环状态下,电路在此上限频率处的放大倍数 $A_H = \dfrac{400}{\sqrt{2}} = 282.8$,较之中频处的放大倍数下降了 29.3%。当引入负反馈后,则此时的中频放大倍数下降到 $A_f = \dfrac{A}{1 + AF} = \dfrac{400}{1 + 400 \times 0.0475} = 20$,而在原上限频率 3000 Hz 处的 $A_{HF} = \dfrac{A_H}{1 + A_H F} = \dfrac{282.8}{1 + 282.8 \times 0.0475} = 18.32$。若用两级相同电路级联,使总的中频放大倍数仍保持在 $A' = 20 \times 20 = 400$,那么,在 3000 Hz 处的总放大倍数将为 $A_{Hf} = 18.32^2 \approx 335.62$。此时,放大倍数仅下降了约 16.1%,远未达到 29.3%。在低频端也可得到同样结果。也就是说,引入负反馈后,它使放大倍数的下降变得缓慢。在截止频率上,它体现为使下限截止频率 f_L 向低端延伸至 f_{LF};同时,使上限截止频率 f_H 向高端延伸至 f_{HF}。根据分析,f_L 将下降为 $\dfrac{f_L}{1 + AF}$,而 f_H 将上升为 $f_H(1 + AF)$,从而展宽了电路的通频带,改善了放大电路的高频和低频响应特性,如图 4 – 16 所示。

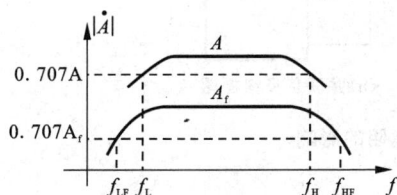

图 4 – 16　负反馈对通频带的影响

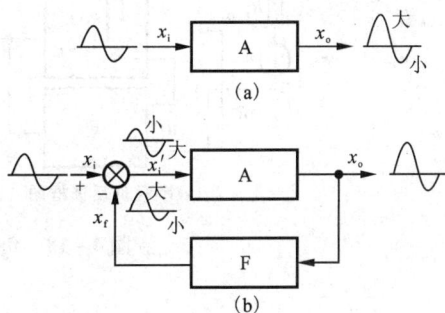

图 4 – 17　负反馈改善非线性失真示意图

4. 减小非线性失真

由于放大电路中存在着三极管等非线性元件,这使得放大电路的传输特性是非线性的。因此,即使输入的是正弦波,输出也不会是正弦波,会产生波形失真,这种失真称为非线性失真,如图 4 – 17(a)所示。尽管输入的是正弦波,但输出变成了正半周幅度大,负半周幅度小的失真波形。如果在图 4 – 17(a)所示的放大电路中加上负反馈后,假设反馈网络是由无源元件构成的线性网络,这样,将得到正半周幅度大,负半周幅度小的反馈信号 X_f,而净入信号 $X'_i = X_i - X_f$,由此得到的净输入信号 X'_i 则是正半周幅度小,负半周幅度大的失真波形。这个波形被放大输出后,正、负半周幅度不对称的程度将减小,输出波形趋于正弦波,非线性失真得到改善。其过程可用图 4 – 17(b)来说明负反馈改善非线性失真的原理。一般来说，反馈越深改善效果越明显。

必须指出，负反馈只能减小放大电路本身的非线性失真，而对于输入信号自身的失真，它是无能为力的。并且，负反馈也不能抵消晶体管的工作点因进入饱和区或截止区所产生的非线性失真，也就是说，负反馈不能改善饱和失真或截止失真。

5. 改变输入电阻和输出电阻

输入电阻和输出电阻是放大电路的基本性能指标，引入负反馈，可以改变它的输入电阻和输出电阻。不同类型的反馈，对放大电路的输入电阻或输出电阻的影响是不同的，下面分别予以讨论。

(1) 对于输入电阻

输入电阻是指从放大电路的输入端口看进去的等效电阻，因此，输入电阻的变化主要取决于反馈网络与输入端的连接方式，而与输出端的取样方式无关。

在串联负反馈电路中，其反馈框图如图 4 – 18(a)所示，由于 u_f 与 u_i 在输入回路中为串联形式，从而使输入端的电流 i_i 较无负反馈时减小，因此，输入电阻 R_{if} 增大。反馈越深，R_{if} 增加越多。分析证明，串联负反馈的输入电阻将增大到无反馈时的 $(1 + AF)$ 倍。

在并联负反馈电路中，其反馈框图结构如图 4 – 18(b)所示，情况刚好与串联相反，由于输入端电流的增大，致使输入电阻 R_{if} 减小。反馈越深，R_{if} 减小越多。分析证明，并联负反馈的输入电阻将减小到无反馈时的 $\dfrac{1}{1 + AF}$ 倍。

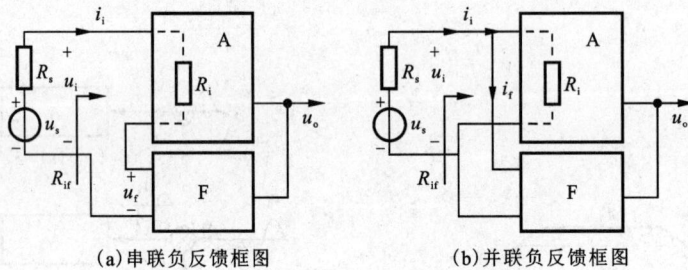

(a)串联负反馈框图   (b)并联负反馈框图

图 4 – 18　负反馈对输入电阻的影响

(2)对于输出电阻

输出电阻是指从放大电路的输出端口看进去的等效电阻，因此输出电阻的变化主要取决于反馈网络在输出端的取样方式，而与输入端的连接方式无关。

在电压负反馈电路中，其反馈框图结构如图 4 – 19(a)所示。由于电压负反馈的作用是使输出电压更稳定，因此其输出电阻很小。分析证明，有此反馈时，输出电阻将减少到无反馈时的 $\dfrac{1}{1 + AF}$ 倍。

在电流负反馈电路中，其反馈框图结构如图 4 – 19(b)所示。由于电流负反馈的作用是维持输出电流的稳定，因此其输出电阻很大，分析证明，有此反馈时，输出电阻将增大到无反馈时的 $(1 + AF)$ 倍。

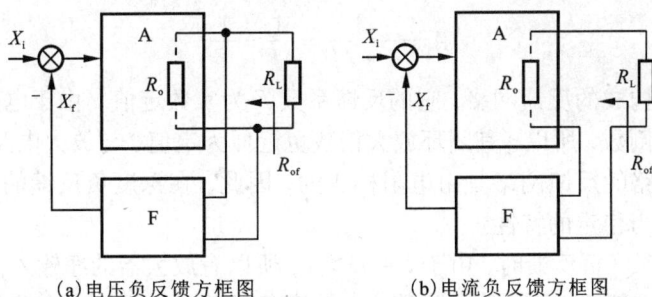

(a)电压负反馈方框图   (b)电流负反馈方框图

图 4 - 19   负反馈对输出电阻的影响

必须指出,引入负反馈后,它对输入电阻以及输出电阻的影响都是指反馈环内的输入电阻和输出电阻的影响,它对反馈环外的电阻没有影响。

4.3.3   负反馈电路的自激振荡及消除

引入负反馈能够改善放大电路的工作性能,改善的程度是由反馈深度决定的。在实际应用中,负反馈对电路性能的这种改善是有限度的,也就是说,在实际中并非反馈越深越好,因为有时这不但不能改善放大器的性能,反而会使性能变坏,甚至会使放大器不能正常工作。

在这一章中所讨论的负反馈电路,是将电路中各电抗元件(主要是电容)的影响忽略不计,同时,是针对放大器工作于通频带以内的情况而言的。但是,在实际应用中,由于放大电路和反馈网络中存在有电抗元件,因而对于那些工作在通频带以外的信号,工作频率越高,负反馈网络及放大器中的电抗元件所产生的附加相移就越大,这将可能使原本在中低频引入的负反馈由于相移而变成正反馈,一旦这种正反馈的幅度足够强,就会使电路形成自激振荡,使电路的放大遭到破坏。

为了避免自激的产生,常对负反馈电路采取以下一些措施加以防范。

(1)尽可能采用单级或两级负反馈。

(2)在不得不采用三级以上的负反馈时,应尽可能使各级电路的参数设计成不一致。

(3)适当减小反馈系数或降低反馈深度,对于深度负反馈,则应在适当部位设置电容(或电阻、电容组合)进行相位补偿,这可在一定范围内消除自激振荡。

4.4   深度负反馈放大电路

前面对负反馈放大电路作了定性分析,在本节中,将对它进行定量分析,但一般来说,对负反馈放大电路进行精确计算不是一件容易的事情。在此,主要是根据电路的特点,利用一定的近似条件,对电路的一些参数进行工程估算。

4.4.1   深度负反馈的特点

在负反馈放大电路中,当反馈深度 $1 + AF \gg 1$ 或 $AF \gg 1$ 时,称之为深度负反馈。

一方面，放大器的闭环放大倍数的计算可化简为

$$A_f = \frac{A}{1 + AF} \approx \frac{A}{AF} = \frac{1}{F} \qquad (4-10)$$

对于由纯电阻构成的反馈网络，它的反馈系数 F 为实数定值。由于电路的闭环放大倍数近似为反馈系数的倒数，所以，其闭环放大倍数也近似为定值，与放大电路的开环参数无关。在一般情况下，电路的反馈网络是由电阻构成的，因此，在深度负反馈的情况下，电路的闭环放大倍数具有相当稳定的特性。

另一方面，在深度负反馈时，由于 $1 + AF \gg 1$，所以有放大器的净输入信号 X'_i 很小，常将它忽略不计，因此，有 $X_i \approx X_f$。此式说明，在深度负反馈的情况下，电路的反馈信号近似等于信号源提供的信号，对于串联反馈电路可得出 $u_i = u_f$，对于并联反馈电路可得出 $i_i = i_f$，也就是说，电路的净输入信号可视为 0。

对于用集成运放构成的放大电路，在作线性放大应用时必须是处于深度负反馈才能正常工作。此时，可认为净输入电压 $u'_i \approx 0$，则可得出 $u_+ = u_-$，即运放的同相端与反相端可视为短接，常称为"虚短"；同时，可认为净输入电流 $i'_i = 0$，即运放的输入端近似于开路，称为"虚断"。利用以上深度负反馈放大电路所具有的特性可方便地进行放大倍数及其他参数的估算。

4.4.2　深度负反馈放大电路的估算

在实际工程运用中的放大电路一般都满足深度负反馈的条件。下面通过例题来讲述各种深度负反馈电路中有关放大倍数的估算，并假定以下各个电路都满足深度负反馈条件。

例 4-6　估算图 4-20 中放大电路中的电压放大倍数。

解： 分析可知，图 4-20 是由运放构成的电压串联负反馈电路，根据运放在深度反馈下的同相端具有虚断特性，即 $i_+ = 0$，因此可得出 $u_+ = u_i$。

再根据净输入信号 $u'_i = 0$，可得出

$$u_+ = u_- = u_i$$

另又根据反相端也具有虚断的特征，即 R_1 与 R_f 可视为串联，于是可得到

$$u_o - i_f R_f - i_f R_1 = 0 \qquad (4-11)$$

$$i_f R_1 = u_i \qquad (4-12)$$

解方程得　　　　　　　　$A_u = u_o / u_i = 1 + (R_f / R_1)$

例 4-7　估算图 4-21 中放大电路中的电压放大倍数。

解： 由分析可知，图 4-21 是由三极管构成的电压并联负反馈电路。根据深度并联负反馈特性 $I_i = I_f$，可得出

$$u_s - i_i R_s - i_f R_f = u_o \qquad (4-13)$$

化简得

$$u_s - i_i (R_s + R_f) = u_o \qquad (4-14)$$

又根据 $i_i \approx 0$，可得到 $u_A = 0$，即 $u_s - i_i R_s = 0$，即

$$i_i = u_s / R_s \qquad (4-15)$$

将式（4-15）代入式（4-14）可求得

$$A_u = \frac{u_o}{u_s} = -\frac{R_f}{R_s}$$

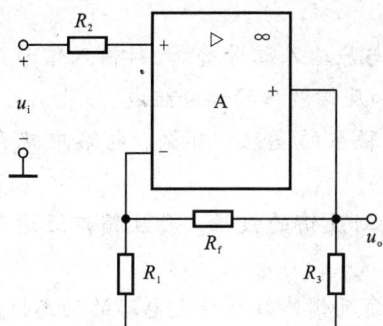

图 4-20 电压串联负反馈

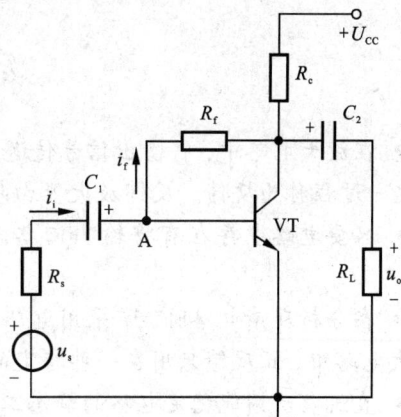

图 4-21 电压并联负反馈

4.5 应用实例——反馈式音调控制器

在图 4-22 所示电路中，R_1、R_2、R'_1、C_1 组成低音音调控制器，而 R_3、R_4、C_3 组成高音音调控制器，实际上是电压并联负反馈的应用电路。

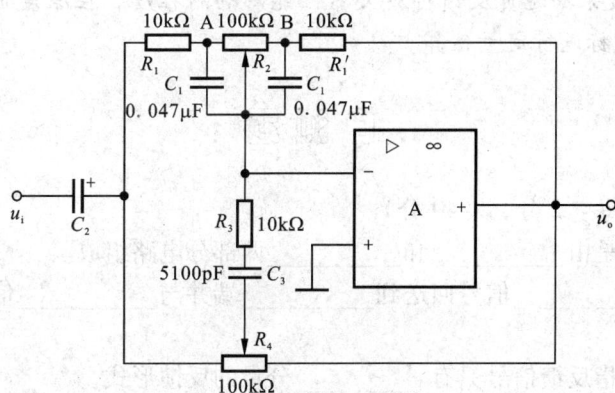

图 4-22 反馈式音调控制器电路原理图

先考虑在频率很低的情况，此时 C_1、C_3 相当于开路，因此，高音音调控制器不起作用，低音音调控制器能起作用，当 R_2 动触点在 A 点时，输入电阻为 R_1，反馈电阻为 $R'_1 + R_2$；而当 R_2 动点在 B 点时，输入电阻为 $R_1 + R_2$，反馈电阻为 R'_1。可见电位器 R_2 能调节输出的低音放大倍数和音量。当频率逐渐上升时，C_1 开始起作用，C_1 对 R_2 起旁路作用。当频率上升到使 C_1 的容抗已将 R_2 短路时，电位器 R_2 就不起作用。所以电位器 R_2 只能对低音的输出音量起控制作用。

再考虑频率很高的情况，此时，C_1、C_3 相当于短路，因此，低音音调控制器无调节作用，高音音调控制器能起调节作用。电位器 R_4 能调节输出的高音音量。

本章小结

● 在放大电路中，将输出信号传送回输入端，并与原输入信号叠加，对输入信号产生影响，这一过程称为反馈。反馈放大器由基本放大电路和反馈网络两部分组成。

● 只要电路中存在有将输出回路与输入回路相联系的支路，那么，电路中就存在有反馈。

● 在分析反馈电路时，常采用电压瞬时极性法判断反馈的极性。负反馈广泛运用于各类放大电路中，正反馈只用在一些特定的电路中。

● 直流负反馈能稳定电路的静态工作点，而交流负反馈能改善放大电路的动态性能。

● 根据不同的电路结构，常将负反馈分为电压并联、电压串联、电流并联、电流串联四种类型。电压负反馈能降低输出电阻、稳定输出电压。电流负反馈能提高输出电阻、稳定输出电流。串联负反馈能提高输入电阻，并联负反馈能降低输入电阻。具体引入什么类型的负反馈应根据实际的要求来决定。

● 负反馈可以提高放大倍数的稳定性、减小非线性失真、扩展通频带以及改变输入电阻和输出电阻。

● 多级放大电路中负反馈过深容易引起电路自激。适当减小反馈系数或降低反馈深度，在一定范围内能消除自激振荡。

● 常用反馈深度来描述负反馈对放大器性能影响的程度。在深度负反馈的条件下，可对放大电路的性能指标进行定量估算。

自测题

4-1 填空题(每空 2 分，共 40 分)

(1)反馈放大器是由_____和_____两部分电路组成。

(2)反馈是将_____信号回送到_____端并与_____信号相叠加再进行放大过程。

(3)直流反馈是指反馈信号只有_____分量的反馈形式。

(4)根据反馈的取样方式，将反馈分为_____反馈和_____反馈。根据反馈信号与输入信号的叠加方式，可将它分为_____反馈和_____反馈。

(5)为了稳定放大电路的静态工作点，通常在电路中引入_____负反馈。

(6)在对反馈放大器进行定量分析时，常需要用到的四个重要物理量是_____、_____、_____、_____。

(7)负反馈在放大器中应用很多，它对放大器性能的影响主要体现在_____、_____、_____、_____四方面。

(8)放大电路中的负反馈过深容易引起_____。

4-2 选择题(每小题 3 分，共 21 分)

(1)构成反馈的元器件_____。

a. 只能是电阻、电容等无源元件；　　　b. 只能是晶体管、集成运放等有源元件；

c. 既可以是无源元件, 又可以是有源元件。

(2)要使输出电压稳定又具有较高的输入电阻, 则应选用_____负反馈。

a. 电压并联　　　　b. 电流串联　　　　c. 电压串联　　　　d. 电流并联

(3)有一信号源, 其内阻较大, 则宜选用_____负反馈电路与它配合使用。

a. 串联　　　　　　b. 并联　　　　　　c. 电压　　　　　　d. 电流

(4)有一负载其阻值很小, 则宜选用_____负反馈电路与它配合使用。

a. 串联　　　　　　b. 并联　　　　　　c. 电压　　　　　　d. 电流

(5)射极输出器属_____负反馈。

a. 电压串联　　　　b. 电压并联　　　　c. 电流串联　　　　d. 电流并联

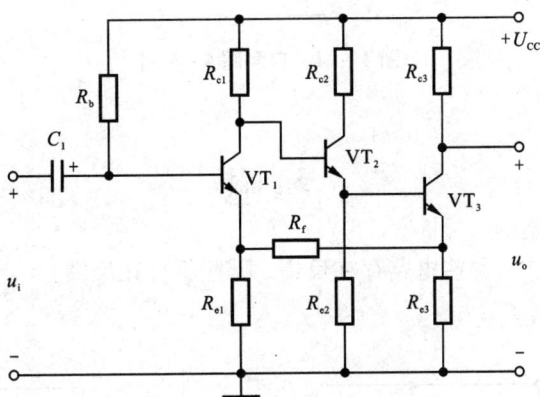

图 4 - 23　自测题 4 - 4 图

(6)在不引起自激的条件下, 负反馈越深, 则输出信号_____。

a. 越小　　　　　　b. 越大　　　　　　c. 稳定不变

(7)消除自激振荡的基本方法是_____。

a. 使 $1 + AF = 0$　　　b. 引入正反馈　　　c. 进行相位补偿

4 - 3　判断题(每小题 3 分, 共 15 分)

(1)负反馈是指反馈信号与原输入信号相位相反的一类反馈。　　　　　　　　(　　)

(2)根据反馈信号与原输入信号的联接方式, 可将反馈分为电压反馈和电流反馈。

　　　　　　　　　　　　　　　　　　　　　　　　　　　　　　　　　(　　)

(3)引入负反馈可拓展放大器对信号放大的频率范围。　　　　　　　　　　　(　　)

(4)在深度负反馈的条件下, 由于闭环增益 $A_f \approx 1/F$, 即可近似认为它只与反馈系数有关, 与放大电路和增益 A 无关, 因此, 省去放大通路, 其放大效果不会改变。　　　(　　)

(5)反馈环内的放大级数越多, 负反馈所起到的作用越好。　　　　　　　　　(　　)

4 - 4　分析图 4 - 23 电路中 R_f 所起的反馈, 判断其类型, 并说明理由。(12 分)

4 - 5　找出题图 4 - 24 中电路各反馈元件, 并判断反馈类型。(12 分)

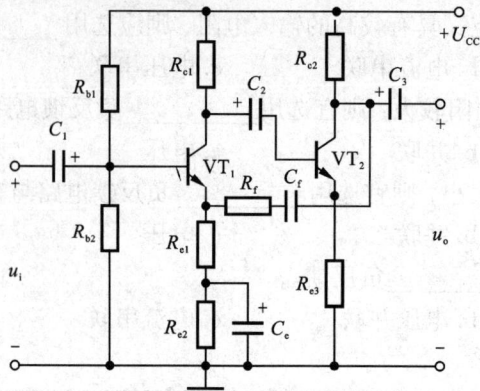

图 4 – 24   自测题 4 – 5 图

习 题

4 – 1   在图 4 – 25 中, 哪些电路存在反馈, 哪些不存在反馈?

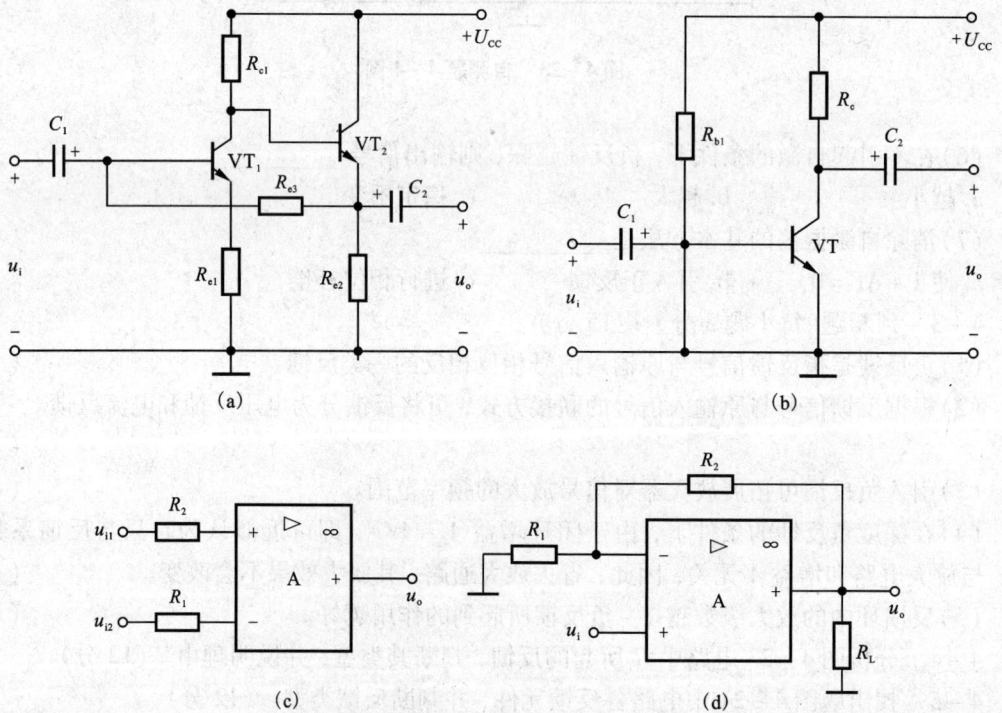

图 4 – 25   习题 4 – 1 图

4-2 在图 4-26 中,哪些电路只有直流反馈,哪些只有交流反馈,哪些既有直流反馈又有交流反馈?

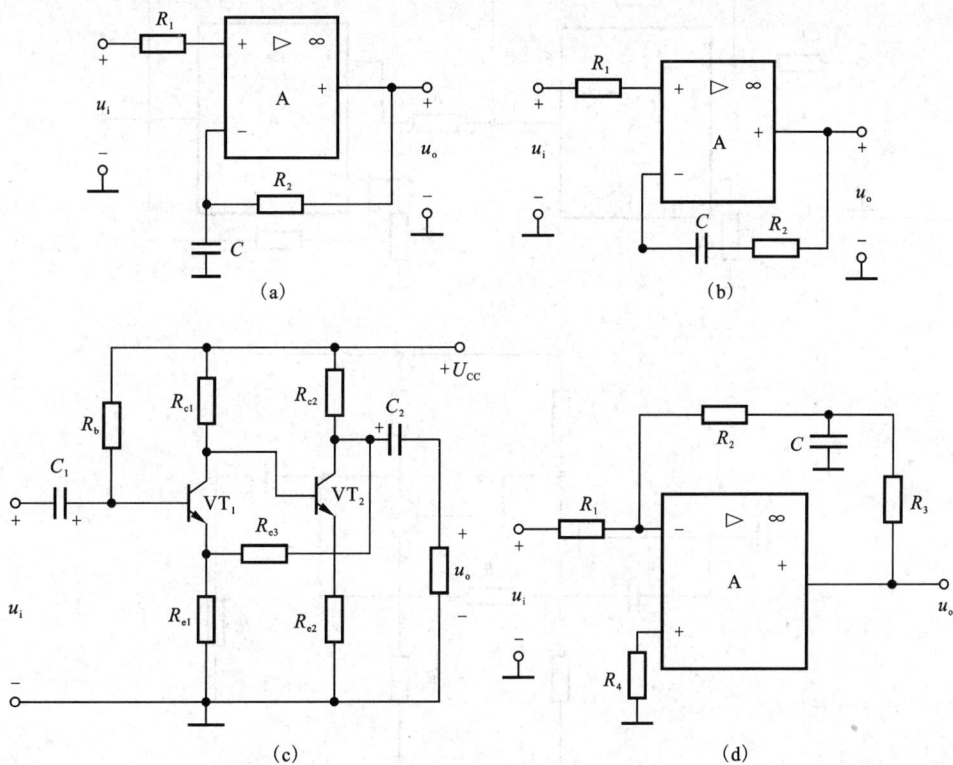

图 4-26 习题 4-2 图

4-3 在图 4-27 中,用瞬时极性法判断各电路中的级间反馈是正反馈还是负反馈。

4-4 在图 4-28 中,试判断它们的反馈类型。

4-5 集成运算放大器电路如图 4-29 所示。判断该电路的交流反馈类型,并标出反馈信号。

4-6 判断图 4-30 中多级放大电路的反馈类型和反馈极性。

4-7 电路如图 4-31 所示。

(1)要求输入电阻增大,试正确引入负反馈类型。

(2)要求输出电流稳定,试正确引入负反馈类型。

4-8 已知某负反馈放大电路的开环放大倍数 $A=10000$,反馈系数 $F=0.01$,由于三极管参数的变化使开环放大倍数减小了 10%,试求变化后的闭环放大倍数 A_f 及其相对变化量。

4-9 如果要求开环放大倍数 A 变化 25% 时,闭环放大倍数的变化不能超过 1%,又要求闭环放大倍数 A_f 为 100,试问开环放大倍数 A 应选多大?这时反馈系数 F 又应选择多大?

4-10 有一放大器在开环状态下工作时,其电压放大倍数的变化范围是 $150\sim600$ 倍,现加上负反馈,其反馈系数 $F=0.06$,试求出加上负反馈后的电压放大倍数的变化范围。

4-11 在一个负反馈放大电路中,基本放大器的电流放大倍数是 500,引入负反馈后,

(a)

(b)

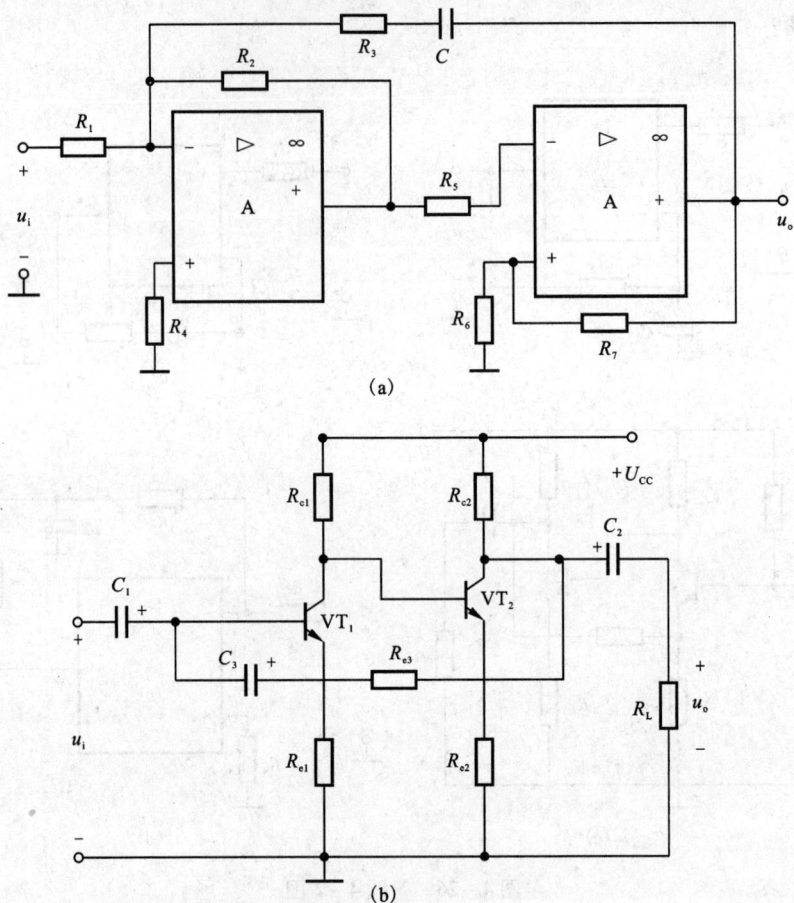

图 4 - 27　习题 4 - 3 图

电流放大倍数变为 40，计算反馈网络的反馈系数。

4 - 12　已知某放大电路在输入信号电压为 1 mV 时，输出电压为 1 V，当加上负反馈后，要达到同样的输出电压时需加入信号为 10 mV，试求出其反馈深度及反馈系数。

4 - 13　电路如图 4 - 32 所示，试从反馈的角度分析，开关 S 的闭合和打开对电路性能的影响。

4 - 14　电路如图 4 - 33 所示，试回答：

(1) 集成运放 A_1 和 A_2 各引进什么反馈?

(2) 求闭环增益 $A_{uf} = \dfrac{U_o}{U_i}$。

4 - 15　判断图 4 - 15 所示电路的反馈类型，并估算闭环电压放大倍数。已知 R_1 为 10 kΩ, R_f 为 100 kΩ, R_2 为 10 kΩ。

4 - 16　判断图 4 - 16 所示电路的反馈类型，并估算闭环电压放大倍数。R_1 为 10 kΩ, R_f 为 100 kΩ。

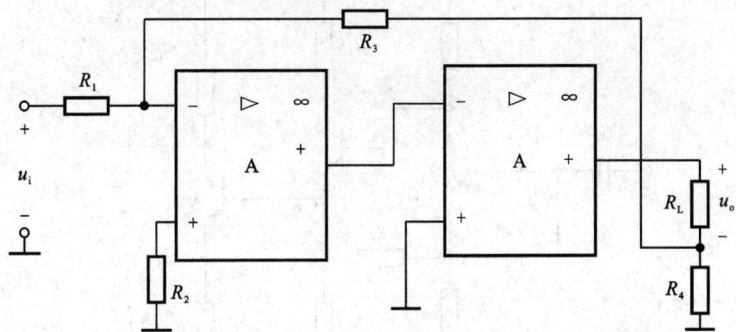

（a）

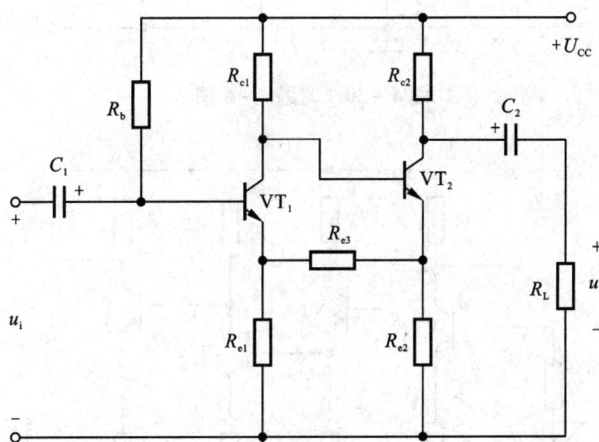

（b）

图 4 – 28　习题 4 – 4 图

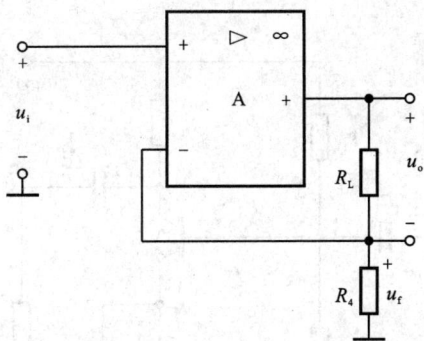

图 4 – 29　习题 4 – 5 图

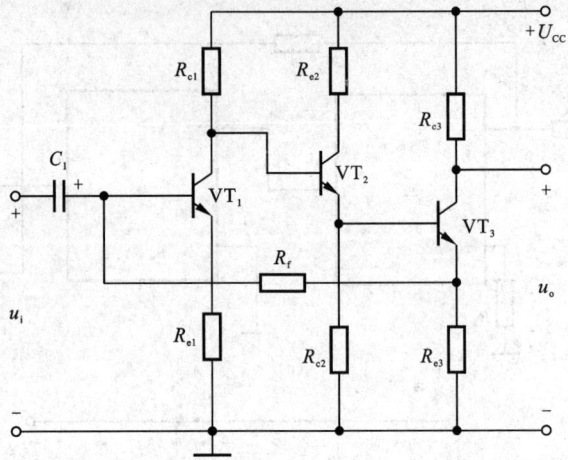

图 4 - 30   习题 4 - 6 图

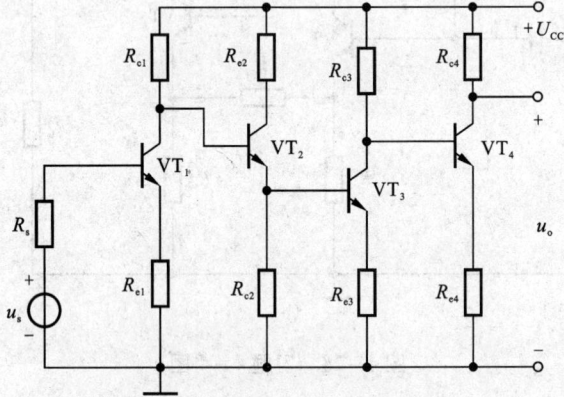

图 4 - 31   习题 4 - 7 图

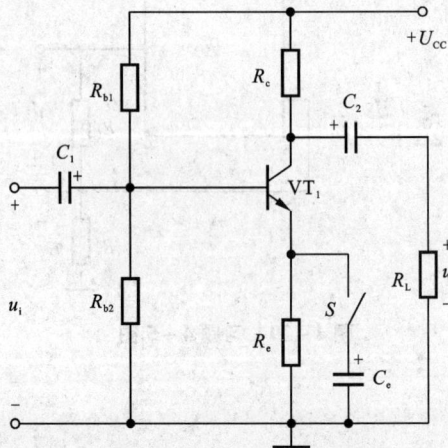

图 4 - 32   习题 4 - 13 图

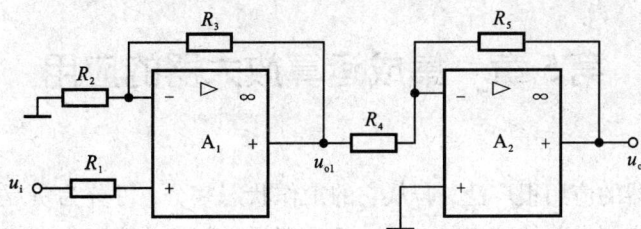

图 4 – 33　习题 4 – 14 图

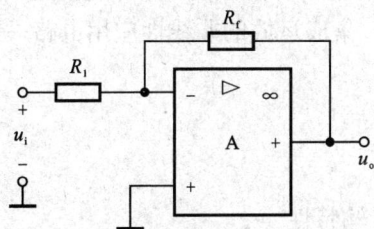

图 4 – 34　习题 4 – 15 图

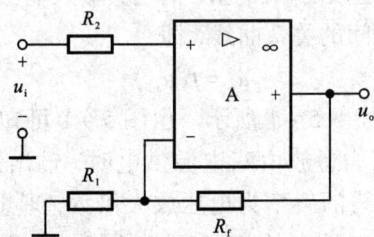

图 4 – 35　习题 4 – 16 图

第 5 章　集成运算放大器的应用

集成运算放大器的应用很广泛，若从它的工作状态来分，可分为负反馈应用、开环和正反馈应用。负反馈应用电路的特点是：引入负反馈后，电路一般工作在线性区内，所以称为线性应用；开环和正反馈的应用电路多数工作于非线性状态，所以又称为非线性应用。

本章在先介绍了集成运放的电压传输特性和工作特点之后，重点介绍集成运放的线性应用电路——模拟信号运算电路，集成运放的非线性应用电路——非正弦信号产生电路等。

5.1　概述

5.1.1　集成运放的电压传输特性

本书的第 3 章已经对集成运放做了初步的介绍，下面就集成运放的特性加以说明。集成运放的电压传输特性是指集成运放的输出电压 u_o 与其输入电压 u_{id}（即同相输入端与反相输入端之间的电压 $u_{id} = u_+ - u_-$）之间的关系曲线，即

$$u_o = f(u_{id})$$

集成运放的电压传输特性如图 5 – 1 所示。由图 5 – 1 可知，集成运放有两个工作区：一是饱和工作区（也称非线性区）。运放由双电源供电时，输出饱和值不是 $+U_{OM}$ 就是 $-U_{OM}$。二是放大区（又称线性区）。曲线的斜率为电压放大倍数，理想运放 $A_{od} \rightarrow \infty$，在放大区与纵坐标重合，见图 5 – 1（a），但实际中的集成运放的特性并非理想，它的电压特性曲线如图5 –1（b）。

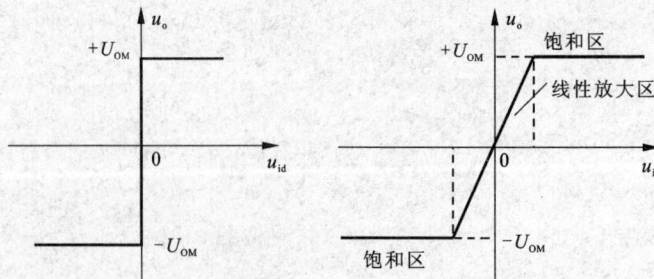

(a)理想集成运放的电压传输特性　　(b)实际集成运放的电压传输特性

图 5 – 1　集成运放的电压传输特性

当集成运放工作在线性区时

$$u_o = A_{od} u_{id} \tag{5 – 1}$$

通常集成运放的开环差模电压放大倍数 A_{od} 非常高，可达几十万倍，因此集成运放的电压

传输特性中的线性区非常窄。如果输出电压最大值 $\pm U_{\text{OM}} = \pm 13$ V, $A_{\text{od}} = 5 \times 10^5$, 那么只有当输入信号 $|u_{\text{id}}| < 26$ μV 时, 电路才会工作在线性区。否则集成运放就将进入非线性区, 输出电压 u_{o} 不是 $+13$ V 就是 -13 V。

5.1.2 典型的双运放、四运放简介

目前, 随着半导体制造工艺水平的提高, 已经把两个甚至多个集成运放制作在同一块芯片上。例如双运放就是在同一芯片上制作了两个相同的运放。这种高密度封装, 不仅缩小体积, 更重要的是在同一芯片上同时制作而成, 温度变化一致, 电路一致性好。

典型的双运放 F353 引脚排列如图 5 - 2 所示。它包含两组电路结构完全相同的运放电路, 是一种高速 JFET 输入运算放大器, 它具有宽的增益带宽积, $BW_{\text{G}} = 4$ MHz, $R_{\text{id}} = 10^{12} \Omega$, 电源电压为 $+18$ V, 差模输入电压范围 $U_{\text{idmax}} = \pm 30$ V, $U_{\text{icmax}} = \pm 18$ V, 电路内部采用了内补偿技术, 使用时不需外接消振补偿电路, 可构成音频静噪电路等。

典型的四运放 LM324 引脚排列如图 5 - 3 所示。它包含四组电路结构完全相同的运放电路, 是通用型单片高增益运算放大器, 既可以单电源使用, 也可双电源使用(单电源使用时, $-U_{\text{cc}}$ 可接 GND)。LM324 集成块在 25 ℃时, $U_{\text{cc}} = +5$ V 时, 主要参数 $U_{\text{IO}} = \pm 2$ mV, $I_{\text{IO}} = \pm 5$ nA, $A_{\text{od}} = 100$ dB, $K_{\text{CMR}} = 70$ dB。LM324 集成运放如接不同的反馈网络, 可构成各种典型的、复杂的功能电路, 如有源滤波电路、放大电路、模拟运放电路、振荡电路、转换电路以及其他各种非线性电路等。

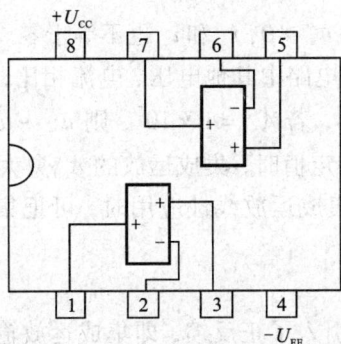

图 5 - 2 双运放 F353 引脚排列图

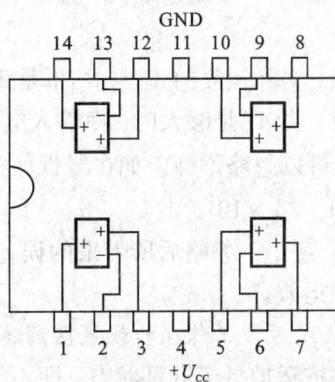

图 5 - 3 四运放 LM324 引脚排列图

5.1.3 集成运放工作在线性区和非线性区的特点

1. 集成运放工作在线性区的特点

集成运放工作在线性区时有两个特点。

(1) 虚短: 当理想集成运放工作在线性区时, 它的输入信号与输出信号应满足

$$u_{\text{o}} = A_{\text{od}} u_{\text{id}}$$

由于 A_{od} 趋近于无穷大, 当运放的输出电压 u_{o} 为有限值时, 集成运放的输入电压 u_{id} 趋近于零, 则两个输入端电压相等, 即

$$u_+ = u_- \tag{5 - 2}$$

因此，集成运放的同相输入端与反相输入端可视为短路，但不是真短路。

（2）虚断：理想集成运放的输入电阻趋于无穷大，故其输入端相当于开路，集成运放的净输入电流为零，即

$$i_+ = i_- = 0 \tag{5—3}$$

利用上述两个特点，可以非常方便地分析各种运放的线性应用电路。

另外，在图5-4中，因为 $i_+ = i_- = 0$，故 $u_+ = 0$，而 $u_+ = u_- = 0$，所以 u_- 点虽不接地却如同接地一样，故称为"虚地"。"虚地"是"虚短"现象的一个特例。

为了使集成运放工作在线性区，最常用的方法是在电路中引入负反馈，以减小其净输入电压 u_{id}，保证输出电压不超过线性范围。如果集成运放的输出端与反相输入端通过反馈网络连接起来，就说明电路中引入了负反馈，如图5-5所示。

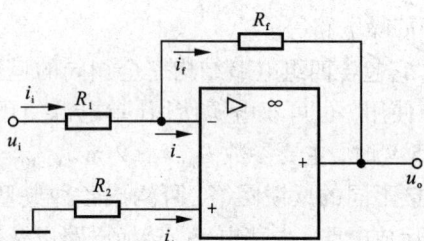

图5-4　运放电路中的"虚地"　　　图5-5　集成运放引入负反馈

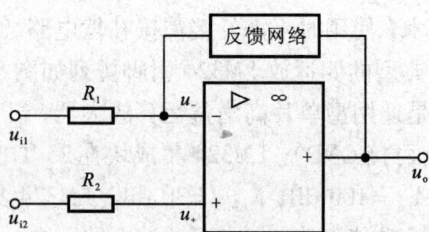

当然，实际运放的 A_{od} 与 R_{id} 不是无穷大，因此，$u_+ - u_- \neq 0$，i_+ 和 i_- 也不等于零。但对于实际运放，当 A_{od} 足够大时，净输入电压和净输入电流与电路中其他电压、电流相比，确实很小，完全可以忽略不计。如在线性区内，当 $u_o = 10$ V 时，若 $A_{od} = 1 \times 10^5$，则 $u_+ - u_- = 0.1$ mV；若 $A_{od} = 1 \times 10^7$，则 $u_+ - u_- = 1$ μV。可见在 u_o 为一定值时，集成运放的 A_{od} 愈大，则 $u_{id} = u_+ - u_-$ 愈小。忽略后所带来的误差也愈小。在分析集成运放线性应用时，可把集成运放看作理想运放。

2. 集成运放工作在非线性区的特点

当集成运放处于开环状态，即不加任何反馈；或者引入了正反馈，即集成运放输出端与同相输入端通过反馈网络连接起来时，运放就会工作在非线性区，如图5-6所示。

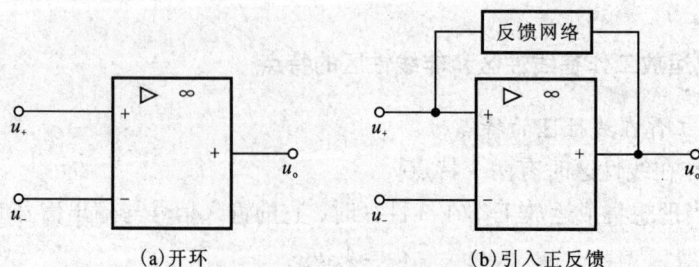

（a）开环　　　　　　　（b）引入正反馈

图5-6　集成运放工作在非线性区

对于理想集成运放,由于 $u_o = A_{od}(u_+ - u_-)$,且 A_{od} 为无穷大,故只要在运放的两个输入端之间加一个很小的电压,运放就会超出线性范围,输出电压 u_o 达到正向饱和电压 $+U_{OM}$ 或负向饱和电压 $-U_{OM}$,输入电压与输出电压之间不呈线性关系。

理想运放工作在非线性区也有两个重要特点。

(1) 当 $u_+ > u_-$ 时 $u_o = +U_{OM}$ (5-4)

    当 $u_+ < u_-$ 时 $u_o = -U_{OM}$ (5-5)

即输出电压只有两种可能的值,不是 $+U_{OM}$ 就是 $-U_{OM}$,$\pm U_{OM}$ 接近其供电电源 $\pm U_{CC}$,其电压传输特性如图 5-1(b)所示。

(2) 由于 $R_{id} = \infty$,故净输入电流为零,$i_+ = i_- = 0$ 和线性应用电路类似,在分析集成运放非线性应用电路时,以上述两个特点为基本出发点,推论出电路输出与输入之间的关系。

这里需要特别指出,运放工作在非线性区时,$u_+ \neq u_-$,其净输入电压 $u_+ - u_-$ 的大小取决于电路的实际输入电压及外接电路的参数。

总之,在分析运放的应用电路时,首先根据有无反馈及反馈极性判断集成运放的工作区域,然后根据不同区域的不同特点分析电路输出与输入的关系,进而弄清其工作原理。

在无特殊要求时,均可将集成运放当作理想运放。

5.2 集成运放的线性应用电路

理想运放引入负反馈后,以输入电压作为自变量,输出电压为函数,利用反馈网络,能实现模拟信号的各种运算。在线性区以"虚短"和"虚断"为基本出发点,即可求出输出电压和输入电压的运算关系式。

5.2.1 比例运算电路

比例运算电路是运算电路中最简单的电路,它的输出电压与输入电压成比例。

1. 反相比例运算电路

图 5-7 所示为反相比例运算电路。

由于输出电压与输入电压反相,故得此名。输入信号 u_i 经电阻 R_1 送到反相输入端,同相输入端经 R' 接地。R_f 为反馈电阻,构成电压并联负反馈组态。图中,电阻 R' 称为直流平衡电阻,以消除静态时集成运放内输入级基极电流对输出电压产生的影响,进行直流平衡。其阻值等于反相输入端所接得的等效电阻,即 $R' = R_1 /\!/ R_f$

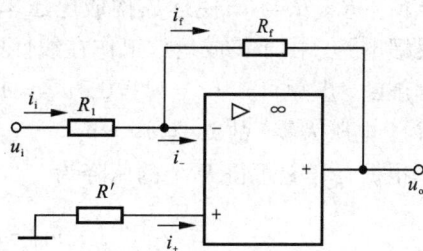

图 5-7 反相比例运算电路

由于运放工作在线性区,由虚断、虚短有

$$i_+ = i_- = 0, \ u_+ = u_-$$

故可知 R' 上电压为 0,故有

$$u_+ = u_- = 0 \tag{5-6}$$

上式表明,集成运放两输入端的电位均为零,但实际上它们并没有真正直接接地,故称为"虚地"。由"虚断"可知输入电流 i_i 等于电阻 R_f 上的电流,即

$$i_i = i_f \qquad (5-7)$$

则有
$$\frac{u_i - u_-}{R_1} = \frac{u_- - u_o}{R_f}$$

将 $u_- = 0$ 代入,得
$$u_o = -\frac{R_f}{R_1} u_i \qquad (5-8)$$

则,闭环电压放大倍数为
$$A_{uf} = -\frac{R_f}{R_1} \qquad (5-9)$$

式(5-8)、(5-9)表明输出电压与输入电压相位相反,且成比例关系。

若当 $R_1 = R_f$,则 $A_{uf} = -1$,即电路的 u_o 与 u_i 大小相等,相位相反,此时电路为反相器。

由于"虚地",故放大电路的输入电阻为
$$R_i = R_1 \qquad (5-10)$$

放大电路的输出电阻为
$$R_o = 0 \qquad (5-11)$$

$R_o = 0$ 说明电路有很强的带负载能力。

例 5-1　图 5-7 所示电路中,若要求输入电阻 $R_i = 30 \text{ k}\Omega$,比例系数为 -10,求 $R_1 = ?$ $R_f = ?$

解:根据式(5-10)可知: $R_i = R_1 = -30 \text{ k}\Omega$

又根据式(5-9) $A_{uf} = -\frac{R_f}{R_1}$ 可知:

$$R_f = -A_{uf} \cdot R_1 = -(-10) \times 30 = 300 \text{ k}\Omega$$

2. 同相比例运算电路

若将反相比例运算电路的输入端和"地"互换,则可得到同相比例运算电路。如图 5-8 所示,集成运放的反相输入端通过 R_1 接地,同相输入端经 R_2 接输入信号,$R_2 = R_1 /\!/ R_f$;R_f 与 R_1 使运放构成电压串联负反馈电路。由于集成运放工作在线性区,根据虚断、虚短可知 $i_+ = i_- = 0$,$u_+ = u_-$,故 R_2 上电压为零,故 $u_+ = u_- = u_i$

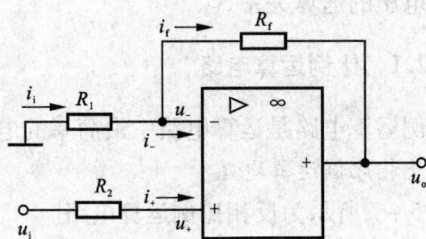

图 5-8　同相比例运算电路

根据 $i_{R1} = i_f$ 可得 R_1 上的压降为

$$u_{R1} = u_- = u_i = \frac{R_1}{R_1 + R_f} u_o$$

整理得
$$u_o = \left(1 + \frac{R_f}{R_1}\right) u_i \qquad (5-12)$$

$$A_{uf} = \frac{u_o}{u_i} = 1 + \frac{R_f}{R_1} \qquad (5-13)$$

由同相比例运算电路的输入电流为零,可知

放大电路的输入电阻 $R_i \to \infty$

放大电路的输出电阻 $R_o = 0$

式(5-12)、(5-13)表明,电路的输出电压与输入电压相位相同,且成比例关系。

在 $(5-12)$ 式中，若取 $R_1 \to \infty$，$R_f = 0$，则 $u_o = u_i$，此时，电路成为电压跟随器，电路如图 $5-9$ 示。

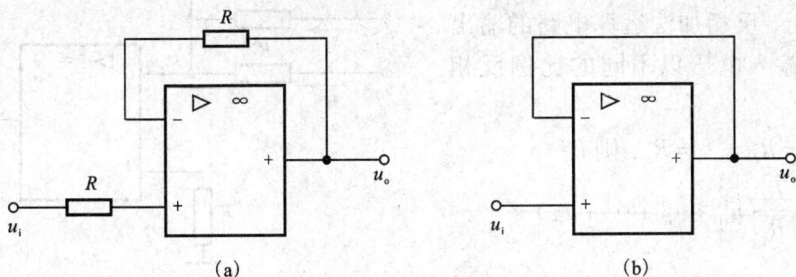

(a)　　　　　　　　　　　　　　(b)

图 5 - 9　电压跟随器

它是同相比例运算电路的一个特例。电压跟随器与射极跟随器类似，但其跟随性能更好，输入电阻更高，输出电阻趋于零。常用作变换器或缓冲器，在电子电路中应用极广。

例 5 - 2　在图 $5-8$ 所示电路中，已知集成运放的最大输出电压幅值为 ± 13 V，$R_1 = 10$ kΩ，在 $u_i = 100$ mV，$u_o = 1.1$ V，试求：

(1) 电路的 A_{uf} 为多少？

(2) R_f 取值为多大？

(3) 若 $u_i = -2$ V，则 $u_o = ?$

解： (1) 根据式 $(5-13)$ 有　　　　　$A_{uf} = \dfrac{u_o}{u_i} = \dfrac{1.1}{0.1} = 11$

(2) 根据式 $(5-13)$　　　　　　$A_{uf} = 1 + \dfrac{R_f}{R_1}$

将已知条件代入可解得　　　　　$R_f = 100$ kΩ

(3) 当 $u_i = -2$ V 时，假设集成运放工作在线性区，$u_o = A_{uf} \cdot u_i = -22$ V 超出 $-U_{om}$，故集成运放进入非线性区，输出电压 $u_o = -13$ V。

5.2.2　加法运算电路

能实现加法运算的电路称为加法器或求和电路。根据输入信号是连接到运放的反相输入端还是同相输入端，加法器有反相输入式和同相输入式之分。

1. 反相加法运算电路

图 $5-10$ 是反相加法运算电路。其中 R_f 引入了深度电压并联负反馈，R 为平衡电阻（$R = R_1 /\!/ R_2 /\!/ R_3 /\!/ R_f$）

由于"虚地"，$u_- = u_+ = 0$，故有

$$i_1 = \frac{u_{i1}}{R_1}; \ i_2 = \frac{u_{i2}}{R_2}; \ i_3 = \frac{u_{i3}}{R_3}; \ i_f = -\frac{u_o}{R_f}$$

由"虚断" $i_+ = i_- = 0$，可得

$$i_f = i_1 + i_2 + i_3$$

由以上各式可得

$$u_o = -i_f R_f = -R_f \left(\frac{u_{i1}}{R_1} + \frac{u_{i2}}{R_2} + \frac{u_{i3}}{R_3} \right)$$

$$(5-14)$$

上式表明,反相加法运算电路的输出电压等于各输入电压以不同的比例反相求和。

若取 $R_1 = R_2 = \cdots = R_n$,则有

$$u_o = -\frac{R_f}{R_1}(u_{i1} + u_{i2} + \cdots + u_{in})$$

$$(5-15)$$

若取 $R_f = R_1$,则有

$$u_o = -(u_{i1} + u_{i2} + \cdots + u_{in})$$

$$(5-16)$$

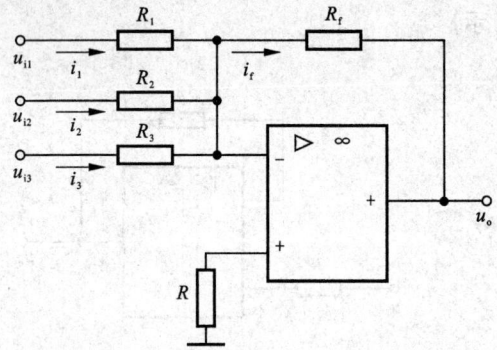

图 5-10　反相输入加法运算电路

反相加法运算电路的特点是:当改变某一输入回路的电阻值时,只改变该路输入信号的放大倍数(比例系数),而不影响其他输入信号的放大倍数,因此,调节灵活方便。

例 5-3　如图 5-10 所示是一个反相输入加法运算电路。已知 $R_1 = R_2 = 10 \text{ k}\Omega$, $R_3 = 5 \text{ k}\Omega$, $R_f = 100 \text{ k}\Omega$,试求 u_o 与 u_{i1}、u_{i2}、u_{i3} 的关系。

解:输出电压 u_o 为

$$u_o = -\left(\frac{R_f}{R_1}u_{i1} + \frac{R_f}{R_2}u_{i2} + \frac{R_f}{R_3}u_{i3} \right) = -\left(\frac{100}{10}u_{i1} + \frac{100}{10}u_{i2} + \frac{100}{5}u_{i3} \right) = -(10u_{i1} + 10u_{i2} + 20u_{i3})$$

2. 同相加法运算电路

图 5-11 所示电路为同相加法运算电路。

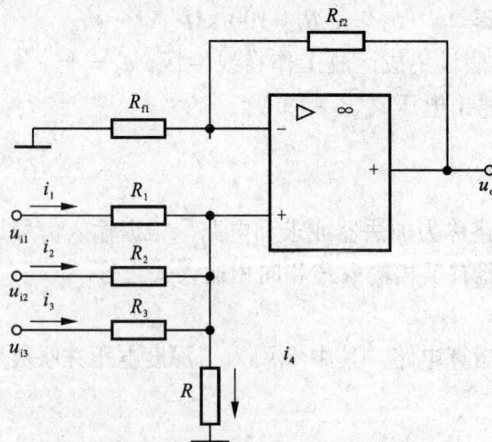

图 5-11　同相加法运算电路

根据理想运放工作在线性区的"虚短"、"虚断",对同相输入端列节点电流方程

$$\frac{u_{i1} - u_+}{R_1} + \frac{u_{i2} - u_+}{R_2} + \frac{u_{i3} - u_+}{R_3} = \frac{u_+}{R}$$

解得
$$u_+ = R'\left(\frac{u_{i1}}{R_1} + \frac{u_{i2}}{R_2} + \frac{u_{i3}}{R_3}\right)$$

将上式代入(5-14)可得
$$u_o = \left(1 + \frac{R_{f2}}{R_{f1}}\right)R'\left(\frac{u_{i1}}{R_1} + \frac{u_{i2}}{R_2} + \frac{u_{i3}}{R_3}\right) \tag{5-17}$$

其中，同相输入端总电阻
$$R' = R_1 /\!/ R_2 /\!/ R_3 /\!/ R$$

反相输入端总电阻
$$R'' = R_{f1} /\!/ R_{f2}$$

通常
$$R' = R''$$

则
$$u_o = \frac{R_{f1} + R_{f2}}{R_{f1} R_{f2}} \cdot R_{f2} \cdot R'\left(\frac{u_{i1}}{R_1} + \frac{u_{i2}}{R_2} + \frac{u_{i3}}{R_3}\right)$$
$$= \frac{R_{f2}}{R''}R'\left(\frac{u_{i1}}{R_1} + \frac{u_{i2}}{R_2} + \frac{u_{i3}}{R_3}\right) \tag{5-18}$$
$$= R_{f2}\left(\frac{u_{i1}}{R_1} + \frac{u_{i2}}{R_2} + \frac{u_{i3}}{R_3}\right) \tag{5-19}$$

上式说明同相加法运算电路的输出电压等于各输入电压以不同的比例同相求和。

5.2.3　减法运算电路

1. 利用反相信号求和以实现减法运算

电路如图 5-12 所示，其第一级为反相比例放大电路，第二级为反相加法运算电路。

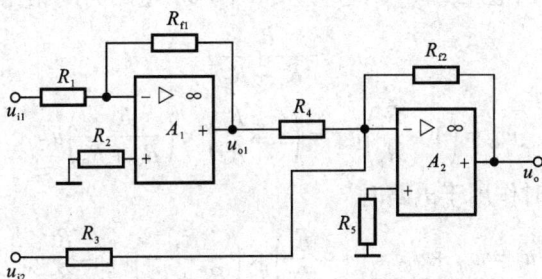

图 5-12　用加法电路构成的减法电路

由图可得
$$u_{o1} = -\frac{R_{f1}}{R_1} \cdot u_{i1}$$
$$u_o = -\left(\frac{R_{f2}}{R_3} \cdot u_{i2} + \frac{R_{f2}}{R_4} \cdot u_{o1}\right) = \frac{R_{f1}R_{f2}}{R_1 R_4} \cdot u_{i1} - \frac{R_{f2}}{R_3} \cdot u_{i2}$$

若 $R_1 = R_{f1}$，即第一级为反相器，则有
$$u_o = \frac{R_{f2}}{R_4} \cdot u_{i1} - \frac{R_{f2}}{R_3} \cdot u_{i2} \tag{5-20}$$

若 $R_3 = R_4$ 时，则有

$$u_o = \frac{R_{f2}}{R_4}(u_{i1} - u_{i2}) \tag{5-21}$$

由上式可以看出，输出电压与输入电压的差值成比例。

若 $R_3 = R_4 = R_{f2}$ 时，有

$$u_o = u_{i1} - u_{i2} \tag{5-22}$$

由上可见，利用两级电路实现了两个信号的减法运算。

2. 利用差分电路实现减法运算

差动直流放大器可用来放大差模信号，抑制共模信号，或做减法运算。

电路图 5-13 是用差分电路来实现减法运算的。外加输入信号 u_{i1} 和 u_{i2} 分别通过电阻加在运放的反相输入端和同相输入端，故称为差动输入方式。其电路参数对称，即 $R_1 \mathbin{/\mkern-5mu/} R_f = R_2 \mathbin{/\mkern-5mu/} R_3$，以保证运放输入端保持平衡工作状态。

由电路可以判断出：对于输入信号 u_{i1}，引入了电压并联负反馈；对于输入信号 u_{i2}，引入了电压串联负反馈。所以运放工作在线性区，利用叠加原理，对其分析如下。

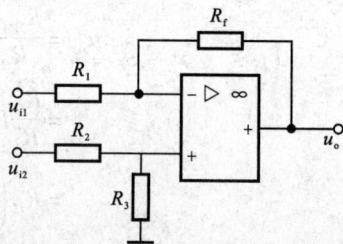

图 5-13 差分输入减法运算电路

设 u_{i1} 单独作用时输出电压为 u_{o1}，此时应令 $u_{i2} = 0$，电路为反相比例放大电路

$$u_{o1} = -\frac{R_f}{R_1}u_{i1}$$

设 u_{i2} 单独作用时输出电压为 u_{o2}，此时应令 $u_{i1} = 0$，电路为同相比例放大电路

$$u_+ = \frac{R_3}{R_2 + R_3}u_{i2}$$

$$u_{o2} = \left(1 + \frac{R_f}{R_1}\right)u_+ = \left(1 + \frac{R_f}{R_1}\right) \times \left(\frac{R_3}{R_2 + R_3}\right)u_{i2}$$

所以，当 u_{i1}、u_{i2} 同时作用于电路时

$$u_o = u_{o1} + u_{o2} = \left(1 + \frac{R_f}{R_1}\right) \times \left(\frac{R_3}{R_2 + R_3}\right)u_{i2} - \frac{R_f}{R_1}u_{i1}$$

当 $R_1 = R_2$，$R_f = R_3$ 时

$$u_o = \frac{R_f}{R_1}(u_{i2} - u_{i1}) \tag{5-23}$$

由 (5-23) 式可以看出，输出电压与输入电压的差值成比例。

当 $R_1 = R_f$ 时，$u_o = u_{i2} - u_{i1}$，实现了两个信号的减法运算。

5.2.4 积分、微分运算电路

在自动控制系统中，常用积分运算电路和微分运算电路作为调节环节。此外，积分运算电路还用于延时、定时和非正弦波发生电路之中。

1. 积分运算电路

积分运算电路如图 5 – 14 所示，输入信号 u_i 通过电阻 R 接至反相输入端，电容 C 为反馈元件。

根据"虚断"、"虚短" $i_+ = i_- = 0$，$u_+ = u_-$；

由于同相输入端通过 R_1 接地，所以运放的反相输入端为"虚地"，

$$u_+ = u_- = 0$$

电容 C 上流过的电流等于电阻 R_1 中的电流

$$i_C = i_R = \frac{u_i}{R}$$

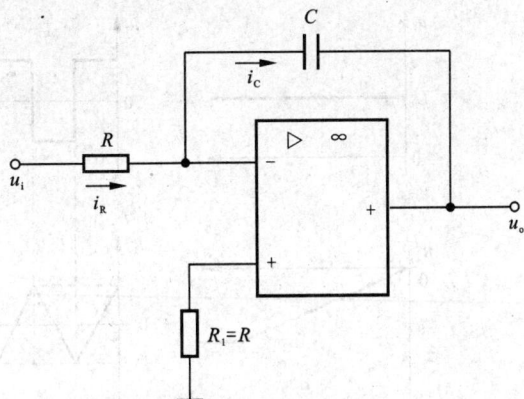

图 5 – 14　积分运算电路

输出电压与电容电压的关系为

$$u_C = u_- - u_o$$

则有

$$u_o = -u_C$$

且电容电压等于 i_C 的积分

$$u_C = \frac{1}{C}\int i_C dt = \frac{1}{RC}\int u_i dt$$

故

$$u_o = -u_C = -\frac{1}{RC}\int u_i \cdot dt \qquad (5-24)$$

由式（5 – 24）可知，u_o 为 u_i 对时间的积分，负号表示它们在相位上是相反的，其比例常数取决于电路的积分时间常数 $\tau = RC$。

若在时间（$t_1 - t_2$）内积分，则应考虑 u_o 的初始值 $u_o(t_1)$，那么输出电压为

$$u_o = -\frac{1}{RC}\int_{t_1}^{t_2} u_i dt + u_o(t_1) \qquad (5-25)$$

当 u_i 为常量时 U_i 时，则

$$u_o = -\frac{1}{RC}U_i(t_2 - t_1) + u_o(t_1) \qquad (5-26)$$

式（5 – 26）表明，只要集成运放工作在线性区，u_o 与 u_i 就成线性关系。

当输入为阶跃信号且初始时刻电容电压为零，电容将以近似恒流方式充电，即 $u_o = -\frac{1}{RC}U_i$，输出电压波形见图 5 – 15(a)（输出电压达到运放输出的饱和值时，积分作用无法继续）。

当输入为方波和正弦波时，输出电压波形分别如图 5 – 15(b)、(c)所示。

例 5 – 4　电路如图 5 – 14 所示。已知 $R = 50\ \text{k}\Omega$，$C = 0.01\ \mu\text{F}$，$t = 0$ 时，电容两端的电压为 0，输入电压为方波，如图 5 – 16(a)所示幅值为 ±2 V，频率 500 Hz，画出输出电压 u_o 的波形。

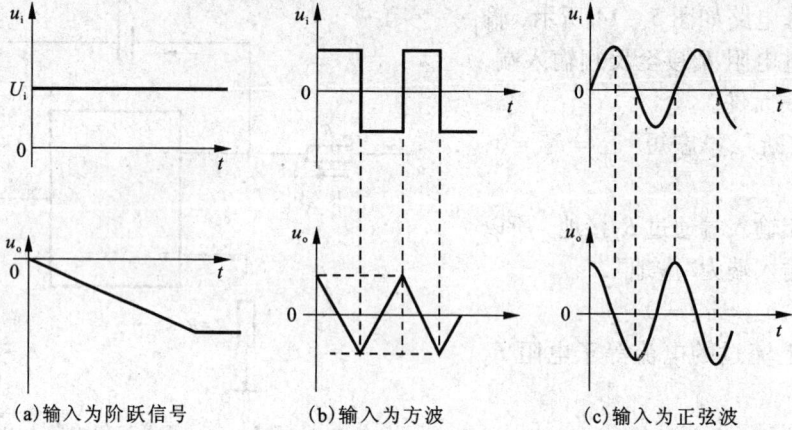

(a)输入为阶跃信号　　　(b)输入为方波　　　(c)输入为正弦波

图 5-15　不同输入情况下的积分电路电压波形

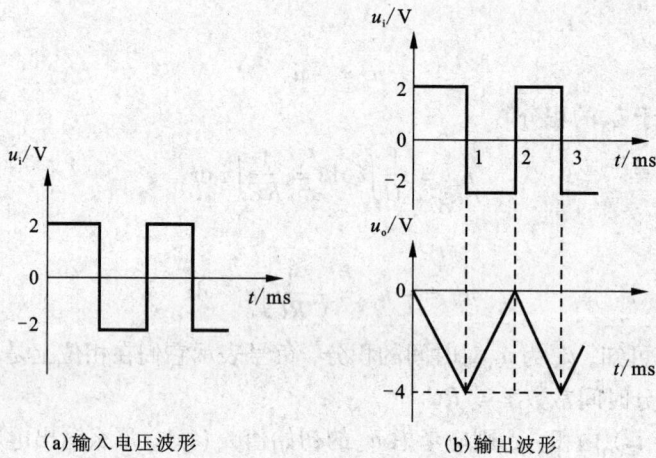

(a)输入电压波形　　　　　(b)输出波形

图 5-16　例 5-4 图

解： 由已知条件可知，$u_i = 2$ V 和 $u_i = -2$ V 的时间相等，因而 u_o 为三角波。

从 $t_0 = 0$ 到 $t_1 = 1$ ms，由于 $u_i = 2$ V，u_o 线性下降，其终值为

$$u_o = -\frac{1}{RC}U_i(t_2 - t_1) + u_o(t_1) = -\frac{1}{50 \times 10^3 \times 0.01 \times 10^{-6}} \times 2 \times (1 - 0) \times 10^{-3} + 0 = -4 \text{ V}$$

从 $t_1 = 1$ ms 到 $t_2 = 2$ ms，由于 $u_i = -2$ V，u_o 线性上升，因为 $t_2 - t_1 = t_1 - t_0$。

故当 $t = t_2$ 时 $u_o = 0$。u_o 的波形如图 5-16(b)。

2. 微分运算电路

微分运算电路如图 5-17 所示，由于微分与积分互为逆运算，所以只要将积分器的电阻与电容位置互换即可，图中 R_1 为平衡电阻，取 $R_1 = R$。

根据"虚断"、"虚短"和"虚地"原则可得

$$u_c = u_i, \quad i_C = i_R$$

且

$$i_C = C\frac{\mathrm{d}u_C}{\mathrm{d}t} = C\frac{\mathrm{d}u_i}{\mathrm{d}t}$$

$$i_R = i_C = C\frac{\mathrm{d}u_i}{\mathrm{d}t}$$

则输出电压

$$u_o = -i_R R = -RC\frac{\mathrm{d}u_i}{\mathrm{d}t} \qquad\qquad (5-27)$$

式(5-27)说明输出电压是输入电压对时间的微分。

在微分运算电路的输入端若加正弦电压则输出为余弦波,实现了函数的变换,或者说实现了对输入电压的移相;若加矩形波,则输出为尖脉冲,如图 5-18 所示。与积分器类似,由集成运放构成的微分器的运算精度,远远高于由 R、C 元件组成的简单微分电路。

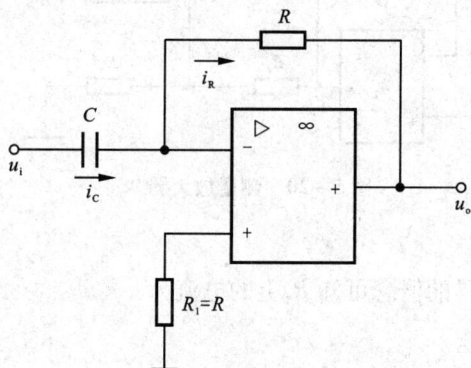

图 5-17　微分运算电路

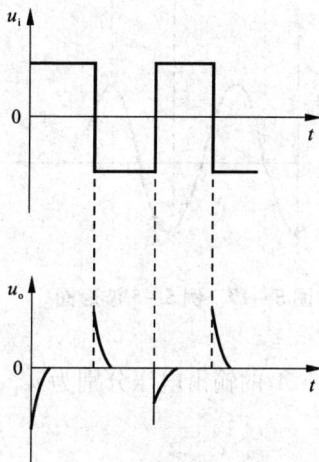

图 5-18　微分运算为矩形波时的波形

例 5-5　电路如图 5-17 所示,已知 $R = 100\ \mathrm{k\Omega}$, $C = 0.5\ \mu\mathrm{F}$, $u_i = 6\sin\omega t(\mathrm{V})$。试画出 u_i 和 u_o 的波形图。

解: 根据式(5-27)输出电压

$$u_o = -RC\frac{\mathrm{d}u_i}{\mathrm{d}\omega t} = -(100\times10^3\times0.5\times10^{-6})\frac{\mathrm{d}(6\sin\omega t)}{\mathrm{d}\omega t} = -0.3\cos\omega t$$

波形如图 5-19 所示。

5.2.5　应用实例

基本运算电路除了用作线性运算外还可以实现其他很多功能。下面介绍几种常见的典型应用电路。

1. 测量放大器

一般情况下,对测量放大器的要求如下:

(1)放大倍数要高,以利于放大微弱信号;

(2)输入阻抗要高,以减少对被测信号的影响;

（3）共模抑制比要高，以便于抑制可能串入的共模干扰。

图 5 - 20 所示为一通用的测量放大器。放大器由两级组成：第一级由运放 A_1、A_2 组成，运放 A_1、A_2 是完全对称的；第二级由运放 A_3 构成差分放大电路，外接电阻完全对称。

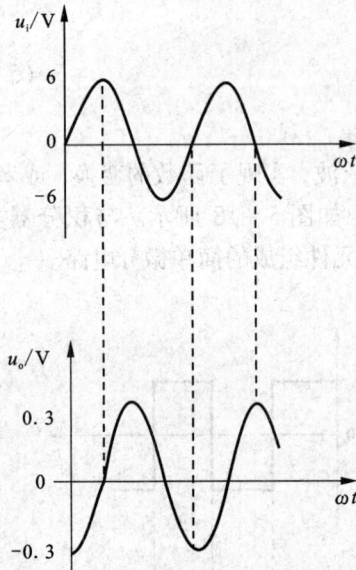

图 5 - 19　例 5 - 5 波形图

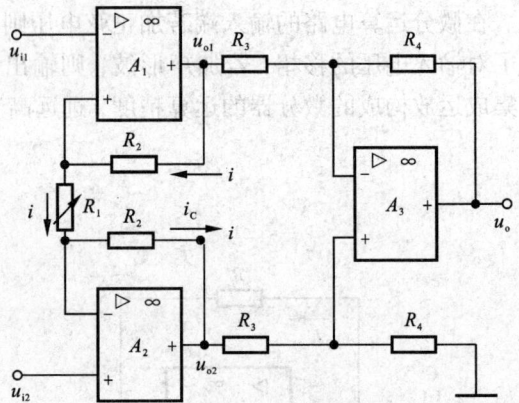

图 5 - 20　测量放大器

设 A_1、A_2 的输出电压分别为 u_{o1}、u_{o2}，由"虚短"的概念可知 R_1 上的电流为

$$i = \frac{u_{i1} - u_{i2}}{R_1}$$

由"虚断"可知流过两个 R_2 的电流必然与流过 R_1 的电流相等，则 A_1、A_2 的输出电压之差

$$u_{o1} - u_{o2} = i(2R_2 + R_1) = \frac{u_{i1} - u_{i2}}{R_1}(2R_2 + R_1) = \left(1 + \frac{2R_2}{R_1}\right)(u_{i1} - u_{i2}) \qquad (5-28)$$

A_3 是外阻完全对称的差分输入放大，其差模输入电压为 $u_{o1} - u_{o2}$，输出电压 u_o 只与 $(u_{o1} - u_{o2})$ 有关，而 u_{o1} 与 u_{o2} 共模成分被抑制，由式（5 - 23）得

$$u_o = \frac{R_4}{R_3}(u_{o2} - u_{o1}) = \frac{R_4}{R_3}\left(1 + \frac{2R_2}{R_1}\right)(u_{i2} - u_{i1})$$

故电路的总电压放大倍数为

$$A_{uf} = \frac{u_o}{u_{i2} - u_{i1}} = \left(1 + \frac{2R_2}{R_1}\right)\frac{R_4}{R_3} \qquad (5-29)$$

由式（5 - 29）可知，调节 R_1 可以改变放大倍数 A_{uf}，且又不影响电路的对称性。

该测量放大器总输入阻抗是 A_1、A_2 两个电路输入阻抗的和，故电路的总输入电阻很高，可达几十兆欧（这是因为第一级的 A_1、A_2 都是采用同相输入深度串联负反馈电路，同时 A_1、A_2 也可选用高阻型的集成运放）。

应当注意的是，该测量放大器抑制共模成分的能力取决于 A_3，因此，它的增益常设计为 1，即使 $R_3 = R_4$，亦即电路中的四个电阻相等（两个 R_3 两个 R_4 必须严格匹配），以保证电路完全对称。目前,这种仪用放大电路已有多种型号的单片集成电路,如 LH0036 就是其中的一种,它只需外接电阻 R_1(一般 R_1 取 $50\ \text{k}\Omega/(A_U-1)$)。这类放大器在工程实践中应用很广。

2. 电流 – 电压转换电路

图 5 – 21 是由集成运放构成的电流 – 电压转换电路。

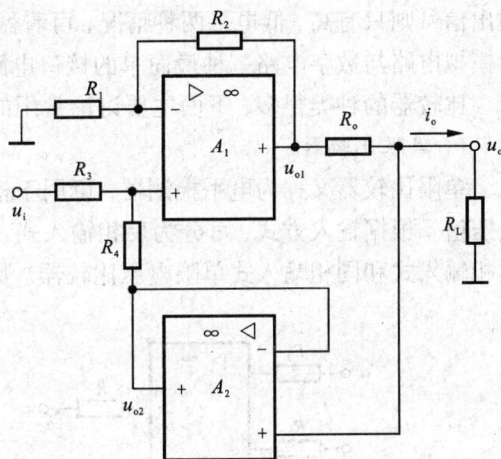

由"虚短"、"虚断"的概念可得

$$i_f = i_s,$$
$$u_o = i_f R_f = -i_S R_f \tag{5-30}$$

式(5 – 30)说明输出电压 u_o 与输入电流 i_s 成比例,输出电压仅受输入电流的控制,从而实现了电流 – 电压转换。

3. 电压 – 电流转换电路

图 5 – 22 为一种实用的电压 – 电流转换电路。图中 A_2 构成以 u_o 为输入的电压跟随器,$u_{o2}=u_o$,A_1 引入了负反馈,实现以 u_i 和 u_{o2} 为输入的同相求和运算。

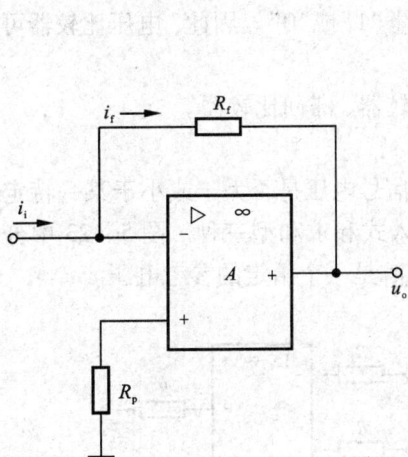

图 5 – 21　集成运放构成的电流 – 电压转换电器　　图 5 – 22　实用电压 – 电流转换电路

$$u_{o1} = \left(1+\frac{R_2}{R_1}\right)\left(\frac{R_4}{R_3+R_4}u_i + \frac{R_3}{R_3+R_4}u_{o2}\right) = \left(1+\frac{R_2}{R_1}\right)\left(\frac{R_4}{R_3+R_4}u_i + \frac{R_3}{R_3+R_4}u_o\right)$$

若 $R_1=R_2=R_3=R_4=R$,则

$$u_{o1} = u_i + u_o \tag{5-31}$$

输出电流

$$i_o = \frac{u_{o1}-u_o}{R_o} = \frac{u_i}{R_o} \tag{5-32}$$

式(5 – 32)说明输出电流 i_o 与输入电压 u_i 成比例,输出电流仅受输入电压的控制,实现了电压 – 电流转换。

5.3 集成运放的非线性应用电路

集成运放处于非线性工作状态时的电路称为非线性应用电路。这种电路经常被用于信号比较、信号转换和信号发生及自动控制和测试系统中。

5.3.1 电压比较器

电压比较器是把输入电压信号(被测信号)与基准电压信号进行比较,根据比较结果输出高电平或低电平的电路,在电子测量、自动控制、模数转换以及各种非正弦波形产生和变换电路等方面得到了广泛的应用。

通常在电压比较器中,电路不是处于开环工作状态,就是引入正反馈,集成运放工作在非线性区,其输出电压与输入电压不是线性关系。输出电压只有两种情况:当 $u_+ > u_-$ 时,$u_o = +U_{OM}$;当 $u_+ < u_-$ 时,$u_o = -U_{OM}$。也就是说,比较器的输入信号是连续变化的模拟量,而输出信号则只有高、低电平两种情况,可看做是数字量"1"或"0"。因此,电压比较器可以作为模拟电路与数字电路一种最简单的接口电路。

比较器的种类很多,下面主要讨论常用的单限比较器、滞回比较器。

1. 单限比较器

单限比较器又称为电平检测器,可用于检测输入信号电压是否大于或小于某一特定参考电压值。根据输入方式,可分为反相输入式、同相输入式和求和型三种。图 5 – 23 中分别是反相输入式和同相输入式单限电压比较器。图中的 U_{REF} 是一个给定的参考电压。

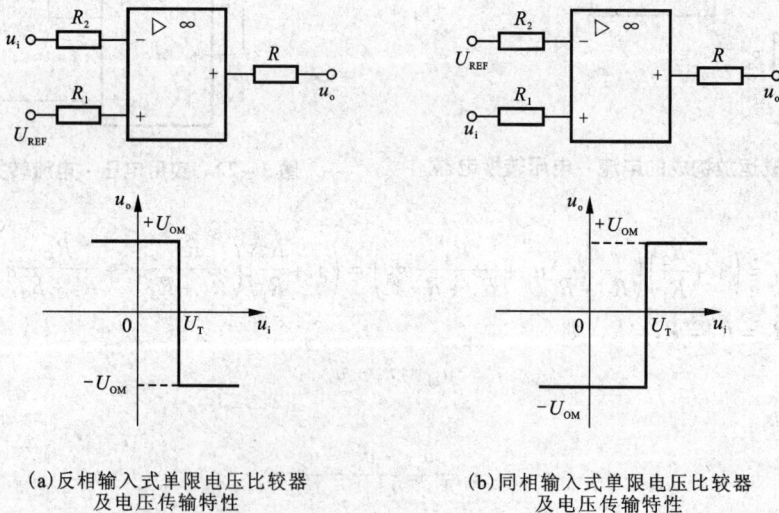

(a)反相输入式单限电压比较器
及电压传输特性

(b)同相输入式单限电压比较器
及电压传输特性

图 5 – 23 单限比较器

由图 5 – 23(a)可以看出,对于反相输入式单限比较器,当输入信号电压 $u_i > U_T$ 时,输出电压 u_o 为 $-U_{OM}$;当输入信号电压 $u_i < U_T$ 时,输出电压 u_o 为 $+U_{OM}$。

对于同相输入式单限比较器,当输入信号电压 $u_i > U_T$ 时,输出电压 u_o 为 $+U_{OM}$;当输入

信号电压 $u_i < U_T$ 时，输出电压 u_o 为 $-U_{OM}$，见图 5 – 23（b）。

当输入信号 u_i 增大或减小的过程中，只要经过某一电压值，输出电压 u_o 就发生跳变，传输特性上输出电压发生转换时的输入电压称为门限电压 U_T（或阈值电压）。该电路只有一个门限电压 U_T，对于图 5 – 23，门限电压 $U_T = U_{REF}$，其值可以为正，也可以为负。

由以上讨论可以看出，只要改变参考电压 U_{REF} 的极性和大小，就可改变门限电压 U_T。

2. 过零比较器

当门限电压 U_T 为零时，比较器称为过零电压比较器，简称过零比较器。过零比较器实际上是单限比较器的一种特例，它的门限电压 $U_T = 0$，其电路和电压传输特性如图 5 – 24 所示。

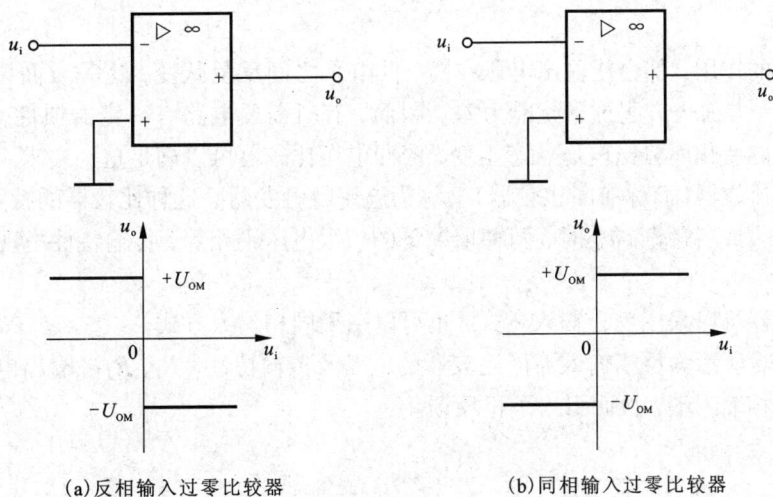

（a）反相输入过零比较器　　　　　　　　（b）同相输入过零比较器

图 5 – 24　过零电压比较器

对于反相输入电压过零比较器，当输入信号电压 $u_i > 0$ 时，输出电压 u_o 为 $-U_{OM}$；当 $u_i < 0$ 时，u_o 为 $+U_{OM}$。如图 5 – 24（a）。

对于同相输入电压过零比较器，当输入信号电压 $u_i > 0$ 时，输出电压 u_o 为 $+U_{OM}$；当 $u_i < 0$ 时，u_o 为 $-U_{OM}$。如图 5 – 24（b）。

为了使比较器的输出电压等于某个特定值，可以采取限幅的措施。图 5 – 25（a）中，电阻 R 和双向稳压管 VZ 构成限幅电路，稳压管的稳压值 $U_z < U_{OM}$，VZ 的正向导通电压为 U_D。所以输出电压 $u_o = \pm(U_z + U_D)$。在实用电路中常将稳压管接到集成运放的反相输入端，如图 5 – 25（b）所示。

假设稳压管 VZ 截止，则集成运放必工作在开环状态，其输出不是 $+U_{OM}$ 就是 $-U_{OM}$；这样，稳压管就必然是一个工作处于稳压状态，另一个工作处于正向导通状态。电路存在从 u_o 到反相输入端的负反馈通路，所以反相输入端为"虚地"，u_o 则仍为 $\pm(U_z + U_D) \approx \pm U_z$（当 U_D 比 U_z 小很多时，通常忽略 U_D 不计）。这种电路的优点是集成运放的净输入电压很小。电阻 R_1 一方面避免输入电压 u_i 直接加在反相输入端，另一方面也限制了输入电流。

3. 滞回电压比较器

当单限比较器的输入电压在阈值电压附近上下波动时，不管这种变化是信号自身的变化

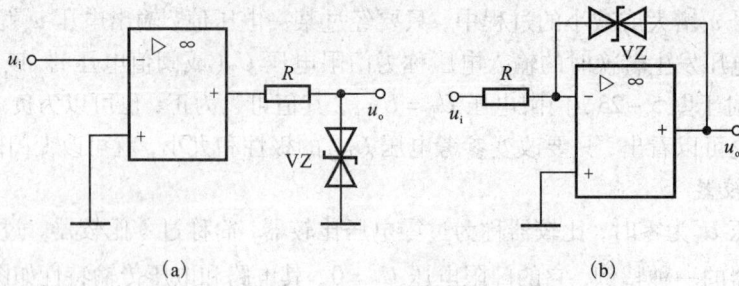

图 5 - 25　具有限幅电路的过零电压比较器

还是外在干扰的作用,都会使输出电压在高、低电平之间反复跃变,这一方面说明电路的灵敏度高,但另一方面也表明抗干扰能力差。因而,有时需要电路有一定的惯性,即输入电压在一定的范围内变化而输出电压状态不变,滞回电压比较器可以满足这一要求。

　　滞回电压比较器(简称滞回比较器)又称为施密特触发器。这种比较器的特点是:当输入电压 u_i 逐渐增大或者逐渐减小时,两种情况下的门限电压不相等,传输特性呈现出"滞回"曲线的形状。

　　滞回比较器可以采用反相输入方式,也可以采用同相输入方式。

　　如图 5 - 26 所示为反相输入滞回比较器的电路及传输特性。R_f、R_2 将输出电压 u_o 取出一部分反馈到同相输入端,从而引入了正反馈。

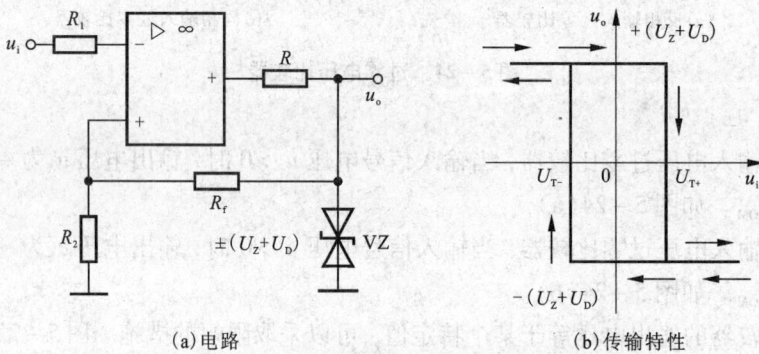

(a)电路　　　　　　　　　　(b)传输特性

图 5 - 26　反相输入滞回比较器电路及传输特性

电路的工作原理如下:

　　当 u_i 由小逐渐增大,开始时,由于 $u_- = u_i < u_+$,故输出高电平,即

$$u_o = + (U_z + U_D)$$

此时同相输入端的电位为

$$u'_+ = \frac{R_2}{R_2 + R_f}(U_z + U_D) = U_{T+}$$

当 u_i 增大到使 $u_- > u'_+$ 时,电路状态发生翻转,输出低电平,即

$$u_o = - (U_z + U_D)$$

此时同相输入端的电位变为

$$u''_+ = -\frac{R_2}{R_2 + R_f}(U_Z + U_D) = U_{T-}$$

在此状态下，若 u_i 减小，只要 $u_i > u''_+$，则仍维持输出低电平。只有 u_i 减小到使 $u_i < u''_+$ 时，电路状态才发生翻转，输出高电平，其电压传输特性如图 5 – 26(b) 所示。

从曲线上可以看出，当 $U_{T-} < u_i < U_{T+}$，输出电压既可能是 $+(U_Z + U_D)$，又可能是 $-(U_Z + U_D)$。如果 u_i 是从小于 U_{T-} 逐渐变大到 $U_{T-} < u_i < U_{T+}$，则输出为高电平；如果 u_i 是从大于 U_{T+} 逐渐变小到 $U_{T-} < u_i < U_{T+}$，则输出应为低电平。因此应在电压传输特性曲线上标明方向，如图中箭头所示。

由以上分析可以看出，滞回比较器有两个门限电压：上门限电压 U_{T+} 和下门限电压 U_{T-}，两者之差称为回差电压或门限宽度：

$$\Delta U_T = U_{T+} - U_{T-} \tag{5 – 33}$$

因此，当输入信号通过一个门限电压时，即使 u_i 中有干扰，只要此时 u_i 的波动值小于门限宽度，u_o 就不会发生误翻。可见滞回比较器具有较强的抗干扰能力。另外，由于电路中引入了正反馈，因而加速了比较器的翻转过程，获得了比较理想的电压传输特性。

比较器可以用通用的集成运放组成，也可以采用专用的集成比较器。用通用集成运放构成的比较器主要缺点是输出电平与数字逻辑电平不兼容。需要对输出电压进行箝位（限幅），以满足数字电路逻辑电平的要求。而专用集成电压比较器，其输出电平与数字电路的逻辑电平兼容，且响应速度较快。

例 5 – 6　在图 5 – 26 所示电路中，已知：$R_2 = 10 \text{ k}\Omega$，$R_f = 40 \text{ k}\Omega$，稳压管的稳压值 $U_Z = 11.3 \text{ V}$，正向导通电压 $U_D = 0.7 \text{ V}$，输入电压波形如图 5 – 27(a) 所示，试画出 u_o 的波形。

解： $u_o = \pm(U_Z + U_D) = \pm(11.3 + 0.7) = \pm 12 \text{ V}$

$$U_{T+} = \frac{R_2}{R_2 + R_f}(U_Z + U_D) = \frac{10}{10 + 40} \times 12 = 2.4 \text{ V}$$

$$U_{T-} = -2.4 \text{ V}$$

根据电压传输特性曲线便可画出 u_o 的波形，如图 5 – 27(b) 所示。

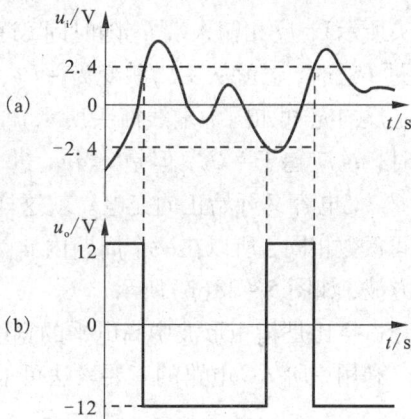

图 5 – 27　例 5 – 6 波形图

5.3.2　方波、矩形波发生器

矩形波发生电路常作为数字电路的信号源或模拟电子开关的控制信号，是其他非正弦波发生电路的基础。方波发生器又是非正弦发生器中应用最广的电路。

1. 方波发生器

方波发生器电路如图 5 – 28 所示，它由反相输入的滞回比较器和 RC 电路组成。RC 回路既作为延迟环节，又作为反馈网络，通过 RC 充放电实现输出状态的自动转换。

图中虚线框内为滞回比较器，它的输出电压 $u_o = \pm U_Z$，

阈值电压

$$U_{\mathrm{T}} = \pm \frac{R_1}{R_1 + R_2} U_Z \tag{5-34}$$

$$U_{\mathrm{T+}} = +\frac{R_1}{R_1 + R_2} U_Z \quad U_{\mathrm{T-}} = -\frac{R_1}{R_1 + R_2} U_Z$$

R、C 组成一个负反馈网络，u_o 通过 R 对电容 C 充电使 C 上获得一个三角波电压 u_C。运放将 u_C 与 u_+ 进行比较，根据比较结果决定输出状态：

当 $u_C > u_+$ 时，$u_o = -U_Z$；

当 $u_C < u_+$ 时，$u_o = +U_Z$。

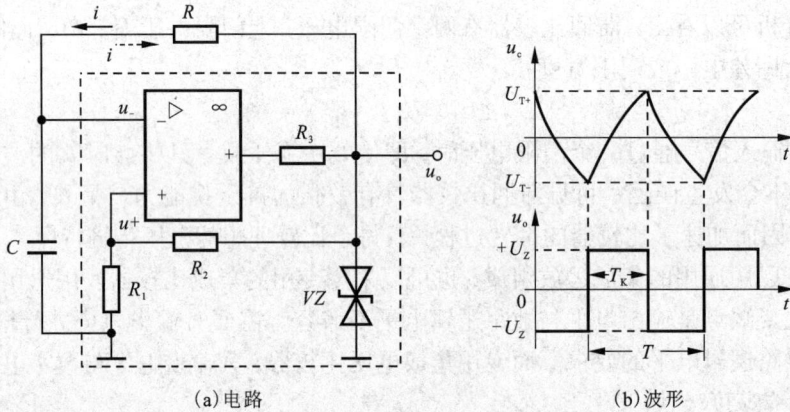

(a)电路　　　　　　　　　(b)波形

图 5-28　方波发生器电路及波形图

设某一时刻输出电压 $u_o = +U_Z$，则 $u_+ = U_{\mathrm{T+}}$。u_o 通过电阻 R 对电容 C 充电(如图中实线箭头所示)，反相输入端 u_- 随时间 t 逐渐升高，当 t 趋近于无穷时，u_- 应趋于 $+U_Z$；但是，当 u_- 过 $U_{\mathrm{T+}}$ 时，u_o 就从 $+U_Z$ 跳变为 $-U_Z$，同时 u_+ 从 $U_{\mathrm{T+}}$ 变为 $U_{\mathrm{T-}}$。然后电容 C 开始放电(也可说是反向充电如图中虚线箭头所示)，反相输入端 u_- 随时间 t 而逐渐降低，当时间 t 趋于无穷时，u_- 应趋于 $-U_Z$；但是，当 u_- 过 $U_{\mathrm{T-}}$ 时，u_o 就从 $-U_Z$ 跳变为 $+U_Z$，与此同时 u_+ 从 $U_{\mathrm{T-}}$ 变为 $U_{\mathrm{T+}}$，电容又开始正向充电。就这样周而复始，电路产生自激振荡。由于电容充电与放电时间常数相同，所以在一个周期内 u_o 为 $+U_Z$ 的时间与 u_o 为 $-U_Z$ 的时间相等，则输出电压 u_o 为方波，如图 5-28(b)所示。

占空比是指矩形波中高电平的宽度 T_K 与其周期 T 的比值，方波的占空比为 50%。

利用一阶 RC 电路的三要素法可求出电路的振荡周期和频率为

$$T = 2RC \cdot \ln\left(1 + \frac{2R_1}{R_2}\right) \tag{5-35}$$

$$f = \frac{1}{T} = \frac{1}{2RC\ln\left(1 + \frac{2R_1}{R_2}\right)} \tag{5-36}$$

若适当选取 R_1、R_2 的值，使 $\ln\left(1 + \frac{2R_1}{R_2}\right) = 1$ 则有

$$T = 2RC \tag{5-37}$$

$$f = \frac{1}{2RC} \tag{5 - 38}$$

由以上分析可知,调整电压比较器的电路参数 R_1、R_2 和 U_Z 可以改变方波发生器的振荡幅值,调整电阻 R_1、R_2、R 和电容 C 的值可以改变电路的振荡频率。

2. 矩形波发生器

在方波发生电路中,若能采取措施改变输出波形的占空比,则电路就变成矩形波发生电路。利用前面所学知识可以想到,利用二极管的单向导电性使电容正向充电和反向充电的通路不同,从而使它们时间常数不同,即可改变输出电压的占空比,电路如图 5 - 29(a)所示。

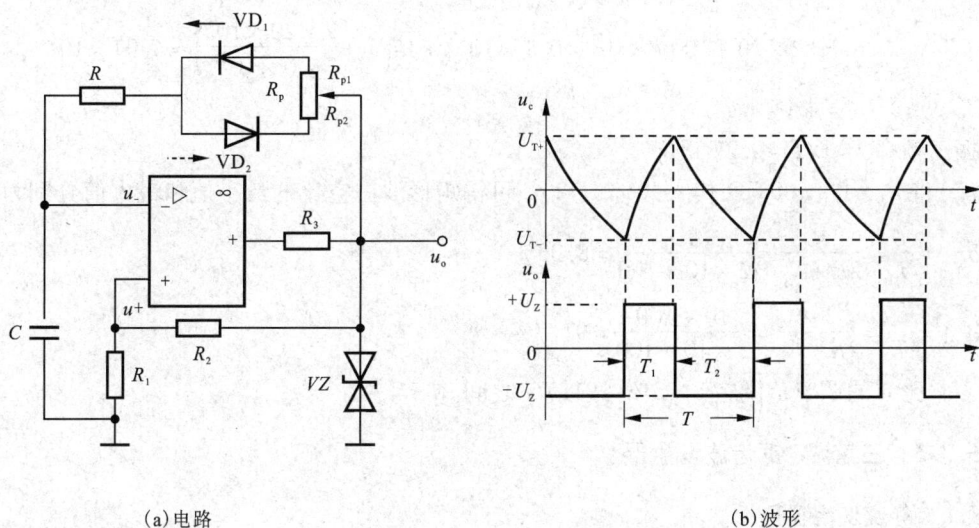

(a)电路   (b)波形

图 5 - 29 矩形波发生器电路及波形图

5 - 29 图(a)中,电位器 R_p 的滑动端将 R_p 分成 R_{p1} 分和 R_{p2} 两部分,若忽略二极管 VD_1 和 VD_2 的导通电阻,则电容 C 充电回路的电阻为($R + R_{p1}$),而放电回路的电阻则为($R + R_{p2}$)。如果调整 R_p,使 $R_{p1} < R_{p2}$,则充电快而放电慢,即电容 C 充电时间 T_1 小于放电时间 T_2,如果调整 R_p,使 $R_{p1} > R_{p2}$,则情况刚好相反,其波形图如图 5 - 29(b)所示。

根据一阶 RC 电路的三要素法可导出:

$$T_1 = (R + R_{p1})C \cdot \ln\left(1 + \frac{2R_1}{R_2}\right) \tag{5 - 39}$$

$$T_2 = (R + R_{p2})C \cdot \ln\left(1 + \frac{2R_1}{R_2}\right) \tag{5 - 40}$$

振荡周期

$$T = T_1 + T_2 = (2R + R_p) \cdot C\ln\left(1 + \frac{2R_1}{R_2}\right) \tag{5 - 41}$$

矩形波的占空比

$$\delta = \frac{T_1}{T} = \frac{R + R_{p1}}{2R + R_p} \tag{5 - 42}$$

由式$(5-41)$、$(5-42)$可知,改变电位器R_p滑动端位置可以调节矩形波的占空比,但振荡周期保持不变。

例$5-7$ 图$5-29(a)$所示电路中,已知$R_1=40\ \text{k}\Omega$,$R_2=R_p=100\ \text{k}\Omega$,$R=10\ \text{k}\Omega$,$C=0.1\ \mu\text{F}$,$\pm U_Z=\pm6.5\ \text{V}$。试求:

(1)输出电压的幅值和振荡频率约为多少?

(2)占空比的调节范围约为多少?

解:(1)输出电压$u_o=\pm6.5\ \text{V}$。

振荡周期 $T=(2R+R_p)C\cdot\ln\left(1+\dfrac{2R_1}{R_2}\right)$

$$=(2\times10+100)\times10^3\times0.1\times10^{-6}\times\ln\left(1+\dfrac{2\times20\times10^3}{100\times10^3}\right)\approx4.04\times10^{-3}(\text{s})$$

$$=4.04\ \text{ms}$$

振荡频率$f=1/T\approx0.27\ \text{kHz}$

(2)将$R_p=0\sim100\ \text{k}\Omega$代入式$(5-42)$,可得矩形波占空比的最小值和最大值分别为

$$\delta_{\min}=\frac{T_1}{T}=\frac{R}{2R+R_p}=\frac{10}{2\times10+100}=8.33\%$$

$$\delta_{\max}=\frac{T_1}{T}=\frac{R+R_p}{2R+R_p}=\frac{10+100}{2\times10+100}=91.7\%$$

占空比δ的调节范围在$8.33\%\sim91.7\%$之间。

5.3.3 三角波、锯齿波发生器

1. 三角波发生器

(1)电路的组成

三角波发生器电路如图$5-30(a)$所示,电路由同相输入滞回比较器A_1和积分器A_2组成。其中积分运算电路一方面进行波形变换,另一方面取代方波发生电路的RC回路,起延迟作用。

(2)工作原理

由电路可知,A_1的同相输入端电压由u_{o1}、u_o叠加而成。

$$u_+=\frac{R_1}{R_1+R_2}u_{o1}+\frac{R_2}{R_1+R_2}u_o=\frac{R_2}{R_1+R_2}u_o\pm\frac{R_1}{R_1+R_2}U_Z \qquad(5-43)$$

同相滞回比较器的输出高、低电平分别为

$$U_{OH}=+U_Z,\ U_{OL}=-U_Z$$

即

$$u_{o1}=\pm U_Z$$

积分电路的输出电压u_o经R_1反馈至A_1同相输入端控制滞回比较器翻转。A_1反相输入端经R_4接地,$u_{+1}=u_{-1}=0$时,比较器翻转,则门限电压

$$U_T=\pm\frac{R_1}{R_2}U_Z \qquad(5-44)$$

$$U_{T+}=+\frac{R_1}{R_2}U_Z;\ U_{T-}=-\frac{R_1}{R_2}U_Z$$

可画出电压传输特性如图$5-30(b)$所示。

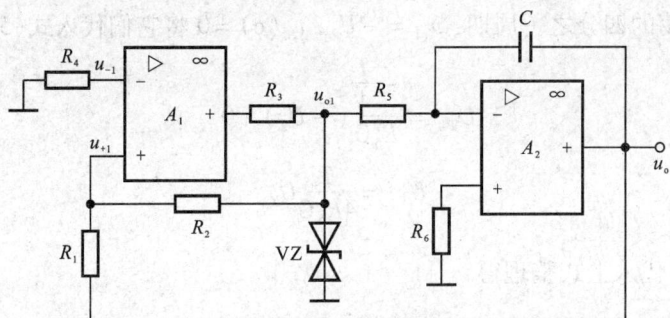

（a）电路

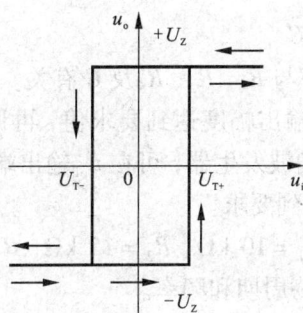

（b）电压传输特性　　　　　　　　　（c）波形

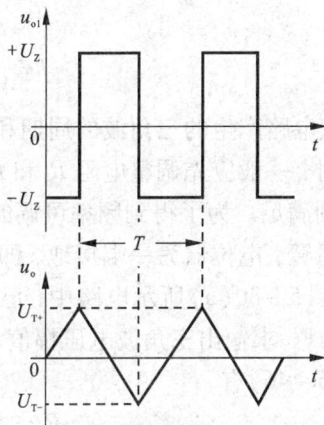

图 5 – 30　三角波发生器

以滞回比较器的输出电压 u_{o1} 作为输入，积分电路的输出电压表达式为

$$u_o = -\frac{(t_1 - t_0)}{R_5 C} u_{o1} + u_o(o) = \pm \frac{(t_1 - t_0)}{R_5 C} U_Z + u_o(o) \qquad (5-45)$$

设电路接通瞬间，$u_{o1} = -U_Z$，电容 C 上 $u_{c(o)} = 0$，A_2 的输出 $u_o = 0$，A_1 的同相输入端 u_{+1} 为负值。这时，电容器开始充电，积分器的输出电压 u_o 开始由零线性上升；A_1 的同相输入端电位 u_{+1} 由负值逐渐上升。当 u_o 达到 U_{T+} 而 $u_{+1} = 0$ 时，滞回比较器翻转，u_{o1} 由 $-U_Z$ 跳变到 $+U_Z$。

当 u_{o1} 跳变到 $+U_Z$ 后，积分器的输出电压 u_o 开始由线性下降。这时，A_1 的同相输入端电位 u_{+1} 也逐渐下降。当 u_o 达到 U_{T-} 而 $u_{+1} = 0$ 时，滞回比较器翻转，u_{o1} 由 $+U_Z$ 跳变到 $-U_Z$。如此周而复始，产生振荡。由于积分电路反向积分正向积分的电流大小均为 $\dfrac{u_{o1}}{R_3}$，使得 u_o 在一周期内的下降时间和上升时间相等，斜率的绝对值也相等，因而通过上述讨论，可知电路输出电压 u_o 的波形是三角波，波形图如 5 – 30（c）所示。

（3）参数的估算

振荡幅值 U_{OM}：积分器的输出电压 u_o 就是同相滞回比较器的输入电压。

$$\pm U_{OM} = \pm \frac{R_1}{R_2} U_Z \qquad (5-46)$$

振荡周期 T 和频率 f: 由图 5 – 30(c)所示三角波波形图可看出，从起始值为 0，到幅值 U_{T+} 所需时间是振荡的四分之一周期，$u_{o1} = -U_Z$，$u_o(o) = 0$ 将它们代入式(5 – 45)得

$$U_{T+} = \frac{-\dfrac{T}{4}}{R_5 C}(-U_Z) + 0$$

$$U_{T+} = \frac{T}{4R_5 C}U_Z$$

把 $U_{T+} = \dfrac{R_1}{R_2}U_Z$ 代入上式整理得

$$T = \frac{4R_1 R_5}{R_2}C \tag{5 – 47}$$

$$f = \frac{R_2}{4R_1 R_5 C} \tag{5 – 48}$$

上式说明，该电路产生的三角波的周期和频率与 R_1、R_2、R_5 及 C 有关。

在调试电路时，一般应先调整电阻 R_1 和 R_2 使输出幅度达到要求值，再调整 R_5 和 C 使振荡周期和频率得到满足。为了得到频率可调的三角波发生器，可在 u_{o1} 输出端接一电位器，R_5 接左端接电位器滑臂，电位器另一端接地，即可达到要求。

例 5 – 8 在图 5 – 30(a)所示电路中，已知 $R_1 = 10\ \text{k}\Omega$，$R_2 = 15\ \text{k}\Omega$，$R_5 = 3\ \text{k}\Omega$，$\pm U_Z = \pm 6\ \text{V}$，$C = 0.01\ \mu\text{F}$，求输出三角波电压幅值、振荡周期和频率。

解： 根据式(5 – 46)有

$$\pm U_{OM} = \pm \frac{R_1}{R_2}U_Z = \pm \frac{10}{15} \times 6 = \pm 4\ \text{V}$$

根据式(5 – 47)有

$$T = \frac{4R_1 R_5}{R_2}C = \frac{4 \times 10 \times 10^3 \times 3 \times 10^3}{15 \times 10^3} \times 0.01 \times 10^{-6} = 8 \times 10^{-5}\text{s} = 0.08\ \text{ms}$$

根据式(5 – 48)有

$$f = \frac{1}{T} = \frac{1}{0.08 \times 10^{-3}} = 1.25 \times 10^4 \text{Hz} = 12.5\ \text{kHz}$$

2. 锯齿波发生器

如果三角波波形不对称，即上升时间与下降时间不相等，那么波形就称为锯齿波。利用二极管的单向导电性可使积分电路两个方向的积分通路不同，使上升时间与下降时间不等，就可得到锯齿波发生电路，如图 5 – 31(a)所示。

锯齿波发生器与三角波发生器的区别在于增加由电位器 R_p 和 VD_1 和 VD_2 组成的网络。它构成了两条积分通路，当 u_{o1} 为 $+U_Z$ 时，VD_1 导通，VD_2 截止，u_{o1} 通过 R_5、二极管 VD_1 及 R_{p1}，向 C 充电；当 u_{1o} 为 $-U_Z$ 时，VD_2 导通，VD_1 截止，u_{o1} 通过 R_5、二极管 VD_2 及 R_{p2} 放电和反向充电，两条积分通路不同，导致三角波的上升、下降时间不等，成为锯齿波，波形如图 5 – 31(b)所示。

该电路的振荡幅值

$$\pm U_{OM} = \pm \frac{R_1}{R_2}U_Z \tag{5 – 49}$$

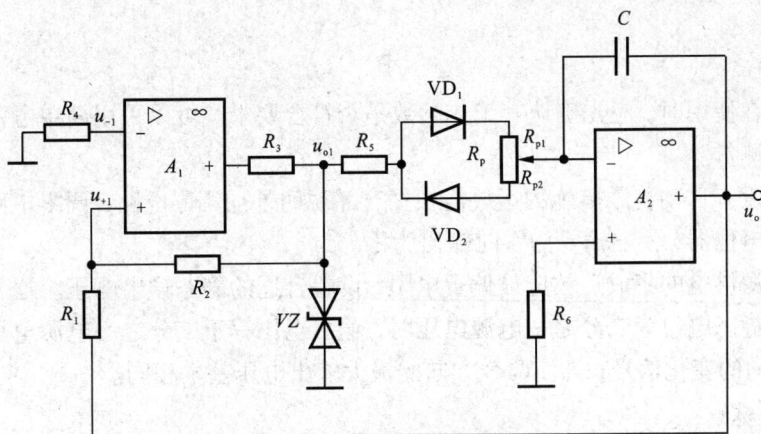

(a)电路

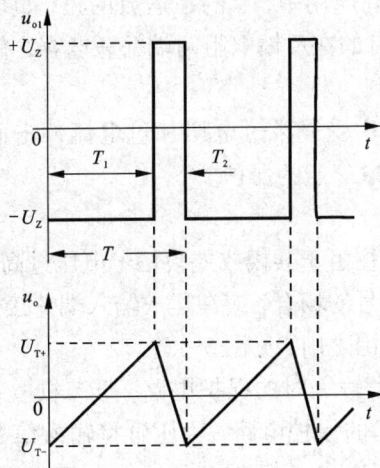

(b)波形

图 5-31　锯齿波发生器

振荡周期

$$T = \frac{2R_1(2R_5 + R_p)C}{R_2} \qquad (5-50)$$

振荡频率

$$f = \frac{1}{T} = \frac{R_2}{2R_1(2R_5 + R_p)C} \qquad (5-51)$$

上式说明调整 R_1 和 R_2 的值可改变锯齿波的幅值；调整 R_1 和 R_2 及 R_p 的值以及电容 C 可以改变锯齿波的振荡周期。

锯齿波发生电路常用来组成扫描电路，在显示器、电视机等电子设备中被广泛使用。

5.3.4　使用运放注意事项

集成运放种类繁多，应用非常广泛。除了通用型集成运放，还有很多的特殊型运放，使用的时候要根据用途和要求正确选型，以获得较好的性价比。使用的时候还要注意以下问题。

1. 静态调试

集成运放在使用时，应先确认其工作参数是否符合要求。可以采用简单方法测量或用专用的参数仪器测量。

对于内部没有自动稳零措施的运放需根据产品说明外加调零电路，调零电路中的电位器应为精密绕线电位器，使之输入为零时输出为零。

对于单电源供电的集成运放应加偏置电阻，设置合适的静态输出电压。通常在集成运放的两个输入端静态电位为二分之一电源电压时，输出电压等于二分之一电源电压以便能放大正、负两个方向的变化信号，且使两个方向的最大输出电压基本相同。

2. 消除自激

运放工作时很容易产生自激，有的运放在内部已做了消振电路，有的则引出消振端子，外接 RC 消振网络。在实际应用中，有的在运放的正、负电源端与地之间并接上几十微法与 $0.01 \sim 0.1$ 微法的电容，有的在反馈电阻两端并联电容，有的在输入端并联一个 RC 支路。

3. 设置保护电路

为了防止运放在工作中受异常过电压和过电流冲击而损坏，除操作过程中应加以注意外，还应分别在电路上采取一定的保护。

(1)输入保护

集成运放的输入级往往由于共模或差模信号电压过高，造成输入级损坏。因此当运放工作在有较大共模或差模信号的场合，应在运放输入端并接极性相反的二极管。以将输入信号电压的幅度限制在允许范围之内，见图 5 – 32。

图 5 – 32(a)为弱信号输入时的保护电路，硅二极管把输入信号电压限制在 ±0.7 V 之内。图 5 – 32(b)为输入时的保护电路，稳压管将输入信号电压限制在运放的最大差模输入电压之内(适用于最大差模输入电压较高的运放)，稳压管的选择应满足：$\pm(U_Z + U_D)$ 小于运放的最大差模输入电压。图 5 – 32(c)为同相输入保护，其中 $+U$ 和 $-U$ 应低于运放的最大允许共模电压，此时运放承受的共模输入电压被限制在 $+U$ 或 $-U$。

(2)电源极性错接保护

集成运放使用时若不注意将电源极性接反，很容易造成运放损坏。为了防止错接造成运放损坏，可利用二极管的单向导电性，采用图 5 – 33 所示的保护电路。在电源极性正常情况下，二极管 VD_1、VD_2 都导通，正、负电源可加到运放的正、负电源端，若电源极性接反，则因 VD_1、VD_2 截止，将电源切断，起到保护作用。

(3)输出保护

当运放输出端对地或对电源短路时，如果没有保护，运放输出级将会因过流而损坏。若在输出端接上稳压管，如图 5 – 34 所示，则可使输出级得到保护。图中 VZ 和电阻 R 组成稳压管稳压电路。正常情况下，稳压管因不会击穿而不起作用。而当意外把外部较高电压接到运放的输出端时，则 VZ 击穿，运放的输出端电压将受稳压管稳压值的限制，而避免了损坏。

需要说明的是，设置运放的保护电路，对于简化设计，减小体积和降低成本，会带来一些影响。所以运放应用电路应根据使用条件及设计要求决定保护电路的取舍。

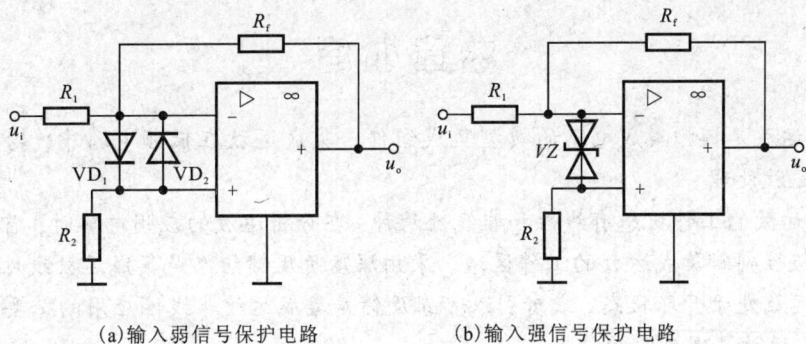

(a)输入弱信号保护电路　　　　　(b)输入强信号保护电路

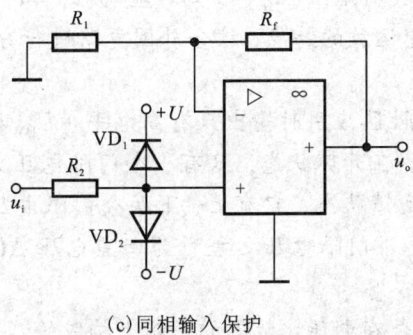

(c)同相输入保护

图 5－32　集成运放的输入保护

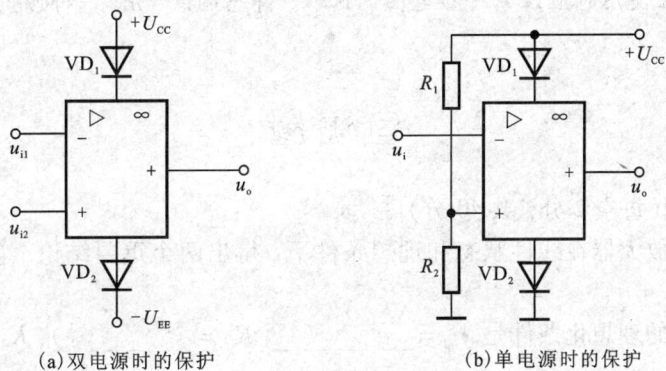

(a)双电源时的保护　　　　　(b)单电源时的保护

图 5－33　电源极性错接保护

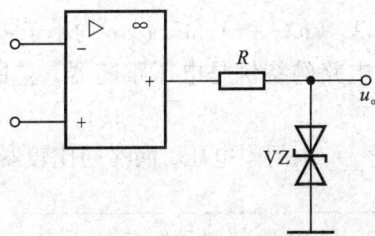

图 5－34　输出保护

本章小结

● 集成运放是模拟集成电路的典型集成组件。集成运放在低频电路中，均可将实际运放视为理想运放处理。

● 集成运放的工作状态有线性和非线性两种，在分析运放的应用电路时，首先根据有无反馈及反馈极性判断集成运放的工作区域。采用深度负反馈组态是集成运放线性应用的必要条件。集成运放处于开环状态，或者引入了正反馈是集成运放非线性应用的必要条件。在这两种状态中，运放呈现不同的特点。

● 理想运放线性应用时具有虚短（$u_+ = u_-$）、虚断（$i_+ = i_- = 0$）两个特性。当集成运放工作在线性区时，可根据理想运放的特点，结合外围电路进行分析计算，实现比例、加、减、积分、微分等多种数学运算。

● 理想运放工作在非线性区应用时输出只有高电平 $+U_{OM}$ 和低电平 $-U_{OM}$ 两种状态。单限比较器的集成运放通常工作在开环状态，只有一个门限电压 U_T（或阈值电压）。滞回比较器的集成运放通常工作在正反馈状态，它有上、下两个门限电压（上门限电压 U_{T+} 和下门限电压 U_{T-}），滞回比较器的上、下门限电压之差称为回差电压 $\Delta U_T = U_{T+} - U_{T-}$。它们都有同相输入和反相输入两种接法。

● 非正弦波信号发生器是在电压比较器的基础上构成的。本章讨论了方波、矩形波、三角波、锯齿波产生电路。它们通常由比较器、反馈网络和积分电路等构成。

● 集成运放在使用时应注意外接电阻的选取、静态调试、消振等问题，并根据需要加接保护电路。

自测题

5-1 填空题（每空 2 分，共 40 分）

（1）集成运算放大器在线性状态和理想条件下，得出两个重要结论，它们是：_____ 和 _____。

（2）集成运放的理想化条件是 $A_{od} =$ _____、$R_{id} =$ _____、$K_{CMR} =$ _____、$R_o =$ _____。

（3）集成运放一般分为两个工作区，它们是 _____、_____ 工作区。

（4）_____ 运算电路可实现函数 $Y = aX_1 + bX_2 + cX_3$（a，b，c 均大于零），而 _____ 运算电路可实现函数 $Y = aX_1 + bX_2 + cX_3$（a，b，c 均小于零）。

（5）_____ 比例运算电路的特例是电压跟随器，它具有输入电阻很大而输出电阻很小的特点，常用作缓冲器。

（6）单限比较器有 _____ 个门限电压，而滞回比较器有 _____ 个门限电压。

（7）方波发生器由 _____ 构成。

（8）在图 5-35 所示电路中，已知 R_P 的滑动触头位于中点，当 R_1 增大时，u_{o1} 的占空比将 _____，振荡频率将 _____，u_{o2} 的幅值将 _____；当 R_P 的滑动触头向上移动时，u_{o1} 的占空比将 _____，振荡频率将 _____，u_{o2} 的幅值将 _____。

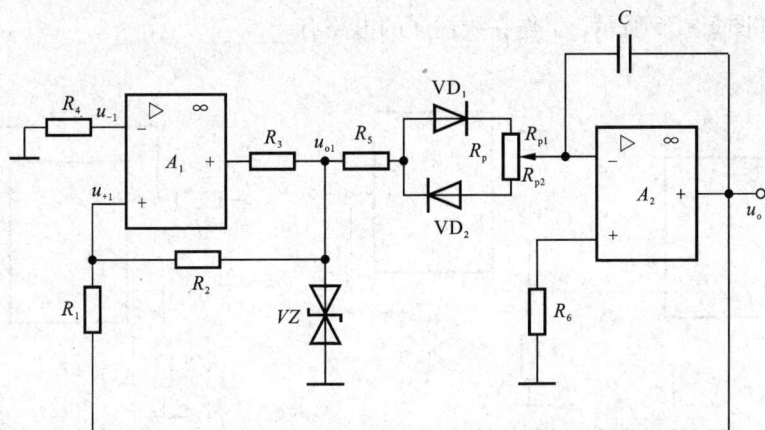

图 5-35　自测题 5-1(8)图

5-2　选择题(每空 2 分, 共 40 分)

(1)下列对集成电路运算放大器描述正确的是_____。

a. 是一种低电压增益、高输入电阻和低输出电阻的多级直接耦合放大电路

b. 是一种高电压增益、低输入电阻和低输出电阻的多级直接耦合放大电路

c. 是一种高电压增益、高输入电阻和高输出电阻的多级直接耦合放大电路

d. 是一种高电压增益、高输入电阻和低输出电阻的多级直接耦合放大电路

(2)集成运算放大器实质是一个_____。

a. 直接耦合的多级放大器　　　　　b. 单级放大器

c. 阻容耦合的多级放大器　　　　　d. 变压器耦合的多级放大器

(3)理想运算放大器的开环放大倍数 A_u 为_____, 输入电阻 R_{id} 为_____, 输出电阻 R_o 为_____。

a. ∞　　　　　　　　b. 0　　　　　　　　c. 不定

(4)六种运算电路如下, 请选择正确的答案填入相应的括号中。

a. 反相比例运算电路　　　　　b. 同相比例运算电路

c. 加法运算电路　　　　　　　d. 减法运算电路

e. 积分运算电路　　　　　　　f. 微分运算电路

①欲实现电压放大倍数 $A_{uf}=80$ 的放大电路, 应选用_____。

②欲实现电压放大倍数 $A_{uf}=-80$ 的放大电路, 应选用_____。

③欲将正弦波电压转换成余弦波电压, 应选用_____。

④欲将方波电压转换成三角波电压, 应选用_____。

⑤欲将矩形波电压转换成尖脉冲电压, 应选用_____。

⑥欲实现两个信号之和应选用_____。

⑦欲实现 $u_o=2u_{i1}-u_{i2}$, 应选用_____。

(5)施加深度负反馈可使运放进入_____; 使运放开环或加正反馈可使运放进入_____。

a.非线性区　　　　　　　　　　　b.线性工作区

(6)电路如图 5 – 36 所示,工作在线性区的电路有_____。

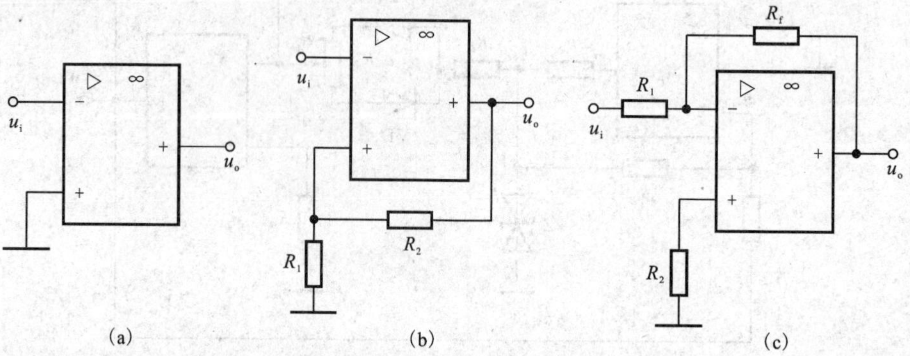

图 5 – 36　自测题 5 – 2(6)、(7)图

(7)图 5 – 36(c)电路中,若 R_f 开焊,则电路输出 u_o = _____。(设 $u_i > 0$)

a. $+U_{OM}$ 　　　　　b. $-U_{OM}$ 　　　　　c.∞ 　　　　　d.0

(8)基本微分电路中的电容应接在_____。

a.反相输入端　　　　b.同相输入端　　　　　c.反相输入端与输出端之间

(9)由理想运放构成的线性应用电路,其电路增益与运放本身的参数_____。

a.有关　　　　　　　　b.无关　　　　　　　　c.有无关系不确定

(10)集成运放的非线性应用电路存在 _____ 的现象。

a.虚短　　　　　　　　b.虚断　　　　　　　　c.虚短和虚断

(11)运放处于开环状态时,其输出不是正饱和值 $+U_{OM}$ 就是负饱和值 $-U_{OM}$,它们的大小取决于_____。

a.运放的开环放大倍数　　　b.外电路参数　　　　　　　c.运放的工作电源

5 – 3　判断题(每小题 2 分,共 20 分)

(1)集成运放都工作在线性区。　　　　　　　　　　　　　　　　　　　　　(　　)

(2)K_{CMR} 为共模抑制比,它表明集成运放对差模信号的放大能力,越大越好。(　　)

(3)反相比例运算电路输入电阻很大,输出电阻很小。　　　　　　　　　　(　　)

(4)虚短说明集成运放的两输入端短路。　　　　　　　　　　　　　　　　(　　)

(5)同相比例运算电路中集成运放的共模输入电压为零。　　　　　　　　　(　　)

(6)单限比较器的抗干扰能力比滞回比较器好。　　　　　　　　　　　　　(　　)

(7)在滞回比较器中,当输入信号变化方向不同时,其门限电压将不同。　　(　　)

(8)只要滞回比较器的回差电压大于干扰电压的变化幅度,就能有效地抑制干扰信号。

　　　　　　　　　　　　　　　　　　　　　　　　　　　　　　　　　　(　　)

(9)三角波发生器由滞回比较器和 RC 网络构成。　　　　　　　　　　　　(　　)

(10)方波发生器由比较器和积分器构成。　　　　　　　　　　　　　　　　(　　)

习 题

5-1 电路如图 5-37 所示，已知集成运放为理想运放，$R_1 = 20\ \text{k}\Omega$，$u_i = 200\ \text{mV}$ 时输出电压 $u_o = -0.5\ \text{V}$，求电路中 R_f 和 R_2 的值。

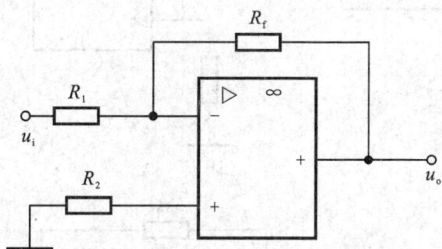

图 5-37 习题 5-1 图

5-2 电路如图 5-38 所示，已知集成运放为理想运放，$R_1 = 5\ \text{k}\Omega$，$R_f = 50\ \text{k}\Omega$，集成运放输出电压的最大幅值为 $U_{OM} = \pm 14\ \text{V}$，试求：

(1) 当输入电压 $u_i = 100\ \text{mV}$ 时，输出电压 u_o 的值。

(2) 当输入电压 $u_i = 4\ \text{V}$ 时，输出电压 u_o 的值。

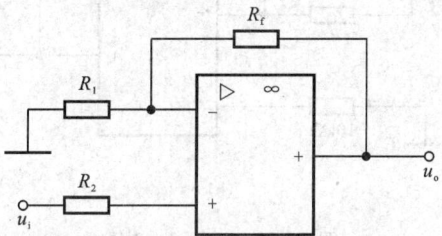

图 5-38 习题 5-2 图

5-3 电路如图 5-39 所示，各集成运放为理想运放，试分别求出各电路的输出电压 u_o。

5-4 电路如图 5-40 所示，各集成运放为理想运放，求出输出电压 u_o 与输入电压 u_i 的关系。

5-5 根据已知条件，设计运算电路。

(1) $u_o = -5u_i$ ($R_1 = 20\ \text{k}\Omega$)

(2) $u_o = 4u_i$ ($R_f = 50\ \text{k}\Omega$)

(3) $u_o = u_{i1} + u_{i2} - 4u_{i3}$ ($R_f = 100\ \text{k}\Omega$)

(4) $u_o = -(u_{i1} + 0.2u_{i2})$ ($R_1 = 10\ \text{k}\Omega$)

5-6 图 5-41 所示是应用集成运放组成的测量电压的原理电路，输出端接满量程为 5 V 的电压表，欲得到 50 V、10 V、2 V、0.5 V 四种量程，试计算 $R_1 \sim R_4$ 的阻值。

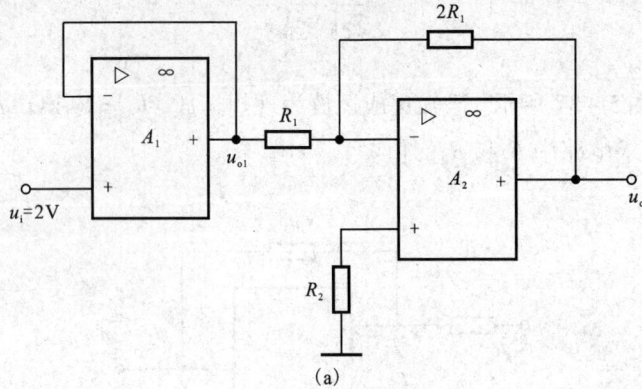

(a)

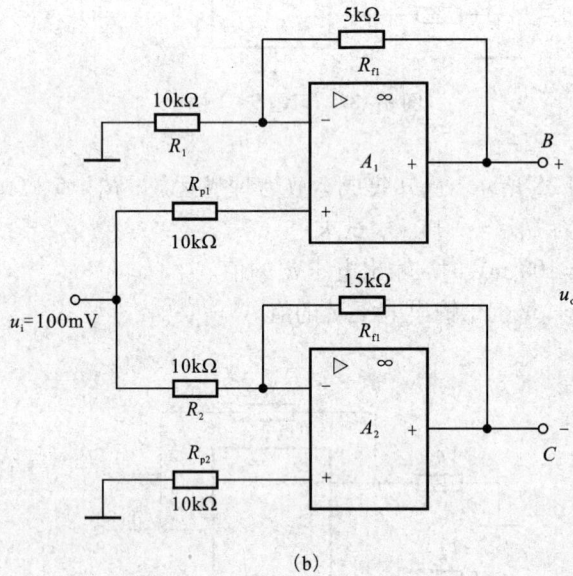

(b)

图 5 - 39   习题 5 - 3 图

5 - 7   在如图 5 - 42 所示电路中，A_1、A_2 皆为理想运放，且 $\dfrac{R_3}{R_1} = \dfrac{R_4}{R_5}$，证明：$u_o$ 与 u_i 的关系满足：$u_o = -\left(1 + \dfrac{R_1}{R_3}\right) u_i$

5 - 8   电路如图 5 - 43 所示，各集成运放为理想运放，试求出输出电压 u_o 的值。

5 - 9   图 5 - 44 为电阻 - 电压变换电路，A 为理想运放，U_R 为已知参考电压，R_1 为 1 kΩ，试求：（1）u_o 与 R_X 的关系；（2）当 $U_R = 1.5$ V 时，测得 $u_o = 3$ V，求 R_X 的大小。

5 - 10   图 5 - 45 所示电路为三极管电流放大系数 β 测试电路，设三极管的 $U_{BE} = 0.7$ V，试求：（1）三极管 C、B、E 各极的电位；（2）若电压表的读数为 200 mV，求出三极管的 β 值。

5 - 11   电路如图 5 - 46(a) 所示，已知输入电压 u_i 的波形(b)所示，当 $t = 0$ 时，$u_o = 5$ V，对应画出输出电压 u_o 的波形。

5 - 12   在电路图 5 - 47 所示中，已知 $C = 1$ μF，$R_1 = 100$ kΩ，$R_2 = 500$ kΩ，且当 $t = 0$

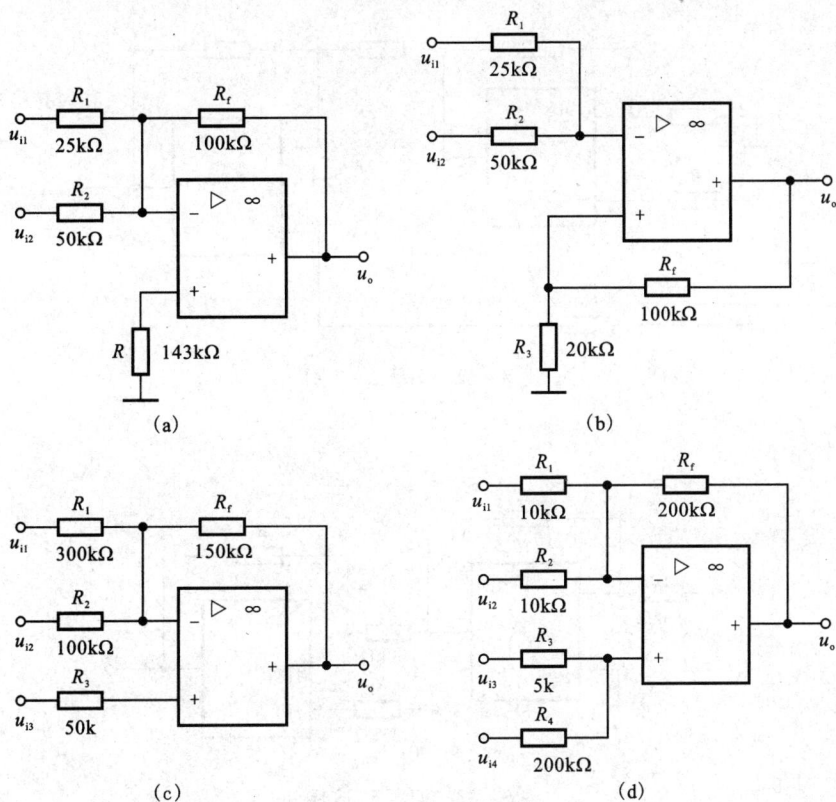

图 5 - 40　习题 5 - 4 图

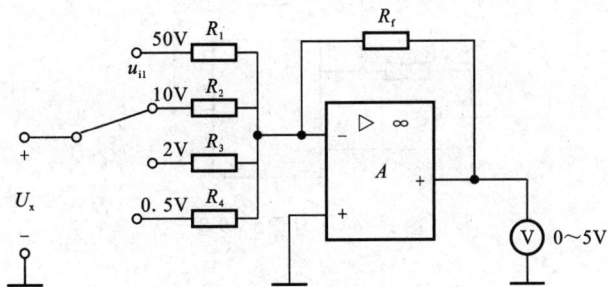

图 5 - 41　习题 5 - 6 图

时，$u_c = 0$，试写出 u_o 与 u_{i1}、u_{i2} 的关系式。

5 - 13　电路如图 5 - 48 所示，试根据(b)图所示输入信号画出输出电压 u_o 的波形。

5 - 14　根据已知条件，设计适当的运算电路。（要求输入电阻大于 100 kΩ）

(1) $u_o = -50 \int u_i dt$　（$C = 0.1\ \mu F$）

(2) $u_o = 200 \int (2u_{i1} - u_{i2}) dt$　（$C = 0.1\ \mu F$, $R_f = 50$ kΩ）

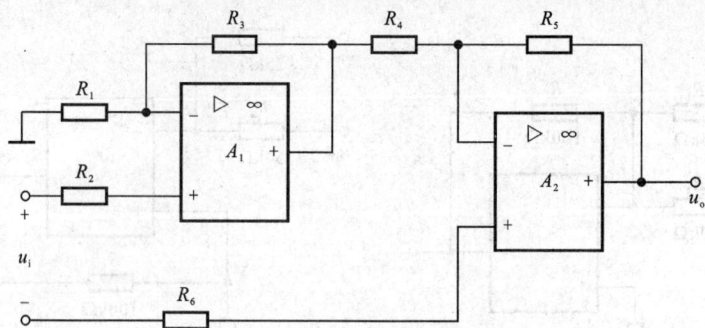

图 5－42　习题 5－7 图

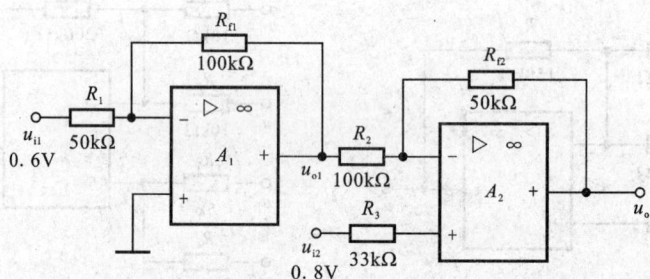

图 5－43　习题 5－8 图

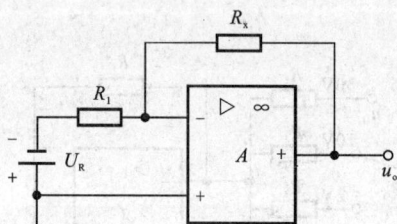

图 5－44　习题 5－9 图

5－15　在电路图 5－49 所示中，已知 $C=0.1$ μF，$R=100$ kΩ，$u_i=4\sin\omega t$（V），试画出输出电压 u_o 的波形。

5－16　电路如图 5－50（a）所示，（b）是输入信号 u_{i1}、u_{i2} 的波形，已知 $C=100$ μF，$R_1=10$ kΩ，$R_f=500$ kΩ，求 u_o 与 u_{i1}、u_{i2} 的关系并画出输出电压 u_o 的波形。

5－17　电路如图 5－51 所示。（1）试画出它的传输特性；（2）当输入电压 $u_i=6\sin\omega t$（V）时，画出输出电压 u_o 的波形。

5－18　电路如图 5－52 所示，求出门限电压并画出它的传输特性。

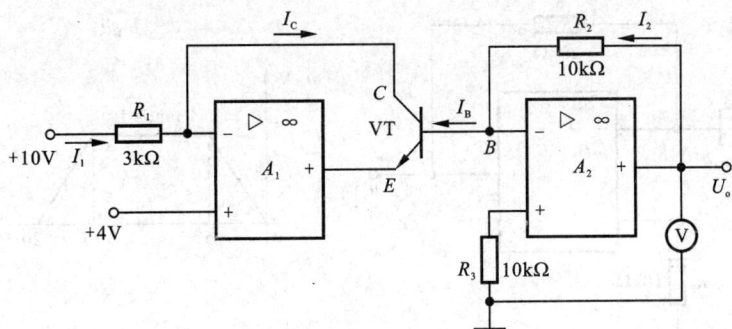

图 5 − 45　习题 5 − 10 图

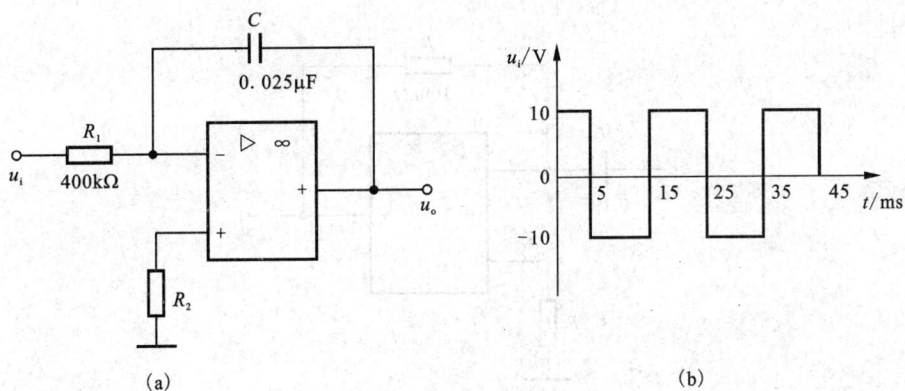

(a)　　　　　　　　　　　　(b)

图 5 − 46　习题 5 − 11 图

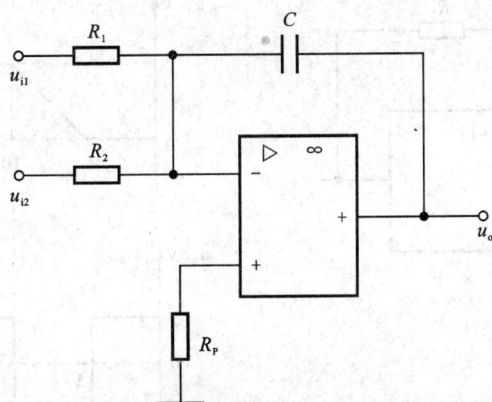

图 5 − 47　习题 5 − 12 图

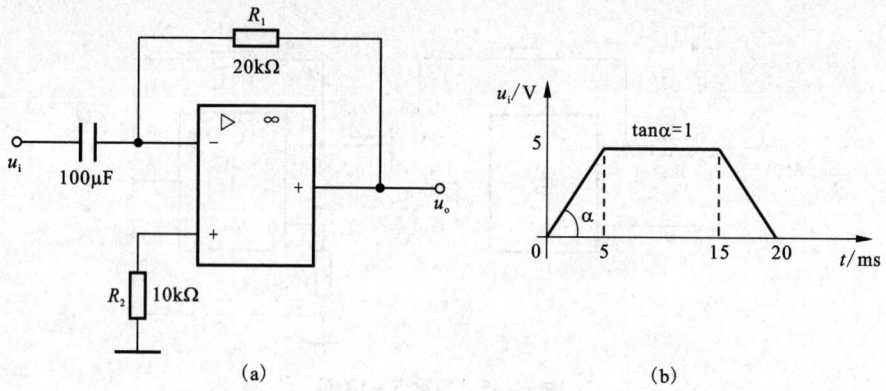

(a)

(b)

图 5 – 48 习题 5 – 13 图

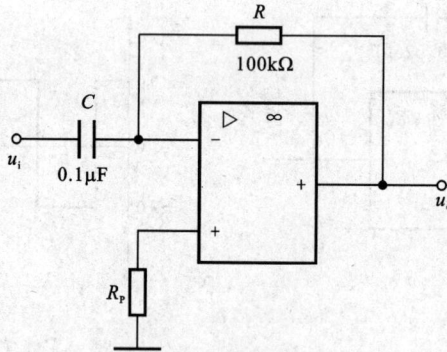

图 5 – 49 习题 5 – 15 图

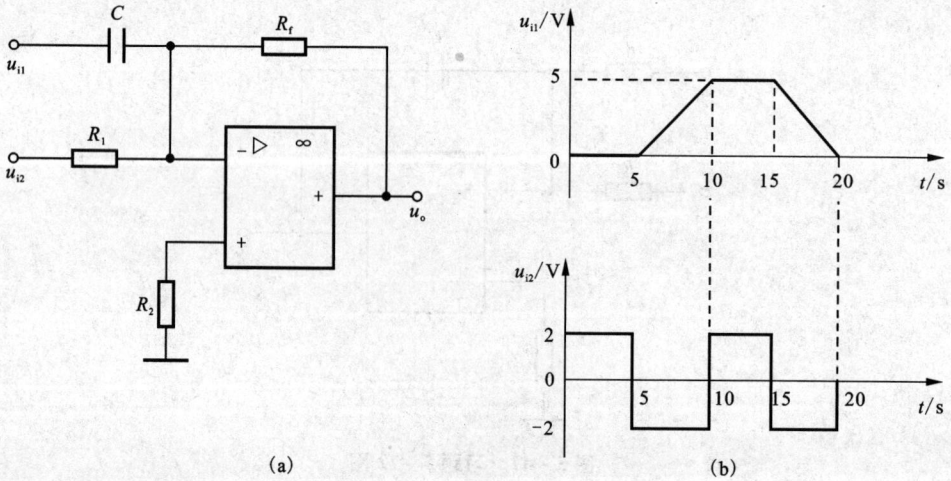

(a)

(b)

图 5 – 50 习题 5 – 16 图

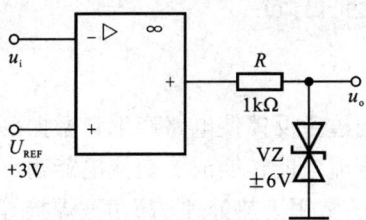

图 5 – 51 习题 5 – 17 图

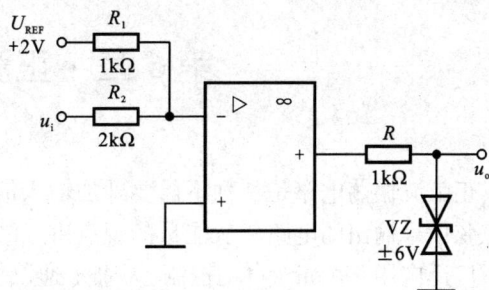

图 5 – 52 习题 5 – 18 图

5 – 19 电路如图 5 – 53 所示。(1)试画出它的传输特性;(2)当输入电压 $u_i = 5\sin\omega t(\mathrm{V})$ 时,画出输出电压 u_o 的波形。

5 – 20 电路如图 5 – 54 所示。(1)试计算门限电压 U_{T+}、U_{T-} 和回差电压;(2)当输入电压 $u_i = 5\sin\omega t(\mathrm{V})$ 时,画出输出电压 u_o 的波形。

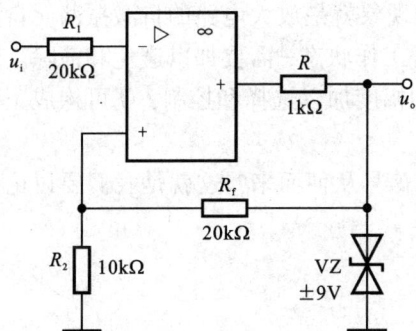

图 5 – 53 习题 5 – 19 图

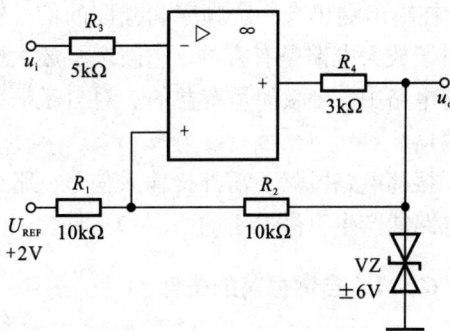

图 5 – 54 习题 5 – 20 图

5 – 21 在图 5 – 55 所示电路中,已知 $R_1 = 10\ \mathrm{k\Omega}$,$\pm U_Z = \pm 6\ \mathrm{V}$,$C = 0.01\ \mu\mathrm{F}$,输出三角波电压幅值为 $\pm 4\ \mathrm{V}$,振荡频率为 $5\ \mathrm{kHz}$,试求 R_2 和 R_4 应为多少。

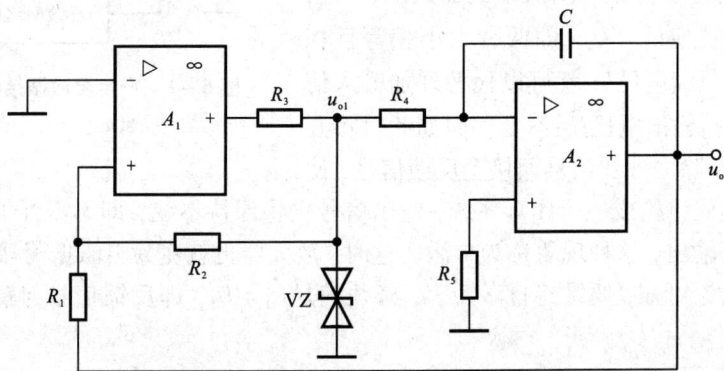

图 5 – 55 习题 5 – 21 图

第6章　正弦波振荡电路

正弦波振荡电路是一种不需要外加输入信号激励，通过正反馈使电路产生自激振荡并产生正弦信号输出的电路。从能量的观点讲，它把电源的直流电能转换成了交流电能输出。它除了广泛应用于测量、自动控制、广播、通讯等领域外，还常用于热处理、超声波焊接等设备中。

本章将分析振荡产生的机理和条件，讨论正弦波振荡电路的一般结构和分析方法，介绍常见的 RC、LC 和石英晶体正弦波振荡电路的组成和工作原理。

6.1　正反馈与自激振荡

一个放大电路通常在输入端外加信号时才有输出。如果在它的输入端不外接信号的情况下，在输出端仍有一定频率和幅度的信号输出，这种现象就是放大电路的自激振荡。自激振荡对于放大电路是有害的，它破坏了放大电路的正常工作状态，需要加以避免和消除。但在振荡电路中，自激却是有益的。对自激振荡的频率和幅度加以选择和控制，就可构成正弦波振荡器。

振荡电路既然不需外接输入信号，那么它的输出信号从何而来？这就是我们要讨论的振荡电路能产生自激振荡的原因和条件。

6.1.1　自激振荡的条件

1. 自激振荡的平衡条件

在图 6-1 中，$\dot{A}$ 是放大电路，$\dot{F}$ 是反馈网络。当将开关 S 接在端点 1 上时，就是一般的开环放大电路，其输入信号电压为 $\dot{U}_i$，输出信号电压为 $\dot{U}_o$。如果将输出信号 $\dot{U}_o$ 通过反馈网络反馈到输入端，反馈电压为 $\dot{U}_f$，并设法使 $\dot{U}_f = \dot{U}_i$，即两者大小相等且相位相同。那么，反馈电压 $\dot{U}_f$ 就可以代替外加输入信号电压 $\dot{U}_i$，来维持输出电压 $\dot{U}_o$ 不变。假如此时将开关 S 接到端点 2，除去外加信号而接上反馈信号，使

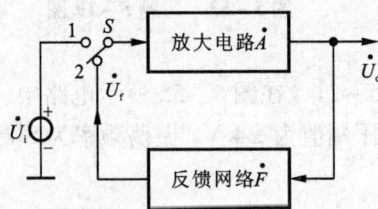

图 6-1　产生自激振荡的示意框图

放大电路和反馈网络构成一个闭环系统，输出信号仍将保持不变，即不需外加输入信号而靠反馈来自动维持输出，这种现象称为自激。这时，放大器也就变为自激振荡器了。

由以上的讨论可知，要维持自激振荡，必须满足 $\dot{U}_f = \dot{U}_i$，即反馈信号与输入信号大小相等，相位相同。

根据图 6-1 可知：

$$\dot{A} = \frac{\dot{U}_{\text{o}}}{\dot{U}_{\text{i}}} \tag{6-1}$$

$$\dot{F} = \frac{\dot{U}_{\text{f}}}{\dot{U}_{\text{o}}} \tag{6-2}$$

若 $\dot{U}_{\text{f}} = \dot{U}_{\text{i}}$，则 $\dot{A}\dot{F} = \dfrac{\dot{U}_{\text{o}}}{\dot{U}_{\text{i}}}\dfrac{\dot{U}_{\text{f}}}{\dot{U}_{\text{o}}} = 1$（$\dot{A}\dot{F}$ 称为环路增益）。因此，振荡电路维持自激振荡的条件是：

$$\dot{A}\dot{F} = 1 \tag{6-3}$$

即
$$|\dot{A}\dot{F}| = 1 \tag{6-4}$$

$$\varphi_{\text{a}} + \varphi_{\text{f}} = 2n\pi \, (n = 0, 1, 2, \cdots) \tag{6-5}$$

式(6-4)称为幅值平衡条件。其物理意义为：信号经放大电路和反馈网络构成的闭环回路后，幅值保持不变。

式(6-5)称为相位平衡条件。其物理意义为：信号经放大电路和反馈网络构成的闭环回路后，总相移必须为 2π 的整数倍，即振荡电路必须满足正反馈。

作为一个稳幅振荡电路，必须同时满足幅值平衡条件和相位平衡条件。

2. 自激振荡的起振条件

式(6-4)所说的幅值平衡条件，是指振荡电路已进入稳幅振荡而言的。振荡电路要在接通电源后能自行起振，这需要利用到接通电源瞬间产生的微弱扰动。在这些扰动中包含各种频率的成分，电路应当选择其中一定频率的分量并使之幅度增强到所需要的值。对这一频率分量，在起振时必须满足

$$|\dot{A}\dot{F}| > 1 \tag{6-6}$$

式(6-5)、(6-6)称为自激振荡的起振条件。电路起振后，由于环路增益大于1，振荡幅度逐渐增大。当信号达到一定幅度时，因为受电路中非线性元件的限制，使 $|\dot{A}\dot{F}|$ 值下降，直至 $|\dot{A}\dot{F}| = 1$，振荡幅度不再增大，振荡进入稳定状态。

6.1.2　振荡的建立

1. 振荡的建立过程

一个正弦波振荡电路只在某一个频率上产生自激振荡，而在其他频率上不能产生，这就要求在放大电路和反馈网络构成的闭环回路中包含一个具有选频特性的选频网络。它可以设置在放大电路中，也可以设置在反馈网络里。

在接通电源时产生的各种频率成分的电扰动激励信号中，将由选频网络选择某一频率分量，并按如下过程建立起振荡：

接通电源后，各种电扰动──→放大──→选频──→正反馈──→再放大──→再选频──→再正反馈……──→振荡器输出电压迅速增大──→器件进入非线性区──→放大电路增益下降──→稳幅振荡。

在实际的振荡电路中，常引入负反馈来稳幅，以改善振荡波形。其基本稳幅原理是：当振荡器输出幅度增大时，负反馈加强；反之，负反馈减弱。选择适当的负反馈深度，就可使振荡电路的输出在有源器件进入非线性区之前，就稳定在某一数值，从而避免了振荡波形的非线性失真。

2．正弦波振荡电路的组成

由上可知，一个正弦波振荡电路必须由四个基本组成部分，即：放大电路、正反馈网络、选频网络和稳幅电路。

3．正弦波振荡电路的分析方法

正弦波振荡电路的分析任务主要有两个：一是判断电路能否产生振荡；二是估算振荡频率，并求电路的起振条件。

（1）判断电路能否产生正弦波振荡

判断电路能否产生正弦波振荡的一般方法和步骤如下。

①检查电路中是否包括放大电路、正反馈网络、选频网络和稳幅环节；

②分析放大电路能否正常工作。对分立元件电路，看是否能够建立合适的静态工作点并能正常放大；对集成运放，看输入端是否有直流通路。

③利用瞬时极性法判断电路是否引入了正反馈，即是否满足相位平衡条件。一般方法如图6 -2所示。在正反馈网络的输出端与放大电路输入回路的连接处断开，并在断点处加一个频率为 f_0 的输入电压 $\dot{U}_i$，假定其极性，然后以此为依据判断 $\dot{U}_f$ 的极性，若 $\dot{U}_f$ 与 $\dot{U}_i$ 极性相同，则符合相位条件，若 $\dot{U}_f$ 与 $\dot{U}_i$ 极性不同，则不符合相位条件。

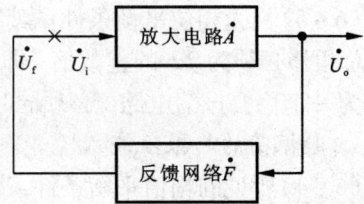

图6-2 判断相位平衡条件的一般方法

④检查幅值平衡条件。若 $|\dot{A}\dot{F}| < 1$ 则不能振荡；若 $|\dot{A}\dot{F}| = 1$ 则不能起振；通常起振时使 $|\dot{A}\dot{F}|$ 略大于1，起振后则采取稳幅措施使电路达到幅值平衡条件 $|\dot{A}\dot{F}| = 1$。

（2）计算振荡频率、求起振条件

由维持振荡的条件 $\dot{A}\dot{F} = 1$ 可知，$\dot{A}\dot{F}$ 为实数，因此只要令 $\dot{A}\dot{F}$ 复数表示式的虚部等于零，对频率求解，即可求得振荡频率。将振荡频率代入起振条件 $|\dot{A}\dot{F}| > 1$，可求出满足起振条件的有关电路参数值，即常用的以电路参数表示的起振条件。

6.2 LC 正弦波振荡电路

正弦波振荡电路按组成选频网络的元件不同可分为 RC 正弦波振荡电路，LC 正弦波振荡电路和石英晶体正弦波振荡电路。

由 L、C 构成选频网络的振荡电路称为 LC 振荡电路，它主要用来产生 1 MHz 以上的高频正弦信号。根据选频网络上反馈形式的不同，LC 振荡电路可分为变压器反馈式、电感三点式和电容三点式 LC 振荡电路。

6.2.1 LC 并联谐振回路

LC 并联谐振回路如图6－3所示，它是 LC 正弦波振荡电路中经常用到的选频网络，图中 r 表示回路的等效损耗电阻。由图可知，LC 并联谐振回路的等效阻抗为

$$Z = \frac{\frac{1}{j\omega c}(r + j\omega L)}{\frac{1}{j\omega c} + r + j\omega L} \tag{6-7}$$

通常，$\omega L \gg r$，故上式可写成

$$Z = \frac{\frac{1}{j\omega C} \cdot j\omega L}{r + j\left(\omega L - \frac{1}{\omega C}\right)} = \frac{\frac{L}{C}}{r + j\left(\omega L - \frac{1}{\omega C}\right)} \tag{6-8}$$

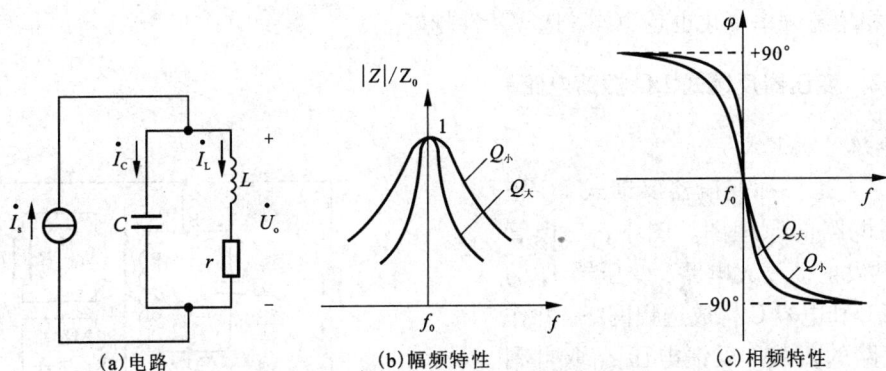

图 6-3　LC 并联电路及其频率特性

当 $\omega L = \dfrac{1}{\omega C}$ 时，电路发生并联谐振。其谐振角频率为

$$\omega_0 = \frac{1}{\sqrt{LC}} \tag{6-9}$$

谐振频率为

$$f_0 = \frac{1}{2\pi\sqrt{LC}} \tag{6-10}$$

谐振时 LC 回路的等效阻抗为

$$Z_0 = \frac{L}{rC} = Q\omega_0 L = \frac{Q}{\omega_0 C} \tag{6-11}$$

式中 $Q = \dfrac{\omega_0 L}{r} = \dfrac{1}{r\omega_0 C} = \dfrac{1}{r}\sqrt{\dfrac{L}{C}}$，称为回路品质因数，是用来评价回路损耗大小的指标。Q 值愈高，回路的选频特性愈好。一般地，Q 值在几十到几百范围内。

将式 $Q = \dfrac{1}{r}\sqrt{\dfrac{L}{C}}$，$Z_0 = \dfrac{L}{rC}$，$\omega_0 = 2\pi f_0$ 及 $\omega = 2\pi f$ 代入式（6-8）可得

$$Z = \frac{Z_0}{1 + jQ\left(\dfrac{f}{f_0} - \dfrac{f_0}{f}\right)} \tag{6-12}$$

所以 LC 回路的阻抗幅频特性和相频特性分别为

$$\frac{|Z|}{Z_0} = \frac{1}{\sqrt{1 + Q^2\left(\dfrac{f}{f_0} - \dfrac{f_0}{f}\right)}} \qquad (6-13)$$

$$\varphi = -\arctan\left(\frac{f}{f_0} - \frac{f_0}{f}\right) \qquad (6-14)$$

由式(6-13)、(6-14)可作出其频率特性曲线如图6-3(b)、(c)所示。分析 LC 并联回路的频率特性曲线可得出如下结论：

LC 并联回路具有选频特性。当外加信号频率 $f = f_0$ 时，产生并联谐振，回路等效阻抗 $|Z|$ 达到最大值 Z_0，且为纯电阻，相角 $\varphi = 0°$；当 f 偏离 f_0 时，$|Z|$ 减小。Q 值越大，幅频特性曲线越尖锐，相角随频率变化也越急剧，选频特性越好。

6.2.2 变压器反馈式 LC 振荡电路

1. 电路结构形式

图6-4是一种变压器反馈式 LC 正弦波振荡电路的原理图。图中，三极管 VT 构成共发射极放大电路，变压器 Tr 的原边线圈 L 和电容 C 构成选频网络，并作为放大电路的负载。反馈电压 U_f 取自副边线圈 L_2 两端，作为放大电路的输入信号。由于 LC 并联电路谐振时呈纯阻性，而 C_b、C_e 分别是耦合电容和旁路电容，对振荡频率信号可视为短路。因此，在 $f = f_0$ 时，三极管的集电极输出电压信号与基极输入电压信号相位仍相差 180°。

2. 振荡条件的分析

为了判断电路能否满足自激振荡的相位平衡条件，可在图6-4中"×"处将

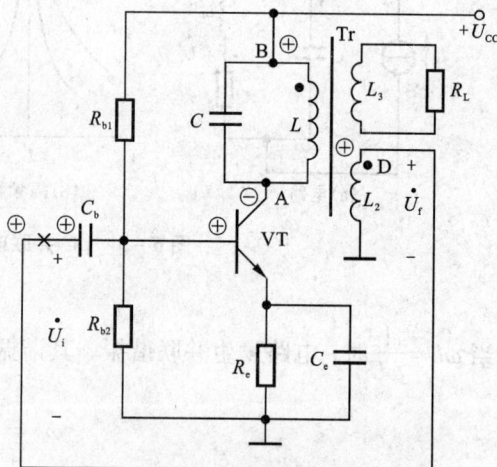

图6-4 变压器反馈式 LC 振荡电路

反馈断开，引入一个频率为 f_0 的输入信号 u_i，然后用瞬时极性法分析各点相位关系。假设 u_i 的瞬时极性为 ⊕，则三极管的集电极 A 点瞬时极性与基极相反，为 ⊖，故变压器原边绕组 L 的 B 端瞬时极性为 ⊕。由于变压器副边与原边绕组同名端的瞬时极性相同，因而副边绕组 L_2 的 D 端的瞬时极性也为 ⊕，即反馈电压 u_f 的瞬时极性为 ⊕。因此，u_f 与 u_i 的瞬时极性相同，即 $\dot{U}_f$ 与 $\dot{U}_i$ 同相，满足正弦波振荡的相位平衡条件。

为了满足起振条件 $|\dot{A}\dot{F}| > 1$，即 $|\dot{U}_f| > |\dot{U}_i|$，只要适当选择反馈线圈 L_2 的匝数，使 U_f 较大，或增加变压器原边线圈和副边线圈之间的耦合度(增加互感 M)，或选配适当的电路参数(如三极管的 β)，使放大电路具有足够的放大倍数，一般来说比较容易满足起振条件。

3. 振荡频率及稳幅措施

由于只有当 LC 并联回路谐振时，电路才满足振荡的相位平衡条件。所以当忽略其他绕组的影响时，变压器反馈式 LC 振荡电路的振荡频率为

$$f_0 \approx \frac{1}{2\pi\sqrt{LC}} \tag{6-15}$$

图 6-4 所示振荡电路振幅的稳定是利用三极管的非线性实现的。当电路起振后，振荡幅度将不断增大，三极管逐渐进入非线性区，放大电路的电压放大倍数 $|\dot{A}|$ 将随 $U_i = U_f$ 的增加而下降，限制了 U_o 的继续增大，最终使电路进入稳幅振荡。虽然三极管工作在非线性状态，集电极电流中含有基波分量和高次谐波分量，但由于 LC 回路具有良好的选频（滤波）性能，可以认为只有频率为 f_0 的基波电流由于回路对其呈现高阻抗而在回路两端产生输出电压，所以振荡输出的电压波形基本为正弦波。三极管的这种非线性工作状态是不同于 RC 振荡电路的，在后一种电路中，放大器件是工作于线性放大区。

6.2.3　电感三点式振荡电路

1. 电路结构形式

电感三点式 LC 振荡电路如图 6-5 所示，图中三极管 VT 构成共发射极放大电路，电感 L_1、L_2 和电容 C 构成正反馈选频网络，作为放大电路的负载。（一个连续绕制的线圈抽出中间抽头而分为 L_1 及 L_2 两段，再与电容 C 并联）反馈电压 $\dot{U}_f$ 取自电感线圈 L_2 两端。由于 LC 并联回路中电感的三个端子 1、2、3 分别与三极管的三个电极相连接（指交流连接），故称为电感三点式振荡电路，又称做哈特莱（Hartley）振荡电路。

2. 振荡条件分析

由图 6-5 可见，由于电源 $+U_{CC}$ 交流接地，且 LC 并联回路谐振时为纯电阻，因此，利用瞬时极性法，可判断出：输出电压 $\dot{U}_o$ 与放大电路的输入电压 $\dot{U}_i$ 反相，反馈电压 $\dot{U}_f$ 与输出电压 $\dot{U}_o$ 反相，所以 $\dot{U}_f$ 与 $\dot{U}_i$ 同相，满足自激振荡的相位平衡条件。具体判断过程如图 6-5 中的标示（⊕或⊖）。

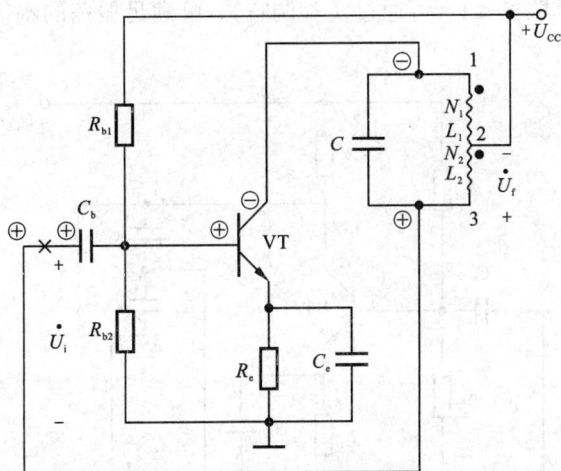

图 6-5　电感三点式振荡电路

关于幅值条件，只要使放大电路有足够的电压放大倍数，且适当选择 L_1 及 L_2 两段线圈的匝数比，即改变 L_1 和 L_2 电感量的比值，就可获得足够大的反馈电压 $\dot{U}_f$，从而使幅值条件得到满足。

3. 振荡频率及电路特点

电感三点式振荡电路的振荡频率基本上等于 LC 并联回路的谐振频率，即

$$f_{o} \approx \frac{1}{2\pi \sqrt{LC}} = \frac{1}{2\pi \sqrt{(L_1 + L_2 + 2M)C}} \qquad (6-16)$$

式中 M 是电感 L_1 和 L_2 之间的互感，$L = L_1 + L_2 + 2M$ 为回路的等效电感。通常用可变电容器来改变 C 值实现振荡频率的调节。此种电路多用于产生几十兆赫以下频率的信号。

电感三点式正弦波振荡电路不仅容易起振，而且采用可变电容器能在较宽的范围内调节振荡频率。但是由于它的反馈电压取自电感 L_2，而电感对高次谐波的阻抗大（电感的感抗与频率成正比），不能抑制高次谐波的反馈，因此振荡器的输出波形较差（含谐波成分多），非线性失真较大。

6.3.4　电容三点式振荡电路

1. 基本电路结构形式

为了获得良好的振荡波形，可将电感三点式振荡电路中的 L_1 和 L_2 换成对高次谐波呈低阻抗的电容 C_1 和 C_2，将 C 换成 L，同时 2 端子改为与公共接地端相连，这样就构成了电容三点式 LC 振荡电路。如图 6-6 所示。正反馈选频网络由电容 C_1、C_2 和电感 L 构成，反馈电压 $\dot{U}_f$ 取自电容 C_2 两端。由于 LC 振荡回路电容 C_1 和 C_2 的三个端子分别和三极管的三个电极相连接，故称为电容三点式振荡电路，又称为考尔皮兹（Colpitts）振荡电路。

2. 振荡条件分析

在图 6-6 电路中，由于反馈电压 $\dot{U}_f$ 取自振荡回路电容 C_2 两端，因此利用瞬时极性法可判断出：电路属于正反馈，满足振荡的相位平衡条件，如图中的标示（⊕或⊖）。适当选取电容 C_1 和 C_2 的比值（通常取 $\frac{C_1}{C_2} \leqslant 1$，可通过实验调整），可满足振荡的幅值平衡条件。

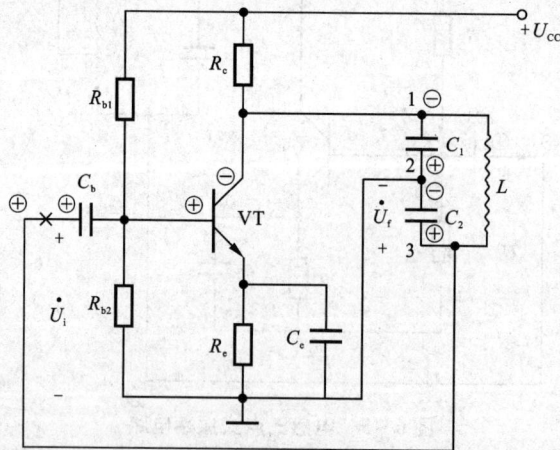

图 6-6　电容三点式振荡电路

3. 振荡频率及电路特点

图 6-6 所示电路的振荡频率近似等于 LC 并联回路的谐振频率，即为

$$f_0 = \frac{1}{2\pi\sqrt{LC}} = \frac{1}{2\pi\sqrt{L\dfrac{C_1 C_2}{C_1 + C_2}}} \tag{6-17}$$

电容三点式振荡电路的反馈电压取自电容 C_2 两端，由于电容对高次谐波的容抗小，反馈信号中高次谐波的分量小，所以振荡电路输出波形中的谐波成分少，输出波形较好。此外，振荡回路电容 C_1 和 C_2 的容量可以选得很小，振荡频率较高，一般可达 100 MHz 以上。

当通过改变电容来调节振荡频率时，要求 C_1 和 C_2 同时改变，且保持其比值不变。否则将影响振荡的幅值条件，严重时可能会使振荡电路停振，所以调节该振荡电路的振荡频率不太方便。

4. 电路的改进

图 6-6 所示振荡电路的缺点除了调节频率不方便之外，为了提高振荡频率而使回路电容的容量减小到可与三极管的极间电容值相比拟时，由于三极管极间电容值随温度等因素变化，使振荡频率随之变化。因此，其频率的稳定性较差。

为了克服上述缺点，可在图 6-6 电路的电感 L 支路中串联一个容量很小的微调电容 C_3，构成如图 6-7 所示的改进型电容三点式振荡电路，又称克莱普(Clapp)振荡电路。

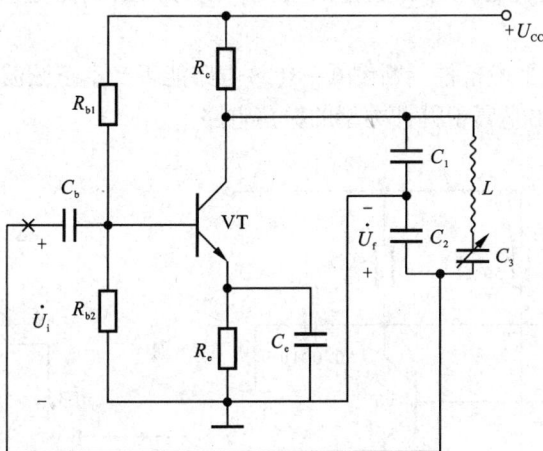

图 6-7　改进型电容三点式振荡电路

图 6-7 电路的振荡频率为

$$f_0 \approx \frac{1}{2\pi\sqrt{L\dfrac{1}{\dfrac{1}{C_1} + \dfrac{1}{C_2} + \dfrac{1}{C_3}}}} \tag{6-18}$$

由于回路电容 C_1 和 C_2 分别与三极管的集电极－发射极和基极－发射极并联，因此为了减小三极管极间电容的变化对振荡频率的影响，在选取电容参数时，通常使 $C_1 \gg C_3$，且 $C_2 \gg C_3$。因此式(6-18)可近似为

$$f_0 \approx \frac{1}{2\pi\sqrt{LC_3}} \tag{6-19}$$

由上式可以看出，克莱普振荡电路的振荡频率f_0基本上由电感L和电容C_3确定，与电容C_1、C_2及管子的极间电容关系很小，因此振荡频率的稳定性较好。只要调节C_3即可改变振荡频率，而且不影响C_1和C_2的比值，亦即不影响振荡的幅值条件。

5. 三点式振荡电路的组成法则

分析以上几种LC三点式振荡电路，可以发现这样一个规律，即：不论电感三点式还是电容三点式振荡电路，其三极管集电极-发射极之间和基极-发射极之间回路元件的电抗性质（指交流连接）都是相同的。两者同为电感性，或者同为电容性，它们与集电极-基极之间回路元件的电抗性质总是相反的。上述这一规律具有普遍意义，它是判断三点式振荡电路是否满足相位平衡条件的基本法则。现归纳如下：

在三点式振荡电路的三个电抗中，和发射极相接的是两个同性质的电抗，另一个则是异性质的电抗。

利用这一法则，很容易判断电路是否满足振荡的相位条件，也有助于我们在分析复杂电路时，找出振荡回路元件。在许多变形的三点式振荡电路中，这三个电抗往往不都是单一的电抗元件，而是可以由不同电抗性质的元件串、并联组成。然而，多个不同电抗性质的元件构成的复杂电路，在频率一定时，可以等效为一个电感或电容，在振荡频率下，考察三极管各电极间等效电抗的性质是否符合上述的法则，便可判断电路是否满足振荡所需的相位条件。

例6-1 试用相位平衡条件判断图6-8(a)电路能否产生正弦波振荡？若能振荡，试计算其振荡频率f_0，并指出它属于哪种类型的振荡电路。

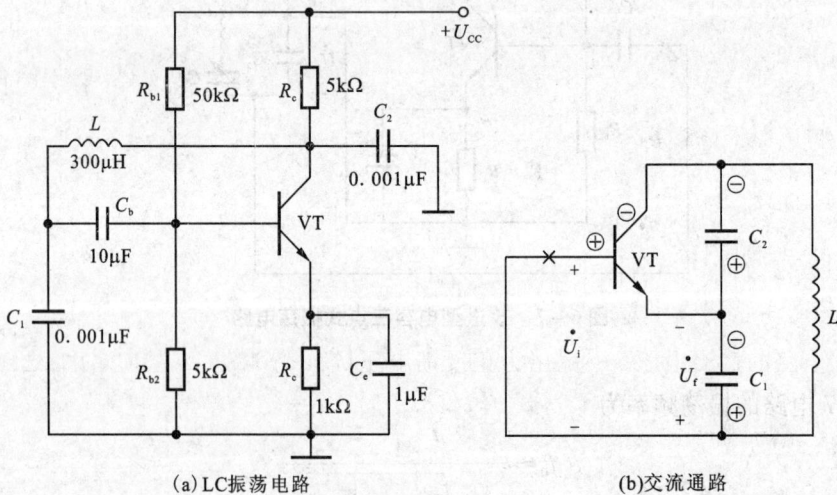

(a)LC振荡电路   (b)交流通路

图6-8　例6-1图

解：（1）从图中可以看出，C_1、C_2、L组成并联谐振回路，且反馈电压取自电容C_1两端。由于C_b和C_e数值较大，对于高频振荡信号可视为短路。它的交流通路如图6-8(b)所示。

根据交流通路，用瞬时极性法判断，可知反馈电压和放大电路输入电压极性相同，故满足相位平衡条件，可以产生振荡。另外，从电路结构上看，在振荡回路的三个电抗元件中，和三极管发射极相接的是两个同性质的电抗元件 – 电容，而另一个是异性质的电抗元件 – 电感，符合三点式振荡电路的组成法则，可以产生振荡。

（2）振荡频率为

$$f_0 = \frac{1}{2\pi\sqrt{L\dfrac{C_1C_2}{C_1+C_2}}} = \frac{1}{2\pi\sqrt{300\times10^{-6}\times\dfrac{0.001\times10^{-6}\times0.001\times10^{-6}}{0.001\times10^{-6}+0.001\times10^{-6}}}} \approx 410.9 \text{ kHz}$$

由图 6 – 8(b)可以看出，三极管的三个电极分别与电容 C_1 和 C_2 的三个端子相接，所以该电路属于电容三点式振荡电路。

图中 C_e 是 R_e 的旁路电容，如果把 C_e 去掉，振荡信号在发射极电阻 R_e 上将产生损耗，放大倍数降低，甚至难以起振。C_b 为耦合电容，它将振荡信号耦合到三极管基极。如果将电容 C_b 去掉，则三极管基极直流电位与集电极直流电位近似相等，由于静态工作点不合适，使电路无法正常工作。

6.3　RC 正弦波振荡电路

LC 振荡电路适用于产生高频振荡信号，当需要产生较低的振荡频率时，则要求回路中 L 和 C 的值都很大，这样会使 L、C 的体积大、重量大、成本高。因此在需要低频振荡的信号发生器中，多采用 RC 振荡电路。由 R、C 构成选频网络的振荡电路称为 RC 振荡电路，它一般用于产生 1 Hz～1 MHz 的低频正弦信号。RC 和 LC 振荡电路产生正弦振荡的原理基本相同，都是利用正反馈使电路产生自激振荡。

RC 正弦波振荡电路有桥式振荡电路、双 T 网络式和移相式振荡电路等类型。本节主要讨论 RC 桥式振荡电路和 RC 移相式振荡电路。

6.3.1　RC 桥式正弦波振荡电路

1. RC 串并联选频网络

RC 串并联选频网络如图 6 – 9 所示，Z_1 为 R_1、C_1 串联电路的阻抗，Z_2 为 R_2、C_2 并联电路的阻抗。网络的输入为振荡电路的输出电压 $\dot{U}_o$，输出为正反馈电压 $\dot{U}_f$，则正反馈系数 $\dot{F}$ 的表达式为

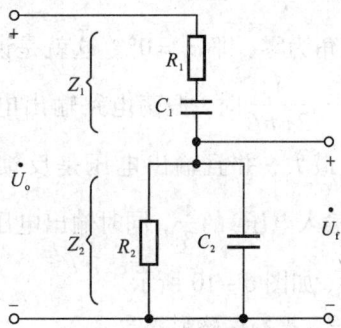

图 6 – 9　RC 串并联选频网络

$$\dot{F} = \frac{\dot{U}_f}{\dot{U}_o} = \frac{Z_2}{Z_1+Z_2} = \frac{\dfrac{R_2}{1+j\omega R_2C_2}}{R_1+\dfrac{1}{j\omega C_1}+\dfrac{R_2}{1+j\omega R_2C_2}} = \frac{1}{\left(1+\dfrac{R_1}{R_2}+\dfrac{C_2}{C_1}\right)+j\left(\omega C_2R_1-\dfrac{1}{\omega R_2C_1}\right)}$$

通常 $R_1=R_2=R$，$C_1=C_2=C$，则有

$$\dot{F} = \frac{1}{3+j\left(\omega RC-\dfrac{1}{\omega RC}\right)} \tag{6 – 20}$$

若令 $\omega_0 = \dfrac{1}{RC}$，则上式变为

$$\dot{F} = \cfrac{1}{3 + j\left(\cfrac{\omega}{\omega_0} - \cfrac{\omega_0}{\omega}\right)} \tag{6-21}$$

因为式中 $\omega = 2\pi f$，$\omega_0 = 2\pi f_0$，所以式（6-21）可写成

$$\dot{F} = \cfrac{1}{3 + j\left(\cfrac{f}{f_0} - \cfrac{f_0}{f}\right)} \tag{6-22}$$

$$f_0 = \frac{1}{2\pi RC} \tag{6-23}$$

由此可得 RC 串并联选频网络的幅频特性和相频特性

$$|\dot{F}| = \cfrac{1}{\sqrt{3^2 + \left(\cfrac{f}{f_0} - \cfrac{f_0}{f}\right)^2}} \tag{6-24}$$

和

$$\varphi_f = -\arctan \cfrac{\cfrac{f}{f_0} - \cfrac{f_0}{f}}{3} \tag{6-25}$$

由式（6-24）和式（6-25）可知，当频率趋近于零时，$|\dot{F}|$ 趋近于零，φ_f 趋近于 $+90°$；当频率趋近于无穷大时，$|\dot{F}|$ 也趋近于零，φ_f 角趋近于 $-90°$；而当 $f = f_0$ 时，$\dot{F}$ 的幅值最大，即 $|\dot{F}| = \dfrac{1}{3}$，相位角为零，即 $\varphi_f = 0°$。这就是说，当 $f = f_0 = \dfrac{1}{2\pi RC}$ 时，振荡电路输出电压的幅值最大，并且输出电压是反馈电压

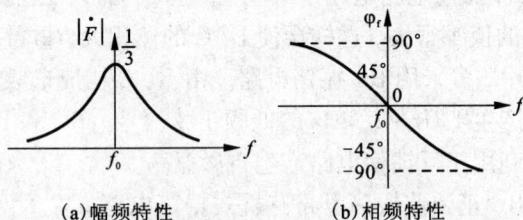

(a)幅频特性　　(b)相频特性

图 6-10　RC 串并联选频网络幅频特性和相频特性

（或输入电压）的 $\dfrac{1}{3}$，同时输出电压与输入电压同相。根据式（6-24）、（6-25）画出 $\dot{F}$ 的频率特性，如图 6-10 所示。

2. 基本电路形式

图 6-11 为 RC 桥式正弦波振荡电路的基本形式，这个电路由两部分组成，即 RC 串并联电路组成的选频及正反馈网络和一个具有负反馈的同相放大电路。由图可知，R_f、R_1 和串联的 RC、并联的 RC 正好构成一个四臂电桥，放大电路的输出、输入分别接到电桥的对角线上。故称此振荡电路为桥式振荡电路，也常称为文氏电桥振荡电路。

3. 振荡的建立过程与稳定

由图 6-10 可知，在 $f = f_0 = \dfrac{1}{2\pi RC}$ 时，经 RC 选频网络反馈到放大电路输入端的电压 $\dot{U}_f$ 与 $\dot{U}_o$ 同相，利用瞬时极性法，可判断出电路满足振荡的相位平衡条件，因而有可能起振。其振荡的建立过程与稳定如下：

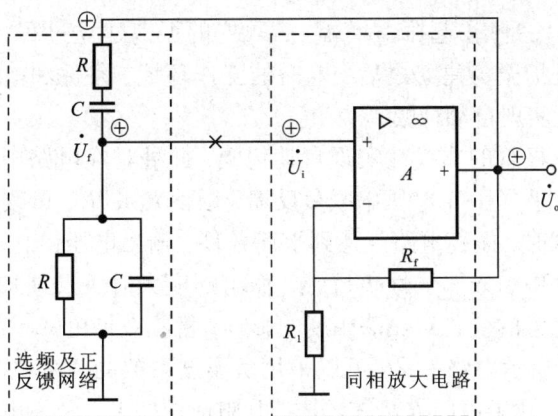

图 6 – 11　RC 桥式正弦波振荡电路

在接通电源时电路产生的电扰动中也包括有 $f = f_0 = \dfrac{1}{2\pi RC}$ 这样一个频率成分，只有这个频率的信号满足自激振荡的相位条件。它经过放大、正反馈，输出幅度越来越大，最后受电路中非线性元件的限制，振荡幅度自动地稳定下来。起振时，只要求同相放大电路的电压放大倍数略大于 3 即可。其他频率的电扰动由于相位不满足正反馈，反馈电压的幅值也小，因而衰减直至消失。

4. 振荡频率和起振条件

根据相位平衡条件，图 6 – 11 所示电路如果产生振荡，必须满足 $\varphi_a + \varphi_f = 2n\pi$。由于电路中集成运放接成同相比例放大电路，因此在相当宽的频率(由运放的带宽决定)范围内，$\varphi_a = 0$。因此只要 RC 正反馈网络满足 $\varphi_f = 0$，则电路满足相位平衡条件，可产生振荡。

根据 RC 串并联网络的选频特性可知，只有当 $f = f_0$ 时，$\varphi_f = 0$，而对其他频率成分，$\varphi_a \neq 0$。因此，电路的振荡频率为

$$f_0 = \frac{1}{2\pi RC} \tag{6-26}$$

为了产生自激振荡，除满足相位条件外，还必须满足起振所要求的幅值条件，由起振条件 $|\dot{A}\dot{F}| > 1$ 可知，当 $f = \dfrac{1}{2\pi RC}$ 时，RC 串并联网络的正反馈系数 $|\dot{F}| = \dfrac{1}{3}$，因此必须要求放大电路的电压放大倍数大于 3，即

$$|\dot{A}| > 3 \tag{6-27}$$

由于同相比例放大电路的电压放大倍数为

$$A = 1 + \frac{R_f}{R_1} \tag{6-28}$$

所以有

$$A = 1 + \frac{R_f}{R_1} > 3 \tag{6-29}$$

即

$$R_f > 2R_1 \tag{6-30}$$

式(6 – 30)即为图 6 – 11 所示 RC 桥式正弦波振荡电路的起振条件。

5. 稳幅措施

所谓振幅的稳定,一是指"起振→增幅→等幅"的振荡建立过程,也就是从 $|\dot{A}\dot{F}| > 1$ 到 $|\dot{A}\dot{F}| = 1$ 的过程。二是指振荡建立之后,电路的工作环境、条件和电路参数等发生变化时,振幅几乎不变,电路能实现自动稳幅。

前面电路是利用三极管的非线性实现自动稳幅,此处是在电路中引入负反馈进行稳幅。在图6-11中通过 R_f 引入了一个电压串联负反馈,调整 R_f 或 R_1,可改变电路的放大倍数,使放大电路工作在线性区时,振荡电路就达到平衡条件,输出电压停止增大,振荡波形的幅度基本稳定。如果在电路中引入非线性负反馈,输出幅度大时负反馈加强,反之负反馈减弱,则可克服电路参数等因素的变化对振荡幅度的影响,稳幅效果更好。

例如,在图6-11所示电路中,R_f 可以采用负温度系数的热敏电阻。起振时,由于 $\dot{U}_o = 0$,流过 R_f 的电流 $\dot{I}_f = 0$,热敏电阻 R_f 处于冷态,其阻值比较大。放大电路的负反馈较弱,$|\dot{A}_u|$ 很高,振荡很快建立。随着振荡幅度的增大,流过 R_f 的电流 $\dot{I}_f$ 也增大,使 R_f 的温度升高,其阻值减小,负反馈加深,$|\dot{A}_u|$ 自动降低。在运算放大器未进入非线性区工作时,振荡电路即达到平衡条件 $|\dot{A}\dot{F}| = 1$,$\dot{U}_o$ 停止增大。因此振荡波形为一失真很小的正弦波。同理,当振荡建立后,由于某种原因使得输出电压幅度发生变化,可通过电阻 R_f 的变化,自动稳定输出电压的幅度。

6. 振荡频率的调节

为了连续调节振荡频率,可用波段开关换接不同的电容 C 作为频率 f_0 的粗调,用在 R 中串接同轴电位器的方法实现 f_0 的微调,如图6-12所示。目前实验室使用的低频信号发生器中大多采用这种电路。

例6-2 图6-13所示为一种实用 RC 桥式振荡电路。(1)求振荡频率 f_0。(2)说明二极管 VD_1、VD_2 的作用;(3)说明 R_p 如何调节。

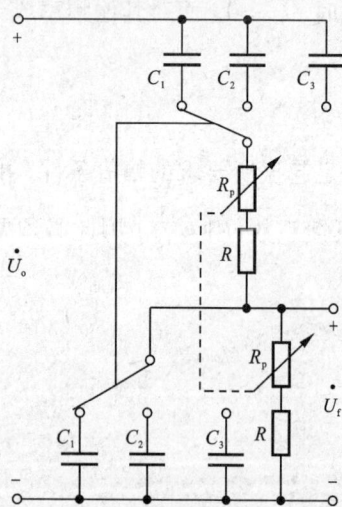

图6-12 频率可调的 RC 串并联网络

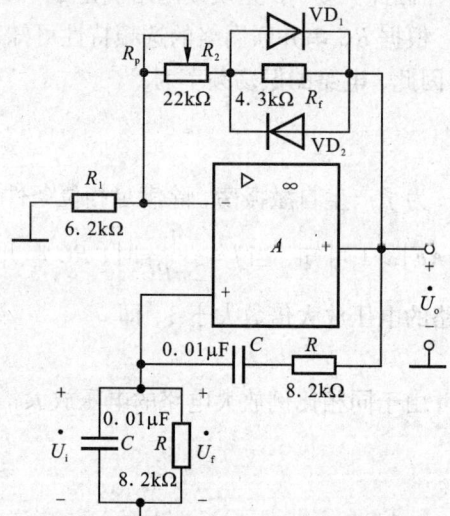

图6-13 二极管稳幅的 RC 桥式振荡电路

解：（1）由式（6 - 26）可求得振荡频率为

$$f_0 = \frac{1}{2\pi RC} = \frac{1}{2\pi \times 8.2 \times 10^3 \times 0.01 \times 10^{-6}} = 1.94 \text{ kHz}$$

（2）图中二极管 VD_1、VD_2 用以实现自动稳幅，改善输出电压波形。起振时，由于 U_0 很小，VD_1、VD_2 接近于开路，R_f、VD_1、VD_2 并联电路的等效电阻近似等于 R_f，此时 $|\dot{A}| = 1 + \frac{R_2 + R_f}{R_1} > 3$，电路产生振荡。在振荡过程中，$VD_1$ 和 VD_2 将交替导通和截止，即总有一只二极管处于正向导通状态，并和电阻 R_f 并联，因此利用二极管非线性正向导通电阻 r_D 的变化就能改变负反馈的强弱。当 U_0 增大时，r_D 减小，负反馈加强，限制 U_0 继续增长；反之，当 U_0 减小时，r_D 加大，负反馈减弱，避免 U_0 继续减小，从而达到稳幅的目的。

（3）R_P 用来调节输出电压的幅度和使输出波形失真最小。为了保证起振，由 $R_2 = R_f > 2R_1$，可得 R_2 的值必须满足 $R_2 > 2R_1 - R_f$，以保证电路起振。电路起振后，调节 R_P 可改变负反馈的强弱，也就是改变负反馈放大电路的电压放大倍数，从而得到所要求的输出振荡电压幅度或者使输出的振荡波形失真最小。

6.3.2　RC 移相式正弦波振荡电路

RC 移相式正弦波振荡电路是另一种常见的 RC 振荡电路，它有超前移相和滞后移相两种形式。RC 超前型移相式振荡电路如图 6 - 14 所示。图中选频网络是由 3 节 RC 移相电路组成。

由于反相输入放大电路产生的相移为 180°，为满足振荡的相位平衡条件，就必须要求反馈网络（选频网络）对某一信号频率再移相 180°。对于图 6 - 14 中的 RC 移相电路，一节 RC 电路的最大相移为 90°，显然不能满足相位平衡条件；两节 RC 电路的最大可能相移为 180°，当相移等于 180° 时，输出电压接近零，不能满足振荡的幅值平衡条件；而三节 RC 电路的最大相移可接近 270°，因此有可能在某一特定频率 f_0 下移相 180°，从而满足振荡的相位平衡条件而产生振荡。可以证明，该移相式振荡电路的振荡频率为

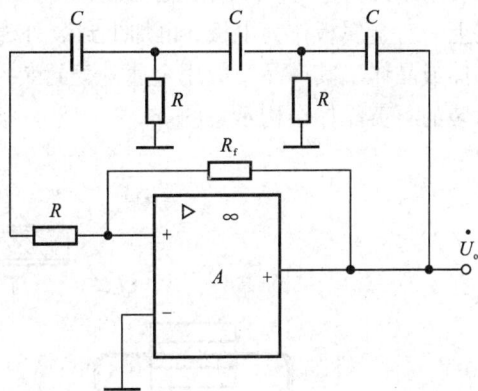

图 6 - 14　RC 移相式正弦波振荡电路

$$f_0 = \frac{1}{2\pi\sqrt{6}RC} \tag{6 - 31}$$

RC 移相式正弦波振荡电路具有结构简单、经济方便等优点，但也有调频不方便、选频性能及输出波形较差等缺点，因此只适用于振荡频率固定、稳定性要求不高的场合。

6.4 石英晶体振荡电路

在工程实际应用中，常常要求振荡电路的振荡频率有一定的稳定度。频率稳定度一般用频率的相对变化量 $\frac{\Delta f_0}{f_0}$ 表示，f_0 为标称振荡频率，Δf_0 为频率偏差，是实际振荡频率 f 与标称振荡频率 f_0 的偏差，即 $\Delta f_0 = f - f_0$。$\frac{\Delta f_0}{f_0}$ 值愈小，则频率稳定度愈高。

RC 振荡电路的频率稳定度比 LC 振荡电路要差很多，而 LC 振荡电路的频率稳定度主要取决于 LC 并联回路参数的稳定性和品质因数 Q（Q 值愈大，频率稳定度愈高）。由于 LC 回路的 Q 值不能做得很高（一般仅可达数百），L 及 C 值也会因工作条件及环境等因素而变化。因此 LC 振荡电路的 $\frac{\Delta f_0}{f_0}$ 值不会太小（一般不小于 10^{-5}），其频率稳定度也不会很高。在要求频率稳定度高的场合，往往采用由高 Q 值的石英晶体谐振器（其 Q 值可达 $10^4 \sim 10^6$）构成的石英晶体振荡电路。其频率稳定度可高达 $10^{-9} \sim 10^{-11}$。

6.4.1 石英晶体的特性

1. 石英晶体结构

石英是一种各向异性的结晶体，其化学成分是二氧化硅（SiO_2）。从一块晶体上按一定方位角切下来的薄晶片，可以是正方形、矩形或圆形等，然后在它的两个对应表面上涂敷银层并装上一对金属板作为电极，再加上封装外壳并引出电极就构成了石英晶体谐振器，简称石英晶体或晶体。其产品一般用金属外壳封装，也有用玻璃壳封装的。图 6-15 是一种金属外壳封装的石英晶体结构示意图。

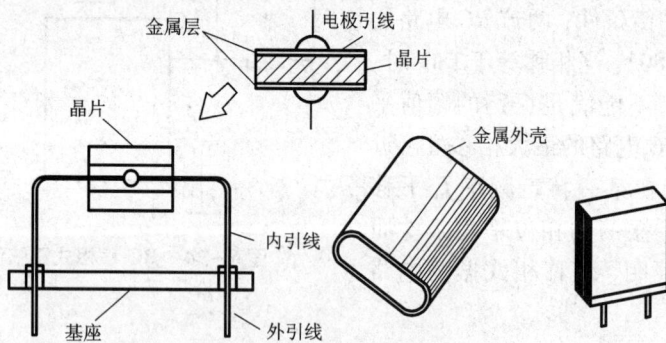

图 6-15 石英晶体谐振器结构示意图

2. 石英晶体的基本特性

石英晶体之所以能做成振荡电路，是因为它具有压电效应。若在石英晶体的两个电极上加一电场，晶体就会产生机械形变；反之，若在晶片的两极板间施加机械压力而产生形变时，则会在晶片的相应面上产生电场，这种物理现象称为压电效应。如果在晶片的两个电极加上交变电压,晶片就会产生机械振动,同时晶片的机械振动又会产生交变电压。在一般情况下,晶片机械振动的振幅和交变电压的振幅非常微小,但其机械振动频率却很稳定。当外加交变电压的频率为晶片的固有机械振动频率时,晶片产生共振,此时振幅最大,这种现象称为压电谐振,它与 LC 回路的谐振现象十分相似。晶片的固有机械振动频率称为谐振频率,它仅与晶片的几何形状、几何尺寸有关,因此具有很高的稳定性。

6.4.2　石英晶体的符号和等效电路

1. 石英晶体的符号和等效电路

图 6–16(a)为石英晶体谐振器的电路符号,其等效电路如图 6–16(b)所示。其中 C_0 代表晶片与金属极板构成的电容,称为静态电容。C_0 的大小与晶片的几何尺寸、电极面积有关,一般约几个皮法到几十皮法。电感 L 等效晶片机械振动的惯性,称为动态电感,一般 L 的值为几十毫亨至几百亨。晶片的弹性用电容 C 来等效,称为动态电容,C 的值很小,一般在 0.1 pF 以下。晶片振动时因磨擦而造成的损耗用电阻 R 来等效,其数值为几欧姆到几百欧姆。由于晶片的等效电感 L 很大,而等效电容 C 和损耗电阻 R 很小,因此石英晶体谐振器的 Q 值 $(Q=\frac{1}{R}\sqrt{\frac{L}{C}})$ 非常高,可达 $10^4\sim10^6$。又由于石英晶体的物理性能十分稳定,因此利用石英晶体谐振器组成的振荡电路可以获得很高的频率稳定度。

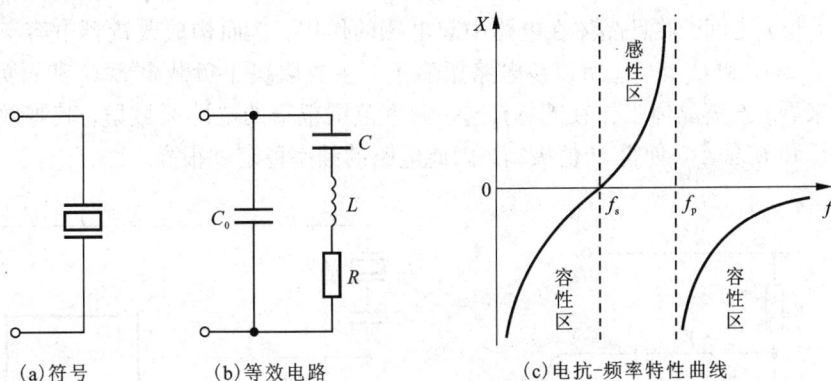

图 6–16　石英晶体谐振器的符号、等效电路及电抗曲线

2. 石英晶体的电抗特性

从石英晶体谐振器的等效电路可知,它有两个谐振频率,一个是 L、C、R 支路的串联谐振频率,另一个是由 L、C、R 和 C_0 构成并联回路的并联谐振频率。

当 L、C、R 支路发生串联谐振时,串联谐振频率为

$$f_s=\frac{1}{2\pi\sqrt{LC}} \tag{6-32}$$

此时,石英晶体谐振器可等效为 R 和 C_0 的并联电路。由于静态电容 C_0 很小,它的容抗比电阻 R 大得多,因此,发生串联谐振时石英晶体可近似等效为 R,呈纯阻性,且其阻值很小。

当频率高于 f_s 时，L、C、R 支路呈感性，可与电容 C_0 发生并联谐振，并联谐振频率为

$$f_P = \frac{1}{2\pi \sqrt{L \dfrac{CC_0}{C + C_0}}} = \frac{1}{2\pi \sqrt{LC}} \sqrt{1 + \frac{C}{C_0}} = f_s \sqrt{1 + \frac{C}{C_0}} \qquad (6-33)$$

由于 $C_0 \gg C$，因此 f_s 和 f_p 非常接近。

根据石英晶体的等效电路，可定性地画出它的电抗 – 频率特性曲线如图 6 – 16(c) 所示。可见，当频率 $f < f_s$ 或 $f > f_p$ 时，石英晶体都呈容性；当 $f_s < f < f_p$ 时，石英晶体呈感性；当 $f = f_s$ 时，石英晶体呈纯阻性，其阻值很小。

一般地，石英晶体谐振器产品指标所给出的标称频率既不是 f_s 也不是 f_p，而是在外串接一个负载电容时校正的振荡频率。为了调节方便，通常负载电容采用微调电容。

6.4.3　石英晶体正弦波振荡电路

用石英晶体构成的正弦波振荡电路的形式有很多，但其基本电路只有两类：一类是把石英晶体作为一个高 Q 值的电感元件使用，和回路中的其他元件形成并联谐振，称为并联型石英晶体振荡电路；另一类是将石英晶体接入正反馈回路，晶体工作在串联谐振状态，称为串联型石英晶体振荡电路。

1. 并联型石英晶体振荡电路

图 6 – 17 为典型的并联型石英晶体振荡电路。从图可知，这个电路的振荡频率必须落在石英晶体的 f_s 与 f_p 之间，并且晶体在电路中起电感的作用，从而构成改进型电容三点式振荡电路。由于 $C_1 \gg C_3$ 和 $C_2 \gg C_3$，所以该电路振荡频率主要取决于负载电容 C_3 和石英晶体；从电抗曲线上来看，石英晶体工作在 f_s 与 f_p 这一频率范围很窄的电感区域里，其等效电感 L 很大，又由于 C 和 C_3 很小，使得 Q 值极高，因此电路的频率稳定度很高。

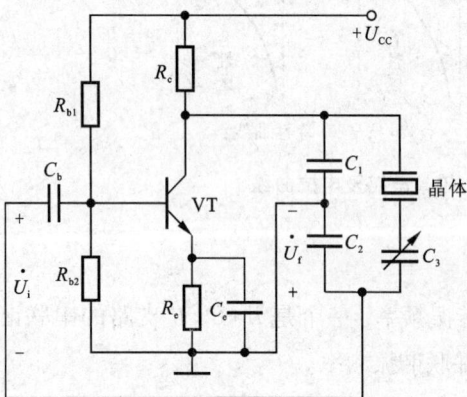

图 6 – 17　并联型石英晶体振荡器　　　　图 6 – 18　串联型石英晶体振荡电路

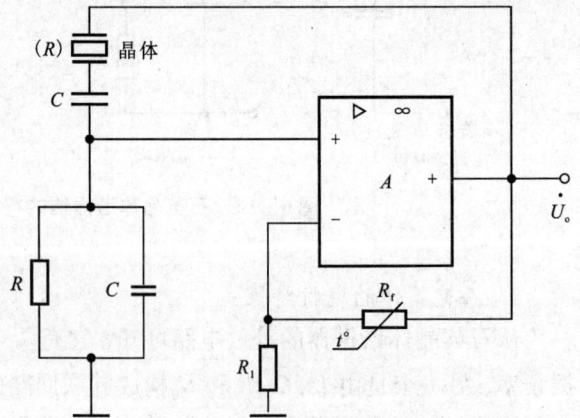

2. 串联型石英晶体振荡电路

图 6 – 18 是一种串联型石英晶体振荡电路。将图 6 – 18 与图 6 – 17 对照可以看出，石英晶体与电容 C 和 R 组成选频及正反馈网络，集成运放 A 与电阻 R_f、R_1 组成同相输入负反馈放

大电路，其中具有负温度系数的热敏电阻 R_t 和电阻 R_1 所引入的负反馈用于稳幅。因此，图 6-18为一桥式正弦波振荡电路。显然，在石英晶体的串联谐振频率 f_s 处，石英晶体的阻抗最小，且为纯电阻，可满足振荡的相位平衡条件。

在图 6-18中，为了提高正反馈网络的选频特性，应使振荡频率既符合晶体的串联谐振频率，又符合通常的 RC 串并联网络所决定的振荡频率，即应使振荡频率 f_0 既等于 f_s，又等于 $\dfrac{1}{2\pi RC}$。为此，须要进行参数的匹配，即选择电阻 R 等于石英晶体串联谐振时的等效电阻；选择电容 C 满足等式 $f_s = \dfrac{1}{2\pi RC}$。

6.5　应用实例

1. 低频信号发生器振荡电路

图 6-19为实验室用的低频信号发生器的核心电路部分。试问：(1)哪些元件构成选频网络？(2)转换开关 S 有什么作用？(3)电容为何用双链可变电容器？

分析：实用的低频信号发生器要求频率可调，该电路就是一个频率可调的低频振荡器电路。其振荡频率为 $f_0 = \dfrac{1}{2\pi RC}$，改变 R 或 C 均可改变频率。

(1) R_1、R_2、R_3 和双链电容器构成 RC 选频电路。
(2)转换开关 S 用作频率粗调。
(3)双链可变电容器用作频率细调。

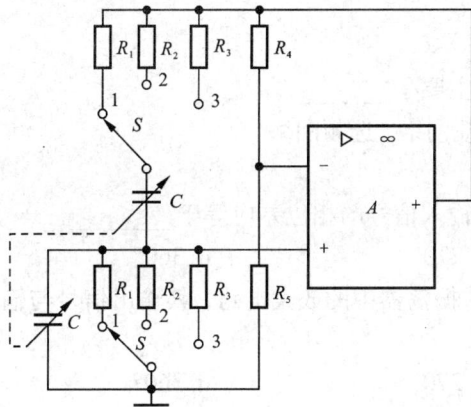

图 6-19　低频信号发生器局部电路

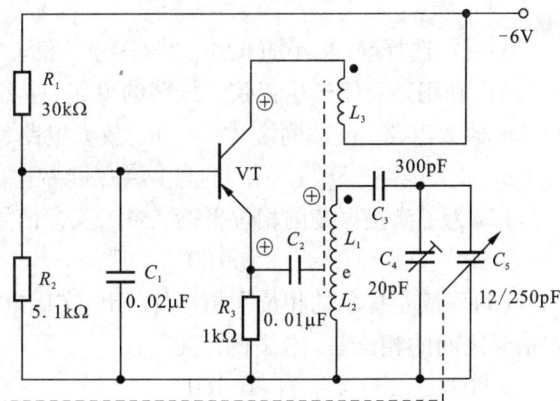

图 6-20　收音机本机振荡电路

2. 收音机本机振荡电路

图 6-20电路是收音机的本机振荡电路。试求：(1)指出反馈网络；(2)说明是否满足振荡的相位条件；(3)若 L_3 接反，电路能否振荡？

分析：(1)反馈网络由 L_3、L_1、L_2、C_3、C_4 和 C_5 等元件组成。反馈信号从 L_2 两端取出，经电容 C_2 耦合到晶体管 VT 的发射极，充当输入信号。

(2)图6-20中,VT的基极通过电容 C_1 交流接地,是一个共基极接法的电路。设发射极信号瞬时极性为正,则其他各点的瞬时极性如图中"⊕"所示。可知是正反馈,满足相位条件。

(3)若 L_3 接反,则电路由正反馈变成负反馈,不满足相位条件,故不能振荡。

本章小结

● 正弦波振荡电路产生持续振荡的条件是

相位平衡条件　　$\varphi_a = \varphi_f = 2n\pi$　　$(n = 0, 1, 2, \cdots)$

幅值平衡条件　　$|\dot{A}\dot{F}| = 1$

● 正弦波振荡电路一般由放大、正反馈、选频和稳幅四个基本部分组成。按构成选频网络的元件不同,正弦波振荡电路可分为 LC、RC、石英晶体等类型的振荡电路。

● 要求振荡频率较低时,常采用 RC 桥式振荡电路;要求振荡频率较高时,多采用 LC 振荡电路;要求有高的频率稳定度时,宜采用石英晶体振荡电路。

● 对于 RC 桥式正弦波振荡电路,当 $R_1 = R_2 = R$、$C_1 = C_2 = C$ 时,它的振荡频率是 $f_0 = \dfrac{1}{2\pi RC}$。

● LC 正弦波振荡电路有变压器反馈式,电感三点式和电容三点式三种,它们的振荡频率由谐振回路决定。

● 石英晶体发生串联谐振时,其阻抗呈纯阻性,而在 $f_S < f < f_P$ 极窄的频率范围内呈感性。利用前者可构成串联型石英晶体振荡电路,利用后者可构成并联型石英晶体振荡电路。

自测题

6-1　选择题(每小题6分,共60分)

(1)利用正反馈产生正弦波振荡的电路,其组成主要是_____。

a. 放大电路、反馈网络　　　　b. 放大电路、反馈网络、选频网络

c. 放大电路、反馈网络、选频网络、稳幅电路

(2)为了满足振荡的相位平衡条件,反馈信号与输入信号的相位差应等于_____。

a. 90°　　　　　　b. 180°　　　　　　c. 270°　　　　　　d. 360°

(3)为满足振荡的相位平衡条件,RC 文氏电桥式振荡器中的放大电路,其输出信号与输入信号之间的相位差,合适的值是_____。

a. 90°　　　　　　b. 180°　　　　　　c. 270°　　　　　　d. 360°

(4)已知某振荡电路中的正反馈网络,其反馈系数为 0.02,而放大电路的放大倍数有下列几个值取:>0, 5, 20, 50,为保证电路起振且可获得良好的输出信号波形,最合适的放大倍数是_____。

a. >0　　　　　　b. 5　　　　　　c. 20　　　　　　d. 50

(5)若依靠振荡管本身来稳幅,则从起振到输出幅度稳定,管子的工作状态是_____。

a. 一直处在线性区　　　　　　　　b. 从线性区过度到非线性区

c. 一直处在非线性区　　　　　　　d. 从非线性区过度到线性区

(6)对于 RC 桥氏振荡器,为了减轻放大电路参数对 RC 串并联网络的影响,所引入的负

反馈类型,合适的是_____。

    a. 电压串联型   b. 电压并联型   c. 电流串联型   d. 电流并联型

(7)为了保证正弦波振荡幅值稳定且波形较好,通常还需要引入_____环节。

    a. 微调   b. 限幅   c. 放大   d. 稳幅

(8)在串联型石英晶体振荡电路中,晶体等效为_____,而在并联型石英晶体振荡电路中,晶体等效为_____。

    a. 阻值极小的电阻   b. 阻值极大的电阻   c. 电感   d. 电容

(9)RC 振荡电路同 LC 振荡电路相比,_____。

    a. 前者适用于高频而后者适用于低频   b. 前者适用于低频而后者适用于高频

    c. 两者都适用于低频

(10)石英晶体振荡器的主要优点是(   )。

    a. 频率高   b. 频率的稳定度高   c. 振幅稳定

6-2   判断题(每小题 4 分,共 40 分)

(1)放大电路中的反馈网络如果是正反馈就能产生正弦波振荡,如果是负反馈则不会产生振荡。   (   )

(2)振荡电路与放大电路的主要区别之一是:放大电路的输出信号与输入信号频率相同,而振荡电路一般不需要输入信号。   (   )

(3)只要满足相位平衡条件,且 $|\dot{A}\dot{F}| = 1$,则可产生自激振荡。   (   )

(4)在放大电路中,若引入了负反馈,又引入了正反馈,就有可能产生自激振荡。(   )

(5)对于正弦波振荡电路而言,只要不满足相位平衡条件,即使放大电路的放大倍数很大,它也不能产生正弦波振荡。   (   )

(6)自激正弦波振荡器本质上是一个满足自激振荡条件的正反馈放大电路。   (   )

(7)只要满足了幅值平衡条件,振荡电路就能正常工作。   (   )

(8)振荡电路中只有正反馈网络而没有负反馈网络。   (   )

(9)振荡电路中的选频网络一定是在正反馈网络中。   (   )

(10)石英晶体之所以能作为谐振器,用作选频网络,是因为它的压电效应。   (   )

习 题

6-1   正弦波振荡电路可分为哪几类?当要求产生 1 MHz 以下且频率稳定度不高的振荡信号时,采用何种振荡电路?当要求振荡信号的频率有很高的稳定性时,采用何种振荡电路?

6-2   试判断图 6-21 所示各电路是否满足自激振荡的相位平衡条件。

6-3   若石英晶体中的等效电感、动态电容以及静态电容分别用 L、C 和 C_0 表示,则忽略其损耗电阻 R 时,石英晶体串联谐振频率为 $f_s = \dfrac{1}{2\pi\sqrt{LC}}$,并联谐振频率为

$$f_p = \frac{1}{2\pi\sqrt{L\dfrac{CC_0}{C+C_0}}} = f_s\sqrt{1+\frac{C}{C_0}}$$

。试回答以下问题:

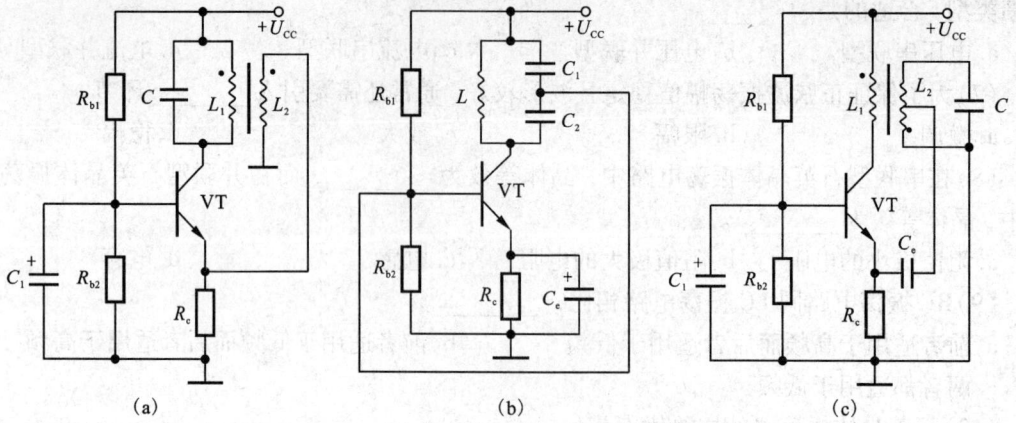

图 6 – 21　题 6 – 2 图

（1）当石英晶体作为正弦波振荡电路的一部分时，其工作频率范围是(　　　)

a. $f<f_s$　　　　　b. $f_s \leqslant f<f_P$　　　　　c. $f>f_P$

（2）石英晶体振荡电路的振荡频率 f_0 基本上取决于(　　　)。

a. 石英晶体的谐振频率　　　b.电路中电抗元件的相移性质　　　c.放大电路的增益

（3）有人在石英晶体两端并联一个很小的电容，其目的是(　　　)。

a. 使 f_S 和 f_P 更接近　　　　b. 使 f_S 和 f_P 更远离

6 – 4　试用振荡的相位条件判断图 6 – 22 所示各电路能否产生正弦波振荡？

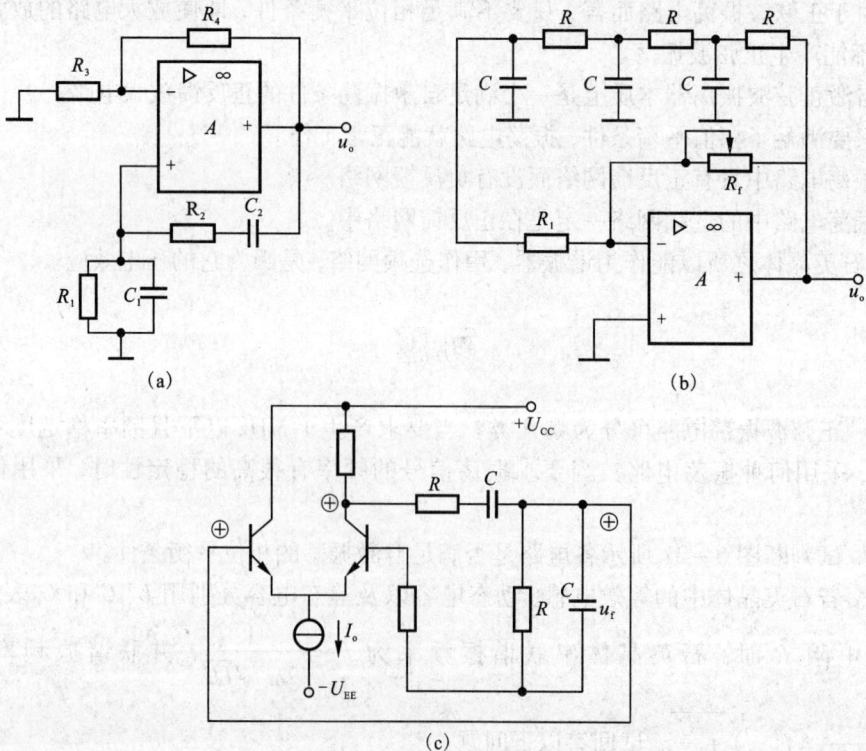

图 6 – 22　题 6 – 4 图

6－5 集成运放组成的 RC 桥式振荡电路如图 6－23 所示，已知 $R_1 = R_2 = 1 \text{ k}\Omega$, $C_1 = C_2 = 0.02 \text{ μF}$, $R_3 = 2 \text{ k}\Omega$。

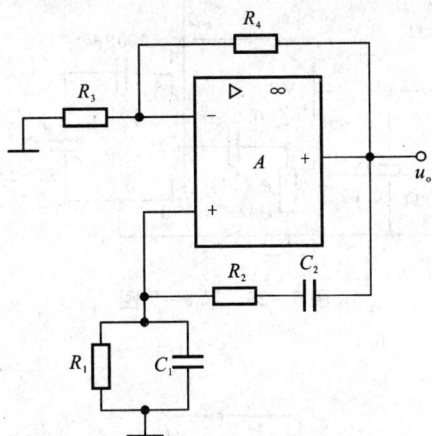

图 6－23　题 6－5 图

（1）求振荡频率 f_0；

（2）若 R_4 采用具有负温度系数的热敏电阻，为了保证电路能稳定可靠的振荡，试选择 R_4 的冷态电阻；

（3）简述电路的稳幅原理。

6－6 试标出图 6－24 中各变压器的同名端，使之满足产生振荡的相位条件。

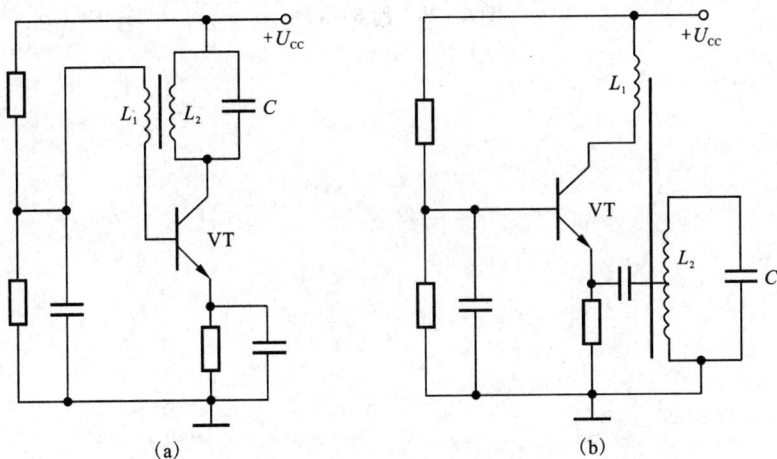

图 6－24　题 6－6 图

6－7 在图 6—25 所示电路中，可变电容 $C_2 = 32 \sim 270 \text{ pF}$，电感线圈端头 1、3 间的电感量 $L = 100 \text{ μH}$。试计算在可变电容 C_2 的变化范围内，振荡频率的可调范围。

6－8 试用相位平衡条件判断图 6－26 所示各石英晶体振荡电路能否产生振荡，如能振荡说明它们属于串联型还是并联型，石英晶体在电路中各起什么作用。

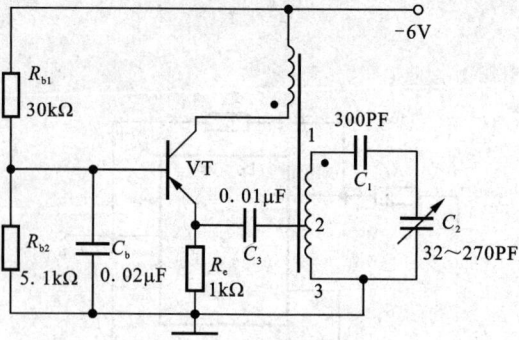

图 6 – 25　题 6 – 7 图

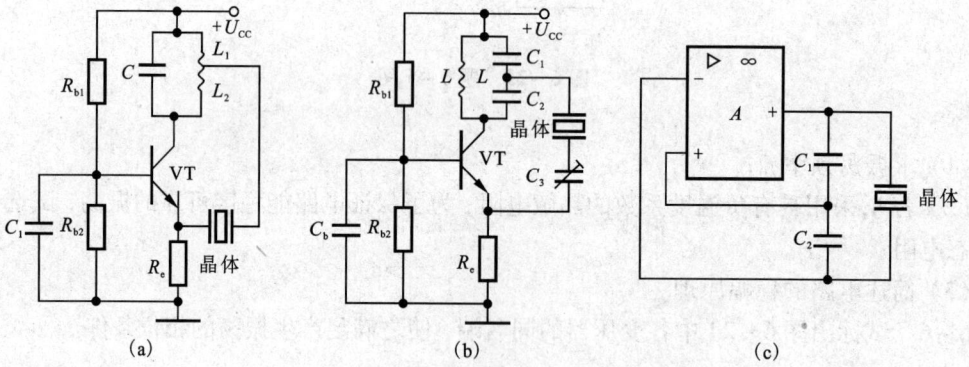

(a)　　　　　　　　　(b)　　　　　　　　(c)

图 6 – 26　题 6 – 8 图

第 7 章　功率放大电路

放大电路的输出级，不但要向负载提供大的信号电压，而且要向负载提供大的信号电流。这种以供给负载足够大的信号功率为目的的放大电路，称为功率放大电路。

7.1　功率放大电路概述

7.1.1　功率放大电路的特点和要求

功率放大电路常常出现在多级放大电路的输出级，直接用于驱动负载，如电动机的控制绕组、收音机的扬声器等。因此，功率放大电路和前面讨论过的电压放大电路要完成的任务有一些区别，也会产生一些电压放大电路中没有出现过的特殊问题，概括起来有如下几个方面。

1. 功率放大电路要求输出功率尽可能大

电压放大电路的主要要求是使负载获得不失真的电压信号，一般工作于小信号状态，而功率放大电路则以获得一定的不失真或较小失真的输出功率为主要任务，电路的输出电压、电流幅度都很大。因此，功率放大管的动态工作范围很大，其上的电压、电流都处于大信号状态，一般以不超过晶体管的极限参数为限度。

2. 非线性失真要小

由于功率放大电路工作于大信号状态，三极管通常工作于饱和区和截止区的边缘，往往会产生非线性失真。而且功率管的输出功率越大，其非线性失真将越严重，这是功率放大器设计过程中所必须解决的一对矛盾：既要输出尽可能大的功率，又要使非线性失真限制在负载所容许的范围内。

3. 效率要高，管耗要小

从能量转换的观点来看，功率放大电路提供给负载的交流功率是在输入交流信号的控制下从直流电源提供的能量转换而来。但是任何电路都只能将直流电能的一部分转换成交流能量输出，其余的部分主要是以热能的形式损耗在功率管和电阻上，并且主要是功率管的损耗。所以功率管的外形通常制造得有利于散热。对于同样功率的直流电能，转换成的交流输出能量越多，功率放大电路的效率就越高。而低效率不仅会意味着能源的浪费，还可能引起功率管因过度发热而损毁。

因为功率放大电路在工作任务上具有上述的一些特殊性，所以它的主要技术指标也不同于电压放大电路。电压放大电路的任务是向负载提供不失真的电压信号，因此以电压放大倍数、输入电阻、输出电阻为主要技术指标。而功率放大电路的任务是向负载提供尽可能大的功率，所以将输出功率、管耗和效率等参数作为它的主要指标。

7.1.2　功率放大电路的分类

如前所述,功率放大电路因为工作于大信号状态,往往产生非线性失真,所以分析电压放大电路所用的微变等效电路法已不再适用,通常采用图解法。

利用图解分析法可以看到,根据晶体管静态工作点设置的不同,可以将放大电路分成三种类型。

1. 甲类放大

甲类放大的典型工作状态如图 7-1(a)所示,工作点设置在放大区的中间,这种电路的优点是在输入信号的整个周期内三极管都处于导通状态,输出信号失真较小(前面讨论的电压放大器都工作在这种状态),缺点是三极管有较大的静态电流 I_{CQ},因而管耗 P_T 大,电路能量转换效率低。可以证明,甲类放大电路即使在理想情况下,效率最高也只能达到 50%,而实际效率一般不超过 40%。

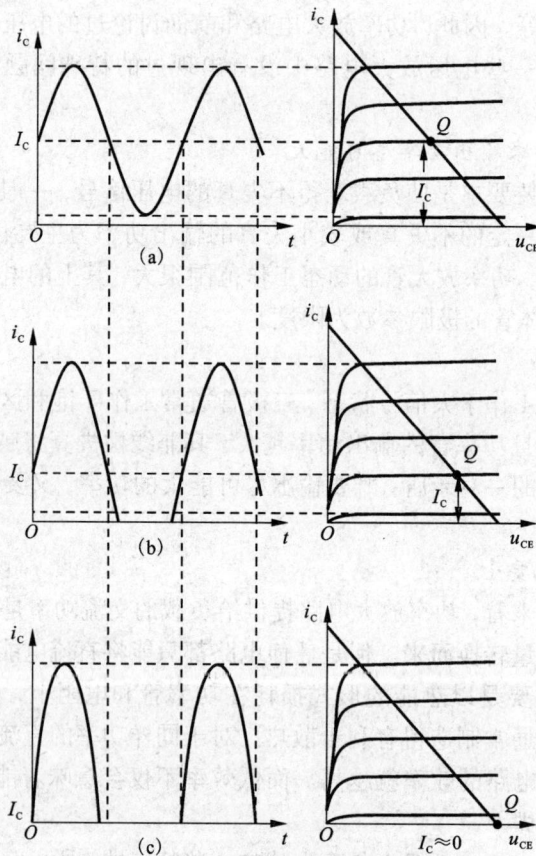

图 7-1　功率放大器三种工作状态

(a)甲类　　(b)甲乙类　　(c)乙类

2. 甲乙类放大

甲乙类放大电路的工作点较低,靠近截止区,如图 7-1(b)所示。静态时三极管处于微导通状态,电流较小,因而管耗也较小,能量转换的效率较高。存在的问题是,有部分信号波形进入截止区,不能被放大,产生非线性失真。

3. 乙类放大

乙类放大器的工作点设置在截止区,三极管的静态电流 $I_{CQ} = 0$,如图 7-1(c)所示。这类功率放大器管耗更小,能量转换效率也更高,它的缺点是只能对半个周期的输入信号进行放大,存在严重的非线性失真。

7.2 互补对称功率放大电路

上一节提到的乙类和甲乙类功率放大器,虽然减小了管耗,提高了效率,但都出现了严重的失真。如果既要保持静态时管耗小,又要使失真不严重,就必须在电路结构上采取措施。下面介绍的 OCL 和 OTL 电路就是常见的采用互补对称结构的功率放大电路。

7.2.1 OCL 电路

1. 电路组成

工作在乙类的放大电路,输入信号的半个波形因进入截止区而被削掉了,如果采用两个管子,使之都工作在乙类放大状态,其中一个工作在正半周,另一个工作在负半周,而将两管的输出波形都加在负载上,在负载上就可以获得完整的波形了。

图 7-2 电路是一个基本的互补对称电路。电路采用无输出电容器的直接耦合方式,因此被称为 OCL 电路(OCL 是 Output Capacitorless,"无输出电容器"的缩写)。图中 VT_1 为 NPN 型晶体管,VT_2 为 PNP 型晶体管,两个管子的基极和发射极相互连接在一起,信号从发射极输出,构成对称的射极输出器形式。当输入正弦信号 u_i 为正半周时,VT_1 的发射结为正向偏置,VT_2 的发射结为反向偏置,于是 VT_1 管导通,VT_2 管截止。此时的 $i_{e1} \approx i_{c1}$ 流过负载 R_L。当输入信号 u_i 为负半周时,VT_1 管为反向偏置,VT_2 管为正向偏置,VT_1 管截止,VT_2 管导通,此时有电流 $i_{e2} \approx i_{c2}$ 通过负载 R_L。这种 VT_1、VT_2 两管在输入信号的作用下交替导通的工作方式称为推

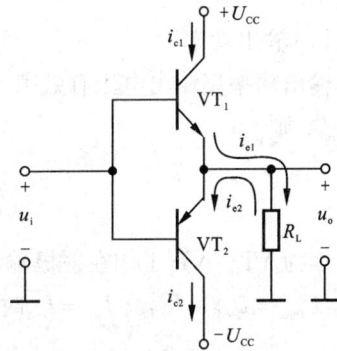

图 7-2 基本互补对称电路

挽式工作方式。在这种工作方式下,两个管子性能对称,互补对方的不足,使负载得到了完整的波形,因此这种电路被称作互补对称电路。

2. 分析计算

图 7-3 是基本 OCL 乙类互补对称电路的图解分析。为简化分析,在此假定,对于 VT_1,只要 $u_{BE} > 0$,管子就导通。显然在一个周期内 VT_1 导通时间为半个周期,即 u_i 正半周时 VT_1 导通,同理,u_i 的负半周 VT_2 将导通。为了便于分析,将 VT_2 的输出特性曲线倒置在 VT_1 的输出特性曲线下方,并令二者在 Q 点,即 $u_{CE} = U_{CC}$ 处重合,形成 VT_1 和 VT_2 的所谓合成曲线。这时负载线通过 U_{CC} 点形成一条斜线,其斜率为 $-1/R_L$。显然,允许的 i_c 的最大变化范围为 $2I_{cm}$,u_{ce} 的变化范围为 $2(U_{CC} - U_{CES}) = 2U_{cem} = 2I_{cm}R_L$。如果忽略管子的饱和压降 U_{CES},则

$U_{cem} = I_{cm}R_L \approx U_{CC}$。

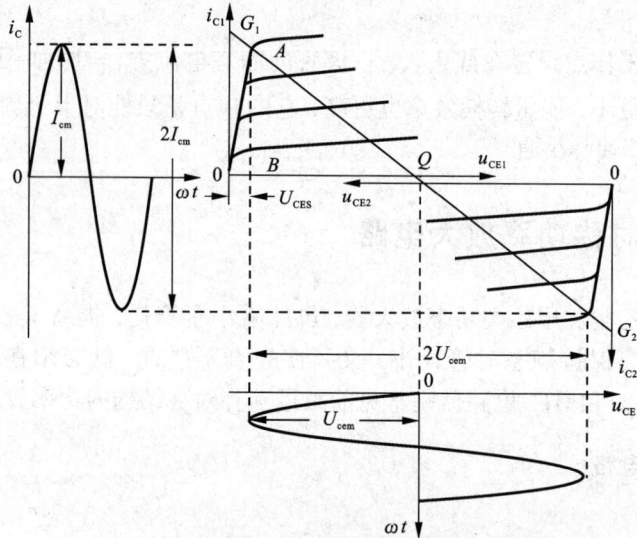

图 7 – 3　OCL 乙类互补对称电路的图解分析

根据以上分析,可以求出图 7 – 2 中 OCL 电路的输出功率、管耗、直流电源供给的功率和效率。

(1)输出功率 P_o

输出功率用输出电压有效值 U_o 和输出电流有效值 I_o 的乘积来表示。设输出电压的幅值为 U_{om},则

$$P_o = U_o I_o = \frac{U_{om}}{\sqrt{2}}\frac{U_{om}}{\sqrt{2}R_L} = \frac{1}{2}\frac{U_{om}^2}{R_L} \qquad (7-1)$$

因为 VT_1、VT_2 工作在射极输出器状态,$A_u \approx 1$,$U_{im} \approx U_{om}$。当输入信号足够大,使 $U_{im} \approx U_{om} = U_{cem} = U_{CC} - U_{CES}$、$I_{om} = I_{cm}$ 时,可获得最大的输出功率,若忽略 U_{CES},则

$$P_{om} = \frac{1}{2}\frac{U_{om}^2}{R_L} = \frac{1}{2}\frac{U_{cem}^2}{R_L} \approx \frac{1}{2}\frac{U_{CC}^2}{R_L} \qquad (7-2)$$

(2)管耗 P_T

由于 VT_1 和 VT_2 是对称的两管,而且在一个信号周期内各导通半周,总管耗的计算,只需先求出单管的损耗然后乘以 2 就行了。根据计算可得,当输出电压幅度为 U_{om} 时,VT_1 的管耗为

$$P_{T_1} = \frac{1}{R_L}\left(\frac{U_{CC}U_{om}}{\pi} - \frac{U_{om}^2}{4}\right) \qquad (7-3)$$

则两管的总管耗为

$$P_T = P_{T_1} + P_{T_2} = \frac{2}{R_L}\left(\frac{U_{CC}U_{om}}{\pi} - \frac{U_{om}^2}{4}\right) \qquad (7-4)$$

(3)直流电源供给的功率 P_U

直流电源供给的功率 P_U 一部分成为信号功率，另一部分消耗在 VT_1、VT_2 上，因此，由式 (7 - 1) 和式 (7 - 4) 可知

$$P_U = P_o + P_T = \frac{2U_{CC}U_{om}}{\pi R_L} \tag{7 - 5}$$

当输出电压幅值达到最大，即 $U_{om} \approx U_{CC}$ 时，则得电源供给的最大功率为

$$P_{Um} = \frac{2}{\pi} \frac{U_{CC}^2}{R_L} \tag{7 - 6}$$

(4) 效率 η

放大电路的效率定义为放大电路输出给负载的交流功率 P_o 与直流电源提供的功率 P_U 之比，即

$$\eta = \frac{P_o}{P_U} \times 100\% \tag{7 - 7}$$

将式 (7 - 1) 和式 (7 - 5) 代入式 (7 - 7)，可得 OCL 电路的一般效率为

$$\eta = \frac{P_o}{P_U} = \frac{\pi}{4} \frac{U_{om}}{U_{CC}} \tag{7 - 8}$$

当 $U_{om} \approx U_{CC}$ 时，

$$\eta = \frac{P_o}{P_U} = \frac{\pi}{4} \approx 78.5\% \tag{7 - 9}$$

此时为电路效率最高的状态。这个结论是假定负载电阻为理想值，忽略管子的饱和压降 U_{CES} 和输入信号足够大情况下得来的，实际效率比这个数值要低些。

3. 功率管的选择

因为功率放大电路中功率管常处于接近极限工作状态。因此，在选择功率管时特别要注意以下三个参数。

(1) 功率管的最大允许管耗 P_{CM}

由式 (7 - 3) 可知，乙类互补对称放大电路的管耗是输出电压幅度 U_{om} 的函数，对式 (7 - 3) 中 P_{T1} 求极值可得，当 $U_{om} = 2U_{CC}/\pi \approx 0.6U_{CC}$ 时，具有最大管耗，此时

$$P_{T1m} = \frac{1}{\pi^2} \frac{U_{CC}^2}{R_L} \tag{7 - 10}$$

考虑到最大输出功率 $P_{om} = U_{CC}^2/2R_L$，则每管的最大管耗和电路的最大输出功率之间有如下关系：

$$P_{T1m} = \frac{1}{\pi^2} \frac{U_{CC}^2}{R_L} \approx 0.2P_{om} \tag{7 - 11}$$

在选择功率管时，可按 (7 - 11) 式考虑其最大允许管耗。例如，如果要求输出功率为 10 W，则只要功率管的最大允许管耗大于 2 W 就可以了。

此外，功率管的散热问题会影响管子的 P_{CM}。因为功率管的管耗直接表现为使管子的结温升高。当结温升高到一定程度 (硅管一般为 150℃，锗管一般为 90℃)，管子就会损坏，因此，散热状况将限制功率管的最大允许管耗。通常采取适当的散热措施可以充分发挥功率管的潜力。以 3AD6 为例，不加散热装置时，最大允许功耗仅为 1 W，如果加上 120 mm × 120 mm × 4 mm 的散热板时，最大允许功耗可增加至 10 W。所以，为了提高 P_{CM}，通常要加上散

热装置。

（2）集电极最大允许电流 I_{CM}

因为通过功率管的最大集电极电流为 U_{CC}/R_L，功率管的 I_{CM} 应当大于此值。

（3）集射极间反向击穿电压 $U_{BR(CEO)}$

当 VT_1 导通且 $u_{CE1} \approx 0$ 时，在 VT_2 上加的反向电压 $|u_{CE2}|$ 具有最大值，约为 $|2U_{CC}|$。因此，应选用 $U_{BR(CEO)} > 2U_{CC}$ 的管子。

4．交越失真及其消除

前面对乙类互补对称功率放大电路输出功率、效率和管耗的分析计算过程基于一个重要的假定：对于 VT_1，只要 $u_{BE} > 0$，管子就导通。并据此认为，VT_1 恰好导通半周，同理可得 VT_2 也正好导通半周。但实际上，三极管都存在死区电压，$|u_{BE}|$ 必须在大于死区电压时，三极管才有放大作用。由于前面的基本互补对称放大电路静态时处于零偏置，当输入信号 u_i 低于死区电压时，VT_1 和 VT_2 都截止，i_{C1} 和 i_{C2} 基本为零，负载 R_L 上无电流通过，出现波形的缺失，如图 7-4 所示。这种现象称为交越失真。

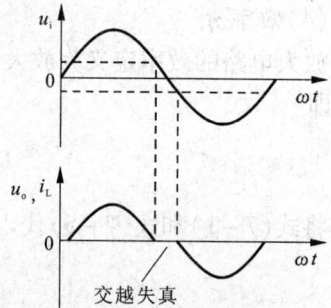

图 7-4 交越失真

克服交越失真的办法就是给电路提供一定的直流偏置，将电路改换成甲乙类互补对称放大电路。图 7-5 和图 7-6 为两种常用的甲乙类 OCL 电路。

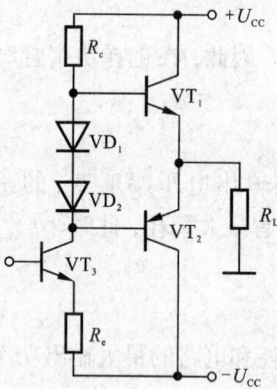

图 7-5 利用二极管提供
偏置的甲乙类 OCL 电路

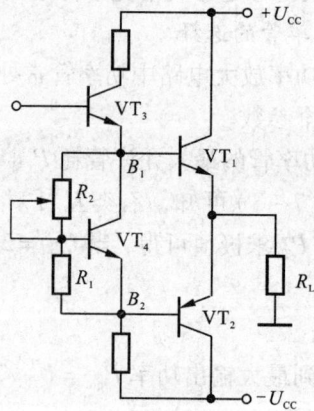

图 7-6 利用 u_{BE} 扩大电路
提供偏置的甲乙类 OCL 电路

图 7-5 所示的电路利用二极管 VD_1 和 VD_2 上产生的压降为 VT_1 和 VT_2 提供了适当的偏压，使之处于微导通状态。由于电路对称，静态时 $i_{C1} = i_{C2}$，$i_L = 0$，$u_0 = 0$。有信号时，电路工作在甲乙类，基本上可以线性地进行放大。但这种偏置电路也存在缺点，即偏置电压不容易调整。

图 7-6 电路采用电阻 R_1、R_2 和 VT_4 构成的 u_{BE} 扩大电路为 VT_1 和 VT_2 提供偏压，由于流入 VT_4 基极的电流远小于流过 R_1、R_2 电阻的电流，因此可求得

$$U_{B1B2} = U_{R1} + U_{R2} = U_{BE4} + \frac{U_{BE4}}{R_1}R_2 = U_{BE4}\left(1 + \frac{R_2}{R_1}\right) \tag{7-12}$$

式(7-12)中 U_{BE4} 基本为一固定值,因此,只要适当调节 R_1、R_2 的阻值,就可改变 VT_1 和 VT_2 的偏压。

7.2.2 OTL 电路

前面介绍的 OCL 电路均由正负对称的两个电源供电,对电源的要求相对较高。图 7-7 所示电路为单电源供电的互补对称电路,这种电路的输出通过电容器与负载耦合,而不用变压器,所以又称 OTL 电路(OTL 是 Output Transformerless,"无输出变压器"的缩写)。

电路中 C 为输出耦合电容。在无输入信号时,VT_1、VT_2 中只有很小的穿透电流通过,若两管的特性对称,则电容 C 将被充电,使得 A 点电位为 $U_{CC}/2$。

当输入信号 u_i(设为正弦电压)在负半周时,经前置级 VT_3 倒相后,VT_1 的发射结正向偏置而导通,VT_2 的发射结反向偏置而截止,有电流经 VT_1 通过 R_L,同时 U_{CC} 经 VT_1 对电容器 C 充电;当输入信号 u_i 在正半周时,VT_1 的发射结反向偏置而截止,VT_2 的发射结为正向偏置而导通。这时已充电的电容器 C 起负电源的作用,通过 VT_2 和负载电阻 R_L 放电。使负载获得了随输入信号而变化的电流波形。通常将 C 的容量选择得足够大,使充放电的时间常数也足够大,使 A 点的

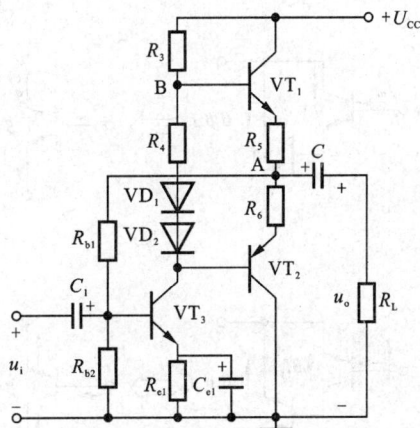

图 7-7 OTL 电路

电位基本稳定在 $U_{CC}/2$,这样就可以认为用电容 C 和一个电源 U_{CC} 代替了原来两个电源的作用,只是加在每个管子上的工作电压由原来的 U_{CC} 变成了 $U_{CC}/2$。这也使得前面导出的计算 P_o、P_T 和 P_U 的公式必须加以修正。例如,理想情况下,OTL 电路的最大输出功率为

$$P_{om} = \frac{1}{2}\left[\frac{(U_{CC}/2)^2}{R_L}\right] = \frac{1}{8}\frac{U_{CC}^2}{R_L} \tag{7-13}$$

为了进一步稳定工作点,即稳定 A 点的电位,常将前置放大级的偏置电阻 R_{b1} 接到 A 点以取得直流电压负反馈。例如,当环境温度升高使 $U_A \uparrow$,则

$$U_A \uparrow \rightarrow U_{B3} \uparrow \rightarrow I_{B3} \uparrow \rightarrow I_{C3} \uparrow \rightarrow U_{C3} \downarrow \rightarrow U_A \downarrow$$

负反馈的引入,使 U_A 更加稳定。此外,R_{b1} 和 R_{b2} 同时引入了交流负反馈,使放大电路的动态性能也得到了改善。

图中 R_4、VD_1 和 VD_2 用来提供 VT_1 和 VT_2 基极的偏压,使两管工作于甲乙类放大状态以消除交越失真;R_5、R_6 是一对小电阻,若负载短路,它们对 VT_1、VT_2 有一定的限流保护作用。

*7.2.3 采用复合管的互补对称功率放大电路

在上述互补对称电路中,若要求输出较大功率,则要求功率管采用中功率或大功率管。这就产生了如下问题:一是大功率的 PNP 和 NPN 两种类型管子配对相对困难;二是输出大

功率时功放管的峰值电流大,并不因为功放管具有特别大的β值,而是要求其前置级有较大推动电流,如果前级是电压放大器就难以做到。为了解决上述问题,可采用复合管互补对称电路。

1. 复合管及其特点

复合管是由两个或两个以上三极管按一定的方式连接而成的,又称为达林顿管。连接时,应遵守两条规则:第一,在串联点,必须保证电流的连续性;第二,在并接点,必须保证对外部电流为两个管子电流之和。根据这两条规则,可以得到复合管的四种形式,如图7-8所示。其中(a)、(b)为同类型管子组成的复合管,(c)、(d)是不同类型管子组成的互补型复合管。

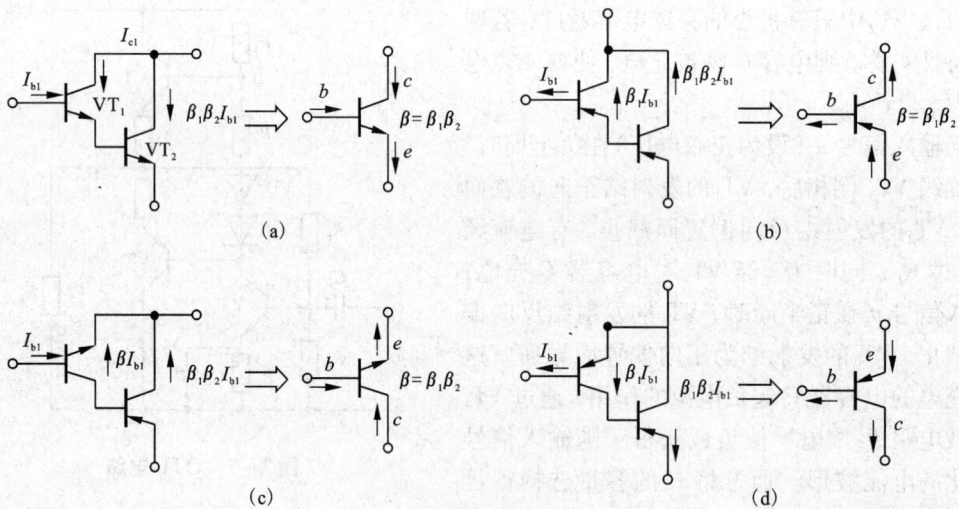

图7-8　复合管的四种形式

图7-8中对四种形式的复合管的电流方向及大小作了简略的分析,从中可以总结出复合管的两大特点。

(1)复合管的管型和电极取决于第一管,如图(a)中VT_1为NPN管,则复合管就为NPN型。

(2)复合管的等效电流放大系数是两管电流放大系数的乘积。

2. 采用复合管的互补对称功率放大电路

图7-9所示为采用复合管的OCL电路,复合管由同类型管组成。由前述复合管的特点(2)可知,复合管具有很大的电流放大系数,因此,采用复合管作为功放管,降低了对前级推动电流的要求。不过,电路中直接向负载R_L提供电流的两个末级对管VT_3、VT_4的类型不同,大功率情况下两者很难选配到完全对称。

图7-10电路则是一个OTL电路,而且与图7-9不同的是,VT_2、VT_4采用了不同类管组成的互补型复合管,这使得VT_3、VT_4两个末级对管是同一类型的(图中均为NPN型),因而比较容易配对。又因为VT_3、VT_4是同类晶体管,不具有互补对称性,所以这种电路又称为准互补对称电路。电路中R_{e1}、R_{e2}的作用是分流一部分由VT_1和VT_2流入VT_3、VT_4基极的电

流，调整复合管的工作点并减小复合管的穿透电流，改善其性能。在对电路性能要求更高的场合，这两个电阻还常用电流源代替。

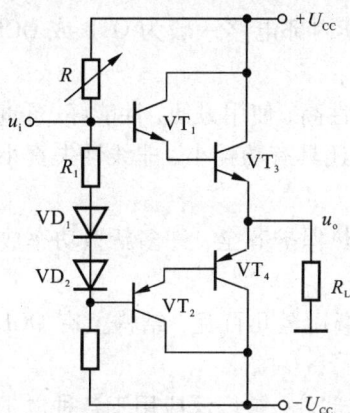

图 7 – 9　采用复合管的 OCL 电路

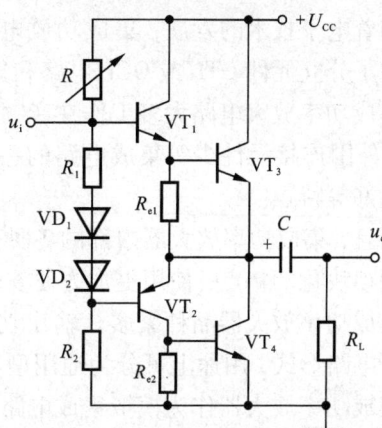

图 7 – 10　采用复合管的 OTL 电路

7.2.4　应用实例

图 7 – 11 为一准互补对称的 OCL 功率放大电路，它是高保真功率放大器的典型电路。电路由前置放大级、中间放大级和输出级组成。VT_1、VT_2、VT_3 构成恒流源式差动放大器，为前置放大级，除了对输入信号进行放大外，还有温度补偿和抑制零漂的作用。VT_4、VT_5 构成中间放大级，其中 VT_4 处于共射放大状态，VT_5 是 VT_4 的恒流源负载，它使 VT_4 的输出电压增益得以提高。VT_7 到 VT_{10} 为准互补 OCL 电路作为输出级。VT_6 管及 R_{c4}、R_{c5} 构成 "U_{BE} 扩大电路"，用以消除交越失真。$R_{e7} \sim R_{e10}$ 可使电路稳定。R_f、C_1 和 R_{b2} 构成串联负反馈，以提高电路稳定性并改善性能。

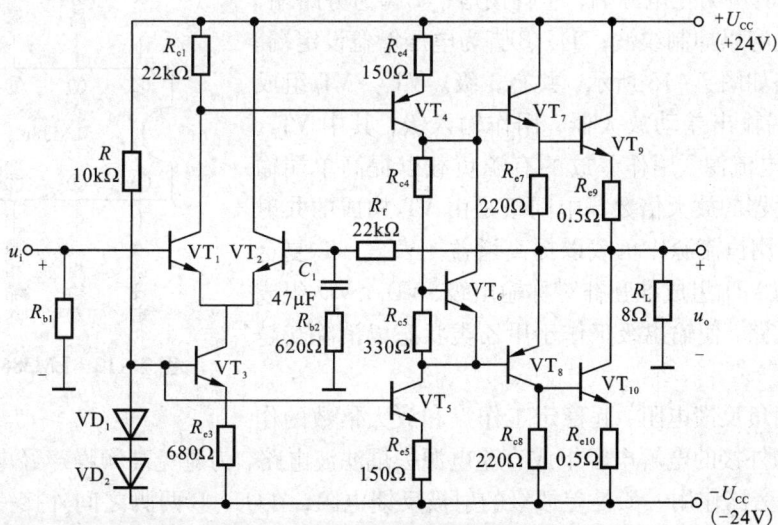

图 7 – 11　高保真功率放大电路

7.3 集成功率放大器

随着电子技术的发展，集成功放电路大量涌现。其内部电路一般为 OTL 或 OCL 电路，它集中了分立元件 OTL 或 OCL 电路和集成电路的优点。

集成功率放大电路大多工作在音频范围，具有可靠性高、使用方便、性能好、重量轻、造价低、外围连接元件少等集成电路的一般优点，此外，还具有功耗小、非线性失真小和温度稳定性好等特点。

而且，集成功率放大器内部的各种过流、过压、过热保护齐全，许多新型功率放大器具有通用模块化的特点，使用更加方便安全。

集成功率放大器品种繁多。输出功率范围从几十毫瓦至几百瓦，结构上有 OCL、OTL、BTL 等电路形式，用途上可分为通用型和专用型功放。

集成功率放大器作为模拟集成电路的一个重要组成部分，被广泛应用于各种电子电气设备中。本节主要介绍集成功率放大器 LM386 和 TDA2040，希望读者通过对这两种功率器件的了解，能举一反三，灵活应用其他功率放大器件。

7.3.1 集成功率放大器 LM386 及其应用

LM386 电路简单、通用型强，是目前应用较广的一种小功率集成功放。具有电源电压范围宽（一般为 4～12 V）、功耗低（常温下为 660 mW）、频带宽（300 kHz）等优点，输出功率一般为 0.3～0.7 W（LM386N－4 电源电压可达到 18 V，输出功率可达 1 W）。另外，电路的外接元件少，不必外加散热片，使用方便。因而被广泛地应用于收录机、对讲机、函数发生器、电视伴音等系统中。

LM386 的管脚排列如图 7－12 所示，为双列直插塑料封装。管脚功能为：②、③脚分别为反相、同相输入端；⑤脚为输出端；⑥脚为正电源端；④脚接地；⑦脚为旁路端，可外接旁路电容以抑制纹波；①、⑧脚为电压增益设定端。

内部电路如图 7－13 所示，共有 3 级。VT_1～VT_6组成有源负载单端输出差动放大器，用作输入级，其中 VT_5、VT_6构成镜像电流源，用作差放的有源负载以提高单端输出时差动放大器的放大倍数。中间级是由 VT_7构成的共射放大器，也采用恒流源作负载以提高增益。VT_8、VT_9复合成 PNP 管，与 VT_{10}组成准互补对称输出级，VD_1、VD_2组成功放的偏置电路，使输出级工作于甲乙类状态以消除交越失真。

图 7－12 LM386 引脚图

R_6是级间负反馈电阻，起稳定工作点和放大倍数的作用。R_2和⑦脚外接的电解电容组成直流电源去耦滤波电路，为避免高频噪声经电源线耦合至集成片内，起旁路作用。R_5是差放级的射极反馈电阻，在①、⑧两脚之间外接一个阻容串联电路，构成差放管射极的交流反馈，通过调节外接电阻的阻值就可调节该电路的放大倍数。当①、⑧脚开路时，负反馈量最大，电压放大倍数最小，约为 20。①、⑧脚之间短路时或只

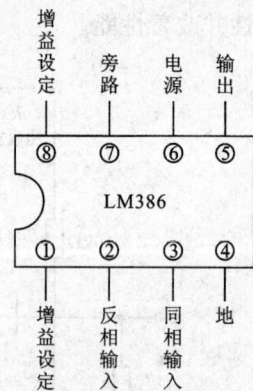

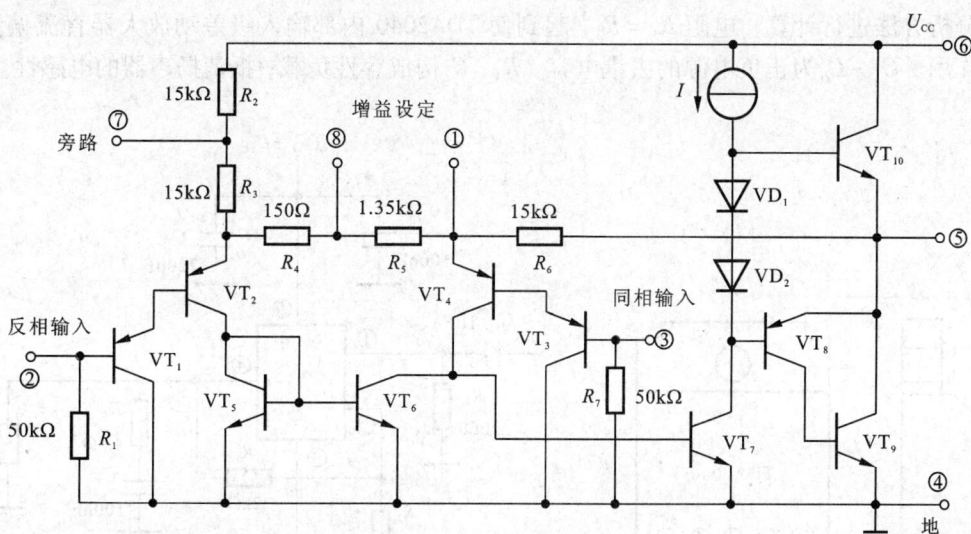

图 7 – 13   LM386 内部结构图

外接一个 10 μF 电容时，电压放大倍数最大，约为 200。

图 7 – 14 是 LM386 的典型应用电路。其中 R_1、C_2 用于调节电路的电压放大倍数。因为内部电路的输出级为 OTL 电路，所以需要在 LM386 的输出端外接一个 220 μF 的耦合电容 C_4。R_2、C_5 组成容性负载，以抵消扬声器音圈电感的部分电感性，同时防止信号突变时，音圈的反电动势击穿输出管，在小功率输出时 R_2、C_5 也可不接。C_3 与电路内部的 R_2 组成电源的去耦滤波电路。

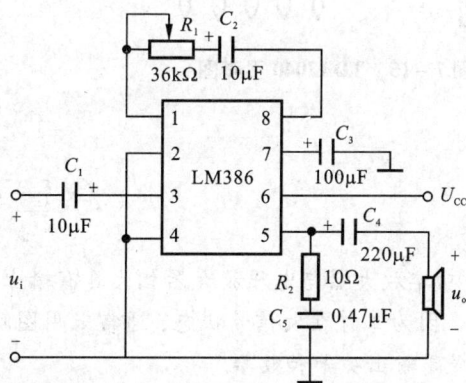

图 7 – 14   LM386 典型应用电路

7.3.2 集成功率放大器 TDA2040 及其应用

TDA2040 是一种功能强大的音频功放电路。它的体积小、输出功率大，该集成电路在 32 V 电源电压下，$R_L = 4\ \Omega$ 时可获得 22 W 的输出功率；它的电源电压适应范围宽（ ±2.5 V ~ ±20 V）、输入阻抗高（典型值为 5 MΩ）、频带宽（100 kHz）失真小；它还具有多种内部保护电路，使用安全；而且它的引脚少，外围元件少，设计灵活。因而被广泛应用于汽车立体声收录音机、中功率音响设备当中。

TDA2040 采用 5 脚单列直插式塑料封装结构。如图 7 – 15 所示：①脚为同相输入端，②脚为反相输入端，③脚为负电源端，④脚为输出端，⑤脚为正电源端。散热片与③脚接通。

图 7 – 16 是其典型应用电路。信号由 u_i 同相端输入，C_1、C_2 是耦合电容，R_3、R_2 和 C_2 构成电压负反馈，调整 TDA2040 的闭环电压放大倍数。因为 TDA2040 与集成运算放大器一样

具有输入电阻大，差模放大倍数高的特点，所以其闭环电压放大倍数可以按照集成运算放大器的分析方法进行计算。电阻 $R_1 = R_3$，起到使 TDA2040 内部输入级差动放大器直流偏置平衡的作用。$C_3 \sim C_6$ 为正负电源的去耦电容。R_4、C_7 构成容性负载，抵消扬声器的电感性。

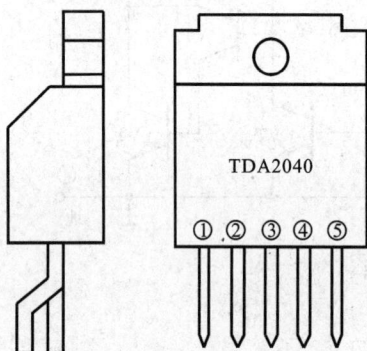

图 7-15　TDA2040 引脚图

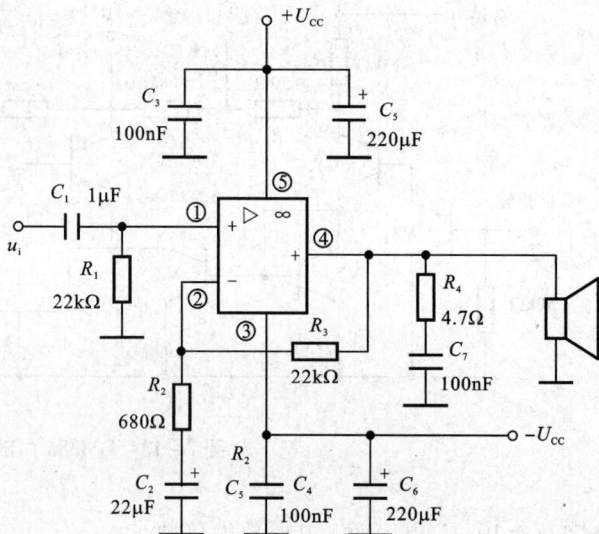

图 7-16　TDA2040 典型应用

本章小结

● 功率放大器与电压放大器相比具有输出功率大，非线性失真小，效率高和管耗小等特殊要求。因为工作在大信号状态，通常采用图解法分析。研究的重点是如何在允许的失真范围内，提高输出功率和效率。

● 功率放大器根据静态工作点的不同可以分为甲类、乙类和甲乙类。甲类功率放大电路失真小而管耗大，效率低。乙类和甲乙类功率放大电路静态电流小，管耗小，效率高，但失真严重。

● 采用互补对称结构的乙类功率放大电路存在交越失真问题，甲乙类功率放大电路可以克服这种失真，常用的方法是采用二极管或 U_{BE} 扩大电路提供互补对称功率管的基极偏置。

● 常用的互补对称功率放大电路有 OCL 和 OTL 电路，其中 OCL 电路需要双电源而无需输出耦合电容，OTL 用输出耦合电容代替负电源的作用，是一种单电源互补对称功率放大电路。

● 目前集成功率放大电路因具有可靠性高、输出功率大、功耗小、非线性失真小、外围连接元件少等优点而得到广泛应用。使用时应注意各种集成功率放大器引脚的功能并熟悉其典型应用电路。

自测题

7-1　填空题(每空 5 分, 共 50 分)

(1)乙类互补对称功率放大器存在_____失真。

(2)采用单电源供电的互补对称功率放大器是_____, 该电路的输出端必须采用_____元件耦合。

(3)功率放大电路中, 电源提供的直流能量转化为_____和_____两部分。

(4)复合管在连接时, 在串联点应注意_____, 在并联点应注意_____。复合管的电流放大系数为_____。

(5)如图 7-17 所示, 电路中晶体管饱和管压降的数值为 $|U_{CES}|$, 则最大输出功率 P_{OM} = _____。输出最大不失真功率时电路的转换效率为_____。

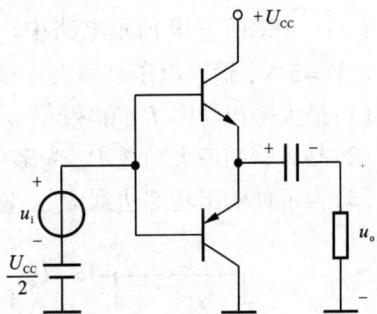

图 7-17　自测题 7-1 图

7-2　选择题(每小题 5 分, 共 25 分)

(1)电路如图 7-18 所示, VT_1 和 VT_2 管的饱和管压降 $|U_{CES}|$ = 3 V, U_{CC} = 15 V, R_L = 8 Ω, 则最大输出功率 P_{OM}_____。

A. ≈28 W　　　　　　B. = 18 W　　　　　　C. = 9 W

(2)图 7-18 电路输入正弦波时, 若 R_1 虚焊, 即开路, 输出电压_____。

A. 为正弦波　　B. 仅有正半波　　C. 仅有负半波

(3)功率放大电路的转换效率是指_____。

A. 输出功率与晶体管所消耗的功率之比

B. 输出功率与电源提供的平均功率之比

C. 晶体管所消耗的功率与电源提供的平均功率之比

(4)在三类放大电路中, 在输出相同的功率的情况下管耗最大的是_____。

A. 甲类　　　　B. 乙类　　　　　C. 甲乙类

(5)在 OCL 乙类功放电路中, 若最大输出功率为 12 W, 则电路中功放管的集电极最大功耗约为_____。

A. 1.2 W　　　　　　B. 2.4 W　　　　　C. 0.6 W

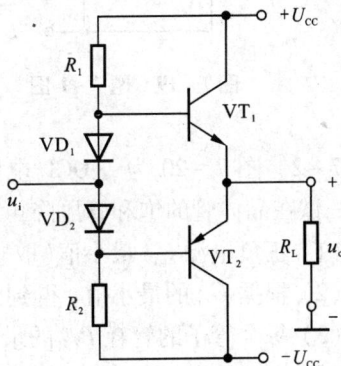

图 7-18　自测题 7-2 图

7-3　判断题(每小题 5 分, 共 25 分)

(1)在功率放大电路中, 输出功率愈大, 功放管的功耗愈大。　　　　　　　　　　(　　)

(2)功率放大电路的最大输出功率是指在基本不失真情况下, 负载上可能获得的最大交

流功率。　　　　　　　　　　　　　　　　　　　　　　　　　　　　　　（　　）

（3）当 OCL 电路的最大输出功率为 1 W 时，功放管的管耗大于 1 W。　　（　　）

（4）功率放大电路与电压放大电路都使输出功率大于信号源提供的输入功率。（　　）

（5）顾名思义，功率放大电路有功率放大作用，电压放大电路只有电压放大作用而没有功率放大作用。　　　　　　　　　　　　　　　　　　　　　　　　　（　　）

习 题

7-1　在图 7-19 所示电路中，已知 $U_{CC} = 16$ V，$R_L = 4$ Ω，VT_1 和 VT_2 管的饱和管压降 $|U_{CES}| = 2$ V，输入电压足够大。试问：

（1）最大输出功率 P_{om} 和 效率 η 各为多少？

（2）晶体管的最大功耗 P_{Tm} 为多少？

（3）为了使输出功率达到 P_{om}，输入电压的有效值约为多少？

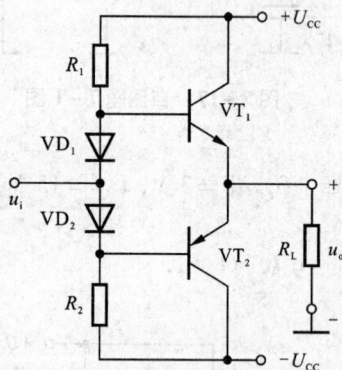

图 7-19　题 7-1 图

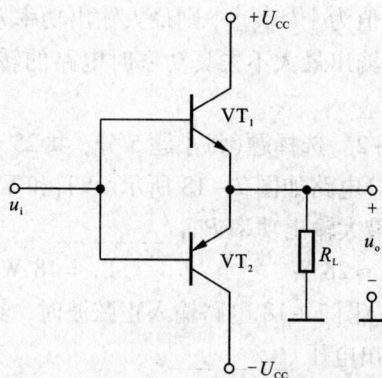

图 7-20　题 7-2 图

7-2　图 7-20 为一 OCL 电路，已知 u_i 为正弦电压，$R_L = 16$ Ω，要求最大输出功率为 10 W。试在晶体管的饱和管压降可以忽略不计的条件下，求出下列各值：

（1）正负电源 U_{CC} 最小值（取整数）；

（2）根据 U_{CC} 的最小值，得到的晶体管 I_{CM}、$|U_{(BR)CEO}|$ 的最小值；

（3）每个管子的管耗 P_{CM} 的最小值；

7-3　OTL 电路如图 7-21 所示，功率管的饱和压降可忽略不计，$R_L = 8$ Ω，试计算要求最大不失真输出功率为 9 W 时，电源电压 U_{CC} 至少为多少伏？

7-4　图 7-22 所示的 OTL 电路中，输入电压为正弦波，$U_{CC} = 12$ V，$R_L = 8$ Ω，试回答以下问题：

（1）E 点的静态电位应是多少？通过调整哪个电阻可以满足这一要求？

（2）图中 VD_1、VD_2、R_2 的作用是什么？若其中一个元件开路，将会产生什么后果？

（3）忽略三极管的饱和管压降，当输入 $u_i = 4\sin\omega t$ V 时，电路的输出功率和效率是多少？

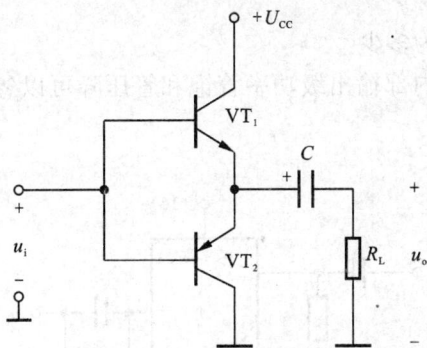

图 7 – 21　题 7 – 3 图

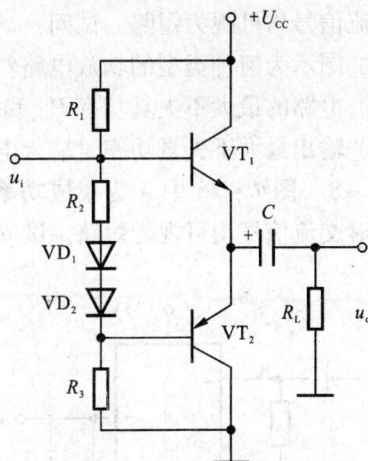

图 7 – 22　题 7 – 4 图

7 – 5　电路如图 7 – 23 所示,已知 VT_1 和 VT_2 的饱和管压降 $|U_{CES}|$ = 2 V,直流功耗可忽略不计。试问:

(1) R_3、R_4 和 VT_3 组成的那部分电路的名称是什么? 作用是什么?

(2) 负载上可能获得的最大输出功率 P_{om} 和电路的转换效率 η 各为多少?

(3) 设最大输入电压的峰值为 1 V。为了使电路的最大不失真输出电压的峰值达到 16 V,电阻 R_6 至少应取多少千欧?

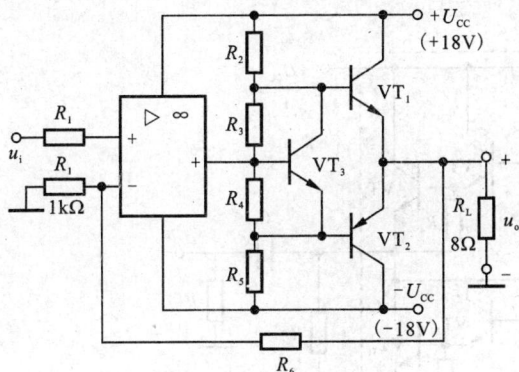

图 7 – 23　题 7 – 5 图

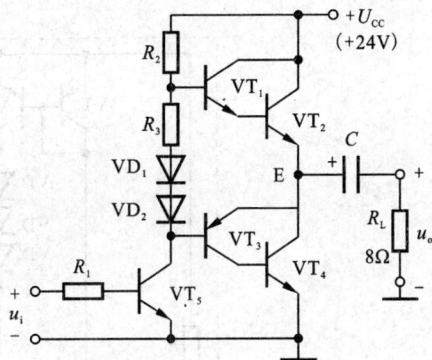

图 7 – 24　题 7 – 6 图

7 – 6　OTL 电路如图 7 – 24 所示,晶体管导通时的 $|U_{BE}|$ = 0.7 V,VT_2 和 VT_4 管的饱和管压降 $|U_{CES}|$ = 2 V,电容 C 的值足够大。

(1) 为了使得最大不失真输出电压幅值最大,静态时 E 点的发射极电位应为多少? VT_1、VT_3 和 VT_5 的基极电位应为多少?

(2) 电路的最大输出功率 P_{om} 和效率 η 各为多少?

(3) VT_2 和 VT_4 管的 I_{CM}、$U_{(BR)CEO}$ 和 P_{CM} 应如何选择?

*7-7 图7-25中A为集成功率放大器,设内部输出级功率管的 $|U_{CES}| = 1$ V,电容器对交流信号均可视为短路。试问:

(1) 图示为何种类型的功放电路?

(2) 电路的最大不失真功率 P_{om} 和效率 η 各为多少?

(3) 输出最大不失真功率时输入电压的有效值为多少?

*7-8 图7-26中A为集成功率放大器,设内部输出级功率管饱和管压降可以忽略,电容器对交流信号均可视为短路。试问:

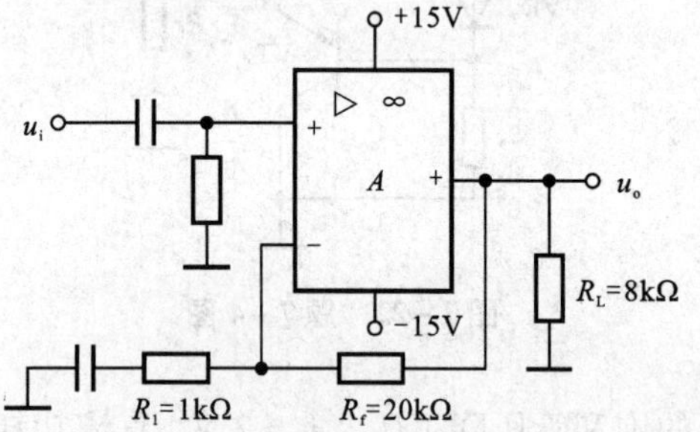

图7-25 题7-7图

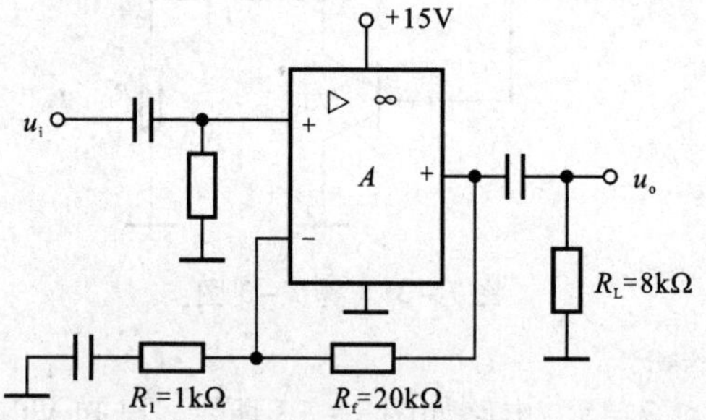

图7-26 题7-8图

(1) 图示为何种类型的功放电路?

(2) 电路的最大不失真功率 P_{om} 和效率 η 各为多少?

(3) 当输入正弦信号的有效值为0.3 V时,信号能否正常放大?

7-9 单电源供电的音频功率放大电路如图7-27所示,试回答下列问题:

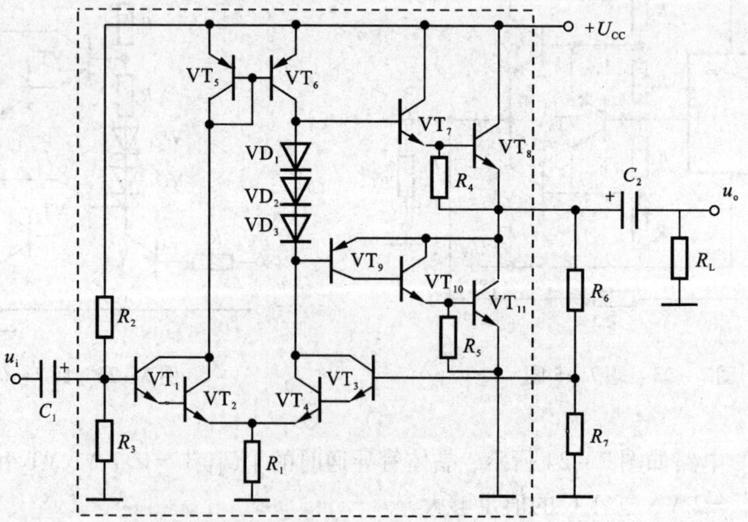

图7-27 题7-9图

（1）图中电路是什么形式的功率放大电路？

（2）$VT_1 \sim VT_6$组成什么电路结构？

（3）VD_1、VD_2和VD_3的作用是什么？

（4）$VT_7 \sim VT_{11}$构成什么电路形式？

（5）C_1、C_2的作用是什么？

第8章　直流稳压电源

在电子电路中，无论是电压放大器还是功率放大器所用的电源通常都需要由电压稳定的直流电源供电，因此直流稳压电源是电子设备中重要的组成部分，它的应用非常广泛。本章先介绍整流、滤波和分立元件稳压电路，然后分析三端集成稳压器和开关稳压电路，最后介绍晶闸管及其可控整流电路。

8.1　概述

小功率直流稳压电源一般由电源变压器、整流、滤波和稳压电路几个部分组成。把正弦交流电压转换成直流电压的一般方法是利用二极管的单向导电性对交流电压进行整流，使其成为脉动的直流电压，再利用电容或电感的储能特性对脉动的直流电压进行滤波，以减小其脉动量。对直流电源要求较高的设备，还要对滤波后的直流电压进行稳压，使其输出的直流电压在电网电压或负载变化时也能保持稳定。小功率直流电源的一般组成框图如图 8 - 1 所示。

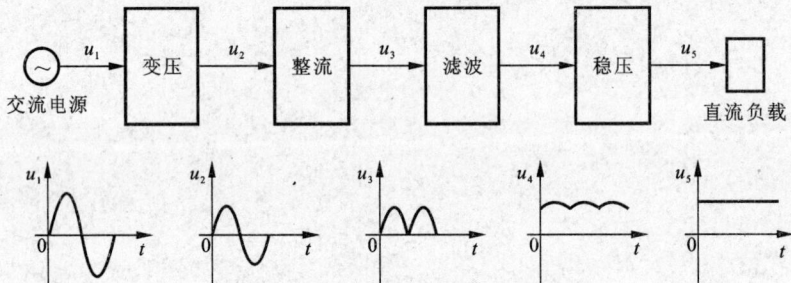

图 8 - 1　小功率直流电源组成框图

各部分功能如下：
（1）电源变压器：将交流电网电压变换成所需要的交流电压值。
（2）整流电路：将交流电压变换成单向的脉动的直流电压。
（3）滤波电路：滤除脉动成分，得到平滑的直流电压。
（4）稳压电路：在电网电压波动或负载变化时，使输出直流电压稳定。

8.2　单相整流电路

将既有大小变化，又有方向变化的交流电压转换成只有大小变化而无方向变化的直流电压，这一变换过程称为整流。二极管整流就是利用二极管的单向导电性把电网供给的交流电变换成脉动直流电。单相整流电路可分为半波、全波、桥式等类型。

8.2.1　单相半波整流电路

1. 单相半波整流电路

为了简化分析,在讨论各整流电路时,一般均假定负载为纯电阻性,整流元件和变压器都是理想的,即认为二极管正向导通时电阻为零,正向导通压降忽略不计,反向截止时电阻为无穷大,变压器无内部压降,且输出稳定等。

单相半波整流电路在第一章中已经做了初步介绍,现对其做进一步讨论。电路如图8 -2(a)所示,设整流变压器的二次侧电压为

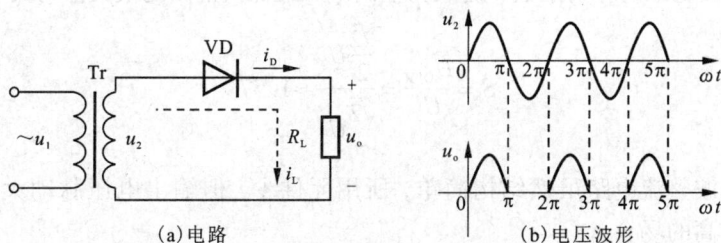

(a)电路　　　　　　　　　(b)电压波形

图 8 - 2　单相半波整流电路及波形

$$u_2 = \sqrt{2}U_2\sin\omega t$$

当 u_2 在正半周时,变压器二次侧电位为上正下负,二极管因正向偏置而导通,电流流过负载。当 u_2 在负半周时,变压器二次侧电位为下正上负,二极管因反向偏置而截止,负载中没有电流流过。由于在正弦电压的一个周期内,R_L 上只有半个周期内有电流和电压,所以这种电路称为半波整流电路。负载电阻 R_L 及二极管 VD 对应于变压器二次侧电压的波形如图8 -2(b)所示。

2. 负载上的直流电压和电流值的计算

负载上得到的电压平均值为

$$U_L = U_0 = \frac{1}{T}\int_0^{2\pi} u_o \mathrm{d}(\omega t) = \frac{1}{2\pi}\int_0^{\pi}\sqrt{2}U_2\sin\omega t\mathrm{d}(\omega t)$$

$$= \frac{\sqrt{2}}{\pi}U_2 = 0.45U_2 \tag{8-1}$$

负载中通过的电流平均值为

$$I_L = \frac{U_L}{R_L} = 0.45\frac{U_2}{R_L} \tag{8-2}$$

通过以上讨论可以看出,由于单相半波整流电路只利用了交流电的半个周期,单相半波整流电路输出的直流电压只有变压器二次侧电压有效值的45%,如果负载较小,考虑到二极管的正向电阻和变压器的内阻,转换效率还要更低。所以单相半波整流电路的效率是很低的。

3. 二极管的选择

在图8 -2中,加到二极管两端的最大反向电压 U_{RM},是二极管截止时加到二极管上的 u_2

负半周的最大值。因此，在选用二极管时要保证二极管的最大反向工作电压大于变压器二次侧电压 u_2 的最大幅值，即

$$U_{RM} > \sqrt{2} U_2 \qquad\qquad (8-3)$$

因为通过二极管的电流与流经负载的电流相同，所以二极管的最大整流电流 I_F 应大于负载电流 I_L，即

$$I_F > I_L \qquad\qquad (8-4)$$

在工程实际中，为了使电路能安全、可靠地工作，选择整流二极管时应留有充分的余量，避免整流二极管处于极限运用状态。

整流电路输出电压的脉动系数 S 定义为输出电压最低次谐波的最大值与其平均值的比值。

$$S = \frac{U_{O1M}}{U_0} = \frac{\frac{\sqrt{2}}{2} U_2}{\frac{\sqrt{2}}{\pi} U_2} \approx 1.57 \qquad\qquad (8-5)$$

可见单相半波整流电路虽然结构简单，所用元件少，但输出电压脉动大，整流效果差，只适用于要求不高的场合。

例 8-1　某直流负载，电阻为 1 kΩ，要求工作电流为 15 mA，如果采用半波整流电路，试求变压器二次侧的电压值，并选择合适的整流二极管。

解： 由于 $U_o = R_L \cdot I_o = 1 \times 10^3 \times 15 \times 10^{-3} = 15$ V

故

$$U_2 = \frac{1}{0.45} U_o = \frac{15}{0.45} = 33 \text{ V}$$

流过二极管的平均电流为

$$I_D = I_o = 15 \text{ mA}$$

二极管承受的反向电压为

$$U_{RM} = \sqrt{2} U_2 = 1.41 \times 33 \approx 47 \text{ V}$$

根据以上求得的参数，查晶体管手册，可选用一只额定整流电流为 100 mA，最高反向电压为 50 V 的 2CZ52B 型整流二极管。

8.2.2　单相全波整流电路

1. 工作原理

电路如图 8-3(a)所示，整流元件由两个二极管组成。在 u_2 的正半周时，VD_1 为正向导通，电流 i_{D1} 经 VD_1 流过 R_L 回到变压器的中心抽头，此时 VD_2 处于反向偏置而截止。

在 u_2 的负半周，VD_2 正向导通，电流 i_{D2} 经 VD_2 流过 R_L 回到变压器的中心抽头，此时 VD_1 处于反向偏置而截止。由此可见全波整流电路在 u_2 的正半周和负半周中，VD_1 和 VD_2 轮流导通，负载 R_L 在 u_2 的正、负半波中均有电流通过，且通过的电流方向相同，这样就将双向交流信号变成了单向信号，其电压波形如图 8-3(b)所示。

2. 负载上的直流电压和电流值计算

负载上的直流电压

$$U_L = U_0 = 2 \times 0.45 U_2 = 0.9 U_2 \qquad\qquad (8-6)$$

负载中的平均电流

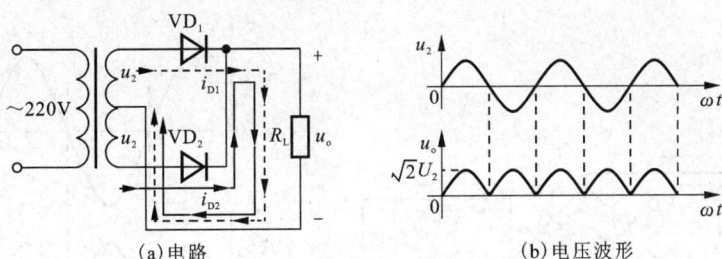

图 8 – 3　单相全波整流电路

$$I_{\text{L}} = \frac{U_{\text{L}}}{R_{\text{L}}} = 0.9\,\frac{U_2}{R_{\text{L}}} \tag{8 – 7}$$

比较图 8 – 2 和图 8 – 3 的电压波形可以看出，全波整流电路负载上的直流电压和平均电流是半波整流的两倍，所以它的整流效率比半波整流电路高一倍。

3. 二极管的选择

从图 8 – 3(a)中可以看出，当一个二极管导通时，另一个处于截止状态，二极管承受的最大反向电压 U_{RM} 为 $2\sqrt{2}U_2$。因此在选用二极管时应保证

$$U_{\text{RM}} > 2\sqrt{2}U_2 \tag{8 – 8}$$

由于二极管在 u_2 的正、负半周轮流导通，所以通过每一个二极管的电流是负载电流的一半，故二极管的选择应满足

$$I_{\text{F}} > \frac{1}{2}I_{\text{L}} \tag{8 – 9}$$

通过上面的分析可以看出，虽然单相全波整流电路的整流效率比单相半波整流电路高一倍，但二极管所承受的最大反向电压 U_{RM} 却比单相半波整流电路要高一倍。

8.2.3　单相桥式整流电路

单相桥式整流电路由四个整流二极管接成桥型，所以称桥式整流电路，它是一种全波整流。整流桥的接线规律是同极性端接负载，异极性端接电源。一般要求四个二极管的性能参数尽可能一致，目前市场上已有集成的整流桥(俗称桥堆)，性能参数比较好。

下面以图 8 – 4(a)介绍单相桥式整流电路的工作原理。单相桥式整流电路由电源变压器 T_{r}，二极管 VD_1、VD_2、VD_3、VD_4 和负载电阻 R_{L} 组成。设变压器二次侧电压为

$$u_2 = \sqrt{2}U_2\sin\omega t$$

1. 工作原理

在 u_2 的正半周，其极性是 a 端为正、b 端为负，则整流元件 VD_1 和 VD_3 导通，VD_2 和 VD_4 截止，电流就从变压器副边的 a 端出发，流经负载 R_{L} 而由 b 端返回，R_{L} 上得到 u_2 的正半周电压。在 u_2 的负半周，其极性是 b 端为正、a 端为负，则整流元件 VD_2 和 VD_4 导通，VD_1 和 VD_3 截止，电流就从变压器副边的 b 端出发，流经负载 R_{L} 而由 a 端返回。R_{L} 上得到 u_2 的负半周电压，且与正半周方向是一致的。

由此可见，在 u_2 整个周期里，四个整流元件分作两组，在正半周和负半周轮流导通，负

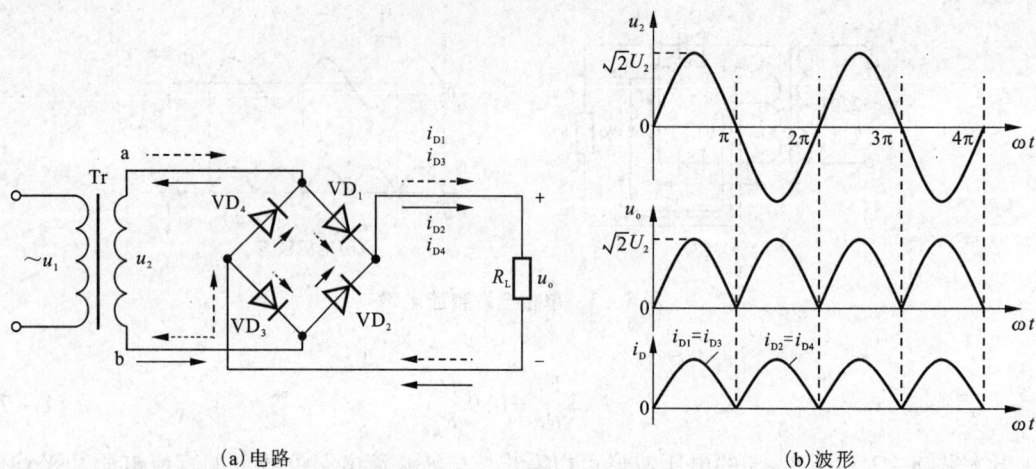

(a)电路　　　　　　　　　　　　　　　(b)波形

图 8 - 4　单相桥式整流电路

载中都有电流流过,而且电流的方向相同,负载上的电压波形与全波整流的电压波形完全一样。通过二极管的电流和电压的波形如图 8 - 4(b)所示。

2. 负载上直流电压和电流值的计算

桥式整流电路负载上的直流电压和电流与全波整流电路完全一样,即

$$U_{\mathrm{L}} = 0.45U_2 \times 2 = 0.9U_2 \tag{8-10}$$

通过负载的电流的平均值为

$$I_{\mathrm{L}} = \frac{U_{\mathrm{L}}}{R_{\mathrm{L}}} = 0.9 \frac{U_2}{R_{\mathrm{L}}} \tag{8-11}$$

3. 二极管的选择

二极管承受的最大反向电压

$$U_{\mathrm{RM}} = \sqrt{2} U_2 \tag{8-12}$$

通过每个二极管的平均电流 I_{D} 与全波整流电路一样,即

$$I_{\mathrm{D}} = \frac{1}{2} I_{\mathrm{L}} \tag{8-13}$$

故二极管的选择原则为

$$U_{\mathrm{RM}} > \sqrt{2} U_2 \tag{8-14}$$

$$I_{\mathrm{F}} > \frac{1}{2} I_{\mathrm{L}} \tag{8-15}$$

脉动系数 S 为

$$S = \frac{\dfrac{4\sqrt{2}}{3\pi} U_2}{\dfrac{2\sqrt{2}}{\pi} U_2} = 0.67 \tag{8-16}$$

可见,桥式整流电路的脉动成分比半波整流电路有所下降,但数值仍较高。

例 8 - 2　有一直流负载,要求电压 $U_0 = 36$ V,电流为 $I_0 = 10$ A,当采用单相桥式整流电

路，试求：(1)整流元件所通过的电流和能承受的最大反向工作电压。(2)若 VD_2 因故损坏开路，U_o 和 I_o 为多少？(3)若 VD_2 短路，会出现什么情况？

解： (1)整流元件通过的电流为

$$I_D = \frac{1}{2} I_o = \frac{1}{2} \times 10 = 5 \text{ A}$$

变压器副边电压有效值为

$$U_2 = \frac{U_o}{0.9} = \frac{36}{0.9} = 40 \text{ V}$$

整流元件所承受的最大反向工作电压为

$$U_{RM} = \sqrt{2} U_2 = 1.4 \times 40 = 56 \text{ V}$$

(2)当 VD_2 开路时，u_2 在正半周导通，但负半周因 VD_2 开路而截止，所以电路相当于半波整流电路，输出电压、电流只有全波整流的一半。有

$$U_o = 0.45 U_2 = 0.45 \times 40 = 18 \text{ V}$$

负载电阻

$$R_L = \frac{U_o}{I_o} = \frac{36}{10} = 3.6 \ \Omega$$

$$I_o = \frac{U_o}{R_L} = \frac{18}{3.6} = 5 \text{ A}$$

(3)当 VD_2 短路时，在 u_2 正半周电流将不再通过负载，只通过二极管 VD_1 和 VD_2 构成回路，由于二极管的导通电压只有 0.7 V，因此变压器二次侧短路，电流过大易烧毁变压器和二极管。

通过以上讨论可以看出，在负载得到相同的直流电压情况下，桥式整流电路的整流二极管所承受的反向电压只有全波整流电路的一半。同时，桥式整流电路的变压器没有中心抽头，在正负半波都有电流通过，从而提高了变压器的效率。因此，桥式整流电路的应用更为广泛。

8.3　滤波电路

前面讨论的几种整流电路，虽然都可以把交流电变换为直流电，输出电压方向不变，但是脉动较大，含有较大的交流成分，属于脉动直流电压，不够平滑，不能适应大多数电子电路及设备的要求。因此，一般在整流以后，用电容和电感等储能元件构成滤波电路。滤波就是滤除整流输出后直流电压中的交流脉动成分，从而获得平直的直流电压和电流。

8.3.1　电容滤波电路

电容滤波电路是最简单、最有效和最常用的一种滤波电路。其基本工作原理就是利用电容的充放电作用，使负载电压趋于平滑。电容是一个储能元件，当外接电压高于电容两端电压时电容处于充电状态(吸收能量)。反之，当外接电压低于电容两端电压时电容处于放电状态(释放能量)。利用电容的这种储能作用，在整流电路输出脉动直流电压升高时储存能量，而在整流电路输出脉动直流电压减小时释放能量，从而使负载上得到较为平滑的直流电压。

1. 单相半波整流电容滤波电路

单相半波整流电容滤波电路如图 8-5(a)所示，当 u_2 在正半周由零值上升的过程中，二

极管处于正偏而导通，电源向负载供电，同时也给电容器 C 充电。电容上的电压 u_C 的极性为上正下负，且 u_C 等于 u_2。当 u_2 上升到其最大值 $\sqrt{2}U_2$ 时（图中 a 点），u_C 也充电到最大值 $\sqrt{2}U_2$。如图 8-5(b) 中曲线的 $0a$ 段。当 u_2 上升到峰值后开始下降，此时二极管仍承受正向电压处于导通状态，所以电容两端电压 u_C 也开始下降，趋势与 u_2 基本相同，见图中曲线 ab 段。但是，由于电容是按指数规律放电，因而当 u_2 下降到一定值后，u_C 的下降速度就会小于 u_2 的下降速度，使 u_C 大于 u_2，此时二极管承受反向电压变为截止状态，电容器 C 充当电源向 R_L 放电，u_C 按指数规律下降，见图中曲线 bc 段。放电的速度由放电时间常数 $\tau = R_L C$ 决定。如果放电时间常数较大，放电过程比较长，这样即使是在 u_2 的负半周放电仍在进行。因此在 u_2 的负半周，负载上也会有电压。

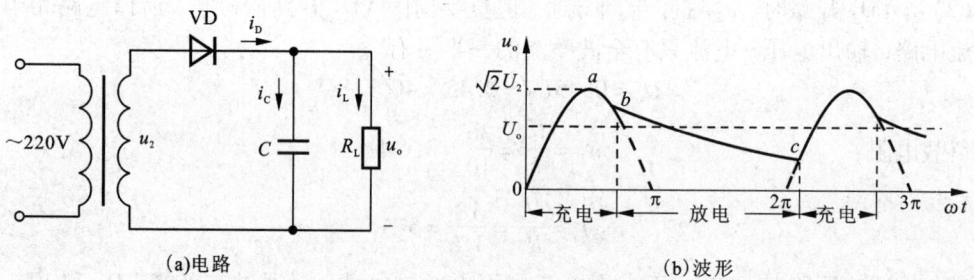

(a)电路　　　　　　　　　　(b)波形

图 8-5　单相半波整流电容滤波电路

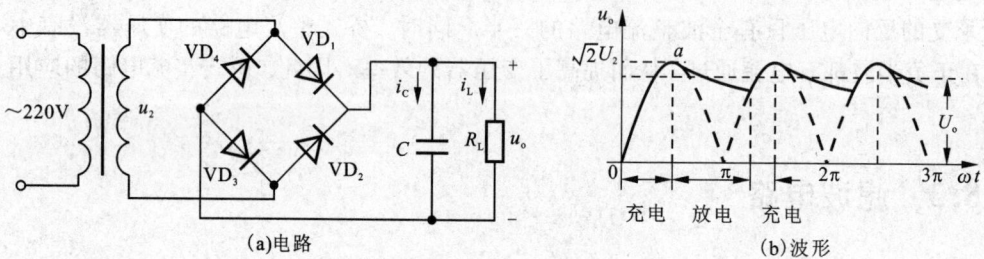

(a)电路　　　　　　　　　　(b)波形

图 8-6　单相全波整流电容滤波电路

当 u_2 的下一个正半波来到后，只要 u_2 小于电容两端的电压，电容仍处于放电状态。直到 u_2 变化到大于电容两端的电压时，二极管才处于正向偏置而导通。u_2 给负载供电的同时，也给电容器充电，直到 u_C 大于 u_2，C 又开始放电。如此周而复始的进行下去，于是负载上就得到平滑的输出电压，加了电容滤波器的电压波形如图所示 8-5(b)。

2. 单相全波整流电容滤波电路

图 8-6(a) 为单相全波桥式整流电容滤波电路，它的工作过程与单相半波整流电容滤波电路完全一样。在输入电压 u_2 正半周，二极管 VD_1，VD_3 导通，整流电流分为两路，一路向负载提供电流，另一路向电容充电，因此电容上的电压按正弦规律上升，如图 8-6(b) oa 段所示。a 点以后，u_2 开始下降，当下降到 $u_2 < u_C$ 时，四个二极管都因承受反向电压而截止，电容器 C 开始向负载电阻 R_L 放电，因为放电速度缓慢，波形变得平缓，如图 8-6(b) 所示。

在输入电压 u_2 负半周，只有 u_2 上升到大于 u_C 时，二极管 VD_2，VD_4 才因承受正向电压而导通，同时整流电流通过负载并再次向电容器充电到最大值，当 u_2 开始下降，达到 $u_2 < u_C$ 时，四个二极管又因承受反向电压而截止，电容器 C 重新充当电源向负载电阻 R_L 放电，如此周而复始进行，负载上就得到近似于锯齿波的输出电压。只是电容器的充放电时间更短，负载上的直流电压更为平滑。其输出电压波形如图 8-6(b) 所示。

3. 电容滤波电路的分析与估算

(1) 负载变化对输出电压的影响 当电容一定时，若负载电阻减小(即负载增加)，则时间常数 $R_L C$ 减小，放电速度加快，因此，输出电压平均值将下降，且脉动变大。如图 8-7 所示。

(2) 电容 C 的选择及输出电压平均值 U_0 的估算 有电容滤波的整流电路的输出电压大于无电容滤波整流电路的输出电压。为了获得较好的滤波效果，在实际工作中经常根据式 (8-17) 选择滤波电容。

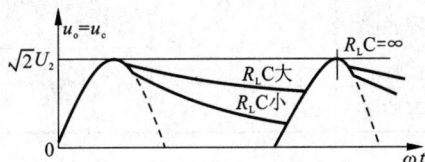

图 8-7 $R_L C$ 对输出电压的影响

$$\tau = R_L C \geqslant (3 \sim 5) \frac{T}{2} \qquad (8-17)$$

式中，T 为交流电源电压的周期。

由于一般情况下滤波电容的容量都比较大，从几十微怯到几千微法，所以通常选用有极性的电解电容器，在接入电路时，应注意极性不要接反，电容的耐压值应大于 $\sqrt{2} U_2$。

在 R_L 和 C 满足式 (8-17) 时，输出电压平均值在工程上可按以下公式估算

$$U_O = U_L \approx U_2 \quad (半波) \qquad (8-18)$$

$$U_O = U_L \approx 1.2 U_2 \quad (全波) \qquad (8-19)$$

(3) 二极管的导通角 在半波整流及桥式整流电路中，每只二极管均有半个周期处于导通状态，也称二极管的导通角 θ 等于 π。加电容滤波后，只有当 $|u_2|$ 大于 u_C 时，二极管才导通，因此每只二极管的导通角都小于 π。并且 $R_L C$ 的值愈大，放电时间越长，滤波效果愈好，θ 将愈小。由于电容滤波后输出电流平均值增大，而二极管的导通角却减小，因此，整流管在短暂的导通时间内将流过一个很大的冲击电流，对管子的使用寿命不利，所以必须选择较大容量的整流二极管，一般可按 $(2 \sim 3) I_D$ 来选择。由于电流可能很大，必要时可在电容滤波前串联几欧到几十欧的电阻，来限制电流保护二极管。

在电容滤波电路中，二极管所承受的最大反向电压为

$$U_{RM} = 2\sqrt{2} U_2 \quad (半波整流电容滤波) \qquad (8-20)$$

$$U_{RM} = 2\sqrt{2} U_2 \quad (全波整流电容滤波) \qquad (8-21)$$

$$U_{RM} = \sqrt{2} U_2 \quad (桥式整流电容滤波) \qquad (8-22)$$

带电容滤波的整流电路简单易行，输出电压平均值高，纹波也较小，它的缺点是输出特性较差，所以适合于负载电压较高，负载变动不大，负载电流较小且变化也较小的场合。几种小功率整流电容滤波电路的性能指标如表 8-1 所示。

表8-1　　几种小功率整流电容滤波电路指标比较

电路形式	变压器副边电压有效值	空载时输出电压 U_O	带载时输出电压 U_o	流过每个二极管的平均电流 I_D	二极管承受的最大反向电压 U_{RM}
半波整流电容滤波	U_2	U_2	$\approx U_2$	I_L	$2\sqrt{2}U_2$
全波整流电容滤波	$U_2 + U_2$	$U_2 \approx 1.2U_2$	$\dfrac{1}{2}I_L$	$2\sqrt{2}U_2$	$2\sqrt{2}U_2$
桥式整流电容滤波	U_2	$\sqrt{2}U_2$	$\approx 1.2U_2$	$\dfrac{1}{2}I_L$	$\sqrt{2}U_2$

例8-3　一设备要求直流电源的输出电压是 25 V，输出电流为 500 mA。试设计一桥式整流电容滤波电路，以满足上述要求。

解：（1）选择二极管

流过每个二极管的电流平均值为

$$I_D = \frac{1}{2}I_L = \frac{500}{2} = 250(\text{mA})$$

根据式(8-19)，取 $U_o = 1.2U_2$，所以变压器副边电压有效值

$$U_2 = \frac{U_o}{1.2} = \frac{25}{1.2} = 21(\text{V})$$

二极管承受的最大反向电压

$$U_{RM} = \sqrt{2}U_2 = \sqrt{2} \times 21 = 30(\text{V})$$

根据 I_D 和 U_{RM} 可选 1N4002 型整流二极管。其额定整流电流为 1 A，最高反向工作电压为 100 V，满足电路要求。

（2）选电容器

根据式(8-17)，取

$$R_L C = 5 \times \frac{T}{2} = 5 \times \frac{0.02}{2} = 0.05(\text{s})$$

$$R_L = \frac{U_o}{I_L} = \frac{25}{0.5} = 50(\Omega)$$

$$C = \frac{\tau}{R_L} = \frac{0.05}{50} = 1000(\mu\text{F})$$

电容耐压值应大于 $\sqrt{2}U_2 = 30(\text{V})$，可选 $C = 1000\ \mu\text{F}$，耐压为 50 V 的电解电容器。

（3）计算变压器的变比

$$K = \frac{U_1}{U_2} = \frac{220}{21} = 10.5$$

例8-4　单相桥式整流滤波电路如图8-6(a)所示。已知 220 伏交流电源频率为 $f = 50$ Hz，要求直流输出电压 $U_o = 30$ V，负载电流 $I_o = 50$ mA。试求电源变压器二次侧电压 U_2 的有效值，选择整流二极管及滤波电容器。

解：（1）变压器二次侧电压有效值

由式 8-19 得：取 $U_o = 1.2U_2$，则

$$U_2 = \frac{30}{1.2} = 25 \text{ V}$$

（2）流经二极管的平均电流为

$$I_D = \frac{1}{2}I_o = \frac{1}{2} \times 50 = 25 \text{ mA}$$

二极管承受的最大反向电压为

$$U_{RM} = \sqrt{2}U_2 = 35 \text{ V}$$

查二极管手册，可选择 2CZ51D 整流二极管。其最大电流 $I = 50 \text{ mA}$，最大反向电压 $U_{RM} = 100 \text{ V}$。

（3）选择滤波电容器

负载电阻

$$R_L = \frac{U_o}{I_o} = \frac{30}{50} = 0.6 \text{ k}\Omega$$

由式 $\tau = R_L \geqslant (3 \sim 5)\dfrac{T}{2}$，取 $R_L C = 4 \times \dfrac{\pi}{2} = 2T = 2 \times \dfrac{1}{50} = 0.04 \text{ s}$

所以滤波电容为

$$C = \frac{\tau}{R_L} = \frac{0.04 \text{ s}}{600 \ \Omega} = 66.6 \ \mu\text{F}$$

考虑到电网电压波动 ±10%，则电容器承受的最高电压为

$$U_{CM} = \sqrt{2}U_2 \times 1.1 = (1.4 \times 25 \times 1.1)\text{V} = 38.5 \text{ V}$$

可选用标称值为 68 μF/50 V 的电容器。

8.3.2 电感滤波电路

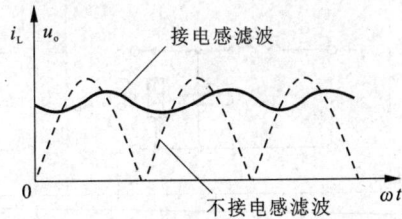

在大电流负载情况下，利用电容滤波，使得整流管及电容器的选择很困难，甚至不太可能，因此大电流滤波常用电感滤波。电感滤波就是在整流电路与负载电阻之间串联一个带铁心的电感线圈 L，如图 8-8（a）所示。

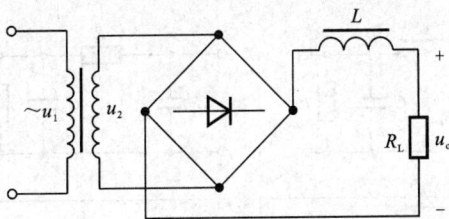

(a)电感滤波电路　　　　　　(b)电感滤波波形

图 8-8　电感滤波电路及波形

我们知道，根据电磁感应原理，当电感线圈通过变化的电流时，它的两端将产生自感电动势阻碍电流的变化。当负载电流增加时，电感线圈产生的自感电动势方向与电流方向相反，阻止电流的增加，同时把一部分能量存储在线圈的磁场中；当负载电流减小时，自感电

动势方向与电流方向相同，阻止电流的减小，同时电感将储存的能量释放，以补偿电流的减小，这样就使得整流电流变得平缓，滤除了电路中的脉动成分，其输出电压比电容滤波效果要好，所以电感滤波器适用于负载电流较大的场合。一般来说，电感越大且 R_L 愈小滤波效果越好，但考虑到成本及增大的线圈直流电阻也会增大使输出电流、电压下降，所以滤波电感常取几亨到几十亨。电感滤波的波形如图 8 - 8(b)所示。

由于电感的直流电阻很小，整流电路输出的电压中的直流分量几乎全部加到了负载上，$U_o = 0.9U_2$。而电感线圈对交流的阻抗很大，所以交流分量大部分降落在线圈上。电感滤波的特点是，峰值电流很小，输出特性较平坦。其缺点是由于铁心的存在，笨重，体积大，易引起电磁干扰。这种电路一般适合于大电流，低电压的场合。

8.3.3　复式滤波电路

不管是电容滤波器也好，还是电感滤波器也好，它们都有各自的优点及不足。当单用电容或电感进行滤波难以满足要求时，为了进一步减小负载电压中的脉动成分(纹波)，提高滤波质量，可以采用复式滤波电路。复式滤波电路是将电容滤波、电感滤波及电阻组合而成，通常有 LC 型、LC - π 型、RC - π 型几种。它的滤波效果比单一的滤波电路要好，所以应用广泛。

(1)LC 型滤波器。是由电感和电容组成滤波电路。脉动成分经过双重滤波作用，交流分量大部分被电感滤除，剩余部分再经过电容滤波，使输出电压更加平缓。

(2)LC - π 型滤波器。可以看成是电容滤波和 LC 型滤波器组合而成，因此滤波效果更好，在负载上的电压也更平滑。

(3)RC - π 型滤波器。当负载上的电流很小，为降低成本可以用电阻 R 代替电感 L。R 的阻值越大，在电阻上的直流压降也越大。当使用一级复式滤波电路达不到负载的要求时，也可以考虑增加级数，构成多级 RC 复式滤波电路。

表 8 - 2 列出了以上几种复式滤波电路的形式、性能特点及适用场合，供选用时参考。

表 8 - 2　几种复式滤波电路的性能比较

名称	LC 滤波	LC - π 型滤波	RC - π 型滤波
电路形式	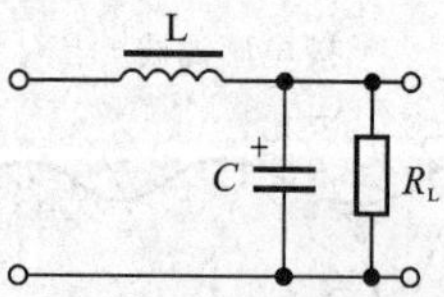	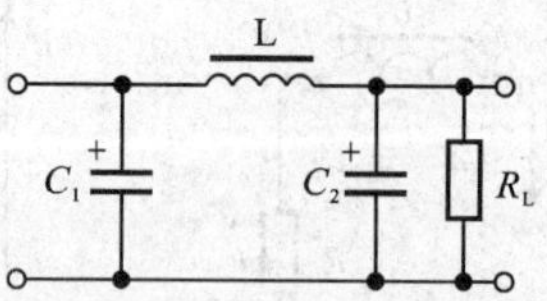	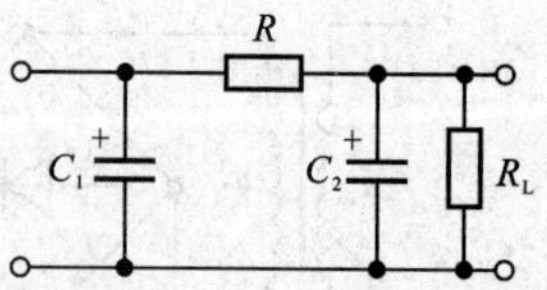
U_o	$\approx 0.9U_2$	$\approx 1.2U_2$	$\approx 1.2\dfrac{R_L}{R + R_L}U_2$
整流管冲击电流	小	大	大
适用场合	大电流且变动大的负载	小电流负载	小电流负载

8.4　分立元件稳压电路

整流滤波电路，虽然能将正弦交流电压变换成较为平滑的直流电压，但是，这种直流电压的数值是随电网电压波动及负载变化而变化的，稳定性很差。为了获得稳定性好的直流电压，需要采取稳压措施。稳压电路根据调整元件类型可分为电子管稳压电路、三极管稳压电路、可控硅稳压电路、集成稳压电路等；根据调整元件与负载连接方式，可分为并联型和串联型；根据调整元件工作状态不同，可分为线性和开关型稳压电路。

8.4.1　稳压电路的主要性能指标

稳压电源的技术指标分为两类：一类是特性指标，另一类是质量指标。

1. 特性指标

(1) 输入电压及其变化范围；

(2) 输出电压及其调节范围；

(3) 额定输出电流，指直流稳压电源正常工作时的最大输出电流。

2. 质量指标

(1) 稳压系数 K_U

稳压系数 K_U 是指在负载不变的条件下，稳压电源输出电压的相对变化量与输入电压的相对变化量之比，即

$$K_U = \frac{\Delta U_o / U_o}{\Delta U_i / U_i}\Bigg|_{\substack{\Delta I_L = 0 \\ \Delta T = 0}} \tag{8-23}$$

稳压系数表征了稳压电源对电网电压变化的抑制能力。

(2) 电压调整率 S_U

反映稳压电源对输入电网电压波动的抑制能力，也可用电压调整率表征。其定义为：负载电流 I_L 及温度 T 不变时，输出电压 U_o 的相对变化量与输入电压变化量的比值，即

$$S_U = \frac{\Delta U_o / U_o}{\Delta U_i} \times 100\% \Bigg|_{\substack{\Delta I_L = 0 \\ \Delta T = 0}} (\%/V) \tag{8-24}$$

S_U 越小，稳压性能越好。通常指在负载电流和温度不变时，输入电压变化 10% 时，输出电压的变化量，单位为 mV。

(3) 输出电阻 R_o

当电网电压和温度不变时，稳压电源输出电压的变化量与输出电流的变化量之比定义为输出电阻，即

$$R_o = \frac{\Delta U_o}{\Delta I_o}\Bigg|_{\substack{\Delta U_o = 0 \\ \Delta I_o = 0}} (\Omega) \tag{8-25}$$

输出电阻表征了稳压电源带载能力的大小，R_o 越小，带负载能力越强。

(4) 电流调整率 S_I

电流调整率又称负载调整率，是指输入电压和温度不变的情况下，负载电流在规定的范围内变化时，输出电压的相对变化量，即

$$S_1 = \frac{\Delta U_o}{U_o} \times 100\% \Bigg|_{\substack{\Delta I_o = C \\ \Delta T = 0}} \qquad (8-26)$$

（5）纹波系数 K_γ

直流电源输出电压中存在着纹波电压，它是输出直流电压中包含的交流分量。常用纹波系数 K_γ 来表示直流输出电压中相对纹波电压的大小，其定义为

$$K_\gamma = \frac{U_{O\gamma}}{U_o} \qquad (8-27)$$

式中：$U_{O\gamma}$ 为输出直流电压中交流分量的总有效值；U_o 为输出直流电压。

8.4.2 并联型稳压电路

硅稳压二极管是组成并联型稳压电路的最基本的元件，它有稳定电压的作用，所以又简称稳压管。稳压管可长期工作在反向击穿区，利用其反向电流可大范围变化而反向电压基本不变的特征来稳压。稳压管并联型稳压电路如图 8 - 9 所示。

经过桥式整流和电容滤波电路得到的电压 U_I，再经过限流电阻 R 和硅稳压二极管 VZ 构成的稳压电路接到负载 R_L 上。由图可知，$U_o = U_I - IR = U_Z$，$I = I_Z + I_L$。

其稳压原理如下：设负载电阻不变，当输入电压 U_I 增大时，输出电压将上升，使稳压管的反向电压略有增加。根据稳压管反向击穿特性，稳压管的反向电流将大幅度增加，于是流过电阻的电流 I 也将增加很多，所以限流电阻上的电压将增大，使得 U_I 增量的绝大部分降落在 R 上，从而使输出电压 U_o 基本保持不变，其工作过程如下：

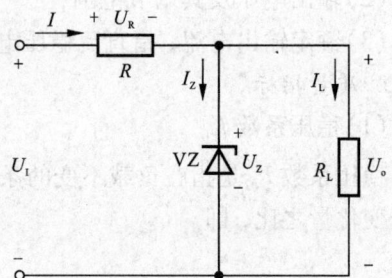

图 8 - 9　硅稳压管并联型稳压电路

$$U_I \uparrow \to U_o \uparrow \to I_Z \uparrow \to I \uparrow \to U_R \uparrow \to U_o \downarrow$$

设输入电压 U_I 不变，当负载电阻 R_L 减小时，流过负载的电流 I_L 将增大，导致限流电阻上的总电流 I 增大，则电阻上的压降增大。因输入电压不变，所以使输出电压下降，即稳压管上的电压下降，其反向电流 I_Z 立即减小，如果 I_L 的增加量和 I_Z 的减小量基本相等，则 I 基本不变，输出电压 U_o 也基本不变，上述过程可描述为：

$$R_L \downarrow \to I_L \uparrow \to I \uparrow \to U_R \uparrow \to U_o \downarrow \to I_Z \downarrow \to U_R \downarrow \to U_o \uparrow$$

如果 R_L 增大，则变化过程相反。

由此可见，稳压管的电流调节作用是稳压的关键，并通过限流电阻的调压作用达到稳压的目的。这种电路结构简单，调试方便，但稳定性能较差，输出电压不易调整。一般适用于负载电流较小，稳压要求不高的场合。

例 8 - 5　稳压电路如图 8 - 9 所示。要求 $U_o = 12$ V，已知 $R_L = 2$ kΩ，$R = 1$ kΩ，稳压管的 $U_Z = 12$ V，$I_{Z\max} = 20$ mA，保证稳压管工作在反向击穿的最小稳定电流 $I_{Z\min} = 4$ mA，试问：

（1）要使稳压管有稳压作用，直流输入电压 U_I 的最小值和最大值各是多少？

（2）当 $U_I = 15$ V 时，稳压电路能否正常工作？此时 U_o 是多少？

解：（1）正常工作时，必须满足 $I_{Z\min} \leqslant I_Z \leqslant I_{Z\max}$。

$$I_O = \frac{U_O}{R_L} = \frac{12}{2} = 6 \text{ mA}$$

流过 R 的电流不能小于

$$I_{Rmin} = I_{Zmin} + I_O = 4 + 6 = 10 \text{ mA}$$

所以输入电压不能小于

$$U_{Imax} = U_O + I_{Rmax}R = 12 + 10 \times 1 = 22 \text{ V}$$

流过 R 的电流不能大于

$$I_{Rmax} = I_{Zmax} + I_O = 20 + 6 = 26 \text{ mA}$$

输入电压不能大于

$$U_{Imax} = U_O + I_{Rmax}R = 12 + 26 \times 1 = 38 \text{ V}$$

可见，稳压电路的输入电压 U_I 在 22 V 至 38 V 之间变动时稳压管可以正常工作。

（2）当 U_I 降到 15 V 时，稳压电路不能正常工作，稳压管处于反向截止状态，输出电压为

$$U_O = \frac{R_L U_I}{R + R_L} = \frac{2 \times 15}{2 + 1} = 10 \text{ V}$$

8.4.3　串联型稳压电路

用硅稳压管组成的稳压电路具有体积小、电路简单的优点，其不足的是它的输出电压、输出电流和输出功率受到稳压管的限制。另外硅稳压管组成的稳压电路无法实现大电流输出和输出电压随意可调的要求。为此可采用串联型直流稳压电路。

典型串联型稳压电路如图 8 – 10 所示，它通常由取样环节、基准电压、比较放大、调整管四个部分组成。其中 VT_1 为调整管；VT_2 构成比较放大环节，R_1 是 VT_2 的集电极负载电阻，兼作 VT_1 的基极偏置电阻；VZ 和 R_2 组成基准电压 U_Z；R_3、R_p 和 R_4 组成取样环节，取出输出电压 U_O 的一部分作为反馈电压，加到 VT_2 的基极，电位器 R_p 还可用来调节输出电压。

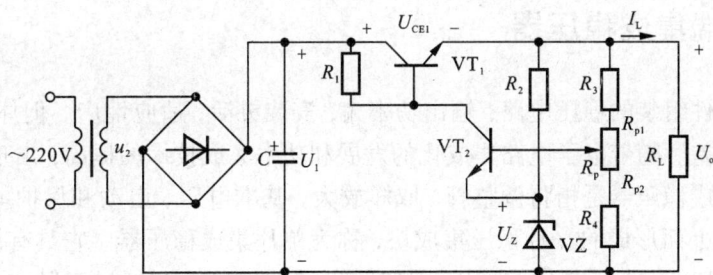

图 8 – 10　串联型稳压电路

串联型稳压电路的工作原理可以这样描述：当由于某种原因使输出电压 U_O 升高（降低）时，取样电路就将这一变化趋势送到放大器的输入端与基准电压进行比较放大，使放大器的输出电压，即调整管基极电压降低（升高），因电路采用射极输出形式，故输出电压 U_O 必然随之降低（升高），从而使 U_O 得到稳定。由于电路稳压是通过控制串接在输入电压与负载之间的调整管实现的，故称之为串联型稳压电路。其具体稳压过程为：

如果电网电压或负载变化引起输出电压 U_O 上升，则将发生如下的调节过程：

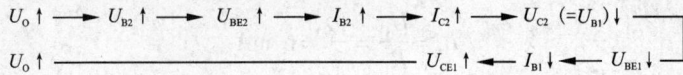

最后使 U_o 基本保持不变。若由于任何原因引起 U_o 下降时，则进行相反的调节过程。

例 8 – 6　串联型稳压电路如图 8 – 11 所示，其中 $U_Z = 2$ V，$R_1 = R_2 = 2$ kΩ，$R_P = 10$ kΩ，试求输出电压的最大值、最小值为多少？

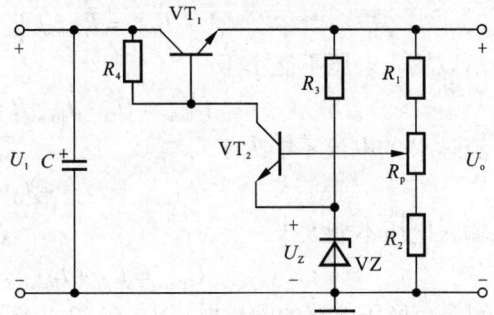

图 8 – 11　例 8 – 6 图

解：忽略 VT$_2$ 的管压降，$U_{BE2} \approx 0$，$I_{B2} \approx 0$，则

$$U_{B2} \approx U_Z$$

当 R_P 调到最上端时，有

$$\frac{U_Z}{R_P + R_2} = \frac{U_o}{R_1 + R_P + R_2}$$

此时 U_o 取最小值，即

$$U_{Omin} = \frac{R_1 + R_P + R_2}{R_P + R_2} U_Z = \frac{2 + 10 + 2}{10 + 2} \times 2 = 2.4 \ (\text{V})$$

当 R_P 调到最下端时，U_o 取最大值

$$\frac{U_Z}{R_2} = \frac{U_o}{R_1 + R_P + R_2}$$

$$U_{Omax} = \frac{R_1 + R_P + R_2}{R_2} U_Z = \frac{2 + 10 + 2}{2} = 14 \ (\text{V})$$

8.5　三端集成稳压器

利用分立元件组装的稳压电路，输出功率大，安装灵活，适应性广。但体积大，焊点多，调试麻烦可靠性差。随着电子电路集成化的发展和功率集成技术的提高，出现了各种各样的集成稳压器。集成稳压器是指将调整管、取样放大、基准电压、启动和保护电路等全部集成在一半导体芯片上而形成的一种稳压集成块，称为单片集成稳压器。它具有体积小、可靠性高、使用简单等特点，尤其是集成稳压器具有多种保护功能，包括过流保护、过压保护和过热保护等。集成稳压电路种类很多，按引出端的数目可分为三端集成稳压器和多端集成稳压器。其中，三端集成稳压器的发展应用最广，采用和三极管同样的封装，使用和安装也和三极管一样方便。三端集成稳压器只有三个外部接线端子，即输入端、输出端和公共端。三端稳压器由于使用简单，外接元件少，性能稳定，因此广泛应用于各种电子设备中。三端稳压器可分为固定式和可调式两类。

8.5.1　三端集成稳压器的主要参数

集成稳压器的参数可分为性能参数、工作参数和极限参数三类。

1. 性能参数

集成稳压器的性能参数是指在给定的工作条件下，集成稳压器本身所能达到的性能指标。其中主要有电压调整率、电流调整率和输出电阻等。这些参数的定义与前述直流稳压电源相应的技术指标相同。

2. 工作参数

工作参数是指集成稳压器能够正常工作的范围和保证正常工作所必需的条件。工作参数主要有以下几个：

(1) 最大输入 – 输出电压差 $(U_I - U_O)_{max}$

输入 – 输出电压差是指集成稳压器输入端和输出端之间的电压降。这个电压降所允许的最大值，就是稳压器的最大输入 – 输出电压差，若超过此值，会造成稳压器被击穿而损坏。

(2) 最小输入 – 输出电压差 $(U_I - U_O)_{min}$

能保持集成稳压器正常稳压的输入 – 输出电压降的最小值，就是最小输入 – 输出电压差，若小于此值，稳压器将失去稳压(电压调整)作用。

(3) 输出电压范围 $(U_{Omin} \sim U_{Omax})$

对于固定输出集成稳压器，其输出电压在器件型号中以标称值给出。但由于半导体器件固有的离散性，实际输出电压与标称值之间具有一定的偏差。因此，器件参数表中一般给出输出电压范围或输出电压的偏差(以 $\Delta U_O \%$ 表示)。

对于可调输出集成稳压器，其输出电压范围是指在规定的输入 – 输出压差内，能获得稳定输出电压的范围。

(4) 静态工作电流 I_Q

静态工作电流是指在加上输入电压以后，集成稳压器内部电路的工作电流。当输入电压变化或输出电流变化时，静态工作电流也相应地有变化。这个变化值越小越好。

3. 极限参数

极限参数是表示集成稳压器被破坏的工作参数，反映集成稳压器的安全工作条件。

(1) 最大输入电压 U_{Imax}

最大输入电压是保证集成稳压器能安全工作的最大输入电压值。它取决于稳压器内部器件的耐压和功耗，使用中不应超过此值。需要说明的是单独考虑最大输入电压是没有意义的，只有和最大输入 – 输出电压差结合考虑，才能确定具体电路中具体稳压器输入端的最大输入电压。

(2) 最大输出电流 I_{Omax}

集成稳压器能正常工作的最大输出电流定义为最大输出电流，具有内部过流保护的集成稳压器，当输出电流达到规定的电流极限时，内部过流保护电路将起保护作用。

(3) 最大功耗 P_M

集成稳压器的最大功耗 P_M 表示它所能承受的最大耗散功率。由于集成稳压器静态工作电流较小，所以在输出电流较大时，稳压器的功耗可表示为

$$P \approx (U_I - U_O)I_O \tag{8-28}$$

需要说明的是，集成稳压器的最大功耗与稳压器的外壳、外加散热器尺寸及环境温度有关。可以用集成稳压器的最大功耗 P_M 来表示它的热特性，只要它的芯片发热程度不超过最高结温或者处于芯片热保护能力之内，便认为集成稳压器的功耗是处于允许范围之内。

8.5.2　三端固定电压输出集成稳压器及应用电路

1. 型号和主要技术指标

固定式三端集成稳压器的三端是指电压输入、电压输出、公共接地三端。此类稳压器输出电压有正、负之分。三端固定式集成稳压器的通用产品主要有 CW7800 系列（输出固定正电源）和 CW7900 系列（输出固定负电源）。输出电压由具体型号的后两位数字代表，有 5 V，6 V，9 V，12 V，15 V，18 V，24 V 等。其额定输出电流以 7 8(79) 后面的字母来区分。L 表示 0.1 A，M 表示 0.5 A，无字母表示 1.5 A。如 CW7812 表示稳压输出 +12 V 电压，额定输出电流为 1.5 A。其外形和引脚排列如图 8-12 所示。

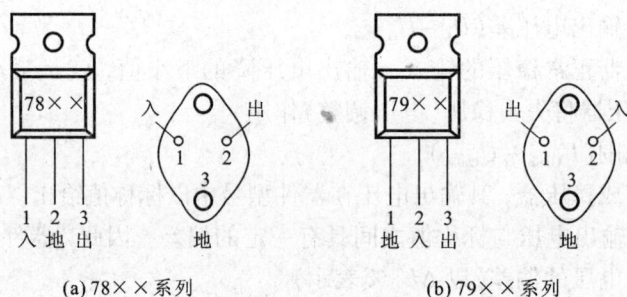

(a) 78×× 系列　　　(b) 79×× 系列

图 8-12　三端固定式稳压器外形和引脚排列

三端集成稳压器内部电路设计完善，辅助电路齐全，具有过流、过压、过热保护。由它构成的稳压电路有多种，可以实现提高输出电压、扩展输出电流以及输出电压可调的功能。

2. 应用电路

(1)基本应用电路

三端集成稳压器的基本应用电路如图 8-13 所示。图(a)是用 CW7812 组成的输出 12 伏固定电压的稳压电路。图中 C_i 用以减小纹波以及抵消输入端接线较长时的电感效应，防止自激振荡，并抑制高频干扰。一般取 0.1~1 μF。C_o 用以改善负载的瞬态响应减小脉动电压并抑制高频干扰，可取 1 μF。电子电路中使用时要防止公共端开路，同时 C_i 和 C_o 应紧靠集成稳压器安装。电子电路中，常常需要同时输出正、负电压的双向直流稳压电源，由集成稳压器组成的此类电源形式较多。图(b)是其中的一种，它由 CW7815 和 CW7915 系列集成稳压器以及共用的整流滤波电路组成，该电路具有共同的公共端，可以同时输出正、负两种电压。

(2)提高输出电压的电路

当所需稳压电源输出电压高于集成稳压器的标准输出电压时，可以采用升压电路来提高输出电压。图 8-14(a)是外接稳压管来提高输出电压的电路，由图可以看出

$$U_0 = U_{××} + U_Z \tag{8-29}$$

式中 $U_{××}$ 是集成稳压器的输出电压，U_Z 是稳压管的稳定电压。电阻 R 是稳压二极管的限流电阻，二极管 VD 具有保护稳压器的作用，正常工作时 VD 处于反向截止状态。当输出端短路时，为防止稳压二极管通过集成稳压器的调整端和输出端接地，形成通路，损坏集成稳压器，可以在输出端接入二极管，电流可通过二极管流到输出回路，避免了电流由稳压器的接

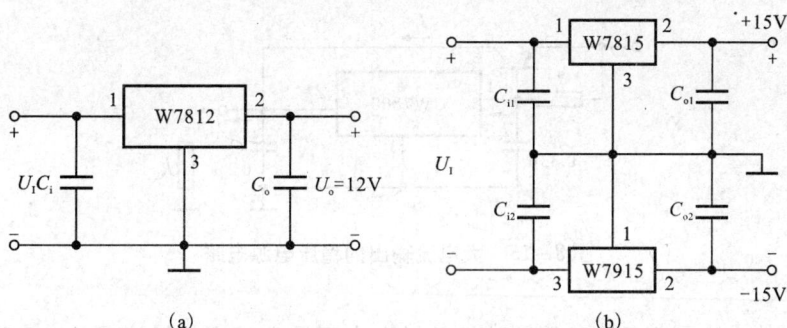

图 8 – 13　三端集成稳压器基本应用电路

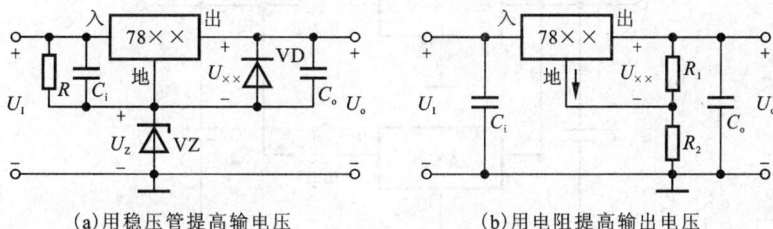

(a)用稳压管提高输电压　　　　　　(b)用电阻提高输出电压

图 8 – 14　提高输出电压的电路

地端倒流进稳压器而造成稳压器损坏。

图 8 – 14(b)是利用外接电阻提高输出电压的电路，R_1 上的电压就是集成稳压器的标准输出电压。当忽略稳压器的静态工作电流 I_Q 时

$$U_0 \approx \left(1 + \frac{R_2}{R_1} \right) U_{\times\times} \tag{8 – 30}$$

从上式可看出，$\frac{R_2}{R_1} U_{\times\times}$ 是所提高的电压部分，由 R_1 和 R_2 的比值来决定。当集成稳压器的输入电压变化时，其静态工作电流 I_Q 也随之变化，将影响集成稳压电源的稳压精度。所以，要求提高的电压值越大，R_2 取值越大，稳压电源的稳压精度就越低。

(3)扩大输出电流的电路

CW7800 系列的最大输出电流为 1.5 A，若要求稳压电源的输出电流大于 1.5 A 时，则必须采取扩展输出电流的办法。这可用外接功率管来解决。但要注意所接的三极管只能用 PNP 型晶体管，若必须采用 NPN 晶体管，则可用 PNP 型晶体管与它接成复合管的形式。图 8 – 15 是大电流输出的稳压电源电路。

稳压电源的输出电流为

$$I_0 = I_C + I_{CW} \tag{8 – 31}$$

需要指出的是，由于采用外接扩流管，因此会对集成稳压器的稳压精度有影响。

由于三端集成稳压器价廉易购，因此用并联法扩大输出电流也是一种简单而有效的方法。如图 8 – 16 所示，其最大输出电流可达到单个集成稳压器最大输出电流的 n 倍，n 为并

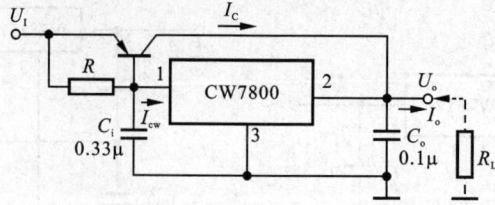

图 8 − 15　大电流输出的稳压电源电路

联稳压器的个数。为了避免因稳压器特性差异太大而导致某个稳压器过热,必要时可进行参数的测试筛选。对于固定负载,也可加一很小的均流电阻,如图中虚线所示。

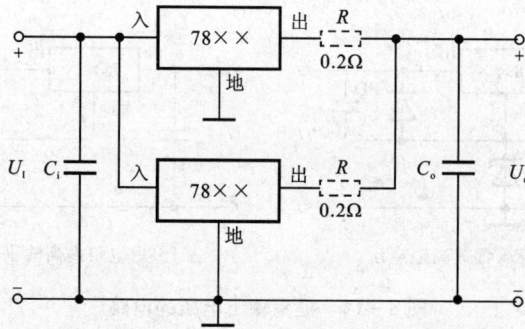

图 8 − 16　集成稳压器的并联运用

　　(4)用低输出电压稳压器获得高电压输出的电路

　　由于目前市场上出售的三端固定稳压器的输出电压只有为数不多的几种低电压规格,因此在需要较高直流电压的场合,可采用图 8 − 17 所示的电路,用不同输出电压的集成稳压器适当连接,以得到较高的直流输出电压,并可同时实现多路输出(不同电压值)。图 8 − 17 电路中第一级稳压器不受最高输入电压的限制,各级稳压器也不受最小输入 − 输出压差的限制,因此使用灵活方便。当然,稳压器额定输出电流的选配,应保证前级大于后级,必要时前级稳压器也可并联使用。

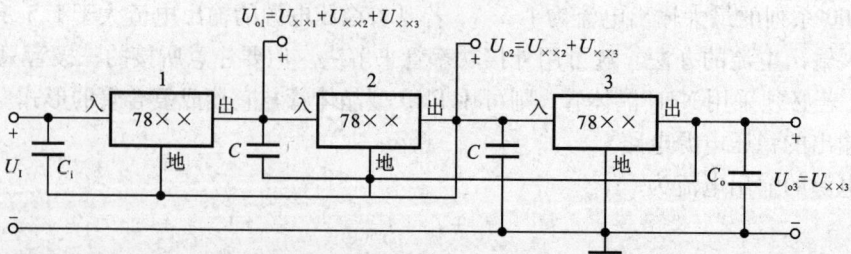

图 8 − 17　用低输出电压稳压器获得高电压输出的电路

8.5.3 三端可调电压输出集成稳压器及应用电路

三端固定式稳压器虽然通过外接电路的变化可以构成多种形式的稳压电源和其他电路，但性能指标有所下降。另外，固定输出电压的稳压电源使用起来也不甚方便，能够解决上述问题的便是三端可调式输出电压集成稳压器。它是在三端固定式稳压器基础上发展起来的一种性能更为优异的集成稳压器件，它除了具备三端固定式稳压器的优点外，既有正压稳压器，又有负压稳压器，同时就输出电流而言，有 100 mA ~ 0.5 A ~ 1.5 A 等各类稳压器，还可用少量的外接元件，实现大范围的输出电压连续调节（调节范围为 1.2 ~ 37V），应用更为方便。三端可调稳压器的外形及引脚排列如图 8 – 18 所示。

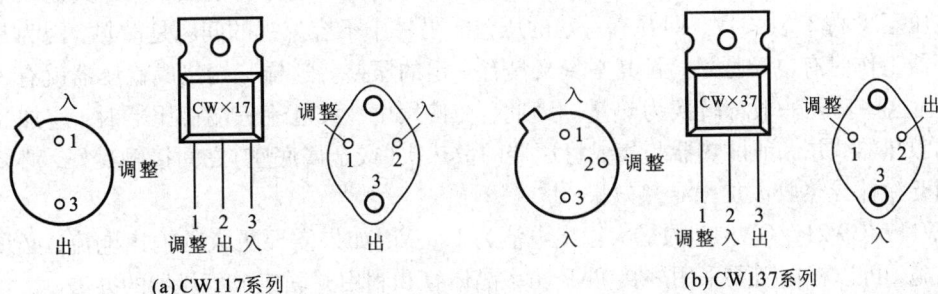

图 8 – 18　三端可调稳压器的外形及引脚排列

其典型产品有输出正电压的 CW117、CW217、CW317 系列和输出负电压的 CW137、CW237、CW337 系列。同一系列的内部电路和工作原理基本相同，只是工作温度不同。如 CW117、CW217、CW317 的工作温度分别为 – 55 ~ 150℃、– 25 ~ 150℃、0 ~ 125℃。根据输出电流的大小，每个系列又分为 L 型系列（$I_o \leqslant 0.1$ A）、M 型系列（$I_o \leqslant 0.5$A）。如果不标 M 或 L，则表示该器件的 $I_o \leqslant 1.5$ A。

三端可调集成稳压器输出端与调整端之间的电压为基准电压 U_{REF}，其典型值为 $U_{REF} = 1.25$ V。流过调整端的电流典型值为 $I_{REF} = 50\mu$A。正常工作时，只要在输出端上外接两个电阻，就可获得所要求的输出电压值。三端可调稳压器的基本应用电路如图 8 – 19 所示。由图可知

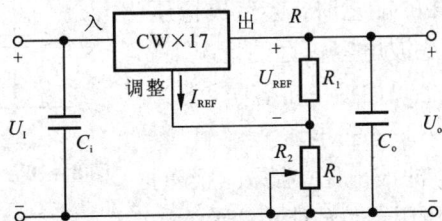

图 8 – 19　三端可调稳压器的基本应用电路

$$U_O = U_{R1} + U_{R2} = U_{REF} + \left(\frac{U_{REF}}{R_1} + I_{REF}\right)R_2 = U_{REF}\left(1 + \frac{R_2}{R_1}\right) + I_{REF}R_2 \approx 1.25 \times \left(1 + \frac{R_2}{R_1}\right) \quad (8 – 32)$$

式(8 – 32)是计算三端可调集成稳压器输出电压的通用表达式。

在空载情况下，为给稳压器的内部工作电源提供通路，并保持输出电压的精度和稳定，要选择精度高的电阻，并且电阻要紧靠稳压器，防止输出电流在连线电阻上产生误差电压。电阻 R_1 一般选取 $100 \sim 120~\Omega$，这样一来，只要调节电位器 R_P 就可改变 R_2 的大小，从而调节输出电压 U_O 大小。因为基准电压在输出端和调整端之间，这就决定了输出电压 U_O 大小只能从 $1.25~V$ 以上开始调节，如果要求从零伏开始连续可调的稳压电源，可将 R_2 不接地，而接到一个 $-1.25~V$ 的电位上，而且输出电压的调节范围受集成稳压器最大输入 – 输出电压差的限制，对 CW117/CW217/CW317 来说，这个数值为 $37 \sim 40~V$。调整器上的电容器 Ci 可以消除长线引起的自激振荡，C_O 是用来抑制容性负载($500 \sim 5000~pF$)时的阻尼振荡。

需要说明的是，在使用集成稳压器时，要正确选择输入电压的范围，保证其输入电压比输出电压至少高 $2.5 \sim 3~V$，即要有一定的压差。另一个不容忽视的问题是散热，因为三端集成稳压器工作时有电流通过，且其本身又具有一定的压差。这样三端集成稳压器就有一定的功耗，而这些功耗一般都转换为热量。因此，在使用中、大电流三端稳压器时，应加装足够尺寸的散热器，并保证散热器与集成稳压器的散热头(或金属底座)之间接触良好，必要时两者之间要涂抹导热胶以加强导热效果。

CW117/CW217/CW317 的最大输出电流为 $1.5~V$，如果需要更大的输出电流，必须采取扩流措施，可以根据需要采用外接 PNP 功率晶体管和利用并联集成稳压器的办法。

8.5.4　集成稳压器使用注意事项

虽然集成稳压器自身均具有多种保护功能，在正常工作过程中的可靠性较高，但在安装、维修和调试过程中，若不注意仍会导致损坏。因此，在使用中应充分注意以下几点：

(1)切忌接错引线。对三端集成稳压器，如果将输入和输出反接，则当电压超过某一值(一般为 $7~V$)时，可造成器件损坏。

(2)输入电压不能过低。稳压器的输入电压 U_I 不能低于输出电压 U_O 和最小压差($U_I - U_O$)$_{min}$ 之和，即 $U_I \geqslant U_O + (U_I - U_O)_{min}$。否则稳压器的稳压性能将降低，甚至不能正常工作。

(3)输入电压不可过高。输入电压不能超过 U_{Imax}，以免损坏器件。

(4)防止瞬态过电压。如果瞬态电压超过输入电压的最大值或低于地电位(对正电压输出稳压器而言)$0.8~V$ 以下，并具有足够的能量时，会造成稳压器的损坏，尤其当输入端离滤波电容较远的情况下。为此，可在输入端和公共端之间加接一定容量(常为 $0.33~\mu F$)的电容，以抑制输入瞬态过电压。

(5)对于大电流稳压器，滤波电路中滤波电容的容量要足够大，否则将导致稳压器负载能力变差。

图 8 – 20　集成稳压器的输入短路保护

(6)防止输入端短路。如果稳压器输出端所接电容 C_o 容量较大，在有一定输出电压时，若输入端短路，则 C_o 所存储的电荷将通过稳压器内部调整管的发射结泄放，有可能击穿调整管。所以必要时可在输入与输出端之间跨接一个保护二极管，如图 8 – 20 所示。

(7)大电流稳压器要注意缩短连接线和加装足够的散热器。

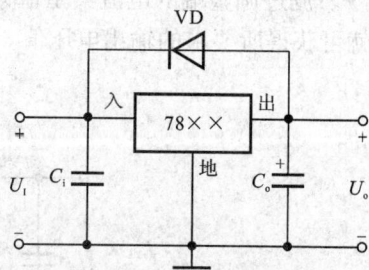

8.6　开关稳压电源简介

所谓开关稳压电源，实质是一个受控制的电子开关。电子开关在直流稳压电源中做调整元件，通过改变调整器件的导通时间和截止时间的相对长短，来改变输出电压的大小，达到稳定输出电压的目的。

在讨论串联线性稳压电源(包括线性集成稳压器)时我们已经知道，它是通过改变调整管上的压降来实现稳压的，调整管工作于放大区，对于大范围可调线性稳压电源来说，如果输入电压与输出电压差别较大时，调整管的功耗甚至会比真正使用的功耗还大，效率只能达到 30% ~ 50% 左右。而开关式稳压电源是利用控制电子开关的时间比例来达到稳压的目的。虽然开关稳压电源也采用三极管作调整管，但它工作于开关状态，导通时管子深度饱和，管压降很小，关断时电流趋近于零，两种状态功耗都很小，开关稳压电源本身的效率一般能达到 80% ~ 90%，甚至更高。

随着半导体技术的高度发展，集成开关稳压电源也应运而生，目前已形成了各种功能完善的集成开关稳压电源系列，使得开关稳压电源的制作和调试日益简化，更促进了开关电源的普及和应用。

8.6.1　开关稳压电源基本原理

开关稳压电路的基本结构框图如图 8 – 21 所示。

交流电压 u_i 经过整流滤波电路转换为直流电压后，通过开关元件的开、断变为方波，然后将方波通过储能电路再转换为平滑的直流电压。控制电路主要是控制开关元件的开关频率或导通(开)、关断(关)的时间比例，从而实现稳压控制。开关稳压电路的原理及波形如图 8 – 22 所示，图中 U_I 为输入直流电压，U'_o 为输出方波电压，VT 为理想开关管。方波电压的平均值为：

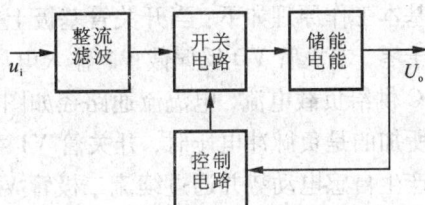

图 8 – 21　开关稳压电路基本结构框图

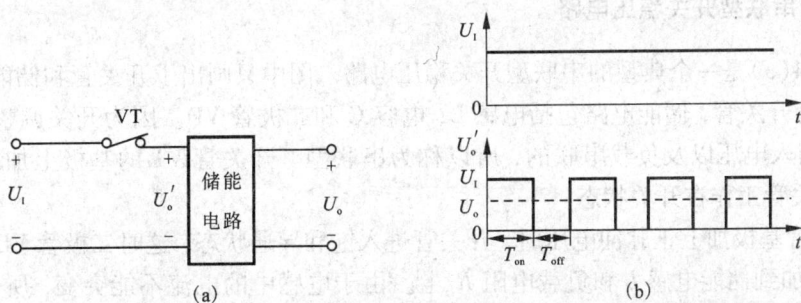

图 8 – 22　开关稳压电路工作原理图

$$U_0 = \frac{1}{T}\int_0^{T_{on}} U_1 \mathrm{d}t = \frac{U_1 T_{on}}{T} = \frac{U_1(T - T_{off})}{T} = U_1\delta \qquad (8-33)$$

式中：T_{on} 为开关管导通时间；T_{off} 为开关管截止时间；$\delta = \dfrac{T_{on}}{T}$ 为方波的脉冲占空比。

只要适当改变脉冲占空比，就可保持方波电压的平均值 U_0 的稳定，加大 T_{on}（或保持 T_{on} 不变减小 T）可以提高 U_0；反之，减小 T_{on} 可以降低 U_0。因此，只要在电路中通过某种方法用输出电压的变化量去控制开关管的导通时间，就能得到稳定的输出电压，从而实现稳压控制。δ 的控制有以下几种方式。

（1）在开关周期 T 不变的情况下，改变导通时间 T_{on}，对脉冲的宽度进行调制，称为脉冲宽度调制（PWM）。

（2）在 T_{on}（或 T_{off}）不变的情况下，改变开关周期 T，对脉冲的频率进行调制，称为脉冲频率调制（PFM）。

（3）既改变 T_{on}（或 T_{off}），也改变开关周期 T，称为脉冲宽度、频率混合调制。

8.6.2　并联型开关稳压电路

图 8-23(a) 画出了并联型开关稳压电路的开关管和储能电路。因为开关管 VT 和输入电压 U_1 以及输出电压 U_0 并联，所以称之为并联型。开关稳压电路的调整管是工作在开关状态的，也就是说调整管中的电流是时断时续的。那么，怎样才能把断续的电压变成连续的直流电压输出呢？这时必须依靠储能电路。

基本工作原理如下：当开关管基极上加有正脉冲电压时，开关管饱和导通，集电极电位接近于零，二极管 VD 反偏截止，输入电压 U_1 通过电流 i_L 向电感 L 储能，同时由已充了电的电容 C 供给负载电流，电流流通路径如图 8-23(b) 所示。当开关管基极上没有正向脉冲电压或所加的是负脉冲电压时，开关管 VT 截止。由于电感中电流不能突变，因此这时电感 L 两端产生自感电动势并通过续流二极管 VD 向电容 C 充电，补充刚才放电时消耗的电能，并同时向负载 R_L 供电，电流流通路径如图 8-23(c)。当电感 L 中释放的能量逐渐减小时，就由电容 C 向负载 R_L 放电，并很快又转入开关管饱和导通状态，再一次由输入电压 U_1 向电感 L 输送能量。用这种并联型电路可以组成不用电源变压器的开关稳压电路。

8.6.3　串联型开关稳压电路

图 8-24(a) 是一个典型的串联型开关稳压电路。图中只画出了开关管和储能电路部分。三极管 VT 为开关管，储能电路包括电感 L、电容 C 和二极管 VD。因为开关调整管（简称开关管）是和输入电压以及负载串联的，所以称为串联型。开关管 VT 的基极上加的是脉冲电压，因此开关管工作在开关状态。

当开关管基极加上正脉冲电压时，开关管进入饱和导通状态，这时二极管 VD 反偏截止，输入电压 U_1 加到储能电感 L 和负载电阻 R_L 上。由于电感中的电流不能突变，所以流过电感的电流随着开关管的导通而逐渐增大。这时输入电压 U_1 向电感 L 输送并储存能量。开关管导通时间越长，即正脉冲越宽，电流增加得越大，储存的磁能就越多。因为电感 L 和负载 R_L 是串联的，所以通过电感的电流同时给电容 C 充电和给负载 R_L 供电，充电电流如图 8-24(b) 所示。

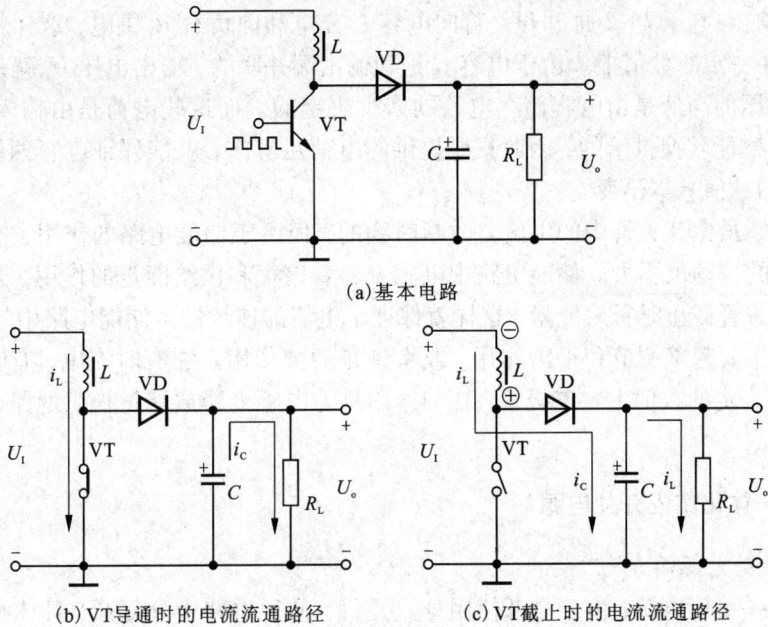

(a)基本电路

(b)VT导通时的电流流通路径 (c)VT截止时的电流流通路径

图 8-23 并联型开关稳压电路工作原理图

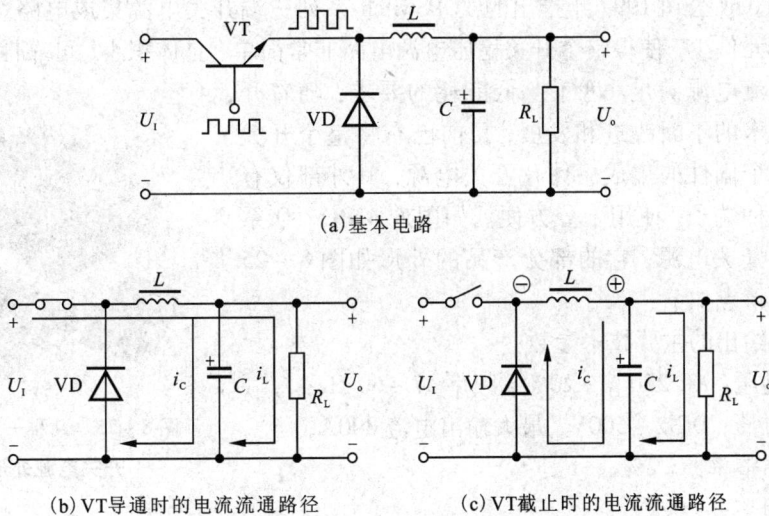

(a)基本电路

(b)VT导通时的电流流通路径 (c)VT截止时的电流流通路径

图 8-24 串联型开关稳压电源工作原理图

当开关管基极上没有正向脉冲电压或所加的是负脉冲电压时,基极处于零电位或负电位,开关管截止。这时电感 L 中的电流停止增长,因为电感中的电流不能突变,所以电感 L 两端产生一个自感反电势,它的极性是左负右正。它使二极管 VD 处于正偏而导通,于是电感 L 中储存的磁能通过 VD 向电容 C 充电,并同时向负载 R_L 供电,其电流方向如图 8-24 (c)。在开关管截止的后期,电感 L 中电流下降到较小时,电容 C 开始放电以维持负载所需要的电流。当电容 C 上的电能释放到一定程度将要使负载两端的电压降低时，电路又转入开关管导通期，输入电压 U_1 又通过开关管向电容 C 充电和向负载 R_L 供电，这样就保证了输出电压 U_0 维持在一定的数值上。由于电容 C 是和输出端并联的，输出电压 U_0 就是电容两端的电压。这个电压的高低是由电容储存电荷的多少决定的。而这些电荷是由输入电压 U_1 和电感 L 中储存的磁能转换供给的，因此只要提供的电荷足够多，就能保证电容两端的电压，即输出电压 U_0 的数值基本不变。

由此可见，虽然开关管中的电流是时断时续的，但由于储能电路的作用，输出电压却是连续的，数值的波动也不大。储能电路中电感 L 起着储存和供给能量的作用，开关管导通时储存能量，开关管截止时释放能量，这样就保证了电流的连续性。储能电路中的电容 C 除了储能作用外，主要起着调节和平滑作用，或者说是滤波作用。它有时充电，有时放电，使输出电压维持在一定的数值上。二极管 VD 的作用是为电感 L 释放能量提供通路，所以称它为续流二极管。

8.6.4　一体化集成开关电源

1. 集成开关电源简介

早期的开关稳压电源，由于全部使用分立元件，使得电路十分复杂，且体积庞大。随着集成电路技术的发展，出现了将开关稳压电路中控制电路部分集成化的集成开关稳压器，使得开关稳压电源的电路大为简化，极大地促进了开关稳压电源的应用和发展。后来又出现了将开关功率管和控制电路集成在一起的具有完善的自动保护功能的集成电路。如美国 POWER INTEGRATION 公司 1997 年推出的 TOPSwitch 系列三端开关电源集成电路。由于此类集成电路其外接元件少，使得整个开关稳压电源电路非常简单，且体积小、可靠性高。

为了使直流电源满足小型化、低能耗的要求，随着开关电源自身技术的不断改进和发展，目前已有将整个开关电源封装为单个固件的集成一体化开关电源，其外部仅有输入和输出两种端子，使用十分方便。如国产 4NIC – Q 系列集成一体化开关电源，它的部分产品的外形如图 8 – 25 所示。其性能特点如下：

（1）厂商给出的主要技术参数

a. 输入电压：AC 220 V ±20% ，频率 47 ~ 60 Hz；

b. 输出电压：DC 2 ~ 500V，最大输出电流 300A；

c. 电压调整率：0.2% ；

　电流调整率：0.5%；

　纹波系数：≤1% ；

图 8 – 25　几种一体化集成
开关电源外形图

d. 输出方式：单路、多路、正负、可调或四者合一；

e. 保护功能：过流、短路、过热、过压；

（2）特点

体积小、重量轻、可靠性高，保护功能完善；金属外壳为散热器，是一种高度集成的 AC – DC 电源模块。

一体化开关电源模块由于使用方便，其应用将会日益广泛。

2. 开关稳压电源的主要特点

（1）功耗小、效率高　由于开关稳压电路中的开关管工作在开关状态，导通时管压降很小、截止时电流几乎为零，因此工作时管耗很小，使得开关电源的效率很高。可达 80% ~ 90%。而线性稳压电源的效率一般低于 50%。

（2）稳压范围宽　由于开关稳压电源的输出电压是由脉冲波形的占空比调节的，受输入电压幅度变化的影响较小，所以其稳压范围很宽。一般开关稳压电源的输入可在 50% ~ 120% 范围内变化。对于 220 伏的电网电压，在 110 ~ 260 伏范围内，开关稳压电源的直流输出仍能获得满意的稳压效果。而线性稳压电源一般只允许电网电压在 10% 范围内波动。

（3）体积小、重量轻　因为开关稳压电源所使用的都是高频变压器，其体积和重量都很小，而且大多数开关稳压电源省去 50 Hz 的工频电源变压器，直接与电网连接。所以其重量和体积与同等输出功率的线性稳压电源相比减小很多。

（4）输出纹波电压大　由于开关稳压电源中的开关管工作在高频开关状态，所以其输出纹波电压较大，且易造成对其他设备的高频干扰。但采取必要的屏蔽及其他抑制干扰的措施，可以使这种高频干扰减小到最低程度。

*8.7　晶闸管及应用电路简介

8.7.1　晶闸管简介

晶闸管是一种既具有开关作用，又具有整流作用的大功率半导体器件。俗称可控硅整流器，简称可控硅。主要应用于可控整流、变频、逆变及无触点开关等多种电路。它能以小功率信号去控制大功率系统，从而构成了弱电和强电领域的桥梁。晶闸管诞生以来，技术发展迅速，新兴的派生器件越来越多，功率越来越大，性能越来越好，已形成了一个晶闸管大家族。包括普通晶闸管、快速晶闸管、逆导晶闸管、双向晶闸管、可关断晶闸管和光控晶闸管。

1. 晶闸管的结构

晶闸管是一种大功率的半导体器件，可以把它看做是一个带有控制极的特殊整流管。应用它可以实现整流、变频等功能。目前常用的大功率晶闸管，外型有螺栓式和平板式两种。如图 8 - 26(a)所示。每种晶闸管都有三个电极，阳极 A 阴极 K 外加控制极 G。如图 8 - 26 (b)所示。

螺栓式晶闸管的螺栓是阳极，粗辫子线是阴极，细辫子线是控制极。因螺栓式晶闸管的阳极是紧栓在散热器上的，所以安装和更换容易，但因为仅靠阳极散热器散热，散热效果较差，一般仅适用于额定电流小于 200A 的晶闸管。

平板式晶闸管又分为凹台形和凸台形。对于凹台形的晶闸管，夹在两台面中间的金属引出端为控制极，距离控制极近的台面为阴极，距离控制极远的台面为阳极。两个电极都带有散热器，所以散热效果好，但更换麻烦。一般用于额定电流为 200A 以上的晶闸管。

晶闸管的内部结构及符号如图 8 - 27 所示。它是具有三个 PN 结的四层半导体结构，分别标为 P_1、N_1、P_2、N_2 四个区，具有 J_1、J_2、J_3 三个 PN 结。

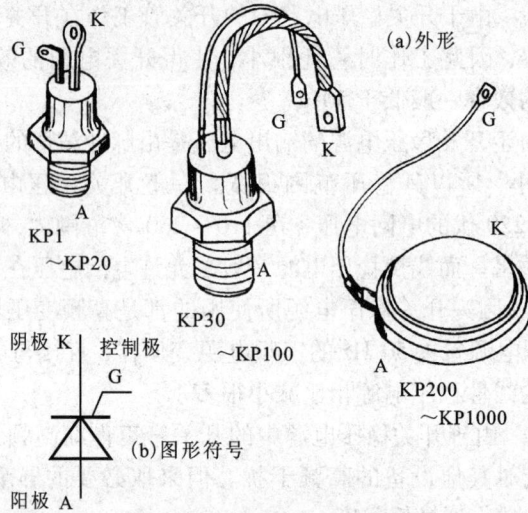

图 8－26　晶闸管外型和符号

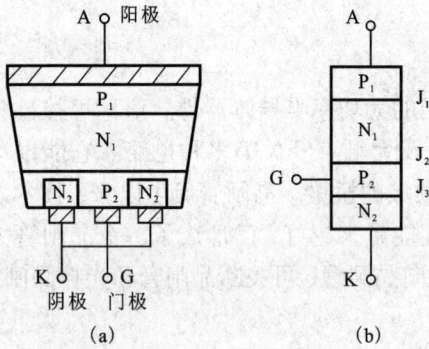

图 8－27　晶闸管的内部结构

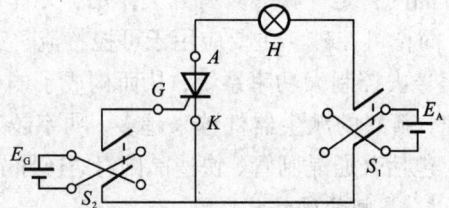

图 8－28　晶闸管导电特性实验

2. 晶闸管的工作原理

为了弄清晶闸管是怎样进行工作的，可用如下的实验来说明。在图 8－28 中，由电源 E_A、双掷开关 S_1、灯泡和晶闸管的阳极和阴极形成了主回路；而电源 E_G、双掷开关 S_2 经由晶闸管的控制极和阴极形成了晶闸管的触发电路。

当晶闸管的阳极、阴极加反向电压时（S_1 合向左边），即阳极为负、阴极为正时，不管控制极如何（断开、负电压、正电压），灯泡都不会亮，即晶闸管均不导通。

当晶闸管的阳极、阴极加正向电压时（S_1 合向右边），即晶闸管阳极为正、阴极为负时，若晶闸管控制极不加电压（S_2 断开）或加反向电压（S_2 合向右边），灯泡也不会亮，晶闸管还是不导通。但若此时控制极也加正向电压（S_2 合向左边），则灯泡就会亮了，表明晶闸管已导通。一旦晶闸管导通后，再去掉控制极电压，灯泡仍然会亮，这说明控制极已失去作用了。只有将 S_1 合向左边或断开，灯才会灭，即晶闸管才会关断。

实验表明，晶闸管具有单向导电性，这一点与二极管相同；同时它还具有可控性，除了要有正向的阳极电压，还必须有正向的控制极电压，才会令晶闸管迅速导通。

结论：晶闸管的导通条件是：①要有适当的正向阳极电压；②还要有适当的正向的控制极电压，且一旦晶闸管导通，控制极将失去作用。

要使导通的晶闸管关断，只能利用外加电压和外电路的作用使流过晶闸管的电流降到接近于零的某一数值（称为维持电流）以下，因此可以采取去掉晶闸管的阳极电压，或者给晶闸管阳极加反向电压，或者降低正向阳极电流等方式来使晶闸管关断。

晶闸管的导通为何具有以上特性呢？我们可以通过晶闸管的内部等效电路来解释。如图 8 – 29 所示。将晶闸管等效为一对互补的三极管。工作原理如下：

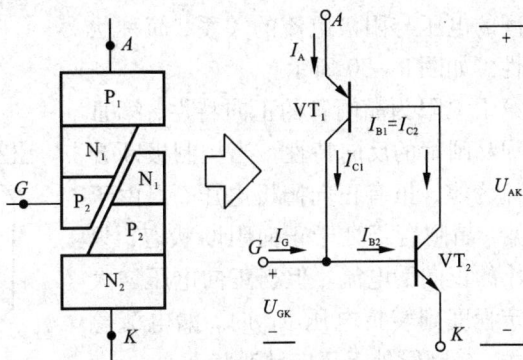

图 8 – 29　晶闸管的内部等效电路

当在晶闸管的阳极和阴极间加反向电压时，由于 PN 结 J_1、J_2、J_3 均承受反向电压，无论有无控制电压，晶闸管都不会导通。

当在阳极与阴极间加上正向电压 U_{AK}、控制极与阴极间加上正向电压 U_{GK} 后，就产生了控制电流 I_G（即 I_{B2}）。经放大后得 $I_{C2} = \beta_2 I_{B2}$，I_{C2} 同时又是 VT_1 的基极电流 I_{B1}，故 $I_{C1} = \beta_1 I_{B1} = \beta_2 I_{C2} = \beta_1 \beta_2 I_{B2}$，此电流又作为 VT_2 的基极电流再进行放大。若 $\beta_1 \beta_2 > 1$，上述过程就是一个强烈的正反馈过程，两只三极管迅速进入饱和导通状态。管子内部的正反馈作用足以维持这种导通状态，即使没有控制极电流 I_G，其导通状态也不会改变。要想使晶闸管由导通变为阻断状态，必须减小阳极电流 I_A。当 I_A 下降时，三极管 VT_1、VT_2 的集电极电流相应减小，$\beta_1 \beta_2$ 变低。当 $\beta_1 \beta_2 < 1$ 时，晶闸管内部正反馈过程不能维持，管子随即由导通状态变为阻断状态。

由此，晶闸管具有以下几种状态：

（1）正向阻断。晶闸管加正向电压，且其值不超过晶闸管的额定电压，控制极未加电压的情况下，即 $I_G = 0$ 时，正向漏电流很小。

（2）触发导通。加正向阳极电压的同时加正向控制极电压，当控制极电流 I_G 增大到一定程度，发射极电流也增大，晶闸管处于导通状态，阳极电流的值由外接负载限制。

（3）硬开通。若给晶闸管加正向阳极电压，但不加控制极电压，此时若增大正向阳极电压，则正向漏电流也会随着阳极电压的增大而增大，当增大到一定程度时，晶闸管也会导通，这种使晶闸管导通的方式称为硬开通。多次硬开通会造成管子永久性损坏。

（4）晶闸管关断。当流过晶闸管的阳极电流降低至小于维持电流时，晶闸管恢复阻断状态。

（5）反向阻断。当晶闸管阳极加反向电压时，由于 VT_1、VT_2 处于反压状态，不能工作，所以无论有无控制极电压，晶闸管都不会导通。

另外，还有几种情况可以使晶闸管导通。如：温度较高，晶闸管承受的阳极电压上升率 du/dt 过高；光的作用，即光直接照射在硅片上等，都会使晶闸管导通。但在所有使晶闸管导通的情况中，除光触发可用于光控晶闸管外，只有控制极触发是精确、迅速、可靠的控制手段，其他均属非正常导通情况。

3. 晶闸管的特性

(1) 晶闸管的阳极伏安特性

晶闸管的阳极伏安特性是指阳极和阴极之间的电压与阳极电流的关系，简称伏安特性。如图 8-30 所示。

第 I 象限为晶闸管的正向特性，第 III 象限为晶闸管的反向特性。当控制极断开时电流为零，虽有正向阳极电压，但由于 J_2 反偏，晶闸管仍处于正向阻断状态，只有很小的正向漏电流。但当正向电压增大到一定程度到转折电压 U_{BO} 时，漏电流急剧增大，晶闸管处于正向导通状态。

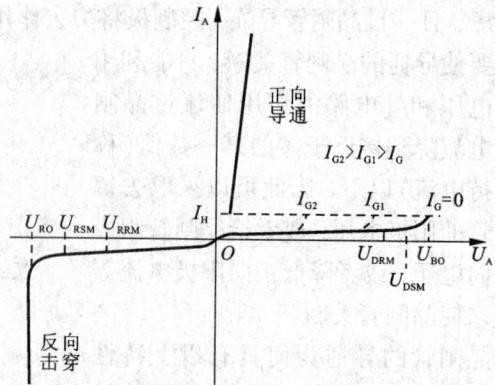

图 8-30 晶闸管的阳极伏安特性曲线

正常工作时，不允许把正向阳极电压加到正向转折电压 U_{BO}，而是给控制极加上正向电压，I_G 越大，则元件的正向转折电压就会越低。

导通后的晶闸管其通态压降很小，在 1 V 左右。若导通期间，阳极电流降至维持电流 I_H 以下时，晶闸管就又回到正向阻断状态。

晶闸管加反向阳极电压(第 III 象限特性)时，此时晶闸管的 J_1、J_3 均为反向偏置，处于反向阻断状态。阻断状态时的晶闸管特性和二极管的反向特性相似，只有很小的反向漏电流。但当反向电压增大到一定程度，漏电流的急剧增大会导致元件的发热损坏。

(2) 晶闸管的控制极伏安特性

晶闸管的控制极和阴极间有一个 PN 结 J_3，它的伏安特性称为控制极的伏安特性。它的正向特性不像普通二极管一样正向电阻很小而反向电阻很大，它的正、反向电阻是很接近的。在这个特性中表示了晶闸管确定产生导通控制极电压、电流的范围。

晶闸管出厂时给出的保证该型号器件触发的最小触发电压和电流，一般通用于同型号的晶闸管。在设计电路时，应使其产生的触发脉冲的电压和电流大于标准规定的控制极电压和电流，以保证任何一个合格的器件都能正常工作。而在器件不触发时，触发电路输出的漏电压和电流应较低，有时为了避免误动作，还要在晶闸管的控制极上加一负偏压。

因此，元件的触发电压和电流要适中，太大会造成损耗增大和易损害晶闸管；太小又造成触发困难。另外，在设计触发电路时还要考虑到温度的影响，温度升高，触发电压和电流会降低，反之增大。

4. 晶闸管的参数

正确使用晶闸管，不仅要了解晶闸管的特性和工作原理，还要理解晶闸管的主要参数所代表的重要意义。

(1) 断态重复峰值电压 U_{DRM}

当控制极断开，元件处于额定结温时，允许重复加在器件上的正向峰值电压为断态重复峰值电压，用 U_{DRM} 表示。普通晶闸管的断态重复峰值电压 U_{DRM} 一般为 100～3000 V。

（2）反向重复峰值电压 U_{RRM}

类似的，当控制极断开，元件处于额定结温时，允许重复加在器件上的反向峰值电压为晶闸管的反向重复峰值电压，用 U_{RRM} 表示。普通晶闸管的反向重复峰值电压 U_{RRM} 一般为 100 ~ 3000 V。

（3）额定电压 U_{Tn}

因为晶闸管的额定电压为瞬时值，一般取正向峰值电压 U_{DRM} 和反向重复峰值电压 U_{RRM} 的较小值，再取相应的标准电压等级中偏小的电压值。为防止温度升高和异常电压的出现，在实际选用时额定电压要留有一定的裕量，一般为实际工作时晶闸管承受的峰值电压的 2 ~ 3 倍。

（4）通态平均电流 $I_{T(AV)}$

在环境温度为 +40℃ 和规定的冷却条件下，晶闸管在电阻性负载的单相工频正弦半波、导通角不小于 170° 的电路中，结温不超过额定结温且稳定时，晶闸管所允许通过的最大电流的平均值。其值一般为 1 ~ 1000A。

（5）维持电流 I_{H}

指在室温下控制极断开时，晶闸管从较大的通态电流降至刚好能保持导通所必需的最小的阳极电流。一般为几十到几百毫安。维持电流与结温有关，结温越高，则维持电流 I_{H} 越小。

（6）擎住电流 I_{L}

指晶闸管加上触发电压，当元件从阻断状态刚转入通态就去除触发电压，此时要维持元件导通所需的最小阳极电流。对同一晶闸管来说，通常 I_{L} 为 I_{H} 的 2 ~ 4 倍。

（7）断态重复峰值电流 I_{DRM} 和反向重复峰值电流 I_{RRM}

二者分别是对应于晶闸管承受断态重复峰值电压 U_{DRM} 和反向重复峰值电压 U_{RRM} 时的电流。

（8）浪涌电流 I_{TSM}

它是一种由于电路异常情况引起的使结温超过额定结温的不重复性最大正向过载电流，用峰值表示。它是用来设计保护电路的。

8.7.2　单相桥式半控整流电路

用晶闸管全部或部分取代前面讲述的单相整流电路中的二极管，就可以制成输出电压可调的单相可控整流电路。单相桥式半控整流电路如图 8-31(a) 所示，其中变压器二次侧电压为 u_2，四个整流元件中 VT_1、VT_2 为可控晶闸管，受引入的触发脉冲信号控制导通时间，VD_1、VD_2 为整流二极管，R_L 为负载。

在 u_2 的正半周（a 端为正）时，VT_1 和 VD_2 承受正向电压。这时如对晶闸管 VT_1 引入触发信号，则 VT_1 和 VD_2 导通，电流的通路为 a 端→VT_1→R_L→VD_2→b 端。而 VT_2 和 VD_1 都因承受反向电压而截止。同样，在 u_2 的负半周（b 端为正）时，VT_2 和 VD_1 承受正向电压。这时如对晶闸管 VT_2 引入触发信号，则 VT_2 和 VD_1 导通，电流的通路为 b 端→VT_2→R_L→VD_1→a 端。而 VT_1 和 VD_2 处于截止状态。

把晶闸管从承受正向电压到触发导通之间的电角度 α 称为控制角，与晶闸管导通时间对应的电角度 θ 则称为导通角，显然有：$\alpha + \theta = 180°$。

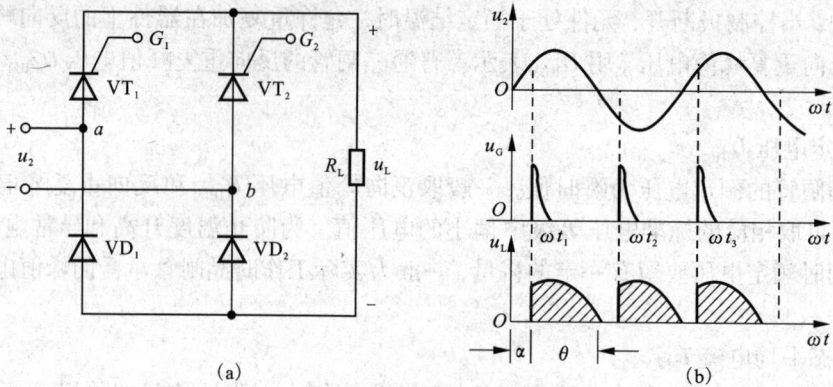

图 8-31   单相桥式半控整流电路

如果在晶闸管承受正向电压的时间内，改变控制极触发脉冲的输入时刻（即改变控制角 α），负载上得到的电压波形就随着改变，这样就控制了负载上输出电压的大小。导通角 β 愈大，输出电压愈高。在正负半周，电路均有一组管子轮流导通，所以其二次侧电流 i_2 的波形是正负对称的缺角的正弦波，无直流分量，但存在奇次谐波电流，控制角 $\alpha = 90°$ 时，谐波分量最大，对电网有不利影响，要尽量避免。

当可控整流电路接电阻性负载时，单相半控桥的电压与电流的波形如图 8-31(b) 所示，整流输出电压的平均值可用下式表示

$$U_L = \frac{1}{\pi} \int_\alpha^\pi \sqrt{2} U_2 \sin\omega t\, d(\omega t) = 0.9 U_2 \frac{1 + \cos\alpha}{2} \qquad (8-34)$$

从上式可以看出，当 $\alpha = 0°$，（$\theta = 180°$）时，晶闸管在正半周全导通，输出电压最大，若 $\alpha = 180°$，晶闸管全关断，无输出电压。

输出电流的平均值 I_L 为

$$I_L = \frac{U_L}{R_L} = 0.9 \frac{U_2}{R_1} \cdot \frac{1 + \cos\alpha}{2} \qquad (8-35)$$

可控整流电路由于负载性质不同，电路工作情况也有所不同。实际工作中遇到较多的是电感性负载，如各种电机的励磁绕组，各种电感线圈等。在电路为感性负载时，桥式半控整流电路会发生失控现象，只有在主电路中接入续流二极管，才能消除这些弊端。

在电力电子电路中，虽然晶闸管有很多优点，但它们的过载能力很差，所以使用时除了器件参数选择合适、驱动电路设计良好外，采用合适的过电压保护、过电流保护、$\mathrm{d}u/\mathrm{d}t$ 保护和 $\mathrm{d}i/\mathrm{d}t$ 保护是非常必要的。

本章小结

● 直流稳压电源的功能是将交流电压转换为直流电压，为电子设备提供所需的直流电压和电流。它一般由电源变压器、整流电路、滤波电路和稳压电路等部分组成。

● 整流电路的作用是将交流电压变换为直流脉动电压。单相整流电路有半波、全波和

桥式整流及晶闸管可控整流电路等形式。

● 滤波电路的作用是减小整流后脉动直流电压中的脉动成分。常见的滤波电路有电容滤波、电感滤波和复式滤波等形式。在小电流负载时用电容滤波；在大电流负载时用电感滤波。在要求滤波质量高、脉动成分(纹波)小的场合，可采用复式滤波电路。

● 稳压电路的作用是在电网电压和负载电流变化时，保持输出电压基本不变。稳压电路有线性稳压电路和开关型稳压电路两大类。线性稳压电路效率低，多用于小功率电源中；开关型稳压电路效率高，多用于中、大功率电源中。两类电路均有集成化或模块化产品可供选用。

自 测 题

8 – 1　选择题(每小题 5 分, 共 30 分)

(1) 单相半波整流电路中，负载电阻 R_L 上的平均电压等于____。

a. $0.9U_2$ 　　　　　b. $0.45U_2$ 　　　　　c. U_2

(2) 理想二极管在半波整流电容滤波电路中，其导通角是____。

a. 小于 180° 　　　　　b. 等于 180° 　　　　　c. 大于 180°

(3) 理想二极管在单相全波整流、电阻性负载电路中，承受的最大反向电压是____。

a. 等于 $2\sqrt{2}U_2$ 　　　　b. 小于 $2\sqrt{2}U_2$ 　　　　c. 大于 $2\sqrt{2}U_2$

(4) 在整流滤波电路中，二极管承受的导通冲击电流小的是____。

a. 电容滤波电路 　　　b. 纯电阻负载电路 　　　c. 电感滤波电路

(5) 当满足条件 $R_L C \geqslant (3 \sim 5)T/2$ 时，电容滤波电路常用在____场合。

a. 平均电压低，负载电流大的 　　　b. 平均电压高，负载电流小的

c. 没有任何限制的

(6) 电感滤波电路常用在____场合。

a. 平均电压低，负载电流大的 　　　b. 平均电压高，负载电流小的

c. 没有任何限制的

8 – 2　填空题(每小题 5 分, 共 40 分)

(1) 直流稳压电源一般由_____、_____、_____、_____等部分组成。

(2) 整流电路的作用是_____。

(3) 电感滤波的作用是利用电感通过变化的电流时，它的两端将产生_____阻碍电流的变化。

(4) 稳压电路的作用是_____和_____。

(5) 开关稳压电源的调整管虽然也采用三极管，但它工作于_____。

(6) 三端集成稳压器 CW7806 的输出电压是_____。

(7) 晶闸管具有_____阻断和_____阻断特性。

(8) 晶闸管导通时必须具备的两个条件是_____和_____。

8 – 3　判断题(每小题 5 分, 共 30 分)

(1) 单相桥式或全波整流电容滤波电路，负载电阻 R_L 上的平均电压等于 $1.2U_2$。(　　)

（2）理想二极管在半波整流电容滤波电路中，所承受的最大反向电压是$\sqrt{2}U_2$。　　（　　）

（3）单相桥式或全波整流电感滤波电路，负载电阻R_L上的平均电压等于$1.2U_2$。　　（　　）

（4）晶闸管导通后其控制极就失去作用。　　　　　　　　　　　　　　　　　　　　（　　）

（5）晶闸管可理解为具有单向导电性的可控硅二极管。　　　　　　　　　　　　　（　　）

（6）二极管在电阻性负载的半波整流电路中，导通角是小于180°。　　　　　　　（　　）

习　题

8-1　电路如图8-32所示。

（1）求输出平均电压U_{O1}和U_{O2}的值，并标出其极性；

（2）求流过二极管VD_1、VD_2和VD_3中的平均电流值；

（3）求VD_1、VD_2和VD_3所承受的最大反向电压值。

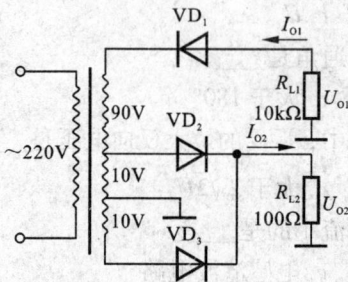

图8-32　题8-1图

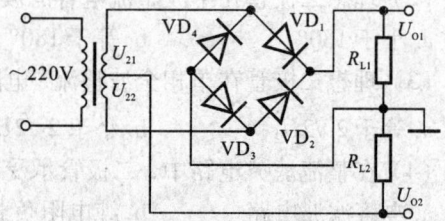

图8-33　题8-2图

8-2　电路如图8-33所示。

（1）标出U_{O1}、U_{O2}对公共地的极性；

（2）如果$U_{21}=U_{22}=20$ V，则输出平均电压U_{O1}和U_{O2}各是多少？

（3）如果$U_{21}=22$ V，$U_{22}=18$ V，画出U_{O1}和U_{O2}的波形，并计算U_{O1}、U_{O2}的平均值。

8-3　在图8-34所示电路中，$U_2=20$ V，在工程实践中如果发现有以下现象，试说明产生的原因。用直流电压表分别测得U_1有18 V、9 V、28 V、24 V四种值。

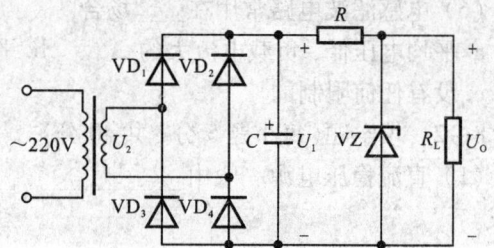

图8-34　题8-3图

8-4　图8-35为三端集成稳压器的两种应用电路，试说明其工作原理。

8-5　电路如图8-36所示，已知$U_Z=5.3$ V，$R_3=R_4=R_p=3$ kΩ，要求负载电流$I_L=0\sim50$ mA。

（1）计算输出电压的调节范围；

（2）若调整管VT_1的最低管压降U_{CE1}为3 V，试计算变压器副边电压的有效值U_2。

8-6　三端集成稳压器7805组成如图8-37所示电路。已知稳压管稳定电压$U_Z=5$ V，

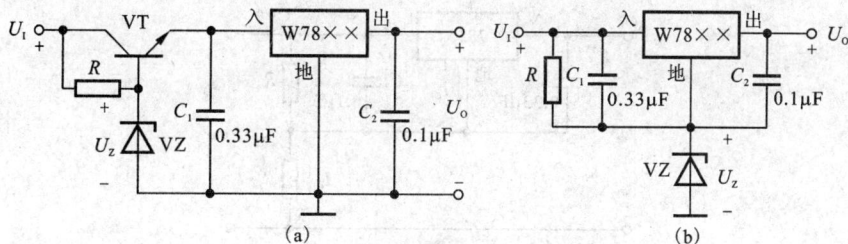

图 8-35　题 8-4 图

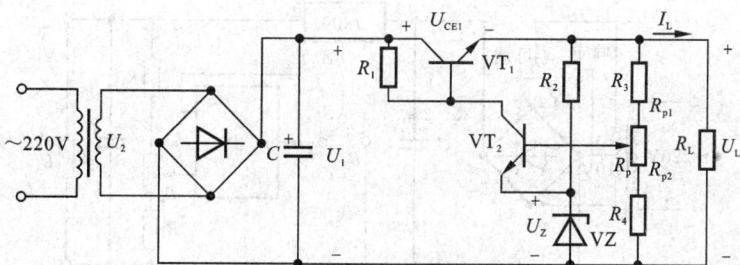

图 8-36　题 8-5 图

允许的电流 $I_Z = 5 \sim 40$ mA，$R_p = 10$ kΩ，$U_2 = 15$ V，电网电压波动 ±10%，最大负载电流 I_{Lmax} = 1 A。试求：

（1）限流电阻 R 的取值范围；

（2）输出电压 U_o 的调整范围；

（3）三端稳压器的最大功耗（稳压器的静态电流 I_Q 可忽略不计）。

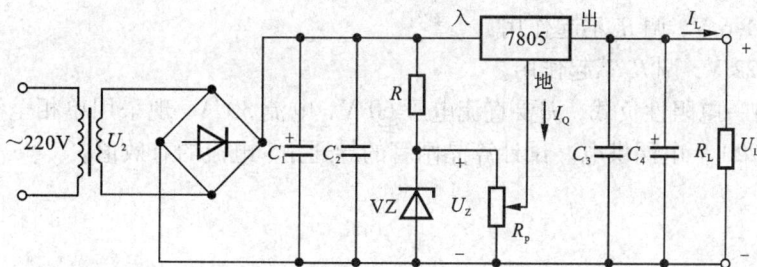

图 8-37　题 8-6 图

8-7　用三端稳压器 7815 组成的恒流源电路如图 8-38 所示。已知集成电路 7815 的静态电流 $I_Q = 4.5$ mA，求当电阻 $R = 100$ Ω，$R_L = 200$ Ω 时，输出电压 U_o 和负载电阻 R_L 中的电流 I_L 值。

8-8　图 8-39 所示电路是固定和可调输出的稳压电路，其中 $R_1 = R_2 = 3.3$ kΩ，$R_p = 5.1$ kΩ。

（1）计算固定输出电压的大小；

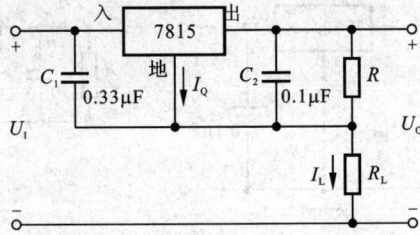

图 8 - 38　题 8 - 7 图

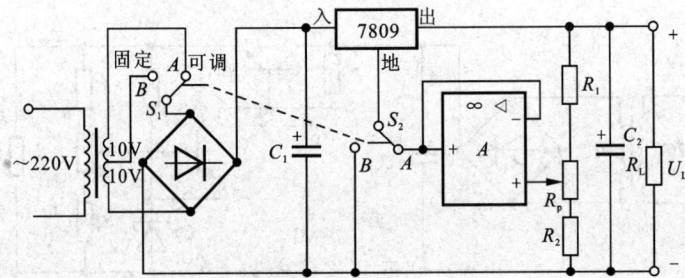

图 8 - 39　题 8 - 8 图

（2）计算可调输出电压的范围。

8 - 9　电路如图 8 - 36 所示，已知 $U_I = 24$ V，稳压管的稳压值 $U_Z = 5.3$ V，三极管的 U_{BE} = 0.7 V，U_{CES1} = 2 V。在工程实践中若发生如下异常现象，试找出故障原因。

（1）U_I 比正常值（24 V）低，约为 18 V，且脉动很大，调节 R_p 时，U_0 可随之改变，但稳压效果差；

（2）U_I 比正常值高，约为 28 V，U_0 很低，接近 0 V，调节 R_p 不起作用；

（3）$U_0 \approx 4.6$ V，调 R_p 不起作用；

（4）$U_0 \approx 22$ V，调 R_p 不起作用。

8 - 10　有一电阻性负载，需要直流电压 60 V，电流 30 A，现采用单相全波半可控整流电路，直接由 220 V 电网供电。试计算晶闸管的导通角、电流的有效值。

*第9章 模拟电子电路读图练习

前面各章分别介绍了半导体二极管、三极管、场效应管、集成运算放大器、集成功率放大器以及集成稳压器等元器件;并分析了由它们组成的各种基本电路。本章将通过两个实例,运用前面所学知识,帮助读者如何"看懂"由这些基本电路组成或派生的较简单的实际电路,以达到复习、巩固和深化所学知识的目的。

9.1 读图的一般方法和步骤

读图就是如何看懂电子电路的原理图,弄清它的组成及功能,进而作出必要的定量估算。由于电子电路是对信号进行处理的电路,因而读图时,应以信号的流向为主线,以基本单元电路为依据,沿着主要通路,把整个电路划分成若干个具有独立功能的部分进行分析。大致步骤如下。

9.1.1 了解用途,找出通路

为了弄清电路的工作原理和功能,读图之前,应先了解所读电路用于何处,起什么作用,要完成什么功能。在此基础上,找出信号的传输通路。一般的规律是输入在左方,输出在右方,电源在下方(有时不画出)。由于信号的传输枢纽是有源器件,因此,应以它为中心查找传输通路。

9.1.2 化繁为简,各个击破

传输通路找出后,电路的主要组成部分就显露出来了。对照所学基本单元电路,将较复杂的原理图划分成若干个具有单一功能的单元电路。然后对每一个单元进行分析,了解各元件的作用,掌握每个部分的原理及功能,并画出单元框图。

9.1.3 统观整体,估算性能

沿着信号流向,用带箭头的线段(箭头方向代表信号的流向),把单元框图连成整体框图。由此即可看出各基本单元或功能块之间的相互联系,以及整体电路的结构和功能。如有必要可对各单元电路进行定量估算,得出整个电路的性能指标,以便进一步加深对电路的认识,为调试、维修甚至改进电路打下基础。

需要指出,对于不同水平的读图者或不同的电子电路,所采取的方法和步骤可能很不一样,上述方法仅供参考。下面通过实际电路介绍读图方法的具体应用。

9.2 读图练习举例

9.2.1 带音调控制的音频放大器

图 9-1 所示为带音调控制的音频放大器，下面按照上述读图的方法和步骤对电路进行分析。

1. 了解用途，找出通路

该电路是一个典型的、实用的音频放大电路。它可以将收音机、录音机和电唱机输出的音频信号进行放大，以获得较大的输出功率来推动扬声器发声。此外，它还可以对信号中的高频和低频成分进行控制，对音量大小进行调节。

既然是一个放大电路，则信号通路就是从输入端到输出端（接扬声器的端口）之间的放大通路。从左向右看过去，此电路的有源器件为：VT_1（场效应管），A_1、A_2（集成运放）和 $VT_2 \sim VT_5$（晶体管），则可大致推断信号是从 VT_1 的栅极输入，经过 VT_1 放大并送到 A_1 的输入端，经 A_1 放大后送到 A_2 再次放大，再送到 $VT_2 \sim VT_5$ 组成的放大电路（这部分很容易看出是准互补功放电路），最后送到扬声器。这样信号的通路就大致找出来了。

2. 化繁为简，各个击破

根据信号从左边输入、右边输出的流向通路，可以以两个耦合电容（C_4 和 C_{11}）为界，将电路分为三个部分：输入级、中间级和输出级，如图 9-1 所示电路中的虚线所示。

（1）输入级

输入级电路如图 9-2 所示，又称前置级，用来实现阻抗变换。由结型场效应管 VT_1 组成源极跟随器作为输入级电路，它具有输入阻抗高（达 1 MΩ 以上）、输出阻抗低（$1/g_m$）的特点，可适合中间级音调控制电路的低阻抗要求。

输出信号通过 C_3 耦合到音量调节电位器 R_{p1} 上，以调节输入到下一级的信号大小，达到调节音量大小的目的。

（2）中间级

中间级由 $R_3 \sim R_6$、$C_5 \sim C_7$、R_{p2}、R_{p3} 等 RC 选频网络和集成运放 A_1 所组成，如图 9-3 所示。音调控制电路实际上是一个高、低通选频网络，通过控制高、低频信号的增益来提升或衰减高、低音信号。由图可知，输入信号分为两路送到 A_1 输入端：一路经 R_3、C_5、R_{p2} 和 R_4 到反相输入端；另一路由 R_{p3}、R_6 和 C_6 到反相输入端。该电路的高、低音控制原理可分析如下。

① 低音控制原理

在图 9-3 所示电路中，R_{p2} 为低音控制电位器。低频和中频时，由于 C_6、C_8 数值很小，可视为开路；R_{p3} 的阻值若很大，也可视为开路；R_4 的阻值对于高输入阻抗的集成运放也可忽略。当 R_{p2} 动端调至 A 点时，C_5 被短路。因此，中、低频时的音调控制电路可简化为图 9-4（a）所示。由图可见，当信号频率下降时，C_7 的容抗变大。当频率下降到 C_7 可视为开路时，电路的电压增益为：

$$\left|\frac{U_o}{U_i}\right| = \frac{R_{p2} + R_5}{R_3} = \frac{470 + 15}{15} = 32.3 \quad (30\text{dB})$$

当信号频率升高时，C_7 的容抗减小。当频率上升到 C_7 可视为短路时，电路的中频电压增

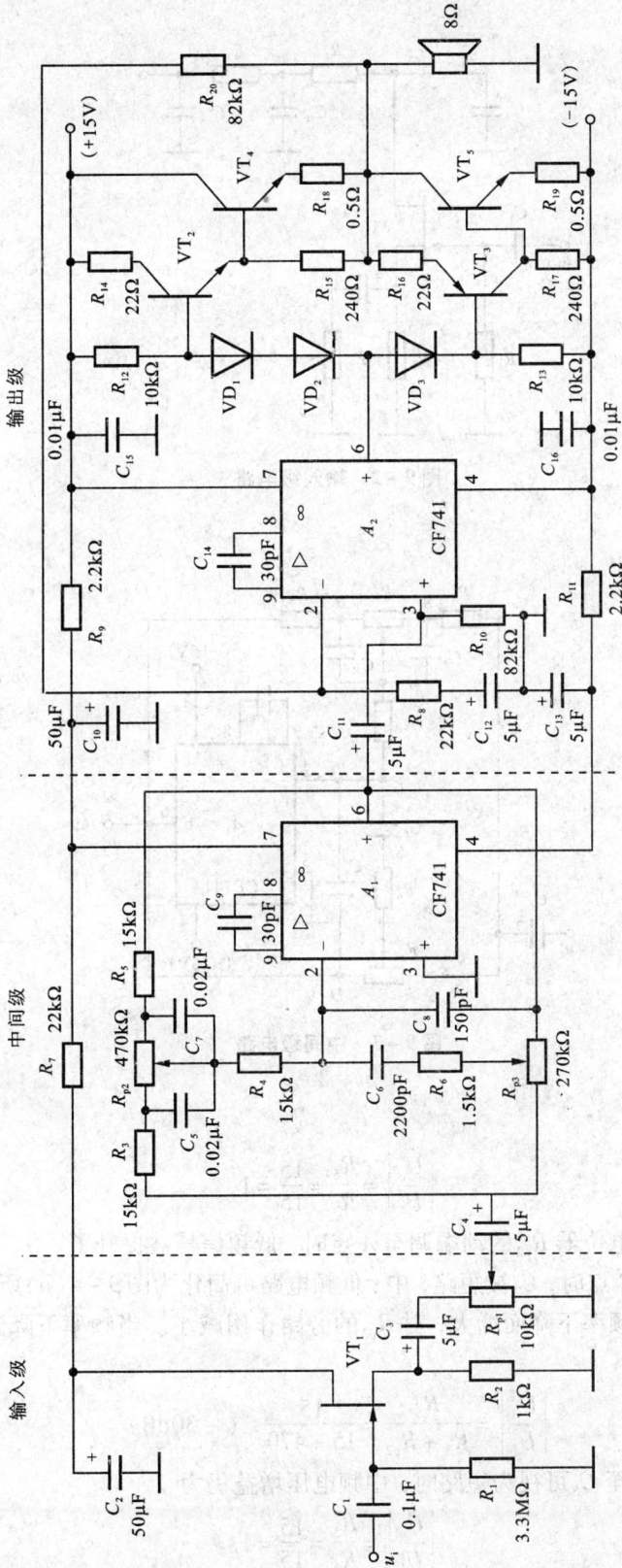

图9-1　具有音调控制的音频放大器

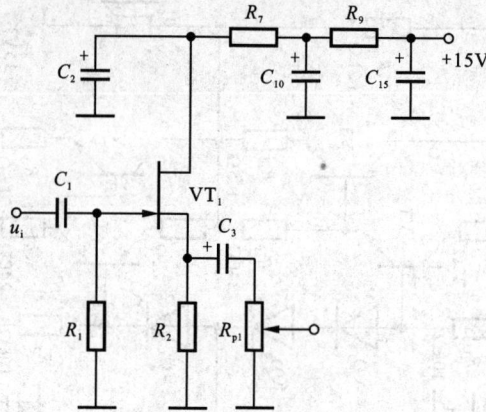

图 9-2 输入级电路

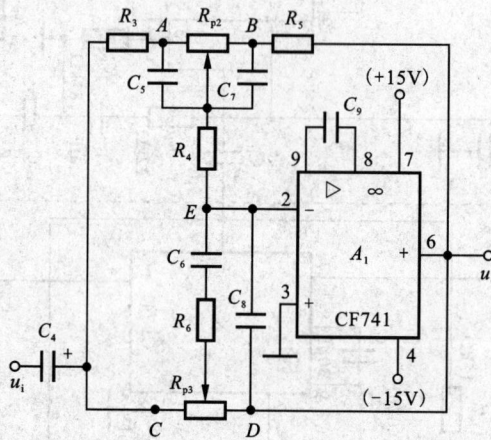

图 9-3 中间级电路

益为

$$\left|\frac{U_o}{U_i}\right| = \frac{R_5}{R_3} = \frac{15}{15} = 1$$

所以，低音控制电位器 R_{p2} 的动端调至 A 点时，低频信号被提升了。

当 R_{p2} 动端调至 B 点时，C_7 被短路，中、低频电路可简化为图 9-4(b) 所示。当信号频率下降时，C_5 的容抗随频率下降而增大，对 R_{p2} 的旁路作用减小。当频率下降到 C_5 相当于开路时，低频电压增益为：

$$\left|\frac{U_o}{U_i}\right| = \frac{R_5}{R_3 + R_{p2}} = \frac{15}{15 + 470} \quad (-30\text{dB})$$

当信号频率上升至 C_5 可视为短路时，中频电压增益仍为

$$\left|\frac{U_o}{U_i}\right| = \frac{R_5}{R_3} = \frac{15}{15} = 1$$

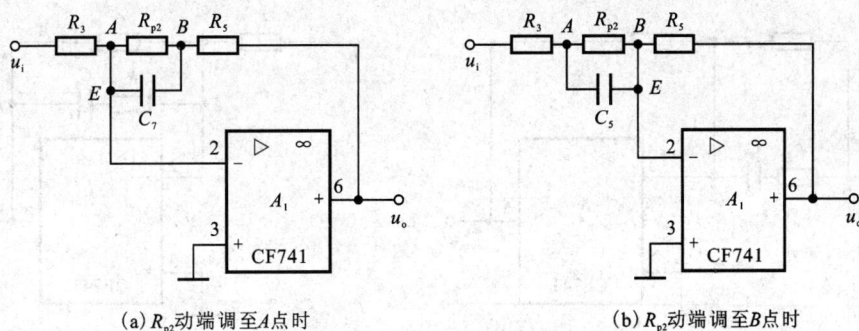

(a)R_{p2}动端调至A点时 　　　　(b)R_{p2}动端调至B点时

图9-4　中、低音等效电路

所以，低音控制电位器R_{p2}动端调至B点时，低频信号被衰减了。

以上分析说明，调节低音控制电位器R_{p2}的动端由B到A时，中频电压增益保持不变，为$-R_5/R_3=-1$，而低频信号的电压增益由-30dB提升到$+30\text{dB}$，实现了低音控制功能。

② 高音控制原理

在图9-3所示电路中，R_{p3}为高音控制电位器。由于C_5和C_7的值大于C_6，高频时C_5和C_7可视为短路，其高频等效电路如图9-5(a)所示。将Y形接法的电阻R_3、R_4、R_5变换成$\triangle$形接法后，电路变为如图9-5(b)所示。因为

$$R_3=R_4=R_5=15\text{ k}\Omega$$

所以

$$r_3=r_4=r_5=R_3+R_5+\frac{R_3R_5}{R_4}=3R_3=45\text{ k}\Omega$$

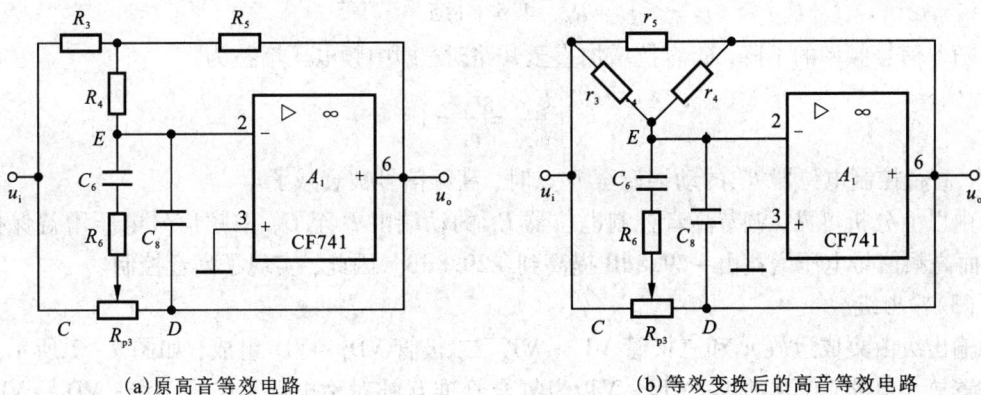

(a)原高音等效电路 　　　　(b)等效变换后的高音等效电路

图9-5　高音时的等效电路

由于输入级是源极跟随器，其输出电阻很小，同时由于r_5比源极跟随器的输出电阻R_{o1}大得多，故对第二级输入电压的影响可忽略不计，即r_5视为开路。当R_{p3}的动端调至C点时，R_{p3}的阻值很大，可视为开路。电容$C_8\ll C_6$，其影响可以忽略，于是得到简化电路如图9-6(a)所示。

由图9-6(a)可知，当信号频率升高时，C_6的容抗减小。当频率上升到C_6的容抗可视为

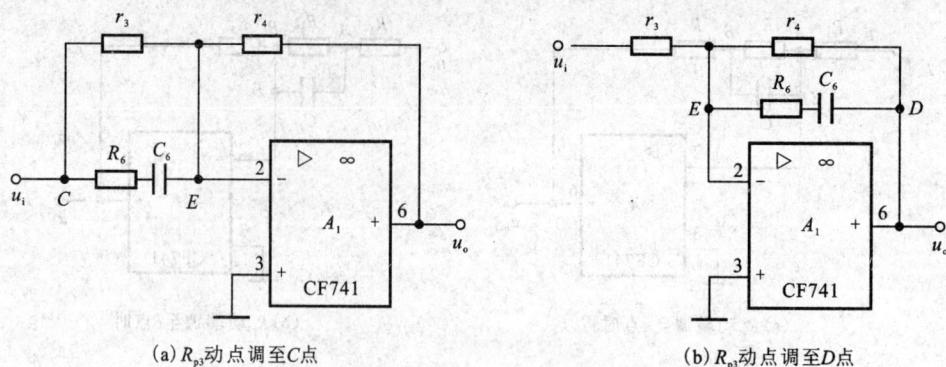

(a) R_{p3}动点调至C点　　　　　　　　　　(b) R_{p3}动点调至D点

图9-6　简化高音等效电路

零时,高频信号电压增益为

$$\left|\frac{U_o}{U_i}\right| = \frac{r_4}{r_3 /\!/ R_6} = \frac{r_4 + R_6}{R_6} = 1 + \frac{r_4}{R_6} = 1 + \frac{45}{1.5} = 31 \quad (29.8\text{dB})$$

当信号频率下降时,C_6的容抗增加,当频率下降到C_6可视为开路时,即中频电压增益为

$$\left|\frac{U_o}{U_i}\right| = \frac{r_4}{r_3} = 1$$

所以,高音控制电位器R_{p3}动端调至C点时,高频信号提升了。

当R_{p3}动端移至D点时,同样可得到简化电路如图9-6(b)所示。随着信号频率的增加,C_6容抗减小直至零时,高频信号电压增益为

$$\left|\frac{U_o}{U_i}\right| = \frac{r_4 /\!/ R_6}{r_3} = \frac{R_6}{r_4 + R_6} = \frac{1.5}{4.5 + 1.5} = 0.032 \quad (-29.8\text{dB})$$

随着信号频率的下降,C_6容抗增加直至开路时,即中频电压增益为

$$\left|\frac{U_o}{U_i}\right| = \frac{r_4}{r_3} = 1$$

所以,高音控制电位器R_{p3}的动端调至D点时,高频信号被衰减了。

由以上分析可见,调节高音控制电位器R_{p3}的动端由D至C,中频信号电压增益保持不变,而高频信号电压增益由 -29.8dB 提高到 $+29.8$dB。因此,实现了高音控制。

(3)输出级

输出级由集成运放A_2和三极管 $VT_2 \sim VT_5$、二极管 $VD_1 \sim VD_3$组成,如图9-7所示。A_2为前置放大电路,作驱动级;$VT_2 \sim VT_5$为复合管准互补对称电路,作输出级;$VD_1 \sim VD_3$为 $VT_2 \sim VT_5$管提供静态小电流偏置,克服信号交越失真。R_{15}和R_{17}用来减小复合管的穿透电流,以提高复合管的温度稳定性。R_{18}和R_{19}用来获得电流负反馈,使电路性能更加稳定。为了提高该级的输入电阻,信号从A_2的同相端输入。输出端通过R_{20}、R_8和C_{12}构成交流电压串联负反馈,稳定输出电压,减小非线性失真和改善放大器的其他动态性能。由图可知,中频时的电压增益为

$$A_{uf} = 1 + \frac{R_{20}}{R_8} = 1 + \frac{82}{2.2} \approx 38$$

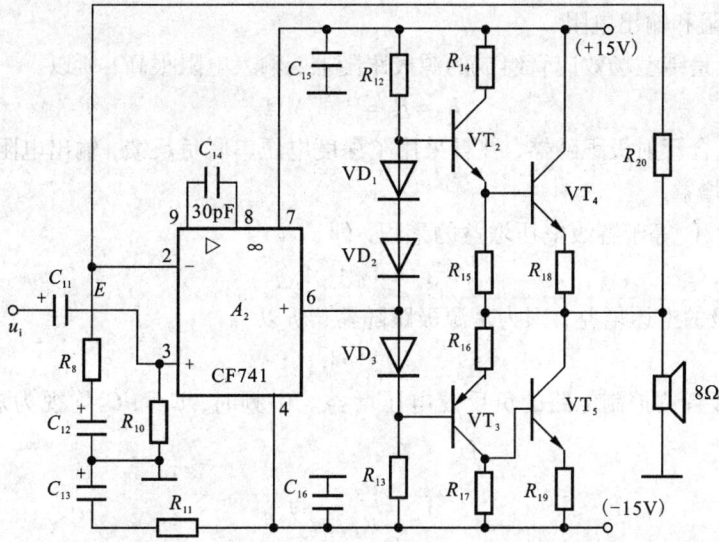

图 9 - 7　输出级电路

3. 统观整体，估算性能

除了前面介绍的输入级、中间级和输出级三部分电路以外，该电路为了消除低频自激振荡和滤除高频干扰，采用了由 C_2 和 R_7；C_{15}、C_{10} 和 R_9；C_{13} 和 R_{11} 及 C_{16} 组成的去耦滤波电路。为了使集成运放工作稳定，接入 C_9 和 C_{14}（30PF）来消除高频自激振荡。此外，电路还引入了深度电压串联负反馈，并采用了正、负两组电源供电。根据以上分析，可以画出该电路的整体原理框图如图 9 - 8 所示。

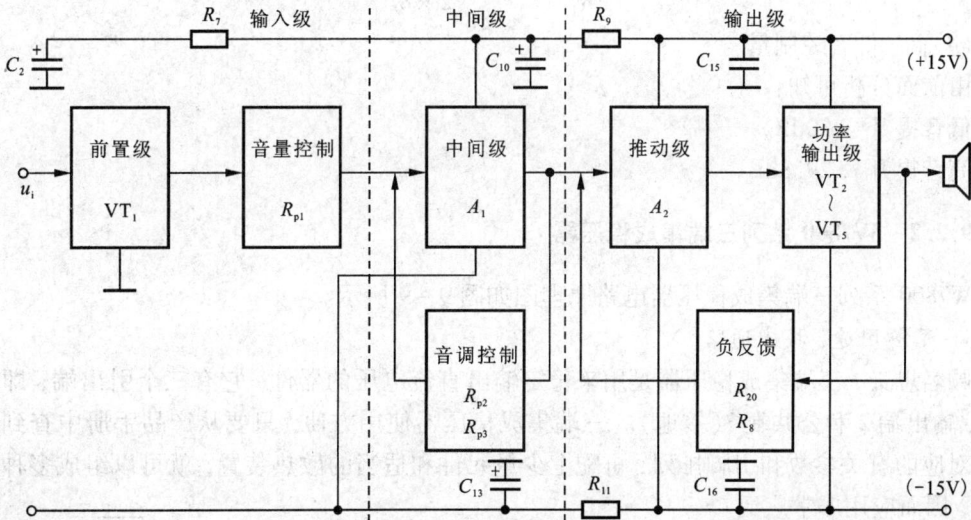

图 9 - 8　电路结构框图

电路的性能可估算如下：

（1）输入电阻和输出电阻

由于输入级是结型场效应管组成的源极跟随器，输入电阻很高，所以

$$R_i = R_1 = 3.3 \text{ M}\Omega$$

输出级是复合管射极跟随器，并且采用了深度电压串联负反馈，输出电阻极低。

（2）总电压增益

总电压增益 A_u 等于各级电压增益的乘积，即

$$A_u = A_{u1} A_{u2} A_{u3}$$

A_{u1} 是输入级的电压增益，因为是源极跟随器，所以

$$A_{u1} \approx 1$$

A_{u2} 是中间级音调控制电路的负反馈电压增益。中频时，C_5 和 C_7 均视为短路，C_6 视为开路，因此

$$A_{u2} = \frac{R_5}{R_3} = -1$$

A_{u3} 是输出级的负反馈电压增益。此时为深度电压串联负反馈，中频时的电压增益

$$A_{u3} = 1 + \frac{R_{20}}{R_8} \approx 38$$

所以总的电压增益

$$A_u = A_{u1} A_{u2} A_{u3} = -38$$

（3）最大输出功率

因考虑 R_{18} 上的压降和 VT_2、VT_4 管的发射结压降 $U_{BE2} = U_{BE4} \approx 0.8 \text{ V}$，设输出级的饱和管压降为 2 V，则最大输出功率为

$$P_{omax} = \frac{(U_{CC} - U_{CES})^2}{2R_L} = \frac{(15-2)^2}{2 \times 8} \text{W} = 10.6 \text{ W}$$

（4）高、低音控制量

由前面分析可知：

低音提升　±30dB

高音提升　±29.8dB

9.2.2　W7800 系列三端集成稳压器

W7800 系列三端集成稳压器电路原理图如图 9−9 所示。

1．了解用途，找出通路

顾名思义，三端集成稳压器是用来稳定输出直流电压的器件，它有三个引出端，即输入端 1、输出端 2 和公共端 3（接地）。三端集成稳压器使用方便，只要从产品手册中查到与该型号对应的有关参数和引脚排列，再配上少量元件和适当的散热装置，就可以组成多种应用电路，因而应用非常广泛。

从原理图上可以看出，待稳定的电压由 1 端输入，经过 VT_{10}、VT_{11} 组成的复合调整管，传到输出端 2。如果输出电压不稳定，通过采样电路 R_8、R_9 得到采样信号加到 VT_4 的基极，与基准电压 U_{Z1} 比较，其差值信号经 VT_4 进行放大，从 VT_8 的射极输出给复合调整管 VT_{10}、VT_{11}

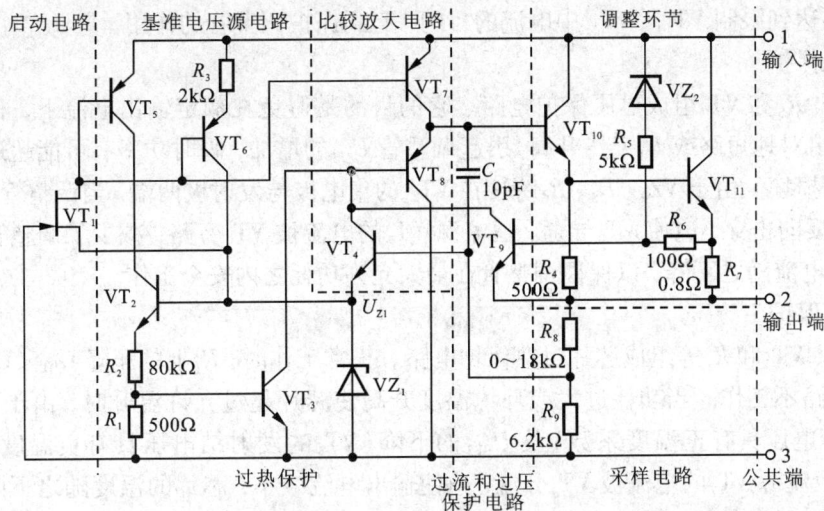

图 9 - 9　W7800 集成稳压器内部电路原理图

的基极,进行自动调整,实现稳压。

2. 化繁为简,各个击破

沿传递通路,稳压电路大体上可分为调整单元、采样电路、比较放大电路和基准电压源电路四大部分。另外电路中还设有过流保护、过压保护、过热保护、启动恒流源工作的启动电路以及防止电路自激振荡的元件,如图 9 - 9 所示电路中的虚线所示。

(1)调整环节

由 VT_{10}、VT_{11} 组成复合调整管,用小电流去控制较大的输出电流。VT_{10} 管的发射极电阻 R_4 用来泄放 VT_{10} 管的穿透电流。

(2)采样电路

R_8、R_9 构成采样电路,采样信号直接送到 VT_4 的基极。

(3)比较放大电路

它由 VT_4、VT_7、VT_8 组成,其中 VT_7、VT_8 为 VT_4 的有源负载(VT_5、VT_7 为镜象电流源),因而放大倍数很高。它将采样信号与基准电压相比较后的差值信号进行放大,经 VT_8 射极输出,送到 VT_{10} 的基极起自动调整作用。

(4)基准电压源电路

它由 VT_5、VT_6 和 VZ_1 等组成,其中 VT_5、VT_6 构成微电流源,VZ_1 是稳压二极管,它产生一个稳定的电压 U_{Z1} 直接提供给 VT_4 管的发射极,作为基准电压源。

(5)保护电路

W7800 芯片中有三种保护:过流保护、过压保护和过热保护。

①过流保护

由 VT_9、R_6 和 R_7 组成限流型过电流保护电路。当稳压器正常工作时,由于 $U_{R7} + U_{R6}$ 不足以使 VT_9 导通,保护电路不工作。当过流时,R_7 上的电压增加,$U_{R7} + U_{R6}$ 增大,这时 VT_9 由截止变为导通,使 VT_8 的基极电流和发射极电流都增加,加大了对恒流管 VT_7 的分流,从而将调整管的基极电流分走一部分，使输出电流减小。即使在输出短路的情况下，输出电流也不会太大。最终达到限制 VT_{10}、VT_{11} 中电流的目的，起到保护调整管的作用。

②过压保护

由 VZ_2、R_5 和 VT_9 组成过压保护电路。它的目的是避免在额定输出电流下，若因某种原因（例如输出对地短路或 U_1 突然升高）引起调整管 U_{CE} 的增加，瞬时功率有可能超过允许值而造成管子的损坏。由于 VZ_2、R_5、R_6 跨接在 VT_{11} 的集电极与发射极两端，当调整管的 U_{CE} 过大时，则 VZ_2 反向击穿，迫使 VT_9 导通，恒流源 VT_7 的电流被 VT_9 旁路，减少了调整管的驱动电流，使输出电流随之下降，以保证调整管在最大允许功耗之内安全工作。

③过热保护

由 VZ_1、VT_3 和 R_1 等组成芯片过热保护电路。正常工作时，R_1 上的压降 $U_{R1} < U_{BE3}$，VT_3 截止，保护电路不工作。当功耗过大或环境温度升高使芯片超过允许温升时，由于 U_{Z1} 的增大（VZ_1 的击穿电压具有正温度系数）及 U_{BE3} 的下降（VT_3 的发射结电压具有负温度系数），使 VT_3 导通，恒流源 VT_7 的电流被 VT_3 分流，迫使输出电流减小，芯片的温度随之下降，从而保护了稳压器不致过热而烧坏。

（6）启动电路

前面介绍的比较放大电路、基准电压源和调整电路都是由 VT_5、VT_6、VT_7 的电流源提供静态电流的。但电流源本身却未构成基极电流通路，因此在接入 U_1 后将因电流源未建立而使稳压电源无法工作。启动电路的作用就是要解决这个问题。为此，在电路中接入 N 沟道结型场效应管 VT_1 作启动用。它的工作原理如下：接通 U_1 后，VT_1 导通，给恒流源 VT_5、VT_2 提供基极电流，随着 VT_5、VT_2 的导通，VT_6 的发射结处于正向偏置，使 VT_6 导通。而 VT_5、VT_2 和 VT_6 之间存在着正反馈作用，使 VT_2 基极电位迅速上升，VZ_1 很快就工作在稳压状态。

此外，在 VT_4 的基极与 VT_8 的发射极之间接入小电容 C，防止电路自激。

3. 统观整体、估算性能

根据以上分析可画出 W7800 三端集成稳压器的内部电路结构框图如图 9-10 所示。电路性能可简单估算如下：

（1）输出电压 U_0

由图 9-9 可知，当忽略 VT_4 管基极电流的影响时，则

$$U_0 \approx \left(1 + \frac{R_8}{R_9}\right) U_{z1}$$

W7800 系列三端集成稳压器输出电压为定值，常有 5 V、6 V、9 V、12 V、18 V、24 V 等档次。当选用不同的芯片时，便可获得不同的输出电压。

（2）输出电流 I_0

在充分散热的条件下，最大输出电流可达 1.5 A。

（3）最大输入电压 U_{Imax}

当输出电压 $U_0 = 5 \sim 18$ V 时，$U_{Imax} = 35$ V。

当输出电压 $U_0 = 24$ V 时，$U_{Imax} = 40$ V。

（4）最小输入输出电压差：为 2 V。

（5）最大功耗 P_{CM}

在加足够的散热器的条件下，最大输出功率可达 15 W。

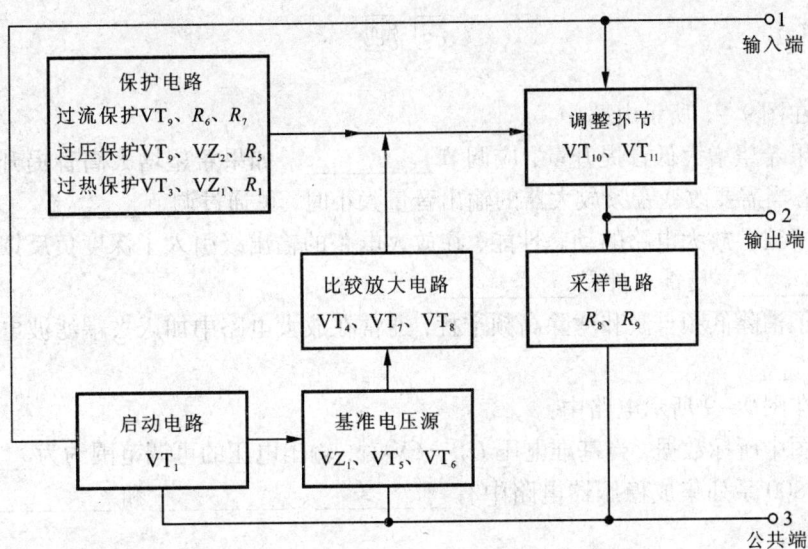

图 9-10 W7800 集成稳压器内部电路结构框图

W7800 的其他性能指标,读者可参阅有关手册,此处不再述及。

由以上分析可见,W7800 系列三端集成稳压器由于有比较完善的保护电路,所以使用起来安全可靠。

本章小结

● 本章首先介绍了读图的基本方法,然后以带音调控制的音频放大电路和 W7800 系列三端集成稳压器为例,具体说明了读图的一般方法和步骤。即按照了解用途、找出通路、化繁为简、各个击破、统观整体和估算性能指标等步骤进行。虽然电子电路千差万别,但万变不离其宗,本章所介绍的方法一般是适用的。当然,应根据实际电路的具体情况,灵活运用。例如,必要时可适当改变上述读图步骤的先后次序,有时还需要交叉进行。

● 在化繁为简、各个击破和对电路进行功能分析时,一般应按先易后难、先粗后细的顺序进行。

● 电子电路品种繁多,更新很快,读图时难免遇到自己不熟悉的器件和看不懂的电路。出现这种情况时,应查阅有关资料,详细了解它的工作原理,主要性能、参数和典型应用电路等。

● 由于各种原因,有些电路图中所采用的符号或画法可能与习惯画法相差较大。遇到这种情况时,可把图中的符号或画法改成自己习惯的形式,以便理解和分析。

● 本章只介绍了读图的一些基础知识,读者应在熟悉常用的电子电路和元器件的主要特点、性能参数、工作原理和分析方法的基础上,加强实践,逐渐积累经验,才能不断提高读图水平。

习 题

9-1 在图 9-1 所示电路中:

(1) 如果希望增大低音提升量,应调节_____;如果希望增大高音提升量,应调节_____;当需要改变音频放大器的输出音量大小时,可通过调节_____来实现。

(2) 为了改善放大电路的动态性能,在放大电路的输出级引入了深度负反馈,其负反馈类型为_____;反馈元件是_____。

(3) 为了消除低频自激和滤除高频干扰,通常在放大电路中加入去耦滤波电路,这些元件是_____。

9-2 在图 9-9 所示电路中:

(1) 按图中所标数据,当基准电压 $U_{Z1} = 6V$ 时,输出电压的可调范围约为_____。

(2) W7800 系列集成稳压器电路中有_____、_____和_____三种保护电路。

(3) 电路中电容 $C(= 10\ PF)$的作用是_____。

9-3 图 9-11 为一路灯光电自动控制器的电路图。图中: GT211 为光电倍增管,光照时产生电流,流过 R_2 的压降作为输入信号;3DJ2 为结型场效应管,它作为阻抗变换器和光电转换器的输出级;CF741 为集成运放,输出电压为 ±13 V,接成滞回比较器;J 为电磁继电器,动作电压为 12 V,接通时灯亮;VD_4、C_2 为续流二极管(防止过电压)和滤波电容;R_p 为动作灵敏度调节电位器。试问:

(1) 电路由哪三部分组成,每个部分的作用是什么?

(2) 计算过零滞回比较器的上、下触发电平,画出比较器的传输特性。

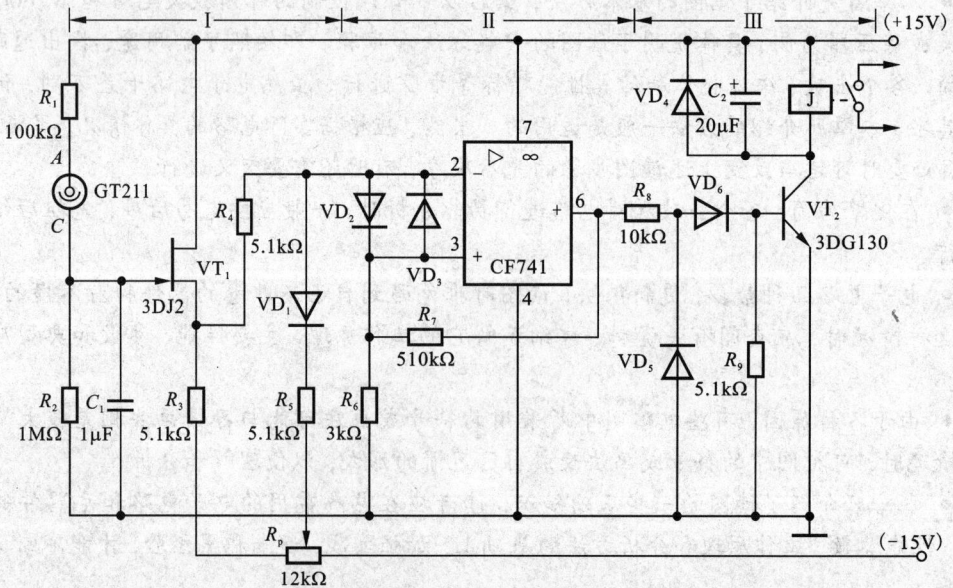

图 9-11 题 9-3 图

9-4　OCL 准互补推挽输出功率放大电路如图 9-12 所示。

（1）试分析整个电路由几部分构成，各部分的功能是什么？并画出电路原理框图。

（2）在电路引入深度负反馈的条件下，试估算电压放大倍数。

（3）为了使功放管安全工作，试问在电路中采取了什么措施对功放管进行输出短路保护？

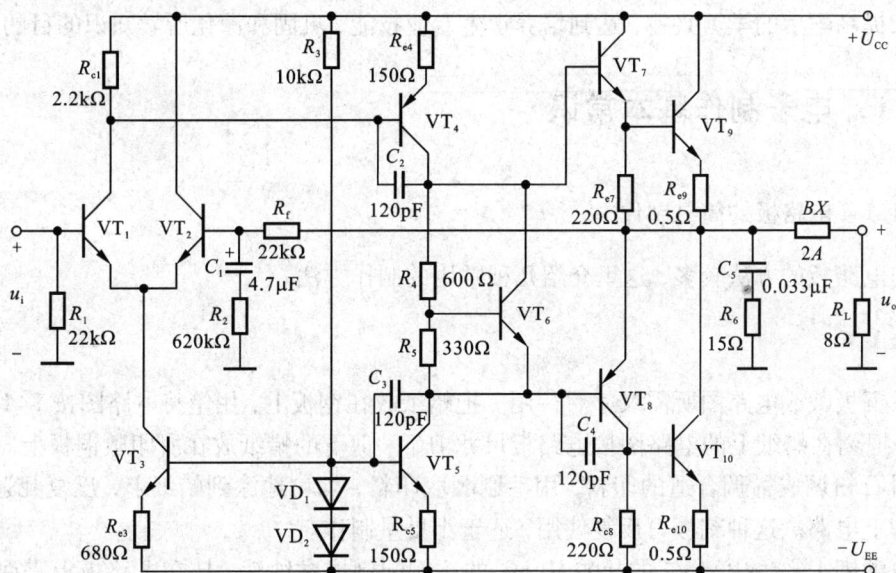

图 9-12　题 9-4 图

* 第 10 章　　趣味电子制作

前面各章分别介绍了各种半导体器件以及它所组成的基本电路。本章将通过八个电子制作实例来提高学生的学习兴趣，达到培养学生专业技能、巩固和深化所学知识的目的。

10.1　电子制作基本常识

10.1.1　电路板的简易制作

制作电路板的方法较多，这里介绍几种常用的制作方法。

方法 1

将敷铜板裁成电路图所需尺寸后待用。把蜡纸放在钢板上，用笔将电路图按 1∶1 刻在蜡纸上，并把刻在蜡纸上的电路图按电路板尺寸剪下，剪下的蜡纸放在所印敷铜板上。取少量油漆与滑石粉调成稀稠合适的印料，用毛刷蘸取印料，均匀地涂到蜡纸上，反复几遍，印制板即可印上电路。这种刻板可反复使用，适于小批量制作。

以氯酸钾 1 g，浓度 15% 的盐酸 40 mL 的比例配制成腐蚀液，抹在电路板上需腐蚀的地方进行腐蚀。将腐蚀好的印制板反复用水清洗。用香蕉水擦掉油漆，再清洗几次，使印制板清洁，不留腐蚀液，抹上一层松香溶液待干后钻孔。

方法 2

把即时贴粘在敷铜板的铜箔上，然后在贴面上绘制好电路图，再用刻刀刻透贴面层，揭去非电路部分，即形成所需电路。最后揭去电路上的即时贴，打好孔，擦干净后，涂上松香酒精溶液以备使用。

方法 3

将漆片（即虫胶，化工原料店有售）一份，溶于三份无水酒精中，并适当搅拌，待其全部溶解后，滴上几滴医用紫药水（龙胆紫），使其呈现一定的颜色，搅拌均匀后，即可作为保护漆用来描绘电路板。

先用细砂纸把敷铜板擦亮，然后采用绘图仪器中的鸭嘴笔（或圆规上用来画图形的墨水鸭嘴笔）进行描绘，鸭嘴笔上有调整笔划粗细的螺母，笔划粗细可调，并可借用直尺、三角尺描绘出很细的直线，且描绘出的线条光滑、均匀，无边缘锯齿，给人以顺畅、流利的感觉；同时，还可以在电路板的空闲处写上汉字、英语、拼音或符号等。电路板图绘好后，即可在三氯化铁溶液中腐蚀。电路板腐蚀好后，去漆也很方便，用棉球蘸上无水酒精，就可以将保护漆擦掉，略一晾干，就可随之涂上松香水使用。

由于酒精挥发快，配制好的保护漆应放在小瓶中（如墨水瓶）密封保存，用完后别忘了盖上瓶盖, 若在下次使用时, 发现浓度变稠了, 只要加上适量无水酒精即可。

10.1.2 电路板的焊接与安装

(1)焊锡可选用一般锡铅合金焊锡丝, 直径在 1 mm 左右为宜。

(2)焊药的作用是去除焊接部位的氧化物, 便于焊锡附着, 增加焊接的可靠性。焊药一般用松香即可。

(3)焊接顺序通常按照先电阻、电容, 后三极管、集成电路; 先低频后高频、先小后大的原则。

(4)焊接的温度不要过高, 以免烫坏元件; 但也不能过低, 焊锡不易附着; 焊接时间长短要适宜, 一个焊点持续 3~5 s 之内。

(5)电烙铁的功率一般选择小型的(25 W 或 30 W)。大功率器件安装时, 螺母等紧固件要装牢, 以免接触不良。拆装或重焊器件时应断开电源。

(6)对管脚进行预处理, 会增加焊接的可靠性, 因此一般情况下要将管脚氧化层处理干净。

10.1.3 表面粘贴元件

一般情况下, 我们常见的元件是过孔元件, 管脚的焊点在器件的另一侧。而表面粘贴元器件的管脚、焊点都在元器件的同一侧, 焊接前先用胶将元件粘贴到电路板上, 然后焊接, 生产工艺与过孔元件有很大区别。表面粘贴元器件体积小、重量轻、可靠性高、适合大批量生产, 已广泛使用在计算机、手机、传呼机等产品中。在设计中, 表面粘贴元件除封装形式与过孔元件不同外, 原理上无任何区别。

10.1.4 元器件的焊接方式

(1)手工焊: 适用于实验板及小批量产品。使用电烙铁焊接操作简单, 缺点是易出现虚焊、假焊, 可靠性较低。

(2)锡锅焊: 适用小批量生产, 其方法是在锡锅中放入焊锡, 用电炉加热, 再把插好元件的电路板放在锡锅中浸一下即可完成。

(3)波峰焊: 适用于规模较大的生产, 其方法是在锡锅内装有一个波轮。它的上方是电路板传输架, 电路板走到波浪上方时即被焊好。

(4)回流焊: 对于表贴元件要先把元件用胶粘在电路板上, 同时所有焊盘上被印刷了一层锡浆。回流焊炉内充有氮气以隔离氧气, 防止氧化。当电路板进入炉内后, 炉内有热气喷嘴, 喷射加热氮气, 使电路板上的锡浆溶化, 即可把元件焊接在电路板上。此工艺先进, 适合大批量生产, 且可靠性高, 是目前比较先进的焊接技术。

10.1.5 电路板的布局原则

(1)信号的输入回路要远离高频信号。

(2)注意高、低压间的距离, 不能让高压与低压发生击穿。

(3)大功率元件要加散热片, 且安装位置不能集中, 以防止电路板过热损坏。

(4)重量较大的元件要安排在固定孔附近(如变压器、电感、大电容等), 同时注意分散安装，防止电路板受太大压力而损坏。

10.1.6 电子元器件的筛选

（1）自然老化：将元器件自然放置一段时间后再测其电性能，以确定产品是否合格；但电解电容例外，因为电解电容放置时间过长质量会严重下降。

（2）电老化：将元器件加上 1.5 倍额定功率通电几分钟，然后再测其电性能参数是否正常。

（3）严格老化：将元器件分别放在高、低温处数小时，然后再测其电性能参数是否正常。这是工厂中最常用、最实用的方法。

10.1.7 电子产品可靠性简介

电子产品的可靠性是指电子产品在规定条件下和规定时间内，完成规定功能的能力。每个元件都有一个可靠度，用 R 表示。可靠度 R 是由一批元件实验并经概率统计得出的经验数据，一般小于 1。如果 R 等于 1，说明一批元件在规定时间内没有损坏，一般做不到。由于整个电子产品的可靠度是各元件 R 的乘积，很多小于 1 的数相乘结果一定小于 1，R 越小说明产品损坏越大。要想杜绝不合格产品，就要从基本元件的筛选做起，安装前认真做好筛选工作。安装好整机后要进行各种例行试验，从而全面提高电子产品的可靠性。

10.1.8 电子电路设计中的干扰问题

在电子电路设计中，为了少走弯路和节省时间，应充分考虑并满足抗干扰的要求，避免在设计完成后再去进行抗干扰的补救措施。

（1）干扰源：指产生干扰的元件或设备，通常在电压变化率或电流变化率大的地方。如：雷电、继电器、可控硅、电机、高频时钟等，都可能成为干扰源。

（2）传播路径：指从干扰源传播到敏感器件的通路或媒介，典型的干扰传播路径是通过导线的传导和空间的辐射。

（3）敏感器件：指容易被干扰的对象，如：具有高阻抗输入端的放大器、弱信号放大器等。

抗干扰的设计原则是：抑制干扰源，切断干扰传播途径，提高敏感器件的抗干扰性能。

10.2 电子制作实例介绍

1. 汽车工具箱的自动灯电路

假如汽车中的工具箱没有照明灯的话，那么这个小器件的价值就是很大的了。它既可以有助于寻找杂物又可用作小型的阅读灯光。汽车工具箱的自动灯电路是并联几个微型灯泡，接上一个水银开关和电池组，如图 10－1 所示。

要小心地把各元件在工具箱的门板上装牢。在安置水银开关时注意：当把工具箱的门打开的时候，让它自动地接通电路，将灯点亮。

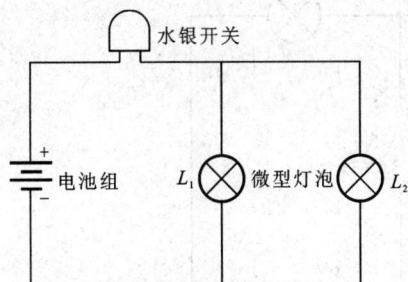

图10-1 汽车工具箱的自动灯电路

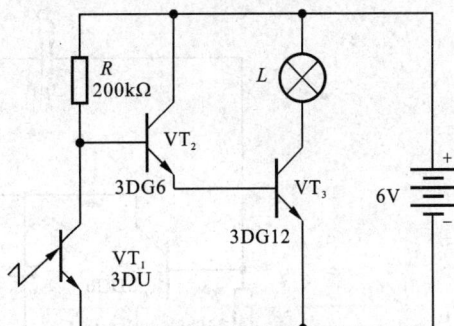

图10-2 光控灯电路

2. 光控灯电路

光电管是光、电"联姻"的纽带,通过它可把光的变化转变为电的变化。当你按图10-2接好,将光电管对准明亮处时,小灯暗然无光;当你一旦遮去通向光电管的光线时,小灯即时放光。之所以会有这样的变化,关键在于光电管 VT_1 的暗电阻和亮电阻阻值不同,当无光照时,暗电阻大, VT_2 基极分压,使工作管导通, L 亮;当有光照时,亮电阻小,分压使工作管不能导通, L 灭。

3. 模拟鸟叫电路

该模拟鸟叫电路是由两个振荡器所组成的。晶体管 VT 与 C_2、B_3 的初级等组成一个电感三点式音频振荡器。而晶体管 VT 同时又与 R_1、L、C_3 组成间歇振荡器。两个振荡回路产生的信号同时加在晶体管的发射结上,所以喇叭发出了"啾"、"啾"的鸟叫声。调节 C_2 的容量可改变鸟叫的音调,而改变 C_3 的大小,可改变鸟叫的快慢。电路如图10-3所示。

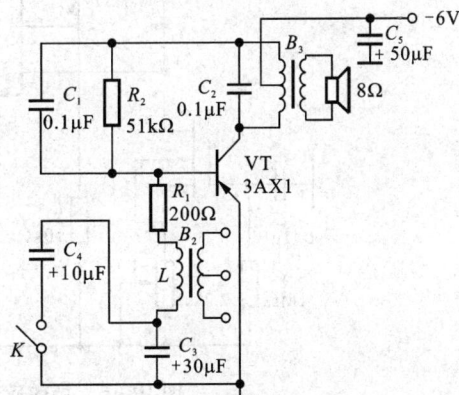

图10-3 模拟鸟叫电路

4. 电子闪光灯电路

电子闪光灯电路是由晶体管 VT_1、VT_2 组成的互补电路,它通过电容 C_1 实现正反馈振荡。改变电容 C_1 或 C_2 的容量,均可改变振荡器的振荡频率,通过以上实验可以看到小灯泡闪烁的快慢不一样。其电路如图10-4所示。

5. 场效应管构成的触摸开关电路

场效应管触摸开关电路如图10-5所示。VT_1 是 N 沟道增强型绝缘栅场效应管,有很高的输入阻抗。集成运算放大器 CF741 作为敏感电压开关,用来驱动晶体管 VT_2,从而使继电器 J 的触点吸合,由继电器 J(直流、12 V)的触点 A、B 再去控制其他设备。

电容 C 的左端是触摸端,是一块导体。当用手触摸导体时,人体中的感应电压被 VT_1 放大。另触点 A、B 可接入报警器等。

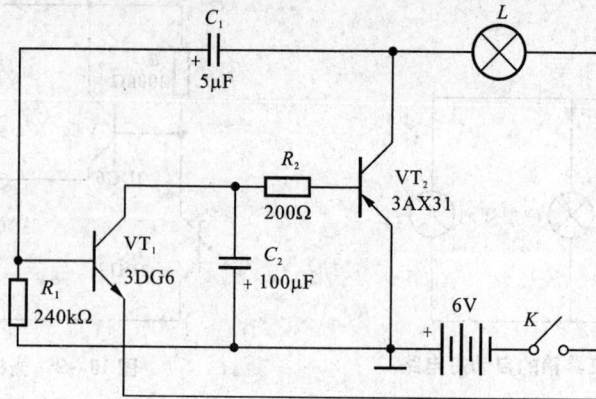

图 10 – 4   电子闪光灯电路

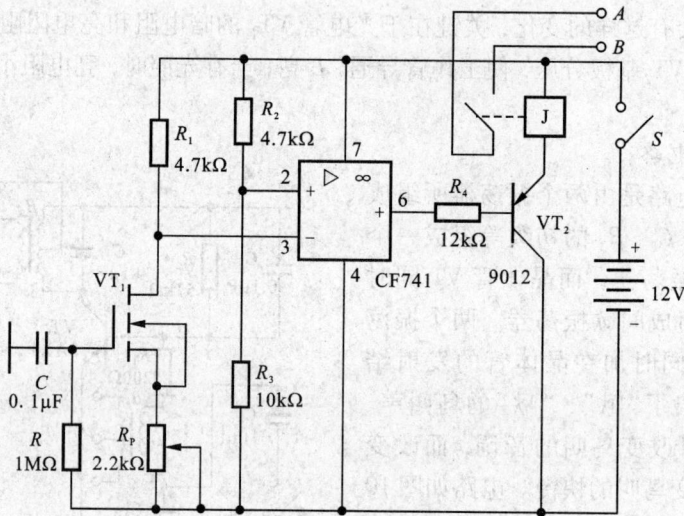

图 10 – 5   场效应管构成的触摸开关电路

6. 电子"爆竹"电路

春节燃放爆竹是我国劳动人民的传统习俗。这里介绍的电子"爆竹"非常有趣：当你按下"爆竹"顶端的小型按钮开关时，它便会发出长约 20 s 的"噼噼——啪啪——"爆竹声来。这种新颖的电子"爆竹"与传统火药爆竹相比较，具有安全、无污染、可重复使用等特点，是逢年过节喜庆时的理想电子小装置。

（1）工作原理

电子"爆竹"的电路如图 10 – 6 所示。它主要采用了模拟声集成电路 A，它所产生的"爆竹"声十分逼真，可以达到以假乱真的地步。

SB 为小型按钮开关，起触发 A 内部电路工作的作用。平时，电路处于静态不工作状态，整个电路耗电十分微小，实测总电流仅为 1 μA 左右。每当有人按动一下 SB 时，A 的触发端

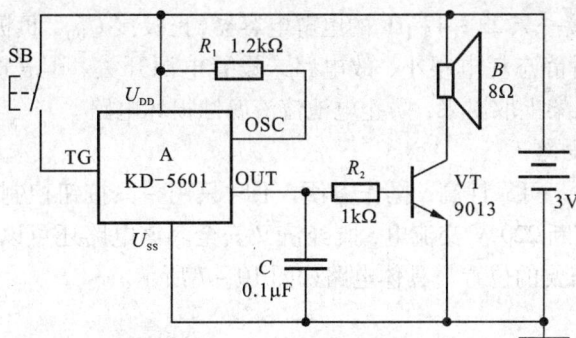

图 10 - 6　电子爆竹电路

TG 就会获得正脉冲电信号，A 内部电路受触发工作，其输出端 OUT 便会输出一遍长达 20 s 的内储模拟爆竹声电信号，经晶体三极管 VT 功率放大后，推动扬声器 B 发出响亮的"爆竹"声。

　　电路中，R_1 是 A 的外接振荡电阻器，其阻值大小影响"爆竹"声的速度快慢和音调高低。电容器 C 主要用于滤去模拟声集成电路 A 所输出信号中一些不悦耳的谐波成分，使"爆竹"声更加清脆响亮。电阻器 R_2 主要起限流作用，可有效防止个别 β 值过高的功率放大三极管产生自激现象。

　　（2）元器件选择

　　A 选用 KD - 5601 型模拟声集成电路，它采用黑胶封装形式制作在一块尺寸约为 23 mm ×14 mm 的小印制电路板上（从市场购得），并给出了外围元件焊接脚孔，使用很方便。KD -5601 的主要参数：典型工作电压为 3 V，触发端允许输入电压范围 $U_{SS} - 0.3$ V ~ U_{DD} + 0.3 V，音频输出端驱动电流 ≥1 mA，静态耗电 ≤1 μA，使用温度范围 -10℃ ~60℃。

　　VT 选用 9013 或 3DG12、3DX201、3DK4 型硅 NPN 中功率三极管，要求电流放大系数 β >100。R_1、R_2 均用 RTX - 1/8W 型碳膜电阻器。C 用 CT4D 型独石电容器。B 用 φ29 mm ×9 mm、8 Ω、0.25W 超薄微型动圈式扬声器，以减小体积、方便安装。

　　SB 可用 6 mm ×6 mm 小型轻触开关，亦可用 KAX - 1 型按钮开关。G 用两节 5 号干电池串联（须配塑料电池架）而成，电压为 3 V；如嫌扬声器发声小，可将电压提高到 4.5 伏，即用三节 5 号干电池串联后供电。

　　（3）制作与使用

　　整个电路以模拟声集成电路 A 的芯片为基板，按照图 10 - 6 所示进行焊接，不必另外再制作印制电路板。焊接时注意：电烙铁外壳一定要良好接地，以免交流感应电压击穿 A 内部 CMOS 集成电路。整个电路装入尺寸约为 φ 35mm ×120 mm 的爆竹造型壳体内。该壳体既可用红色厚纸板粘制，也可用一段红色塑料管加工制成。将全部焊接好的电路安装到"爆竹"里面去。注意在"爆竹"适当位置处为扬声器 B 开出放音孔，在"爆竹"顶端部开孔固定安装小型按钮开关 SB，以方便使用。

　　装配好的电子"爆竹"，只要电路元器件质量有保证，焊接无误，一般不需任何调试便可投入使用。万一使用中发现"爆竹"声不够逼真，可通过适当改变电阻器 R_1 的阻值来加以调节。R_1取值范围一般在 910 kΩ ~ 1.5 MΩ 之间。如果电路产生自激振荡，可通过在模拟声集成电路 A 的电源端跨接一只 22 ~ 47 μF 的电解电容器（正极接 U_{DD}、负极接 U_{SS} 来加以排除）。

由于整个电路平时静态耗电很小，故电路未设置电源开关。但长时间不用电子"爆竹"时，应将干电池从电池架上取出来，防止电池流液腐蚀损坏电路。

7. 实用电动窗帘电路

该电路使用元件少，可靠性高，操作方便，平时只用一只按钮控制窗帘的开闭，窗帘开闭到位后，电路自动切断 220 V 交流电，既经济又安全。该电路还可以通过另一只按钮，保证窗帘可以停在任何需要的位置。具体电路如图 10 - 7 所示。

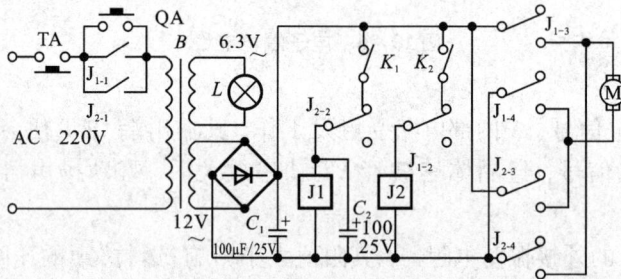

图 10 - 7　电动窗帘电路

（1）工作原理

电源变压器 B、桥式整流堆和电容 C_1 组成 12 V 直流电源。继电器 J_1、J_2 和行程开关 K_1、K_2 组成互锁电源极性切换电路。

当按下按钮 QA 时，220 V 交流电接通，指示灯 L 点亮，由于 C_2 的存在，J_1 两端的电压不能突变，故 J_2 优先吸合，J_{2-1} 闭合，电路自保，J_{2-2} 断开，电路互锁，J_{2-3}、J_{2-4} 闭合，电机得电正转，窗帘开启。窗帘完全开启后，行程开关 K_2 被拉线拉动而断开，J_2 失电释放，J_{2-1} 断开，整个电路断电停止工作。窗帘完全开启后，再次按下 QA 时，由于 K_2 断开，J_2 不能吸合，J_1 吸合，J_{1-1} 闭合，电路自保，指示灯 L 点亮，J_{1-2} 断开，电路互锁，J_{1-3}、J_{1-4} 闭合，电机得电反转，窗帘闭合。窗帘完全闭合后，行程开关 K_1 被拉线拉动而断开，J_1 失电释放，J_{1-1} 断开，整个电路断电停止工作。

当需要窗帘停在任意位置时，只要在窗帘运动过程中，按下按钮 TA 即可。

需要说明的是，本电路控制的窗帘开闭，是以开启动作为优先的，即窗帘只要不是呈完全开启状，当按下 QA 时，窗帘总是朝开启方向运动。不过，日常使用时，窗帘一般是全开全闭循环动作的，所以仅用一只按钮 QA 就可以控制窗帘的开闭了。

（2）元器件选用

电机要根据窗帘的质地和大小、重量来选取，变压器、整流全桥和继电器触点容量则根据所选电机工作电流大小选取，J_1、J_2 选用有 4 组触点的 12 V 直流继电器，最好选用带有插座的，这种继电器使用时连线非常方便，行程开关选用带有簧片的微动开关，其他元件按图中标注选取。

8. 10 + 10W 立体声放大器的制作

图 10 - 8 所示是一个用 TDA2009A 功放集成电路制作的 10 + 10W 的立体声放大器，由于

采用专用集成电路,使得它的制作变得非常简单,性能也不错。它的主要性能特点如表 10 - 1 所示。

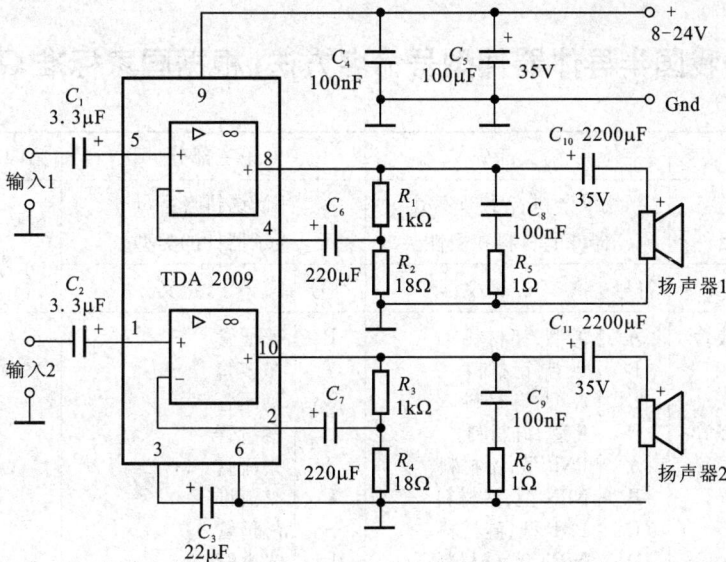

图 10 - 8　立体声放大器电路图

表 10 - 1　TDA2009A 功放集成电路主要性能特点

电源电压	直流 8 - 24 V/1 - 2A
功率输出	(1) >10W RMS/通道, 4 欧姆负载, 24 V/DC 电源;(2) >6 W RMS/通道, 8 欧姆负载,24 V/DC 电源;(3) >4 W RMS/通道,4 欧姆负载,12 V/DC 电源。
S/N	>75 dB/10 W 输出时
频率响应	10 Hz - 50 kHz, -3 dB
增益	36 dB
输入电平	100 mV 满功率输出

图中, C_1、C_2 为输入电容, C_{10}、C_{11} 为输出电容。 C_6、C_7 为反馈电容。 R_1/R_2 或 (R_3/R_4) 控制反馈量。放大器的增益等于 $1 + (R_1/R_2) = 68$ 或 37dB。 C_4、C_5 为电源滤波电容。该装置最大电源电压为 28 V。工作时 TDA2009A 需加散热片,并应注意电源线和接扬声器接线的选择。输入端应选用屏蔽线并尽可能地短。焊接 TDA200A 时注意时间不要太长,动作要快,但要让其充分与电路板融合。

附　录

附录1　我国半导体器件型号命名方法(根据国家标准 GB249—89)

第一部分		第二部分		第三部分		第四部分	第五部分
用数字表示器件的电极数目		用汉语拼音字母表示器件的材料和极性		用汉语拼音字母表示器件的类型		用数字表示序号	用汉语拼音字母表示规格号
符号	意义	符号	意义	符号	意义		
2	二极管	A	N 型,锗材料	P	普通管		
		B	P 型,锗材料	V	微波管		
		C	N 型,硅材料	W	稳压管		
3	三极管	D	P 型,硅材料	C	参量管		
		A	PNP 型,锗材料	Z	整流管		
		B	NPN 型,锗材料	L	整流堆		
		C	PNP 型,硅材料	S	隧道管		
		D	NPN 型,硅材料	U	光电管		
		E	化合物材料	K	开关管		
				X	低频小功率管(截止频率 <3 MHz 耗散功率 <1 W)		
				G	高频小功率管:(截止频率 ≥3 MHz 耗散功率 <1 W)		
				D	低频大功率管:(截止频率 <3 MHz 耗散频率 ≥1 W)		
				A	高频大功率管:(截止频率 ≥3 MHz 耗散功率 ≥1 W)		
				T	可控整流器(半导体闸流管)		
				CS	场效应器件		
				BT	半导体特殊器件		
				FH	复合管		
				PIN	PIN 型管		
				JG	激光器件		

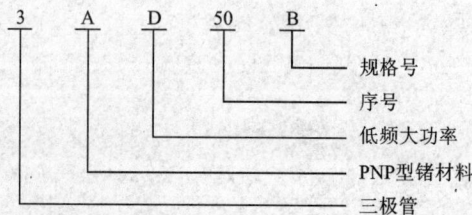

```
3    A    D    50    B
                       └── 规格号
                 └────── 序号
           └──────────── 低频大功率
      └─────────────────  PNP型锗材料
 └──────────────────────  三极管
```

附录 2　半导体集成电路型号的命名方法

根据国家标准(GB3430—89),国产半导体集成电路的型号由五部分组成,此标准适用于按国家标准规定的半导体集成电路系列和品种所生产的半导体集成电路。

第零部分		第一部分		第二部分	第三部分		第四部分	
用字母表示器件符合国标		用字母表示器件的类型			用字母表示器件的工作温度范围		用字母表示器件的封装形式	
符号	意　义	符号	意义		符号	意　义	符号	意　义
C	中国制造	T	TTL	用阿拉伯	C	$0\sim70℃$	W	陶瓷扁平
		H	HTL	数字和字	G	$-25\sim70℃$	B	塑料扁平
		E	ECL	母表示器	L	$-25\sim85℃$	F	全密封扁平
		C	CMOS	件的系列	E	$-40\sim85℃$	D	陶瓷直插
		F	线性放大器	和品种	R	$-55\sim85℃$	P	塑料直插
		D	音响、电视电路	代号	M	$-55\sim125℃$	J	黑陶瓷扁平
		W	稳压器				K	金属菱形
		J	接口电路				T	金属圆形
		B	非线性电路					
		M	存储器					
		μ	微型机电路					
		AD	A/D 转换器					
		DA	D/A 转换器					

例如: CT4290CP 的意义如下:

C　表示符合中国国家标准

T　表示为 TTL 电路

4　表示系列品种代号,共分四类:1 为标准系列, 同国际 54/74 序列;2 为高速系列, 同国际 54/74H 序列;3 为肖特基系列, 同国际 54/74S 序列;4 为低功耗肖特基系列, 同国际 54/74LS 序列

290　表示品种代号,同国际标准一致,该产品为十进制计数器

C　表示工作温度范围

P　表示封装形式

附录3　几种半导体二极管的主要参数

附表 3.1　国产 2AP 型锗二极管

参数 型号	最大整流 电流 I_F （平均值）/mA	最高反向 工作电压 U_{RM} （峰值）/V	反向电流 $I_R/\mu A$	最高工作频率 f/MHz	用　　途
2AP1	16	20	≤250	150	检波及小电流 整流
2AP4	16	50	≤250	150	
2AP7	12	100	≤250	150	

附表 3.2　国产 2CZ 系列硅整流二极管

参数 型号	最大整流电流 I_F（平均值）/A	最高反向工作电 压 U_{RM}（峰值）/V	正向压降 U_F/V	反向电流 $I_R/\mu A$	用　　途
2CZ52	0.1	25～600 25～800 50～1000	0.7	1	用于频率为 3 kHz 以下 电子设备的 整流电路中
2CZ53	0.3	25～400 25～800 50～1000	1	5	
2CZ54	0.5	25～800	1	10	
2CZ55	1	25～1000	1	10	
2CZ56	3	100～2000	0.8	20	
2CZ57	5	25～2000	0.8	20	
2CZ58	10	100～2000	0.8	30	
2CZ59	20	25～1400 100～2000	0.8	40	

附表 3.3　硅整流二极管最高反向工作电压 U_{RM} 的分档标识（V）

A	B	C	D	E	F	G	H	J	K	L
25	50	100	200	300	400	500	600	700	800	900
M	N	P	Q	R	S	T	U	V	W	X
1000	1200	1400	1600	1800	2000	2200	2400	2600	2800	3000

附表 3.4　常用整流二极管

参数 型号	最大整流电流/平均值 I_F/A	最高反向工作电压 （峰值 U_{RM}）/V	正向压降 U_F/V	反向电流 $I_R/\mu A$
IN4001	1	50	1.1	5
IN4002	1	100	1.1	5
IN4004	1	400	1.1	5
IN4007	1	1000	1.1	5
IN5391	1.5	50	1	5
IN5392	1.5	100	1	5
IN5393	1.5	200	1	5
IN5397	1.5	600	1	5
IN5399	1.5	1000	1	5
IN5400	3	50	1	5
IN5401	3	100	1	5
IN5402	3	200	1	5
IN5404	3	400	1	5
IN5408	3	1000	1	5

附录4　几种半导体三极管的主要参数

附表4.1　国产三极管的主要参数

型　号	参　数	集电极最大电流 I_{CM}/mA	集电极最大耗散功率 P_{CM}/mW	集-射反向击穿电压 $U_{(BR)CEO}/V$	共射电流放大系数 β	集-基反向饱和电流 $I_{CBO}/\mu A$
PNP型锗低频小功率三极管	国产3AX型 3AX51A 3AX51B 3AX51C 3AX51D	100	100	12 12 18 24	40~150 40~150 30~100 25~70	≤12
NPN型锗低频小功率三极管	国产3BX型 3BX31A 3BX31B 3BX31C	125	125	≥10 ≥15 ≥20	30~200 50~150	≤20 ≤15 ≤10
NPN型硅高频小功率三极管	国产3DG型 3DG100A 3DG100B 3DG100C 3DG100D	20	100	≥20 ≥30 ≥20 ≥30	≥30	≤0.01
低频大功率三极管	国产3AD型 3AD50A 3AD50B 3AD50C	3A	10W（加散热板）	≥18 ≥24 ≥30	20~140	≤0.3
常用半导体三极管	9011 9012 9013 9014	300 500 500 100	300 625 625 450	≥30 ≥20 ≥30 ≥45	54~198 64~202 64~202 60~1000	≤0.1 ≤0.1 ≤0.1 ≤0.05

附表4.2　小功率三极管电流放大系数分档标记

$h_{FE}(\beta)$范围	30~40	40~50	50~65	65~85	85~115	115~150	>150
管顶颜色	橙	黄	绿	蓝	紫	灰	白

附表 4.3　塑封三极管分档对应的 β 值

型号	A	B	C	D	E	F	G	H	I
9011,9018				29~44	39~60	54~80	72~108	97~146	132~198
9012,9013				64~91	78~112	96~135	118~160	144~202	180~350
9014,9015	60~150	100~300	200~600	400~1000					
8050,8550	–	85~160	120~200	160~300					
5551,5401	82~160	150~240	200~395	–					
BU406	30~45	35~85	75~125	115~200					

附录5　电阻器和电容器的标称值

电阻的标称阻值应符合下表中所列数值，其中 n 为正整数或负整数。

附表5.1　电阻器的标称值

E_{24} 系列	E_{12} 系列	E_6 系列	E_{24} 系列	E_{12} 系列	E_6 系列
允许偏差 $\pm 5\%$	允许偏差 $\pm 10\%$	允许偏差 $\pm 20\%$	允许偏差 $\pm 5\%$	允许偏差 $\pm 10\%$	允许偏差 $\pm 20\%$
1.0	1.0	1.0	3.3	3.3	3.3
1.1			3.6		
1.2	1.2		3.9	3.9	
1.3			4.3		
1.5	1.5	1.5	4.7	4.7	4.7
1.6			5.1		
1.8	1.8		5.6	5.6	
2.0			6.2		
2.2	2.2	2.2	6.8	6.8	6.8
2.4			7.5		
2.7	2.7		8.2	8.2	
3.0			9.1		

对于云母及瓷介电容器的标称容量系列及允许偏差与上表的电阻标称系列相同，这里不再重复。现将固定式纸介电容器和电解电容器的标称容量与允许偏差列表如下。

附表 5.2　电容器的标称容量

纸 介 电 容

工作电压	不 大 于 1.6 kV			
允许偏差	±5%	±10%	±20%	
标称容量	100pF ~ 100pF	0.01 μF ~ 0.1 μF	0.1 μF ~ 1 μF	1μF ~ 10μF
	100	0.01	0.01	1
	150	0.015	0.15	2
	220	0.022	0.22	4
	330	0.033	0.33	6
	470	0.039	0.47	8
	680	0.047		10
	1000	0.056		
	1500	0.068		
	2200	0.082		
	3300			
	4700			
	6800			

电 解 电 容 器

标称容量	1,2,5,10,20,50,100,200,500,1000,2000,5000
允许偏差 (一般电容器)	−10% ~ +100%（工作电压≤50V） −10% ~ +50%（工作电压 >50V） −10% ~ +100%（工作电压 >50V） （标称容量≤10μF） −20% ~ +50%（工作电压可为各种值）

　　电阻器的标称值和精度一般用色标法、直标法和文字符号描述法来表示。色标法是用不同的颜色表示不同的数值和误差。对没有标明等级的电阻器,一般为 的偏差。电阻器有三环和四环两种表示方法。电阻色环与数值的对应关系如下表所示。

附表 5.3 电阻器标称阻值及精度的色标

符 号	A	B	C	D
颜 色	第一位	第二位	应乘位数	允许偏差
黑	—	0	$\times 10^0 = 1$	—
棕	1	1	$\times 10^1 = 10$	—
红	2	2	$\times 10^2 = 100$	—
橙	3	3	$\times 10^3 = 1000$	—
黄	4	4	$\times 10^4 = 10000$	—
绿	5	5	$\times 10^5 = 100000$	—
蓝	6	6	$\times 10^6 = 1000000$	—
紫	7	7	$\times 10^7 = 10000000$	—
灰	8	8	$\times 10^8 = 100000000$	—
白	9	9	$\times 10^9 = 1000000000$	—
金	—	—	$\times 10^{-1} = 0.1$	$\pm 5\%$
银	—	—	$\times 10^{-2} = 0.01$	$\pm 10\%$
无色(底色)	—	—	—	$\pm 20\%$
外形	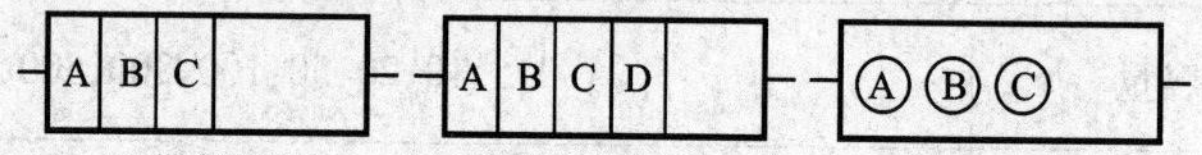 环带色码制 ABC	环带色码制 ABCD	三点色码制 (A)(B)(C)	

附录6　几种集成运放的主要性能指标

参数名称及单位　型号	输入失调电压 U_{IO}	开环差模电压增益 A_{ud}	共模抑制比 K_{CMR}	差模输入电阻 R_{id}	输出电阻 R_o	单位增益带宽 B_{WG}	转换速率 S_R	工作电源电压 U_{CC}、U_{EE}
	mV	dB	dB	MΩ	Ω	MHz	V/μs	V
CF741	1.0	106	90	2.0	75	1.0	0.5	±15
μA715	2.0	90	92	1.0	75	65	<100	±15
μA725	0.5	130	120	1.5	150			±15
μA747	5.0	94	70	0.3	75	1.0	0.5	±22
NE5532	0.5					10	9	±3 ~ ±22
NE5534	0.5					10	13	±3 ~ ±22
NE5535	2.0					1.0	15	±6 ~ ±18
AD522		60		106	100	10		
AD620	0.125		>93					±2.3 ~ ±18
AD622	0.25		>66	104		1.0	1.2	±2.6 ~ ±15
AD827	0.5					50	30	±4.5 ~ ±18
LM146	0.5	120	100	1.0		1.2	0.4	±15
LM833	0.3	110	100			15	7.0	±5 ~ ±15
LM837	0.3	110	100			25	10	±5 ~ ±15
OP07	10					0.6	0.3	±22
OP37	0.01					63	17	±22
OP249						4.7	22	±4.5 ~ ±18
OP275						9.0	22	±4.5 ~ ±22
TL084	<15	>88				4.0	13	±5 ~ ±18

本书常用符号说明

一、电流和电压

i、u	电流、电压瞬时值通用符号
I、U	正弦电流、电压有效值;直流电流、电压值;直流电流、电压增量值通用符号
$\dot{I}$、$\dot{U}$	正弦电流、电压复数量通用符号
$I_{大写下标}$、$U_{大写下标}$	直流量
$I_{小写下标}$、$U_{小写下标}$、	有效值
$i_{大写下标}$、$u_{大写下标}$	总瞬时值(直流 + 交流)
$i_{小写下标}$、$u_{小写下标}$、	交流瞬时值
U_{CC}、U_{EE}、U_{DD}、U_{BB}	直流电源电压

二、放大倍数或增益

A	放大倍数或增益的通用符号
A_u	电压放大倍数或增益
A_i	电流放大倍数或增益
A_{uf}	有反馈时(闭环)电压放大倍数或增益
A_{us}	考虑信号源内阻时的电压放大倍数或增益
A_{usf}	有反馈且考虑信号源内阻时的电压放大倍数或增益

三、电阻、电容和电感

R	固定电阻通用符号
r	动态电阻通用符号
R_p	电位器通用符号
R_i	输入电阻
R_o	输出电阻
R_L	负载电阻
R_s	信号源内阻
R_f	反馈电阻
R_T	热敏电阻
R_U	压敏电阻
C	电容通用符号
C_i	输入电容
C_o	输出电容

C_f	反馈电容
C_B	势垒电容
C_D	扩散电容
C_J	结电容
C_e	发射极旁路电容
L	电感通用符号

四、其他符号

VT	双极型三极管、场效应管通用符号
VD	半导体二极管通用符号
VZ	稳压二极管通用符号
Q	静态工作点
f	频率通用符号
f_L	放大器下限频率
f_H	放大器上限频率
P	功率通用符号
P_U	电源提供的功率
P_O	输出功率
P_T	三极管管耗
F	反馈系数通用符号
T、t	时间、周期、温度
T_{jm}	二、三极管结温
ω	角频率
φ	相位差、相角
BW	频带宽度
η	效率
U_Z	稳压二极管稳定电压
U_P	耗尽型场效应管夹断电压
U_T	增强型场效应管开启电压
K_{CMR}	共模抑制比
K_U	稳压系数
K_V	纹波系数
S_U	电压调整率
S_I	电流调整率
I_{DSS}	饱和漏极电流
δ	占空比

参考文献

[1] 陶希平. 模拟电子技术基础. 北京：化学工业出版社,2001

[2] 汤光华, 宋涛. 电子技术. 北京：化学工业出版社, 2005

[3] 胡宴如. 模拟电子技术(第二版). 北京：高教出版社, 2002

[4] 叶若华, 汤光华主篇. 模拟电子技术基础. 北京：化学工业出版社, 2000

[5] 张先永. 电子技术基础. 长沙：国防科技大学出版社, 2002

[6] 周始终, 陈道坦. 电子技术. 重庆：重庆大学出版社, 2000

[7] 康华光. 电子技术基础. 模拟部分. 第四版. 北京：高等教育出版社, 2000

[8] 周雪. 电子技术基础. 北京：电子工业出版社, 2004

[9] 童诗白, 华成英. 模拟电子技术基础(第三版). 北京：高等教育出版社, 2000

[10] 郑应光. 模拟电子线路(一). 南京：东南大学出版社, 2004

[11] 周良权. 模拟电子技术基础. 北京：高等教育出版社, 2001

[12] 陈振源. 电子技术基础. 北京：高等教育出版社, 2001

[13] 苏丽萍. 电子技术基础. 西安：西安电子科技大学出版社, 2001

[14] 吴斌. 模拟电路与数字电路. 北京：学苑出版社, 2002

[15] 柯节成. 简明电子元器件手册. 北京：高等教育出版社, 2000

[16] 姚金生, 郑小利. 元器件(修订版). 北京：电子工业出版社, 2004

[17] 韦建英. 电子技术. 北京：高等教育出版社, 2003

[18] 孟贵华. 电子元器件选用入门. 北京：机械工业出版社, 2005

[19] 华成英. 模拟电子技术基本教程. 北京：清华大学出版社, 2006

[20] 陈大钦. 模拟电子技术基础. 北京：高等教育出版社, 2000

[21] 陈辛城. 模拟电子技术基础. 北京：高等教育出版社, 2003

[22] 王少华. 电工电子技术基础. 长沙：中南大学出版社, 2005

高职高专电子类专业"十二五"规划教材

模拟电子技术
学习指导

MONIDIANZIJISHUXUEXIZHIDAO

GAOZHIGAOZHUANDIANZILEIZHUANYESHIERWUGUIHUAJIAOCAI

主　编　汤光华　龙　剑
副主编　柴霞君　黄　获　董学义

中南大学出版社
www.csupress.com.cn

图书在版编目(CIP)数据

模拟电子技术(含学习指导书)/汤光华,龙剑主编. —长沙:
中南大学出版社,2007.7
ISBN 978-7-81105-539-9

Ⅰ.模... Ⅱ.①汤...②龙... Ⅲ.模拟电路—电子技术
Ⅳ.TN710

中国版本图书馆 CIP 数据核字(2007)第 107870 号

模拟电子技术

(含《模拟电子技术学习指导》)

主编 汤光华 龙 剑

□责任编辑 陈应征
□责任印制 易红卫
□出版发行 中南大学出版社

社址:长沙市麓山南路 　　邮编:410083
发行科电话:0731-88876770 　　传真:0731-88710482

□印 　装 长沙市宏发印刷有限公司

□开 　本 787×1092 1/16 　□印张 26 　　□字数 653 千字
□版 　次 2014 年 12 月第 2 版 　□2014 年 12 月第 1 次印刷
□书 　号 ISBN 978-7-81105-539-9
□定 　价 40.00 元

前言

"模拟电子技术"是一门理论性和实用性都很强的电子类专业基础课程。它与后续课程有着紧密的联系，如何学好这一门课程，关键是对基本概念和基本原理有一个清晰的理解，它不仅需要有较强的逻辑分析能力，更需要做大量的习题，在解题过程中，一方面要提高自己的解题技巧，更重要的是要通过解题加深对基本概念和基本原理的认识，通过解题了解书本知识在实际生产、生活中的应用。因此，做大量的习题是学好这门课程的关键之一。

本书每章由学习要求、学习指导和教材的习题详解组成。学习要求列出了本章节学习后要掌握的重要概念和重要原理；学习指导对本章节中的一些学习难点进行了分析；自测题可以方便学习者自我检查学习的效果；习题详解是为了给学习者提供解题的思路；拓展练习则是为了加强习题的深度，拓展学习的思维。

本书由汤光华、龙剑主编，龙剑统稿，其中第 1 章由周习祥老师编写，第 2 章由汤光华老师编写，第 3 章由谌喜云老师编写，第 4 章由黄新民老师编写，第 5 章由柴霞君老师编写，第 6 章由刘国联老师编写，第 7 章由黄荻老师编写，第 8 章由彭芳老师编写。本书编写过程中得到了中南大学出版社的领导和有关编辑的大力支持，在此表示衷心的感谢！

由于编者水平有限，加之时间仓促，本书难免有缺点和疏漏，存在一些不妥之处，敬请各位专家及广大读者批评指正。

编者
2014 年 12 月

目　录

第 1 章　半导体二极管、三极管

一、学习要求

（1）要求能正确理解 PN 结的形成过程

二极管的内部结构其实就只有一个 PN 结，二极管的正极与 P 区相连，负极与 N 区相连，要弄清楚二极管的工作特性其首要任务就是要理解 PN 结的形成过程。

（2）理解二极管的伏安特性曲线

二极管的伏安特性曲线指的是加在二极管两端的电压与流过二极管的电流之间的关系，它包括正向特性和反向特性曲线，我们要能够理解曲线中各段所代表的物理意义。

（3）掌握常用的特殊二极管种类及其应用

常用的特殊二极管主要有稳压二极管、光电二极管、发光二极管、变容二极管，每一种二极管都有不同的应用，要求能够熟练掌握，尤其是对稳压二极管稳压前提条件的理解。

（4）要求能判别二极管的正、负极和二极管质量的好坏。

（5）了解半导体三极管的基本结构。

（6）理解半导体三极管内部载流子的传输过程、电流分配关系与电流放大作用。

（7）掌握半导体三极管的输入及输出特性曲线，并且能根据三极管三极电位的关系分析三极管所处的工作状态。

（8）了解半导体三极管的主要参数及其代表的意义。

（9）能用万用表判别半导体三极管的 B、C、E 三极，并且能够粗略判断三极管的好坏。

二、学习指导

1. PN 结的形成

（1）在一块本征半导体上，采用掺杂工艺措施，使其一边形成 P 型半导体，另一边形成 N 型半导体，由于 P 型半导体和 N 型半导体的载流子存在浓度差，从而形成扩散运动。

（2）由于扩散运动，使 P 型半导体和 N 型半导体的邻近区域形成内电场，内电场的方向是由 N 区指向 P 区。

（3）在内电场的作用下，自由电子和空穴形成漂移运动，漂移运动和扩散运动的方向相反，当两种运动相等时，达到动态平衡，这样就形成一个稳定的 PN 结，我们又称之为阻挡层。

（4）PN 结外加正向电压导通，加反向电压截止，这就是 PN 结的单向导电性。

2. 二极管的伏安特性曲线

（1）正向特性：

① 导通电压（又称为门坎电压或阈值电压），用 U_D 表示，硅管约为 0.5V，锗管约

为0.1V。

② 当正向电压大于死区电压时，二极管导通，电流迅速增长。

③ 在正常的电流范围内，二极管的正向压降(常称为管压降)很小，且几乎维持恒定，硅管约为 $0.6 \sim 0.8V$(通常取0.7V)，锗管约为 $0.2 \sim 0.3V$(通常取0.2V)。

（2）反向特性：

① 反向截止区：此时反向电流很小，几乎为0。

② 反向击穿区：当反向电压达到一定值时，反向电流急剧增大，此时，二极管处于反向击穿区。

（3）主要参数：最大整流电流，最大反向工作电压，反向饱和电流，极间电容等。

3. 常用二极管基本电路

（1）限幅电路：在电子技术中，常用限幅电路来对各种信号进行处理，经过限幅电路处理后的电压称为限幅电压。

（2）开关电路：利用二极管的单向导电性使电路接通或断开，在数字电路中得到广泛的应用。

（3）稳压电路：利用二极管正向导通时，在一定电流范围内，二极管两端电压变化不大的特点，可以组成正向稳压电路。

4. 对特殊二极管的理解

（1）稳压二极管

① 稳压二极管的稳压条件：A. 稳压二极管必须接反向电压。B. 反向电压必须要高于稳压二极管的反向击穿电压。C. 要使稳压二极管能够正常工作，还必须串联一个限流电阻以保护稳压二极管。

② 稳压二极管的稳压原理：当它工作在反向击穿状态下，其反向电流在很大范围变化时，其端电压变化很小，因而具有稳压作用。

（2）发光二极管

发光二极管能够将电能转换成为光能，一般作为显示器件，可发出红、黄、绿、蓝等可见光。

（3）光电二极管

光电二极管能够将光能转换成为电能，工作于反向偏置状态，无光时，反向电流很小，有光时，反向电流随光的强度增加而增加。

（4）变容二极管

变容二极管是利用二极管的结电容随反向电压的变化而变化的特性制成的，用在各种振荡电路当中来自动调节振荡频率。

5. 了解三极管的基本结构

半导体三极管按照结构分可以分为 NPN 型和 PNP 型，不管是 NPN 型还是 PNP 型都包括三个区：发射区、基区和集电区，并相应引出三个电极：基极(b)、集电极(c)、发射极(e)，在三个区的交界处，形成两个 PN 结，分别称为发射结和集电结。

6. 理解三极管内部载流子的传输过程、电流分配关系与电流放大作用

（1）三极管内部载流子的传输过程：发射区向基区注入电子；电子在基区中的扩散与复合；集电极收集扩散过来的电子。

（2）电流分配关系：

发射极的总电流与发射结的电压 U_{BE} 成指数关系：$i_E = I_{ES}(e^{U_{BE}/U_T} - 1)$

集电结收集的电子流是发射结发射的总电子流的一部分，它们的关系是：$i_C = \overline{\alpha}i_E$ 由于 $i_E = i_B + i_C$，所以 $I_B = (1 - \overline{\alpha})i_E$。

集电极与基极电流的关系是：$i_C/i_B = \overline{\beta}$

（3）电流放大作用：

$I_E = I_B + I_C$、$I_B < I_C < I_E$、$I_C \approx I_E$。

7. 三极管的特性曲线

（1）输入特性曲线：它是指在 U_{CE} 为一常数时，U_{BE} 与 i_B 之间的关系。用函数关系式表示为：

$$i_B = f(U_{BE}) \mid U_{CE} = 常数$$

① $U_{CE} = 0V$ 时，相当于三极管集、射两极短接，曲线变化规律和二极管正向特性曲线相似。

② $U_{CE} \geqslant 0V$，$U_{CE} = 1V$ 时，在相同的 U_{BE} 作用下，流向基极的电流 i_B 减少即曲线向右移。

③ 在 U_{CE} 超过 1V 以后，U_{CE} 再增加，i_B 也不明显减少，因此 $UCE \geqslant 1V$ 以后的 $U_{BE} - i_B$ 曲线基本是重合的。

（2）输出特性曲线：它是指在基极电流 i_B 一定的情况下，三极管的输出回路中集电极与发射极之间的电压 U_{CE} 与集电极电流 i_C 之间的关系曲线，用函数表示为：

$i_C = f(U_{CE}) \mid i_B = 常数$。

三极管输出特性曲线分成三个区域，它们分别是截止区、放大区、饱和区。（这里只对硅管而言）

截止区的特点是：集电结和发射结均处于反偏状态，对于 NPN 型三极管，$U_{BE} < 0$，$U_{BC} < 0$；对于 PNP 型三极管，$U_{EB} < 0$，$U_{CB} < 0$。

放大区的特点是：发射结正偏，集电极反偏，对于 NPN 型三极管，$U_{BC} < 0$，$U_{BE} \geqslant 0.7V$；对于 PNP 型三极管，$U_{CB} < 0$，$U_{EB} \geqslant 0.7V$。

饱和区的特点是：发射结和集电结均处于正偏状态，对于 NPN 型三极管，$U_{BC} > 0$，$U_{BE} \geqslant 0.7V$；对于 PNP 型三极管，$U_{CB} \geqslant 0$，$U_{EB} \geqslant 0.7V$。

8. 半导体三极管的主要参数

（1）电流放大倍数，它是表征三极管放大作用的参数，它又分成了如下几种参量：

① 共射极交流电流放大倍数 β，

② 共射极直流电流放大倍数 $\overline{\beta}$，

③ 共基极交流电流放大系数 α，

④ 共基极直流电流放大系数 $\overline{\alpha}$。

（2）极间反向电流

① 集电极 – 基极反向饱和电流 I_{CBO}

② 集电极 – 发射极反向饱和电流 I_{CEO}

（3）极限参数

① 集电极最大允许电流 I_{CM}

② 集电极最大允许功率损耗 P_{CM}

(4)反向击穿电压

① 集电极开路时发射极－基极间的反向击穿电压 $U_{(BR)EBO}$

② 发射极开路时集电极－基极间的反向击穿电压 $U_{(BR)CBO}$

③ 基极开路时集电极－发射极间的反向击穿电压 $U_{(BR)CEO}$

三、自测题及参考答案

1. 填空题(每小题5分,共60分)

(1)半导体材料的主要特性为_____、_____、_____。

(2)二极管的主要特性是具有_____。

(3)N型半导体中多子是_____,P型半导体中多子是_____。

(4)半导体二极管进行代换时主要考虑的两个参数是_____和_____。

(5)发光二极管的主要功能是_____,光电二极管的主要功能是_____。

(6)工作在放大区的某三极管,当基极电流从12μA增大到22μA时,集电极电流从1mA变为2mA,那么该三极管放大倍数约为_____。

(7)三极管的电流分配关系式为_____。

(8)从三极管输出特性上,可划分三个工作区域,分别为_____、_____和_____。

(9)已知一个三极管的 I_{CEO} 为400μA,当基极电流为20μA时,集电极电流为1mA,则该管的 I_{CBO} 约为_____。

(10)光照射在光敏电阻表面时,它的电阻值会_____。

(11)太阳能电池是利用_____效应产生电能的。

(12)光电耦合器是以光为媒介传输电信号实现_____转换的器件。

2. 选择题(每小题4分,共20分)

(1)PN结加反向电压时,空间电荷区将( )。

A.变窄　　　　　　　　B.不变

C.变宽　　　　　　　　D.无法确定

(2)用万用表 R×1KΩ 挡测量二极管,若测出二极管正向电阻为1KΩ,反向电阻为5KΩ,则这只二极管的情况是( )。

A.内部已断路　　　　　B.内部已短路

C.没有坏但性能不好　　D.性能良好

(3)处于放大状态时,硅三极管的发射结正向压降为( )。

A.0.1~0.3V　　　　　　B.0.3~0.6V

C.0.6~0.8V　　　　　　D.0.8~1.0V

(4)NPN三极管工作在放大状态时,两个结的偏压为( )。

A.$U_{BE}>0$, $U_{BE}<U_{CE}$　　B.$U_{BE}<0$, $U_{BE}<U_{CE}$

C.$U_{BE}>0$, $U_{BE}>U_{CE}$　　D.$U_{BE}<0$, $U_{BE}>U_{CE}$

(5)光敏电阻对光线很敏感,其阻值随外界光照强度而变。当无光照时呈现( )状态,有光照时其阻值迅速( )。

A. 高阻 减小　　　　　　　　　　　B. 高阻 增大

C. 低阻 减小　　　　　　　　　　　D. 低阻 增大

3. 判断题(每小题 4 分,共 20 分)

(1)二极管的反向饱和电流越小,说明其单向导电性越好。　　　　　　(　　)

(2)三极管的输出特性是描述 I_B 与 U_{CE} 之间的关系。　　　　　　　　(　　)

(3)P 型半导体内,空穴远大于自由电子,因此它带正电。　　　　　　(　　)

(4)NTC 热敏电阻在一定工作温度范围内电阻值随温度增加而增加。　　(　　)

(5)稳压二极管用于稳压时必须接正向电压。　　　　　　　　　　　　(　　)

参考答案

1.(1)杂敏性、热敏性、光敏性。　(2)单向导电性。　(3)电子、空穴。　(4)最大整流电流 I_F、最高反向工作电压 U_R。　(5)将电能转换为光能、将光能转换为电能。　(6)100。　(7)$I_E = I_C + I_B$。　(8)截止区、放大区、饱和区。　(9)8 微安。　(10)减小。　(11)光生伏特效应。　(12)电—光—电。

2.(1)C　(2)C　(3)C　(4)A　(5)A

3.(1)√　(2)×　(3)×　(4)×　(5)×

四、习题详解

1-1　试判断图 1-1 中二极管是导通的还是截止的? 为什么?

解:　首先由图可知两个电源的负极不是公共的,假设 VD 断开,则

$$U_{VD+} = \frac{10}{140+10} \times 15 = 1V$$

$$U_{VD-} = \frac{5}{25+5} \times 15 - \frac{2}{18+2} \times 20 = 0.5V$$

$U_{VD+} > U_{VD-}$,故 VD 正偏导通。

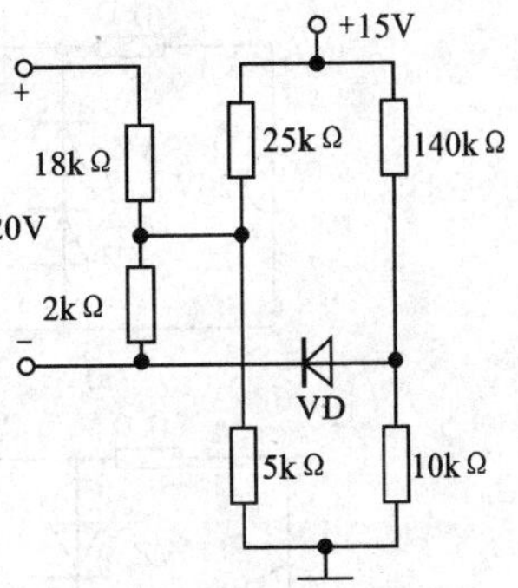

1-2　某放大电路中三极管三个电极 X、Y、Z 的电流如图 1-2 所示,用万用表测得 $I_X = -2mA$,$I_Y = -0.04mA$,$I_Z = +2.04mA$,试分析 X、Y、Z 各代表三极管哪个极,并说明此管是 NPN 型还是 PNP 型,它的放大倍数是多少?

图 1-1　习题 1-1 的图

解:　前提条件是三极管处于放大状态,根据三极管处于放大状态的特点 $I_B + I_C = I_E$,$I_E > I_C > I_B$NPN 型三极管 I_B、I_C 电流实际方向向内,I_E 实际方向向外,PNP 型三极管 I_B、I_C 电流实际方向向外,I_E 实际方向向内,$I_X = -2mA$,I_X 实际方向向内,$I_Y = -0.04mA$,I_Y 实际方向向内,$I_Z = +2.04mA$,I_Z 实际方向向外。由此可知 X 引脚代表集电极,Y 引脚代表基极,Z 引脚代表发射极;该三极管属于 NPN 型,放大倍数 $\bar{\beta} = \dfrac{I_C}{I_B} = \dfrac{2}{0.04} = 50$。

1-3　电路如图 1-3 所示,稳压管 VZ 的稳定电压 $U_Z = 6V$,限流电阻 R = 3KΩ,设 $u_i =$

$10\sin\omega t(V)$，试画出 u_o 的波形。

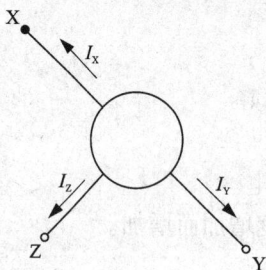

图 1-2 习题 1-2 的图

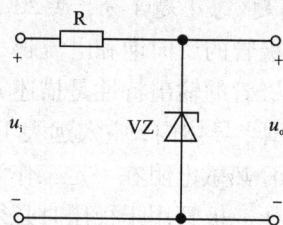

图 1-3 习题 1-3 的图

解： 据题意 $U_Z=6V$，$R=3K\Omega$，$u_i=10\sin\omega t(V)$

当 $u_i>6V$ 时，稳压二极管被击穿，稳压二极管工作，输出电压为恒定的 6V。

当 $u_i<6V$ 时，稳压二极管不工作，输出电压跟随着输入电压变化而变化。

输出波形请自己根据提示画出。

1-4 有两只半导体三极管，一只管子的 $\beta=100$，$I_{CEO}=200\mu A$，另一只管子的 $\beta=50$，$I_{CEO}=10\mu A$，其它参数大致相同，你认为应该选用哪一只可靠？

解： 据 $I_{CEO}=(1+\beta)I_{CBO}$，且 I_{CBO} 是造成三极管工作不稳定的主要因素，I_{CBO} 越小，三极管越稳定，因此选择 $\beta=50$，$I_{CEO}=10\mu A$ 这个三极管工作要可靠些。

1-5 图 1-4 所示各电路中稳压管 VZ_1 和 VZ_2 的稳压值分别为 6V 和 6.3V，稳定电流均为 10mA，最大稳定电流均大于 30mA，正向压降均为 0.7V，试求各电路输出电压的大小。

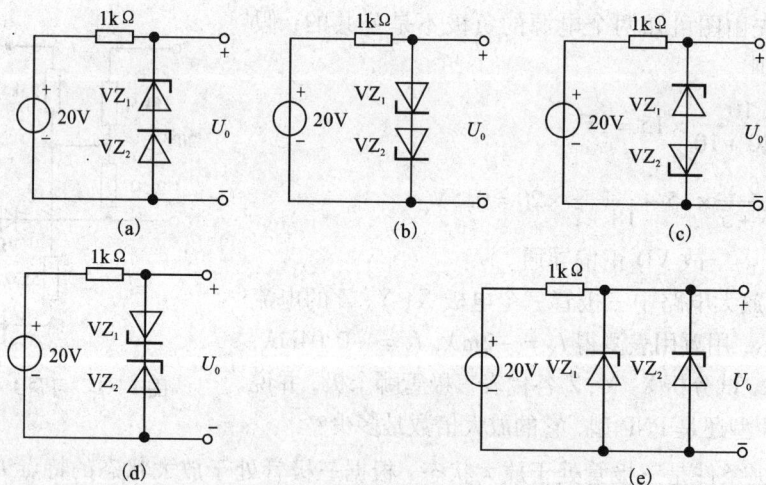

图 1-4 习题 1-5 的图

解： 由题图可知：

（a）U_0 不稳定，如果稳定的话，$U_0=12.3V$，则电阻 1K 上的电压为 7.7V，则通过稳压二极管的电流为 7.7mA，小于 10mA 的稳定电流，所以 U_0 不稳定。

（b）$U_0=1.4V$ （c）$U_0=6.7V$

（d）$U_o = 7V$　　　　　　　　　　（e）$U_o = 6V$

1－6　半导体三极管所组成的简单电路如图 1－5 所示，试求集电极电流 I_C。设图中所用的三极管是硅管，其 U_{BE} 约为 0.7V。其它电路参数如图所示。

解：据题意

$$I_B = \frac{U_{CC} - U_{BE}}{R_b} = \frac{12 - 0.7}{150} \approx 0.075mA$$

$$I_C = \beta I_B = 20 \times 0.075 = 1.5mA$$

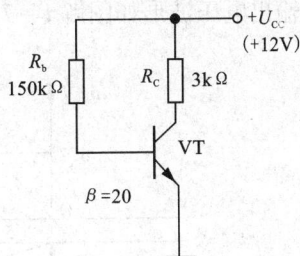

图 1－5　习题 1－6 的图

五、拓展习题选解

1－1　什么叫载流子的扩散运动、漂移运动？扩散运动、漂移运动的大小主要与什么有关？

答：在 PN 结的形成过程中，P 型半导体和 N 型半导体交界面的两边，由于电子和空穴的浓度不相等，N 型半导体内电子很多而空穴很少，P 型半导体内则相反，空穴很多而电子很少，于是空穴要从 P 区向 N 区运动，自由电子要从 N 区向 P 区运动，这种运动称为扩散运动。随着扩散运动的进行，PN 结内部产生内电场，内电场的反向与载流子扩散运动的反向相反，对多数载流子的扩散运动有阻碍作用，它的作用力会把电子拉回 N 区，把空穴拉回 P 区，这种运动的反向刚好与扩散运动反向相反，少数载流子在内电场作用下的这种运动叫做漂移运动。在达到动态平衡前，扩散运动强于漂移运动，当达到动态平衡时扩散运动等于漂移运动。

1－2　解释 PN 结的单向导电性，通过 PN 结的正向电流、反向电流主要与什么因素有关？

答：当 PN 结加正向电压时，外电场的方向与内电场的方向相反，有利于多数载流子的扩散运动，此时正向电流较大，这样 PN 结表现为一个很小的电阻；当 PN 结加反向电压时，外电场的方向与内电场的方向相同，有利于少数载流子的漂移运动，此时正向电流很小，这样 PN 结表现为一个很大的电阻，这就是 PN 结的单向导电性。

通过 PN 结的正向电流、反向电流主要与 PN 结外加的电场反向、PN 结内部电场的强弱有关。

1－3　一限幅电平可人为设置的电路如题图 1－6 所示，VD 为硅二极管，$U_{REF} = 5V$。（1）当二极管 VD 的正向压降为 0.7V 时，求电路的传输特性 $u_o = f(u_i)$；（2）根据传输特性，画出当 $u_i = 10\sin\omega t V$ 时，输出电压 u_o 的波形。

解：（1）当 $u_i < (U_{REF} + 0.7) = 5.7V$ 时，VD 截止，$u_o = u_i$，

当 $u_i \geq (U_{REF} + 0.7) = 5.7V$ 时，VD 导通，$u_o = 5.7v$。

传输特性如图解 1－7（a）所示。

（2）$u_i = 10\sin\omega t V$ 时，

当时 $u_i < 5.7V$ 时，$u_o = u_i$，

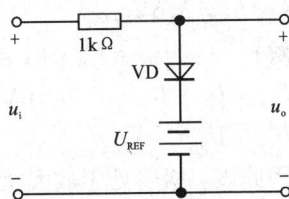

图 1－6　拓展习题 1－3 的图

当时 $u_i \geqslant 5.7V$，$u_o = 5.7V$。

输出电压波形如图解 1-7(b)所示。

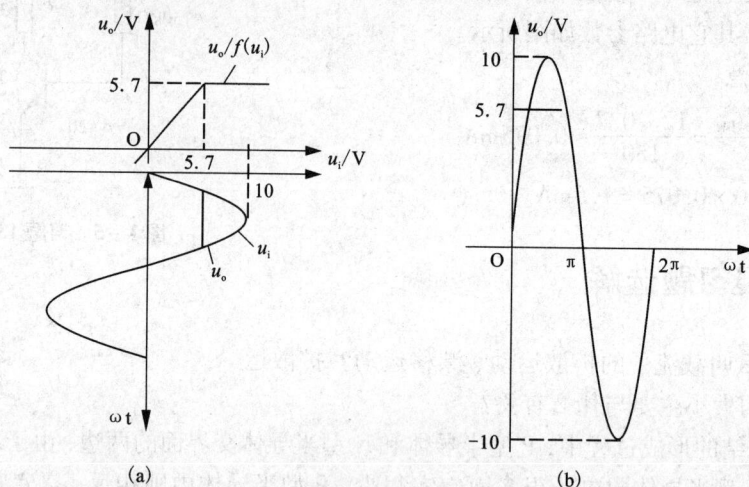

图 1-7　拓展题 1-3 的解答图

1-4　若测得某三极管的 $I_B = 20\mu A$ 时，$I_C = 2.0mA$；当 $I_B = 60\mu A$ 时，$I_C = 5.4mA$。试求此三极管的及 I_{CEO} 各为多少？

解：$\beta = \dfrac{\Delta I_C}{\Delta I_B} = \dfrac{(5.4 - 2.0) \times 10^3}{60 - 20} = 85$

因为 $\beta \approx \bar{\beta}$，而 $\bar{\beta} = \dfrac{I_C - I_{CEO}}{I_B}$

所以 $I_{CEO} = I_C - I_B = 5.4 \times -85 \times 60 = 300\mu A = 0.3mA$

1-5　测得某硅 NPN 型三极管各电极对地的电压值如下，试判别三极管的工作状态。

(a) $U_C = 6V$　　　　　　$U_B = 0.7V$　　　　　　$U_E = 0V$；

(b) $U_C = 6V$　　　　　　$U_B = 2V$　　　　　　$U_E = 1.3V$；

(c) $U_C = 6V$　　　　　　$U_B = 6V$　　　　　　$U_E = 5.4V$；

(d) $U_C = 6V$　　　　　　$U_B = 4V$　　　　　　$U_E = 3.6V$；

(e) $U_C = 3.6V$　　　　　$U_B = 4V$　　　　　　$U_E = 3.4V$。

解：(a) $U_{BE} = U_B - U_E = 0.7 - 0 = 0.7V > 0.5V$

$U_{CE} = U_C - U_E = 6 - 0 = 6V$

$U_{CE} > U_{BE}$

因此该三极管处于放大状态。

(b) $U_{BE} = U_B - U_E = 2 - 1.3 = 0.7V > 0.5V$

$U_{CE} = U_C - U_B = 6 - 1.3 = 4.7V$

$U_{CE} > U_{BE}$

因此该三极管处于放大状态。

(c) $U_{BE} = U_B - U_E = 6 - 5.4 = 0.6V > 0.5V$

$U_{\mathrm{CE}} = U_{\mathrm{C}} - U_{\mathrm{B}} = 6 - 5.4 = 0.6\mathrm{V}$

$U_{\mathrm{CE}} = U_{\mathrm{BE}}$

因此该三极管处于饱和状态。

（d）$U_{\mathrm{BE}} = U_{\mathrm{B}} - U_{\mathrm{E}} = 4 - 3.6 = 0.4\mathrm{V} < 0.5\mathrm{V}$

因此该三极管处于截止状态。

（e）$U_{\mathrm{BE}} = U_{\mathrm{B}} - U_{\mathrm{E}} = 4 - 3.4 = 0.6\mathrm{V} > 0.5\mathrm{V}$

$U_{\mathrm{CE}} < U_{\mathrm{BE}}$

因此该三极管处于饱和状态。

1-6　某三极管的 $P_{\mathrm{CM}} = 100\mathrm{mW}$，$I_{\mathrm{CM}} = 20\mathrm{mA}$，$U_{\mathrm{(BR)CEO}} = 15\mathrm{V}$，试问下列几种情况下三极管能否正常工作？为什么？

（1）$U_{\mathrm{CE}} = 3\mathrm{V}$　　　　　　　　$I_{\mathrm{C}} = 10\mathrm{mA}$；

（2）$U_{\mathrm{CE}} = 2\mathrm{V}$　　　　　　　　$I_{\mathrm{C}} = 40\mathrm{mA}$；

（3）$U_{\mathrm{CE}} = 6\mathrm{V}$　　　　　　　　$I_{\mathrm{C}} = 20\mathrm{mA}$。

解：（1）$U_{\mathrm{CE}} = 3\mathrm{V} < U_{\mathrm{(BR)CEO}}$，

$I_{\mathrm{C}} = 10\mathrm{mA} < I_{\mathrm{CM}}$，

$P_{\mathrm{C}} = 3 \times 10 = 30\mathrm{mW} < P_{\mathrm{CM}}$，

所以该三极管能正常工作。

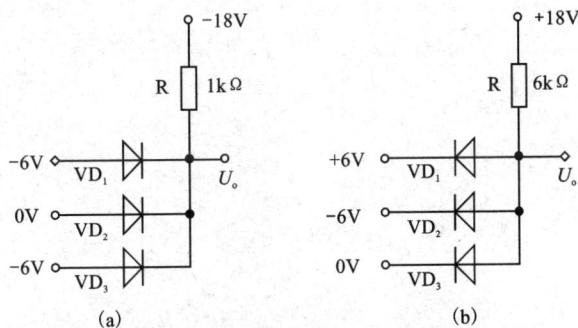

图 1-8　拓展习题 1-8 的图

（2）$U_{\mathrm{CE}} = 2\mathrm{V} < U_{\mathrm{(BR)CEO}}$，

而 $I_{\mathrm{C}} = 40\mathrm{mA} > I_{\mathrm{CM}}$，

所以该三极管不能正常工作。

（3）$U_{\mathrm{C}}\mathrm{E} = 6\mathrm{V} < U_{\mathrm{(BR)CEO}}$，

$I_{\mathrm{C}} = 20\mathrm{mA} = I_{\mathrm{CM}}$，

但 $P_{\mathrm{C}} = 6 \times 20 = 120\mathrm{mW} > P_{\mathrm{CM}}$，

所以该三极管不能正常工作。

1-7　有两个三极管，一个三极管的 $\beta = 150$，$I_{\mathrm{CEO}} = 200\mu\mathrm{A}$，另一个三极管的 $\beta = 50$，$I_{\mathrm{CEO}} = 10\mu\mathrm{A}$，其他参数一样，你选择哪一个管子？

解：　由已知条件可知：

对于第一个三极管，$I_{CBO} = \dfrac{I_{CEO}}{1+\beta} = \dfrac{200}{1+150} = 1.3\,\mu A$

对于第二个三极管，$I_{CBO} = \dfrac{I_{CEO}}{1+\beta} = \dfrac{10}{1+50} = 0.2\,\mu A$

由于 I_{CEO} 和 I_{CBO} 都是衡量三极管质量的重要参数，它们越小，说明三极管的质量就越好，第二个三级管的这两个参数都要比第一个的小，虽然第二个三极管的 β 要比第一个三极管的小，但是 β 并不是衡量三极管质量高低的指标，所以应该选择第二个三极管。

1-8　如图 1-8 所示，试确定各电路的输出电压 U_0（设二极管为理想二极管）

1-9　某三极管的极限参数为 $P_{CM} = 250\,mW$，$I_{CM} = 60\,mA$，$U_{(BR)CEO} = 100V$。（1）如果 $U_{CE} = 12V$，集电极电流为 25mA，问该三极管能否正常工作？为什么？（2）如果 $U_{CE} = 3V$，集电极电流为 80mA，问该三极管能否正常工作？为什么？

1-10　某三极管的极限参数 $I_{CM} = 100\,mA$，$P_{CM} = 150\,mW$，$U_{(BR)CEO} = 30V$，若它的工作电压 $U_{CE} = 10V$，则工作电流 I_C 不得超过多大？若工作电流 $I_C = 1\,mA$，则工作电压的极限值应为多少？

第 2 章　基本放大电路

基本放大电路是模拟电子技术的核心和基础，是本课程的重点内容之一。放大电路的功能在于将微弱的电信号加以放大，实现以较小能量对较大能量的控制。放大电路一般有电压放大电路和功率放大电路两类。本章针对基本电压放大电路，结合配套的教材，介绍学习要求及学习指导，给出自测题及参考答案，并对配套教材中的习题进行详解和对拓展习题进行选解。

一、学习要求

（1）掌握放大电路的工作条件以及三种状态。

（2）掌握共发射极放大电路（包括分压式偏置电路、集电极—基极偏置电路和温度补偿电路）的组成和各元件的作用。掌握放大电路的工作原理以及静态分析和动态分析方法。

（3）熟练掌握静态工作点的计算，理解设置合适静态工作点的必要性及温度对静态工作点的影响，掌握微变等效电路的分析方法，熟练计算各种放大电路的电压放大倍数、输入电阻、输出电阻。

（4）掌握共集电极放大电路的组成、特点和用途。

（5）掌握场效应管的结构、工作原理、特点、特性及参数，熟练掌握场效应管放大电路的直流偏置和静态、动态分析。

（6）理解多级放大电路的耦合方式及其特点，掌握阻容耦合放大电路的静态分析和动态分析方法。

（7）理解放大电路对不同频率信号的放大效果不完全一样的原因，熟悉频率响应、通频带、下限截止频率和上限截止频率等基本概念。

（8）了解共集放大电路的构成及特点。

二、学习指导

本章的重点是放大电路的基本概念及静态工作点的计算、用微变等效电路分析法计算放大电路中电压放大倍数、输入和输出电阻。

本章的难点是放大电路的微变等效电路分析法、静态工作点的稳定、场效应管的特性及放大电路的频率特性分析。

1. 放大电路的组成和工作原理

不管放大电路的结构形式如何，组成放大电路时只要遵循以下几个原则就能实现放大作用：

（1）外加直流电源的极性必须使晶体管的发射结正向偏置，集电结反向偏置，以保证晶体管工作在放大区。此时，若基极电流 i_B 有一个微小的变化量 Δi_B，将控制集电极电流 i_C 产生一个较大的变化量 Δi_C，二者之间的关系为 $\Delta i_C = \beta \Delta i_B$。

（2）输入回路的接法：应该使输入电压的变化量能够传送到晶体管的基极回路，并使基极电流产生相应的变化量 Δi_B。

（3）输出回路的接法：应该使集电极电流的变化量 Δi_C 能够转化为集电极电压的变化量 Δu_{CE}，并传送到放大电路的输出端。

（4）为了保证放大电路能够正常工作，在电路没有外加信号时，不仅必须要使晶体管处于放大状态，而且要有一个合适的静态工作电压和静态工作电流，即要合理地设置放大电路的静态工作点。

2. 放大电路的主要分析方法

放大电路的分析方法主要有以下几种。

（1）放大电路的特点是直流和交流共存。

静态分析：以直流通路为依据，主要分析放大电路的各直流电流、电压值。

动态分析：以交流通路和微变等效电路为依据，主要分析放大电路的电压放大倍数、输入电阻和输出电阻等。

（2）放大电路的静态分析有估算法和图解法两种。

估算法：固定偏置放大电路的求解顺序为：$I_B \rightarrow I_C \rightarrow U_{CE}$；分压式偏置放大电路的求解顺序为：$U_B \rightarrow I_C \rightarrow U_{CE}(I_B)$。

图解法：其步骤是先用估算法求出基极电流 I_B，根据 I_B 在输出特性曲线中找到对应的曲线，再作直流负载线，最后确定静态工作点 Q 及其相应的 I_C 和 U_{CE} 值。

（3）放大电路的动态分析有图解法和微变等效电路分析法两种。

图解法：用于分析大信号情况下放大电路的动态性能，其步骤是先根据静态分析方法求静态工作点 $Q(I_B、I_C$ 和 $U_{CE})$，再根据 u_i 在输入特性上求 u_{BE} 和 i_B，接下来作交流负载线，最后由输出特性曲线和交流负载线求 i_C 和 u_{CE}。

微变等效电路分析法：用于分析小信号情况下放大电路的动态性能，关键在于正确作出放大电路的微变等效电路。晶体管的微变等效电路如图 2-1 所示。

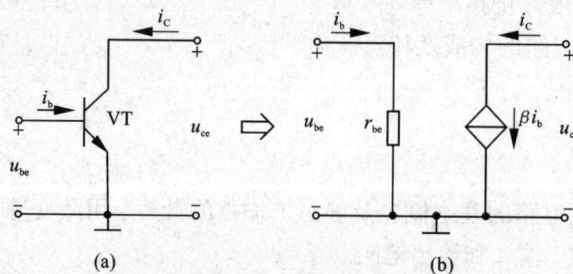

图 2-1　晶体管的微变等效电路

晶体管的输入电阻 r_{be} 常用下式估算：

$$r_{be} = \left(300 + (1+\beta)\frac{26\text{mV}}{I_E\text{mA}}\right)(\Omega)$$

3. 场效应管及其放大电路特点

（1）场效应管是一种电压控制型半导体器件。这种器件不仅兼有半导体三极管体积小、耗电省、寿命长等特点，而且具有输入电阻高(10MΩ以上)、噪声低、热稳定好、抗辐射能力强等优点。场效应管分为两大类，即结型场效应管和绝缘栅场效应管。

(2)场效应管放大电路与晶体管放大电路在结构、偏置电路、电压极性、电压放大倍数、输入电阻和输出电阻等有对应之处。应该注意的是，绝缘栅场效应管的栅极不能开路。

4. 多级放大电路耦合方式及分析方法

(1)耦合方式

阻容耦合：各级之间通过电容和下一级的输入电阻相连接。优点是各级静态工作点互不影响，可单独调整和计算，且不存在零点漂移问题；缺点是不能用来放大变化很缓慢的信号和直流信号，且不能用于集成电路。

直接耦合：各级之间直接用导线连接。优点是可放大变化很缓慢的信号和直流信号，且适宜于集成；缺点是各级静态工作点互相影响，且存在零点漂移问题。引起零点漂移的原因主要是三极管参数(I_{CBO}、U_{BE}、β)随温度的变化、电源电压的波动、电路元件参数的变化等。

变压器耦合：各级之间用变压器连接起来的耦合方式。常用来传送交变信号。采用变压器耦合的一个重要目的是耦合变压器在传送信号的同时能起变换阻抗的作用。优点是能够进行阻抗、电压和电流的变换；缺点是体积大、笨重、价格高，不能传送变化缓慢的或直流信号。

(2)分析方法

静态分析：各级分别计算。

动态分析：一般采用微变等效电路法。两级阻容耦合放大电路的电压放大倍数用有效值表示为：

$$A_u = \frac{U_o}{U_i} = \frac{U_{o1}}{U_i} \times \frac{U_o}{U_{i2}} = A_{u1} \cdot A_{u2}$$

多级放大电路的输入电阻就是第一级的输入电阻，输出电阻就是最后一级的输出电阻。

5. 放大电路的频率特性

由于放大电路中含有电抗元件，当放大电路输入信号的频率过低或过高时，不但放大电路的增益数值受到影响，而且增益相位也将发生变化。放大电路对不同频率的交流信号有不同的放大倍数和相位移。放大电路输出电压幅值和相位都是频率的函数，分别称为幅频特性和相频特性，合称为频率特性。由放大电路对不同频率信号的放大倍数大小不同所产生的失真叫幅频失真；由放大电路对不同频率信号的相位移不同所产生的失真叫相频失真，统称为频率失真。

6. 几点说明

(1)电压放大倍数与R_C、R_L、β及I_E等因素有关。R_C或R_L增大，电压放大倍数也增大，β的增大对提高电压放大倍数效果不明显，反而是I_E稍微增大一些，就能使电压放大倍数在一定范围内有明显的提高，但I_E的增大是有限的。此外，电压放大倍数式子中的负号表示电路的输出电压u_o与输入电压u_i反相，正号表示输出电压u_i与输入电压u_o同相。

(2)输入电阻R_i是从放大电路输入端求得的等效电阻，其中不包括信号源内阻R_s。输出电阻R_o是从放大电路输出端求得的等效交流电阻，其中不包括放大电路的负载电阻R_L。

(3)射极输出器的主要特点是电压放大倍数接近于1，输入电阻高，输出电阻低。由于输入电阻高，常被用作多级放大电路的输入级，以减少信号源的负担；由于输出电阻低，常被用作多级放大电路的输出级,以提高带负载能力;由于它的阻抗变换作用,可作为两个共发射极放大电路之间的中间缓冲级,以改善放大电路的工作性能。

三、自测题及参考答案

1.填空题(每小题4分,共40分)

(1)三极管放大电路的三种基本组态是＿＿＿＿＿、＿＿＿＿＿和＿＿＿＿＿,其中＿＿＿＿＿组态输出电阻低、带负载能力强;＿＿＿＿＿组态兼有电压放大作用和电流放大作用。

(2)放大电路没有输入信号时的工作状态称为＿＿＿＿＿;放大电路有输入信号作用时的工作状态称为＿＿＿＿＿。

(3)放大电路中的直流通路是指＿＿＿＿＿,交流通路是指＿＿＿＿＿。

(4)在三极管放大电路中,若静态工作点偏低,容易出现＿＿＿＿＿失真;若静态工作点偏高,容易出现＿＿＿＿＿失真。

(5)在固定偏置放大电路中,当输出波形在一定范围内出现失真时,可通过调整偏置电阻 R_b 加以克服。当出现截止失真时,应将 R_b 调＿＿＿＿＿,使 I_{ca} ＿＿＿＿＿,工作点上移;当出现饱和失真时,应将 R_b 调＿＿＿＿＿,使 I_{ca} ＿＿＿＿＿,工作点下移。

(6)画三极管的简化微变等效电路时,其B、E两端可用一个＿＿＿＿＿等效代替,其C、E两端可用一个＿＿＿＿＿等效代替。

(7)射极输出器的主要特点是＿＿＿＿＿、＿＿＿＿＿和＿＿＿＿＿。

(8)多级放大电路的耦合方式有＿＿＿＿＿、＿＿＿＿＿和＿＿＿＿＿三种。

(9)场效应管的输出特性曲线分为＿＿＿＿＿、＿＿＿＿＿和＿＿＿＿＿三个区域,用作放大时,应工作在＿＿＿＿＿。

(10)当放大器的电压放大倍数随着频率的降低而下降到中频区的放大倍数的0.707倍时,所对应的频率称为＿＿＿＿＿;而当频率升高时,放大倍数下降到中频区放大倍数的0.707倍时,对应的频率称为＿＿＿＿＿。放大器的通频带为＿＿＿＿＿。

2.选择题(每小题3分,共24分)

在图2-2电路中,若 R_p 减小,则

(1)基极电流 I_{BQ} 将(　)

A.增大　B.减小　C.不变

(2)管压降 U_{CEQ} 将(　)

A.增大　B.减小　C.不变

(3)Q点将沿直流负载线(　)

A.上移　B.下移　C.不变

(4)三极管输入电阻 rbe 将(　)

A.增大　B.减小　C.不变

(5)电压放大倍数的数值 $|A_u|$ 将(　)

A.增大　B.减小　C.不变

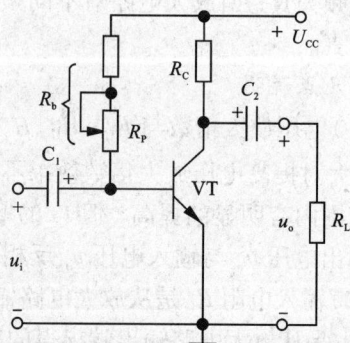

图2-2

(6)输入电阻 R_i 将( )

A. 增大 B. 减小 C. 不变

(7)输出电阻 R_o 将( )

A. 增大 B. 减小 C. 不变

(8)当 R_p 减小到一定程度时,电路将有可能产生( )失真

A. 饱和 B. 截止 C. 饱和与截止

3. 是非题(每小题 2 分,共 20 分)

(1)要使电路中的 PNP 型三极管具有电流放大作用,三极管的各电极电位一定满足 $U_C < U_B < U_E$。( )

(2)在基本放大电路中,同时存在交流、直流两个量,都能同时被电路放大。( )

(3)为了提高放大电路的电压放大倍数,可适当提高静态工作点的位置。( )

(4)放大电路中三极管管压降 U_{ce} 值越大,管子越容易进入饱和工作区。( )

(5)因为场效应管只有多数载流子参与导电,所以其热稳定性好。( )

(6)场效应管和三极管都是电流控制型半导体器件。( )

(7)多级放大电路的通频带比组成它的各个单级放大电路的通频带要窄些。( )

(8)多级阻容耦合放大电路,若各级均采用共射极接法,则电路的输出电压 U_o 与输入电压 U_o 总是反相的。( )

(9)共集放大电路的输入电阻比共射放大电路的输入电阻高。( )

(10)某放大电路的电压放大倍数为 1000 倍,用分贝表示则为 60dB。( )

4. 问答题(每小题 8 分,共 16 分)

(1)什么是放大电路的输入电阻和输出电阻?它们的数值是小一些好,还是大一些好?为什么?

(2)温度对静态工作点有什么影响?

参考答案

1.(1)共射 共集 共基 共集 共射 (2)静态 动态 (3)直流电流通过的路径 交流电流通过的路径 (4)截止 饱和 (5)小 增大 大 减小 (6)线性电阻 受控电流源 (7)电压放大倍数小于1(近似为1) 输入电阻高 输出电阻低 (8)阻容耦合 直接耦合 变压器耦合 (9)可变电阻区 恒流区 夹断区 恒流区 (10)下限截止频率 上限截止频率 $BW = f_H - f_L$

2.(1)A (2)B (3)A (4)B (5)A (6)B (7)C (8)A

3.(1)√ (2)× (3)√ (4)× (5)√ (6)× (7)√ (8)× (9)√ (10)√

4.(1)放大电路的输入电阻是从放大电路输入端看进去的等效电阻,定义为 $R_i = \dfrac{U_i}{I_i}$ 或 $R_i = \dfrac{u_i}{i_i}$。它的大小反映了放大电路对信号源的影响程度,R_i 越大,信号源送到放大电路的电压受到的衰减越小,同时从信号源吸取的电流也越小,信号源的负担也越轻。因此一般要求 R_i 高一些为好。放大电路的输出电阻是从放大电路输出端看进去的等效电阻。它的大小反映了放大电路带负载的能力,R_o 越小,带负载能力越强。因此,希望放大电路的输出电阻小一些好。

（2）温度对三极管的一些参数和静态工作点影响很大。理论和实践都证明，即使设置了合适的静态工作点，由于周围环境温度的变化，可能引起静态工作点发生变化而使放大电路无法正常工作。这是因为当温度变化时，三极管的电流放大系数 β、集电结反向饱和电流 I_{CBO}、穿透电流 I_{CEO} 以及发射结压降 U_{BE} 等都会随之发生改变，从而使静态工作点发生变动。

四、习题详解

2-1　在电路中测出各三极管的三个电极对地电位如图 2-3 所示，试判断各三极管处于何种工作状态。（设图中 PNP 型为锗管，NPN 型为硅管。）

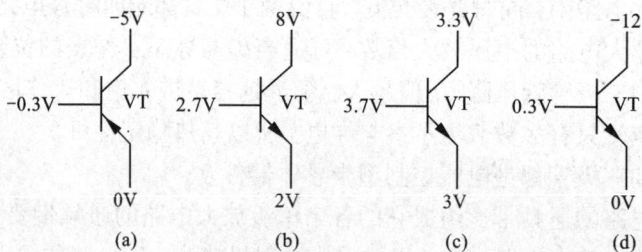

图 2-3　习题 2-1 的图

解　三极管的工作状态除了考虑其放大条件以外，主要根据三极管的管压降的大小来判断。图（a）、（b）处于放大状态，图（c）处于饱和状态，图（d）处于截止状态。

2-2　试判断图 2-4 中各电路能否正常放大交流信号，并简述其理由。

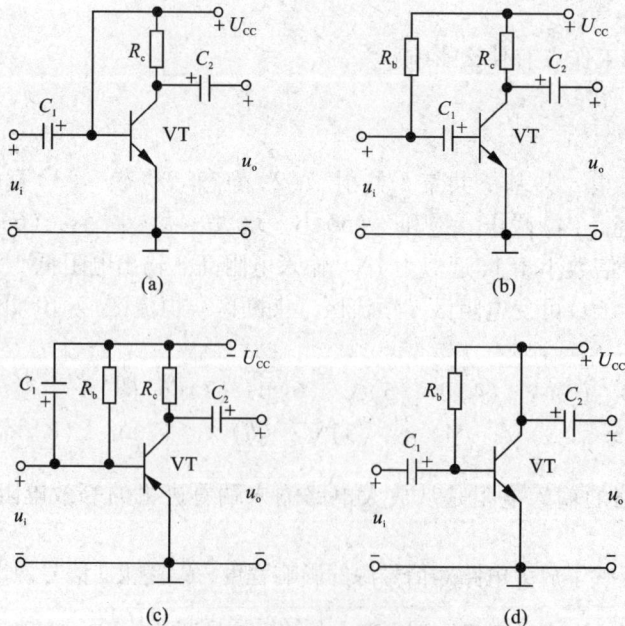

图 2-4　习题 2-2 的图

解 判断电路能否正常放大交流信号,只要判断是否满足组成放大电路时必须遵循的几个原则。对于定性分析,只要判断晶体管是否满足发射结正偏、集电结反偏的条件,以及有无完善的直流通路和交流通路即可。

图 2-4 所示的各电路均不能正常放大交流信号。原因和改进措施如下:

图(a)中没有完善的交流通路。因为 $R_b=0$,输入交流信号通过直流电源 U_{CC} 被短路,不能送入三极管放大,同时不满足发射结正偏、集电结反偏的放大条件。应该将三极管基极与电源之间的短路线移去,加上电阻 R_b。

图(b)中没有完善的直流通路。因为电容 C_1 的隔直作用,$I_B=0$,三极管无法获得偏流,应该将 C_1 改接在交流信号源与 R_b 之间。

图(c)中没有完善的交流通路。因为 C_1 对交流信号短路,输入信号不能送入三极管放大。应该将 C_1 改接在交流信号源与三极管基极之间。

图(d)中 $R_C=0$,不能将变化的集电极电流转换成变化的电压输出,即输出交流电压被短路。应该将三极管集电极与电源之间的短路线移去,加上电阻 R_C。

2-3 电路如图 2-5 所示。调节 R_p 就能调节放大电路的静态工作点。试估算:

(1)如果要求 $I_{CQ}=2$mA,R_b 值应为多大;

(2)如果要求 $U_{CEQ}=4.5$V,R_b 值又应为多大?

解 (1)当 $I_{CQ}=2$mA 时,根据公式有:$I_{BQ}=\dfrac{I_{CQ}}{\beta}=\dfrac{2\text{mA}}{50}=40\mu A$,则 $R_b=\dfrac{U_{CC}-U_{BEQ}}{I_{BQ}}\approx\dfrac{U_{CC}}{U_{BQ}}$

$=\dfrac{9V}{0.04\text{mA}}=225\text{k}\Omega$

(2)如果,$U_{CEQ}=4.5$V 则 $I_{CQ}=\dfrac{9V-4.5V}{1.5\text{k}\Omega}=3$mA

$I_{BQ}=\dfrac{I_{CQ}}{\beta}=\dfrac{3\text{mA}}{50}=60\mu A$

$R_b=\dfrac{U_{CC}-U_{BEQ}}{I_{BQ}}\approx\dfrac{U_{CC}}{I_{BQ}}=\dfrac{9V}{0.06\text{mA}}=150\text{k}\Omega$

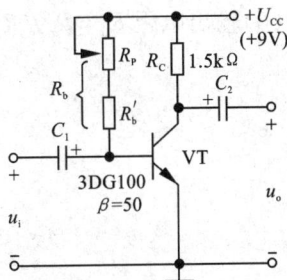

图 2-5 习题 2-3 的图

2-4 图 2-6(a)为一共射基本放大电路。

(1)已知 $U_{CC}=12$V,$R_c=2$kΩ,$\beta=50$,U_{BE} 忽略不计,要使 $U_i=0$ 时,$U_{CE}=4$V,此时 $R_b=?$

(2)用示波器观察到 u_o 的波形如图 2-6(b)所示,这是饱和失真还是截止失真? 说明调整 R_b 是否可使波形趋向正弦波,如可以,R_b 应增大还是减小?

解 (1)当 $u_i=0$,$U_{CE}=4$V 时,如果不考虑 U_{BE} 的影响,则

$I_C=\dfrac{U_{CC}-4V}{R_C}=\dfrac{8V}{2\text{k}\Omega}=4$mA

$I_B=\dfrac{I_C}{\beta}=\dfrac{4\text{mA}}{50}=80\mu A$

$R_b\approx\dfrac{U_{CC}}{I_B}=\dfrac{12V}{0.08\text{mA}}=150\text{k}\Omega$

(2)这是饱和失真,调节 R_b 可以使波形趋向正弦波,R_b 应该增大。

2-5 在图 2-7 所示的基本共射放大电路中,已知三极管导通时 $U_{BEQ}=0.7$V,电流放

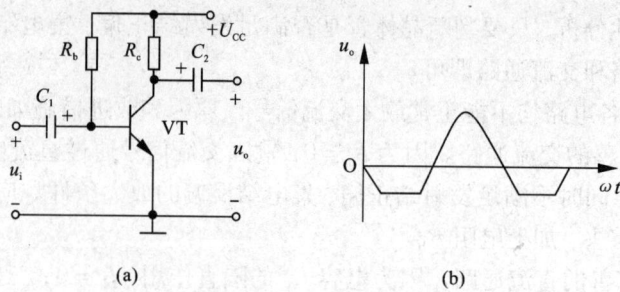

(a)   (b)

图 2-6 习题 2-4 的图

大系数 $\beta = 50$，其他电路参数如图所示。试判断下列结论是否正确，正确者打"√"，否则打"×"。

(1) 静态时基极电流 $I_{BQ} = \dfrac{U_{CC} - U_{BEQ}}{R_b} \approx \dfrac{U_{CC}}{R_b} = 30\,\mu A$ (   )

(2) 三极管的输入电阻 $r_{be} = \dfrac{U_{BEQ}}{I_{BQ}} = \dfrac{0.7}{30} \approx 23\ k\Omega$ (   )

(3) 静态时集电极电流 $I_{CQ} = \beta I_{BQ} = 50 \times 30 = 1.5\ mA$ (   )

(4) 静态时管压降 $U_{CEQ} = U_{CC} - I_{CQ}R_c = 12 - 1.5 \times 5 = 4.5\ V$ (   )

(5) 电压放大倍数 $A_u = \dfrac{U_o}{U_i} = \dfrac{-U_{CE}}{U_{BE}} = \dfrac{-4.5}{0.7} = -6.43\,V$ (   )

(6) 输出电阻 $R_o = R_c \,/\!/\, R_L = 5 \,/\!/\, 5 = 2.5\ k\Omega$ (   )

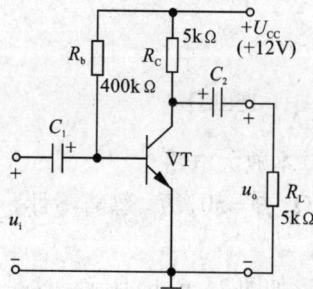

图 2-7 习题 2-5 的图

解 根据放大原理以及基本计算公式，对题中各小题正误判断如下：
(1)√ (2)× (3)√ (4)√ (5)× (6)×
2-6 共射基本放大电路如图 2-8 所示，三极管为 3DG100，$\beta = 100$，

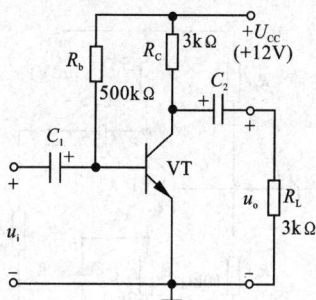

图 2－8　习题 2－6 的图

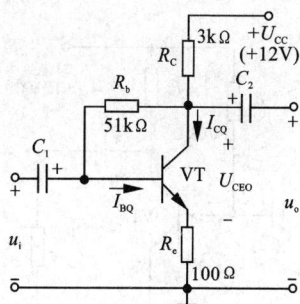

图 2－9　习题 2－7 的图

（1）估算放大电路的电压放大倍数 A_u；

（2）若 β 改为 120，则 A_u 变为多大？

解　（1）忽略 U_{BE} 时，$I_{BQ} \approx \dfrac{12V}{500k\Omega} = 0.024mA$

$I_{EQ} \approx I_{CQ} = 0.024 \times 100 = 2.4mA$

$R_{be} = 300 + (1+\beta)\dfrac{26mV}{2.4mA} = 300 + 101 \times \dfrac{26}{2.4} = 1.394k\Omega \approx 1.4k\Omega$

$A_u = -\beta\dfrac{R'_L}{r_{be}} = -100 \times \dfrac{1.5}{1.4} \approx -107$

（2）当 $\beta = 120$ 时，$I_{EQ} \approx I_{CQ} = 0.024 \times 120 = 2.88mA$

$r_{be} = 300 + (1+\beta)\dfrac{26mV}{2.88mA} = 300 + 121 \times \dfrac{26}{2.88} = 1.391k\Omega \approx 1.4k\Omega$

$A_u = -\beta\dfrac{R'_L}{r_{be}} = -120 \times \dfrac{1.5}{1.4} \approx -129$

2－7　集电极—基极偏置电路如图 2－9 所示，已知三极管的 $\beta = 50$，$U_{BE} = 0.7V$，其他参数见图，试求电路静态参数 I_{BQ}、I_{CQ} 和 U_{CEQ}。

解　$U_{CC} = (I_B + I_C)R_C + I_B R_b + U_{BB} + I_E R_e$

$\qquad = (1+\beta)I_B R_C + I_B R_b + U_{BE} + (1+\beta)I_B R_e$

故 $I_B = \dfrac{U_{CC} - U_{BE}}{(1+\beta)(R_C + R_e) + R_b} = \dfrac{(12-0.7)V}{[(1+50)(3+0.1)+51]k\Omega} = 0.054mA = 54\mu A$

$I_C = \beta I_B = 50 \times 0.054mA = 2.7mA$

$U_{CE} = U_{CC} - (I_C + I_B)R_C - I_E R_e$

$\qquad \approx [12 - (2.7 + 0.054) \times 3 - 2.75 \times 0.1]V = 3.46V$

所以该电路的 Q 点是：$I_{BQ} = 54\mu A$，$I_{CQ} = 2.7mA$，$U_{CEQ} = 3.46V$

2－8　放大电路及元件参数如图 2－10 所示，三极管选用 3DG100，$\beta = 45$，试分别计算 R_L 断开和 $R_L = 5.1k\Omega$ 时的电压放大倍数 A_u。

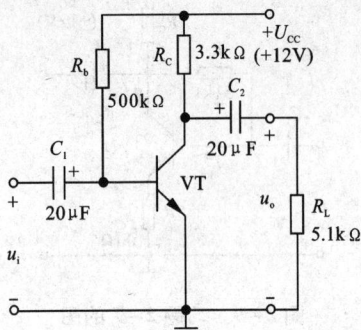

图 2-10　习题 2-8 的图

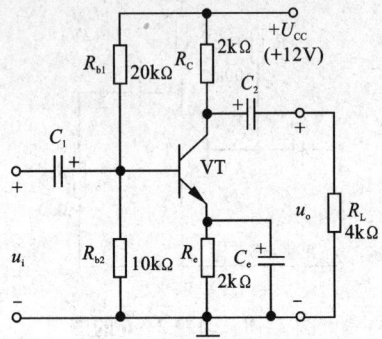

图 2-11　习题 2-9 的图

解　当 R_L 断开时，$I_{BQ} \approx \dfrac{12V}{300k\Omega} = 0.04mA$

$I_{EQ} \approx I_{CQ} = 0.04 \times 45 = 1.8mA$

$r_{be} = 300 + (1+45) \times \dfrac{26mV}{1.8mA} = 964\Omega$

$A_u = -\beta \dfrac{R'_L}{r_{be}} = -45 \times \dfrac{3.3k\Omega}{0.964k\Omega} \approx -154$

当接上 R_L 时，$A_u = -\beta \dfrac{R'_L}{r_{be}} = -45 \times \dfrac{3.3k\Omega /\!/ 5.1k\Omega}{0.964k\Omega} \approx -93.5$

2-9　分压式偏置放大电路如图 2-11 所示，已知三极管为 3DG100，$\beta = 40$，$U_{BE} = 0.7V$，$U_{CES} = 0.4V$。

(1)估算静态参数 I_{CQ} 和 U_{CEQ} 的值；

(2)如果 R_{b2} 开路，再估算故障时的 I_{CQ} 和 U_{CEQ} 的值。

解　(1) $U_B \approx \dfrac{10}{10+20} \times 12 = 4V$，$I_{CQ} \approx \dfrac{4V-0.7V}{2k\Omega} = 1.65mA$

$U_{CEQ} = 12 - (2+2) \times 1.65 = 5.4V$

(2)若 R_{b2} 断开，则 $20I_B + 0.7V + (1+\beta)I_B \times 2 = 12V$

$20I_B + 0.7V + 82I_B = 12V$

$I_B = 0.11mA$，而 $I_{BS} = \dfrac{12}{40 \times (2+2)} = 0.075mA$

因为 $I_B > I_{BS}$，所以三极管处于饱和状态。

此时，$U_{CE} = U_{CES} \approx 0.4V$，$I_C \approx \dfrac{12V}{4k\Omega} = 3mA$

2-10　共射放大电路如图 2-12(a)所示，图 2-12(b)是三极管的输出特性曲线。

(1)在输出特性曲线上画出直流负载线。如要求 $I_{CQ} = 1.5mA$，确定此时的 Q 点，对应的 R_b 有多大？

(2)若 R_b 调至 150kΩ，且 i_b 的交流分量 $i_b = 20\sin\omega t(\mu A)$，画出 i_C 和 u_{CE} 的波形，这时出现了什么失真？

（3）若 R_b 调至 $600\text{k}\Omega$，且 i_b 的交流分量 $i_b = 40\sin\omega t(\mu\text{A})$，画出 i_C 和 u_{CE} 的波形，这时出现了什么失真？

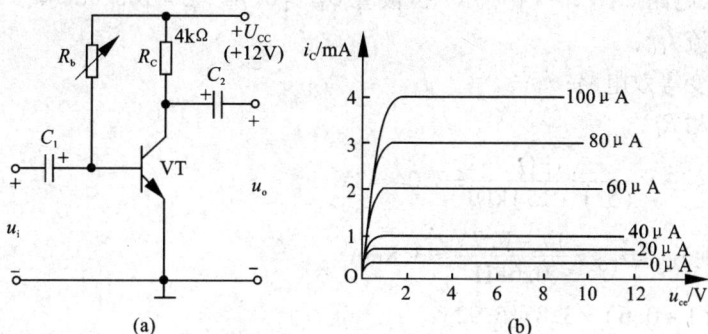

图 2 – 12　习题 2 – 10 的图

解　（1）先找出直流负载线与横轴、纵轴相交的两个特殊点。

令 $U_{CE} = 0$，则 $I_C = \dfrac{U_{CC}}{R_C} = \dfrac{12}{4} = 3\text{mA}$（纵轴截距，对应图中 A 点）

令 $I_C = 0$，则 $U_{CE} = U_{CC}$（横轴截距，对应图中 B 点）

连接 A、B 两点即为直流负载线，如图 2 – 13 所示。

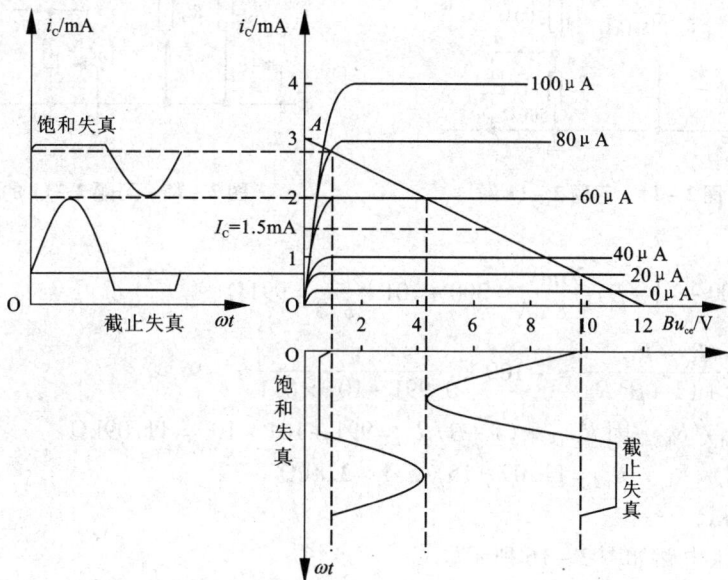

图 2 – 13　习题 2 – 10 的解答图

当时 $I_{CQ} = 1.5\text{mA}$，$I_{BQ} \approx 50\mu\text{A}$，此时，$R_b \approx \dfrac{12\text{V}}{0.05\text{mA}} = 240\text{k}\Omega$

（2）当时 $R_b = 150\text{k}\Omega$，$I_{BQ} \approx \dfrac{12\text{V}}{150\text{k}\Omega} = 80\mu\text{A}$，此时出现饱和失真，如图 2 – 13 所示。

（3）当时 $R_b = 600\text{k}\Omega$ 时，$I_{BQ} \approx \dfrac{12\text{V}}{600\text{k}\Omega} = 20\mu\text{A}$，此时出现截止失真，如图 $2-13$ 所示。

2-11 放大电路如图 $2-14$ 所示，三极管 $U_{BE} = 0.7\text{V}$，$\beta = 100$，试求：

（1）静态电流 I_{CQ}；

（2）画出微变等效电路；

（3）A_u、R_i 和 R_o。

解 （1）$U_B \approx 12 \times \dfrac{5.1\text{k}\Omega}{(5.1 + 15)\text{k}\Omega} = 3.04 \approx 3\text{V}$

考虑 U_{BE}，则 $I_{CQ} \approx I_{EQ} = \dfrac{3\text{V} - 0.7\text{V}}{0.6\text{k}\Omega} \approx 3.8\text{mA}$

$U_{CEQ} = 12 - (1 + 0.6) \times 3.8 \approx 5.92\text{V}$

（2）微变等效电路如图 $2-15$ 所示。

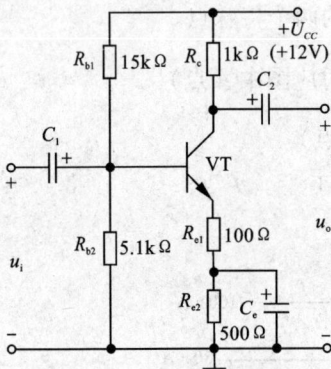

图 $2-14$ 习题 $2-11$ 图　　　　图 $2-15$ 习题 $2-11$ 的解答图

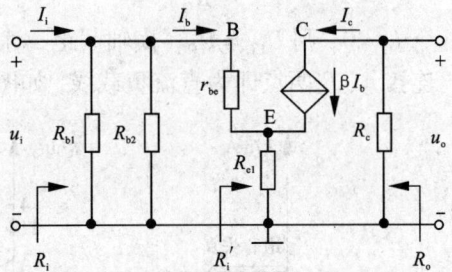

（3）$r_{be} = 300 + (1 + \beta)\dfrac{26\text{mV}}{3.8\text{mA}} = 300 + 101 \times \dfrac{26}{3.8} = 991\Omega$

$A_u = -\beta \dfrac{R_c /\!/ R_L}{r_{be} + (1 + \beta)R_{e1}} = -100 \times \dfrac{1}{0.991 + 101 \times 0.1} \approx -9$

$R_i = R_i' /\!/ R_{b1} /\!/ R_{b2}$，因 $R_i' r_{be} + (1 + \beta)R_{e1} = 991 + 101 \times 100 = 11.09\text{k}\Omega$

所以 $R_i = R_i' /\!/ R_{b1} /\!/ R_{b2} = 11.09 /\!/ 15 /\!/ 5.1 \approx 2.8\text{k}\Omega$

$R_o = R_C = 1\text{k}\Omega$

2-12 放大电路如图 $2-16$ 所示。

（1）画出该电路的微变等效电路；

（2）若 $\beta R_{e1} \gg r_{be}$，试证：$A_u \approx -\dfrac{R_c}{R_{e1}}$；

（3）如果输出波形产生削顶失真，试问是截止失真还是饱和失真？应如何消除？

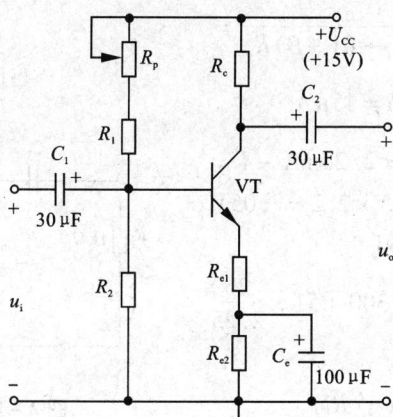

图 2-16　习题 2-12 的图

解　(1)微变等效电路如图 2-17 所示。

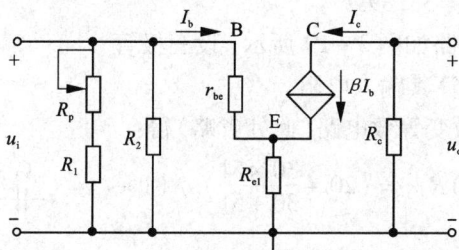

图 2-17　习题 2-12 的解答图

(2)因 $A_u = \dfrac{U_o}{U_i}$，$U_o = -\beta I_b R_C$，$U_i = I_b r_{be} + I_e R_{el} = I_b [r_{be} + (1+\beta) R_{el}]$

所以 $A_u = -\dfrac{\beta R_C}{r_{be} + (1+\beta) R_{el}}$

若 $\beta R_{el} \gg r_{be}$ 时，则 $A_u \approx -\dfrac{\beta R_C}{(1+\beta) R_{el}} \approx -\dfrac{R_C}{R_{el}}$

(3)如果输出波形产生削顶失真，则属于截止失真，应将 R_P 调小。

2-13　某放大器不带负载时，测得其输出端开路电压 $U_o' = 1.5V$，而带上负载电阻 $5.1\ k\Omega$ 时，测得输出电压 $U_o = 1V$，问该放大器的输出电阻 R_o 值为多少？

解　根据题意列方程：

$$\begin{cases} i_c R_o = 1.5V \\ i_c (R_o /\!/ 5.1) = 1V \end{cases}$$

联立求解得：$R_o = 2.55\ k\Omega$

2-14　射极输出器如图 2-18 所示。已知三极管为锗管，$\beta = 50$，$U_{BE} = 0.2V$，其他参数见图。试求：(1)电路的静态工作点 Q；(2)输入电阻和输出电阻。

解　(1)求静态工作点 Q

由直流通路得：$I_\mathrm{B} = \dfrac{U_\mathrm{CC} - U_\mathrm{BE}}{R_\mathrm{b} + (1+\beta)R_\mathrm{e}} =$

$\dfrac{(12-0.2\mathrm{V})}{(200+51\times1.2)\mathrm{k\Omega}} = 0.045\mathrm{mA} = 45\mu\mathrm{A}$

$I_\mathrm{C} = \beta I_\mathrm{B} = 50\times0.045\mathrm{mA} = 2.25\mathrm{mA} - U_\mathrm{CE}$

$= U_\mathrm{CC} - I_\mathrm{C}(R_\mathrm{C} + R_\mathrm{e}) = 12 - 2.25\times2.2 = 7.05\mathrm{V}$

（2）求输入电阻和输出电阻

$r_\mathrm{be} = 300 + (1+\beta)\dfrac{26\mathrm{mV}}{I_\mathrm{E}\mathrm{mA}} = 300 + 51\times\dfrac{26}{2.25}$

$\approx 0.89\mathrm{k\Omega}$

$R_\mathrm{i} = R_\mathrm{b} /\!/ [\,r_\mathrm{be} + (1+\beta)(R_\mathrm{e} /\!/ R_\mathrm{l})\,]$

$= \{200[0.89 + 51\times(1.2/\!/1.8)]\}\,\mathrm{k\Omega}$

$= 31.6\mathrm{k\Omega}$

$R_\mathrm{o} = R_\mathrm{e} /\!/ \left[\dfrac{(R_\mathrm{s}/\!/R_\mathrm{b}) + r_\mathrm{be}}{1+\beta}\right] = \left\{1.2 /\!/ \left[\dfrac{1/\!/200 + 0.89}{1+50}\right]\right\}\mathrm{k\Omega}$

$= (1.2/\!/0.037)\mathrm{k\Omega} = 35.89\Omega$

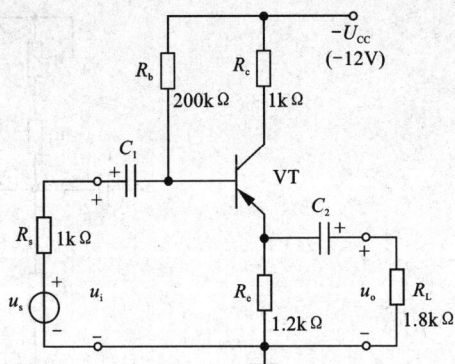

图 2-18   习题 2-14 的图

2-15   射极输出器电路如图 2-19 所示，设三极管的 $\beta = 100$，$r_\mathrm{be} = 1\mathrm{k\Omega}$，试估算其输入电阻。

解   根据已知条件及微变等效电路（此处省略）得：

$R_\mathrm{i} = R_\mathrm{b} /\!/ [\,r_\mathrm{be} + (1+\beta)R_\mathrm{e}\,] = (20 + \dfrac{30\times51}{30+51}) /\!/ (1 +$

$101\times2)$

$= 38.9/\!/203 \approx 32.6\mathrm{k\Omega}$

2-16   图 2-20 电路能够输出一对幅度大致相等、相位相反的电压。试求两个输出端的输出电阻 R_o1 和 R_o2 值（设三极管的 $\beta = 100$，$r_\mathrm{be} = 1\mathrm{k\Omega}$）。

解   由已知条件并根据定义得：

$R_\mathrm{o1} \approx R_\mathrm{c1} = 1\mathrm{k\Omega}$

$R_\mathrm{o2} \approx R_\mathrm{e} /\!/ (\dfrac{r_\mathrm{be}}{1+\beta}) = (1/\!/\dfrac{1}{101})\mathrm{k\Omega} = 9.9\Omega \approx 10\Omega$ （设 $R_\mathrm{s} = 0$）

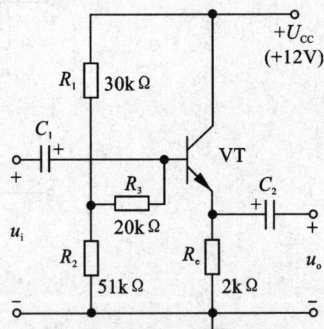

图 2-19   习题 2-15 的图

2-17   射极输出器电路如图 2-21 所示。已知三极管为硅管，$\beta = 100$，$U_\mathrm{BE} = 0.7\mathrm{V}$，试求：

（1）静态工作电流 I_CQ；

（2）电压放大倍数；

（3）输入电阻和输出电阻。

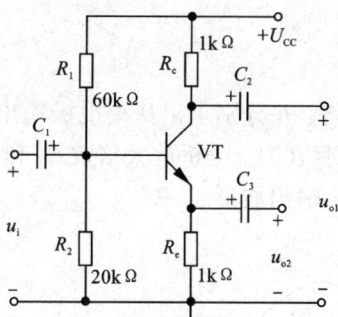

图 2-20 习题 2-16 的图

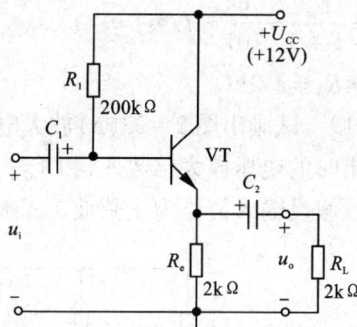

图 2-21 习题 2-17 的图

解 （1）求 I_{CQ}

由 $U_{CC} = I_{BQ}R_b + U_{BEQ} + I_{EQ}R_e$ 得

$$I_{CQ} \approx I_{EQ} = \frac{U_{CC} - U_{BEQ}}{R_e + \dfrac{R_b}{1+\beta}} = \frac{(12-0.7)\text{V}}{2\text{k}\Omega + \dfrac{200\text{k}\Omega}{101}} = 2.825\text{mA} \approx 2.8\text{mA}$$

（2）求电压放大倍数 A_u

$$r_{be} = 300 + (1+\beta)\frac{26\text{mV}}{2.8\text{mA}} \approx 1.24\text{k}\Omega$$

$$A_u = \frac{(1+\beta)R_L'}{r_{be} + (1+\beta)R_L'} = \frac{101 \times (2//2)\text{k}\Omega}{1.24\text{k}\Omega + 101 \times (2//2)\text{k}\Omega} \approx 0.99$$

（3）求输入电阻和输出电阻

$$R_i = R_b // R_i' = R_b' // [r_{be} + (1+\beta)R_L']$$

$$= 200\text{k}\Omega // [1.24\text{k}\Omega + 101 \times (2//2)\text{k}\Omega] = 200\text{k}\Omega // 102.24\text{k}\Omega \approx 67.6\text{k}\Omega$$

$$R_o = \frac{r_{be} + (R_s // R_b)}{1+\beta} = \frac{1.24 + \dfrac{1 \times 200}{1+200}}{101} \approx 22\Omega$$

2-18 共基放大电路如图 2-22 所示，已知三极管 $\beta = 100$，$U_{BE} = 0.7\text{V}$，$U_{CC} = 24\text{V}$，$-U_{EE} = -6\text{V}$，$R_e = 1\text{k}\Omega$，$R_c = 2.2\text{k}\Omega$，试求：

（1）静态工作点 I_{CQ} 和 U_{CEQ} 的值；

（2）输入电阻 R_i 和输出电阻 R_o。

解 （1）求静态工作点 I_{CQ} 和 U_{CEQ} 的值

$$I_{CQ} \approx \frac{U_{EE} - 0.7\text{V}}{1\text{k}\Omega} \approx 5.3\text{mA}$$

$$U_{CEQ} = 24\text{V} + 6\text{V} - (2.2\text{k}\Omega + 1\text{k}\Omega) \times 5.3\text{mA} \approx 13\text{V}$$

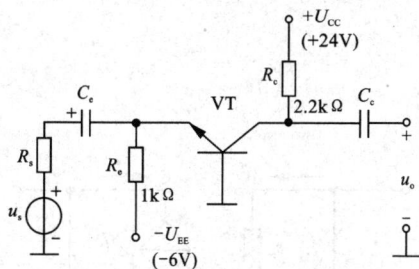

图 2-22 习题 2-18 的图

（2）$r_{be} = 300 + 101 \times \dfrac{26\text{mV}}{5.3\text{mA}} \approx 795\Omega$

$$R_i' = \frac{r_{be}}{1+\beta} \approx \frac{795}{101} \approx 7.9\Omega \approx 8\Omega$$

$$R_o \approx R_c = 2.2k\Omega$$

2－19　试画出图 2－23(a) 放大电路的微变等效电路，并分别求出从集电极输出和从发射极输出时的电压放大倍数 A_{u1} 和 A_{u2}；如果 $R_c = R_e = R$，且 $\beta \gg 1$，分析放大倍数 A_{u1} 和 A_{u2} 有什么关系？假设输入信号为正弦波，试画出此时相应的两个输出波形 u_{o1} 和 u_{o2}。

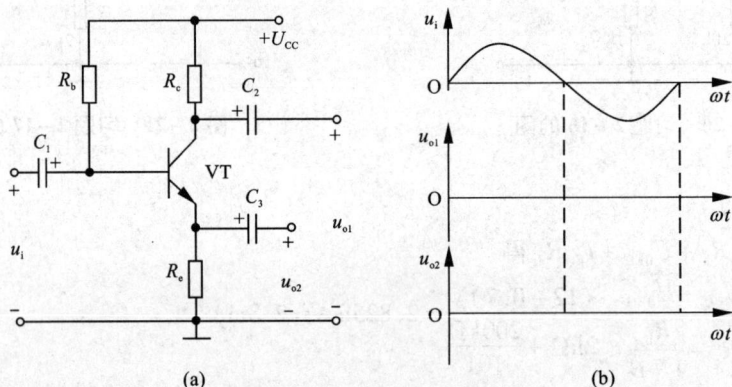

(a)　　　　　　　　　　　　　　(b)

图 2－23　习题 2－19 的图

解　微变等效电路如图 2－24 所示：

由图得：$U_i = I_b r_{be} + I_e R_e = I_b[r_{be} + (1+\beta)R_e]$

$U_{o1} = -I_c R_c = -\beta I_b R_c$；$U_{o2} = I_e R_e = (1+\beta)I_b R_e$

所以　$A_{u1} = \dfrac{U_{o1}}{U_i} = -\dfrac{\beta R_c}{r_{be}+(1+\beta)R_e}$；$A_{u2} = \dfrac{U_{o2}}{U_i} = \dfrac{(1+\beta)R_e}{r_{be}+(1+\beta)R_e}$

从以上分析可知：当 $R_c = R_e = R$，且 $\beta \gg 1$ 时，则 $|A_{u1}| \approx A_{u2} \approx \dfrac{\beta R}{r_{be}+(1+\beta)R_e}$。

当输入信号为正弦波时，两个输出波形 u_{o1} 和 u_{o2} 如图 2－25 所示。

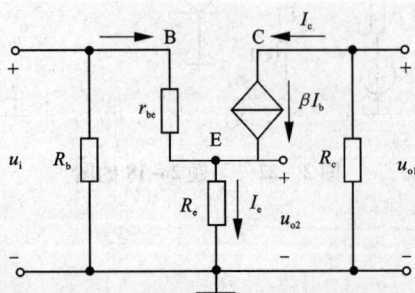

图 2－24　习题 2－19 的解答图

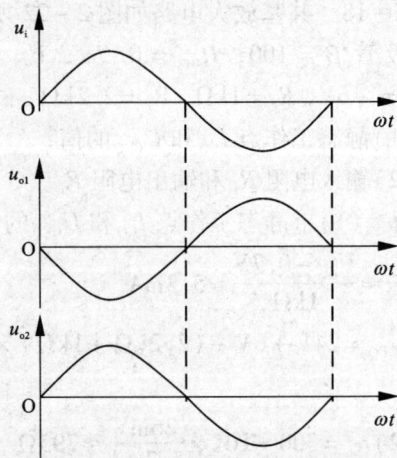

图 2－25　习题 2－19 的解答图

2－20 结型场效应管自偏压电路如图 2－26 所示，3DJ2 管的夹断电压 $U_P = -1V$，饱和漏电流 $I_{DSS} = 0.5mA$，求静态工作点的参数 I_{DQ}、U_{GSQ} 和 U_{DSQ}。

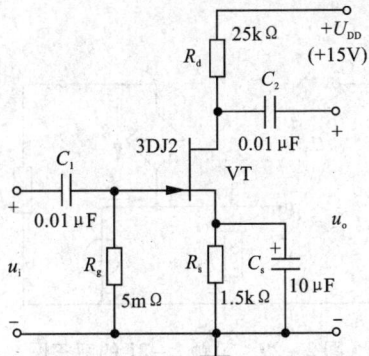

图 2－26 习题 2－20 的图

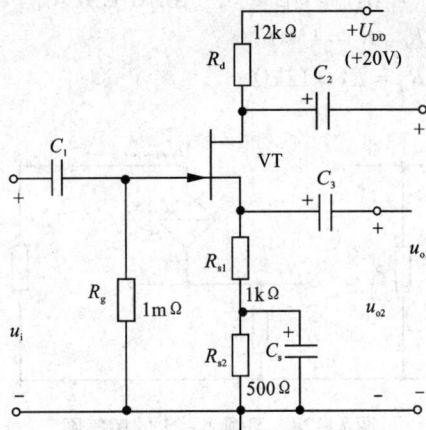

图 2－27 习题 2－21 的图

解 列方程：
$$\begin{cases} I_D = I_{DSS}\left(1 - \dfrac{U_{GS}}{U_P}\right)^2 \\ U_{GS} = -I_D R_s \end{cases}$$

代入数据：
$$\begin{cases} I_D = 0.5\left(1 - \dfrac{U_{GS}}{-1}\right)^2 \\ U_{GS} = -I_D \times 1.5k\Omega \end{cases}$$

联立求解方程组得：$U_{GS} \approx -0.33V$，（$U_{GS} = -3V$ 不合题意）

$I_{DQ} \approx 0.22mA$

$U_{DSQ} \approx U_{DD} - 0.22 \times (R_D + R_s)$

$= 15 - 0.22 \times (25 + 1.5) = 9.2V$

2－21 已知图 2－27 所示放大电路中结型场效应管的 $g_m = 2ms$，$r_{DS} \gg R_d$，其他参数标在图上，试用微变等效电路法求：

(1)电压放大倍数 A_{u1} 和 A_{u2}；

(2)输入电阻 R_i 和输出电阻 R_{o1}、R_{o2}。

解 (1)求电压放大倍数 A_{u1} 和 A_{u2}

微变等效电路如图 2－28 所示。

由图得：$U_{o1} = -g_m U_{GS} R_d$，$U_{o2} = g_m U_{GS} R_{s1}$，$U_i = U_{GS} + g_m U_{GS} R_{s1}$

故 $A_{u1} = \dfrac{U_{o1}}{U_i} = \dfrac{-g_m U_{GS} R_d}{U_{GS} + g_m U_{GS} R_{s1}}$

$= \dfrac{-g_m R_d}{1 + g_m R_{s1}} = \dfrac{-2 \times 12}{1 + 2 \times 1} = -8$

$A_{u2} = \dfrac{U_{o2}}{U_i} = \dfrac{g_m U_{GS} R_{s1}}{U_{GS} + g_m U_{GS} R_{s1}}$

$$= \frac{g_{\mathrm{m}}R_{\mathrm{s1}}}{1 + g_{\mathrm{m}}R_{\mathrm{s1}}} = \frac{2 \times 1}{1 + 2 \times 1} \approx 0.67$$

（2）求输入电阻 R_{i} 和输出电阻 R_{o1}、R_{o2}

$$R_{\mathrm{i}} = R_{\mathrm{g}} = 1\mathrm{M\Omega}$$

$$R_{\mathrm{o1}} \approx R_{\mathrm{d}} = 12\mathrm{k\Omega}$$

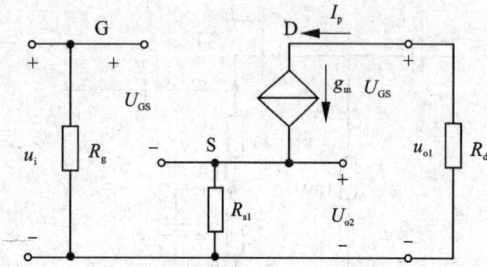

图 2 – 28　习题 2 – 21 的解答图　　　　　　图 2 – 29　习题 2 – 21 的解答图

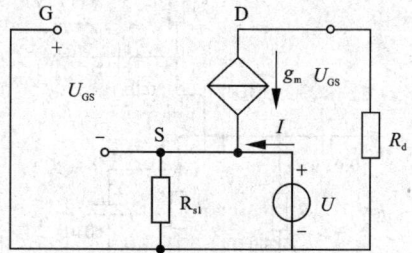

由图 2 – 29 等效电路求得：$I = \dfrac{U}{R_{\mathrm{s1}}} - g_{\mathrm{m}}U_{\mathrm{GS}}$，而 $U_{\mathrm{GS}} = -U$，$I = \dfrac{U}{R_{\mathrm{s1}}} + g_{\mathrm{m}}U$

所以 $R_{\mathrm{o2}} = U_{\mathrm{I}} = \dfrac{1}{\dfrac{1}{R_{\mathrm{s1}}} + g_{\mathrm{m}}} = \dfrac{1}{\dfrac{1}{1} + 2} = 0.33\mathrm{k\Omega}$

2 – 22　已知图 2 – 30 所示电路中的 N 沟道结型场效应管 $I_{\mathrm{DSS}} = 16\mathrm{mA}$，$U_{\mathrm{P}} = -4\mathrm{V}$，试计算电路的静态工作点和跨导 g_{m}。

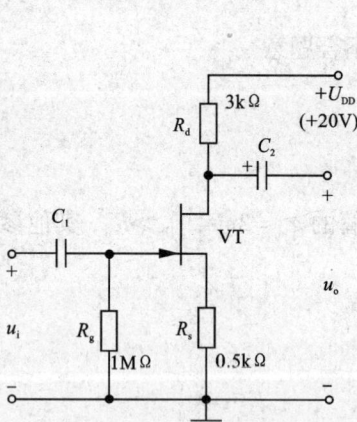

图 2 – 30　习题 2 – 22 的图　　　　　　　图 2 – 31　习题 2 – 23 的图

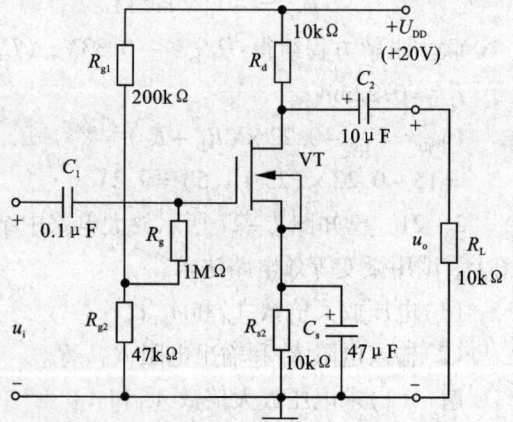

解　根据题意列方程：

$$\begin{cases} U_{\mathrm{GS}} = -I_{\mathrm{D}}R_{\mathrm{s}} \\ I_{\mathrm{D}} = I_{\mathrm{DSS}}\left(1 - \dfrac{U_{\mathrm{GS}}}{U_{\mathrm{p}}}\right)^2 \end{cases}$$ 代入数据得

$$\begin{cases} U_{GS} = -0.5I_D \\ I_D = 16\left(1 + \dfrac{U_{GS}^2}{4}\right) \end{cases}$$

$$-2U_{GS} = 16\left(1 + \dfrac{U_{GS}}{2} + \dfrac{U_{GS}^2}{16}\right)$$

$$-\dfrac{U_{GS}}{8} = 1 + \dfrac{U_{GS}}{2} + \dfrac{U_{GS}^2}{16}$$

$$U_{GS}^2 + 10U_{GS} + 16 = 0$$

由 $U_{GS} = \dfrac{-10 \pm \sqrt{10^2 - 4 \times 16}}{2}$ 得：

$$U_{GS} = -2V \text{ 和 } U_{GS} = -8V(\text{舍去})$$

$$I_D = -\dfrac{U_{GS}}{R_s} = -\dfrac{-2V}{0.5k\Omega} = 4mA$$

$$U_{DS} = U_{DD} - 4 \times (3 + 0.5)V = 20V - 14V = 6V$$

$$g_m = -\dfrac{2I_{DSS}}{U_p}\left(1 - \dfrac{U_{GS}}{U_p}\right) = -\dfrac{2 \times 16}{-4}\left(1 - \dfrac{-2}{-4}\right) = 4ms$$

2 - 23　电路参数如图 2 - 31 所示，若场效应管工作点处的跨导 $g_m = 1ms$，

(1) 画出微变等效电路；

(2) 估算电压放大倍数 A_u、输入电阻 R_i 及输出电阻 R_o。

解　(1) 微变等效电路如图 2 - 32 所示。

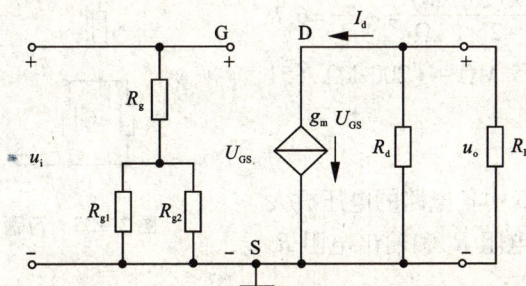

图 2 - 32　习题 2 - 23 的解答图

$(2)\, A_u = -g_m R_L' = -1 \times (10 /\!/ 10) = -5$

$R_i = R_g + R_{g1} /\!/ R_{g2} = 1M\Omega + (200k\Omega /\!/ 47k\Omega) = 1038k\Omega \approx 1M\Omega$

$R_o \approx R_d = 10k\Omega$

2 - 24　图 2 - 33 为场效应管源极输出器电路。场效应管工作点处的跨导 $g_m = 1ms$，试求电压放大倍数 A_u、输入电阻 R_i 及输出电阻 R_o。

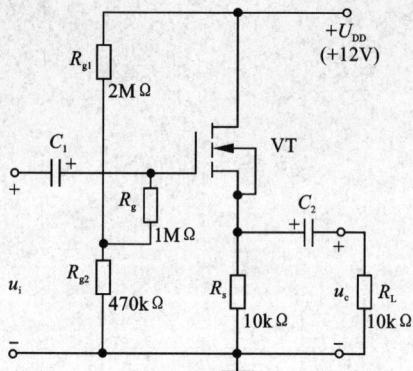

图 2 – 33　题 2 – 24 的图

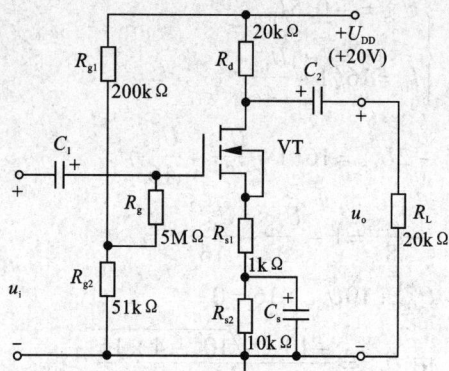

图 2 – 34　题 2 – 25 的图

解　$A_u = \dfrac{g_m R'_L}{1 + g_m R'_L} = \dfrac{1\text{ms} \times 5\text{k}\Omega}{1 + 1\text{ms} \times 5\text{k}\Omega} = 0.83$

$R_i = R_g + R_{g1} /\!/ R_{g2} = 1\text{M}\Omega + (2\text{M}\Omega /\!/ 0.47\text{M}\Omega) \approx 1.38\text{M}\Omega$

$R_o = R_s /\!/ \dfrac{1}{g_m} = \dfrac{10}{10 + 1} \approx 0.9\text{k}\Omega$

2 – 25　由 N 沟道增强型 MOS 管组成的共源放大电路如图 2 – 34 所示。已知 $g_m = 2\text{ms}$，试画出微变等效电路，并求出 A_u、R_i 和 R_o。

解　微变等效电路如图 2 –35 所示。

$A_u = -\dfrac{g_m R'_L}{1 + g_m R'_{s1}} = -\dfrac{2 \times (20 /\!/ 20)}{1 + 2 \times 1 \text{ k}\Omega} = -\dfrac{20}{3} = 6.7$

$R_i = R_g + R_{g1} /\!/ R_{g2} = 5 \text{ M}\Omega + (200 \text{ k}\Omega /\!/ 51$

$\text{k}\Omega) \approx 5.04 \text{ M}\Omega$

$R_o \approx R_d = 20 \text{ k}\Omega$

2 – 26　写出图 2 – 36 中各电路的电压放大倍数 A_{u1}、A_{u2}、A_u 及输入电阻 R_i 和输出电阻 R_o 的计算式。

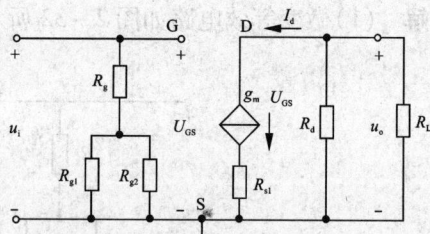

图 2 –35　习题 2 – 25 解答用图

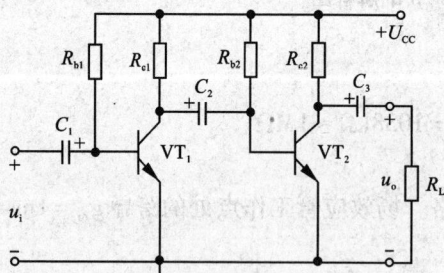

(a)

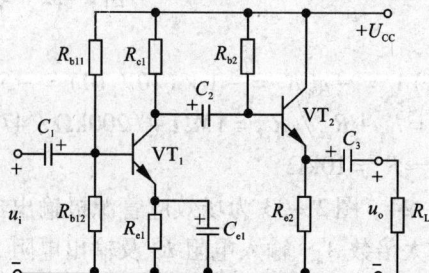

(b)

图 2 – 36　题 2 – 26 图

解　(a)图的微变等效电路如图 2 - 37 所示。

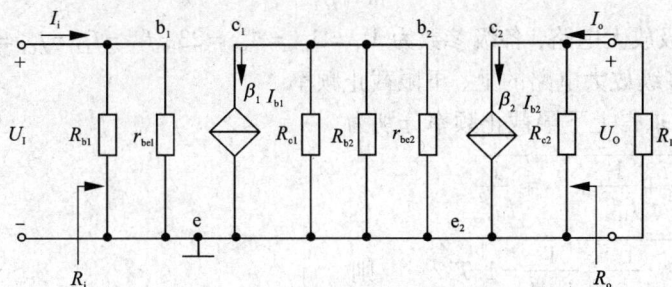

图 2 - 37　习题 2 - 26 的解答图

设三极管 VT_1、VT_2 的动态输入电阻分别为 r_{be1} 和 r_{be2}，则第一级的电压放大倍数为

$A_{u1} = -\dfrac{\beta R'_{L1}}{r_{be1}}$，其中 $R'_{L1} = R_{c1} /\!/ R_{i2}$，$R_{i2} = R_{b2} /\!/ r_{be2}$

第二级的电压放大倍数为

$A_{u2} = -\dfrac{\beta_2 R'_{L2}}{r_{be2}}$，其中 $R'_{L2} = R_{c2} /\!/ R_L$

总的电压放大倍数为 $A_u = A_{u1} \times A_{u2}$

放大电路的输入电阻为 $R_i = R_{b1} /\!/ r_{be1}$

放大电路的输出电阻为 $R_o \approx R_{c2}$

(b)图的微变等效电路如图 2 - 38 所示。

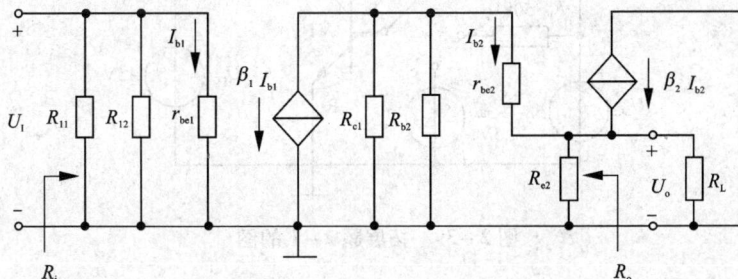

图 2 - 38　习题 2 - 26 的解答图

设三极管 VT_1、VT_2 的动态输入电阻分别为 r_{be1} 和 r_{be2}，则第一级的电压放大倍数为

$A_{u1} = -\dfrac{\beta_1 R'_{L1}}{r_{be1}}$，其中，$R'_{L1} = R_{c1} /\!/ R_{i2}$，$R_{i2} = R_{b2} /\!/ [r_{be2} + (1 + \beta)(R_{e2} /\!/ R_L)]$

第二级的电压放大倍数为

$A_{u2} = \dfrac{(1 + \beta_2) R'_{L2}}{r_{be2} + (1 + \beta) R'_{L2}}$其中 $R'_{L2} = R_{e2} /\!/ R_L$

总的电压放大倍数为 $A_g = A_{u1} \times A_{u2}$

放大电路的输入电阻为 $R_i = R_{11} /\!/ R_{12} /\!/ r_{be1}$

放大电路的输出电阻为 $R_o = R_{e2} // \dfrac{r_{be2} + (R_{c1} // R_{b2})}{1 + \beta_2}$

2－27 某三级放大电路，各级参数为 $A_{u1} = A_{u2} = A_{u3} = 23$，$f_{L1} = f_{L2} = f_{L3} = 40\text{Hz}$，$f_{H1} = f_{H2} = f_{H3} = 1.1\text{MHz}$，求多级放大电路的上、下限截止频率。

解 根据公式求得上下限截止频率分别为

$$\frac{1}{f_H} \approx 1.1 \sqrt{\frac{1}{f_{H1}{}^2} + \frac{1}{f_{H2}{}^2} + \cdots + \frac{1}{f_{Hn}{}^2}}$$

$$= 1.1 \sqrt{\frac{1}{1.1^2} + \frac{1}{1.1^2} + \frac{1}{1.1^2}} = 1.732 \qquad \text{则}$$

$$f_H \approx 0.577\text{MHz}$$

$$f_L \approx 1.1 \sqrt{f_{L1}{}^2 + f_{L2}{}^2 + \cdots + f_{Ln}{}^2}$$

$$= 1.1 \sqrt{40^2 + 40^2 + 40^2} = 76.2\text{Hz}$$

五、拓展习题选解

2－1 图 2－39 所示电路中，已知 $\beta = 100$，$U_{BE} = 0.6\text{V}$。试求开关 S 分别置于 a、b、c 处时的 I_C、I_B、U_{CE}，并指出三极管所处的工作状态。

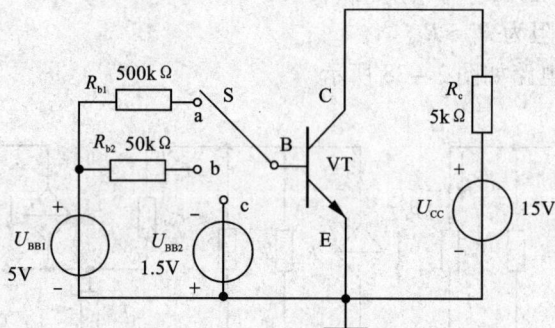

图 2－39 拓展题 2－1 的图

解（1）当开关 S 置于 a 时，有

$$I_B = \frac{U_{BB1} - U_{BE}}{R_{B1}} = \frac{5 - 0.6}{500 \times 10^3} = 0.0088\text{mA} = 8.8\mu\text{A}$$

$$I_C = \beta I_B = 100 \times 8.8 = 880\mu\text{A} = 0.88\text{mA}$$

$$U_{CE} = U_{CC} - R_C I_C = 15 - 5 \times 0.88 = 10.6\text{V}$$

三极管处于放大状态。

（2）当开关 S 置于 b 时，有

$$I_B = \frac{U_{BB1} - U_{BE}}{R_{B2}} = \frac{5 - 0.6}{50 \times 10^3} = 0.088\text{mA}$$

因 $I_{CS} \approx \dfrac{U_{CC}}{R_C} = \dfrac{15}{5} = 3\text{mA}$，$I_{BS} \approx \dfrac{I_{CS}}{\beta} = \dfrac{3}{100} = 0.03\text{mA}$

$I_B > I_{BS}$，$U_{CE} \approx 0$

所以三极管处于饱和状态。

（3）当开关 S 置于 c 时，有 $I_B \approx 0$，$I_C \approx 0$，$U_{CE} \approx U_{CC} \approx 15\text{V}$

所以三极管处于截止状态。

提示： 三极管在模拟电子电路中主要工作在放大状态，以 I_B 微小变化引起 I_C 较大变化，起放大作用。在数字电子电路中主要交替工作在截止和饱和两种状态（相当于开关的断开和闭合状态），起开关作用。

2－2 在图 2－40 所示电路中，已知 $U_{CC} = 12\text{V}$，$R_{b1} = 120\text{k}\Omega$，$R_{b2} = 40\text{k}\Omega$，$R_C = 3\text{k}\Omega$，$R_{e1} = 200\Omega$，$R_{e2} = 1.8\text{k}\Omega$，$R_s = 1\text{k}\Omega$，$R_L = 3\text{k}\Omega$，三极管的 $\beta = 100$，$U_{BE} = 0.6\text{V}$，试求：

（1）求静态值 I_B、I_C、U_{CE}；

（2）画出微变等效电路；

（3）求输入电阻 R_i 和输出电阻 R_o；

（4）求电压放大倍数 A_u 和源电压放大倍数 A_{us}。

解 （1）求静态值 I_B、I_C、U_{CE}

$$U_B \approx \frac{R_{b2}}{R_{b1} + R_{b2}} U_{CC} = \frac{40}{120 + 40} \times 12 = 3\text{V}$$

$$I_C \approx I_E = \frac{U_B - U_{BE}}{R_{e1} + R_{e2}} = \frac{3 - 0.6}{0.2 + 1.8} = 1.2\text{mA}$$

$$I_B = \frac{I_C}{\beta} = \frac{1.2}{100} = 0.012\text{mA}$$

$$U_{CE} = U_{CC} - I_C(R_C + R_{e1} + R_{e2}) = 12 - 1.2 \times (3 + 0.2 + 1.8) = 6\text{V}$$

（2）微变等效电路如图 2－41 所示。

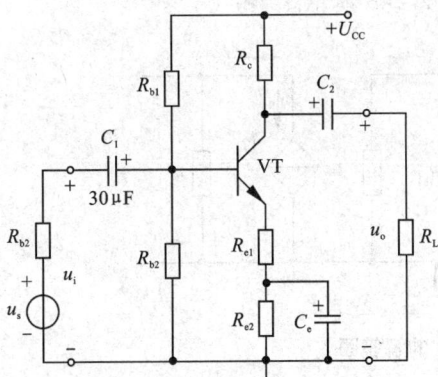

图 2－40 拓展题 2－2 的图 图 2－41 拓展题 2－2 的解答图

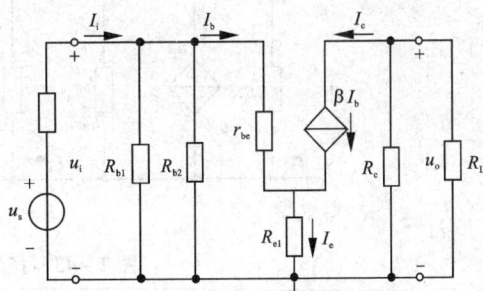

（3）求输入电阻 R_i 和输出电阻 R_o

$$r_{be} = 300(1 + \beta)\frac{26}{I_E} = 300 + 101 \times \frac{26}{1.2} = 2.5\text{k}\Omega$$

$$R_i = R_{b1} /\!/ R_{b2} /\!/ [r_{be} + (1 + \beta) R_{e1}] = 120 /\!/ 40 /\!/ [2.5 + (1 + 100) \times 0.2] = 12.9 \text{k}\Omega$$

$$R_o \approx R_c = 3 \text{k}\Omega$$

（4）求电压放大倍数 A_u 和源电压放大倍数 A_{us}

$$A_u = \frac{U_o}{U_i} = - \frac{\beta R_L'}{r_{be} + (1 + \beta) R_{e1}} = - \frac{100 \times \dfrac{3 \times 3}{3 + 3}}{2.5 + (1 + 100) \times 0.2} = -6.6$$

$$A_{us} = \frac{U_o}{U_s} = \frac{U_i}{U_s} \times \frac{U_o}{U_i} = \frac{R_i}{R_s + R_i} A_u = \frac{12.9}{1 + 12.9} \times (-6.6) = -6.125$$

2 - 3　电路如图 2 - 42 所示。设场效应管（工作点）的跨导 $g_m = 2 \text{ms}$，晶体三极管的 $\beta = 100$，$r_{be} = 2 \text{K}\Omega$，其他参数标在图上，试求两级放大电路的电压放大倍数、输入电阻和输出电阻。

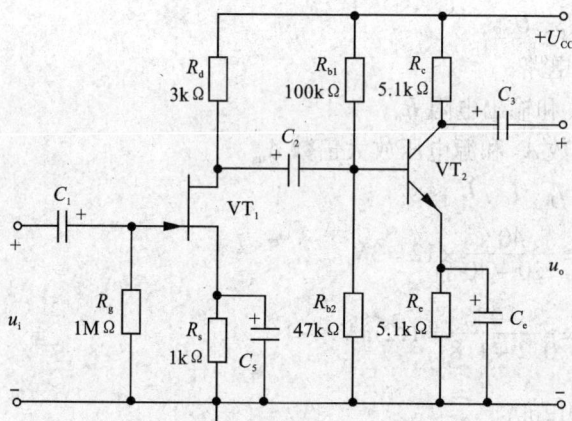

图 2 - 42　拓展题 2 - 3 的图

解　图 2 - 42 两放大电路的微变等效电路如图 2 - 43 所示。

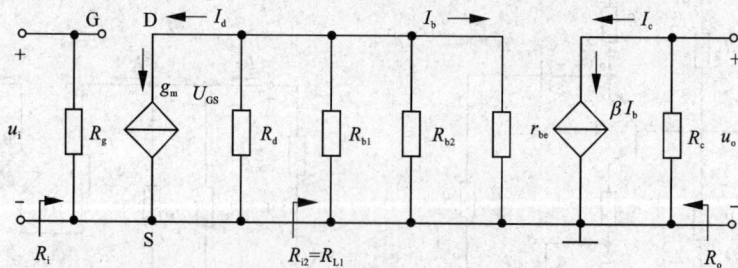

图 2 - 43　拓展题 2 - 3 的解答图

第一级电压放大倍数 $A_{u_1} = - g_m R_{L1}'$

式中　$R_{L1}' = R_D /\!/ R_{L1} = R_D /\!/ R_{i2}$

$$= R_D /\!/ R_{B1} /\!/ R_{B2} /\!/ r_{be}$$

$$\approx 1.15 \text{k}\Omega$$

代入上式得 $A_{u_1} = - 2 \text{ms} \times 1.5 \text{k}\Omega = -2.3$

第二级电压放大倍数

$$A_{u2} = -\beta \frac{R'_L}{r_{be}} = -100 \times \approx \frac{5.1}{2} = -255$$

所以两级放大电路总电压放大倍数为

$$A_u = A_{u1} \cdot A_{u2} = (-2.3) \times (-255) = 586.5$$

由于第一级采用的是场效应管放大电路，基本上没有栅流，所以放大电路的输入电阻为

$$R_i \approx R_g = 1\text{M}\Omega$$

放大电路的输出电阻即第二级共射电路的输出电阻，由图 2 - 43 得

$$R_o \approx R_c = 5.1\text{k}\Omega$$

以上分析表明，场效应管与晶体三极管结合起来使用，较好地解决了高输入电阻和高电压放大倍数两者不可兼得的矛盾。

2 - 4　两级阻容耦合放大电路如图题 2 - 44 所示。已知 $\beta_1 = \beta_2 = 50$，$r_{be1} = 1.8\text{k}\Omega$，$r_{be2} = 2.2\text{k}\Omega$，问：

（1）第一级的负载电阻等于多少？

（2）第二级的信号源内阻多大？

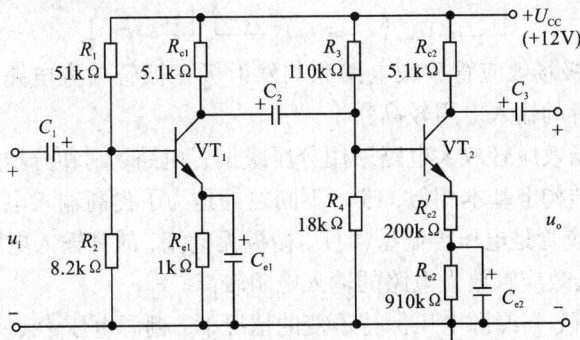

图 2 - 44　拓展题 2 - 4 的图

　解　（1）$R_{L1} = R_{i2} = R_3 /\!/ R_4 /\!/ [r_{be2} + (1 + \beta_2)R'_{e2}]$

　　　　　　　$= 110\text{k}\Omega /\!/ 18\text{k}\Omega /\!/ [2.2\text{k}\Omega + 51 \times 0.2]$

　　　　　　　$= 110\text{k}\Omega /\!/ 18\text{k}\Omega /\!/ 12.4\text{k}\Omega$

　　　　　　　$= 15.468\text{k}\Omega /\!/ 12.4\text{k}\Omega$

　　　　　　　$\approx 6.9\text{k}\Omega$

（2）$R_{s2} = R_{o1} = R_{c1} = 5.1\text{k}\Omega$

2 - 5　在图 2 - 45 中三极管是 PNP 锗管，试回答下列问题：

（1）在图中标出 U_{CC} 和 C_1、C_2 的极性；

（2）设 $U_{CC} = -12\text{V}$，$R_c = 3\text{k}\Omega$，$\beta = 75$，如果静态值 $I_C = 1.5\text{mA}$，R_b 应调到多大？

（3）在调整静态工作点时，如果不慎将 R_b 调到零，对三极管有无影响？为什么？通常采取何种措施来防止这种情况发生？

（4）如果静态工作点调整合适后，保持 R_b 固定不变，当温度变化时，静态工作点将如何变化？这种电路能否稳定静态工作点？

解　（1）为了满足放大条件，对于 PNP 型三极管，U_{CC} 的极性为负，耦合电容 C_1 的极性为左正右负，C_2 的极性为右正左负。

（2）$I_{BQ} = \dfrac{I_C}{\beta} = \dfrac{1.5}{75} = 0.02\text{mA}$

则有 $R_b = \dfrac{12 - 0.7}{0.02} = 565\text{k}\Omega$

（3）在调整静态工作点时，如果不慎将 R_b 调到零，根据 $I_B = \dfrac{U_{CC} - U_{BE}}{R_b}$ 可知，I_B 变得很大，由于此时的基极电位比集电极电位低很多，造成集电结正偏，不满足放大条件，三极管失去放大功能，甚至可能损坏三极管。通常在 R_b 支路上再串联一固定电阻来防止这种情况发生。

图 2 -45　拓展题 2 -5 的图

（4）温度升高，静态工作点向上移动，该电路不能稳定静态工作点。其过程描述如下：

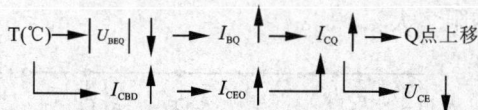

$$T(℃) \uparrow \rightarrow |U_{BEQ}| \downarrow \rightarrow I_{BQ} \uparrow \rightarrow I_{CQ} \uparrow \rightarrow Q点上移$$
$$\rightarrow I_{CBD} \uparrow \rightarrow I_{CEO} \uparrow \qquad \rightarrow U_{CE} \downarrow$$

2 -6　比较共源极场效应管放大电路和共发射极三极管放大电路，在电路结构上有何相似之处。为什么前者的输入电阻较高？

解　如果共源极场效应管放大电路采用分压式偏置电路，则和分压式偏置电路的共发射极三极管放大电路在结构上基本相似，唯一不同之处是为了提高输入电阻而在场效应管栅极接电阻 R_g。但因场效应管是电压控制型器件，栅极无电流，故其输入电阻很高，而电阻 R_g 也可以选得很大，因此场效应管放大电路的输入电阻较高。

2 -7　一场效应管，在漏源电压保持不变的情况下，栅源电压 U_{GS} 变化 3V 时，相应的漏极电流变化 2mA。试问该管的跨导是多少？

2 -8　在某放大电路中，三极管三个电极的电流如图 2 -46 所示。已知 $I_1 = -1.2\text{mA}$，$I_2 = -0.03\text{mA}$，$I_3 = 1.23\text{mA}$，由此可知：

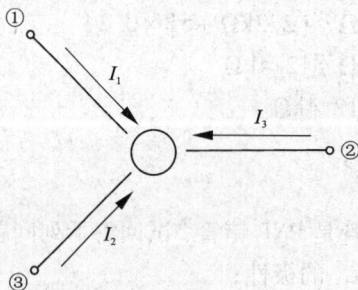

图 2 -46　拓展题 2 -8 的图

（1）电极①是＿＿＿＿＿极，电极②是＿＿＿＿＿极，电极③是＿＿＿＿＿极。

（2）此三极管的电流放大系数 $\bar{\beta}$ 约为＿＿＿＿＿。

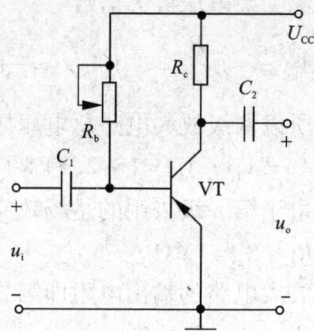

(3)此三极管的类型是＿＿＿＿＿＿型。

2-9　图 2-47 中，已知静态时 $U_o = 3V$，三极管的 $U_{be} = 0.7V$，$\beta_1 = 40$，$\beta_2 = 20$，求：

(1)两级的静态工作点和 R_{b1} 值。

(2)两级的总电压放大倍数 A_u，若用管压降为 0.62V 的二极管代替第二级的射极电阻 R_{e2}，则电压放大倍数又为多少？（设二极管的交流电阻为零）

(3)若从 b_2 处将第二级断开，第一级的工作点将如何变化？

2-10　图 2-48 所示是集电极—基极偏置放大电路。

(1)说明稳定静态工作点的物理过程；

(2)设 $U_{CC} = 20V$，$R_c = 10k\Omega$，$R_b = 330k\Omega$，$\beta = 50$，求其静态值。

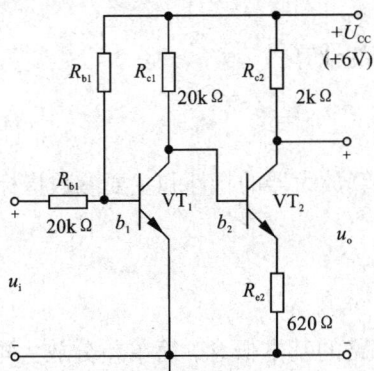

图 2-47　拓展题 2-9 的图　　　　　　　图 2-48　拓展题 2-10 的图

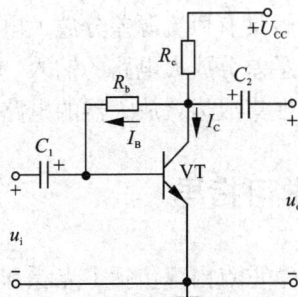

2-11　某放大电路不带负载时测得输出电压 $U_o = 2V$，带上负载 $R_L = 3.9k\Omega$ 后，测得输出电压为 $U_o = 1.5V$，试求放大电路的输出电阻 R_o。

2-12　设三极放大电路，各级电压增益分别为 20dB、20dB 和 18dB，当输入信号电压为 $U_i = 3mV$ 时，求输出电压 U_o 为多少。

第3章　差分放大电路与集成运算放大器

一、学习要求

（1）理解零点漂移的概念。

（2）掌握差分放大电路的组成及工作原理。

（3）掌握差分放大电路静态工作点与主要技术指标的计算。

（4）理解具有恒流源差分放大电路的工作原理。

（5）熟悉差分放大电路的输入、输出方式及特点。

（6）掌握集成运算放大器的电路结构及理想集成运算放大器的特性和主要参数指标。

二、学习指导

（1）本章重点内容包括零点漂移概念、差分放大电路的基本概念，简单差分放大电路的组成、工作原理，差分放大电路静态工作点与主要技术指标的计算以及运算放大器的参数及应用。

（2）要求理解电流源以及差分放大器的工作原理、输入输出方式及其共模抑制机制。掌握差分放大电路差模增益、差模输入输出电阻的计算。

（3）差分放大电路既能放大直流信号，又能放大交流信号；它对差模信号具有很强的放大能力，对共模信号具有很大的抑制作用，即差分放大电路可以消除温度变化、电源波动、外界干扰等具有共模特征的信号引起的输出误差电压。差分放大电路的主要性能指标有差模电压放大倍数、差模输入和输出电阻，共模抑制比等。

（4）差模放大电路的输入、输出连接方式有四种，可根据输入信号源灵活运用。单端输入与双端输入方式虽然接法不同，但性能指标相同。单端输出差分放大电路差模电压放大倍数是双端输出的一半，共模抑制比也小。

（5）电流源的特点是直流电阻小、交流电阻大、具有温度补偿作用，常用来做有源负载或用来提供偏置电流。具有电流源的差分放大电路其性能显著提高。

（6）分析集成运算放大电路时，常常将集成运算放大器作为理想运放。

三、自测题及参考答案

1.填空题（每小题4分，共36分）

（1）差分放大电路的主要性能指标有_____、_____、_____、_____等。

（2）差分放大电路的连接方式有_____、_____、_____、_____。

（3）理想运算放大器的特点是_____、_____、_____、_____。

（4）电流源的特点是_____。

（5）恒流源在集成电路中除做偏置电路外，还可以作为放大电路的_____，以提高电压增益。

（6）差分放大电路有_____种接线方式，其差模电压增益与_____方式有关，与_____方式无关。

（7）集成运算放大电路中，由于电路结构引起 $U_i=0$，$U_o\neq0$ 的现象称为_____，主要原因是_____造成的。

（8）公共发射极电阻 R_E 对共模信号有_____作用，对差模信号可以看作_____，所以它能抑制零点漂移，而不会影响对差。

（9）若差分放大电路双端输入信号为 u_{i1}，u_{i2} 则差模输入电压 u_{id} 为_____，共模输入电压 u_{ic} 为_____。

2.选择题（每小题 4 分，共 64 分）

（1）由于电流源中流过的电流恒定，因此等效的交流电阻（　　）。

A.很大　　　　　　B.很小　　　　　　C.等于零

（2）由于电流源中流过的电流恒定，因此等效的直流电阻（　　）。

A.很大　　　　　　B.不太大　　　　　C.等于零

（3）电流源常用于放大电路，作为（　　）。

A.有源负载　　　　B.电源　　　　　　C.信号源

（4）差分放大电路是为（　　）而设计的。

A.稳定放大倍数　　B.提高输入电阻

C.克服温漂　　　　D.扩展频带

（5）共模抑制比 K_{CMR} 越大，表明电路（　　）。

A.交流电压放大倍数越大

B.放大倍数越稳定

C.抑制温漂能力越强

D.输入信号中差模成分越大

（6）放大电路产生零点漂移的主要原因是（　　）。

A.温度变化引起参数变化

B.采用了直接耦合方式

C.晶体管的噪声太大

D.外界存在干扰源

（7）在差分放大电路中，用恒流源代替 R_E 是为了（　　）。

A.提高差模放大倍数

B.提高共模放大倍数

C.提高共模抑制比

D.提高差模输出电阻

（8）电流源常用于放大电路，使得放大倍数（　　）。

A.提高　　　　　　B.稳定　　　　　　C.降低

（9）差分放大电路由双端输入改为单端输入，差模电压放大倍数约（　　）。

A. 增加一倍　　　　B. 为双端输入时的一半　　C. 不变

（10）差分放大电路由双端输出改为单端输出，差模电压放大倍数约（　）。

A. 增加一倍　　　　B. 为双端输出时的一半　　C. 不变

（11）差分放大电路，它是（　）。

A. 能放大直流信号，不能放大交流信号

B. 能放大交流信号，不能放大直流信号

C. 既能放大交流信号，又能放大直流信号

（12）差分放大电路中，当 $U_{i1} = 300\,\text{mV}$，$U_{i2} = 200\,\text{mV}$ 时，分解为共模输入信号 $U_{ic} =$（　），差模输入信号 $U_{id} =$（　）。

A. 500mV　　　　B. 100mV　　　　　　C. 250mV　　　　　D. 50mV

（13）差模输入信号与两个输入信号的（　）有关，共模输入信号与两个输入信号的（　）有关。

A. 差　　　　　　B. 和　　　　　　　C. 比值　　　　　D. 平均值

（14）差模放大倍数 A_{ud} 是（　）之比，共模放大倍数 A_{uc} 是（　）之比。

A. 输出的变化量与输入的变化量

B. 输出差模量与输入差模量

C. 输出共模量与输入共模量

D. 输出直流量与输入直流量

（15）共模抑制比 K_{CMR} 是（　）之比。

A. 差模输入信号与共模输入信号

B. 输出量中差模成分与共模成分

C. 差模放大倍数与共模放大倍数

D. 交流放大倍数与直流放大倍数

（16）为了提高 R_i，减小温漂，通用型集成运算放大器的输入级大多采用（　）电路，为了减小 R_o，输出级大多采用（　）电路。

A. 共射或共源　　　B. 共基或共漏

C. 差分放大　　　　D. 互补或准互补跟随

参考答案

1.（1）差模电压放大倍数　差模输入电阻　差模输出电阻　共模抑制比　（2）单端输入双端输出　单端输入单端输出　双端输入双端输出　双端输入单端输出　（3）$A_{ud}\to\infty$　$R_{id}\to\infty$　$R_0\to0$　$K_{CMR}\to\infty$　（4）直流电阻小，交流电阻大，具有温度补偿作用　（5）有源负载（6）四　输出　输入　（7）失调　电路参数不完全对称　（8）负反馈　短路　（9）$u_{i1}-u_{i2}$　$(u_{i1}+u_{i2})/2$

2.（1）A　（2）B　（3）A　（4）C　（5）C　（6）A　（7）C　（8）A　（9）C　（10）B　（11）C（12）C　B　（13）A　D　（14）B　C　（15）C　（16）C　D

四、习题详解

3-1　如图 3-1 所示电路中，$U_{CC} = U_{EE} = 12\text{V}$，$R_c = R_e = 30\text{k}\Omega$，$R_b = 10\text{k}\Omega$，$R_L = 20\text{k}\Omega$，

$\beta = 100$，电位器 $R_P = 200\Omega$，R_P 的活动触点在中点。

(1) 求电路的静态工作点；

(2) 画出电路的交流通路；

(3) 求电路的差模电压放大倍数；

(4) 求电路的输入、输出电阻。

解　(1) 计算静态工作点

静态时，无信号输入，$U_{i1} - U_{i2} = 0$，设单管的发射极电流为 I_{EQ}，则 R_e 上流过的电流为 $2I_{EQ}$。对单管的基极回路可列出如下关系：

$$I_{BQ}R_b + U_{BE} + 2I_{EQ}R_e - U_{EE} + I_{EQ}\frac{R_P}{2} = 0$$

$$I_{BQ} = \frac{I_{EQ}}{1+\beta}$$

$$I_{BQ} = \frac{U_{EE} - U_{BE}}{\dfrac{R_b}{1+\beta} + 2R_e + \dfrac{R_P}{2}}$$

$$I_{CQ} \approx I_{EQ} \approx \frac{U_{EE}}{2R_e} = \frac{12}{2 \times 30} = 0.2\text{mA}$$

静态管压降为 $U_{CEQ} = U_{CC} + U_{EE} - I_{CQ}R_C - 2I_{EQ}R_e$
$$= 12 + 12 - 0.2 \times 30 - 2 \times 0.2 \times 30 = 6\text{V}$$

(2) 电路的交流通路

因放大电路输入端加入大小相等、极性相反的差模信号，故差模信号交流通路如图 3 - 2 所示。

(3) 计算差模电压放大倍数

由于差模信号在 R_e 上没有压降，故将其视为交流短路，且电路为单端输出，

$$r_{be} = r'_{bb} + (1+\beta)\frac{26\text{mV}}{I_{EQ}} = 13.2\text{k}\Omega$$

$$A_{ud} = -\frac{\beta(R_C // R_L)}{2\left[R_b + r_{be} + (1+\beta)\dfrac{R_P}{2}\right]} \approx -1.8$$

(4) 计算差模输入、输出电阻

$$R_{id} = 2\left[R_d + r_{be} + \frac{(1+\beta)R_P}{2}\right] = 66.4\text{k}\Omega$$

$$R_{od} \approx R_c = 30 \text{ k}\Omega$$

图 3 - 1　习题 3 - 1 的图

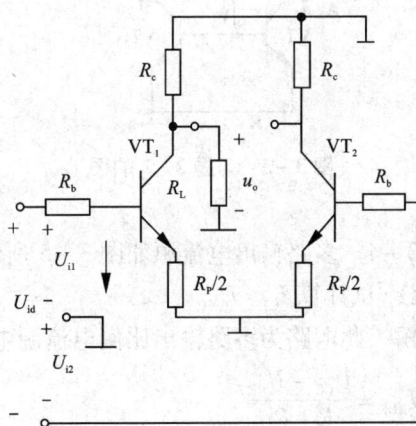

图 3 - 2　习题 3 - 1 的解答图

3 - 2　如图 3 - 3 所示电路中，VT_1，VT_2 的特性相等，且 β 足够大，$R_1 = 2\text{k}\Omega$，$R_2 = 1\text{k}\Omega$，$U_{BE} = 0.6\text{V}$，求 I_{C2} 和 U_{CE2} 的值。

解　VT_1、VT_2 构成的为镜像电流源电路，由于 VT_1、VT_2 特性相同，基极电位也相同，因此它们的集电极电流相等，只要 β 足够大，则有 $I_{C2} = I_R$

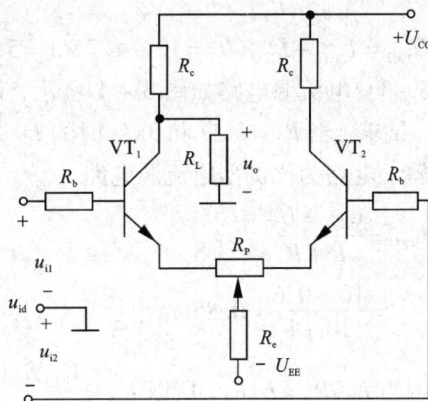

$$I_{C2} = I_R = \frac{U_{CC} - U_{EE}}{R_1} = \frac{10 - 0.6}{2} = 4.7 \text{ mA}$$

$$U_{CE2} = U_{CC} - I_{C2} \times R_2 = 10 - 4.7 \times 1 = 5.3 \text{V}$$

3-3　电流源电路如图 3-4 所示，设两管的参数相同且 $\beta \gg 1$。已知 $R = 10\text{k}\Omega$，$R_1 = 1\text{k}\Omega$。试求：当 $R_2 = 1\text{k}\Omega$ 和 $3\text{k}\Omega$ 时的 I_{C2}。

解　电路为比例型电流源电路

$$I_{REF} = \frac{U_{CC} - U_{BE}}{R + R_1}$$

$$= \frac{10 - 0.6}{10 + 1} = 0.85 \text{mA}$$

因为 $I_{REF}R_1 = I_{C2}R_2$，所以 $I_{C2} = \dfrac{I_{REF}R_1}{R_2}$

当 $R_2 = 1\text{k}\Omega$ 时，$I_{C2} = \dfrac{I_{REF}R_1}{R_2} = 0.85 \text{mA}$

当 $R_2 = 3\text{k}\Omega$ 时，$I_{C2} = \dfrac{I_{REF}R_1}{R_2} = 0.28 \text{mA}$

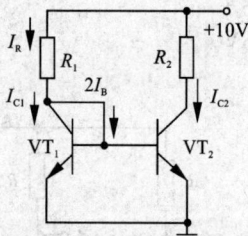

图 3-3　习题 3-2 的图

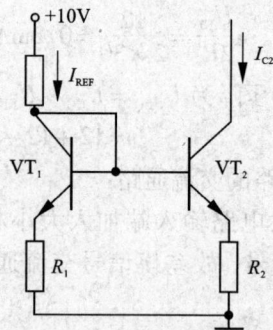

图 3-4　习题 3-3 的图

3-4　多路输出电流源如图 3-5 所示，已知 $\beta \gg 1$，$R = 6.8\text{k}\Omega$，$R_1 = 500\Omega$，$R_2 = 1\text{k}\Omega$，$R_3 = 2\text{k}\Omega$，试计算 I_{C2}、I_{C3}。

解　此电路为多路输出比例电流源电路

$$I_{REF} = \frac{U_{CC} - U_{BE}}{R + R_1}$$

$$= \frac{8 - 0.7}{6.8 + 0.5} = 1 \text{mA}$$

$$I_{C2} = \frac{I_{REF}R_1}{R_2} = 0.5 \text{mA}$$

$$I_{C3} = \frac{I_{REF}R_1}{R_3} = 0.25 \text{mA}$$

3-5　双端输入、单端输出的差分放大电路如图 3-6 所示，已知 $U_{CC} = U_{EE} = 12\text{V}$，$R_b = 5\text{k}\Omega$，$R_c = 10\text{k}\Omega$，$R_e = 11.3\text{k}\Omega$，$R_L = 10\text{k}\Omega$，晶体管的 $r_{bb} = 300\Omega$，$\beta = 100$，$U_{BE} = 0.7\text{V}$，试

计算：

(1)静态工作点 I_C 和 U_{CE}；

(2)差模电压放大倍数 A_{ud}；

(3)差模输入电阻 R_{id} 和输出电阻 R_{od}。

解　(1)求静态工作点

$$I_{BQ}R_b + U_{BE} + 2I_{EQ}R_e - U_{EE} = 0$$

$$I_{CQ} \approx I_{EQ} \approx \frac{U_{EE} - U_{BE}}{2R_e} = \frac{12 - 0.7}{2 \times 11.3} = 0.5 \text{ mA}$$

$$I_{BQ} = \frac{I_{EQ}}{1+\beta} = \frac{0.5}{1+100} = 5 \text{ μA}$$

$$U_{CEQ} = U_{CC} + U_{EE} - I_{CQ}R_C - 2I_{EQ}R_e = 7.7\text{V}$$

(2)计算差模电压放大倍数

此电路为单端输出电路，故

$$r_{be} = r'_{bb} + (1+\beta)\frac{26mV}{I_{EQ}} = 5.5k\Omega$$

$$A_{ud} = -\frac{\beta(R_C /\!/ R_L)}{2(R_b + r_{be})} = -23.8k\Omega$$

(3)计算差模输入电阻和输出电阻

$$R_{id} = 2(R_b + r_{be}) = 21k\Omega$$

$$R_{od} \approx R_C = 10 \text{ k}\Omega$$

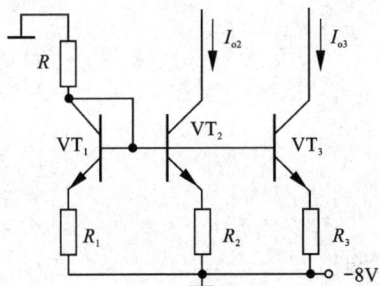

图 3-5　习题 3-4 的图

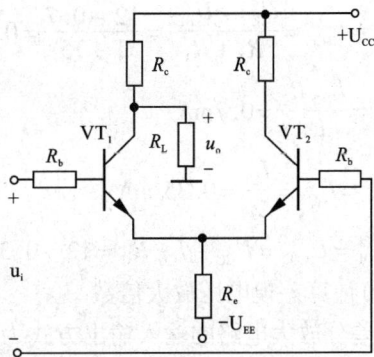

图 3-6　习题 3-5 的图

3-6　单端输入、双端输出的差分放大电路如图 3-7 所示，已知 $U_{CC} = U_{EE} = 15$V，$R_b = 2k\Omega$，$R_c = 40k\Omega$，$R_e = 28.6k\Omega$，$R_L = 40k\Omega$，晶体管的 $r_{bb} = 300\Omega$，$\beta = 100$，$U_{BE} = 0.7$V，试计算：(1)VT$_1$ 的静态工作点 I_{C2} 和 U_{CE1}；(2)差模电压放大倍数 A_{ud}；(3)差模输入电阻 R_{id} 和输出电阻 R_{od}。

解　(1)计算 VT$_1$ 的静态工作点

$$I_{CQ1} = I_{CQ2} = \frac{U_{EE} - U_{BE}}{2R_e} = 0.25\text{mA}$$

两管集电极对地电压为：

$U_{CQ1} = U_{CQ2} = U_{CC} - I_{CQ1}R_C = 15 - 0.25 \times 40 = 5V$

$U_{CEQ} = U_{CC} + U_{EE} - I_{CQ}R_C - 2I_{EQ}R_e = 5.7V$

（2）计算差模电压放大倍数

电路为双端输出，故

$r_{be} = r'_{bb} + (1+\beta)\dfrac{26mV}{I_{EQ}} = 10.8k\Omega$

$A_{ud} = -\dfrac{\beta(R_C /\!/ \dfrac{R_L}{2})}{R_b + r_{be}} = -104k\Omega$

（3）计算差模输入电阻和输出电阻

$R_{id} = 2(R_b + r_{be}) = 15.6k\Omega$

$R_{ud} \approx 2R_C = 80k\Omega$

3-7　如图3-8所示是具有电流源的差分放大电路，已知 $U_{BEQ} = 0.7V$，$\beta = 100$，$R_c = 12k\Omega$，$R_1 = R_2 = 1k\Omega$，$R_3 = 15k\Omega$，$R_b = 10k\Omega$，试求：

（1）VT_1、VT_2 的静态工作点 I_{CQ}、U_{CQ}；

（2）差模电压放大倍数 A_{ud}；

（3）输入电阻 R_{id} 和输出电阻 R_{od}。

解　（1）计算静态工作点

VT_3 和 VT_4 构成比例型电流源电路，在差分放大电路中作为有源负载；R_3、VT_4、R_2 构成基准电流电路

$I_{C4} \approx I_{REF} = \dfrac{U_{EE} - U_{BE4}}{R_2 + R_3} = \dfrac{12 - 0.7}{1 + 15} = 0.7mA$

$I_{C3} = \dfrac{I_{REF}R_2}{R_1} = 0.7mA$

$I_{CQ1} = I_{CQ2} = \dfrac{I_{C3}}{2} = 0.35 \ mA$

$U_{CQ1} = U_{CQ2} = U_{CC} - I_{CQ1}R_C = 12 - 0.35 \times 12 = 7.8V$

（2）计算差模电压放大倍数

此差分放大电路的输入输出方式为双端输入、双端输出，

先求得 $r_{be} = r'_{bb} + (1+\beta)\dfrac{26mV}{I_{EQ}} = 7.7k\Omega$

$A_{ud} = -\dfrac{\beta R_C}{R_b + r_{be}} = -67.8$

（3）计算差模输入电阻和输出电阻

$R_{id} = 2(R_b + r_{be}) = 2 \times 17.7 = 35.4k\Omega$

$R_{od} \approx 2R_C = 24k\Omega$

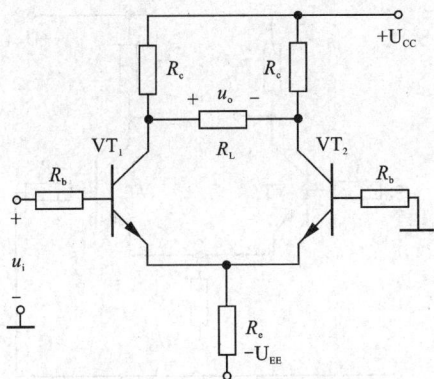

图 3 - 7　习题 3 - 6 的图

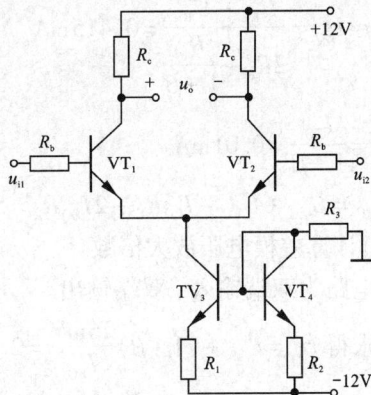

图 3 - 8　习题 3 - 7 的图

3 - 8　差分放大电路如图 3 - 9 所示。已知 $\beta = 100$，$R_c = 10\text{k}\Omega$，$R_L = 10\text{k}\Omega$，$R_b = 10\text{k}\Omega$，试求：

(1) 静态工作点 U_{CQ2}；

(2) 差模电压放大倍数 A_{ud}；

(3) 输入电阻 R_{id} 和输出电阻 R_{od}。

解　(1) 计算静态工作点

$$I_{CQ1} = I_{CQ2} \approx \frac{I_0}{2} = 0.5\text{mA}$$

$$U_{CQ2} = U_{CC} - I_{CQ1}R_C = 12 - 0.5 \times 10 = 7\text{V}$$

(2) 计算差模电压放大倍数

差分放大电路的输入输出方式为双端输入、单端输出，先求得：

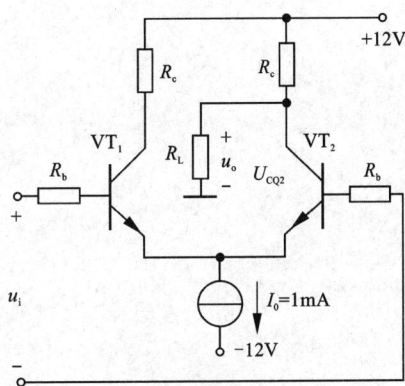

图 3 - 9　习题 3 - 8 的图

$$r_{be} = r'_{bb} + (1 + \beta)\frac{26\text{mV}}{I_{EQ}} = 5.45\text{k}\Omega$$

$$A_{ud} = -\frac{\beta(R_C /\!/ R_L)}{2(R_b + r_{be})} = -16.18\text{k}\Omega$$

(3) 计算差模输入电阻和输出电阻

$$R_{id} = 2(R_b + r_{be}) = 2 \times 15.45 = 30.9\text{k}\Omega$$

$$R_{od} \approx R_C = 10\text{k}\Omega$$

3 - 9　差分放大电路如图 3 - 10 所示。已知 $U_{CC} = U_{EE} = 9\text{V}$，$R_b = 2\text{k}\Omega$，$R_c = 10\text{k}\Omega$，$R_e = 10\text{k}\Omega$，$\beta = 40$，$U_{BE} = 0.7\text{V}$。试计算：

(1) 静态工作点 I_B、I_C、U_{CE}；

(2) 差模电压放大倍数 A_{ud}。

解　(1) 求静态工作点

$$I_{BQ}R_b + U_{BE} + 2I_{EQ}R_e - U_{EE} = 0$$

$$I_{CQ} \approx I_{EQ} = \frac{U_{EE} - U_{BE}}{2R_e + \dfrac{R_b}{1 + \beta}} = 0.415 \text{mA}$$

$$I_{BQ} = \frac{I_{EQ}}{1 + \beta} = 0.01 \text{mA}$$

$$U_{CEQ} = U_{CC} + U_{EE} - I_{CQ}R_C - 2I_{EQ}R_e = 5.55 \text{V}$$

（2）计算差模电压放大倍数

此电路为双端输入、双端输出。

先求得 $r_{be} = r'_{bb} + (1 + \beta)\dfrac{26\text{mV}}{I_{EQ}} = 2.9\text{k}\Omega$

$$A_{ud} = -\frac{\beta R_C}{R_b + r_{be}} = -81.6$$

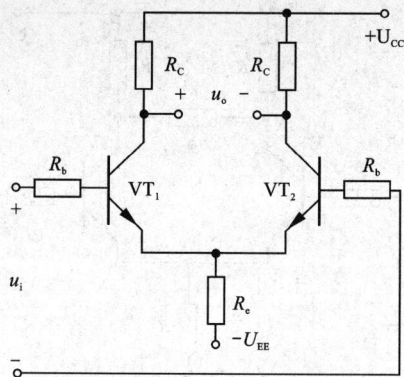

图 3 - 10   习题 3 - 9 的图

第 4 章 负反馈放大电路

一、学习要求

（1）理解反馈的概念。

（2）掌握负反馈电路框图结构特征。

（3）掌握反馈类型的判别方法。

（4）了解负反馈对放大器性能的影响。

（5）了解深度负反馈的特点。

（6）学会分析应用电路中的反馈。

二、学习指导

1. 本章的重点是反馈的概念、描述反馈的几个主要物理量、反馈类型的判别等，本章的难点是反馈类型判别、负反馈对放大器性能影响的分析以及深度负反馈电路的计算。

2. "反馈" 概念是电子技术中一个很重要的概念，学习中应注意以下几点：

（1）概念中的将一部分或全部输出量返回，是指反馈量与输出量之比（反馈系数）的大小。全部返回实际上是指反馈量与输出量相等，部分返回是指反馈量小于输出量。

（2）放大电路中只有存在将输出回路和输入回路联系起来的元件（或支路），才会存在反馈。这些联系元件称为反馈元件（反馈网络）。它可以是有源元件构成，也可以是无源元件构成；它可由一个元件构成也可以是多个元件组合而成。在本教材中主要分析由无源元件构成的放大电路。

（3）要判断放大电路中是否存在反馈，则首先要找到反馈支路。反馈支路在电路结构上所表现出的特征是：对于级间反馈，它一般是跨接在后级电路输出与前级电路输入之间；而对于本级反馈，它一般是跨接在电路输出与其输入之间，但一条支路若是输出回路和输入回路的公共支路，则它也是一条反馈支路。

3. 在对放大电路反馈极性的判定中应注意的几个问题：

（1）在判别电路反馈的极性时，采用的是瞬时极性法。瞬时极性标注为正，一般表示设定该点电位在此瞬时升高，也可理解为此时相位为正；瞬时极性标注为负，则一般表示注点该点电位在此瞬时降低，也可理解为此时相位为负。

（2）在分析时，初始输入信号的瞬时极性一般假设为正（ + ）极性，当然，也可假设为负（ － ）极性。

（3）依据共发射极放大电路，我们可以得出，基极的电位变化与发射极相同，而集电极的电位变化与基极相反，因此，发射极与基极为同相端，发射极与集电极、基极与集电极为反相端。

（4）在标注电路中各相关点上的极性时，应依据信号的流程，从放大电路的输入端（即初始信号的加入端）到放大电路的输出端，再到反馈支路的取样端，最后回到输入端，依次得出信号在各点的电位瞬时极性；然后根据如下的判别规律进行判断：

对于三极管构成的放大电路，其判别的依据是：若输入信号与反馈信号不接在同一端，两信号为串联关系，则当它们极性相同时，这意味着净输入信号是减少的，因此应为负反馈；而当它们极性相反时，这意味着净输入信号是增大的，因此应为正反馈。若输入信号与反馈信号接在同一端，两信号此时为并联关系，则当它们极性相同时，这意味着净输入信号是增大的，因此应为正反馈；而当它们极性相反时，这意味着净输入信号是减少的，因此应为负反馈。

对于运算放大电路其判别的依据是：通过比较原输入信号与反馈信号两者在输出端形成的输出信号的相位关系，若两者相位相同，那么反馈就是正反馈；若两者相位相反，那么反馈就是负反馈。

4. 根据电路结构特点进行反馈阻态判别的方法：

对于较为简单的放大电路，除了课本的判断方法外，还可根据电路结构特点，分析得出其反馈组态。其规律如下：

电压反馈：在放大电路的输出端，如果电路的输出支路与反馈支路接在同一端上，且输出支路与反馈支路是为广义的并联关系，它表明反馈取样是电压，故为电压反馈。

电流反馈：在放大电路的输出端，如果电路的输出支路与反馈支路接在不同端上（非运放电路），它实际表明反馈取样为电流，故为电流反馈。如果电路的输出支路与反馈支路接在同一端上（指运放电路），但若两支路为广义的串联关系，它也表明反馈取样为电流，因此也为电流反馈。

串联反馈：在放大电路的输入端，如果电路的输入支路与反馈支路接在不同端上，显然意味着两者是串接在输入回路中，因此为串联反馈。

并联反馈：在放大电路的输入端，如果电路的输入支路与反馈支路接在同一端上，显然意味着两者是并接在输入回路中，因此为并联反馈。

5. 关于 A_f 的量纲

对于负反馈放大电路，放大的概念是广义的。引入不同类型负反馈的放大电路，放大倍数的物理意义不同，电路的功能也不同，见表 4-1。

表 4-1 不同方式负反馈放大电路的 A_f 及功能比较

反馈方式	X_i	X_o	F（量纲）	A_f（量纲）	电路功能
电压串联负反馈	U_i	U_o	$\dfrac{U_f}{U_o}$（无量纲）	$\dfrac{U_o}{U_i}$（无量纲）	放大电压
电压并联负反馈	I_i	U_o	$\dfrac{I_f}{U_o}$（电导）	$\dfrac{U_o}{I_i}$（电阻）	将输入电流变换为输出电压
电流串联负反馈	U_i	I_o	$\dfrac{U_f}{I_o}$（电阻）	$\dfrac{I_o}{U_i}$（电导）	将输入电压变换为输出电流
电流并联负反馈	I_i	I_o	$\dfrac{I_f}{I_o}$（无量纲）	$\dfrac{I_o}{I_i}$（无量纲）	放大电流

从表中不难看出，A_f 除可能是通常意义的电压放大倍数或电流放大倍数外，还可能表明电流－电压转换关系或电压－电流转换关系。

6.负反馈电路具有提高电路的放大倍数稳定性、改善电路的非线性失真、展宽电路的通频带、改变电路的输入、输出电阻等特性，但所有的负反馈电路都是通过降低电路的放大倍数为代价来获得电路其他性能的改善。由于各种类型的负反馈电路其作用是不一样的，因此，具体该引入什么样的负反馈电路必须根据改善性能的要求而定。

7.在深度负反馈电路中，对于串联负反馈电路而言，有 $U_i' = U_i - U_f \approx 0$，$U_i \approx U_f$；而对于并联负反馈电路而言，有 $I_i' = I_i - I_f \approx 0$，$I_i \approx I_f$。而 U_f 和 I_f 又正比输出量 U_o 或 I_o。掌握这两点，对于分析晶体三极管构成的放大电路时很有帮助。而对于处于深度负反馈状态下的运算放大电路，则须牢固掌握虚断和虚短的概念。

表 4－2　负反馈对放大电路性能的影响

项目	反馈类型与对放大电路性能的影响			
放大倍数	$A_f = \dfrac{A}{1+AF}$			
非线性失真与噪声	减小			
带宽	展宽　　$BW = \|1+AF\|BW$			
闭环放大倍数的相对变化量	$\dfrac{\mathrm{d}A_f}{A_f} = \dfrac{1}{1+A_F}\dfrac{\mathrm{d}A}{A}$			
反馈类型	电压串联负反馈	电压并联负反馈	电流串联负反馈	电流并联负反馈
输入电阻	增大	减小	增大	增大
输出电阻	减小	减小	增大	增大
使何种输出量恒定	电压	电压	电流	电流
适用何种信号源	低内阻信号源	高内阻信号源	低内阻信号源	高内阻信号源
用途	电压放大器的输入级或中间级	电流—电压变换器或放大电路的中间级	电压—电流变换器或放大电路的输入级	电流放大器

8.对于集成运放来说，由于集成运放的开环电压放大倍数很大，若要集成运放构成线性电路，必须使之处于深度负反馈条件下；而且由于集成运放的理想特性，使分析变得更加简便。事实上，在采用集成运放构成的众多应用电路中，除必须工作在开环或正反馈下的一部分电路，例如比较器、波形产生电路等，绝大多数都采用了负反馈的形式。

三、自测题及参考答案

1.判断题(每小题 3 分，共 15 分)

(1)负反馈是指反馈信号与原输入信号相位相反的一类反馈。　　　　　　　　(　　)

(2)根据反馈信号与原输入信号的连接方式，可将反馈分为电压反馈和电流反馈。(　　)

(3)引入负反馈可拓展放大器对信号放大的频率范围。   （ ）

(4)在深度负反馈的条件下，由于闭环增益 $A_f \approx 1/F$，即可近似认为它只与反馈系数有关，与放大电路和增益 A 无关。因此，此时若省去放大通路，则其放大效果不会改变。（ ）

(5)反馈环内的放大级数越多，负反馈所起到的作用越好。   （ ）

2. 填空题(每空 2 分，共 40 分)

(1)反馈放大器是由____和____两部分电路组成。

(2)反馈是将____信号回送到____端并与____信号相叠加再进行放大的过程。

(3)直流反馈是指反馈信号只有____分量的反馈形式。

(4)根据反馈的取样方式，将反馈分为____反馈和____反馈。根据反馈信号与输入信号的叠加方式，可将它分为____反馈和____反馈。

(5)为了稳定静态工作点，在广大电路中应引入____负反馈。

(6)定量分析反馈放大器常需要用到的四个重要物理量是____、____、____、____。

(7)负反馈对放大器性能的影响主要体现在____、____、____、____四个方面。

(8)负反馈的反馈深度过大易引起____。

3. 选择题(每小题 3 分，共 21 分)

(1)构成反馈的元器件( )。

A. 只能是电阻、电容等无源元件

B. 只能是晶体管、集成运放等有源元件

C. 既可以是无源元件，又可以是有源元件

(2)要使输出电压稳定又具有较高的输入电阻，则应选用( )负反馈。

A. 电压并联   B. 电流串联

C. 电压串联   D. 电流并联

(3)有一信号源，其内阻较大，则宜选用( )负反馈电路与它配合使用。

A. 串联   B. 并联

C. 电压   D. 电流

(4)有一负载其阻值很小，则宜选用( )负反馈电路与它配合使用。

A. 串联   B. 并联

C. 电压   D. 电流

(5)射极输出器属( )负反馈。

A. 电压串联   B. 电压并联

C. 电流串联   D. 电流并联

(6)在不引起自激的条件下，负反馈越深，则输出信号( )。

A. 越小   B. 越大   C. 稳定不变

(7)消除自激振荡的基本方法是( )。

A. 使 $1 + A_F = 0$ B. 引入正反馈   C. 进行相位补偿

4. 分析图 4-1 电路中 R_F 所起的反馈，判断其类型，并说明判断理由。(12 分)

5. 找出图 4-2 电路中各反馈元件，并判断反馈类型。(12 分)

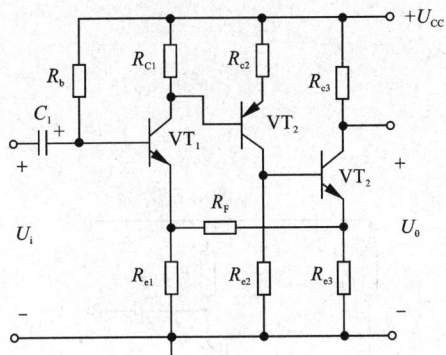

图 4 - 1 自测题 4 的图

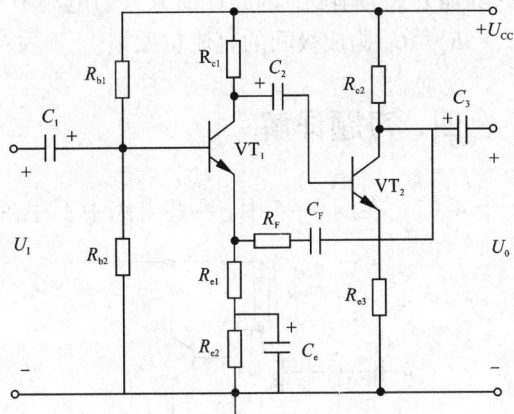

图 4 - 2 自测题 5 的图

参考答案

1. (1)√ (2)× (3)√ (4)× (5)×

2. (1)放大电路 反馈网络 (2)输出信号 输入 输入 (3)直流 (4)电压 电流 串联 并联 (5)直流 (6)开环放大倍数(A) 闭环放大倍数(AF) 反馈系数(F) 反馈深度($1+AF$) (7)减小放大倍数 提高放大倍数的稳定性 展宽通频带 减小非线性失真 (8)自激

3. (1)C (2)C (3)A (4)C (5)A (6)A (7)C

4. 题图 4 - 1 三级放大电路中的 R_f、和 R_{e1} 构成级间交直流反馈, 由瞬时极性法可以看出(瞬时极性性标注见图 4 - 3), 由于反馈信号与原输入信号不接在同一极上, 它们极性相同, 因此, 该反馈为负反馈。在电路的输出端, 由于反馈支路与输出支路分别接在集电极和发射极上, 它们在输出回路中构成广义的串联关系, 因此, 取样为电流; 而在电路的输入端, 又由于输入信号是从三极管的 VT_1 的基极加入, 而反馈信号是返回到 VT_1 的发射极, 因此, 反馈信号与原输入信号为串联叠加, 故电路为电流串联负反馈。

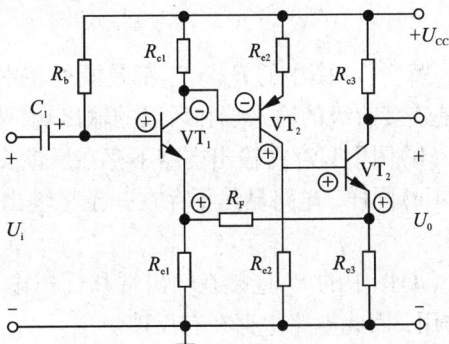

图 4 - 3 自测题 4 的解答图

5. 题图 4 - 2 中的反馈元件分别是 R_F、C_F、R_{e1}、R_{e2}、C_e 和 R_{e3}。

利用瞬时极性法, 不难分析出它们均为负反馈。其中, R_F、C_F 构成级间交流负反馈, 它们在输出端的取样为电压, 而在输入端的叠加方式为串联, 因此反馈方式为电压串联负反馈。

R_{e1} 和 R_{e3} 均构成本级交、直流负反馈, 它们两个在输出端的取样均为电流, 而在输入端的叠加方式为串联，因此反馈方式为电流串联负反馈。

R_{e2}、C_e 构成级间的直流负反馈。

四、习题详解

4 – 1　在图 4 – 4 中，哪些电路中不存在反馈？

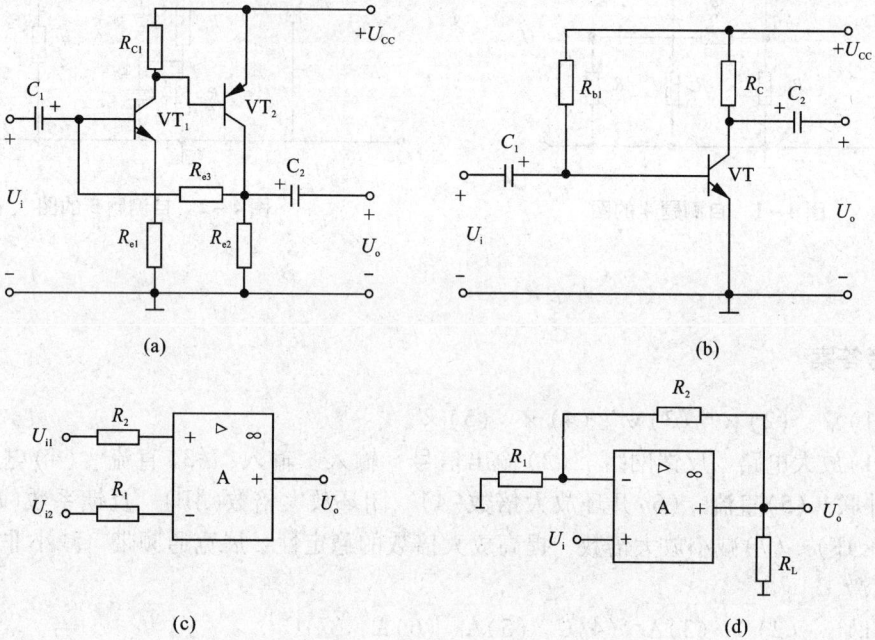

(a)　　　　　　　　　　　　　　(b)

(c)　　　　　　　　　　　　　　(d)

图 4 – 4　习题 4 – 1 的图

解　（a）图中的 R_{e1}、R_{e2} 都是既处在本级放大电路的输入回路中又处在输出回路中，而 R_{e3} 是连接前级的输入端和后级的输出端，显然，它们都是反馈支路，因此，电路中存在反馈。

（b）图中只存在输出支路不存在反馈支路，因此，电路中不存在反馈。

（c）同样，电路显然不存在一条将输出信号返回输入端的支路，因此，电路中也不存在反馈。

（d）图中的 R_2 连接在输出端和反相输入端之间，因而，可起到将输出信号返回到输入端的作用，因此电路中存在有反馈。

4 – 2　在图 4 – 5 中，哪些电路中只有直流反馈，哪些只有交流反馈，哪些是既有直流又有交流反馈？

解　（a）图中的反馈支路 R_2、C 上存在一个旁路电容，因此，反馈信号中交流成分将会被旁路到地，而加入到反相端的信号中就会只存在直流成分，所以，电路为直流反馈。

（b）图中的反馈支路 R_2、C 中串联了一个隔直电容，因此，反馈信号中的直流成分将会被隔断，而加入到反相端的信号中就会只存在交流成分，所以，电路为交流反馈。

（c）反馈支路上的两端既不存在旁路电容，又没有串接有隔直电容，因此，反馈到输入端的信号中既有交流信号成分，又有直流成分，因此，电路为交、直流反馈。

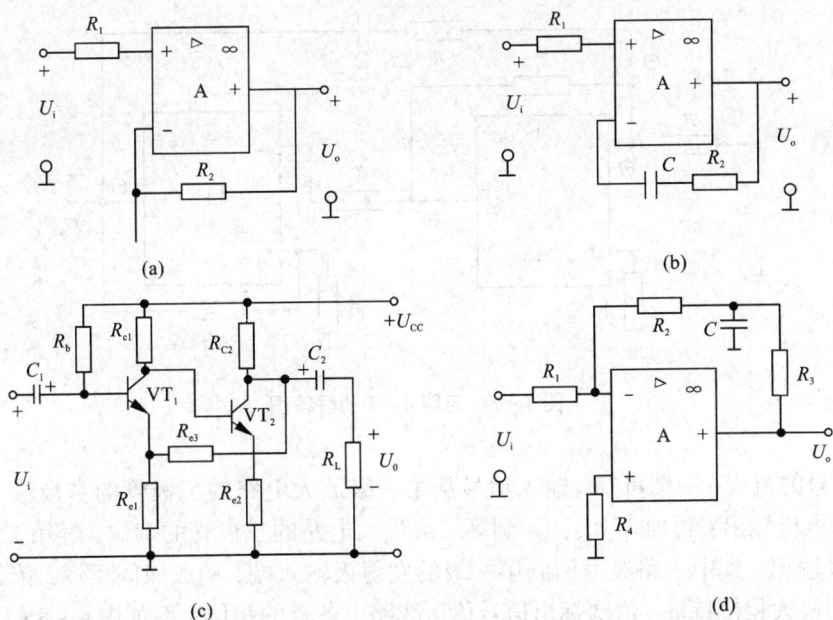

图 4-5 习题 4-2 的图

（d）图中的反馈支路 R_2、R_3、C 上同样也存在一个旁路电容，因此，反馈回输入端的信号中就会只存在直流成分，所以，电路为直流反馈。

4-3 在图 4-6 中，用瞬时极性的办法判断各电路中的级间反馈是正反馈还是负反馈。

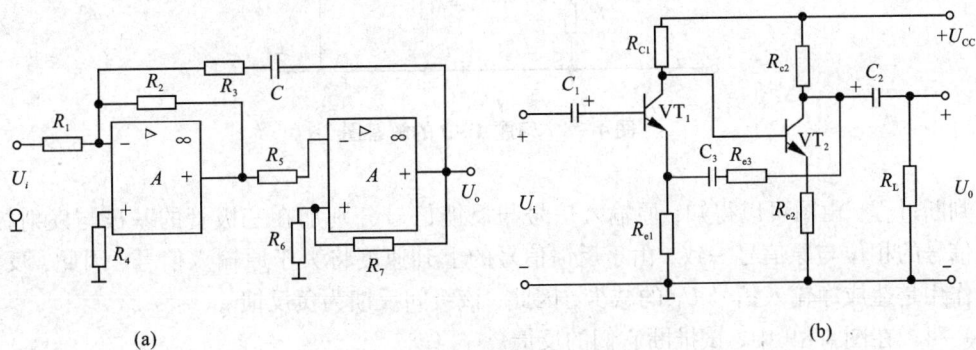

图 4-6 习题 4-3 的图

解 （a）信号的流程：由图可知，输入信号从第一个运放的反相输入端输入，经放大后，从输出端输出，再经加入到第二个运放的反相输入端，经第二次放大后，从其输出端输出，其中一路经 R_7，返回到本级的同相端，另一路经 R_3、C 返回到第一级的反相输入端，构成级间反馈，依此顺序，根据运算放大器的反相放大和同相放大的特性，依次标出信号传送线路上各点的相位关系如图 4-7（a）。

判断过程：由图可以得知，反馈信号的相位与原信号一致，它们在第一个运放的输入端相叠加，显然，反馈信号的作用是增强原输入信号，因此级间反馈为正反馈。

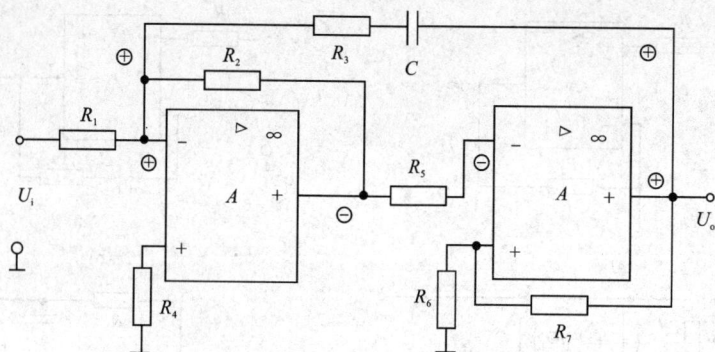

图4-7 习题4-3的解答图

(b)信号的流程：由图可知，输入信号从第一级放大电路的三极管的基极输入，经放大后，从其集电极输出，再加入 R_{e3}、C_3 到第二级放大电路的三极管的基极，经第二次放大后，从其集电极输出，其中一路经返回到第一级的发射极输入端，构成级间反馈，依此顺序，根据三极管的放大相位特性，依次标出信号传送线路上各点的相位关系如图4-8。

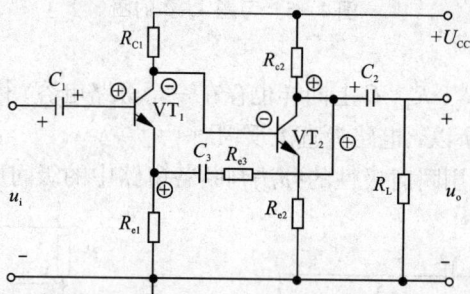

图4-8 习题4-3的解答图

判断过程：由图可以得知，原输入信号与反馈信号分别加在三极管的基极与发射极上，反馈信号的相位与原信号一致，由于反馈信号的上升速度将大于原输入信号，因此，反馈信号的作用是造成净输入信号 U_{be} 的减少，因此，该级间反馈为负反馈。

4-4 在图4-9中，试推断它们的反馈。

解 (a)在图中的输出端，由于反馈支路与负载支路是广义的串联关系，因此取样是电流；而在输入端，原输入信号与反馈信号都是接在运放的反相端上，因此是并联，所以该电路的反馈类型为电流并联反馈。

(b)在图中的输出端，由于反馈支路与负载支路分别接在三极管的集电极和发射极上，因此它们在输出回路中是广义的串联关系，因此，取样是电流；而在输入端，原输入信号与反馈信号分别接在三极管的基极和发射极上，因此，两者构成串联叠加关系，所以，该电路的反馈类型为电流串联反馈。

4-5 集成运算放大器电路如图4-10所示。判断该电路的交流反馈类型，并标出反馈信号。

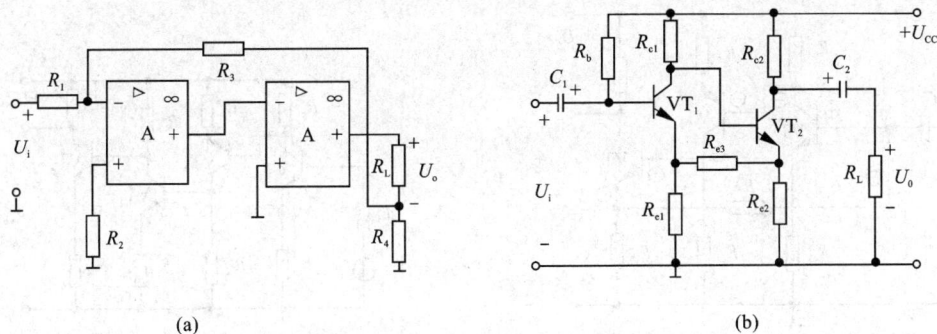

图 4 - 9 习题 4 - 4 的图

解 瞬时极性标如图 4 - 10，输入信号从集成运放同相输入端输入，假设在某一瞬时，当输入信号的瞬时极性为⊕时，则输出信号的瞬时极性也为⊕，它的一部分经反馈电阻反馈回集成运放的反相输入端，显然，反馈信号的输出与原输入信号的输出它们的相位是相反的，因此电路是负反馈。从图中可以看出，由于净输入信号为输入信号与反馈信号之差，因此，反馈电压 U_f 削弱了原来的输入电压信号 U_i。

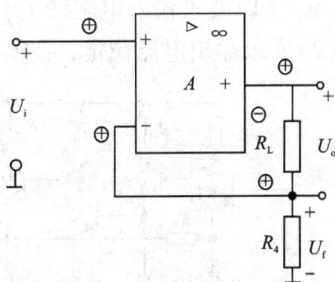

图 4 - 10 习题 4 - 5 的图

将负载 R_L 短路，则输出电压为 0，但它不影响反馈的存在，因此，该反馈为电流反馈。反馈信号送回到集成运放的另一输入端，因此为串联反馈。

该反馈放大电路的交流反馈类型为电流串联负反馈。

4 - 6 判断图 4 - 11 多级放大电路的反馈类型和反馈极性。

解 图 4 - 11 所示电路，电阻 R_F 和 R_{e3} 构成级间交直流反馈支路，根据瞬时极性可以看出这是一个正反馈电路，净输入电流信号即三极管 VT_1 的基极电流，它的大小为 $I_b = I_i + I_f$（I_i 是输入信号所形成的电流，I_f 是反馈电阻 R_F 上的电流），由于 I_i 与 I_f 是同相，因此反馈信号使净输入电流信号增大。所以，电路为正反馈。对于正反馈，当然也可以相应地得出该电路为电流并联正反馈的结论，但由于正反馈对放大电路的性能没有改善，反而破坏放大电路的稳定性，所以，放大电路中并不采用正反馈。因此，不必区分它的类型，只判断出极性即可。

4 - 7 在图 4 - 12 电路中，若

（1）要求输入电阻增大，试正确引入负反馈；

（2）要求输出电流稳定，试正确引入负反馈。

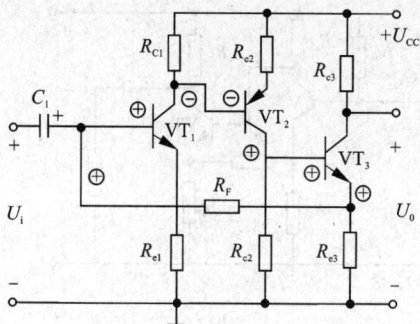

图 4 – 11　习题 4 – 6 的图

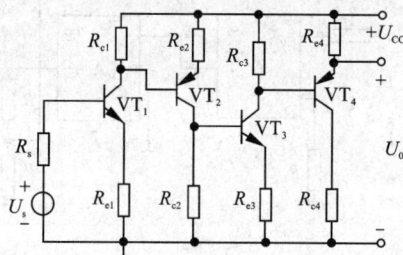

图 4 – 12　习题 4 – 7 的图

解　(1)要求输入电阻增大，必须引入串联负反馈。如图 4 – 13 所示。

(2)要求输出电流稳定，必须引入电流负反馈。如图 4 – 14 所示。

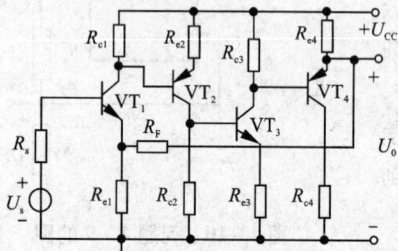

图 4 – 13　题 4 – 7 图

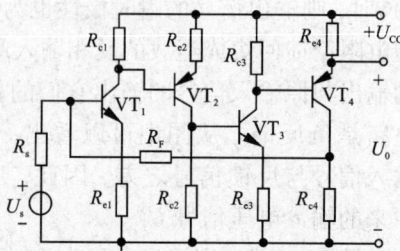

图 4 – 14　题 4 – 7 图

　　4 – 8　已知某负反馈放大电路的开环放大倍数 $A = 10000$，反馈系数 $F = 0.01$，由于三极管参数的变化使开环放大倍数减小了 10% ，试求变化后的闭环放大倍数 A_f 及其相对变化量。

解　三极管参数变化后的开环放大倍数为

$A = 10\ 000 \times (1 - 10\%) = 9000$

闭环放大倍数为

$$A_f = \frac{A}{1 + AF} = \frac{9000}{1 + 9000 \times 0.01} = 98.9$$

闭环放大倍数 A_f 的相对变化量为

$$\frac{dA_f}{A_f} = \frac{1}{1 + AF} \frac{dA}{A} = \frac{1}{1 + 9000 \times 0.01}(-10\%) \approx -0.11\%$$

由此可见，引入负反馈后，电压放大倍数下降，但其相对变化量却大大减小了，从而提高了电压放大倍数的稳定性。

　　4 – 9　如果要求开环放大倍数 A 变化 25% 时，闭环放大倍数的变化不能超过 1% ，又要求闭环放大倍数 A_f 为 100，试问开环放大倍数 A 应选多大？这时反馈系数 F 又应是多大？

解　因为由公式 $\frac{dA_f}{A_f} = \frac{1}{(1 + AF)} \frac{dA}{A}$ 可得，$(1 + AF) = \frac{dA/A}{dA_f/A_f} = \frac{0.25}{0.01} = 25$

所以，$AF = 24$。又因为 $A_f = \frac{A}{(1 + AF)} = 100$，

所以，$A = (1 + AF)A_f = 25 \times 100 = 2500$

$$F = \frac{24}{A} = \frac{24}{2500} = 0.96\%$$

4 – 10　一放大器在开环状态下工作时，其电压放大倍数的变化范围是 150 ~ 600 倍，现加上负反馈，其反馈系数 $F = 0.06$，试求出加上负反馈后的电压放大倍数的变化范围。

解　因为 $A_f = \dfrac{A}{(1 + AF)}$，所以

$$A_{fmin} = \frac{A_{min}}{1 + A_{min}F} = \frac{150}{1 + 150 \times 0.06} = 15$$

$$A_{fmax} = \frac{A_{max}}{1 + A_{max}F} = \frac{600}{1 + 600 \times 0.06} = 16.2$$

故 $\dfrac{A_{fmax}}{A_{fmin}} = \dfrac{16.2}{15} = 1.08$

4 – 11　一个负反馈放大电路中，基本放大器的电流放大倍数是 500，引入负反馈后，电流放大倍数变为 40，计算反馈网络的反馈系数。

解　因为 $A = 500$，$A_f = 40$，将它们代入公式 $A_f = \dfrac{A}{(1 + AF)}$ 中，可求得 $F = \dfrac{A - A_f}{AA_f} = \dfrac{500 - 40}{500 \times 40}$

$= 0.023$

4 – 12　已知某放大电路在输入信号电压为 1mV 时，输出电压为 1V，当加上负反馈后，要达到同样的输出电压时需加入信号为 10mV，试求出其反馈深度及反馈系数。

解　设电路的开环放大倍数为 A，闭环放大倍数为 A_f，则由题可知，$A_f = \dfrac{1}{10}A$，且 $A = \dfrac{U_o}{U_i}$

$= \dfrac{1V}{1mV} = 1000$，所以，电路的反馈系数为 $F = \dfrac{A - A_f}{AA_f} = \dfrac{0.9A}{A \times 0.1A} = 0.009$，反馈深度 $1 + AF = 1 +$

$1000 \times 0.009 = 10$

4 – 13　电路如图 4 – 15 所示，试从反馈的角度分析，开关 S 的闭合和打开对电路性能的影响。

解　当开关 S 闭合，电路仅有直流电流负反馈，电路只具有稳定静态工作点的作用。而当开关 S 打开，电路便引入了串联电流负反馈（反馈网络 R_e），那么，负反馈将改变电路的一些功能，即放大电路的增益将减小；输入电阻将增大；输出电阻基本不变（因为虽然电路的输出电阻增大，但它与 R_c 并联后，总的输出电阻仍近似为 R_c）；上限频率 f_H 提高，下限频率 f_L 将下降。

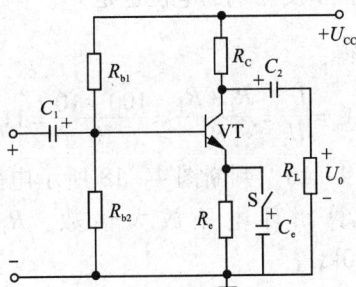

图 4 – 15　习题 4 – 13 的图

4 – 14　电路如图 4 – 16 所示，试回答：

(1) 集成运放 A_1 和 A_2 各引进什么反馈？

(2) 求闭环增益 $A_f = \dfrac{U_o}{U_i}$。

解　(1) 从电路结构上可以看出，运放 A_1 的输出支路与反馈支路接在同一端上，且构成

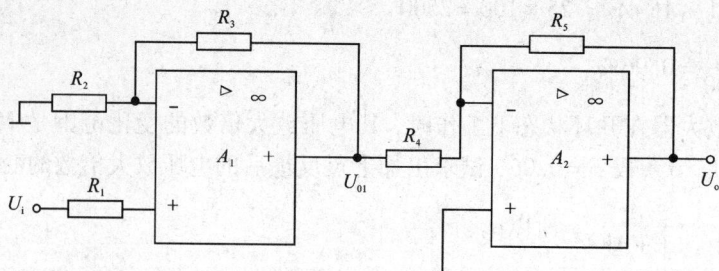

图 4 – 16　习题 4 – 14 的图

广义并联，因此取样为电压；而输入支路与反馈支路分别接在同相和反相端上，因此构成串联，所以，运放 A_1 引入了串联电压负反馈；同理可分析出运放 A_2 引入了电压并联负反馈。

（2）闭环增益为 A_{uf} 为

$$A_{uf} = \frac{U_o}{U_i} = \frac{U_{o1}}{U_i} \times \frac{U_o}{U_{o1}} = \left(1 + \frac{R_3}{R_2}\right) \times \left(-\frac{R_5}{R_4}\right) = -\frac{R_5}{R_4}\left(1 + \frac{R_3}{R_2}\right)$$

4 – 15　判断图 4 – 17 所示电路的反馈类型，并估算闭环电压放大倍数。已知 R_1 为 10kΩ，R_f 为 100kΩ，R_2 为 10kΩ。

解　由瞬时极性法可判断出电路为负反馈。

由电路结构可分析出电路为电压串联反馈，因此电路为电压串联负反馈。

由于运放电路在放大时一般是处于深度负反馈状态，根据虚断和虚短的特性可得进行如下分析：

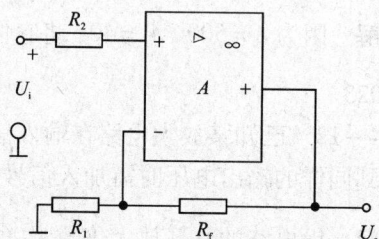

图 4 – 17　习题 4 – 15 的图

由于运放的高内阻特性，运放的输入电流可近似为 0，则同相端的电位为 U_i，根据虚短，则可推出反相端的电位也是 U_i。同理，根据虚断，R_1 和 R_f 可近似为串联。所以 $\dfrac{U_o - U_i}{R_f} = \dfrac{U_i}{R_i}$

整理得：

$$A_u = \frac{U_o}{U_i} = \frac{R_f + R_1}{R_1} = \frac{100 + 10}{10} = 11$$

4 – 16　判断图 4 – 18 所示电路的反馈类型，并估算闭环电压放大倍数。R_1 为 10kΩ，R_f 为 100kΩ。

解　由瞬时极性法可判断出电路为负反馈。

由电路结构可分析出电路为电压并联反馈，因此电路为电压并联负反馈。

由于运放电路在放大时一般是处于深度负反馈，根据虚断和虚短的特性可进行如下分析：

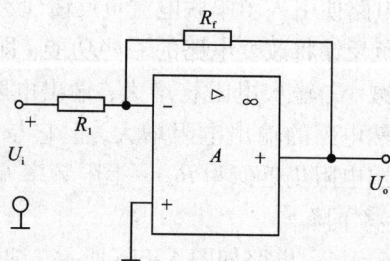

图 4 – 18　习题 4 – 16 的图

由于运放反相端接地，则反相端的电位为 0，根据虚短，则同相端的电位为 0。又由于运放的高内阻特性，运放的输入电流可近似为 0。同理，根据虚断，R_1 和 R_f 可近似为串联，所

以 $\dfrac{U_o - 0}{R_f} = \dfrac{0 - U_i}{R_i}$，整理得 $A_{uf} = \dfrac{U_o}{U_i} = -\dfrac{R_f}{R_1} = -\dfrac{100}{10} = -10$

五、拓展习题选解

4 – 1　两级放大电路如图 4 – 19 所示，第一级是由 VT_1 和 VT_2 构成的差动放大电路，第二级是共发射级放大电路，试判断电路的交流反馈类型。

解　R_5、R_6 构成级间的交流反馈。将瞬时极性标于图 4 – 19 中，设 VT_1 基极的瞬时极性为正，则将瞬时负极性送至 VT_3 的基极，VT_3 的集电极为正，经 R_5、R_6 送回 VT_2 的基极。由于差动放大电路的净输入信号是 V_1 和 V_2 基极输入信号之差，因此反馈电压 U_f 使净输入电压减小，为负反馈。

反馈信号采样于输出电压的一部分，即反馈电压为 $\dfrac{R_6}{R_5 + R_6} U_o$。用输入输出电压短路法判断时，输出电压短路，反馈受影响而消失，因而判断是电压反馈。反馈信号由反馈网络送回输入端三极管 VT_2 的基极，构成了电压比较形式。因此，该电路为电压串联负反馈。

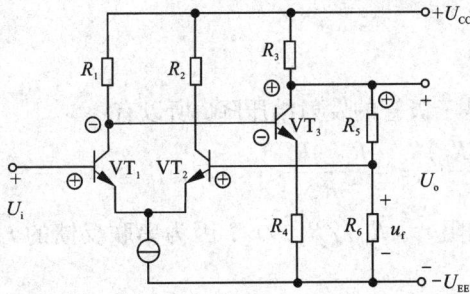

图 4 – 19　拓展题 4 – 1 的图

4 – 2　利用深度负反馈的近似条件，估算图 4 – 20 所示集电极 – 基极偏置反相放大电路的闭环电压放大倍数。

解　图 4 – 20 中的反馈电阻 R_f 构成了电压并联负反馈。对于电压并联负反馈，在输入端有 $I_i = I_f$，$I' \approx 0$，反馈电阻上的电流就是反馈电流。

对于三极管来说，三极管的基极输入电流就是净输入电流，所以有 $I'_b \approx 0$，那么

$$\frac{U_i - 0}{R_1} = I_i = I_f = \frac{0 - U_o}{R_f}$$

可求出闭环电路的放大倍数为 $A_{uf} = \dfrac{U_o}{U_i} = \dfrac{R_f}{-R_1}$，该电压并联反馈放大电路的输出电压 U_o

$= -\dfrac{U_i}{R_1} R_f = -I_i R_f$，而可以输出与输入电流成比例的电压信号，而又与负载参数无关，因此可以作为电流 – 电压变换器使用。

4 – 3　利用深度负反馈的近似条件估算图 4 – 21 所示电路的闭环电压放大倍数和输入、输出电阻。

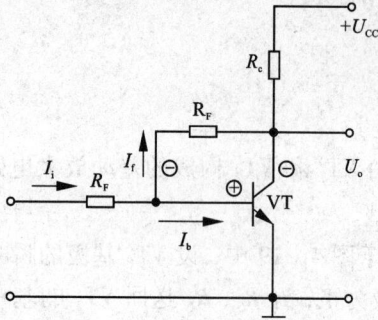

图 4-20　拓展题 4-2 的图

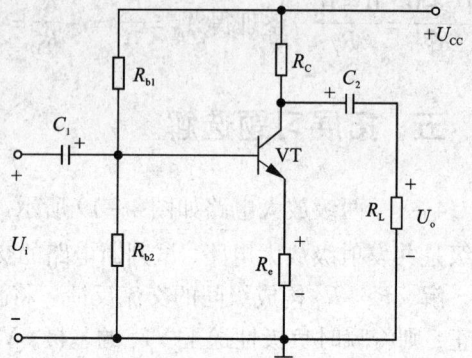

图 4-21　拓展题 4-3 的图

解　图 4-21 是我们熟悉的分压式射极偏置放大电路，反馈电阻 R_e 构成了电流串联负反馈。对这个电路，我们已经知道了用微变等效电路法分析的过程和结果。下面，将进行深度负反馈条件下的近似估算。

（1）电压放大倍数。对于电流串联负反馈，在输入端有 $U_i = U_f$，$U' \approx 0$，反馈电压 U_f 为射极电阻上的压降。

$$U_f = U_{Re} = I_e R_e \approx I_o R_e$$

对于三极管来说，就是三极管的发射结压降，所以有

$$A_{uf} = -\frac{U_o}{U_i} = \frac{-I_o(R_C /\!/ R_L)}{I_o R_e} = -\frac{R_C /\!/ R_L}{R_e}$$

（2）输入电阻。输入电阻 $r_i = R_{b1} /\!/ R_{b2} /\!/ r_{if}$，因为串联反馈的 r_{if} 较大，r_i 的大小主要取决于 $R_{b1} /\!/ R_{b2}$。

（3）输出电阻。输出电阻 $r_o = R_c /\!/ r_{of}$，因为是电流反馈，r_{of} 更大，所以输出电阻为 R_c。

4-4　估算图 4-22 所示电路的闭环电压放大倍数。

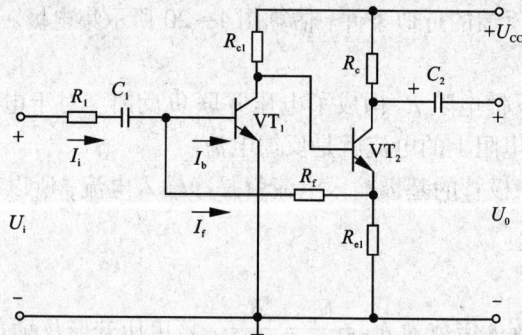

图 4-22　拓展题 4-4 的图

解　图 4-22 中的反馈电阻 R_f 构成了电流并联负反馈。对于电流并联负反馈，在输入端有 $I_i = I_f$，$I' \approx 0$，流过反馈电阻 R_f 的电流就是反馈电流。

深度负反馈时，三极管的基极电流 $I_b \approx 0$，则 $\dfrac{U_i}{R_1} = I_i \approx I_f$，而反馈电流 I_f 可表示为

$$I_f \approx \frac{R_{e2}}{R_{e2} + R_f} I_{e2} \approx \frac{R_{e2}}{R_{e2} + R_f} I_o = \frac{R_{e2}}{R_{e2} + R_f} \frac{U_o}{R_{e2}}$$

故闭环电压放大倍数为

$$A_{uf} = \frac{U_o}{U_i} \approx \frac{R_{e2} + R_f}{R_{e2}} \frac{R_{e2}}{R_1}$$

电流并联负反馈放大电路的输出电阻高，具有稳定输出电流的作用，输出电流

$$I_o \approx I_{e2} = I_f + I_{\cdots} = I_f + \frac{R_f}{R_{e2}} I_f = \left(1 + \frac{R_f}{R_{e2}}\right) I_f \approx \left(1 + \frac{R_f}{R_{e2}}\right) I_i$$

即输出电流与输入电流成比例，与负载参数无关，在电子电路中，可以作为电流 – 电流放大器使用。

第 5 章　放大电路的应用

一、学习要求

（1）掌握实际运算放大器的特性及主要参数，熟知集成运放工作在线性区和非线性区的条件及其特点。

（2）掌握运算电路的分析方法，熟知基本运算电路的组成及其特点。

（3）熟知非线性应用电路的组成及其特点。

（4）熟悉集成运放使用的基本知识。

二、学习指导

1. 理想运放工作在线性区和非线性区的特点

（1）理想运放工作在线性区的特征是电路中引入了负反馈。

理想运放工作在线性区时，有两个特性：虚短和虚断。

（2）理想运放工作在非线性区的特征是集成运放处于开环状态或引入了正反馈。

理想运放工作在非线性区也有两个重要特性：$u_o = \pm U_{OM}$ 和 $i_+ = i_- = 0$。

2. 基本运算电路

（1）运算电路的组成

运算电路由运算放大器、反馈电路、辅助电路等组成。它引入了负反馈，运放工作在线性区，可以实现模拟信号的比例、加减、积分、微分等基本运算。在运算电路中，以输出电压作为函数，输入电压为自变量，当输入电压变化时，输出电压按一定的数学规律变化。

（2）运算电路的分析方法

首先确定电路中集成运放工作在线性区。然后应用虚短和虚断两个重要特性，根据外围电路，借助线性电路的基本定律，列写出所需电路方程然后求解，来分析电路，从而确定输入、输出关系。

基本方法有两种：节点电流法和叠加原理。①节点电流法：对集成运放同相输入端或者是反相输入端及其他关键点列出节点电流方程，利用集成运放工作在线性区虚短和虚断两个重要特性，确定输入、输出关系。②叠加原理：对于多信号输入电路，将输入信号分成几组，分别求出每组信号单独作用下电路的输出电压，然后将它们相加，就得到所有信号共同作用时的输出电压。

（3）基本运算电路组成及其输入、输出关系

表 5 − 1　基本运算电路及其运算关系

电路名称	电 路 图	运 算 关 系	备　注
反相比例运算电路		$u_o = -\dfrac{R_f}{R_1}u_i$ $A_{uf} = -\dfrac{R_f}{R_1}$	$R_i = R_1$ $R_o = 0$ $R' = R_1 /\!/ R_p$
同相比例运算电路		$u_o = \left(1 + \dfrac{R_f}{R_1}\right)u_i$ $A_{uf} = 1 + \dfrac{R_f}{R_1}$	$R_i \to \infty$ $R_o = 0$ $R_2 = R_1 /\!/ R_f$
反相加法运算电路		$u_o = -R_f\left(\dfrac{u_{i1}}{R_1} + \dfrac{u_{i2}}{R_2}\right)$ 若 $R_f = R_1 = R_2$ $u_o = -(u_{i1} + u_{i2})$	$R = R_1 /\!/ R_2 /\!/ R_f$
同相加法运算电路		$u_o = \left(1 + \dfrac{R_{f2}}{R_{f1}}\right)R'\left(\dfrac{u_{i1}}{R_1} + \dfrac{u_{i2}}{R_2}\right)$ 通常 $R' = R''$，则有 $u_o = R_{f2}\left(\dfrac{u_{i1}}{R_1} + \dfrac{u_{i2}}{R_2} + \dfrac{u_{i3}}{R_3}\right)$	$R' = R_1 /\!/ R_2 /\!/ R_p$ $R'' = R_{f1} /\!/ R_{f2}$
加法电路构成的减法运算电路		$R_1 = R_{f1}$ $u_o = \dfrac{R_{f2}}{R_4} \cdot u_{i1} - \dfrac{R_{f2}}{R_3} \cdot u_{i2}$ 若 $R_3 = R_4$ $u_o = \dfrac{R_{f2}}{R_4}(u_{i1} - u_{i2})$ $R_3 = R_4 = R_{f2}$ $u_o = u_{i1} - u_{i2}$	
差动输入构成的减法运算电路		若 $R_1 = R_2$，$R_f = R_3$ $u_o = \dfrac{R_f}{R_1}(u_{i2} - u_{i1})$ 若 $R_1 = R_f$ $u_o = u_{i2} - u_{i1}$	$R_1 /\!/ R_f = R_2 /\!/ R_3$

续上表

电路名称	电 路 图	运 算 关 系	备 注
积分运算电路	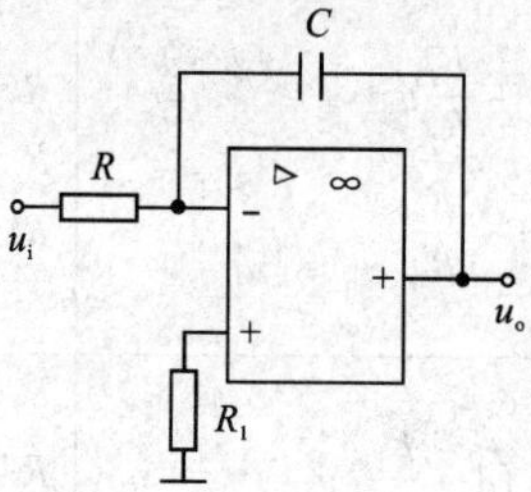	$u_o = -\dfrac{1}{RC}\displaystyle\int u_i \cdot \mathrm{d}_t$　若 u_i 为常量 $u_o = -\dfrac{1}{RC}U_i(t_2 - t_1) + u_o$ (t_1)	$R_1 = R$
微分运算电路	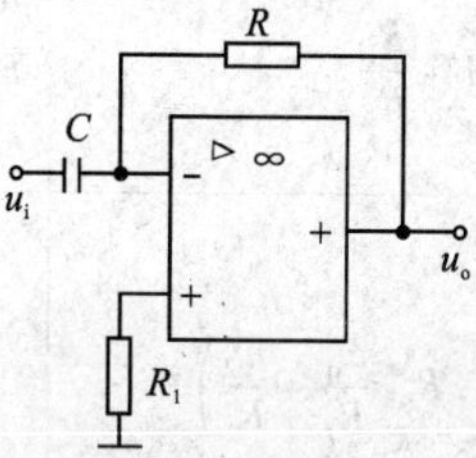	$u_o = -RC\dfrac{\mathrm{d}_{ui}}{\mathrm{d}_t}$	$R_1 = R$

3. 集成运放的非线性应用电路

（1）集成运放的非线性应用电路的特征

运放处在开环工作状态，或是引入正反馈，集成运放就工作在非线性区，输出电压与输入电压不是线性关系。集成运放的非线性应用电路常被用在信号比较、信号转换和信号发生系统中。

（2）运放非线性应用电路的一般分析方法

与线性应用电路类似，在分析集成运放非线性应用电路时，以运放非线性特性为基本出发点，推导出电路输出与输入之间的关系。

（3）运放非线性应用电路的组成及其特点

①电压比较器的电路组成及特点

电压比较器是对两个输入电压进行比较，并将比较结果输出高电平或低电平。本章介绍的比较器有单限比较器、滞回比较器等。

表 5 – 2　电压比较器的电路组成及特点比较表

电压比较器类型	电路图	传输特性	阈值电压
反相输入式单相比较器	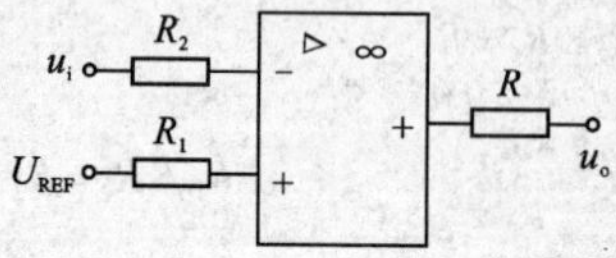	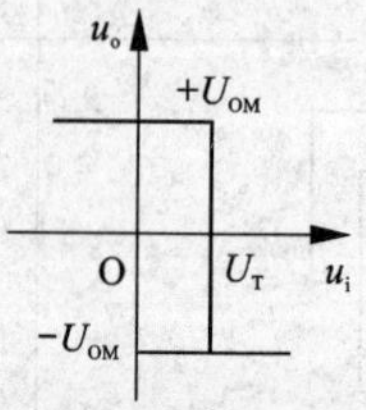	$U_T = U_{REF}$

续上表

电压比较器类型	电路图	传输特性	阈值电压
同相输入式单相比较器	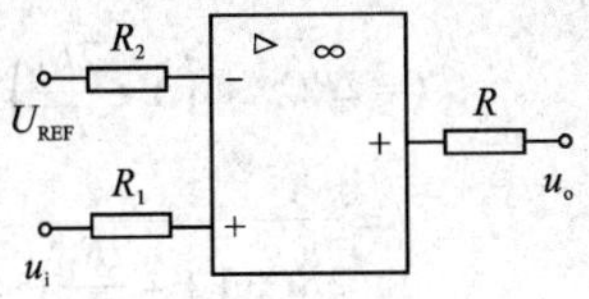	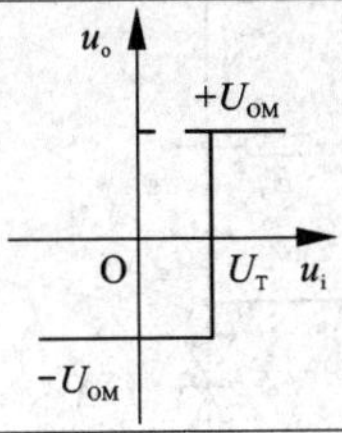	$U_T = U_{REF}$
反相输入式过零比较器	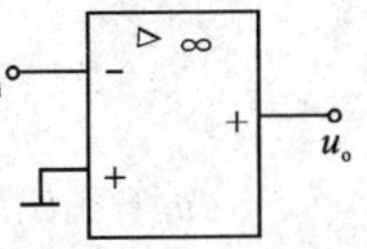	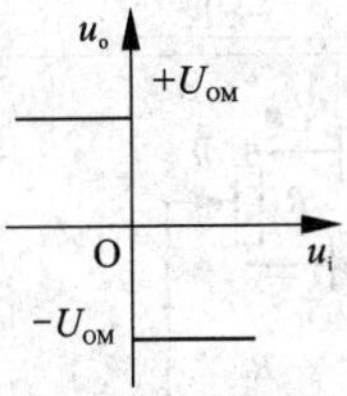	$U_T = 0$
同相输入式过零比较器	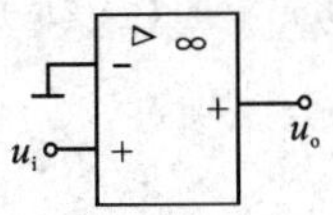	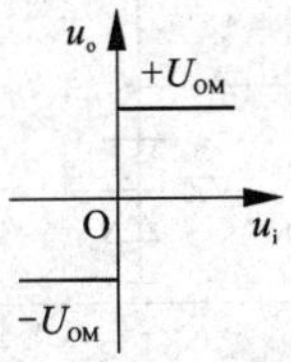	$U_T = 0$
反相输入滞回比较器	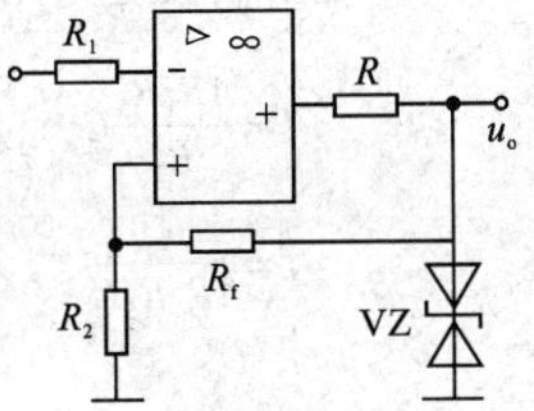	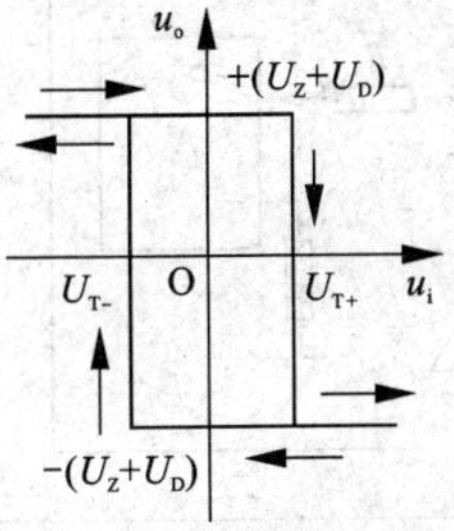	$U_{T+} = \dfrac{R_2}{R_2 + R_f}(U_z + U_D)$ $U_{T-} = -\dfrac{R_2}{R_2 + R_f}(U_z + U_D)$ $\triangle U_T = U_{T+} - U_{T-}$
同相输入滞回比较器	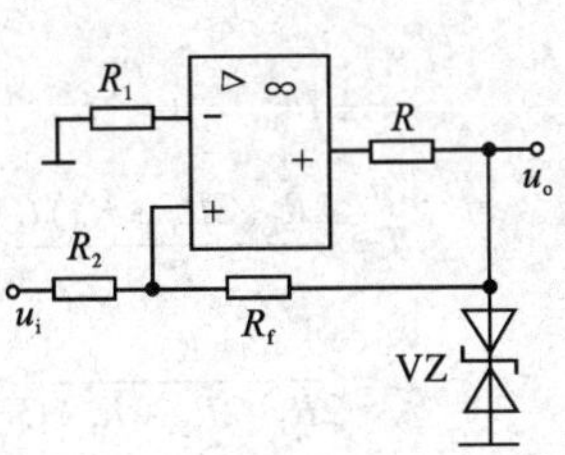	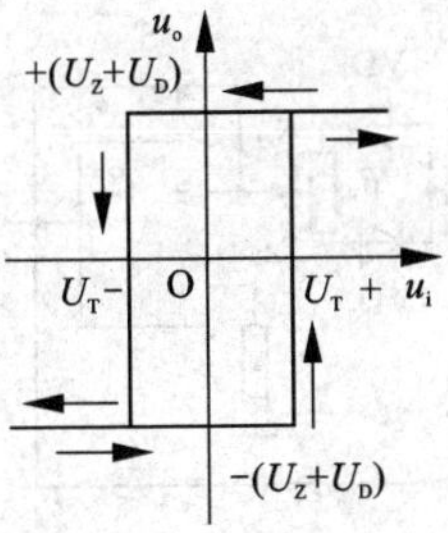	$U_{T+} = \dfrac{R_2}{R_f}(U_z + U_D)$ $U_{T-} = -\dfrac{R_2}{R_f}(U_z + U_D)$ $\triangle U_T = U_{T+} - U_{T-}$

②非正弦波发生电路的组成及特点

非正弦波发生电路通常由比较器、积分电路和反馈电路等组成。主要有方波、矩形波、三角波、锯齿波等电压波形产生电路。

表 5 - 3　非正弦波发生电路比较表

电路名称	电路图	主要参数估算
方波发生器	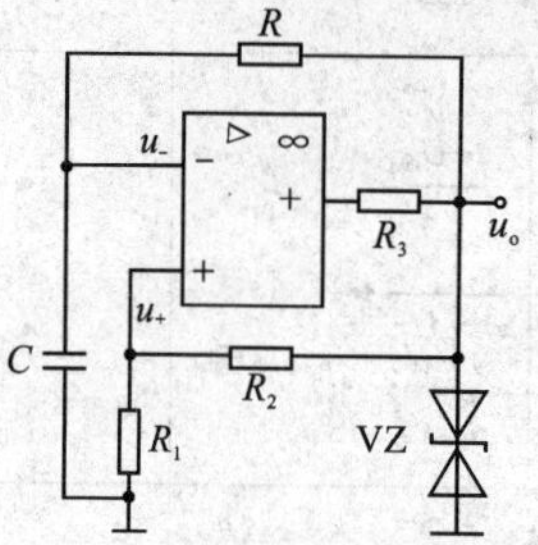	$u_o = \pm U_{Z'}$ $T = 2RC \cdot \ln\left(1 + \dfrac{2R_1}{R_2}\right)$ $f = \dfrac{1}{2RC\ln\left(1 + \dfrac{2R_1}{R_2}\right)}$
矩形波发生器	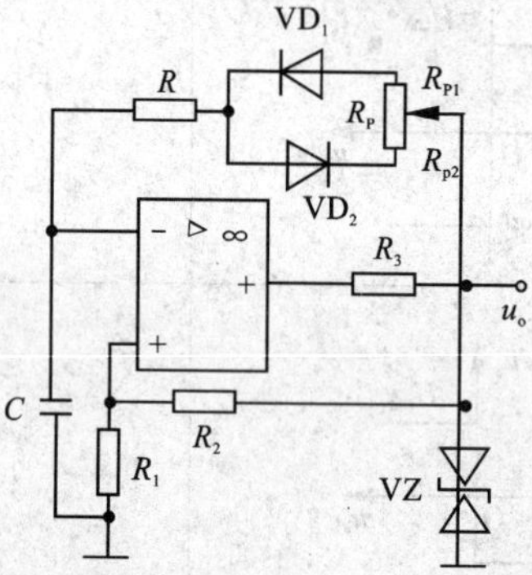	$u_o = \pm U_Z{}'$ $T = (2R + R_P)C \cdot \ln\left(1 + \dfrac{2R_1}{R_2}\right)$ $\sigma = \dfrac{T_1}{T} = \dfrac{R + R_{P1}}{2R + R_P}$
三角波发生器	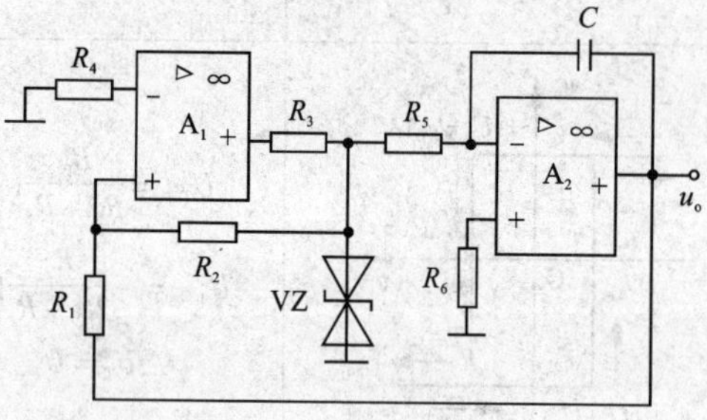	$\pm U_{OM} = \pm \dfrac{R_1}{R_2}U_Z$ $T = \dfrac{4R_1 R_5}{R_2}C$ $f = \dfrac{R_2}{4R_1 R_5 C}$
锯齿波发生器	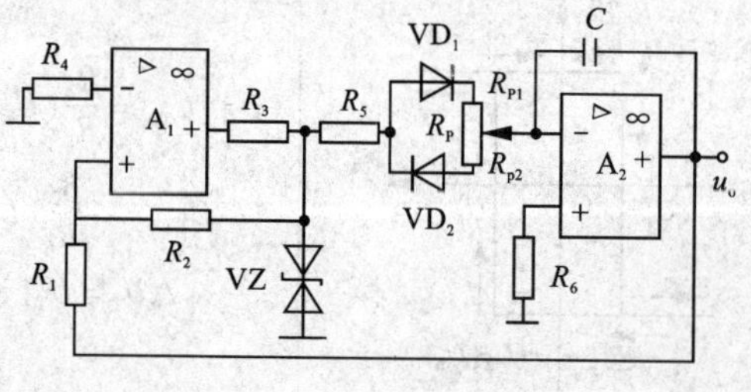	$\pm U_{OM} = \pm \dfrac{R_1}{R_2}U_Z$ $T = \dfrac{2R_1(2R_5 + R_P)C}{R_2}$ $f = \dfrac{R_2}{2R_1(2R_5 + R_P)C}$

4. 集成运放使用注意事项

集成运放在使用前应先确认其好坏，工作参数是否符合要求，做好静态调试、消除自激、设置保护电路外，在实际工作中还要注意以下几点：

（1）运放电源极性不能接错，输出端不能与电源、地短接，否则会造成器件的损坏。

（2）调零必须在闭环条件下进行。

（3）输入信号不能过大，否则会造成器件的损坏或产生阻塞现象。

三、补充例题

例 5 - 1　电路如图 5 - 1 所示，试求出输出电压 u_o 与输入电压 u_i 的关系。

解　由电路可知，运放工作在线性状态。根据虚短、虚断可得

$$i_1 = i_{f1} \quad \Rightarrow \quad \frac{u_i}{R_1} = \frac{-u_B}{R_{f1}} \tag{1}$$

$$i_{f1} + i_{f2} = i_{f3} \quad \Rightarrow \quad \frac{-u_B}{R_{f1}} + \frac{u_o - u_B}{R_{f2}} = \frac{u_B}{R_{f3}} \tag{2}$$

由方程（1）得：$u_B = -\dfrac{R_{f1}}{R_1} u_i$ 代入方程（2）解得：

$$u_o = -\frac{1}{R_1}\left(R_{f1} + R_{f2} + \frac{R_{f1} \cdot R_{f2}}{R_{f3}} u_i\right)$$

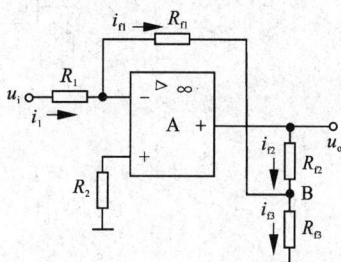

图 5 - 1

例 5 - 2　反相输入加法电路如图 5 - 2(a) 所示，输入电压的波形如图 5 - 2(b)，试画出输出电压 u_o 的波形。

解　由于 $u_o = -R_f\left(\dfrac{u_{i1}}{R_1} + \dfrac{u_{i2}}{R_1}\right)$

$$= -\frac{R}{2R}(u_{i1} + u_{i2})$$

$$= -\frac{1}{2}(u_{i1} + u_{i2})$$

在 $t = 0\mathrm{s}$ 时，$u_o = -\dfrac{1}{2}(0 + 2) = -1\mathrm{V}$

在 $t = 5\mathrm{s}$ 时，$u_{o-} = -\dfrac{1}{2}(4 + 2) = -3\mathrm{V}$

$$u_{o+} = -\frac{1}{2}(4 + 0) = -2\mathrm{V}$$

在 $t = 10\mathrm{s}$ 时，$u_{o-} = -\dfrac{1}{2}(0 + 0) = 0\mathrm{V}$

$$u_{o+} = -\frac{1}{2}(0 + 2) = -1\mathrm{V}$$

由上述分析可知，波形的周期为 10s，故可画出输出电压 u_o 的波形，如 5 - 2(b) 所示。

例 5 - 3　电路如图 5 - 3 所示，(1)求出输出电压与输入电压的关系式。(2)若已知 $R_1 = 10\mathrm{k}\Omega$，$R_2 = 100\mathrm{k}\Omega$，$R_P = 10\mathrm{k}\Omega$，$u_{i1} = 5\mathrm{mV}$，$u_{i2} = 10\mathrm{mV}$，当电位器触头滑到最上端时，输出电压为多少？(3) 当电位器触头滑到中间时，输出电压又为多少？

解　(1)由于电路中各集成运放都引入的是负反馈，故，运放都工作在线性状态。根据虚短、虚断的特点可得：

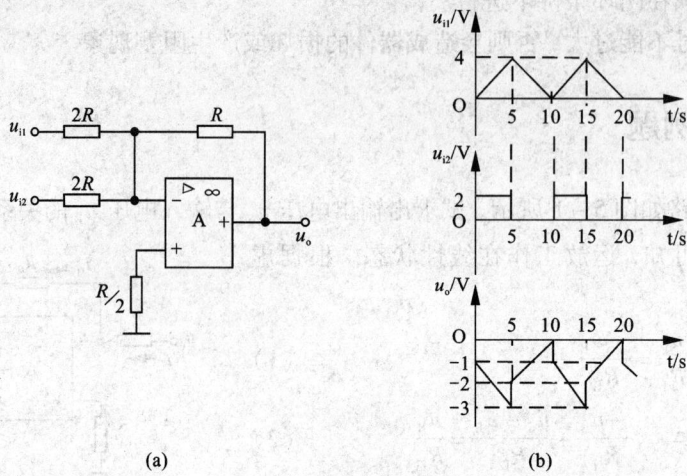

(a)   (b)

图 5 – 2

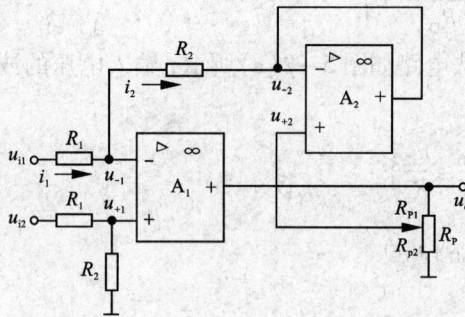

图 5 – 3

$$i_1 = i_2 \quad \Rightarrow \quad \frac{u_{i1} - u_{-1}}{R_1} = \frac{u_{-1} - u_{-2}}{R_2}$$

解得 $u_{-1} = \dfrac{R_2 \cdot u_{i1} + R_1 \cdot u_{-2}}{R_1 + R_2}$

$$u_{+1} = \frac{R_2}{R_1 + R_2} u_{i2}$$

$$u_{-1} = u_{+1}$$

故 $\dfrac{R_2 \cdot u_{i1} + R_1 \cdot u_{-2}}{R_1 + R_2} = \dfrac{R_2}{R_1 + R_2} u_{i2}$ ①

对于 A_2 有

$u_{-2} = u_{+2} = \dfrac{R_{P2}}{R_P} u_o$ 代入①可解得：

$$u_o = \frac{R_2 \cdot R_P}{R_1 \cdot R_{P2}} (u_{i2} - u_{i1})$$

（2）当电位器触头滑到最上端时，$R_{P1} = 0$，$R_{P2} = 10\text{k}\Omega$，

$$u_o = \frac{R_2 \cdot R_P}{R_1 \cdot R_{P2}}(u_{i2} - u_{i1}) = \frac{100 \times 10}{10 \times 10}(10 - 5) = 50\text{mV}$$

（3）当电位器触头滑到中间时，$R_{P1} = 5\text{k}\Omega$，$R_{P2} = 5\text{k}\Omega$，

$$u_o = \frac{R_2 \cdot R_P}{R_1 \cdot R_{P2}}(u_{i2} - u_{i1}) = \frac{100 \times 10}{10 \times 5}(10 - 5) = 100\text{mV}$$

$$u_o = u_{o1} - u_{o2} = 5u_i - (-2)u_i = 7u_i$$

例 5 - 4   图 5 - 4 所示电路为电流－电流变换电路，试求输出电流 i_o 与输入电流 i_i 的关系。

解   根据虚短、虚断的特点可得

$$i_i = i_f = \frac{-u_o}{R_f} \implies u_o = -i_i \cdot R_f$$

而 $i_2 = \frac{u_o}{R_2} = -\frac{i_i \cdot R_f}{R_2}$

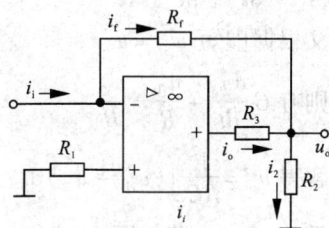
图 5 - 4

对输出端有 $i_f + i_o = i_2$

故 $i_o = i_2 - i_f = -\frac{i_i \cdot R_f}{R_2} - i_i$

$$= -(1 + \frac{R_f}{R_2})i_i$$

例 5 - 5   由集成运放组成的 PID（比例—积分—微分）调节器电路如图 5 - 5 所示，试求出输出电压 u_o 与输入电压 u_i 的关系。

解   根据虚断、虚短原则，$u_+ = u_- = 0$ 虚地，可得

$$i_1 = \frac{u_i}{R_1} + C_1 \frac{du_i}{dt}$$

$$i_1 = i_2$$

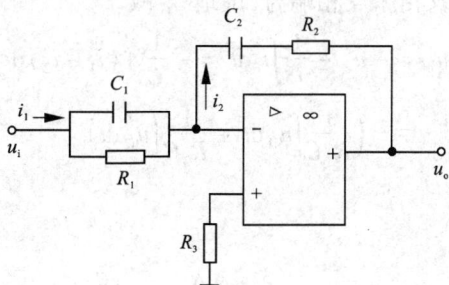
图 5 - 5

$$u_o = -i_2 R_2 - \frac{1}{C_2}\int i_2(t)dt$$

$$= -(\frac{u_i}{R_1} + C_1 \frac{du_i}{dt})R_2 - \frac{1}{C_2}\int(\frac{u_i}{R_1} + C_1 \frac{du_i}{dt})dt$$

$$= -(\frac{R_2}{R_1} + \frac{C_1}{C_2})u_i - \frac{1}{R_1 \cdot C_2}\int u_i dt - R_2 \cdot C_1 \frac{du_i}{dt}$$

由上式可看出，第一项为比例运算（P），第二项为积分运算（I），第三项为微分运算（D），所以被称为 PID 调节器，常用于自动控制系统中。

例 5 - 6   电路如图 5 - 6 所示，试求输出电压 u_o 与输入电压 u_i 的关系。

解   根据虚断的特性可得

$$i_1 = i_{c1}$$

则有 $\frac{u_{i1} - u_-}{R} = C\frac{d(u_- - u_o)}{dt}$

即 $C \dfrac{\mathrm{d}u_-}{\mathrm{d}t} + \dfrac{u_-}{R} = C \dfrac{\mathrm{d}u_o}{\mathrm{d}t} + \dfrac{u_{i1}}{R}$

又有 $i_2 = i_{c2}$

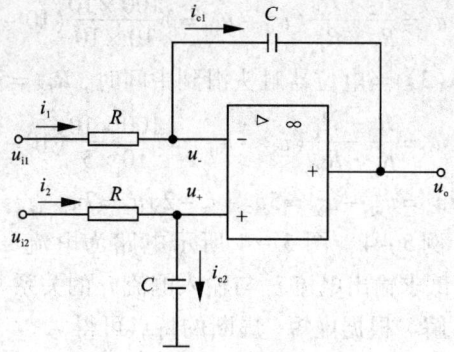

则 $\dfrac{u_{i2} - u_+}{R} = C \dfrac{\mathrm{d}u_+}{\mathrm{d}t}$

即 $C \dfrac{\mathrm{d}u_+}{\mathrm{d}t} + \dfrac{u_+}{R} = \dfrac{u_{i2}}{R}$

又根据虚短 $u_+ = u_-$

则有 $C \dfrac{\mathrm{d}u_o}{\mathrm{d}t} + \dfrac{u_{i1}}{R} = \dfrac{u_{i2}}{R}$

解得 $u_o = \dfrac{1}{RC} \displaystyle\int (u_{i1} - u_{i2}) \mathrm{d}t$

图 5 – 6

例 5 – 7 电路如图 5 – 7(a)所示，试求

(1) 试求输出电压 u_o 的表达式。

(2) 设其两个输入信号 u_{i1} 和 u_{i2} 皆为阶跃信号，它们的波形如图 5 – 7(b)所示，请在同样的时间坐标上画出 u_o 的波形。

解 (1) 由理想运放的虚断特点可得

$i_c = i_1 + i_2$

又由于反相端为"虚地"，故

$u_o = -u_c - \dfrac{1}{C} \displaystyle\int i_c \mathrm{d}t = -\dfrac{1}{C} \displaystyle\int (i_1 + i_2) \mathrm{d}t$

$= -\left(\dfrac{1}{R_1 C} \displaystyle\int u_{i1} \mathrm{d}t + \dfrac{1}{R_2 C} \displaystyle\int u_{i2} \mathrm{d}t \right)$

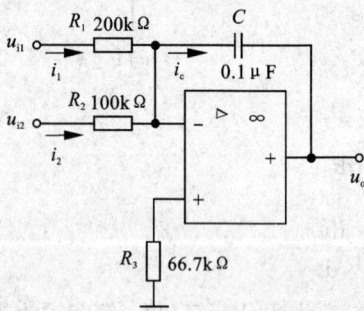

(a) 电路

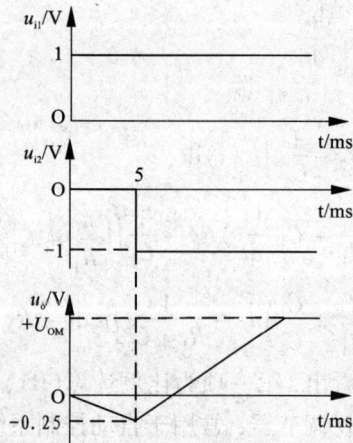

(b) 波形

图 5 – 7

(2) 根据在不同时段内 u_{i2} 的值不同，应分段讨论，找出 u_o 相应线性变化的终值，从而作出 u_o 的波形。

当 t 在 $0 \sim 5\text{ms}$ 时，$u_{i1} = 1\text{V}$，$u_{i2} = 0$，则

$$u_o = -\frac{1}{R_1 C}\int u_{i1} \mathrm{d}t = -\frac{t}{2\times10^5\times0.1\times10^{-6}} = -50t$$

由上式可知，输出电压按照每秒 50V 的速度向负方向直线增长。

当 t 在 $0 \sim 5\text{ms}$ 末时，此时输出电压的终值

$$u_{o1} = -50\times5\times10^3 = -0.25\text{V}$$

当 t 在 5ms 后，$u_{i1} = 1\text{V}$，不变；$u_{i2} = -1\text{V}$，发生了跃变，此时输出电压

$$u_o = u_o(t_0) - \int_{t_0}^{t}\left(\frac{u_{i1}}{R_1 C} + \frac{u_{i2}}{R_2 C}\right)\mathrm{d}t = u_o(0.005)\left(\frac{t-0.5}{2\times10^5\times10^{-6}} - \frac{t-0.5}{10^5\times10^{-6}}\right)$$

$$= -0.25 + 50(t - 5\times10^{-3}) = 50t - 0.5$$

由上式可知，此时输出电压按照每秒 50V 的速度向正方向直线增长，当 u_o 达到集成运放的最大输出电压 $+U_{OM}$ 时，集成运放进入非线性工作状态，输出电压便达到饱和，不再继续增大。波形如图 5 - 7(b) 所示。

例 5 - 8 电路如图 5 - 8(a) 所示，试求：

(1) 电路的门限电压，并画出传输特性。

(2) 若 $u_i = 5\sin\omega t(\text{V})$ 画出输出电压 u_o 的波形。

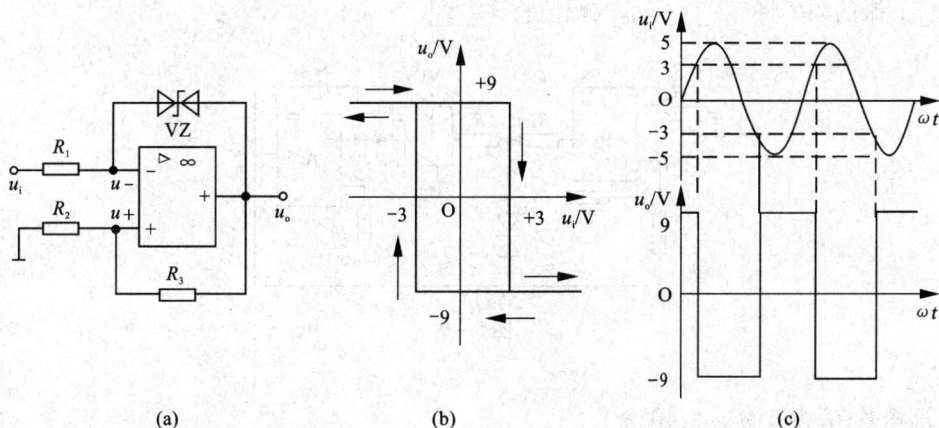

图 5 - 8

解 (1) 电压比较器中运放工作在开环或正反馈状态，虚断和虚短的概念不适用，分析电压比较器较困难，但是，在电路翻转跳变的瞬间，仍可运用虚短的概念求解门限电压。

由电路可得 $u_+ = \dfrac{R_2}{R_2 + R_3} u_o$

$$u_o - u_- = u_o - u_+ = u_o - \frac{R_2}{R_2 + R_3} u_o = \frac{R_3}{R_2 + R_3} u_o = \pm U_Z$$

由上式可解得 $u_o = \pm U_Z\left(1 + \dfrac{R_2}{R_3}\right) = \pm 6\left(1 + \dfrac{20}{40}\right) = \pm 9\text{V}$

电压传输特性见图 5 - 8(b)。

(2) 当 $u_i = 5\sin\omega t(\text{V})$ 时，根据电压传输特性可画出输出电压 u_o 的波形，见图 5 - 8(c)。

四、自测题及参考答案

1. 填空题(每空 2 分, 共 40 分)

(1) 集成运算放大器在线性状态和理想条件下, 得出两个重要结论, 它们是_____和_____。

(2) 集成运放的理想化条件是 $A_{od} =$ _____、$R_{id} =$ _____、$K_{CMR} =$ _____、$R_o =$ _____。

(3) 集成运放一般分为两个工作区, 它们是_____工作区、_____工作区。

(4) _____运算电路可实现函数 $Y = aX_1 + bX_2 + cX_3 (a, b, c$ 均大于零), 而_____运算电路可实现函数 $Y = aX_1 + bX_2 + cX_3 (a, b, c$ 均小于零)。

(5) _____比例运算电路的特例是电压跟随器, 它具有输入电阻很大而输出电阻很小的特点, 常用作缓冲器。

(6) 单相比较器有_____个门限电压, 而滞回比较器有_____个门限电压。

(7) 方波发生器由_____构成。

(8) 在图 5 – 9 所示电路中, 已知 R_P 的滑动触头位于中点, 当 R_1 增大时, u_{o1} 的占空比将_____, 振荡频率将_____, u_{o2} 的幅值将_____; 当 R_P 的滑动触头向上移动时, u_{o1} 的占空比将_____, 振荡频率将_____, u_{o2} 的幅值将_____。

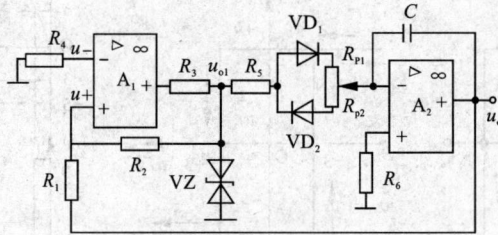

图 5 – 9

2. 选择题(每题 4 分, 共 40 分)

(1) 下列对集成电路运算放大器描述正确的是(　　)

A. 是一种低电压增益、高输入电阻和低输出电阻的多级直接耦合放大电路

B. 是一种高电压增益、低输入电阻和低输出电阻的多级直接耦合放大电路

C. 是一种高电压增益、高输入电阻和高输出电阻的多级直接耦合放大电路

D. 是一种高电压增益、高输入电阻和低输出电阻的多级直接耦合放大电路

(2) 集成运算放大器实质是一个(　　)。

A. 直接耦合的多级放大器

B. 单级放大器

C. 阻容耦合的多级放大器

D. 变压器耦合的多级放大器

(3) 理想运算放大器的开环放大倍数 A_u 为(　　), 输入电阻 R_{id} 为(　　), 输出电阻为(　　)。

A. ∞　　　　B. 0　　　C. 不定

(4)六种运算电路如下,请选择正确的答案填入相应的括号中。

A. 反相比例运算电路

B. 同相比例运算电路

C. 加法运算电路

D. 减法运算电路

E. 积分运算电路

F. 微分运算电路

①欲实现电压放大倍数 $A_u = 80$ 的放大电路,应选用(　　)。

②欲实现电压放大倍数 $A_u = -80$ 的放大电路,应选用(　　)。

③欲将正弦波电压转换成余弦波电压,应选用(　　)。

④欲将方波电压转换成三角波电压,应选用(　　)。

⑤欲将矩形波电压转换成尖脉冲电压,应选用(　　)。

⑥欲实现两个信号之和应选用(　　)。

⑦欲实现 $u_o = 2u_{i1} - u_{i2}$,应选用(　　)。

(5)施加深度负反馈可使运放进入(　　);使运放开环或加正反馈可使运放进入(　　)。

A. 非线性区　　　　B. 线性工作区

(6)电路如图 5 - 10 所示,工作在线性区的电路有(　　)。

(7)图 5 - 10(c)电路中,若 R_f 开焊,则电路输出 $u_o = ($　　$)$。(设 $u_i > 0$)

A. $+U_{OM}$　　　　B. $-U_{OM}$　　　C. ∞　　　D. 0

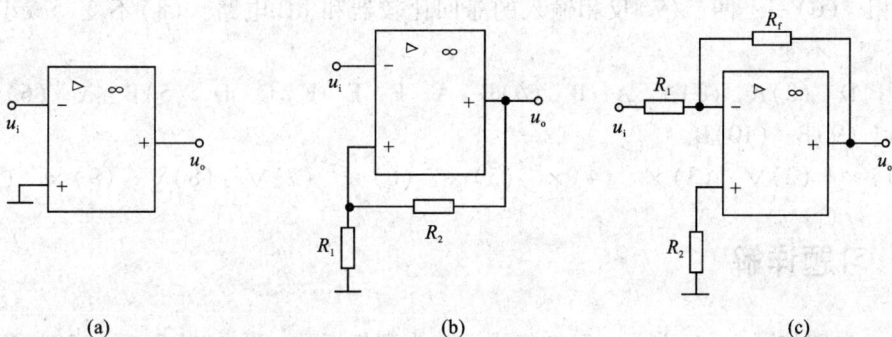

图 5 - 10

(8)基本微分电路中的电容应接在(　　)。

A. 反相输入端

B. 同相输入端

C. 反相输入端与输出端之间

(9)由理想运放构成的线性应用电路,其电路增益与运放本身的参数(　　)。

A. 有关　　B. 无关　　C. 有无关系不确定

(10)集成运放的非线性应用电路存在(　　)的现象。

A. 虚短　　B. 虚断　　C. 虚短和虚断

（11）运放处于开环状态时，其输出不是正饱和值 $+U_{OM}$ 就是负饱和值 $-U_{OM}$，它们的大小取决于（　　）。

　　A. 运放的开环放大倍数

　　B. 外电路参数

　　C. 运放的工作电源

3. 判断题（每题2分，共20分）

（1）集成运放都工作在线性区。　　　　　　　　　　　　　　　　　　　　（　　）

（2）K_{CMR} 为共模抑制比，它表明集成运放对差模信号的放大能力，越大越好。（　　）

（3）反相比例运算电路输入电阻很大，输出电阻很小。　　　　　　　　　　（　　）

（4）虚短说明集成运放的两输入端短路。　　　　　　　　　　　　　　　　（　　）

（5）同相比例运算电路中集成运放的共模输入电压为零。　　　　　　　　　（　　）

（6）单限比较器的抗干扰能力比滞回比较器好。　　　　　　　　　　　　　（　　）

（7）在滞回比较器中，当输入信号变化方向不同时，其门限电压将不同。　（　　）

（8）只要滞回比较器的回差电压大于干扰电压的变化幅度，就能有效地抑制干扰信号。

　　　　　　　　　　　　　　　　　　　　　　　　　　　　　　　　　　（　　）

（9）三角波发生器由滞回比较器和 RC 网络构成。　　　　　　　　　　　（　　）

（10）方波发生器由比较器和积分器构成。　　　　　　　　　　　　　　　（　　）

参考答案

1. （1）虚短　虚断　（2）∞　∞　∞　0　（3）线性　非线性　（4）同相加法　反相加法　（5）同相　（6）一　两　（7）反相输入的滞回比较器和RC电路　（8）不变　减小　增大　减小　不变　不变

2. （1）D　（2）A　（3）A　A　B　（4）B　A　E　E　F　C　D　（5）B　A　（6）C　（7）B　（8）A　（9）B　（10）B

3. （1）×　（2）√　（3）×　（4）×　（5）×　（6）×　（7）√　（8）√　（9）×　（10）×

五、习题详解

5-1　电路如图5-11所示，已知集成运放为理想运放，$R_1 = 20k\Omega$，$u_i = 200mV$ 时输出电压 $u_o = -0.5V$，求电路中 R_f 和 R_2 的值。

解　根据 $u_o = -\dfrac{R_f}{R_1}u_i$

把已知代入得 $-0.5 = -\dfrac{R_f}{20} \times 200 \times 10^{-3}$

解得：$R_f = 50k\Omega$

为了使运放两输入端对地平衡，

$R_2 = R_1 /\!/ R_f = 20 /\!/ 50 \approx 14.3\ k\Omega$

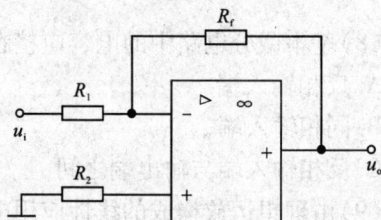

图5-11　习题5-1的图

5-2　电路如图5-12所示，已知集成运放为理想运放，$R_1 = 5\text{k}\Omega$，$R_f = 50\text{k}\Omega$，集成运放输出电压的最大幅值为 $U_{OM} = \pm 14\text{V}$，试求：

(1) 当输入电压 $u_i = 100\text{mV}$ 时，输出电压 u_o 的值。

(2) 当输入电压 $u_i = 4\text{V}$ 时，输出电压 u_o 的值。

图 5 – 12　习题 5 – 2 的图

解　(1) 当输入电压 $u_i = 100\text{mV}$ 时，

根据 $u_o = (1 + \dfrac{R_f}{R_1}) u_i$

把已知代入得 $u_o = (1 + \dfrac{50}{5}) \times 100 \times 10^{-3} = 1.1\text{V}$

(2) 当输入电压 $u_i = 4\text{V}$ 时，

代入已知得 $u_o = (1 + \dfrac{50}{5}) \times 4 = 44\text{V} > U_{OM}$

运放进入非线性区，故 $u_o = 14\text{V}$

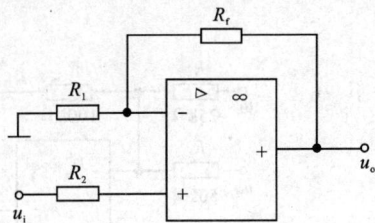

5 – 3　电路如图 5 – 13 所示，各集成运放为理想运放，试分别求出各电路的输出电压 u_o。

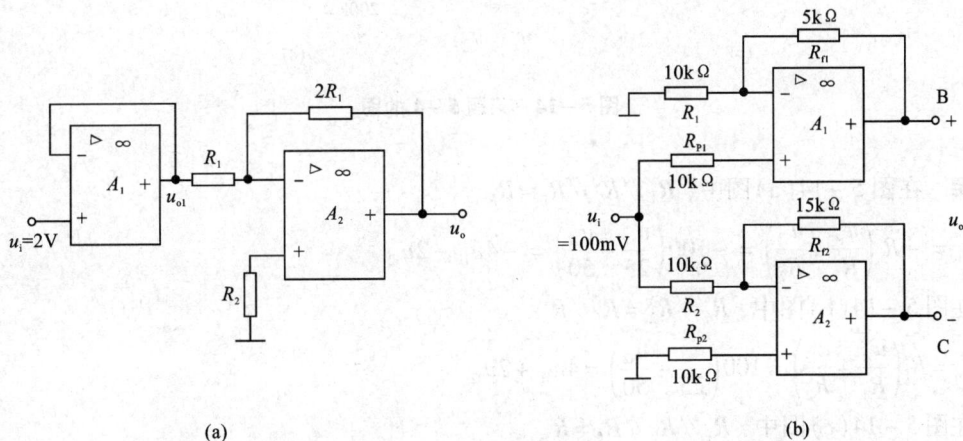

(a)

(b)

图 5 – 13　习题 5 – 3 的图

解　在 (a) 图中，A_1 为跟随器，$u_{o1} = u_i = 2\text{V}$，

A_2 为反相比例运算放大器，$u_o = -\dfrac{2R_1}{R_1} u_{o1} = -2 \times 2 = -4\text{V}$

在 (b) 图中，对 A_1 有 $u_B = (1 + \dfrac{R_f}{R_1}) u_i = (1 + \dfrac{1}{2}) = 1.5 u_i$

对 A_2 有 $u_c = -\dfrac{R_{f2}}{R_2} u_i = -\dfrac{15}{10} u_i = -1.5 u_i$

$u_o = u_B - u_c = 1.5 u_i - (-1.5 u_i) = 3 u_i = 3 \times 100 \times 10^{-3} = 0.3\text{V}$

5 – 4　电路如图 5 – 14 所示，各集成运放为理想运放，求出输出电压 u_o 与输入电压 u_i 的关系。

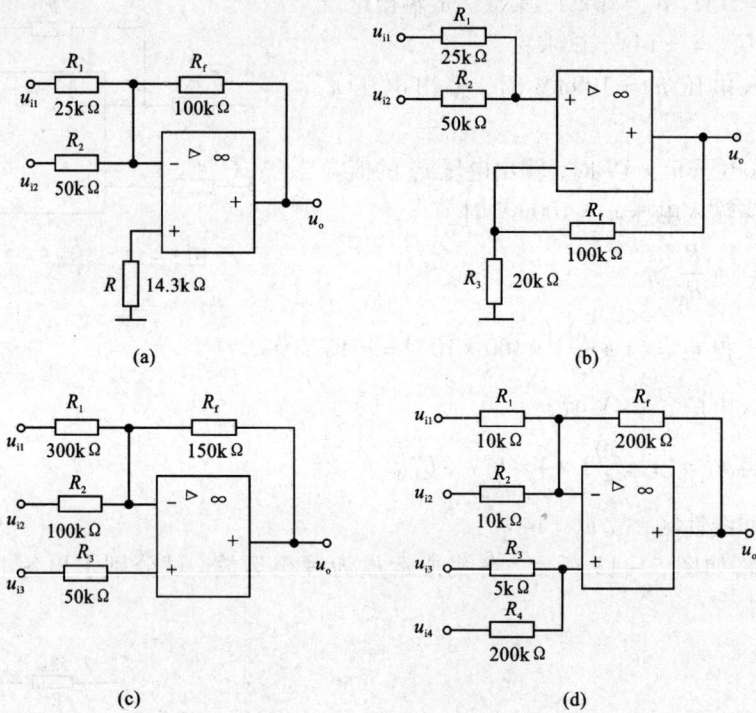

(a)

(b)

(c)

(d)

图 5 – 14 习题 5 – 4 的图

解 在图 5 – 14(a)图中，$R_1 /\!/ R_2 /\!/ R_f \approx R_3$

$$u_o = -R_f\left(\frac{u_{i1}}{R_1} + \frac{u_{i2}}{R_2}\right) = -100\left(\frac{u_{i1}}{25} + \frac{u_{i2}}{50}\right) = -4u_{i1} - 2u_{i2}$$

在图 5 – 14(b)图中，$R_1 /\!/ R_2 = R_f /\!/ R_3$

$$u_o = R_f\left(\frac{u_{i1}}{R_1} + \frac{u_{i2}}{R_2}\right) = 100\left(\frac{u_{i1}}{25} + \frac{u_{i2}}{50}\right) = 4u_{i1} + 2u_{i2}$$

在图 5 – 14(c)图中，$R_1 /\!/ R_2 /\!/ R_f = R_3$

反相加法器的输出电压为：

$$u_{o1} = -R_f\left(\frac{u_{i1}}{R_1} + \frac{u_{i2}}{R_2}\right) = -150\left(\frac{u_{i1}}{300} + \frac{u_{i2}}{100}\right) = -0.5u_{i1} - 1.5u_{i2}$$

同相加法器的输出电压为：

$$u_{o2} = \left(1 + \frac{R_f}{R_{12}}\right)u_{i3} = \left(1 + \frac{150}{75}\right)u_{i3} = 3u_{i3}$$

（其中 R_{12} 为 $R_1 /\!/ R_2$，$R_{12} = \dfrac{R_1 R_2}{R_1 + R_2} = 75 \ \text{k}\Omega$）

总输出电压 $u_o = -0.5u_{i1} - 1.5u_{i2} + 3u_{i3}$

在图 5 – 14(d)图中，$R_1 /\!/ R_2 /\!/ R_f = R_3 /\!/ R_4$

反相加法器的输出电压为：

$$u_{o1} = -R_f\left(\frac{u_{i1}}{R_1} + \frac{u_{i2}}{R_2}\right) = -200\left(\frac{u_{i1}}{10} + \frac{u_{i2}}{10}\right) = -(20u_{i1} + 20u_{i2})$$

同相加法器的输出电压为：

$$u_{o2} = (1 + \frac{R_f}{R_{12}})(\frac{R_4}{R_3 + R_4}u_{i3} + \frac{R_3}{R_3 + R_4}u_{i4}) = (1 + \frac{200}{5})(\frac{200}{5 + 200}u_{i3} + \frac{5}{5 + 200}u_{i4})$$

$$= 40u_{i3} + u_{i4}$$

（其中 R_{12} 为 $R_1 /\!/ R_2$，$R_{12} = \frac{R_1 R_2}{R_1 + R_2} = 5k\Omega$）

总输出电压 $u_o = -20u_{i1} - 20u_{i2} + 40u_{i3} + u_{i4}$

5 - 5　根据已知条件，设计运算电路。

（1）$u_o = -5u_i$　　　　　　　（$R_1 = 20k\Omega$）

（2）$u_o = 4u_i$　　　　　　　　（$R_f = 50k\Omega$）

（3）$u_o = u_{i1} + 2u_{i2} - 4u_{i3}$　　（$R_f = 100k\Omega$）

（4）$u_o = -(u_{i1} + 0.2u_{i2})$　　（$R_1 = 10k\Omega$）

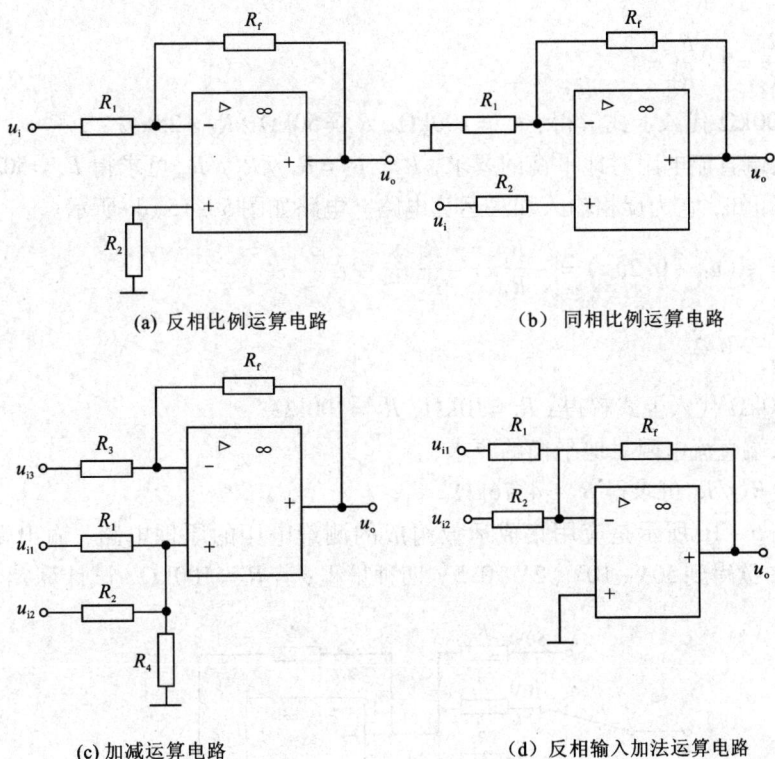

(a) 反相比例运算电路　　　　　　　　　　(b) 同相比例运算电路

(c) 加减运算电路　　　　　　　　　　　(d) 反相输入加法运算电路

图 5 - 15　习题 5 - 5 的图

解　（1）由式可知，它为反相比例运算电路。电路如图 5 - 15(a)所示。

$$u_o = -5u_i = -\frac{R_f}{R_1}u_i，即 \frac{R_f}{R_1} = 5$$

把 $R_1 = 20k\Omega$ 代入上式解得：

$$R_f = 100k\Omega$$

为了使两输入端直流电阻对地平衡

$R_2 = R_1 /\!/ R_f \approx 16.7\text{k}\Omega$

(2) 由式可知,它为同相比例运算电路。电路如图 5 – 15(b) 所示。

由于 $u_o = 4u_i = (1 + \dfrac{R_f}{R_1})u_i$

$\quad\quad (1 + \dfrac{R_f}{R_1}) = 4$

把 $R_f = 50\text{k}\Omega$ 代入上式解得:

$R_1 = 16.7\text{k}\Omega$

为了使两输入端直流电阻对地平衡,$R_2 = R_1 /\!/ R_f = 12.5\text{k}\Omega$

(3) 由式可知,它为加减运算电路。电路如图 5 – 15(c) 所示。

由于 $u_o = u_{i1} + 2u_{i2} - 4u_{i3} = u_{o1} - u_{o2}$

$\dfrac{R_f}{R_1}u_{i1} + \dfrac{R_f}{R_2}u_{i2} - \dfrac{R_f}{R_3}u_{i3}$

$\dfrac{R_f}{R_1} = 1, \dfrac{R_f}{R_2} = 2, \dfrac{R_f}{R_3} = 4$

把 $R_f = 100\text{k}\Omega$ 代入上式解得:$R_1 = 100\text{k}\Omega$,$R_2 = 50\text{k}\Omega$,$R_3 = 25\text{k}\Omega$。

根据输入端直流电阻对地平衡的要求,$R_3 /\!/ R_f = R_1 /\!/ R_2 /\!/ R_4$ 可求得 $R_4 = 50\text{k}\Omega$

(4) 由式可知,它为反相输入加法运算电路。电路如图 5 – 15(d) 所示。

由于 $u_o = -(u_{i1} + 0.2u_{i2}) = -\dfrac{R_f}{R_1}u_{i1} - \dfrac{R_f}{R_2}u_{i2}$

$\dfrac{R_f}{R_1} = 1, \dfrac{R_f}{R_2} = 0.2$

把 $R_1 = 10\text{k}\Omega$ 代入上式解得:$R_f = 10\text{k}\Omega$,$R_2 = 100\text{k}\Omega$

根据输入端直流电阻对地平衡的要求,

$R_3 = R_1 /\!/ R_2 /\!/ R_f$ 可求得 $R_3 \approx 4.76\text{k}\Omega$。

5 – 6 图 5 – 16 所示是应用集成运放组成的测量电压的原理电路,输出端接满量程为 5V 的电压表,欲得到 50V、10V、2V、0.5V 四种量程,若 $R_f = 100\text{k}\Omega$,试计算 $R_1 \sim R_4$ 的阻值。

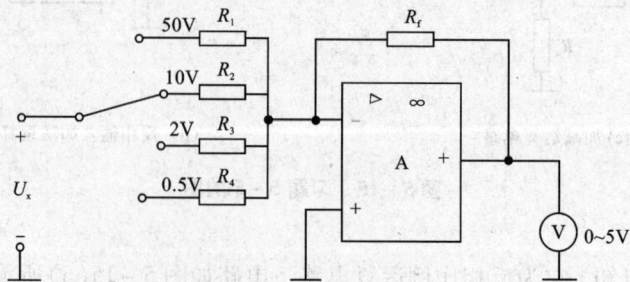

图 5 – 16 习题 5 – 6 的图

解 由图可知为反相比例运算电路,$u_o = -\dfrac{R_f}{R_1}u_i$

当量程为 50V 时，$R_1 = -\dfrac{R_f}{u_o}u_i = -\dfrac{100}{-5}\times 50 = 1000\text{k}\Omega$

当量程为 10V 时，$R_2 = -\dfrac{R_f}{u_o}u_i = -\dfrac{100}{-5}\times 10 = 200\text{k}\Omega$

当量程为 2V 时，$R_3 = -\dfrac{R_f}{u_o}u_i = -\dfrac{100}{-5}\times 2 = 40\text{k}\Omega$

当量程为 0.5V 时，$R_4 = -\dfrac{R_f}{u_o}u_i = -\dfrac{100}{-5}\times 0.5 = 10\text{k}\Omega$

5-7 在如图 5-17 所示电路中，A_1、A_2 皆为理想运放，且 $\dfrac{R_3}{R_1}=\dfrac{R_4}{R_5}$，证明：$u_o$ 与 u_i 的关系满足：$u_o = -(1+\dfrac{R_1}{R_3})u_i$

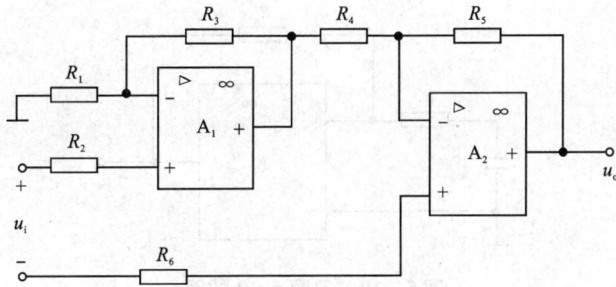

图 5-17 习题 5-7 的图

证明：电路的输入信号加在两运放的同相输入端之间，可看作分别有两个信号 u_{i1} 和 u_{i2} 加在两运放的同相输入端，即 $u_i = u_{i1} - u_{i2}$。则 A_1 构成的是同相比例运算放大电路，A_2 构成的是差动输入减法电路，输入信号是 u_{o1} 和 u_{i2}。则

$$u_{o1} = (1+\dfrac{R_3}{R_1})u_{i1}$$

$$u_o = -\dfrac{R_5}{R_4}u_{o1} + (1+\dfrac{R_5}{R_4})u_{i2} = -\dfrac{R_5}{R_4}(1+\dfrac{R_3}{R_1})u_{i1} + (1+\dfrac{R_5}{R_4})u_{i2}$$

$$= -(\dfrac{R_5}{R_4}+1)u_{i1} + (1+\dfrac{R_5}{R_4})u_{i2} = -(\dfrac{R_5}{R_4}+1)(u_{i1}+u_{i2})$$

$$= -(1+\dfrac{R_1}{R_3})(u_{i1}+u_{i2})$$

$$= -(1+\dfrac{R_1}{R_3})u_i$$

5-8 电路如图 5-18 所示，各集成运放为理想运放，试求出输出电压 u_o 的值。

解 A_1 为反相比例运算电路，A_2 为差动输入减法电路，

故有 $u_{o1} = -\dfrac{R_{f1}}{R_1}u_{i1} = -\dfrac{100}{50}\times 0.6 = -1.2\text{V}$

$$u_o = -\dfrac{R_{f2}}{R_2}u_{o1} + \dfrac{R_{f2}}{R_3}u_{i2} = -\dfrac{50}{100}(-1.2) + \dfrac{50}{33}\times 0.8 = 1.81\text{V}$$

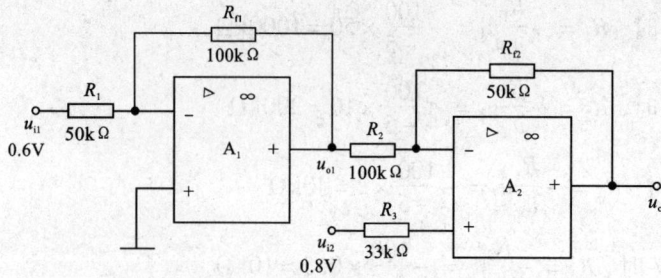

图 5 – 18　习题 5 – 8 的图

5 – 9　图 5 – 19 为电阻 – 电压变换电路，A 为理想运放，U_R 为已知参考电压，R_1 为 1kΩ，(1)试求 u_o 与 R_X 的关系。(2)当 $U_R = 1.5$V 时，测得 $u_o = 3$V，求 R_X 的大小。

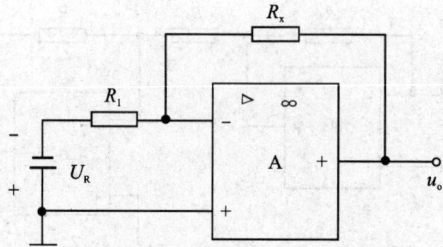

图 5 – 19　习题 5 – 9 的图

解　(1)由虚短、虚断可知

$u_+ = u_- = 0$；

$i_1 = i_{RX}$

$$\frac{-U_R - u_-}{R_1} = \frac{u_- - u_o}{R_X}$$

$$-\frac{U_R}{R_1} = -\frac{u_o}{R_X}$$

故 $u_o = -\frac{R_X}{R_1} U_R$

(1)　代入已知得：

$$3 = -\frac{R_X}{1000}(-1.5)$$

解得：$R_X = 2$kΩ

5 – 10　图 5 – 20 所示电路为三极管电流放大系数 β 测试电路，设三极管的 $U_{BE} = 0.7$V，试求：(1)三极管 C、B、E 各极的电位；(2)若电压表的读数为 200mV，求出三极管的 β 值。

解　(1)根据虚短由运放 A_1 可知 $U_C = u_+ = u_- = 4$V；由运放 A_2 可知 $U_B = u_+ = u_- = 0$V，$U_E = -0.7$V。

由运放 A_1 可得

$$I_C = \frac{10 - 4}{3 \times 10^3} = 2 \times 10^{-3}\text{A} = 2\text{mA}$$

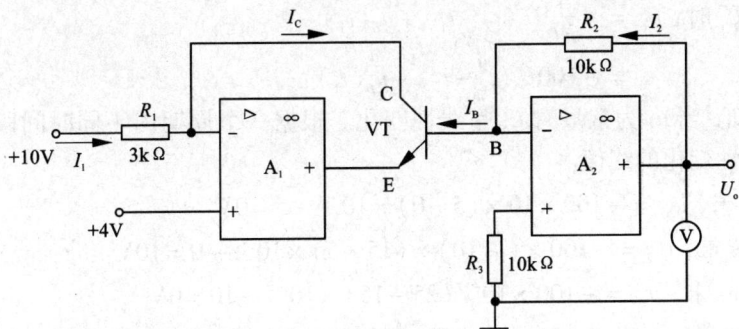

图 5 − 20 习题 5 − 10 的图

由运放 A_2 可得

$$I_B = I_2 = \frac{U_O - U_B}{R_2} = \frac{200 \times 10^{-3}}{10 \times 10^3} = 20 \times 10^{-6} \text{A} = 20 \mu\text{A}$$

三极管的电流放大倍数

$$\beta = \frac{I_C}{I_B} = \frac{2\text{mA}}{20\mu\text{A}} = 100$$

5 − 11 电路如图 5 − 21(a)所示,已知输入电压 u_i 的波形如图 5 − 21(b)所示,当 $t = 0$ 时,$u_o = 5\text{V}$,对应画出输出电压 u_o 的波形。

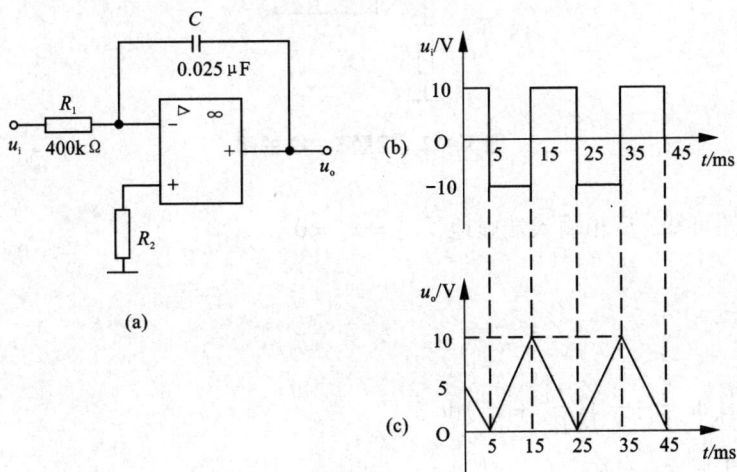

图 5 − 21 习题 5 − 11 的图

解 由电路为积分电路可得

$$u_o = -\frac{1}{RC}\int u_i dt = -\frac{1}{400 \times 10^3 \times 0.025 \times 10^{-6}}\int u_i dt$$

$$= -100\int u_i dt$$

当时间从 $t_1 \sim t_2$ 变化时,$u_o = -\frac{1}{RC}\int u_i dt + u_o(t_1)$

u_i 为常量 U_i 时，$u_o = -\dfrac{1}{RC}U_i(t_2 - t_1) + u_o(t_1)$

$$= -100U_i(t_2 - t_2) + u_o(t_1)$$

由上式可知，当 u_i 为常量时 u_o 呈线性变化。根据一个周期内不同时间段 u_i 的值不同，找出 u_o 相应线性变化的终值。

在 $0 \sim 5\text{ms}$ 末，$u_{o1} = -100 \times 10 \times (5-0) \times 10^{-3} + 5 = 0\text{V}$

在 $5 \sim 15\text{ms}$ 末，$u_{o2} = -100 \times (-10) \times (15-5) \times 10^{-3} + 0 = 10\text{V}$

在 $15 \sim 25\text{ms}$ 末，$u_{o3} = -100 \times 10 \times (25-15) \times 10^{-3} + 10 = 0\text{V}$

在 $25 \sim 35\text{ms}$ 末，$u_{o4} = -100 \times (-10) \times (35-25) \times 10^{-3} + 0 = 10\text{V}$

在 $35 \sim 45\text{ms}$ 末，$u_{o5} = -100 \times 10 \times (45-35) \times 10^{-3} + 10 = 0\text{V}$

根据上述分析可作出 u_o 的波形如图 $5-21(\text{c})$ 所示。

5 - 12　在电路图 $5-22$ 所示中，已知 $C = 1\mu\text{F}$，$R_1 = 100\text{k}\Omega$，$R_2 = 500\text{k}\Omega$，且当 $t = 0$ 时，$u_c = 0$，试写出 u_o 与 u_{i1}、u_{i2} 的关系式。

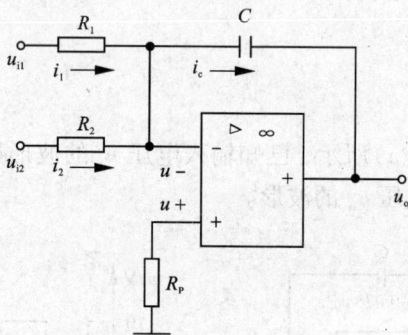

图 $5-22$　习题 $5-12$ 的图

解　由电路可知，反相输入端虚地，$u_- = u_+ = 0$

$i_c = i_1 + i_2$

$i_c = \dfrac{u_{i1}}{R_1} - \dfrac{u_{i2}}{R_2}$

$u_o = -\dfrac{1}{C}\displaystyle\int i_c \mathrm{d}t = -\dfrac{1}{C}\displaystyle\int \left(\dfrac{u_{i1}}{R_1} + \dfrac{u_{i2}}{R_2}\right)\mathrm{d}t$

$\quad = -\dfrac{1}{1 \times 10^{-6}}\displaystyle\int \left(\dfrac{u_{i1}}{100 \times 10^3} + \dfrac{u_{i2}}{500 \times 10^3}\right)\mathrm{d}t$

$\quad = -2\displaystyle\int (5u_{i1} + u_{i2})\mathrm{d}t$

5 - 13　电路如图 $5-23$ 所示，画出输出电压 u_o 的波形。

解　由电路为微分电路可得

$u_o = -RC\dfrac{\mathrm{d}u_i}{\mathrm{d}t} = -20 \times 10^3 \times 100 \times 10^{-6}\dfrac{\mathrm{d}u_i}{\mathrm{d}t}$

$\quad = -2\dfrac{\mathrm{d}u_i}{\mathrm{d}t}$

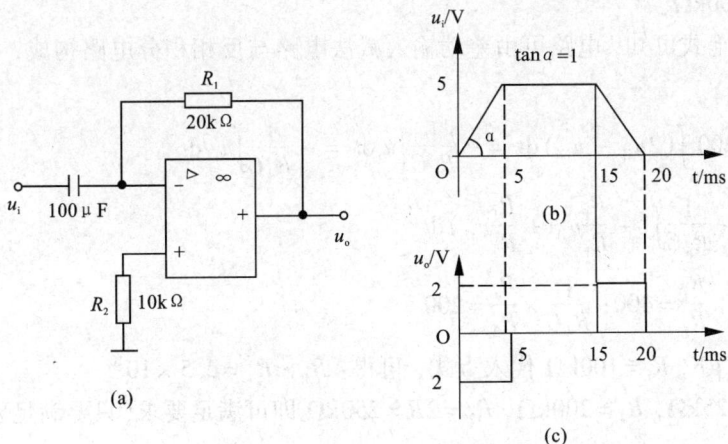

图 5-23　习题 5-13 的图

由上式可知，一个周期内不同时间段 u_i 的变化不同，u_o 相应值不同。

在 $0\sim5\text{ms}$，$u_o = -2\text{V}$；

在 $5\sim15\text{ms}$，$u_o = 0\text{V}$；

在 $15\sim20\text{ms}$，$u_o = 2\text{V}$；

根据上述分析可作出 u_o 的波形如图 5-23(c)所示。

5-14　根据已知条件，设计适当的运算电路(要求输入电阻大于 $100\text{k}\Omega$)。

(1) $u_o = -50\int u_i \mathrm{d}t$　　　　($C = 0.1\mu\text{F}$)

(2) $u_o = 200\int(2u_{i1} - u_{i2})\mathrm{d}t$　($C = 0.1\mu\text{F}$, $R_f = 50\text{k}\Omega$)

(1) 解：由上式可知，为反相积分电路，如图 5-24(a)所示，

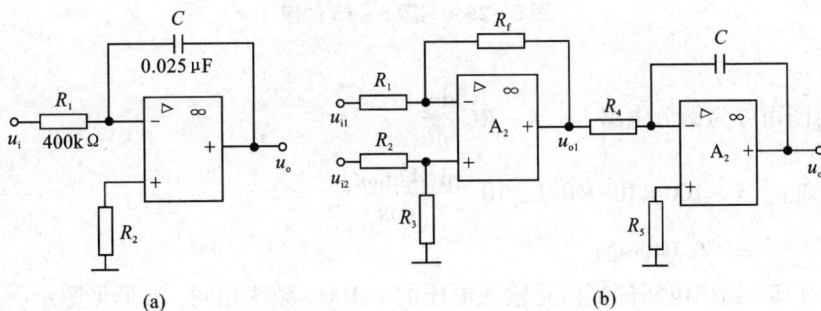

图 5-24　习题 5-14 的图

由于 $u_o = -50\int u_i \mathrm{d}t = -\dfrac{1}{R_1 C}\int u_i \mathrm{d}t$ 可得 $\dfrac{1}{R_1 C} = 50$，则有

$$R_1 = \frac{1}{50C} = \frac{1}{50\times0.1\times10^{-6}} = 2\times10^5\,\Omega = 200\text{k}\Omega$$

根据输入端直流电阻对地平衡的要求，

$R_2 = R_1 = 200\text{k}\Omega$。

（2）解：由上式可知，电路可由差动输入减法电路与反相积分电路构成，如图 5-24(b) 所示。

由于 $u_o = 200\int(2u_{i1} - u_{i2})\mathrm{d}t = -\dfrac{1}{R_4 C}\int u_i\mathrm{d}t = -\dfrac{1}{R_4 C}\int u_{o1}\mathrm{d}t$

$\qquad = -\dfrac{1}{R_4 C}\int(-\dfrac{R_f}{R_1}u_{i1} + \dfrac{R_f}{R_2}u_{i2})\mathrm{d}t$

可得：$\dfrac{1}{R_4 C}\times\dfrac{R_f}{R_1} = 400$；$\dfrac{1}{R_4 C}\times\dfrac{R_f}{R_2} = 200$

把 $C = 0.01\mu\text{F}$，$R_f = 100\text{k}\Omega$ 代入上式，可得：$R_1 \cdot R_4 = 2.5\times10^{10}$

则取 $R_1 = 125\text{k}\Omega$，$R_4 = 200\text{k}\Omega$，$R_2 = 2R = 250\text{k}\Omega$ 即可满足要求（只要满足要求，取别的值也可）。

根据输入端直流电阻对地平衡的要求，$R_1 /\!/ R_f = R_2 /\!/ R_3$，可求得 $R_3 \approx 71.4\text{k}\Omega$

$R_5 = R_4 = 200\text{k}\Omega$。

5-15　在电路图 5-25 所示中，已知 $C = 0.1\mu\text{F}$，$R = 100\text{k}\Omega$，$u_i = 4\sin\omega t(\text{V})$，试画出输出电压 u_o 的波形。

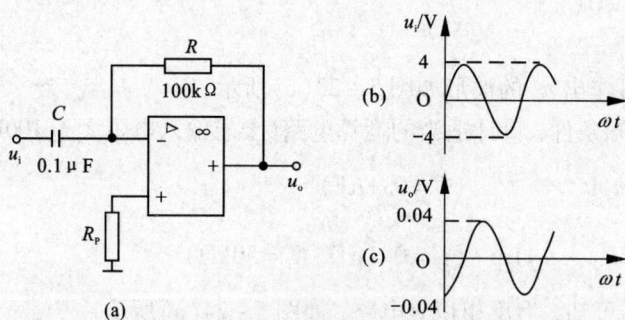

图 5-25　习题 5-15 的图

解　由图可知为微分电路，$u_o = -RC\dfrac{\mathrm{d}u_i}{\mathrm{d}t}$

代入已知 $u_o = -100\times10^3\times0.1\times10^{-6}\dfrac{\mathrm{d}(4\sin\omega t)}{\mathrm{d}\omega t}$

$\qquad = -0.04\cos\omega t$

由上式可知，输出电压的幅值是输入电压的 1/100，频率相同，波形见图示。

5-16　电路如图 5-26(a) 所示，(b) 是输入信号 u_{i1}、u_{i2} 的波形，已知 $C = 100\mu\text{F}$，$R_1 = 10\text{k}\Omega$，$R_f = 500\text{k}\Omega$，求 u_o 与 u_{i1}、u_{i2} 的关系并画出输出电压 u_o 的波形。

解　由图可知运放反相输入端虚地，$u_- = u_+ = 0$

由于虚断，则有 $i_c + i_1 = i_f$

$C\dfrac{\mathrm{d}u_{i1}}{\mathrm{d}t} + \dfrac{u_{i2}}{R_1} = \dfrac{-u_o}{R_f}$

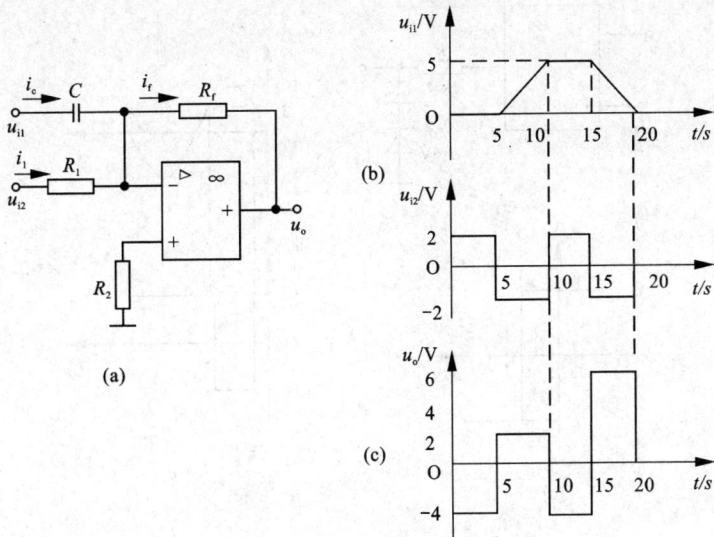

图 5 – 26　习题 5 – 16 的图

所以，$u_o = -(R_f C \dfrac{du_{i1}}{dt} + \dfrac{R_f}{R_1} u_{i2}) = -(20 \times 10^3 \times 100 \times 10^{-6} \dfrac{du_{i1}}{dt} + \dfrac{20}{10} u_{i2})$

$$= -(2 \dfrac{du_{i1}}{dt} + 2u_{i2})$$

由于在不同的时间段 u_{i1}、u_{i2} 取值不同，所以要分时间段分析 u_o 相应的值。

当 t 在 $0 \sim 5s$，$u_o = -4V$

在 $5 \sim 10s$，$u_o = -[2 \times 1 + 2(-2)] = 2V$

在 $10 \sim 15s$，$u_o = -(0 + 2 \times 2) = -4V$

在 $15 \sim 20s$，$u_o = -[2 \times (-1) + 2 \times (-2)] = 6V$

根据上述分析可作出的波形如图 5 – 26(c)所示。

5 – 17　电路如图 5 – 27(a)所示，(1)试画出它的传输特性；(2)当输入电压 $u_i = 6\sin \omega t$ (V)时，画出输出电压 u_o 的波形。

解　(1)由图可知电路为反相输入单限比较器，$U_T = 3V$，当 $u_i > 3V$ 时，输出电压 u_o 为 $-6V$；当输入信号电压 $u_i < 3V$ 时，输出电压 u_o 为 $+6V$。传输特性见图 5 – 27(b)。

(2)根据传输特性可画出输出电压 u_o 的波形见图 5 – 27(c)。

5 – 18　电路如图 5 – 28 所示，求出门限电压并画出它的传输特性。

解　由图可知运放工作在非线性工作区，为反相输入单限比较器，

由于虚断，则有 $i_1 = i_2$

$$\dfrac{U_{REF} - u_-}{R_1} = \dfrac{u_- - u_i}{R_2}$$

当 $u_- = u_+ = 0$ 时，电路发生跃变，此时的输入电压即为门限电压。

$$\dfrac{U_{REF}}{R_1} = \dfrac{-u_i}{R_2}$$

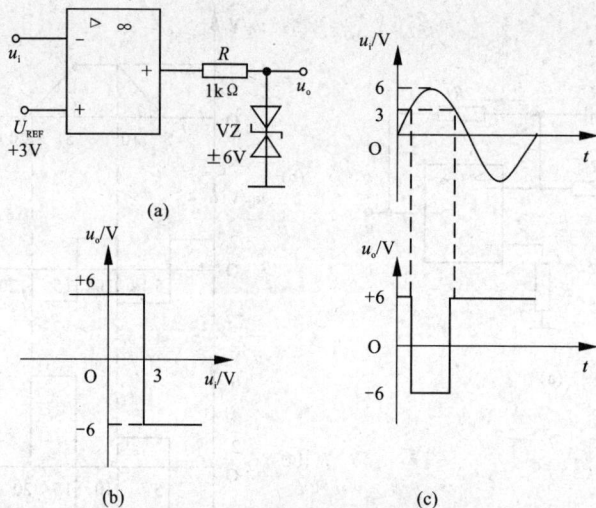

（a）

（b）　　　　　　　　（c）

图 5 – 27　习题 5 – 17 的图

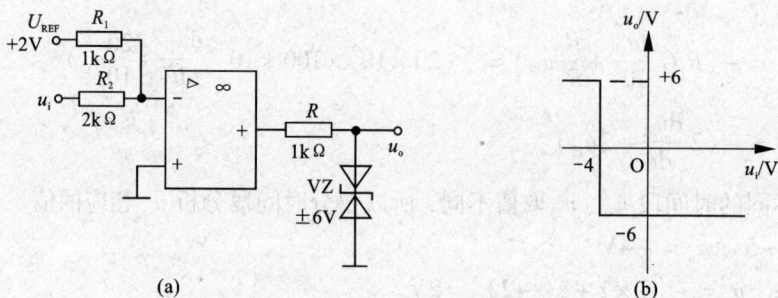

（a）　　　　　　　　　　　　　　（b）

图 5 – 28　习题 5 – 18 的图

解得：$U_T = -\dfrac{R_2 \cdot U_{REF}}{R_1}$

代入已知得：$U_T = -4V$

当 $u_i > -4V$ 时，输出电压 u_o 为 $-6V$；当输入信号电压 $u_i < -4V$ 时，输出电压 u_o 为 $+6V$，传输特性见图 5 – 28（b）。

5 – 19　电路如图 5 – 29 所示，（1）试画出它的传输特性。（2）当输入电压时，画出输出电压 u_o 的波形。

解　（1）由图可知电路为反相输入滞回比较器。

$$U_{T+} = \frac{R_2}{R_2 + R_f} U_Z = \frac{10}{10 + 20} \times 9 = 3V$$

$$U_{T-} = -\frac{R_2}{R_2 + R_f} U_Z = -\frac{10}{10 + 20} \times 9 = -3V$$

它的传输特性如图 5 – 29（b）所示。

（2）根据传输特性可画出输出电压 u_o 的波形如图 5 – 29（c）所示。

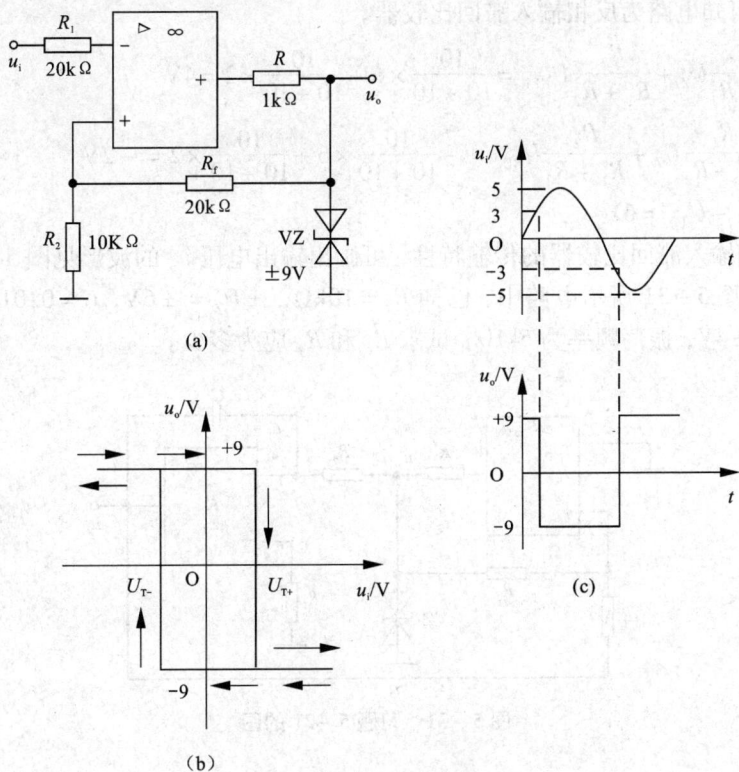

图 5 – 29　习题 5 – 19 的图

5 – 20　电路如图 5 – 30 所示，(1)试计算门限电压 U_{T+}、U_{T-} 和回差电压；(2)当输入电压时 $u_i = 5\sin\omega t(\text{V})$，画出输出电压 u_o 的波形。

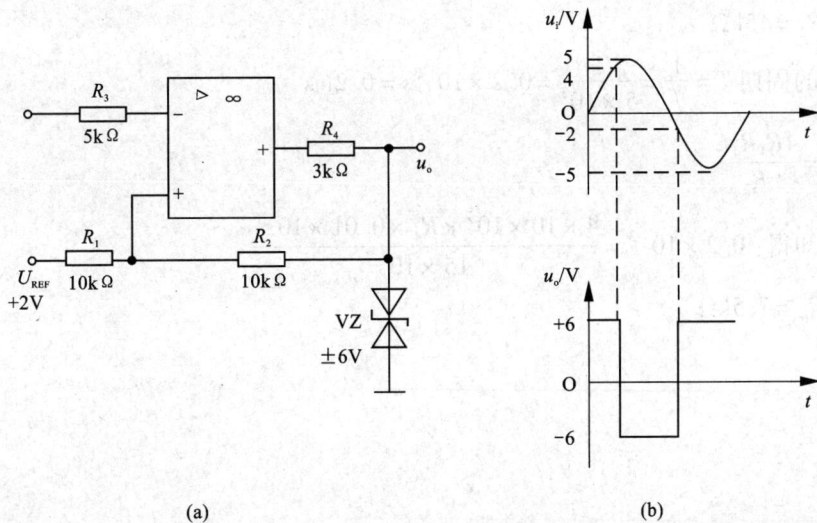

图 5 – 30　习题 5 – 20 的图

（1）由图可知电路为反相输入滞回比较器。

$$U_{T+} = \frac{R_1}{R_1 + R_2} U_Z + \frac{R_2}{R_1 + R_2} U_{REF} = \frac{10}{10 + 10} \times 6 + \frac{10}{10 + 10} \times 2 = 4V$$

$$U_{T-} = -\frac{R_1}{R_1 + R_2} U_Z + \frac{R_2}{R_1 + R_2} U_{REF} = -\frac{10}{10 + 10} \times 6 + \frac{10}{10 + 10} \times 2 = -2V$$

$$\triangle U_T = U_{T+} - U_{T-} = 6V$$

（2）由反相输入滞回比较器的传输特性，可画出输出电压 u_o 的波形见图 5-30(b)。

5-21　在图5-31所示电路中，已知 $R_1 = 10k\Omega$，$\pm U_Z = \pm 6V$，$C = 0.01\mu F$，输出三角波电压幅值为 $\pm 4V$，振荡频率为 5kHz，试求 R_2 和 R_4 应为多少。

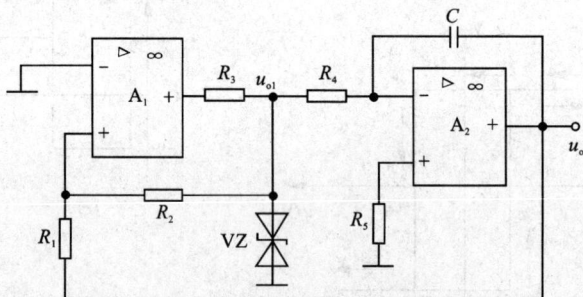

图 5-31　习题 5-21 的图

　　解　由电路可知为三角波发生器，输出三角波电压电压幅值

$$\pm U_{OM} = \pm \frac{R_1}{R_2} \cdot U_Z$$

代入已知得：$\pm 4 = \pm \frac{10}{R_2} \cdot 6$

解得：$R_2 = 15k\Omega$

三角波的周期 $T = \frac{1}{f} = \frac{1}{5 \times 10^3} = 0.2 \times 10^{-3} s = 0.2ms$

根据 $T = \frac{4R_1 R_4 C}{R_2}$

代入已知得：$0.2 \times 10^{-3} = \frac{4 \times 10 \times 10^3 \times R_4 \times 0.01 \times 10^{-6}}{15 \times 10^3}$

解得：$R_4 = 7.5k\Omega$

第 6 章　正弦波振荡电路

一、学习要求

(1)了解自激振荡的概念,理解并掌握产生振荡的两个条件。

(2)掌握 *LC* 正弦波振荡电路的结构、工作原理。

(3)掌握 *RC* 正弦波振荡电路的结构、工作原理。

(4)了解石英晶体的特征及其振荡电路。

(5)学会分析复杂的振荡电路。

二、学习指导

1. 本章的重点是研究正弦波振荡电路的结构、工作原理和振荡频率等,本章的难点是正弦波振荡电路相位平衡条件的判别。

2. 通过本章学习,首先应该搞清楚正弦波振荡电路的组成、分类及振荡条件。*LC* 正弦波振荡电路是由放大电路、*LC* 选频网络(含正反馈特性)组成,根据选频网络上反馈形式的不同,可分为变压器反馈式、电感三点式和电容三点式振荡电路,常结合瞬时极性法来分析。*RC* 正弦波振荡电路是由放大电路、*RC* 选频网络(含正反馈特性)组成,有文氏电桥式和移相式等类型,适用于产生低频正弦信号;根据 *RC* 串、并联选频网络的特征和振荡条件,要明确 RC 振荡电路中对放大电路的要求以及放大电路中负反馈支路非线性元件的稳幅作用。石英晶体振荡电路有两种基本电路形式,即串联型和并联型,前者石英晶体发生串联谐振,呈阻性,后者石英晶体工作在 $f_\mathrm{S} < f < f_\mathrm{P}$ 极窄的频率范围内,呈感性。

3. 分析电路能不能振荡,掌握正确的方法也是很重要的。正弦波振荡电路的分析方法:

(1)看电路中是否包括放大电路、正反馈网络、选频网络和稳幅环节。

(2)分析放大电路能否正常工作。对分立元件电路,看是否能够建立合适的静态工作点并能正常放大;对集成运放,看输入端是否有直流通路。

(3)利用瞬时极性法判断电路是否满足相位平衡条件。一般在正反馈网络的输出端与放大电路输入回路的连接处断开,并在断点处加一个频率为 f_0 的输入电压 U_i,假定其极性,然后以此为依据判断 U_f 的极性,若 U_f 与 U_i 极性相同,则符合相位条件,若 U_f 与 U_i 极性不同,则不符合相位条件。

(4)检查幅值平衡条件。若 $|AF| < 1$ 则不能振荡;若 $|AF| = 1$ 则不能起振;通常略大于 1,则起振后采取稳幅措施使电路达到幅值平衡条件 $|AF| = 1$。

三、自测题及参考答案

1. 选择题(每小题 6 分,共 60 分)

(1)利用正反馈产生正弦波振荡的电路,其组成主要是( )。

A. 放大电路、反馈网络　　　　B. 放大电路、反馈网络、选频网络

C. 放大电路、反馈网络、选频网络、稳幅电路

(2)为了满足振荡的相位平衡条件,反馈信号与输入信号的相位差应等于( )。

A. 90°　　　　B. 180°　　　　C. 270°　　　　D. 360°

(3)为满足振荡的相位平衡条件,RC 文氏电桥式振荡器中的放大电路,其输出信号与输入信号之间的相位差,合适的值是( )。

A. 90°　　　　B. 180°　　　　C. 270°　　　　D. 360°

(4)已知某振荡电路中的正反馈网络,其反馈系数为 0.02,而放大电路的放大倍数有下列几个值取: >0,5,20,50,为保证电路起振且可获得良好的输出信号波形,最合适的放大倍数是( )。

A. >0　　　　B. 5　　　　C. 20　　　　D. 50

(5)若依靠振荡管本身来稳幅,则从起振到输出幅度稳定,管子的工作状态是( )。

A. 一直处在线性区　　　　　　B. 从线性区过渡到非线性区

C. 一直处在非线性区　　　　　D. 从非线性区过渡到线性区

(6)对于 RC 文氏电桥式振荡器,为了减轻放大电路参数对 RC 串.并联网络的影响,所引入的负反馈类型,合适的是( )。

A. 电压串联型　　B. 电压并联型　　C. 电流串联型　　D. 电流并联型

(7)为了保证正弦波振荡幅值稳定且波形较好,通常还需要引入( )环节。

A. 微调　　　　B. 限幅　　　　C. 放大　　　　D. 稳幅

(8)在串联型石英晶体振荡电路中,晶体等效为( ),而在并联型石英晶体振荡电路中,晶体等效为( )。

A. 阻值极小的电阻　　　　　　B. 阻值极大的电阻

C. 电感　　　　　　　　　　　D. 电容

(9)RC 振荡电路同 LC 振荡电路相比,( )。

A. 前者适用于高频而后者适用于低频

B. 前者适用于低频而后者适用于高频

C. 两者都适用于低频

(10)石英晶体振荡器的主要优点是( )。

A. 频率高　　　　B. 频率的稳定度高

C. 振幅稳定

2. 判断题(每小题 4 分,共 40 分)

(1)放大电路中的反馈网络如果是正反馈就能产生正弦波振荡,如果是负反馈则不会产生振荡。　　　　　　　　　　　　　　　　　　　　　　　　　　　　( )

(2)振荡电路与放大电路的主要区别之一是:放大电路的输出信号与输入信号频率相同,

而振荡电路一般不需要输入信号。　　　　　　　　　　　　　　　　　　　(　)

(3)只要满足相位平衡条件，且 $|AF|=1$，则可产生自激振荡。　　　(　)

(4)在放大电路中，若引入了负反馈，又引入了正反馈，就有可能产生自激振荡。(　)

(5)对于正弦波振荡电路而言，只要不满足相位平衡条件，即使放大电路的放大倍数很大，它也不能产生正弦波振荡。　　　　　　　　　　　　　　　　　(　)

(6)自激正弦波振荡器本质上是一个满足自激振荡条件的正反馈放大电路。(　)

(7)只要满足了幅值平衡条件，振荡电路就能正常工作。　　　　　　　(　)

(8)振荡电路中只有正反馈网络而没有负反馈网络。　　　　　　　　　(　)

(9)振荡电路中的选频网络一定是在正反馈网络中。　　　　　　　　　(　)

(10)石英晶体之所以能作为谐振器，用作选频网络，是因为它的压电效应。(　)

参考答案

1.(1)C　(2)D　(3)B　(4)D　(5)B　(6)A　(7)D　(8)A　C　(9)B　(10)B
2.(1)×　(2)√　(3)√　(4)√　(5)√　(6)√　(7)×　(8)×　(9)×　(10)√

四、习题详解

6-1　正弦波振荡电路由哪几个部分组成？各组成部分的作用是什么？

答：正弦波振荡电路由放大电路、正反馈网络、选频网络和稳幅环节四个部分组成。实际电路中，常将选频网络和反馈网络结合在一起，也可将放大电路与选频网络相结合。

放大电路用来将微弱信号放大，使振荡电路输出信号尽快达到幅度平衡。

正反馈网络是用来将放大电路的输出信号反馈到输入端，以维持放大电路的输入信号。

选频网络是用来选择所需频率信号进行放大和反馈，使振荡电路输出单一频率的正弦波信号。

稳幅电路用来改善输出波形，稳定输出幅度。

6-2　试简述三点式振荡电路的结构特点。

答：三点式振荡电路中谐振回路有三个端点与双极型晶体管相连接。与发射极相连的两个谐振回路元件，其电抗性质相同，即同为电感或电容，不与发射极相连的谐振回路元件其电抗性质与前两个相异。

6-3　试用振荡的相位条件判断图 6-1 所示各电路能否产生正弦波振荡。若不能，请加以改正使之有可能产生正弦波振荡。

答：图(a)满足相位条件，有可能产生正弦波振荡。

图(b)不满足相位条件，不能产生正弦波振荡。改正：将 L_1 线圈的同名端移到下端即可。

6-4　试用相位条件判断图 6-2 所示各电路能否产生正弦波振荡。在能振荡的电路中，求出振荡频率 f_0。

答：分别画出图 6-2 中各图的交流通路如图 6-3 所示。

图(a)构成电容三点式 LC 振荡电路，其振荡频率为

(a)

(b)

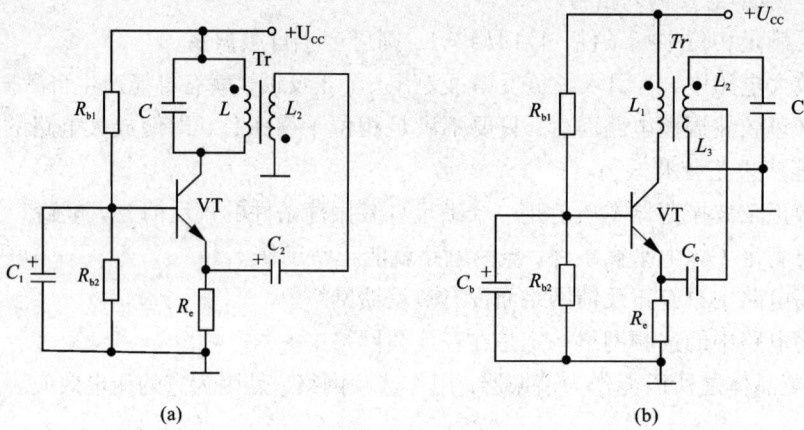

图 6 - 1　习题 6 - 3 的图

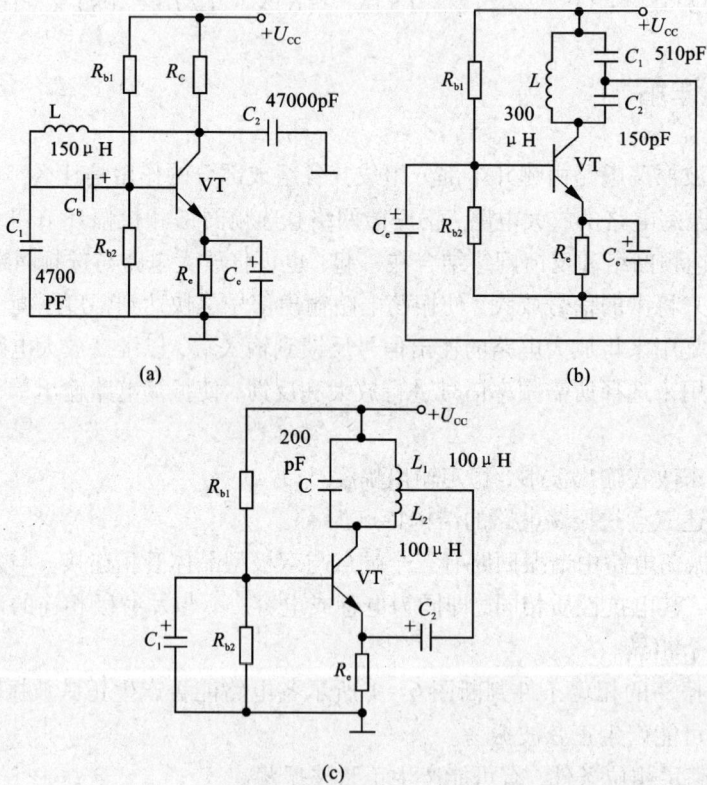

(a)

(b)

(c)

图 6 - 2　习题 6 - 4 的图

$$f_0 = \frac{1}{2\pi\sqrt{LC}} = \frac{1}{2\pi\sqrt{L\dfrac{C_1 C_2}{C_1 + C_2}}} = \frac{1}{2\pi\sqrt{150 \times 10^{-6} \times \dfrac{4700^2}{4700 + 4700} \times 10^{-12}}}$$

$$= 2.68 \times 10^5 \text{Hz}$$

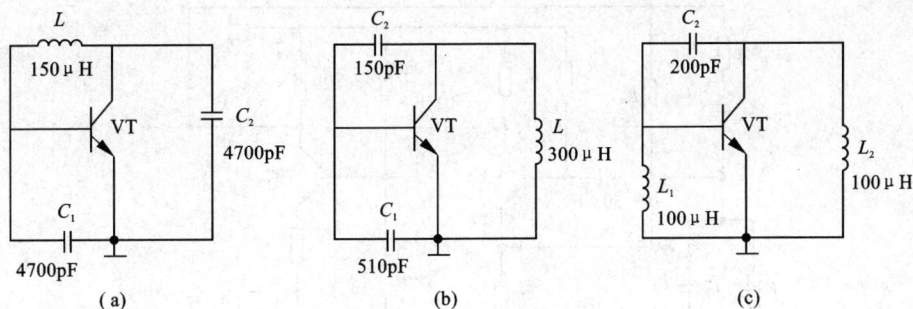

图 6 - 3　习题 6 - 4 的解答图

图(b)不满足振荡的相位条件，故不能起振。

图(c)构成电感三点式 L_C 振荡电路，其振荡频率为

$$f_0 \approx \frac{1}{2\pi\sqrt{LC}} = \frac{1}{2\pi\sqrt{(L_1 + L_2)C}} = \frac{1}{2\pi\sqrt{(100 + 100) \times 10^{-6} \times 200 \times 10^{-12}}}$$

$$= 7.96 \times 10^6 \text{Hz} = 7.96 \text{MHz}$$

6 - 5　正弦波振荡电路如图 6 - 4 所示。设 A 为理想集成运放，$R_2 = 1.5\text{k}\Omega$，在电路振荡稳定时流过 R_1 有效值电流 $I_F = 0.8\text{mA}$。求：

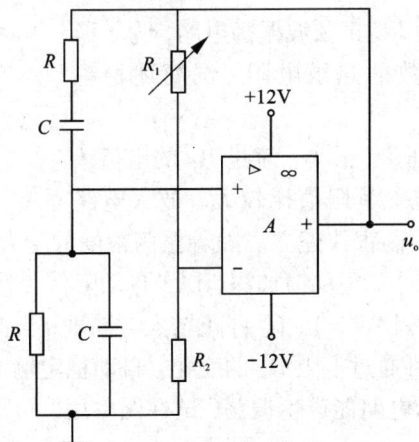

图 6 - 4　习题 6 - 5 的图

(1)输出有效值电压 U_o；

(2)电阻 R_1。

解　(1) $V_- = I_F R_2 = V_+ = \frac{1}{3}U_o$，$U_o = 3I_F R_2 = 3 \times 0.8 \times 1.5 = 3.6\text{V}$

(2) $U_o = V_- + I_F R_1$，$R_1 = \frac{U_o - V_-}{I_F} = \frac{3.6 - \frac{1}{3} \times 3.6}{0.8} = 3000\Omega = 3\text{k}\Omega$

6 - 6　正弦波振荡电路如图 6 - 5 所示。已知 $R = 5\text{k}\Omega$，$C = 0.02\mu\text{F}$。试回答下列问题：

(1)求振荡频率 f_0(忽略放大电路对选频网络的影响)。

(2)为满足起振的幅值条件，应如何选择 R_{e1} 的值？(设电路为深度负反馈)

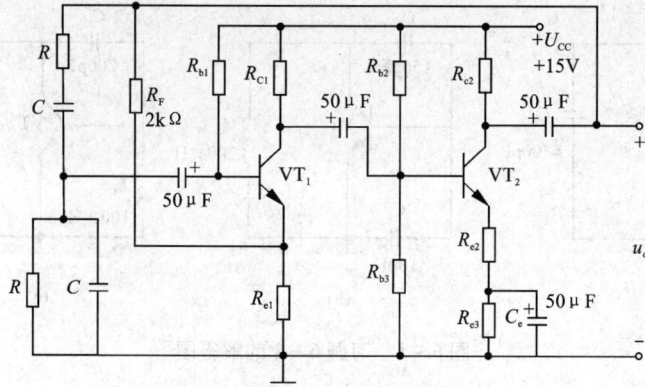

图 6-5 习题 6-6 的图

解 （1）$f_0 = \dfrac{1}{2\pi RC} = \dfrac{1}{2 \times \pi \times 5000 \times 0.02 \times 10^{-6}} = 1592.3\text{Hz}$

（2）由于放大电路为深度负反馈，则有 $A \approx 1 + \dfrac{R_f}{R_{e1}} > 3$，故 $R_{e1} < R_f$

6-7 如图 6-6 所示的 RC 正弦波振荡电路，为了稳幅，R_F 采用具有负温度系数的热敏电阻，试简述稳幅原理。

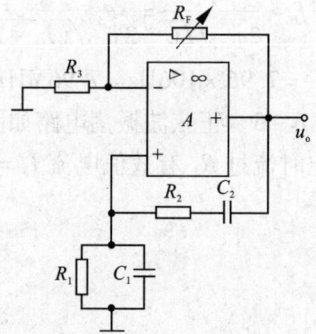

图 6-6 习题 6-7 的图

答：刚起振时，输出电压 U_o 很小，流过 R_F 的电流 I_f 很小，热敏电阻 R_F 处于冷态，其阻值比较大。放大电路的负反馈较弱，$|A_u|$ 很高，振荡很快建立。随着振荡幅度的增大，流过 R_F 的电流 I_f 也增大，使 R_F 的温度升高，其阻值减小，负反馈加深，$|A_u|$ 自动降低。在运算放大器未进入非线性区时，振荡电路即达到平衡条件 $|A_1| = 1$，U_o 停止增大。同理，当振荡建立后，由于某种原因使得输出电压幅度发生变化，可通过电阻 R_F 的变化，自动稳定输出电压的幅度。

6-8 欲使图 6-6 所示电路能产生振荡，试在图中用"＋"、"－"号标出集成运放 A 的同相端和反相端。

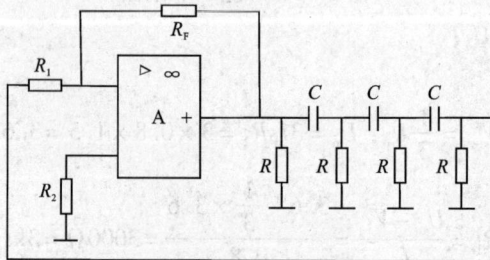

图 6-6 习题 6-8 的图

答：RC 移相电路可移相 $180°$，即 $\varphi_F = 180°$，为满足 $\varphi_F + \varphi_A = 360°$，则使 $\varphi_A = 180°$，故集成运放 A 上" $-$ "、下" $+$ "。

6 - 9　判断图 6 - 8 所示电路能否产生振荡。若能，则属于哪种类型的石英晶体振荡电路？并说明石英晶体在电路中的作用。

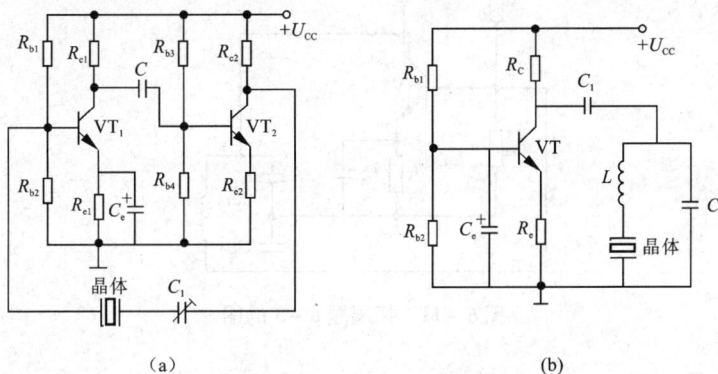

图 6 - 8　习题 6 - 9 的图

答：图 6 - 8(a) 有可能产生正弦波振荡。属于串联型石英晶体振荡电路，晶体呈阻性。

图 6 - 8(b) 有可能产生正弦波振荡。属于并联型石英晶体振荡电路，晶体呈感性。

五、拓展习题选解

6 - 1　试画出图 6 - 9 所示电路的交流通路，并判断是否满足振荡的相位平衡条件。如满足，说明属哪种类型的振荡电路；如不满足，请加以改正。

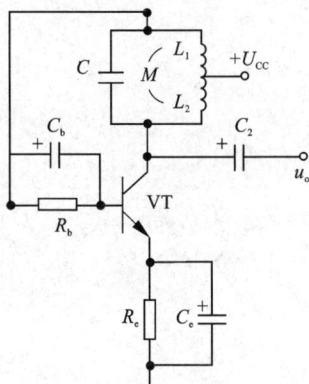

图 6 - 9　拓展题 6 - 1 的图　　　　　　图 6 - 10　拓展题 6 - 2 的图

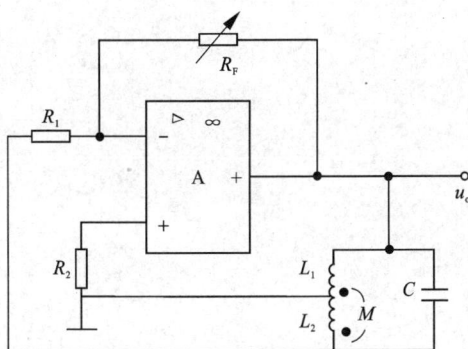

答：交流通路如图 6 - 9 所示，满足振荡的相位平衡条件，为电感三点式 LC 振荡电路。

6 - 2　试判断图 6 - 10 所示电路能否产生正弦波振荡。若不能，说明理由；若能，说明属于哪种类型振荡电路。设 A 为理想集成运放。

答：满足振荡的相位平衡条件，能够起振。属于电感三点式 LC 振荡电路。

6-3 说明图 6-11 所示 LC 振荡电路有哪些错误，指出并加以改正，写出改正后电路的振荡频率 f_o 的表达式。

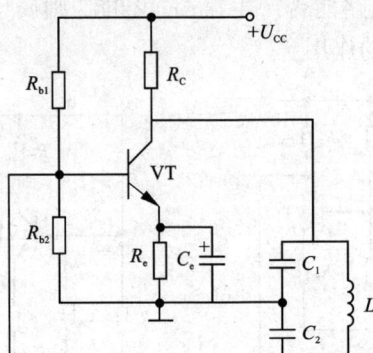

图 6-11 拓展题 6-3 的图

答：在直流通路中，电感 L 将三极管的 b、c 两极短路，造成三极管不能放大。改正：在 b 极和谐振回路之间或在 c 极和谐振回路之间接上耦合电容。

第 7 章　功率放大电路

一、学习要求

（1）理解功率放大电路的特点和要求。

（2）掌握功率放大电路的分类。

（3）掌握 OCL 和 OTL 电路的结构和分析计算。

（4）掌握交越失真概念及其消除方法。

（5）了解复合管结构及由复合管构成的互补对称功率放大电路。

6. 了解集成功率放大器 LM386、TDA2040 引脚功能及应用。

二、学习指导

1. 要明确本章学习的目的和重点，理解功率放大电路的特点和要求很重要。

（1）在性能要求上，功率放大电路重在输出功率大，非线性失真小，效率高和管耗小；而电压放大电路重在足够的电压放大倍数和合适的输入输出电阻。

（2）在研究方法上，功率放大电路工作于大功率状态，小信号模型和微变等效电路法已不再适用，而代之以图解法。

（3）在工作状态上，为了降低管耗，提高效率，功率放大电路通常工作于乙类或甲乙类放大状态。

（4）在对功率管的选择上，要更多地关注其极限参数，此外还要考虑功率管的散热问题。

2. 互补对称功率放大器是最常见的功率放大电路形式，也是本章学习的重点。

互补对称功率放大器的两管基极和发射极分别连在一起，信号从发射极输出，构成射极输出器形式。在输入信号的作用下交替导通，以互相推挽的方式工作。

OCL 电路是采用双电源而无需输出电容器的互补对称放大电路。乙类 OCL 电路管耗很小，效率很高，但存在严重的交越失真。它的输出功率 P_o，管耗 P_T 和最高效率 η 分别按照如下公式进行计算：

$$P_o = U_o I_o = \frac{U_{om}}{\sqrt{2}} \frac{U_{om}}{\sqrt{2}R_L} = \frac{1}{2} \frac{U_{om}^2}{R_L}$$

$$P_T = R_{T1} + P_{T2} = \frac{2}{R_L}(\frac{U_{CC}U_{om}}{\pi} - \frac{U_{om}^2}{4})$$

$$\eta = \frac{P_o}{P_o + P_T} = \frac{\pi}{4} \approx 78.5\%$$

交越失真是因为三极管存在死区和乙类放大电路的零偏置引起的，当输入信号小于死区电压时，两个功率管都不导通，从而使这部分输出信号缺失。消除交越失真的办法是给电路提供一定的直流偏置。常见的偏置电路有二极管偏置电路和 u_{BE} 扩大电路。

OTL 电路是使用单电源的互补对称放大电路，它必须采用电容耦合输出。电容器同时起到负电源的作用，并使得每个管子上的工作电压由原来的 U_{CC} 变成了 $U_{CC}/2$。对 OTL 电路进行分析计算只需用 $U_{CC}/2$ 代替 OCL 电路分析公式中的 U_{CC} 即可。

3. 集成功率放大器性能优越，应用广泛。对集成功率放大器的掌握应当以管脚功能和典型应用电路为重点。

三、自测题及参考答案

1. 填空题(每空 5 分，共 50 分)

(1) 乙类互补对称功率放大器存在_____失真。

(2) 采用单电源供电的互补对称功率放大器是_____，该电路的输出端必须采用_____元件耦合。

(3) 在功率放大电路中，电源提供的直流能量转化为_____和_____两部分。

(4) 复合管在连接时，在串联点应注意_____，在并联点应注意_____。复合管的电流放大系数为_____。

(5) 如图 7-1 所示，电路中晶体管饱和管压降的数值为 $|U_{CES}|$，则最大输出功率 P_{OM} = _____。输出最大不失真功率时电路的转换效率为_____。

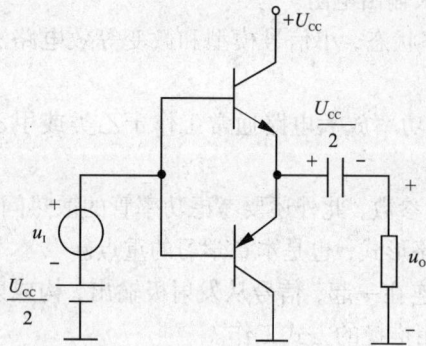

图 7-1

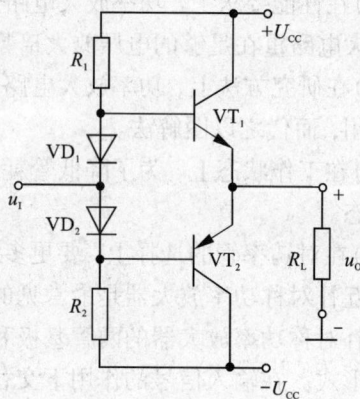

图 7-2

2. 选择题(每题 5 分，共 25 分)

(1) 电路如图 7-2 所示，T_1 和 T_2 管的饱和管压降 $|U_{CES}|$ = 3V，V_{CC} = 15V，R_L = 8Ω，则最大输出功率 P_{OM}(　　)。

A. ≈28W　　　　B. =18W　　　C. =9W

(2) 图 7-2 电路输入正弦波时，若 R_1 虚焊，即开路，输出电压(　　)。

A. 为正弦波　　　B. 仅有正半波　C. 仅有负半波

(3) 功率放大电路的转换效率是指(　　)。

A. 输出功率与晶体管所消耗的功率之比

B. 输出功率与电源提供的平均功率之比

C. 晶体管所消耗的功率与电源提供的平均功率之比

(4) 在三类放大电路中，在输出相同的功率的情况下管耗最大的是( )。

A. 甲类 B. 乙类 C. 甲乙类

(5) 在 OCL 乙类功放电路中，若最大输出功率为 12W，则电路中功放管的集电极最大功耗约为( )。

A. 1.2W B. 2.4W C. 0.6W

3. 判断题(每题 5 分，共 25 分)

(1) 在功率放大电路中，输出功率愈大，功放管的功耗愈大。   ( )

(2) 功率放大电路的最大输出功率是指在基本不失真情况下，负载上可能获得的最大交流功率。   ( )

(3) 当 OCL 电路的最大输出功率为 1W 时，功放管的管耗大于 1W。   ( )

(4) 功率放大电路与电压放大电路都使输出功率大于信号源提供的输入功率。   ( )

(5) 顾名思义，功率放大电路有功率放大作用，电压放大电路只有电压放大作用而没有功率放大作用。   ( )

参考答案

1. (1) 交越 (2) OTL 电路 电容 (3) 输出给负载的信号功率 电路消耗的功率(大部分消耗在功率管上) (4) 电流的连续性 外部电流为两个管子的电流之和 两管电流放大系数之乘积 (5) $\dfrac{(\frac{1}{2}U_{CC}-|U_{CES}|)^2}{2R_L}$ $\dfrac{\pi}{4}\dfrac{U_{CC}-2|U_{CES}|}{U_{CC}}$

[详解 $P_{om}=\dfrac{1}{2}\dfrac{U_{om}^2}{R_L}=\dfrac{1}{2}\dfrac{(\frac{1}{2}U_{CC}-|U_{CES}|)^2}{R_L}$

$\eta=\dfrac{\pi}{4}\dfrac{U_{om}}{\frac{U_{CC}}{2}}=\dfrac{\pi}{4}\dfrac{\frac{U_{CC}}{2}-|U_{CES}|}{\frac{U_{CC}}{2}}=\dfrac{\pi}{4}\dfrac{U_{CC}-2|U_{CES}|}{U_{CC}}$]

2. (1) C (2) C (3) B (4) A (5) B

3. (1) × (2) √ (3) × (4) √ (5) ×

四、习题详解

7-1 在图 7-3 所示电路中，已知 $U_{CC}=16V$，$R_L=4\Omega$，VT_1 和 VT_2 管的饱和管压降 $|U_{CES}|=2V$，输入电压足够大。试问：

(1) 最大输出功率 P_{om} 和效率 η 各为多少？

(2) 晶体管的最大功耗 P_{Tm} 为多少？

(3) 为了使输出功率达到 P_{om}，输入电压的有效值约为多少？

解　本题电路为典型的甲乙类 OCL 电路,由二极管提供两个互补对称功率管的基极偏置。

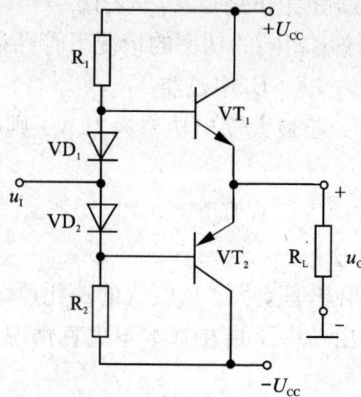

图 7 – 3　习题 7 – 1 的图

(1)最大功率和最大效率分别为

$$P_{om} = \frac{(U_{CC} - |U_{CES}|)^2}{2R_L} = 24.5\text{W}$$

$$\eta = \frac{\pi}{4}\frac{U_{CC} - |U_{CES}|}{U_{CC}} = 69.8\%$$

(2)晶体管的最大功耗

$$P_{Tm} \approx 0.2P_{om} = 0.2 \times \frac{U_{CC}^2}{2R_L} = 6.4\text{W}$$

(3)因为采用射极输出方式,输出电压具有跟随性,所以输出功率为 P_{om} 时的输入电压有效值为

$$U_i \approx U_{omax} \approx \frac{U_{CC} - |U_{CES}|}{\sqrt{2}} \approx 9.9\text{V}$$

7 – 2　图 7 – 4 为一 OCL 电路,已知 u_i 为正弦电压,$R_L = 16\Omega$,要求最大输出功率为 10W。试在晶体管的饱和管压降可以忽略不计的条件下,求出下列各值:

(1)正负电源 U_{CC} 最小值(取整数);

(2)根据 U_{CC} 的最小值,得到的晶体管 I_{CM}、$|U_{(BR)CEO}|$ 的最小值;

(3)每个管子的管耗 P_{CM} 的最小值。

解　本题主要讨论 OCL 电路中功率管的选择和使用条件。

(1)由公式知 $P_{om} = \frac{1}{2}\frac{U_{CC}^2}{R_L}$ 知:

$$U_{CC} = \sqrt{2R_L P_{om}} \approx 17.9\text{V}$$

取整数得电源电压为 18V。

(2)若 $U_{CC} = 18$V,晶体管 I_{CM}、$|U_{(BR)CEO}|$ 的最小值为

$$I_{CM} = \frac{U_{CC}}{R_L} \approx 1.13\text{A}$$

$U_{(BR)CEQ} \geqslant 2U_{CC} = 36V$

（3）每个管子的管耗 P_{CM} 应满足

$P_{CM} \geqslant P_{Tm} = 0.2P_{om} = 3.6W$

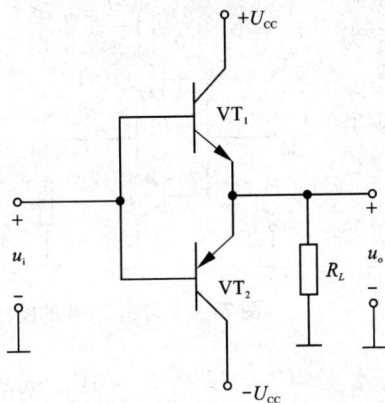

图 7-4 习题 7-2 的图

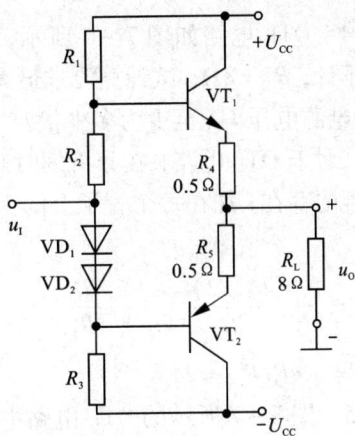

图 7-5 习题 7-3 的图

7-3 在图 7-5 所示电路中，已知 $U_{CC} = 15V$，T_1 和 T_2 管的饱和管压降 $|U_{CES}| = 2V$，输入电压足够大。求解：

（1）最大不失真输出电压的有效值；

（2）负载电阻 R_L 上电流的最大值；

（3）最大输出功率 P_{om} 和效率 η。

解 （1）最大不失真输出电压有效值

$$U_{o(max)} = \frac{\dfrac{R_L}{R_4 + R_L} \cdot (U_{CC} - U_{CES})}{\sqrt{2}} \approx 8.65V$$

注意：$U_{o(max)} \neq U_{om}$，此处用 $U_{o(max)}$ 表示最大不失真输出电压有效值，而 U_{om} 指输出交流电压的幅度。

（2）负载电流最大值

$$i_{Lm} = \frac{U_{CC} - U_{CES}}{R_4 + R_L} \approx 1.53A$$

（3）最大输出功率和效率分别为

$$P_{om} = \frac{U_{omax}^2}{R_L} \approx 9.35W$$

$$\eta = \frac{P_o}{P_U} = \frac{\pi}{4} \frac{U_{om}}{U_{CC}} \qquad\qquad (*)$$

$$\frac{U_{om}}{U_{CC}} = \frac{U_{CC} - U_{CES} - U_{R4}}{U_{CC}} = \frac{U_{CC} - U_{CES} - \dfrac{U_{om}}{R_L}R_4}{U_{CC}}$$

从上式可以解出 $\dfrac{U_{om}}{U_{CC}} = \dfrac{1 - \dfrac{U_{CES}}{U_{CC}}}{1 + \dfrac{R_4}{R_L}}$，代入（＊）式可得 $\eta = 64\%$

7－4　OTL 电路如图 7－6 所示，功率管的饱和压降可忽略不计，$R_L = 8\Omega$，试计算要求最大不失真输出功率为 9W 时，电源电压 U_{CC} 至少为多少伏?

解　对于 OTL 电路，在分析的时候应注意：由于输出耦合电容的存在，加在每个管子上的工作电压变为 $U_{CC}/2$，因此

$$P_{om} = \frac{1}{2}\left[\frac{(U_{CC}/2)^2}{R_L}\right] = \frac{1}{8}\frac{U_{CC}^2}{R_L}$$

$$U_{CC} = \sqrt{8R_L P_{om}} = 24V$$

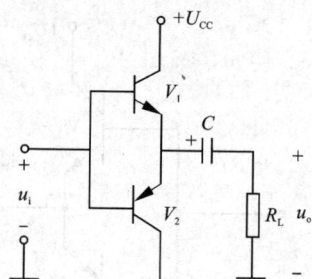

图 7－6　习题 7－4 的图

7－5　图 7－7 所示的 OTL 电路中，输入电压为正弦波，$U_{CC} = 12V$，$R_L = 8\Omega$，试回答以下问题：

（1）E 点的静态电位应是多少? 通过调整哪个电阻可以满足这一要求?

（2）图中 VD_1、VD_2、R_2 的作用是什么? 若其中一个元件开路，将会产生什么后果?

（3）忽略三极管的饱和管压降，当输入 $u_i = 4\sin\omega t\,V$ 时，电路的输出功率和效率是多少?

解　（1）E 点的静态电位应是 $U_{CC}/2 = 6V$，通过调节电阻 R_1、R_3 可以满足这一要求。

（2）VD_1、VD_2、R_2 的作用是提供 VT_1 和 VT_2 基极的静态偏置，以消除交越失真。

若其中一个元件开路，则 VT_2 的静态基极电流 $I_{B2} = \dfrac{\dfrac{U_{CC}}{2} - U_{BE2}}{R_3}$ 很大，将导致 I_{C2} 和 P_{C2} 也很大，容易烧坏管子。

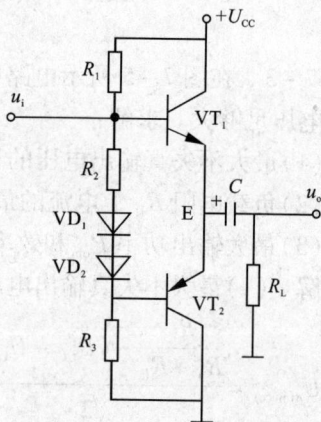

图 7－7　习题 7－5 的图

（3）考虑到电路是射极输出方式，有 $U_{om} \approx U_{im} = 4V$，则电路的输出功率和效率分别为

$$P_o = \frac{1}{2}\frac{U_{om}^2}{R_L} = 1W$$

$$\eta = \frac{P_o}{P_U} = \frac{\pi}{4}\frac{U_{om}}{U_{CC}/2} = 52.4\%$$

7－6　电路如图 7－8 所示，已知 VT_1 和 VT_2 的饱和管压降 $|U_{CES}| = 2V$，直流功耗可忽略不计。试问：

（1）R_3、R_4 和 VT_3 组成的那部分电路的名称是什么? 作用是什么?

（2）负载上可能获得的最大输出功率 P_{om} 和电路的转换效率 η 各为多少?

（3）设最大输入电压的峰值为 1V。为了使电路的最大不失真输出电压的峰值达到 16V，

电阻 R_6 至少应取多少 $k\Omega$？

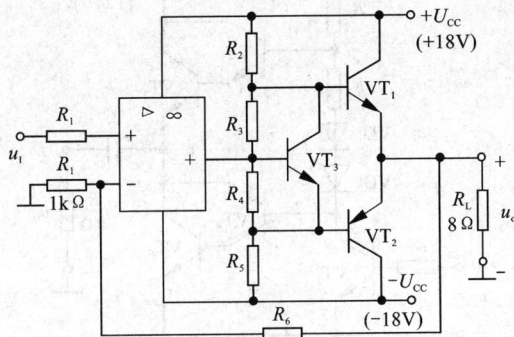

图 7 - 8　习题 7 - 6 的图

解　(1)R_3、R_4 和 VT$_3$ 组成 u_{BE} 扩大电路，作用是为 VT$_1$ 和 VT$_2$ 提供偏压，消除交越失真。

(2)最大输出功率和效率分别为

$$P_{om} = \frac{(U_{CC} - U_{CES})^2}{2R_L} = 16W$$

$$\eta = \frac{\pi}{4} \cdot \frac{U_{CC} - U_{CES}}{U_{CC}} \approx 69.8\%$$

(3)由于互补对称功率放大极为射极输出方式，电压放大倍数接近于1，所以整个电压放大倍数取决于前级集成运算放大器。

$$A_u = \frac{U_{om}}{U_{im}} \approx 16$$

$$A_u = 1 + \frac{R_6}{R_1} = 16$$

$R_1 = 1k\Omega$，故 R_6 至少应取 $15k\Omega$。

7 - 7　OTL 电路如图 7 - 9 所示，晶体管导通时的 $|U_{BE}| = 0.7V$，VT$_2$ 和 VT$_4$ 管的饱和管压降 $|U_{CES}| = 2V$，电容 C 的值足够大。

(1)为了使得最大不失真输出电压幅值最大，静态时 E 点的发射极电位应为多少？VT$_1$、VT$_3$ 和 VT$_5$ 的基极电位应为多少？

(2)电路的最大输出功率 P_{om} 和效率 η 各为多少？

(3)VT$_2$ 和 VT$_4$ 管的 I_{CM}、$U_{(BR)CEO}$ 和 P_{CM} 应如何选择？

解　(1)静态时 E 点的电位应为 12V

$$U_{B1} = U_{BE1} + U_{BE3} + U_E = 13.4V$$

$$U_{B3} = U_E - |U_{BE3}| = 11.3V$$

$$U_{B5} = U_{BE5} = 0.7V$$

(2)最大输出功率和效率分别为

$$P_{om} = \frac{(\frac{1}{2} \cdot U_{CC} - |U_{CES}|)^2}{2R_L} \approx 6.25W$$

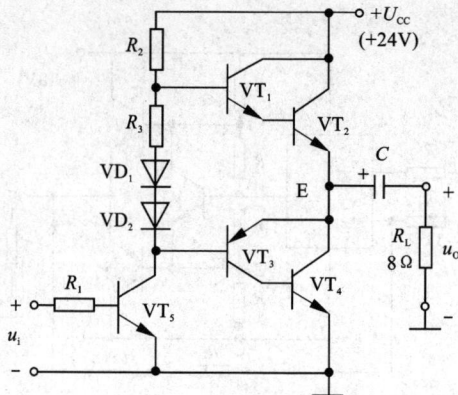

图7-9　习题7-7的图

$$\eta = \frac{\pi}{4}\frac{U_{om}}{U_{CC}/2} = \frac{\pi}{4}\frac{\frac{1}{2}\cdot U_{CC} - |U_{CES}|}{\frac{1}{2}\cdot V_{CC}} \approx 65.4\%$$

(3) VT_2 和 VT_4 管 I_{CM}、$U_{(BR)CEO}$ 和 P_{CM} 的选择原则分别为

$$I_{CM} > \frac{V_{CC}/2}{R_L} = 1.5A$$

$$U_{(BR)CEO} > V_{CC} = 24V$$

$$P_{CM} > \frac{(V_{CC}/2)^2}{\pi^2 R_L} \approx 1.82W$$

7-8　图7-10中A为集成功率放大器，设内部输出极功率管的 $|U_{CES}| = 1V$，电容器对交流信号均可视为短路。试问：

(1) 图示为何种类型的功放电路？

(2) 电路的最大不失真功率 P_{om} 和效率 η 各为多少？

(3) 输出最大不失真功率时输入电压的有效值为多少？

解　(1) 图示电路为采用双电源互补对称结构的 OCL 电路。

(2) 电路的最大不失真功率 P_{om} 和效率 η 分别为

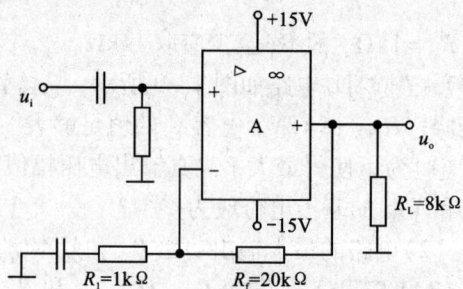

图7-10　习题7-8的图

$$P_{om} = \frac{(U_{CC} - U_{CES})^2}{2R_L} = 12.25W$$

$$\eta = \frac{\pi}{4}\cdot\frac{U_{CC} - U_{CES}}{U_{CC}} \approx 73.3\%$$

(3) 因为集成功率放大器除了输出功率大之外，还具有与集成运算放大器一样输入电阻大，差模放大倍数高等特点，所以其闭环电压放大倍数可以按照集成运算放大器的分析方法

进行计算。

当输出最大不失真功率时 $U_{om} = U_{CC} - |U_{CES}| = 14V$，则由

$$\frac{U_{om}}{U_{im}} = 1 + \frac{R_f}{R_1}$$

可以解得：$U_{im} = 0.67V$，$U_i = U_{im}/\sqrt{2} = 0.47V$

7-9 图 7-11 中 A 为集成功率放大器，设内部输出极功率管饱和管压降可以忽略，电容器对交流信号均可视为短路。试问：

(1) 图示为何种类型的功放电路？

(2) 电路的最大不失真功率 P_{om} 和效率 η 各为多少？

(3) 当输入正弦信号的有效值为 0.3V 时，信号能否正常放大？

解 (1) 图示电路为 OTL 电路。

(2) 电路的最大不失真功率 P_{om} 和效率 η 分别为

图 7-11 习题 7-9 的图

$$P_{om} = \frac{(U_{CC}/2)^2}{2R_L} = 3.5W$$

$$\eta = \frac{\pi}{4} \approx 78.5\%$$

(3) 电路输出电压的峰值 $U_{om(max)}$ 最大为 $U_{CC}/2$，即 7.5V，则电路的不失真输入电压峰值为

$$U_{im(max)} = U_{om(max)}/(1 + \frac{R_f}{R_1}) = 0.36V$$

当输入正弦信号的有效值为 0.3V 时，$U_{im} = \sqrt{2}U_i = 0.42V > U_{im(max)}$，所以信号不能正常放大，将出现非线性失真。

7-10 单电源供电的音频功率放大电路如图 7-12 所示，试回答下列问题：

(1) 图中电路是什么形式的功率放大电路？

(2) $VT_1 \sim VT_6$ 组成什么电路结构？

(3) VD_1、VD_2 和 VD_3 的作用是什么？

(4) $VT_7 \sim VT_{11}$ 构成什么电路形式？

(5) C_1、C_2 的作用是什么？

解 (1) 图中电路是采用复合管结构的 OTL 互补对称功率放大器。

(2) $VT_1 \sim VT_4$ 构成对称的差分放大电路，作为电路的输入极，VT_5 和 VT_6 是差分放大电路的恒流源负载。

(3) VD_1、VD_2 和 VD_3 的作用是提供 VD_7 和 VD_9 基极偏置电压，以消除输出功率放大极可能产生的交越失真。

(4) VT_7 和 VT_8 构成 NPN 型复合管，$VD_9 \sim VT_{11}$ 构成 PNP 型复合管，它们共同构成互补对称的功率输出极。

(5) C_1、C_2 分别为输入和输出端的耦合电容。C_2 还起到为互补对称的功率放大极提供负

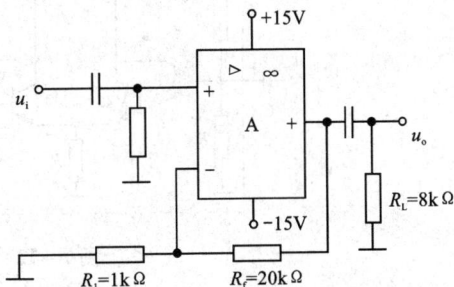

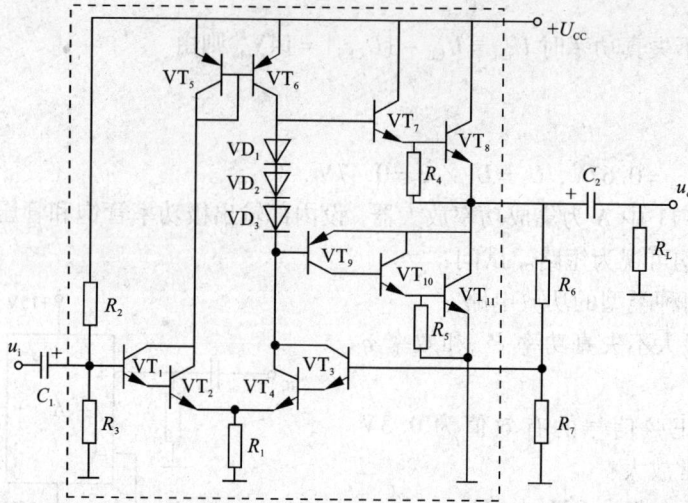

图 7 – 12　习题 7 – 10 的图

电源的作用。

7 – 11　在图题 7 – 10 电路中，若电源电压为 24V，VT_8 和 VT_{11} 的 $U_{CES'} = 2V$，$R_L = 8\Omega$，试求：

(1)电路的最大不失真输出功率。

(2)R_6 和 R_7 引入了何种类型的反馈？

(3)当输入信号为 $u_i = 0.5\sin\omega t(V)$ 时要得到最大输出功率，R_6 和 R_7 的阻值应当满足什么关系？

解　(1)电路的最大不失真输出功率为

$$P_{om} = \frac{(\frac{1}{2} \cdot U_{CC} - U_{CES})^2}{2R_L} = 6.25W$$

(2)R_6 和 R_7 引入了电压串联负反馈。

(3)输出最大不失真功率时，输出电压峰值

$$U_{om} = \frac{1}{2}U_{CC} - U_{CES} = 10V$$

又由于含负反馈的放大电路的电压放大倍数

$$A_u = \frac{U_{om}}{U_{im}} \approx 1 + \frac{R_6}{R_7}$$

可以求得：当输入 $U_{im} = 0.5V$ 时，应满足 $R_6 = 20R_7$。

第 8 章　直流稳压电源

　　交流电和直流电之间是可以互为转换的，直流稳压电源是实现将正弦交流电变换为稳定直流电的过程，是一种为精密电子仪器和自动控制电路提供所需直流电能的装置，它是本课程的基础内容之一。直流稳压电源电路主要包括整流电路、滤波电路和稳压电路三个部分。

　　本章介绍了利用交流电经降压整流，变换成脉动的直流电，再经滤波电路得到比较平滑的直流电，但其输出电压的稳定性较差，在对电源要求较高的场合，需增加稳压电路。同时介绍了硅稳压管并联型稳压电路、晶体管串联型稳压电路、集成稳压电路和开关型稳压电路。结合配套的教材，在此介绍学习要求及学习指导，给出自测题及参考答案，并对教材中的习题进行详解和对拓展习题进行选解。

一、学习要求

　　直流稳压电源是电子线路课程的重要组成部分，通过本章学习应达到下列要求：
　　(1)了解直流稳压电源的组成、各部分的作用。
　　(2)单相整流电路的学习要求以单相桥式整流电路为重点，掌握电路的工作原理分析，掌握输出电压与变压器二次侧电压的关系，能正确选择整流二极管。
　　(3)理解滤波电路的工作原理，掌握单相桥式整流带滤波电路的输出电压平均值的大小计算关系，并能根据电路进行滤波电容元件参数的确定。
　　(4)要求熟悉硅稳压管电路的工作原理及限流电阻的选用原则，掌握串联型稳压电路的组成、稳压原理及电路输出电压变化范围的计算。
　　(5)了解三端集成稳压器和开关稳压电源电路的工作原理，掌握三端集成稳压器的使用方法与参数选取。

二、学习指导

　　本章的重点是晶体管串联型稳压电路的组成、工件原理及输出电压的计算。三端集成稳压器的应用电路。
　　本章的难点是开关型稳压电源控制方式的分析。
　　1.整流电路的分析方法
　　在整流部分所介绍的内容有单相半波整流电路、单相全波整流电路和单相桥式整流电路。无论是哪一种整流形式的电路，其整流元件都是二极管，利用二极管的单向导电性，实现将交流电变换为脉动直流电。在此节内容的学习中，主要是以二极管在电路中的连接方式作为分析电路工作原理的起点。在单相半波整流电路中，把握的分析要点就是当二极管阳极承受电源高电位，而阴极承受电源低电位时，二极管导通，否则为截止状态；在全波整流电路中，存在两个二极管的共阴极连接，则在任一瞬间两个二极管中阳极电位高的导通，反之截止；在桥式整流电路中，均是一只二极管的阳极和另一只二极管的阴极共同连接并分别接电源变压器二次侧绕组。则此点若为电源的高电位，当然是阳极所接二极管导通；此点若为电源的低电位时则是阴极所接二极管导通。

在此基础上根据输入交流电的特点，以波形图作为分析工具，即可得出电路输出电压的变化波形、负载上的电流波形以及整流二极管导通时流过的电流关系与截止时所承受的最大反向电压。其中对于负载所获得的脉动电压我们关心的是其平均值的大小，借助高等数学的相关公式，可推出负载电压平均值 U_L 在不同类型的整流电路中与电源变压器二次侧输出交流电的有效值 U_2 之间的关系，在负载确定时，它是我们选择变压器变压比 K 的一个计算依据。整流二极管导通时流过的平均电流与负载中的平均电流关系、截止时所承受的最大反向电压因整流电路而异，这两个参数是我们选择整流二极管的重要依据，在工程实际中，为了使电路安全、可靠的工作，一般来说，整流二极管的选择都要根据实际电路的计算值留有充分的裕量。

　　2. 滤波电路的分析方法

通过整流电路已经实现了交流电质的变化，但无论是哪种形式的整流电路，其输出直流电压均含有较大的脉动成分，极不稳定，一般来说还不适合作为负载的电源，所以还须降低输出电压的脉动程度，这就是滤波电路。滤波电路的主要元件是电容器和电感器两种元件，利用其储能的特性，实现将脉动直流电变换为平滑的直流电。这里的分析可从两个方面来解释。

一方面是从能量的角度来分析，例如在电容滤波电路中，脉动直流电在由零逐渐增加至最大值的过程中，不仅提供给负载电压，同时因为电容器是一种储能元件，电源将对其进行充电。而当脉动直流电由最大值开始减小时，则由已充电的电容处于放电状态以提供负载电压，在电工基础中我们已学习电路的暂态过程，知道电容的放电过程时间的长短取决于电容器的电容量 C 和放电回路的电阻 R，若两者取值适当，就可以满足在直流脉动电压再次增加时，电容的放电电压仍能维持较高的数值，从而使负载上的电压的脉动程度大为减小，变得比较平滑。这里的电容好比一个蓄水池，在正常水压时，由供水系统供应用水并给蓄水池储存。而当供水系统出现水压不足时，则可由蓄水池进行补充用水，以维持一定的水压。

另一方面可从电容、电感元件阻抗的角度来解释，因为容抗、感抗分别反映了电容、电感两种元件对于不同频率电源阻碍作用的大小，由高等数学中的傅里叶级数可知，非正弦周期函数是对应直流分量和无数不同频率的正弦交流分量的叠加，经单相整流后的脉动直流电就可认为是交、直流成分电压的并存，电容元件的容抗 $X_C = \dfrac{1}{2\pi fC}$，具有隔直流通交流的特性，电感元件的感抗 $X_L = 2\pi fL$，具有通直流阻交流的特性，所以将电容与整流输出电路并联，电感元件与整流输出电路串联，即可有效地减少脉动直流电压中的交流电压成分，而保留其中的直流电压成分提供给负载。这两种元件构成的滤波电路的不同点是，电容滤波电路适合于输出电压较高、但负载电流较小的场合，电感滤波适合于负载电流较大而输出电压较低的场合。

　　3. 稳压电路的分析方法

上述整流滤波电源只能适应一般对电源要求不高的负载场合，而对于精密测量仪表和自动控制系统等负载，需要稳恒直流电源供电，如何实现在电网电压波动或是负载发生变化时保持电路输出电压的稳定呢?

（1）从稳压调整元件与负载的两种连接方式的不同来分析:

①并联型稳压电路　硅稳压二极管是稳压调整元件,它与负载并联。在这里首先要明确的是硅稳压管的工作状态,处于反向击穿区。在这一区域内,硅稳压管的反向电压只在很小的范围内变化而反向电流却在较大范围内变化。设如果电网电压有上升变化时,硅稳压管的反向电流急剧增加,使得与硅稳压管串联的电阻上的电压降也增加,以抵消电网电压上升的增量,这时可视为硅稳压管两端电压几乎不变也就是负载两端电压近似保持不变。

考虑到硅稳压管工作在反向击穿区,这里与之串联电阻 R 的作用及其大小确定是需要明确的,若电阻 $R=0$,随电网电压的上升,将使硅稳压管出现过电压却无保护环节而造成不可逆击穿而损坏,同时也不再有电流在电阻上转换为电压的调节效果;同时限流电阻 R 的取值应保证硅稳压管工作 $I_{Zmin} < I_Z < I_{Zmax}$ 的范围内,即电阻最小值 R_{min} 指在最大输入电压 U_{Imax} 且最小输出电流时 I_{Omin},流过的稳压管的电流不应该超过稳压管的最大稳定电流 I_{Zmax};电阻最大值 R_{max} 指在最小输入电压 U_{Imin} 且最大输出电流 U_{omax} 时,流过稳压管的电流应大于稳压管的最小稳定电流 I_{Zmin},其推导如下:

电阻最小值 R_{min} 为: $\dfrac{U_{Imax} - U_o}{R} - I_{Omin} \leqslant I_{Zmax}$

电阻最大值 R_{max} 为: $\dfrac{U_{Imin} - U_o}{R} - I_{Omax} \geqslant I_{Zmin}$

即: $\dfrac{U_{Imax} - U_o}{I_{Zmax} + I_{Omin}} < R < \dfrac{U_{Imin} - U_o}{I_{Zmin} + I_{omax}}$

硅稳压管并联型稳压电路适用于电压固定、负载电流较小的场合,常用作基准电压源。

②串联型稳压电路　晶体管构成调整元件,利用调整管的集电极—发射极之间电压 U_{CEv} 与负载电压 U_L 的串联关系,构成直流稳压电源电路。

首先我们可以借助电路原理方框图了解其电路组成,如下图。

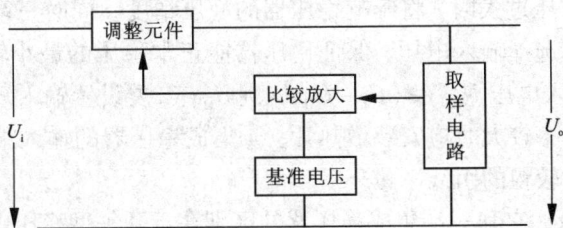

串联型稳压电路由取样电路、基准电压、比较放大和调整管四个部分组成。这实质上就是一个电压串联负反馈电路,将输出电压的一部分通过取样电路获得,并送至比较放大晶体管的基极,与发射极的由硅稳压管组成的基准电压作比较,控制放大晶体管的基极电流和集电极电流,通过集电极电阻的电压转换控制调整管的基极电位及集电极—发射极之间电压 U_{CE},若集电极—发射极之间电压 U_{CE} 和负载电压 U_L 之间满足适当的调节变化关系,则当电网电压波动或是负载变化引起的负载电压不稳定的现象就将得以改变,这也是要引入负反馈的原因。

在教材图 8 - 10 中,输出电压随电位器滑动触点位置的不同可在一定的范围内变化,其推导过程如下：滑动触点在最上端时，取样电压 U_{B2} 最大，I_{C2} 最大，U_{B1} 最小，I_{B1} 最小，U_{CE1} 最大，则电路输出最小电压值 U_{Omin}，在忽略放大晶体管基极电流不计的情况下，从电路左侧看取样电路时的电流 $I = \dfrac{U_Z + U_{BE}}{R_{P2} + R_4}$，同时从电路右侧看取样电路时的电流 $I = \dfrac{U_{Omin}}{R_3 + R_P + R_4}$，即 $\dfrac{U_Z + U_{BE}}{R_{P2} + R_4} = \dfrac{U_{Omin}}{R_3 + R_P + R_4}$；滑动触点在最下端时，取样电压 U_{B2} 最小，I_{C2} 最小，U_{B1} 最大，I_{B1} 最大，U_{CE1} 最小，则电路输出最大电压值 U_{Omax}，同样在忽略放大晶体管基极电流不计的情况下，从电路左侧看取样电路时的电流 $I = \dfrac{U_Z + U_{BE}}{R_4}$，同时从电路右侧看取样电路时的电流 $I = \dfrac{U_{Omax}}{R_3 + R_P + R_4}$，即 $\dfrac{U_Z + U_{BE}}{R_4} = \dfrac{U_{Omax}}{R_3 + R_P + R_4}$，整理得：

$$\frac{R_3 + R_P + R_4}{R_P + R_4}(U_Z + U_{BE}) < U < \frac{R_3 + R_P + R_4}{R_4}(U_Z + U_{BE})$$

串联型直流稳压电路中的放大晶体管也可由具有抑制零漂的差动放大电路或是集成运算放大器构成，以使电路有更好的工作稳定性，减小温度变化给电路带来的影响；同时为了使电路有更灵敏的调整性，调整管也可采用复合管构成。

（2）从集成直流稳压器角度来分析

①三端集成稳压器　三端集成稳压器对外电路的连接就是三个：输入端、输出端和接地端（或可调三端集成稳压器的调整端），其内容的学习应以电路应用为主，首先要熟悉不同类型、不同系列的三端集成稳压器的引脚排列规律，理解其基本连接电路，再者其功能的扩展主要分为两个方面，一个是提高输入电压的扩展电路，可等效理解为利用一个元件的端电压与三端集成稳压管的输入－输出端之间电压相串联；一个是输出电压和输出电流的扩展电路，扩展输出电压的原理一般采用提高公共端电位的办法来实现。它们可利用稳压管及大功率三极管的配合来实现。但是三端集成稳压器提高输入电压将造成功率的消耗，一般应尽量不采用，而提高输出电压过大时，将影响稳压器的稳压精度。同时三端集成稳压器的选用要注意以下事项：①正确选择输入电压，保证稳压器能正常稳压的最小输入－输出压差 $(U_I - U_O)_{min}$，且电源最小输入电压 $U_{Imin} \geq (U_I - U_O)_{min} + U_O$；②要设置输入短路保护和瞬态过电压保护环节；③在输出功率较大时应安装散热片；④集成稳压器的输入端和输出端电容应尽可能靠紧其引脚，并采用较粗的引线。

②开关型稳压电源　它和三端集成稳压器的区别在于开关型稳压电源中的调整管工作在截止与饱和两种状态，并且在电路的输出端并接储能元件如电容器。调整管的基极受方波电压控制信号的作用，方波为高电平时，调整管饱和导通 $U_{CE} \approx 0$，而为低电平时，调整管截止 $I_C \approx 0$。此时调整管相当于一个电子开关，当开关接通时输入电压为负载提供输出电压并向电容充电使其达到一定值；当开关断开时，电容将保证负载输出电压为稳定值。实际上电子开关是通过控制电容的充电和放电周期比，来维持电容上电压不变，即输出电压的稳定。这类稳压器因为是采用电容储能又称为电容储能开关稳压器。电路中调整管的功耗 $P_C = U_{CE}I_C$，饱和导通时电流 I_C 虽较大，但 $U_{CE} \approx 0$。截止时，U_{CE} 较大但 $I_C \approx 0$，故其功耗均很小。同时调整管的基极电流 I_B 和集电极－发射极 U_{CE} 不再是线性关系，所带来的不足就是输出电压中含有的纹波成分较大，对电子设备的干扰也较大，但因其工作时的损耗较少，从而具有比三端

集成稳压器无法比拟的高效率。

三、自测题及参考答案

1. 选择题（每小题 5 分，共 30 分）

(1)单相半波整流电路中，负载电阻 R_L 上的平均电压等于（　　）。

A. $0.9U_2$　　　　　　　B. $0.45U_2$　　　　　　　C. U_2

(2)理想二极管在半波整流电容滤波电路中，其导通角是（　　）。

A. 小于 $180°$　　　　　B. 等于 $180°$　　　　　C. 大于 $180°$

(3)理想二极管在单相全波整流、电阻性负载电路中，承受的最大反向电压是（　　）。

A. 等于 $2\sqrt{2}U_2$　　　　B. 小于 $2\sqrt{2}U_2$　　　　C. 大于 $2\sqrt{2}U_2$

(4)在整流滤波电路中，二极管承受的导通冲击电流小的是（　　）。

A. 电容滤波电路　　　B. 纯电阻负载电路　　　C. 电感滤波电路

(5)当满足条件 $R_L C \geqslant (3\sim5)T/2$ 时，电容滤波电路常用在（　　）场合。

A. 平均电压低，负载电流大的

B. 平均电压高，负载电流小的

C. 没有任何限制的

(6)电感滤波电路常用在（　　）场合。

A. 平均电压低，负载电流大的

B. 平均电压高，负载电流小的

C. 没有任何限制的

2. 填空题（每小题 5 分，共 40 分）

(1)直流稳压电源一般由＿＿＿＿＿、＿＿＿＿＿、＿＿＿＿＿、＿＿＿＿＿等部分组成。

(2)整流电路的作用是＿＿＿＿＿。

(3)电感滤波的作用是利用电感通过变化的电流时，它的两端将产生＿＿＿＿＿阻碍电流的变化。

(4)稳压电路的作用是＿＿＿＿＿和＿＿＿＿＿。

(5)开关稳压电源的调整管虽然也采用三极管，但它工作于＿＿＿＿＿。

(6)三端集成稳压器 CW7806 的输出电压是＿＿＿＿＿。

(7)晶闸管具有＿＿＿＿＿阻断和＿＿＿＿＿阻断特性。

(8)晶闸管导通时必须具备的两个条件是＿＿＿＿＿和＿＿＿＿＿。

3. 判断题（每小题 5 分，共 30 分）

(1)单相桥式或全波整流电路，电容滤波后，负载电阻 R_L 上的平均电压等于 $1.2U_2$。

（　　）

(2)理想二极管在半波整流电容滤波电路中，所承受的最大反向电压是 U_2。　　（　　）

(3)单相桥式或全波整流电路，电感滤波后，负载电阻 R_L 上的平均电压等于 $1.2U_2$。

（　　）

(4)晶闸管导通后其控制极就失去作用。　　　　　　　　　　　　　　　（　　）

(5)晶闸管可理解为具有单向导电性的可控硅二极管。 ( )

(6)二极管在电阻性负载的半波整流电路中,导通角小于180°。 ( )

参考答案

1.(1)B (2)A (3)A (4)C (5)A (6)A

2.(1)电源变压器 整流电路 滤波电路 稳压电路 (2)将交流电压变为直流脉动电压 (3)自感电动势 (4)指当电网电压波动 负载变化时稳定输出电压 (5)开关状态 (6)+6V (7)正向 反向 (8)要有适当的正向阳极电压 并有适当的正向控制极电压

3.(1)√ (2)√ (3)× (4)√ (5)√ (6)×

四、习题详解

8-1 电路如图8-1所示。

(1)求输出平均电压 U_{o1} 和 U_{o2} 的值,并标出其极性;

(2)求流过二极管 VD_1、VD_2 和 VD_3 中的平均电流值;

(3)求 VD_1、VD_2 和 VD_3 所承受的最大反向电压值。

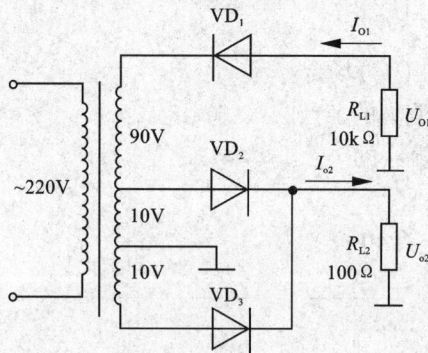

图8-1 习题8-1的图

解 (1)该电路由二极管 VD_1、负载 R_{L1} 和(90V+10V)绕组构成单相半波整流电路,输出平均电压 $U_{o1}=0.45U_2=0.45\times(90V+10V)=45V$,且 U_{o1} 上负下正;由二极管 VD_2、VD_3、负载 R_{L2} 和两个10V绕组构成单相全波整流电路,输出平均电压 $U_{o2}=0.9U_2=0.9\times10V=9V$,且 U_{o2} 上正下负。

(2)二极管中的平均电流: $I_{D1}=\dfrac{0.45U_2}{R_{L1}}=\dfrac{45V}{10k\Omega}=4.5mA$

$I_{D2}=I_{D3}=\dfrac{1}{2}\times\dfrac{0.9U_2}{R_{L2}}=\dfrac{1}{2}\times\dfrac{9V}{100\Omega}=45mA$

(3)二极管承受的最大反向电压分别为: $U_{DRM1}=\sqrt{2}(90+10)V=141.4V$, $U_{DRM2}=U_{DRM3}=2\sqrt{2}\times10V=28.2V$

8-2 电路如图8-2所示。

（1）标出 U_{O1}、U_{O2} 对公共地的极性；

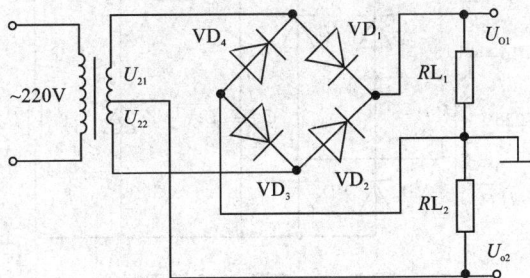

图 8 - 2　习题 8 - 2 的图

（2）如果 $U_{21} = U_{22} = 20V$，则输出平均电压 U_{O1} 和 U_{O2} 各是多少？

（3）如果 $U_{21} = 22V$，$U_{22} = 18V$，画出 U_{O1} 和 U_{O2} 的波形，并计算 U_{O1}、U_{O2} 的平均值。

解　（1）该电路由二极管 VD_1、VD_2、VD_3、VD_4 组成桥式整流电路，为负载 R_{L1} 提供输出电压为 U_{O1}；由二极管 VD_3、VD_4 组成全波整流电路，为负载 R_{L2} 提供输出电压 U_{O2}，且 U_{O1}、U_{O2} 对地电压均为正。

（2）对负载 R_{L1} 而言，变压器二次侧提供的交流电压有效值为（$U_{21} + U_{22}$），则输出电压平均值 $U_{O1} = 0.9(U_{21} + U_{22}) = 0.9 \times (20 + 20)V = 36V$；

对负载 R_{L2} 而言，变压器二次侧提供的交流电压有效值为 U_{21}（且 $U_{21} = U_{22}$），则输出电压平均值 $U_{O2} = 0.9U_{21} = 0.9 \times 20V = 18V$。

（3）U_{O1} 和 U_{O2} 的波形图如图 8 - 3：

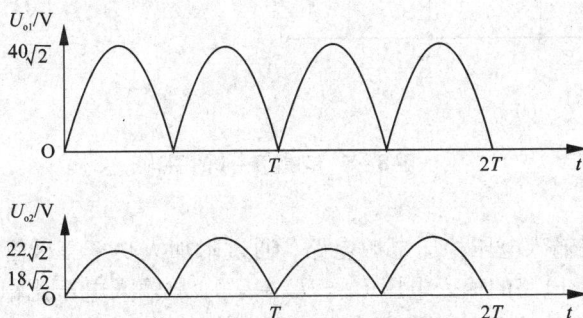

图 8 - 3

当 $U_{21} = 22V$，$U_{22} = 18V$ 时，负载 R_{L1} 的输出电压不变，$U_{O1} = 36V$；而对负载 R_{L2} 而言，在交流电压的正半周，变压器二次侧提供的交流电压有效值为 $U_{22} = 18V$，在交流电压的负半周，变压器二次侧提供的电压有效值为 $U_{21} = 22V$，则输出电压平均值 $U_{O2} = 0.9(\frac{U_{21} + U_{22}}{2}) = 0.9 \times (\frac{22 + 18}{2})V = 18V$。

8 - 3　在图 8 - 4 所示电路中，$U_2 = 20V$，在工程实践中如果发现有以下现象，试说明产生的原因。用直流电压表分别测得 U_1 有 18V、9V、28V、24V 四种值。

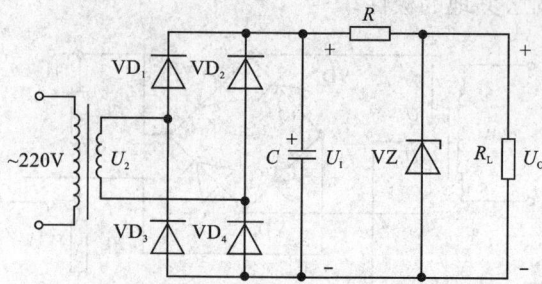

图 8 - 4　习题 8 - 3 的图

答：根据公式 $U_I = KU_2 = 20K$，系数 K 是反映整流滤波环节输出电压 U_I 与变压器二次侧交流电压有效值 U_2 的关系，用直流电压表测得 U_I 为四种不同的取值的原因分别是：

$U_I = 18\text{V}$ 时，$K = 0.9$，说明此时为单相桥式整流且无电容滤波。

$U_I = 9\text{V}$ 时，$K = 0.45$，为单相半波整流且无电容滤波。

$U_I = 28\text{V}$ 时，$K = 1.4$，说明此时为单相桥式整流、电容滤波且负载为开路状态。

$U_I = 24\text{V}$ 时，$K = 1.2$，为单相桥式整流、电容滤波且带阻性负载。

8 - 4　图 8 - 5 为三端集成稳压器的两种应用电路，试说明其工作原理。

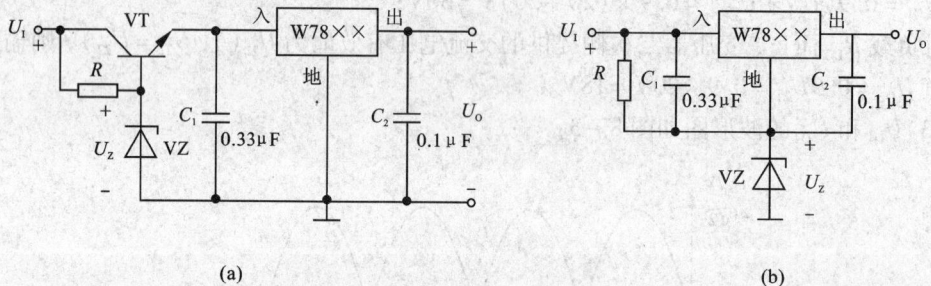

图 8 - 5　习题 8 - 4 的图

答：(a)图为扩展输入电压稳压电源电路，通过附加大功率三极管 VT 及稳压管 VZ，将过高的输入电压降低，电路的输入电压 $U_I = U_入 + U_{CE}$，故输入电压比稳压器输入电压提高了 U_{CE} 值；(b)图为扩展输出电压稳压电源电路，利用稳压管 V_Z 和电阻 R，获得较大输出电压 $U_O = U_{××} + U_Z$。

8 - 5　电路如图 8 - 6 所示，已知 $U_Z = 5.3\text{V}$，$R_3 = R_4 = R_p = 3\text{k}\Omega$，要求负载电流 $I_L = 0 \sim 50\text{mA}$。

(1)计算输出电压的调节范围；

(2)若调整管 VT_1 的最低管压降 U_{CE1} 为 3V，试计算变压器副边电压的有效值 U_2。

解　该电路为晶体管串联型稳压电源电路。

(1)输出电压 U_O 可随电位器 R_P 滑动触点位置的改变而在一定的范围内调节，当滑动触点在最上方时，获得最小输出电压 U_{Omin} 且

$$U_{Omin} = \frac{R_3 + R_P + R_4}{R_P + R_4}(U_Z + U_{BE}) = \frac{3+3+3}{3+3} \times (5.3 + 0.7)\text{V} = \frac{9}{6} \times 6\text{V} = 9\text{V};$$

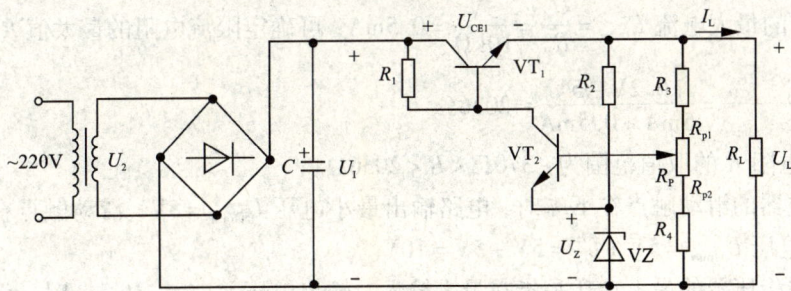

图 8-6　习题 8-5 的图

当滑动触点在最下方时，获得最大输出电压 U_{Omax} 且

$$U_{Omax} = \frac{R_3 + R_P + R_4}{R_4}(U_Z + U_{BE}) = \frac{3+3+3}{3} \times (5.3+0.7)V = \frac{9}{3} \times 6V = 18V$$

（2）当调整管 VT_1 处于最低管压降 $U_{CE1} = 3V$ 时，此时电路为最大输出电压，则输入电压 $U_1 = U_{CE1} + U_{Omax} = 3V + 18V = 21V$，考虑到为桥式整流电容滤波电路，故变压器副边电压的有效值 $U_2 = \frac{U_1}{1.2} = \frac{21}{1.2} \approx 17.5V$。

8-6　三端集成稳压器 7805 组成如图 8-7 所示电路。已知稳压管稳定电压 $U_Z = 5V$，允许的电流 $I_Z = 5 \sim 40mA$，$R_p = 10k\Omega$，$U_2 = 15V$，电网电压波动 $\pm10\%$，最大负载电流 $I_{Lmax} = 1A$。试求：

（1）限流电阻 R 的取值范围；

（2）输出电压 U_0 的调整范围；

（3）三端稳压器的最大功耗（稳压器的静态电流 I_Q 可忽略不计）。

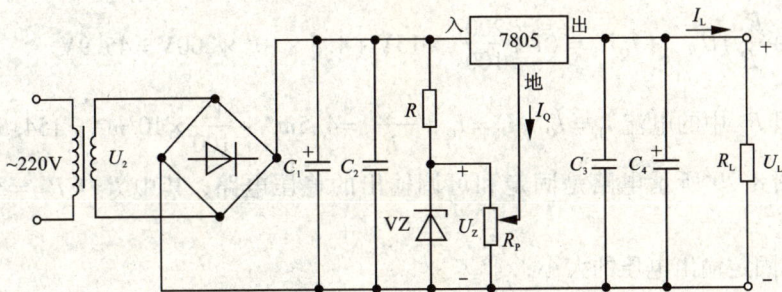

图 8-7　习题 8-6 的图

解　（1）限流电阻 R 的取值应保证硅稳压管工作 $I_{Zmin} < I_Z < I_{Zmax}$ 的范围内，当输入电压为最大值 $U_{Imax} = 1.2U_2 \times (1+10\%) = 1.2 \times 15 \times 110\% = 19.8V$ 时，可确定限流电阻的最小值 R_{min}，且

$$R_{min} \geq \frac{U_{Imax} - U_0}{I_{Zmax} + I_{Omin}} \geq \frac{19.8V - 5V}{40mA} = 370\Omega$$

当输入电压为最小值 $U_{Imin} = 1.2U_2 \times (1-10\%) = 1.2 \times 15 \times 90\% = 16.2V$，稳压管提供

给电位器 R_P 的最大电流 $I_{Omax} = \dfrac{U_Z}{R_P} = \dfrac{5V}{10k\Omega} = 0.5mA$，可确定限流电阻的最大值 R_{max}，且

$$R \leqslant \frac{U_{Imin} - U_O}{I_{Zmin} + I_{Omax}} = \frac{16.2V - 5V}{5mA + 0.5mA} \approx 2036\Omega$$

故限流电阻 R 的取值范围为：$370\Omega < R < 2036\Omega$。

（2）电位器的滑动触点在下端时，电路输出最小电压 $U_{Omin} = 5V$；滑动触点在上端时，电路输出最大电压 $U_{Omax} = 5V + U_Z = 5V + 5V = 10V$。

（3）三端稳压器的最大功耗是指在最大输入 – 输出电压差 $(U_I - U_O)_{max}$ 时，负载获得最大输出电流的极限功耗，其值 $P_M = (U_I - U_O)_{max} \times I_{Lmax} = (U_{Imax} - U_{Omin}) \times I_{Lmax} = (18 - 5)V \times 1A = 13W$。

8－7　用三端稳压器7815组成的恒流源电路如图8－8所示。已知集成电路7815的静态电流 $I_Q = 4.5mA$，求当电阻 $R = 100\Omega$，$R_L = 200\Omega$ 时，输出电压 U_O 和负载电阻 R_L 中的电流 I_L 值。

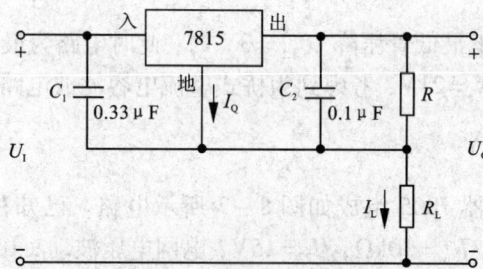

图8－8　习题8－7的图

答：该电路是实现提高输出电压的稳压电路，当稳压器的静态工作电流 I_Q 不能忽略时，电路的输出电压 U_O 为：

$$U_O = (1 + \frac{R_L}{R})U_{××} + I_Q R_L = (1 + \frac{200}{100}) \times 15V + 4.5 \times 10^3 \times 200V = 45.9V$$

负载电阻 R_L 中的电流 $I_L = I_Q + I_R = I_Q + \dfrac{U_{××}}{R} = 4.5mA + \dfrac{15}{100} \times 10^3 mA = 154.5mA$。

8－8　图8－9所示电路是固定和可调输出的稳压电路，其中 $R_1 = R_2 = 3.3k\Omega$，$R_p = 5.1k\Omega$。

（1）计算固定输出电压的大小；

（2）计算可调输出电压的范围。

解　（1）当开关 S_1、S_2 接固定位置挡时，由集成稳压器7809提供 +9V 输出电压。

（2）当开关 S_1、S_2 接可调位置档时，随电位器滑动触点的变化，获得一定范围的输出电压。此时运算放大器 A 为电压跟随器，$U_+ \approx U_-$，稳压器9V输出电压加至电阻 R_1 与电位器 R_p 的滑动触点之间，当滑动触点在最下方时，流过取样电路电阻（R_1、R_p）的电流最小，电路获得最小输出电压 U_{Omin} 且

$$U_{Omin} = \frac{R_1 + R_p + R_2}{R_1 + R_p}U_{××} = \frac{3.3 + 5.1 + 3.3}{3.3 + 5.1} \times 9V = \frac{11.7}{8.4} \times 9V \approx 12.5V;$$

当滑动触点在最上方时，流过取样电路电阻 R_1 的电流最大，输出电压也最大，即

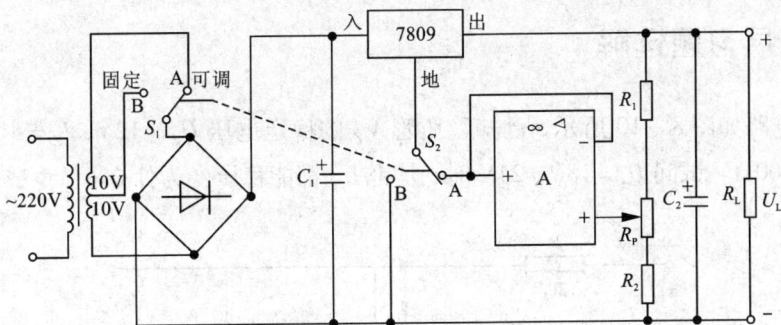

图 8 – 9　习题 8 – 8 的图

$$U_{O\max} = \frac{R_1 + R_P + R_2}{R_1}U_{\times\times} = \frac{3.3 + 5.1 + 3.3}{3. +}\times 9V = \frac{11.7}{3.3}\times 9V \approx 31.9V.$$

但是考虑到此电路变压器副边电压有效值 $U_2 = 20V$，经整流滤波后的电压约为：

$U_\text{入} = 1.2 \times U_2 = 24V$，将三端集成稳压器的最小输入 – 输出电压差取 3V，则电路的最大输出电压 $U_{O\max} = U_\text{入} - U_{CE1} = 24V - 3V = 21V$。

故可调输出电压的范围为：$12.5V < U_L < 21V$。

8 – 9　电路如图 8 – 6 所示，已知 $U_I = 24V$，稳压管的稳压值 $U_Z = 5.3V$，三极管的 $U_{BE} = 0.7V$，$U_{CES1} = 2V$。在工程实践中若发生如下异常现象，试找出故障原因。

(1) U_I 比正常值(24V)低，约为 18V，且脉动很大，调节 R_p 时，U_O 可随之改变，但稳压效果差；

(2) U_I 比正常值高，约为 28V，U_O 很低，接近 0V，调节 R_p 不起作用；

(3) $U_O \approx 4.6V$，调节 R_p 不起作用；

(4) $U_O \approx 22V$，调节 R_p 不起作用。

答：(1) U_I 比正常值低，约为 18V，说明此时电路中的电容已开路，无滤波环节，整流输出的是较大脉动的直流电压。

(2) U_I 比正常值高，约为 28V，且 U_O 接近 0V，说明电路存在开路性故障，调节 R_p 不起作用，调整管 VT$_1$ 可能存在漏焊或元件断路状态。

(3) $U_O \approx 4.6V$，输出电压过低且不可调，说明调整管 VT$_1$ 基极电位过低处于截止状态，可能的原因一方面是稳压管存在短路性故障，另一方面放大管 VT$_2$ 集电结击穿。

(4) $U_O \approx 22V$，输出电压过高且不可调，说明调整管 VT$_1$ 基极电位过高处于饱和状态，可能的原因一方面是稳压管存在开路性故障，另一方面放大管 VT$_2$ 出现开路性损坏。

8 – 10　有一电阻性负载，需要直流电压 60V，电流 30A，现采用单相全波半可控整流电路，直接由 220V 电网供电。试计算晶闸管的导通角、电流的有效值。

解　根据单相全波半可控整流电路输出电压平均值的计算公式：$U_1 = 0.9U_2\dfrac{1+\cos\alpha}{2}$，已知负载直流电压 $U_1 = 60V$，负载电流 $I_1 = 30A$，变压器副边电压 $U_2 = 220V$，所以 $60 = 0.9 \times 220 \times \dfrac{1+\cos\alpha}{2}$，$\cos\alpha = -\dfrac{39}{99}$，晶闸管的导通角 $\alpha \approx 113.2°$，电流的平均值 $I_{VT} = \dfrac{1}{2}I_1 = \dfrac{30}{2}A = 15A$。

五、拓展习题选解

8-1   电路如图 8-10 所示，已知稳压管 V_Z 的稳定电压 $U_Z = 12V$，$I_Z = 5 \sim 50mA$，$R = 120\Omega$，$R_L = 400\Omega$。试问 $U_I = 18V$、24V 时，是否 U_O 都能稳压？为什么？

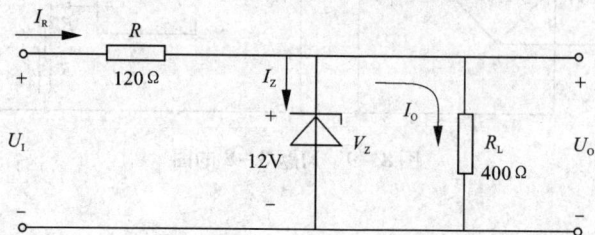

图 8-10   拓展题 8-1 的图

解   当 $U_I = 18V$ 时，如果电路稳压，$U_O = 12V$，$I_O = \dfrac{U_O}{R_L} = \dfrac{12V}{400\Omega} = 30mA$，$I_R = \dfrac{U_I - U_O}{R} = \dfrac{18V - 12V}{120\Omega} = 50mA$，则 $I_Z = I_R - I_O = 20mA$，I_Z 在稳压管的工作电流范围内，能正常工作，可以稳压。

当 $U_I = 24V$ 时，$I_R = \dfrac{U_I - U_O}{R} = \dfrac{24V - 12V}{120\Omega} = 100mA$，$I_Z = I_R - I_O = (100 - 30)V = 70mA$，则 $I_Z > I_{Zmax}$，稳压管不能正常工作，则电路不能稳压。

8-2   设硅稳压二极管 $U_{Z1} = 6.5V$，$U_{Z2} = 9.5V$，问两只二极管配合使用，能实现几种大小的输出稳压电路？试分别画出电路图。

解   图 8-11(a)图中，利用两组稳压管和其限流电阻组成桥式稳压电路，获得左正右负的 3V 输出电压。(b)、(c) 两个图中一只稳压管工作在正向导通状态，管压降约为 0.7V，一只工作在反向击穿区的稳定电压值 U_Z，稳定电压值为 $(U_Z + 0.7)V$，即 $6.5V + 0.7V = 7.2V$、$9.5V + 0.7V = 10.2V$。(d)图中，电路稳定电压为两管稳定电压之和，$U_{Z1} + U_{Z2} = 6.5 + 9.5 = 16V$。

8-3   电路如图 8-6 所示：

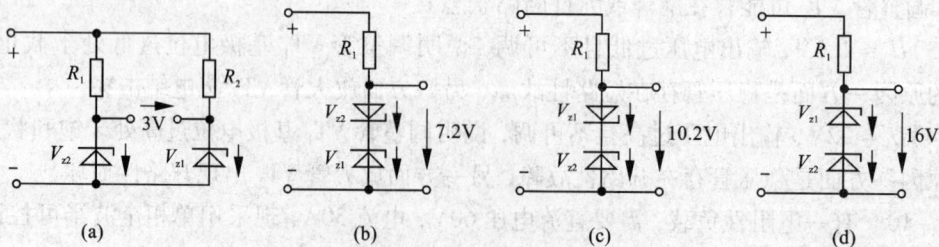

图 8-11   拓展题 8-2 的解答图

(1)电阻 R_1、R_p、R_2 组成(   )电路。

A. 稳压   B. 放大   C. 取样

(2)晶体三极管 V_2 是起(   )作用。

A. 调整　　　　　B. 放大　　　　　C. 稳压

(3)硅稳压二极管工作在(　)区。

A. 导通区　　　B. 截止区　　　C. 反向击穿区

(4)晶体三极管 V_1 的集电极与发射极之间电压 U_{CE} 与负载电压 U_L 为(　)关系。

A. 串联　　　　B. 并联　　　　C. 不能确定

(5)若 R_P 的滑动触点上移,则输出电压(　)。

A. 增大　　　　B. 减小　　　　C. 不变

(6)该电路的工作实质是利用了(　)原理。

A. 负反馈　　　B. 正反馈　　　C. 叠加

(7)三极管 V_1、V_2 工作在(　)状态。

A. 饱和　　　　B. 放大　　　　C. 截止

(8)若电网电压呈上升波动时,则负载电压将(　)。

A. 上升　　　　B. 下降　　　　C. 基本不变

解　(1)C　(2)B　(3)C　(4)A　(5)B　(6)A　(7)B　(8)C

8-4　如图 8-12 所示为串联型稳压电源,试分析:(1)电路由哪几个环节组成? (2)电位器 R_P 在中点位置时,标出 A、B、C、D、E、F 各点的电位。(3)在正常工作时,VT_1、VT_2 处于什么工作状态? (4)当负载电阻 R_L 减小时,说明输出电压 U_L 的稳定过程。

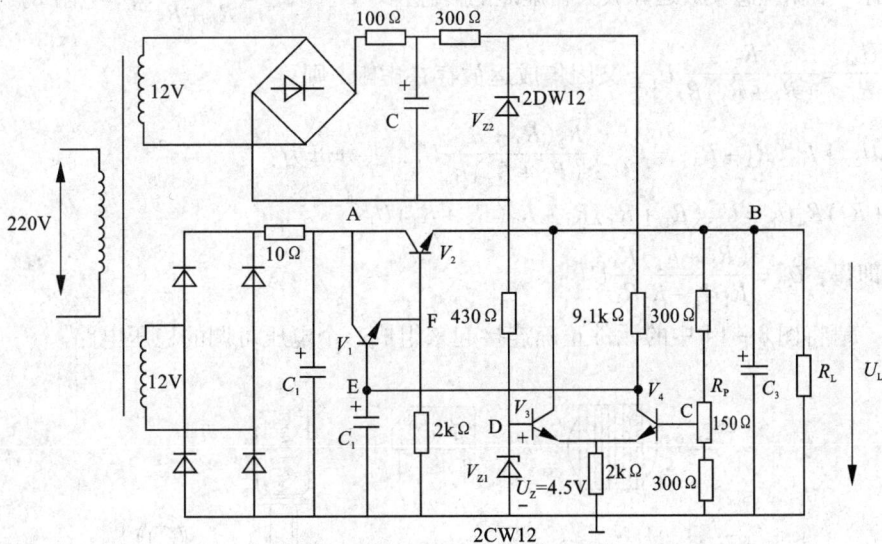

图 8-12　拓展题 8-4 的图

答:(1)串联型稳压电源电路由取样电路(电阻 R_1、R_P、R_2)、差动比较放大环节(三极管 V_3、V_4)、基准电压(V_{Z1}、430Ω 电阻)和复合调整管(三极管 V_1、V_2)四个环节组成;同时该电路的辅助电源采用了由硅稳压管 V_{Z2}、300Ω 电阻组成的并联型稳压电路。

(2)$U_A = 1.2U_2 = 1.2 \times 12 = 14.4V$,因电位器 R_P 在中点位置时,取样电路的反馈系数 F $= \dfrac{U_C}{U_B} = \dfrac{1}{2}$,因 $U_C \approx U_D = 4.5V$,所以 $U_B \approx 2U_D = 2 \times 4.5 = 9V$、$U_E = U_B + U_{BE1} + U_{BE2} = 9V +$

$0.7\text{V} + 0.7\text{V} = 10.4\text{V}$，

$$U_F = U_B + U_{BE2} = 9\text{V} + 0.7\text{V} = 9.7\text{V}。$$

（3）在正常工作时，VT_1、VT_2 处于放大工作状态。

（4）当负载电阻 R_L 减小时，输出电压 U_L 的稳定过程如下：

$$R_L\downarrow\rightarrow U_L\downarrow\rightarrow U_C\downarrow\rightarrow U_E\uparrow\rightarrow U_{AB}\downarrow\rightarrow U_L\uparrow$$

8 - 5　利用集成三端稳压器 W7800 系列可以组成如图 8 - 13 所示扩展输出电压的可调

电路，试证明该电路输出电压的表达式为 $U_L = \dfrac{(R_1 + R_2)R_4}{R_1 R_4 - R_2 R_3}U_{23}$。

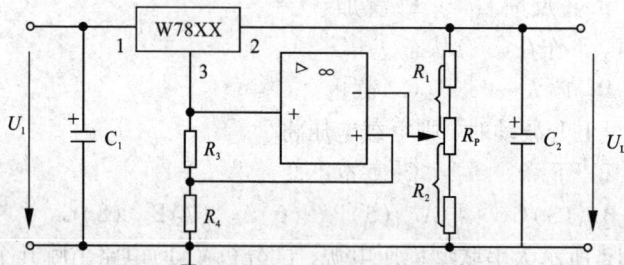

图 8 - 13　拓展题 8 - 5 的图

证明：　根据理想集成运算放大器虚短的概念，即 $U_+ \approx U_- = \dfrac{R_2}{R_1 + R_2}U_L$，电阻 R_4 中的电流

$I_{R4} = \dfrac{U_+}{R_4} = \dfrac{R_2}{(R_1 + R_2)R_4}U_L$，又因集成运放存在虚断，则

$U_L = U_{23} + I_{R4}(R_3 + R_4) = U_{23} + \dfrac{R_2(R_3 + R_4)}{(R_1 + R_2)R_4}U_L$，去分母为：

$(R_1 + R_2)R_4 U_L = U_{23}(R_1 + R_2)R_4 + R_2(R_3 + R_4)U_L$

化简即得：$U_L = \dfrac{(R_1 + R_2)R_4}{R_1 R_4 - R_2 R_3}U_{23}$

8 - 6　请将图 8 - 14 中的元件正确连接起来组成一个电压可调的稳压电路。

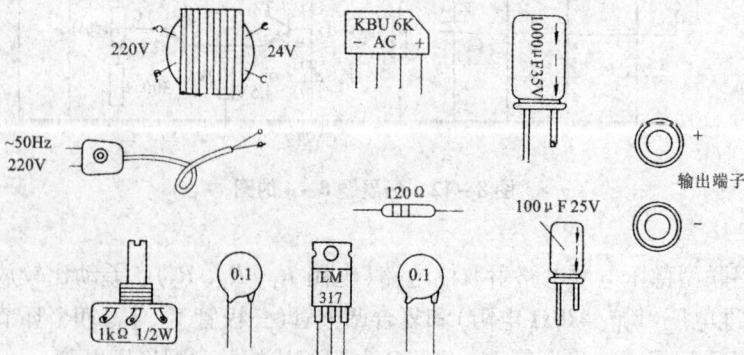

图 8 - 14　拓展题 8 - 6 的图

参考文献

[1] 王少华. 电工电子技术基础. 长沙：中南大学出版社，2005
[2] 康华光. 电子技术基础(模拟部分). 北京：高等教育出版社，1999
[3] 陈大钦. 模拟电子技术基础. 北京：高等教育出版社，2000
[4] 华成英. 模拟电子技术基本教程. 北京：清华大学出版社，2006
[5] 陈辛城. 模拟电子技术基础. 北京：高等教育出版社，2003
[6] 付植桐. 电子技术. 高等教育出版社，2000
[7] 胡宴如. 模拟电子技术. 北京：高等教育出版社，2000
[8] 闵锐，蒋榴英. 电子线路基础学习和解题指导. 西安：西安电子科技大学出版社，2004
[9] 汤光华，宋涛. 电子技术. 北京：化学工业出版社，2005
[10] 陶希平. 模拟电子技术基础. 北京：化学工业出版社，2001
[11] 叶若华，汤光华. 模拟电子技术基础. 北京：化学工业出版社，2000
[12] 史仪凯. 电子技术学习与考研指导. 北京：科学出版社，2004
[13] 李中发. 电子技术学习指导与习题解答. 北京：中国水利水电出版社，2006
[14] 苏丽萍. 电子技术基础. 西安：西安电子科技大学出版社，2006